한번에 합격하기

환경기능사 필기 + 실기 + 무료동영상

[1회독으로 끝내는 끝장구성]

KB197719

구분			한달완성	2주완성
기초개념 정리		환경기능사 기초개념 정리	☐ DAY 1	☐ DAY 1
PART 1 과목별 핵심요점	제1과목 대기오염 방지	Chapter 1. 대기오염 개론	☐ DAY 2	☐ DAY 2
		Chapter 2. 연소공학	☐ DAY 3	
		Chapter 3. 집진장치	☐ DAY 4	☐ DAY 3
		Chapter 4. 가스상 물질의 처리	☐ DAY 5	
		Chapter 5. 공정시험기준 및 관계 법규	☐ DAY 6	
	제2과목 폐수 처리	Chapter 1. 수질오염 개론	☐ DAY 7 ☐ DAY 8	☐ DAY 4
		Chapter 2. 수질오염 방지기술	☐ DAY 9 ☐ DAY 10	☐ DAY 5
		Chapter 3. 상하수도 계획	☐ DAY 11	☐ DAY 6
	제3과목 폐기물 처리	Chapter 1. 폐기물 개론	☐ DAY 12	
		Chapter 2. 폐기물의 처리	☐ DAY 13 ☐ DAY 14	☐ DAY 7
		Chapter 3. 공정시험기준 및 관련 협약	☐ DAY 15	
	제4과목 소음·진동 방지	Chapter 1. 소음	☐ DAY 16	☐ DAY 8
		Chapter 2. 진동	☐ DAY 17	
		Chapter 3. 소음·진동의 방지	☐ DAY 18	☐ DAY 9
		Chapter 4. 공정시험기준 및 관계 법규	☐ DAY 19	
PART 2 필기 최근 기출문제		2013년 1회/2회/5회 기출문제 풀이	☐ DAY 20	☐ DAY 10
		2014년 1회/2회/5회 기출문제 풀이	☐ DAY 21	
		2015년 1회/2회/4회/5회 기출문제 풀이	☐ DAY 22	
		2016년 1회/2회/4회 기출문제 풀이	☐ DAY 23	
		2017년 통합/2018년 통합/2019년 통합 기출문제 풀이	☐ DAY 24	☐ DAY 11
		2020년 통합/2021년 통합/2022년 통합 기출문제 풀이	☐ DAY 25	
		2023년 통합/2024년 통합 기출문제 풀이	☐ DAY 26	
PART 3 CBT 핵심기출 100선		CBT 핵심기출 100선 문제풀이 & 개념정리	☐ DAY 27	☐ DAY 12
별책부록 파이널 암기노트		단답형 암기노트	☐ DAY 28	☐ DAY 13
		계산형 암기노트	☐ DAY 29	
CBT 온라인 모의고사		성안당 문제은행시스템 ▶ CBT 온라인 모의고사	☐ DAY 30	☐ DAY 14

한번에 합격하기 합격플래너

환경기능사 [필기]+[실기]+[무료동영상]

[1회독으로 끝내는 끝장구성]

1회독 완성

기초개념 정리	환경기능사 기초개념 정리	☐ ___월 ___일 ~ ___월 ___일
PART 1 **과목별** **핵심요점**	제1과목 **대기오염** **방지** — Chapter 1. 대기오염 개론	☐ ___월 ___일 ~ ___월 ___일
	Chapter 2. 연소공학	☐ ___월 ___일 ~ ___월 ___일
	Chapter 3. 집진장치	☐ ___월 ___일 ~ ___월 ___일
	Chapter 4. 가스상 물질의 처리	☐ ___월 ___일 ~ ___월 ___일
	Chapter 5. 공정시험기준 및 관계 법규	☐ ___월 ___일 ~ ___월 ___일
	제2과목 **폐수** **처리** — Chapter 1. 수질오염 개론	☐ ___월 ___일 ~ ___월 ___일
	Chapter 2. 수질오염 방지기술	☐ ___월 ___일 ~ ___월 ___일
	Chapter 3. 상하수도 계획	☐ ___월 ___일 ~ ___월 ___일
	제3과목 **폐기물** **처리** — Chapter 1. 폐기물 개론	☐ ___월 ___일 ~ ___월 ___일
	Chapter 2. 폐기물의 처리	☐ ___월 ___일 ~ ___월 ___일
	Chapter 3. 공정시험기준 및 관련 협약	☐ ___월 ___일 ~ ___월 ___일
	제4과목 **소음·진동** **방지** — Chapter 1. 소음	☐ ___월 ___일 ~ ___월 ___일
	Chapter 2. 진동	☐ ___월 ___일 ~ ___월 ___일
	Chapter 3. 소음·진동의 방지	☐ ___월 ___일 ~ ___월 ___일
	Chapter 4. 공정시험기준 및 관계 법규	☐ ___월 ___일 ~ ___월 ___일
PART 2 **필기** **최근 기출문제**	2013년 1회/2회/5회 기출문제 풀이	☐ ___월 ___일 ~ ___월 ___일
	2014년 1회/2회/5회 기출문제 풀이	☐ ___월 ___일 ~ ___월 ___일
	2015년 1회/2회/4회/5회 기출문제 풀이	☐ ___월 ___일 ~ ___월 ___일
	2016년 1회/2회/4회 기출문제 풀이	☐ ___월 ___일 ~ ___월 ___일
	2017년 통합/2018년 통합/2019년 통합 기출문제 풀이	☐ ___월 ___일 ~ ___월 ___일
	2020년 통합/2021년 통합/2022년 통합 기출문제 풀이	☐ ___월 ___일 ~ ___월 ___일
	2023년 통합/2024년 통합 기출문제 풀이	☐ ___월 ___일 ~ ___월 ___일
PART 3 CBT 핵심기출 100선	CBT 핵심기출 100선 문제풀이 & 개념정리	☐ ___월 ___일 ~ ___월 ___일
별책부록 **파이널 암기노트**	단답형 암기노트	☐ ___월 ___일 ~ ___월 ___일
	계산형 암기노트	☐ ___월 ___일 ~ ___월 ___일
CBT **온라인 모의고사**	성안당 문제은행시스템 ▶ CBT 온라인 모의고사	☐ ___월 ___일 ~ ___월 ___일

자주 나오는 원소와 분자식 알아두기

원소 / 분자식	물질 이름	원소 / 분자식	물질 이름
$Al(OH)_3$	수산화알루미늄	H_2SO_4	황산
$Al_2(SO_4)_3$	황산알루미늄(alum, 명반, 황산반토)	K	포타슘
As	비소	$K_2Cr_2O_7$	다이크로뮴산포타슘
Ca	칼슘	$KMnO_4$	과망가니즈산포타슘
$Ca(OH)_2$	수산화칼슘(소석회)	K_2SO_4	황산포타슘
$CaCl_2$	염화칼슘	Mg	마그네슘
$CaCO_3$	탄산칼슘(석회석)	Mn	망가니즈
CaO	산화칼슘(생석회)	N_2	질소
Cd	카드뮴	N_2O	아산화질소
CH_4	메테인	Na	소듐
C_2H_6	에테인	Na_2CO_3	탄산소듐
C_3H_8	프로페인	Na_2SO_3	싸이오황산소듐(아황산나트륨)
Cl / Cl_2	염소 원자 / 염소 기체	NaOCl	차아염소산소듐
CN^-	사이안화이온	NaOH	수산화소듐
CO	일산화탄소	NH_3	암모니아
CO_2	이산화탄소	NH_3-N	암모니아성 질소
Cr	크로뮴	NH_4^+	암모늄이온
CS_2	이황화탄소	NO	일산화질소
C_mH_n	탄화수소	NO_2	이산화질소
HCHO	폼알데하이드	NO_2^-	아질산이온
HCl	염산(염화수소산)	NO_2^--N	아질산성 질소
HCN	사이안화수소	NO_3^-	질산이온
HF	플루오린화수소	NO_3^--N	질산성 질소
Hg	수은	O_3	오존
$H_2O(g)$	수증기	Pd	팔라듐
$H_2O(l)$	물	Pt	백금
H_2O_2	과산화수소	SO_2	이산화황(아황산가스)
H_2S	황화수소	SO_3	삼산화황

약어정리

- NOx : 질소산화물(NO, NO_2의 총칭)
- PAN($CH_3COOONO_2$) : 퍼옥시아세틸나이트레이트(PeroxyAcetyl Nitrate)
- PBN($C_6H_5COOONO_2$) : 퍼옥시벤조닐나이트레이트(Peroxy Benzonyl Nitrate)
- PCB : 폴리클로리네이티드바이페닐(PolyChlorinated Biphenyl)
- PPN($C_2H_5COOONO_2$) : 퍼옥시프로피오닐나이트레이트(PeroxyPropionyl Nitrate)
- SOx : 황산화물(SO_2, SO_3의 총칭)
- T-N : 총질소(Total Nitrogen)
- T-P : 총인(Total Phosphorus)
- VOC : 휘발성 유기화합물(Volatile Organic Compounds)

이 책에 수록된 원소와 화합물의 이름은 대한화학회에서 규정한 명명법에 따라 표기하였습니다.
자격시험에서는 새 이름과 옛 이름을 혼용하여 출제하고 있으므로 모두 숙지해 두는 것이 좋습니다.
환경기능사 시험에서 다루는 일부 원소와 화합물의 명명법을 정리하였으니, 아래 내용을 참고하시기 바랍니다.

한글 새 이름	한글 옛 이름	한글 새 이름	한글 옛 이름
글리세린	글리세롤	아이소-(iso-)	이소-
나이트로 화합물	니트로 화합물	아이오딘	요오드
노말 화합물	노르말 화합물	에테인	에탄
다이-(di-)	디-	옥테인	옥탄
다이크로뮴산포타슘	중크롬산칼륨	이산화황	아황산가스
란타넘	란탄	크로뮴	크롬
망가니즈	망간	타이타늄	티탄, 티타늄
메테인	메탄	트라이-(tri-)	트리-
몰리브데넘	몰리브덴	포타슘	칼륨
바이-(bi-)	비-	폼알데하이드	포름알데히드
뷰테인	부탄	프로페인	프로판
사이안	시안	플루오린 / 플루오린화	불소/불화
싸이오-(thio-)	티오	헥세인	헥산
소듐	나트륨	황	유황
스타이렌	스티렌	클로로폼	클로로포름
아스코르브산	아스코르빈산	포말린	포르말린

한번에
합격하기

한번에
합격하기

한번에
합격하는
환경기능사

필기 + 실기 + 무료동영상   고경미 지음

BM (주)도서출판 성안당

"합격을 위한 공부를 하자."

환경기능사는 대기 · 수질 · 폐기물 · 소음의 4가지 과목에서 문제가 출제되며, 그 범위가 방대합니다. 따라서 모든 내용을 다 공부하려면 많은 시간과 노력이 필요합니다. 하지만, 방대한 모든 내용을 다 아실 필요는 없습니다. 우리의 목적은 "합격"입니다.

환경기능사 시험과목은 4과목이지만 통합하여 60문제가 출제되는 시험 특성상 과목마다 출제되는 문제 비율도 다르며, 기능사 시험은 60점만 넘기면 합격할 수 있기 때문에 시험에 자주 출제되는 이론을 위주로 전략적으로 공부해야 합니다.

이 책은 여러분의 시간과 노력을 줄이면서, 1회독만으로 확실하게 합격할 수 있도록 다음과 같이 구성하였습니다.

1. **[기초개념 정리]** 모든 과목의 기초가 되는 기초개념을 익힐 수 있습니다.

2. **[과목별 핵심요점]** 필기시험 핵심요점별로 이론을 정리하고, 출제비중에 따라 중요도를 별표로 표시하였습니다. 시간이 없을 때는 ★이 3~5개인 부분만 공부하여 효율을 극대화할 수 있습니다. 이론과 함께 기출문제를 유형별로 수록하여 문제적용 연습도 가능합니다.

   ※ 과목별 핵심요점에 해당하는 필기이론 전체 내용이 유튜브 강의로 제공됩니다.

3. **[최근 12개년 기출문제]** CBT 시행 이전의 2013년부터 2016년 4회까지의 기출문제를 수록하고, CBT로 시행된 2017년부터 2024년까지는 연도별 기출복원문제를 복원하여 이해하기 쉽게 풀이하였습니다.

4. **[CBT 핵심기출 100선]** 가장 최근에 시행된 2024년 4회까지의 시험을 철저하게 분석하고 중요 문제 100문제를 엄선하여 정확한 풀이와 함께 문제의 키워드를 정리하고, 관련 개념을 정리해 두어 최신 출제경향을 파악하는 것은 물론이고, 중요 이론을 최종적으로 정리할 수 있습니다.

5. **[환경기능사 실기]** 상세한 그림과 친절한 설명을 통해 작업형 실험을 시뮬레이션해볼 수 있고, 구술시험 예상질문을 익힐 수 있도록 정리하였습니다.

6. **[정답이 보이는 파이널 암기노트]** 시험에 가장 많이 출제되는 문제유형인 단답형 문제와 계산형 문제에 각각 철저하게 대비할 수 있도록, 단답형 대비 암기필수 이론과 계산형 대비 암기필수 공식을 정리하였습니다. 활용도 높은 핸드북으로 제작되어 편리하게 공부할 수 있습니다.

이 책으로 독학하시는 분들을 위하여 저자가 운영하는 네이버 카페 **[공부하기 싫어]**에 질문을 올려주시면, 바로 답변을 드리고 있습니다.

(네이버 카페 주소) cafe.naver.com/*nostudyhard*

환경기능사 시험을 준비하시는 모든 수험생분들의 최종 합격을 기원합니다.

저자 고경미

자격 안내

1 자격 기본정보

- 자격명 : 환경기능사(Craftsman Environmental)
- 관련부처 : 환경부
- 시행기관 : 한국산업인력공단

환경기능사 자격시험은 한국산업인력공단에서 시행합니다.
원서접수 및 시험일정 등 기타 자세한 사항은 한국산업인력공단에서 운영하는 사이트인
큐넷(q-net.or.kr)에서 확인하시기 바랍니다.

(1) 자격 개요

인구의 증가와 도시화, 경제규모의 확대와 산업구조의 고도화에 따른 오염물질의 대량 배출 및 다양화는 자연환경 오염을 날로 심화시켜 개인위행 및 자연환경을 위협하고 있다. 이에 따라 보건과 환경을 위협하는 제요인에 적절하게 대응하기 위해여 숙련기능인력의 양성이 필요하게 되어 자격제도를 제정하였다.

(2) 수행직무

생활하수나 공장에서 발생되는 산업폐기물을 정화하고 중성화하여 처리하기 위한 열교환기, 펌프, 압축기, 소각로 및 관련 장비를 조작하는 직무를 수행한다.

(3) 진로 및 전망

① 분뇨종말처리장, 하수처리장 및 오물의 수거·운반 등 전문 용역업체와 환경오염 방지기기 제작·설치 및 시공업체, 화공, 제약, 도금, 염색식품 및 제지업체 등 각종 공장의 폐수처리 및 환경관리 부서에 진출할 수 있다.
② 환경보호에 대한 인식이 높아지면서 생물공학적 기법을 적용한 폐하수처리기술, 폐기물의 무공해처리기술 등이 개발될 전망이며 환경오염의 감시, 오염된 하수처리시설의 철저한 관리 및 운영이 이루어질 것으로 예상되기 때문에 환경오염 방지 분야의 기능인력 수요가 증가할 것이다.

(4) 연도별 검정현황 및 합격률

연 도	필 기			실 기		
	응시	합격	합격률	응시	합격	합격률
2023	7,701명	2,995명	38.9%	3,454명	2,928명	84.8%
2022	6,466명	2,599명	40.2%	2,997명	2,599명	86.7%
2021	7,047명	3,013명	42.8%	3,525명	3,021명	85.7%
2020	5,758명	2,695명	46.8%	3,122명	2,715명	87.0%
2019	6,921명	2,733명	39.5%	3,458명	2,884명	83.4%
2018	6,540명	2,734명	41.8%	3,629명	2,704명	74.5%
2017	5,646명	2,479명	43.9%	3,200명	2,373명	74.2%
2016	5,141명	1,811명	35.2%	2,309명	1,886명	81.7%
2015	5,187명	1,341명	25.9%	2,088명	1,706명	81.7%
2014	4,230명	1,404명	33.2%	2,190명	1,705명	77.9%
2013	6,006명	2,146명	35.7%	3,039명	2,507명	82.5%
2012	3,876명	1,114명	28.7%	1,654명	1,398명	84.5%

② 자격증 취득정보

(1) 응시자격

응시자격에는 제한이 없다. 연령, 학력, 경력, 성별, 지역 등에 제한을 두지 않는다.

(2) 취득방법

환경기능사는 검정형과 과정평가형의 두 가지 방법으로 자격을 취득할 수 있다.

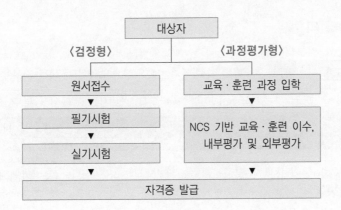

과정평가형 자격은 NCS 능력단위를 기반으로 설계된 교육·훈련 과정을 이수한 후 평가를 통해 국가기술자격을 부여하는 새로운 자격입니다.

1 국가직무능력표준(NCS) 안내

(1) NCS의 개념

국가직무능력표준(NCS ; National Competency Standards)은 산업현장의 직무를 수행하기 위해 필요한 능력(지식·기술·태도)을 국가적 차원에서 표준화한 것으로, 능력단위 또는 능력단위의 집합을 의미한다.

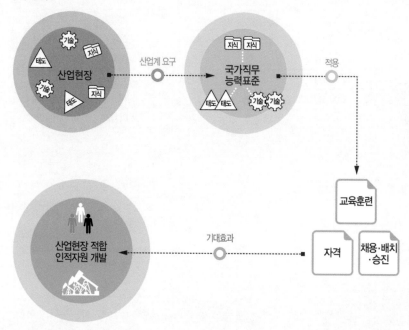

(2) NCS 학습모듈의 개념

NCS가 현장의 '직무 요구서'라고 한다면, NCS 학습모듈은 NCS의 능력단위를 교육훈련에서 학습할 수 있도록 구성한 '교수·학습 자료'이다. NCS 학습모듈은 구체적 직무를 학습할 수 있도록 이론 및 실습과 관련된 내용을 상세하게 제시하고 있다.

NCS(산업계 개발) 능력단위 구성 내용	NCS 기반 학습모듈 (교육계·산업계 개발) 구성 내용	NCS 기반 교육훈련과정 (교육훈련기관) 학교 적용
• 수행준거 • 지식, 기술, 태도 • 적용범위, 작업상황 • 평가지침	• 학습목표 • 학습내용 • 교수 학습방법 • 평가 및 피드백 운영	• 교재 개발 • 강의계획서 개발 • 교수학습 운영 • 평가 및 피드백 등

② 환경기능사 과정평가형 자격 안내

(1) 교육 · 훈련 과정 목표

대기환경, 수질환경, 폐기물, 소음 · 진동 분야의 오염원에 대한 현황 조사 및 측정과 관계법규에서 규정된 배출허용기준 또는 규제 이내로 관리하기 위하여 환경시설 유지관리 직무를 수행하는 인력 양성

구 분	교육 · 훈련 기준시간
기준시간	320시간(100%)
총계(A)	256시간(80%)~480시간(150%)
필수능력단위(B)	210시간~315시간
직업기초능력(C)	12시간~40시간
자율편성교과(D)	0시간~108시간
선택능력단위(E)	A−(B+C+D)

* '자율편성교과'란 NCS가 개발되지 않은 이론 · 실기 과목으로, 해당 종목의 직무수행에 필요한 영역을 자율적으로 편성할 수 있는 교과목을 말함
** 직업기초능력(C)+자율편성교과(D)의 합은 120시간을 초과할 수 없음(기능사, 서비스 2 · 3급 기준)
*** OJT 인정범위 : 능력단위별 교육 · 훈련 시간의 25% 이내로 인정될 수 있음

① 직업기초능력

- 기준시간 : [기능사, 서비스 2 · 3급] 12시간~40시간
- 교과목 : 의사소통능력, 수리능력, 문제해결능력, 자기개발능력, 자원관리능력, 대인관계 능력, 정보능력, 기술능력, 조직이해능력, 직업윤리

② 필수능력단위

연번	능력단위 코드	능력단위명(세분류명)	수준	최소 교육 · 훈련 시간
1	2301010103_22v4	일반항목 분석(수질오염 분석)	3	60
2	2301010213_18v3	생물학적 처리공정 운전(수질공정 관리)	4	60
3	2301020103_21v4	대기오염물질 측정분석(대기환경 관리)	4	45
4	2301030215_16v1	폐기물 조사분석(폐기물 관리)	4	30
5	2301040102_23v4	소음 · 진동 측정(소음 · 진동 방지)	4	15

* 제시된 능력단위별 최소 교육 · 훈련 시간의 50%~150% 범위 내에서 편성 가능(단, 능력단위별 시수 총합이 필수능력단위 기준시간을 충족해야 함)
** 교육 · 훈련시간은 1시간 단위로 편성해야 함

③ 선택능력단위

선택능력단위를 편성하는 경우, 해당 종목과 관련이 있는 NCS의 모든 능력단위를 활용 가능

검정형 시험 안내

검정형 시험은 이전부터 시행하여 오던 필기시험과 실기시험으로 나누어진 시험 형태입니다.

1 검정형 자격시험 일반사항

(1) 시험일정

연간 총 3회의 시험을 실시한다.

(2) 시험과정 안내

① 원서접수 확인 및 수험표 출력기간은 접수 당일부터 시험 시행일까지이며, 이외 기간에는 조회가 불가하다. ※ 출력장애 등을 대비하여 사전에 출력 보관할 것
② 원서접수는 온라인(인터넷, 모바일앱)에서만 가능하다.
③ 스마트폰, 태블릿 PC 사용자는 모바일앱 프로그램을 설치한 후 접수 및 취소/환불 서비스를 이용한다.

STEP 01	STEP 02	STEP 03	STEP 04
필기시험 원서접수	필기시험 응시	필기시험 합격자 확인	실기시험 원서접수
• Q-net(q-net.or.kr) 사이트 회원가입 후 접수 가능 • 반명함 사진 등록 필요 (6개월 이내 촬영본, 3.5cm×4.5cm)	• 입실시간 미준수 시 시험 응시 불가 (시험 시작 20분 전까지 입실) • 수험표, 신분증, 필기구 지참 (공학용 계산기 지참 시 반드시 포맷)	• CBT 시험 종료 후 즉시 합격여부 확인 가능 • Q-net 사이트에 게시된 공고로 확인 가능	• Q-net 사이트에서 원서 접수 • 실기시험 시험일자 및 시험장은 접수 시 수험자 본인이 선택 (먼저 접수하는 수험자가 선택의 폭이 넓음)

(3) 검정방법

① 필기시험(CBT/객관식)과 실기시험(작업형)을 치르게 되며, 필기시험에 합격한 자에 한하여 실기시험을 응시할 기회가 주어진다.

② 필기시험에 합격한 자에 대하여는 필기시험 합격자 발표일로부터 2년간 필기시험을 면제한다.

(4) 합격기준

필기와 실기 모두 100점을 만점으로 하여 60점 이상을 합격으로 본다.

① **필기** : 과목 구분 없이 총 60문제를 100점 만점으로 하여 60점 이상을 합격으로 본다.

② **실기** : 2시간 정도로 진행되는 작업형(실험) 시험을 100점 만점으로 하여 60점 이상을 합격으로 본다.

STEP 05	STEP 06	STEP 07	STEP 08
실기시험 응시	실기시험 합격자 확인	자격증 교부 신청	자격증 수령

- 수험표, 신분증, 필기구, 공학용 계산기, 종목별 수험자 준비물 지참 (공학용 계산기는 허용된 종류에 한하여 사용 가능하며, 수험자 지참 준비물은 실기시험 접수기간에 확인 가능)

- 문자메시지, SNS 메신저를 통해 합격 통보 (합격자만 통보)
- Q-net 사이트 및 ARS (1666-0100)를 통해서 확인 가능

- Q-net 사이트에서 신청 가능
- 상장형 자격증, 수첩형 자격증 형식 신청 가능

- 상장형 자격증은 합격자 발표 당일부터 인터넷으로 발급 가능 (직접 출력하여 사용)
- 수첩형 자격증은 인터넷 신청 후 우편 수령만 가능

② CBT 안내

(1) CBT란?

CBT란 Computer Based Test의 약자로, 컴퓨터 기반 시험을 의미한다. 정보기기운용기능사, 정보처리기능사, 굴삭기운전기능사, 지게차운전기능사, 제과기능사, 제빵기능사, 한식조리기능사, 양식조리기능사, 일식조리기능사, 중식조리기능사, 미용사(일반), 미용사(피부) 등 12종목은 이미 오래 전부터 CBT 시험을 시행하고 있으며, 환경기능사는 2017년 1회 시험부터 CBT 시험이 시행되었다.

CBT 필기시험은 컴퓨터로 보는 만큼 수험자가 답안을 제출함과 동시에 합격여부를 확인할 수 있다.

(2) CBT 시험 과정

한국산업인력공단에서 운영하는 홈페이지 큐넷(Q-net)에서는 누구나 쉽게 CBT 시험을 볼 수 있도록 실제 자격시험 환경과 동일하게 구성한 **가상 웹 체험 서비스**를 제공하고 있다.

가상 웹 체험 서비스를 통해 CBT 시험을 연습하는 과정은 다음과 같다.

① 시험시작 전 신분 확인 절차
- 수험자가 자신에게 배정된 좌석에 앉아 있으면 신분 확인 절차가 진행된다.

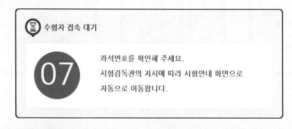

- 신분 확인이 끝난 후 시험시작 전 CBT 시험안내가 진행된다.

안내사항 > 유의사항 > 메뉴 설명 > 문제풀이 연습 > 시험준비 완료

② 시험 [안내사항]을 확인한다.
- 시험은 총 5문제로 구성되어 있으며, 5분간 진행된다.
  자격종목별로 시험문제 수와 시험시간은 다를 수 있다.
  ※ 환경기능사 필기 - 60문제/1시간
- 시험 도중 수험자 PC 장애 발생 시 손을 들어 시험감독관에게 알리면 긴급장애조치 또는
  자리이동을 할 수 있다.
- 시험이 끝나면 합격여부를 바로 확인할 수 있다.

③ 시험 [유의사항]을 확인한다.
시험 중 금지되는 행위 및 저작권 보호에 관한 유의사항이 제시된다.

④ 문제풀이 [메뉴 설명]을 확인한다.
문제풀이 기능 설명을 유의해서 읽고 기능을 숙지해야 한다.

⑤ 자격검정 CBT [문제풀이 연습]을 진행한다.
실제 시험과 동일한 방식의 문제풀이 연습을 통해 CBT 시험을 준비한다.
- CBT 시험 문제 화면의 기본 글자크기는 150%이다. 글자가 크거나 작을 경우 크기를 변경
  할 수 있다.
- 화면배치는 '1단 배치'가 기본 설정이다. 더 많은 문제를 볼 수 있는 '2단 배치'와 '한 문제씩
  보기' 설정이 가능하다.

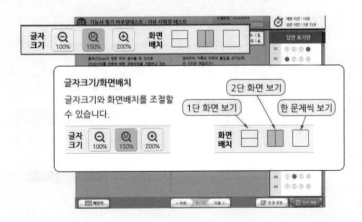

• 답안은 문제의 보기번호를 클릭하거나 답안표기 칸의 번호를 클릭하여 입력할 수 있다.
• 입력된 답안은 문제화면 또는 답안표기 칸의 보기번호를 클릭하여 변경할 수 있다.

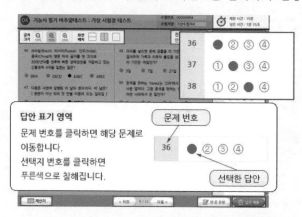

• 페이지 이동은 '페이지 이동' 버튼 또는 답안표기 칸의 문제번호를 클릭하여 이동할 수 있다.

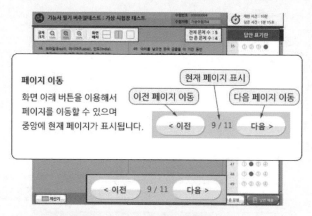

• 응시종목에 계산문제가 있을 경우 좌측 하단의 계산기 기능을 이용할 수 있다.

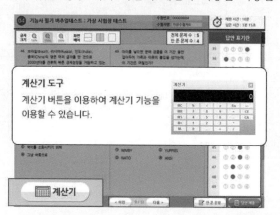

• 안 푼 문제 확인은 답안 표기란 좌측에 안 푼 문제 수를 확인하거나 답안 표기란 하단 '안 푼 문제' 버튼을 클릭하여 확인할 수 있다. 안 푼 문제번호 보기 팝업창에 안 푼 문제번호가 표시된다. 번호를 클릭하면 해당 문제로 이동한다.

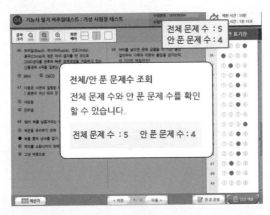

• 시험문제를 다 푼 후 답안 제출을 하거나 시험시간이 모두 경과되었을 경우 시험이 종료되며, 시험결과를 바로 확인할 수 있다.

• '답안 제출' 버튼을 클릭하면 답안 제출 승인 알림창이 나온다. 시험을 마치려면 '예'를, 시험을 계속 진행하려면 '아니오'를 클릭하면 된다. 답안 제출은 실수 방지를 위해 두 번의 확인 과정을 거친다. 이상이 없으면 '예' 버튼을 한 번 더 클릭한다.

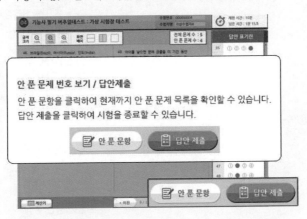

⑥ [시험준비 완료]를 한다.

　시험 안내사항 및 문제풀이 연습까지 모두 마친 수험자는 '시험준비 완료' 버튼을 클릭한 후 잠시 대기한다.

⑦ 연습한 대로 CBT 시험을 시행한다.

⑧ 답안 제출 및 합격여부를 확인한다.

3 출제기준

- 직무/중직무 분야 : 환경 · 에너지/환경
- 자격종목 : 환경기능사
- 직무내용 : 대기환경, 수질환경, 폐기물, 소음 · 진동 분야의 오염원에 대한 현황조사 및 측정하고, 관계법규에서 규정된 배출허용기준 또는 규제기준 이내로 관리하기 위하여 환경시설 유지관리 업무를 수행
- 해당 출제기준 적용기간 : 2025. 1. 1. ~ 2027. 12. 31.

(1) 필기 출제기준

① 필기 검정방법 : 객관식(60문제)
② 필기 시험시간 : 1시간
③ 필기 과목명 : 대기오염 방지, 폐수 처리, 폐기물 처리, 소음 · 진동 방지(전 과목 혼합)

주요 항목	세부 항목	세세 항목
1. 대기오염 방지	(1) 대기오염	① 대기오염 발생원 ② 대기오염 측정
	(2) 대기현상	① 대기 중 물 현상 ② 대기 먼지 현상
	(3) 유해가스 처리	① 유해가스 처리 원리 ② 유해가스 처리장치 종류 ③ 유해가스 처리장치 유지관리
	(4) 집진	① 집진장치 원리 ② 집진장치 종류 ③ 집진장치 유지관리
	(5) 연소	① 연료의 종류 및 특성 ② 연소이론
2. 폐수 처리	(1) 물의 특성 및 오염원	① 물의 특성 ② 수질오염 발생원 및 특성
	(2) 수질오염 측정	① 시료 채취 · 운반 · 보관 ② 관능법 분석 ③ 무게차법 분석 ④ 적정법 분석 ⑤ 전극법 분석 ⑥ 흡광광도법 분석 ⑦ 세균 검사
	(3) 물리적 처리	① 물리적 처리 원리 ② 물리적 처리의 종류 ③ 물리적 처리의 유지관리

주요 항목	세부 항목	세세 항목
	(4) 화학적 처리	① 화학적 처리 원리 ② 화학적 처리의 종류 ③ 화학적 처리의 유지관리
	(5) 생물학적 처리	① 생물학적 처리 원리 ② 생물학적 처리의 종류 ③ 생물학적 처리의 유지관리
3. 폐기물 처리	(1) 폐기물 특성	① 폐기물 발생원 ② 폐기물 종류 ③ 시료 채취 ④ 폐기물 측정
	(2) 수거 및 운반	① 폐기물 분리 · 저장 ② 폐기물 수거 ③ 적환장 관리 ④ 폐기물 수송
	(3) 전처리 및 중간처분	① 기계적 선별 · 분리 공정 ② 잔재물 관리 ③ 고형화 ④ 소각
	(4) 자원화	① 건설폐기물 자원화 ② 가연성 폐기물 재활용 ③ 유기성 폐기물 재활용 ④ 무기성 폐기물 재활용
	(5) 폐기물 최종처분	① 매립방법 ② 침출수 및 매립가스 관리
4. 소음 · 진동 방지	(1) 소음 · 진동 발생 및 전파	① 소음 · 진동의 기초 ② 소음 · 진동 발생원과 전파 ③ 소음 · 진동 측정
	(2) 소음 방지 관리	① 기초 방음대책 ② 방음 재료 및 시설 ③ 소음 방지기술
	(3) 진동 방지 관리	① 기초 방진대책 ② 방진 재료 및 시설 ③ 진동 방지기술

(2) 실기 출제기준

① 실기 검정방법 : 작업형

② 실기 시험시간 : 2시간 정도

③ 수행준거

대기오염 방지기술, 수처리기술, 폐기물 처리기술 및 소음·진동 방지기술 등을 활용하여

- 수질시료 중 일반 수질오염 항목에 대하여 표준화된 분석방법으로 정량화된 값을 구할 수 있다.
- 대기오염물질 배출시설에 대한 배출특성을 파악하여 측정분석계획을 수립하고, 공정시험 기준에 따라 대기오염물질을 측정·분석할 수 있다.
- 안전한 폐기물 관리를 위하여 폐기물 공정시험기준에 근거로 폐기물 조사계획을 수립하고 시료채취와 폐기물을 분석할 수 있다.
- 소음·진동 측정방법, 인원 투입, 측정일정, 소요예산 및 평가계획 등을 수립하고 배경, 대상 소음·진동과 발생원을 측정할 수 있다.

④ 실기 과목명 : 환경오염 공정시험방법 실무

주요 항목	세부 항목	세세 항목
1. 일반항목 분석	(1) 시료 채취하기	① 수질오염 공정시험기준에 근거하여 시료 채취 준비를 할 수 있다. ② 수질오염 공정시험기준에 근거하여 시료를 채취할 수 있다. ③ 수질오염 공정시험기준에 근거하여 시료를 안전하게 보관·운반·저장할 수 있다.
	(2) 수질오염물질 분석하기	① 수질오염 공정시험기준에 근거하여 일반항목을 분석할 수 있다. ② 무기물질(금속류)을 분석할 수 있다. ③ 유기물질을 분석할 수 있다.
2. 폐기물 조사분석	(1) 시료 채취하기	① 폐기물 공정시험기준에 근거하여 폐기물별 시료 채취 준비를 할 수 있다. ② 폐기물 공정시험기준에 근거하여 폐기물별 시료를 채취할 수 있다. ③ 폐기물 공정시험기준에 근거하여 시료를 안전하게 보관·운반·저장할 수 있다.
	(2) 폐기물 분석하기	① 폐기물 공정시험기준에 근거하여 폐기물 일반항목을 분석할 수 있다. ② 폐기물 중 무기물질(금속류)을 분석할 수 있다. ③ 폐기물 중 유기물질을 분석할 수 있다. ④ 폐기물 중 감염성 미생물을 분석할 수 있다.
3. 소음·진동 측정	(1) 측정범위 파악하기	① 소음·진동 측정대상, 측정목적을 확인할 수 있다. ② 소음·진동 측정대상, 측정목적에 적합하게 측정방법을 검토할 수 있다.
	(2) 배경·대상 소음·진동 측정하기	① 배경 및 대상 소음·진동을 측정할 수 있는 환경조건을 확인할 수 있다. ② 소음·진동 관련 법 및 기준에 따라 배경 및 대상 소음·진동을 측정할 수 있다.
	(3) 발생원 측정하기	관련 법 및 기준에 따라 발생원의 소음·진동 크기 정도를 측정할 수 있다.

주요 항목	세부 항목	세세 항목
4. 대기오염물질 측 정분석	(1) 시료 채취하기	① 공정시험기준에 따라 대기오염물질에 대한 시료 채취방법을 결정할 　수 있다. ② 공정시험기준에 따라 시료 채취 준비와 채취를 할 수 있다. ③ 공정시험기준에 따라 시료를 안전하게 보관·운반할 수 있다. ④ 시료 채취 과정 중에 발생한 현장의 특이사항과 현장조건 등을 기록 　할 수 있다.
	(2) 가스상 물질 기기 분석하기	① 공정시험기준에 따라 가스상 대기오염물질 분석을 위한 기기를 선정 　할 수 있다. ② 공정시험기준에 따라 기기분석에 필요한 전처리를 수행할 수 있다. ③ 가스상 대기오염물질 분석에 필요한 기기를 사용하여 정량·정성 분 　석할 수 있다.

차 례

☑ 기초개념 정리

☑ 「과목별 핵심요점」들어가기

PART **1** 과목별 핵심요점

▎제1과목▎ 대기오염 방지

┃제4과목┃ 소음 · 진동 방지

PART ② 필기 최근 기출문제

PART ③ CBT 핵심기출 100선

PART ④ 환경기능사 실기 [작업형+구술형]

1 단위

1-1 기본단위

① 같은 차원끼리는 크기 및 단위 환산이 가능하다.

> 예 $1\text{ton} = 1,000\text{kg} = 10^6\text{g} = 10^9\text{mg}$

② 기준단위에 접두사를 붙여 단위의 크기를 나타낸다.

〈 접두사 〉

기 호	크 기	명 칭
G	10^9	기가(giga-)
M	10^6	메가(mega-)
k	10^3	킬로(kilo-)
c	10^{-2}	센티(centi-)
m	10^{-3}	밀리(mili-)
μ	10^{-6}	마이크로(micro-)
n	10^{-9}	나노(nano-)

(1) **길이** 두 지점 사이의 거리

① 기준단위 : m

② 단위 : nm, μm, mm, cm, m, km

$$1\text{km} = 1,000\text{m}$$
$$1\text{m} = 10^2\text{cm} = 10^3\text{mm} = 10^6\mu\text{m} = 10^9\text{nm}$$

③ 단위환산

$$1\text{km} = \frac{10^3\text{m}}{1} \times \frac{100\text{cm}}{1\text{m}} = 10^5\text{cm}$$
$$= \frac{10^3\text{m}}{1} \times \frac{10^6\mu\text{m}}{1\text{m}} = 10^9\mu\text{m}$$

(2) **질량** 물질이나 물체 고유의 양

① 기준단위 : g

② 단위 : ng, μg, mg, g, kg

$$1\text{kg} = 10^3\text{g}$$
$$1\text{g} = 10^3\text{mg} = 10^6\mu\text{g}$$

③ 단위환산

$$1\text{kg} = \frac{10^3\text{g}}{1} \times \frac{10^3\text{mg}}{1\text{g}} = 10^6\text{mg}$$
$$= \frac{10^3\text{g}}{1} \times \frac{10^6\mu\text{g}}{1\text{g}} = 10^9\mu\text{g}$$

(3) 시간

① 기준단위 : 초(sec)

② 단위 : 초(sec), 분(min), 시간(hr), 일(day), 주(week), 월(month), 년(year)

③ 단위환산

$$1\text{일} = 24\text{hr}$$
$$= \frac{24\text{hr}}{1} \times \frac{60\text{min}}{1\text{hr}} = 1,440\text{min}$$
$$= \frac{1,440\text{min}}{1} \times \frac{60\text{sec}}{1\text{min}} = 86,400\text{sec}$$

(4) 온도 물체의 차고 뜨거운 정도를 수량으로 나타낸 것

① 단위 : 섭씨온도(℃), 화씨온도(℉), 절대온도(K)

② 차원 : [K]

③ 단위환산

　㉠ 절대온도와 섭씨온도 환산

$$T = t + 273$$

　　여기서, T : 절대온도(K)
　　　　　　t : 섭씨온도(℃)

　㉡ 화씨온도와 섭씨온도 환산

$$\text{℉} = \frac{9}{5}\text{℃} + 32$$

　　여기서, ℉ : 화씨온도
　　　　　　℃ : 섭씨온도

1-2 유도단위

(1) 면적(넓이) 어떤 면의 넓이

$$면적(m^2) = 가로(m) \times 세로(m)$$

① 단위 : cm^2, m^2, km^2
② 단위환산

$$1km^2 = (1{,}000m)^2 = 10^6 m^2$$
$$1m^2 = 10^4 cm^2 = 10^{12} \mu m^2 = 10^{18} nm^2$$

(2) 체적(부피, 용적) 어떤 물질이 차지하는 공간

$$체적(m^3) = 가로(m) \times 세로(m) \times 높이(m)$$

① 단위 : m^3, L, mL, cc

$$1m^3 = 1{,}000L$$
$$1cm^3 = 1mL$$
$$1L = 1{,}000mL$$

② 단위환산

$$1m^3 = 1m^3 \times \frac{(100cm)^3}{(1m)^3} = 10^6 cm^3$$
$$= 1m^3 \times \frac{1{,}000L}{1m^3} \times \frac{1{,}000mL}{1L} = 10^6 mL$$

(3) 속도(v) 단위시간 동안에 이동한 거리, 물체의 빠르기

$$속도(v) = \frac{거리(l)}{시간(t)}$$

－ 단위 : m/sec, cm/sec

(4) 가속도(a) 단위시간당 속도의 변화정도

$$가속도(a) = \frac{\Delta 속도(dv)}{시간(dt)}$$

- 단위 : m/sec^2, cm/sec^2

(5) 중력가속도 지구 중력에 의하여 지구상의 물체에 가해지는 가속도

- 크기 : $9.8m/sec^2 = 980cm/sec^2$

(6) 압력 단위넓이의 면에 수직으로 작용하는 힘 ★★★

① 단위 : 기압(atm), mmHg, mmH_2O, Pa

② 단위환산

$$
\begin{aligned}
1기압 &= 1atm \\
&= 760mmHg \\
&= 10,332mmH_2O \\
&= 101,325Pa
\end{aligned}
$$

> **대기압의 크기 비교(표준대기압 : 1atm)**
>
> 1기압 $= 1atm$
> $= 760mmHg$
> $= 10,332mmH_2O \cdots (mmH_2O = mmAq = kg/m^2)$
> $= 101,325Pa \cdots\cdots (Pa = N/m^2 = kg/m \cdot sec^2)$
> $= 101.325kPa$
> $= 1,013.25hPa$
> $= 1,013.25mbar$
> $= 14.7PSI$

(7) 밀도(ρ) 물질의 질량을 부피로 나눈 값 ★★★

$$밀도(\rho) = \frac{질량(M)}{부피(V)}$$

① 단위 : t/m^3, kg/L, g/cm^3

② 온도가 증가하면, 부피가 증가하므로 밀도는 감소한다.

(8) 비중(γ) 물질의 단위부피당 무게

$$비중(\gamma) = \frac{무게(W)}{부피(V)}$$

① 비중은 밀도와 크기가 같아, 같이 쓰인다.

예 밀도가 1이면, 비중도 1이다.

② 밀도와 비중 모두 물질의 부피와 질량(무게)를 환산하는 데 이용된다.

(9) 점성계수(μ) 유체 점성의 크기를 나타내는 물질 고유의 상수(유속구배와 전단력 사이 비례상수)

① 단위 : poise, g/cm · sec

② 단위환산

$$1poise = 1g/cm \cdot sec = 0.1kg/m \cdot sec$$

③ 점성계수는 유체의 종류에 따라 값이 다르다.

㉠ 액체는 온도가 증가하면 점성계수값이 작아진다.

㉡ 기체는 온도가 증가하면 점성계수값이 커진다.

(10) 동점성계수(kinematic viscosity) 점성계수를 유체의 밀도로 나눈 계수

$$\nu = \frac{\mu}{\rho}$$

① 단위 : cm^2/sec(동점도(ν)의 단위), stoke

② 단위환산

$$1stoke = 1cm^2/sec$$

③ 점성계수도 온도에 따라 값이 달라지므로 동점성계수도 온도에 따라 값이 달라진다.

㉠ 액체는 온도가 증가하면 동점성계수값이 작아진다.

㉡ 기체는 온도가 증가하면 동점성계수값이 커진다.

점성계수와 동점성계수의 단위 비교
• 점성계수 : poise = g/cm · sec
• 동점성계수 : stoke = cm^2/sec

2 기초화학

2-1 화학적 단위

(1) 원자와 분자

① 원자 : 물질을 구성하는 가장 작은 입자

　예 H, N, C, O 등

② 분자 : 물질의 성질을 나타내는 가장 작은 입자

　예 H_2, N_2, CO_2, He, Ne 등

(2) 이온 원자가 전자를 잃거나 얻어 전하를 띠는 입자

① 양이온 : 전기적으로 중성인 원자가 전자를 잃어서 (+)전하를 띠는 입자

② 음이온 : 전기적으로 중성인 원자가 전자를 얻어서 (−)전하를 띠는 입자

〈 여러 가지 양이온과 음이온 〉

양이온		음이온	
H^+	수소이온	Cl^-	염화이온
Na^+	소듐이온	OH^-	수산화이온
Mg^{2+}	마그네슘이온	NO_2^-	아질산이온
Ca^{2+}	칼슘이온	NO_3^-	질산이온
Al^{3+}	알루미늄이온	HCO_3^-	중탄산이온
NH_4^+	암모늄이온	CO_3^{2-}	탄산이온

2-2 몰과 몰질량

(1) 몰(mol) 어떤 물질의 양 혹은 수를 나타내는 SI(국제단위계) 기본단위

연필 12자루를 1다스, 계란 30알을 1판으로 표현하는 것과 같이, 어떤 물질 6.02×10^{23}개를 묶어서 1몰(mol)이라 표현한다.

$$1\text{mol} = 6.02 \times 10^{23}\text{개}$$
$$= \text{아보가드로수}(N_A)$$

① **mol과 질량**

1mol의 질량이 몰질량(g)이다.

$$1\text{mol} = \text{몰질량(g)}$$

② **mol과 반응식의 반응비**

화학반응식에서 반응비는 mol수비와 같다.

③ **계산**

$$\text{mol} = \frac{\text{질량(g)}}{\text{몰질량(g/mol)}}$$

─(개념확인문제)─

소듐(Na) 230g은 몇 mol인가?

▶ Na의 원자량은 23(g/mol)이므로,

$$\text{mol} = \frac{230\text{g}}{23\text{g/mol}} = 10\text{mol 이다.}$$

(2) 몰질량 어떤 물질 1mol의 질량(g/mol)

① g원자량

〈 주요 g원자량 〉

원소명	원소기호	원자량	원소명	원소기호	원자량
수소	H	1	마그네슘	Mg	24
탄소	C	12	황	S	32
질소	N	14	염소	Cl	35.5
산소	O	16	칼슘	Ca	40
소듐	Na	23	–	–	–

② g분자량

g분자량은 분자식을 구성하는 원자들의 원자량의 합으로 구한다.

〈 주요 g분자량 〉

명칭	분자기호	분자량
물	H_2O	$1 \times 2 + 16 \times 1 = 18$
수소	H_2	$1 \times 2 = 2$
산소	O_2	$16 \times 2 = 32$
질소	N_2	$14 \times 2 = 28$
염소	Cl_2	$35.5 \times 2 = 71$
이산화황	SO_2	$32 + 16 \times 2 = 64$
삼산화황	SO_3	$32 \times 1 + 16 \times 3 = 80$
일산화탄소	CO	$12 + 16 \quad = 28$
이산화탄소	CO_2	$12 + 16 \times 2 = 44$
암모니아	NH_3	$14 + 1 \times 3 = 17$
염화수소, 염산	HCl	$1 + 35.5 = 36.5$

※ 이온의 몰질량은 g분자량과 같이, 화학식을 구성하는 원자들의 원자량의 합으로 구한다.

이온	몰질량(g/mol)
H^+	1
Na^+	23
Mg^{2+}	24
Ca^{2+}	40
Cl^-	35.5

이온	몰질량(g/mol)
NH_4^+	$14 + 4 \times 1 = 18$
OH^-	$16 + 1 = 17$
HCO_3^-	$1 + 12 + 16 \times 3 = 61$

2-3 화학반응식

화학반응식이란 화학반응에 관여하는 모든 원소와 화합물을 화학식으로 표시하여 그 반응을 나타낸 것이다.

(1) 화학반응식의 구성

① 반응물질을 화살표의 왼쪽, 생성물질을 화살표의 오른쪽에 나타낸다.
② 물질의 화학식을 써서 반응식을 나타낸다.
③ 화학식 앞에 숫자를 붙여 반응 전후의 원자수를 같게 해 준다.
④ 물리적 상태에 따라 고체(s), 액체(l), 기체(g), 수용액(aq)을 나타낸다.

과정	반응물질		생성물질
① ②	$CH_4 + O_2$	$\rightarrow$	$CO_2 + H_2O$
③	$CH_4 + 2O_2$	$\rightarrow$	$CO_2 + 2H_2O$
④	$CH_4(g) + 2O_2(g)$	$\rightarrow$	$CO_2(g) + 2H_2O(l)$

(2) 화학반응식의 완성(계수 맞추는 법)

① 1가지 반응물의 계수는 1로 맞추고, 나머지 계수들을 미지수 a, b, c로 둔다.
② 화학식 앞에 숫자를 붙여 반응 전후의 원자수를 같게 하여 완성한다.

$$CH_4 + \underline{a}\,O_2 \rightarrow \underline{b}\,CO_2 + \underline{c}\,H_2O$$

• 탄소(C), 수소(H)의 순서로 구한다.

원자	반응물 개수		생성물 개수	
C :	1	=	b	∴ $b = 1$
H :	4	=	$2c$	∴ $c = 2$

$$CH_4 + \underline{a}\,O_2 \rightarrow \underline{1}\,CO_2 + \underline{2}\,H_2O$$

• 산소 계수를 구한다.

원자	반응물 개수		생성물 개수	
O :	$2a$	=	$2 + 2 \times 1$	∴ $a = 2$

정리하면, $CH_4 + \underline{2}\,O_2 \rightarrow CO_2 + \underline{2}\,H_2O$

─ 개념확인문제 ─

1. 포도당($C_6H_{12}O_6$)의 호기성 분해반응식 계수를 맞추시오.

➡ $C_6H_{12}O_6 + \underline{a}\,O_2 \rightarrow \underline{b}\,CO_2 + \underline{c}\,H_2O$

탄소(C), 수소(H)의 순서로 계수를 맞춘다.

원자　반응물 개수　생성물 개수
C　:　　6　　=　　b　　∴ $b = 6$
H　:　　12　　=　　$2c$　　∴ $c = 6$

$C_6H_{12}O_6 + \underline{a}\,O_2 \rightarrow \underline{6}\,CO_2 + \underline{6}\,H_2O$

산소 계수를 구한다.

원자　반응물 개수　생성물 개수
O　:　$6+2a$　$= 6\times2 + 6\times1$　∴ $a = 6$

정리하면, $C_6H_{12}O_6 + \underline{6}\,O_2 \rightarrow \underline{6}\,CO_2 + \underline{6}\,H_2O$

2. 포도당($C_6H_{12}O_6$)의 혐기성 분해반응식 계수를 맞추시오.

➡ $C_6H_{12}O_6 \rightarrow \underline{a}\,CO_2 + \underline{b}\,CH_4$

수소(H) 계수를 맞춘다.

원자　반응물 개수　생성물 개수
H　:　　12　　=　　$4b$　　∴ $b = 3$

$C_6H_{12}O_6 \rightarrow \underline{a}\,CO_2 + \underline{3}\,CH_4$

탄소(C) 계수를 구한다.

원자　반응물 개수　생성물 개수
C　:　　6　　=　　$a+3$　　∴ $a = 3$
O　:　　6　　=　　3×2

정리하면, $C_6H_{12}O_6 \rightarrow \underline{3}\,CO_2 + \underline{3}\,CH_4$

(3) 화학반응식에서의 화학양론

① 반응식과 반응비

반응식에서 '반응비 = 계수비 = mol수비'이다.

기체라면 '반응비 = 계수비 = mol수비 = 부피비'이다.

※ 기체가 아니면, 부피비는 반응비와 같지 않다.

예 메테인(CH_4)의 연소반응식

$$CH_4(g) \quad + \quad 2O_2(g) \quad \rightarrow \quad CO_2(g) + 2H_2O(l)$$

질량(g)	16g	+	$2 \times 32g$	=	44g	+	$2 \times 18g$
반응비=mol수비	1mol	:	2mol	:	1mol	:	2mol
부피비	22.4L	:	$2 \times 22.4L$	:	22.4L	:	−

즉, $CH_4(g)$와 $O_2(g)$의 반응비가 1 : 2이므로, CH_4와 O_2의 mol수비도 1 : 2이고, CH_4 질량 16g이 반응(연소)할 때 산소는 $2 \times 32g$이 필요하다.

② 기체의 mol, 질량, 부피의 관계

모든 기체 1몰의 부피는 표준상태(STP ; 0℃, 1기압)에서는 22.4L의 부피를 갖는다.

$$1mol = 몰질량(g) = 22.4L$$

─ 개념확인문제 ─

표준상태에서 500g의 $C_6H_{12}O_6$가 완전한 혐기성 분해를 한다고 가정할 때 발생 가능한 CH_4 가스의 용적을 구하시오.

➡ $C_6H_{12}O_6$의 혐기성 분해반응식 $C_6H_{12}O_6 \rightarrow 3CH_4 + 3CO_2$에서,

반응비가 $C_6H_{12}O_6 : CH_4 = 1 : 3$이므로

$C_6H_{12}O_6$ 1mol=180g일 때, 3mol=$3 \times 22.4L$의 CH_4(메테인)이 생성된다.

따라서, 500g의 $C_6H_{12}O_6$일 때 생성되는 메테인가스 용적은 비례식으로 풀면 다음과 같다.

$C_6H_{12}O_6 \rightarrow 3CH_4 + 3CO_2$

180g : $3 \times 22.4L$

500g : X(L)

∴ X=186.67L

②-4 당량

당량이란 화학반응에서 화학양률적으로 각 원소나 화합물에 할당된 일정량이다.

(1) 원소의 당량

$$1mol = [원소의 \ 전하수]당량(eq)$$

$$g \ 당량(g/eq) = \frac{몰질량(g/mol)}{원소의 \ 전하수}$$

중성원소	이온	전하수	몰	당량	몰질량	g당량(g/eq)
Na	Na^+	1	1mol	= 1eq	= 23g	$\frac{23}{1} = 23$
Ca	Ca^{2+}	2	1mol	= 2eq	= 40g	$\frac{40}{2} = 20$
Mg	Mg^{2+}	2	1mol	= 2eq	= 24g	$\frac{24}{2} = 12$

(2) 산 · 염기의 당량 수소이온(H^+) 1mol을 내놓거나 받아들일 수 있는 산(염기)의 양

$$1mol = [산(염기)의 \ 가수] \ 당량(eq)$$

$$g \ 당량(g/eq) = \frac{몰질량(g/mol)}{산(염기)의 \ 가수}$$

구분	산	가수	몰	당량	몰질량(분자량)	g당량(g/eq)
1가산	HCl	1	1mol	= 1eq	= 36.5g	$\frac{36.5}{1} = 36.5$
2가산	H_2SO_4	2	1mol	= 2eq	= 98g/mol	$\frac{98}{2} = 49$
3가산	H_3PO_4	3	1mol	= 3eq	= 98g/mol	$\frac{98}{3} = 32.67$

(3) 산화 · 환원 당량 전자(e^-) 1mol을 내놓거나 받아들일 수 있는 산화제(환원제)의 양

$$1mol = [이동하는\ 전자의\ mol수]당량(eq)$$

$$g당량(g/eq) = \frac{몰질량(g/mol)}{이동하는\ 전자의\ mol수}$$

구분	이동 전자수	몰	당량	몰질량(분자량)	g당량(g/eq)
$KMnO_4$	5	1mol	= 5eq	= 158g	$\frac{158}{5} = 31.6$
$K_2Cr_2O_7$	6	1mol	= 6eq	= 294g	$\frac{294}{6} = 49$

②-5 용액

(1) 정의

① 용매 : 녹이는 물질

② 용질 : 녹아 들어가는 물질

③ 용액 : 용매에 용질이 녹은 혼합물(용매＋용질)

> 예 설탕 용액 ＝ 물 ＋ 설탕
>
> (용액) ＝ (용매) ＋ (용질)

(2) 용액의 농도 용액 중 용질의 비율 ★★★★

$$농도 = \frac{용질의\ 양}{용액의\ 양}$$

① 퍼센트농도(%)

ㄱ 질량/질량 퍼센트

$$(W/W) = \frac{용질(g)}{용액\ 100g} \times 100(\%)$$

ㄴ 질량/부피 퍼센트

$$(W/V) = \frac{용질(g)}{용액\ 100mL} \times 100(\%)$$

ㄷ 부피/부피 퍼센트

$$(V/V) = \frac{용질(mL)}{용액\ 100mL} \times 100(\%)$$

개념확인문제

1. 용액의 질량이 200g, 질량퍼센트농도가 30%일 경우 용질의 질량을 구하시오.

➡ 질량퍼센트농도가 30%일 경우, 용액 질량이 100g일 때의 용질 질량은 30g이다.
그러므로, 용액의 질량이 200g일 때 용질의 질량은 60g이 된다.

$$\frac{30g \ 용질}{100g \ 용액} \bigg| \frac{200g \ 용액}{} = 60g \ 용질$$

2. 물에 NaOH을 1mol을 넣었더니 부피가 200ml인 수용액이 되을 경우, 이 용액의 퍼센트 농도를 구하시오.

➡ $$\frac{1mol}{200mL \ 용액} \bigg| \frac{40g}{1mol} \times 100(\%) = 20\%$$

② 몰농도(M) : 용액 1L 중 용질의 mol수

$$M농도(mol/L) = \frac{용질 \ mol수(mol)}{용액 \ 부피(L)} = \frac{w/M}{V}$$

여기서, w : 용질의 질량(g)

M : 용질의 몰질량(g/mol)

V : 용액의 부피(L)

③ 노말농도 : 용액 1L 중 용질의 당량

$$N(eq/L) = \frac{용질 \ 당량(eq)}{용액 \ 부피(L)}$$

④ ppm(part per million) : 백만 분의 1 (10^{-6})

   ㉠ 단위환산

$$1\text{ppm} = \frac{1\,\text{용질}}{10^6\,\text{용액}}$$
$$1\% = 10,000\text{ppm}$$

   ㉡ 수질에서 단위환산

     수질에서는 물의 비중의 1이므로 'ppm=mg/L'로 사용할 수 있으나, 대기에서는 사용할 수 없다.

$$X\text{ppm} = X\text{mg/L}$$

   ※ 1% = 10,000ppm = 10,000mg/L

   ㉢ 대기에서 단위환산

     대기에서는 공기 1m^3 중 어떤 오염물질의 농도(mL)을 ppm으로 나타낸다.

$$X\text{ppm} = \frac{X\,\text{mL}}{1\text{m}^3}$$

⑤ ppb(part per billion) : 십억 분의 1 (10^{-9})

   – 단위환산

$$1\text{ppb} = 10^{-3}\text{ppm}$$
$$1\text{ppm} = 1,000\text{ppb}$$

단위환산 핵심정리
$1 = 100\% = 10^6\text{ppm} = 10^9\text{ppb}$ $1\% = 10^4\text{ppm} = 10^7\text{ppb}$ $1\text{ppm} = 1,000\text{ppb}$

─ 개념확인문제 ─

1. 0.05%는 몇 ppm인가?

$\Rightarrow$ $\dfrac{0.05\% \,|\, 10{,}000\text{ppm}}{1\%} = 500\text{ppm}$

2. 0.001N−NaOH 용액의 농도를 ppm으로 나타내면?

$\Rightarrow$ NaOH : 1mol=1eq=40g

$\dfrac{0.001\text{eq} \,|\, 40\text{g} \,|\, 1{,}000\text{mg}}{\text{L} \quad|\quad 1\text{eq} \quad|\quad 1\text{g}} = 40\text{mg/L} = 40\text{ppm}$

3. 234ppm NaCl 용액의 농도는 몇 M인가? (단, 원자량은 Na 23, Cl 35.5이며, 용액의 비중은 1.0)

$\Rightarrow$ $\dfrac{234\text{mg} \,|\, 1\text{g} \,|\, 1\text{mol}}{\text{L} \quad|\quad 1{,}000\text{mg} \quad|\quad 58.5\text{g}} = 0.004\text{mol/L}$

> 정리 NaCl 분자량=23+35.5=58.5g
> 1mol=분자량(g)

4. 0.04M NaOH 용액을 mg/L로 환산하면?

$\Rightarrow$ $\dfrac{0.04\text{mol} \,|\, 40\text{g} \,|\, 1{,}000\text{mg}}{\text{L} \quad|\quad 1\text{mol} \quad|\quad 1\text{g}} = 1{,}600\text{mg/L}$

NaOH : 1mol=40g

5. 농황산의 비중이 1.84, 농도는 70(W/W, %) 정도라면 이 농황산의 몰농도(mol/L)는? (단, 농황산의 분자량은 98)

$\Rightarrow$ 퍼센트농도(W/W, %) = $\dfrac{\text{용질의 질량(g)}}{\text{용액의 질량(g)}} \times 100(\%)$

$70(\text{W/W},\%) = \dfrac{\text{용질 } 70\text{g}}{\text{용액 } 100\text{g}}$이므로, 용액이 100g이면 농황산(용질)이 70g이다.

몰농도(M) = $\dfrac{\text{용질(농황산, mol)}}{\text{용액부피(L)}} = \dfrac{70\text{g 농황산} \times \dfrac{1\text{mol}}{98\text{g}}}{100\text{g 용액} \times \dfrac{1\text{mL}}{1.84\text{g}} \times \dfrac{1\text{L}}{1{,}000\text{mL}}} = 13.14\text{mol/L}$

> 정리 비중 $1.84 = \dfrac{1.84\text{t}}{1\text{m}^3} = \dfrac{1.84\text{kg}}{1\text{L}} = \dfrac{1.84\text{g}}{1\text{mL}}$

6. 시판되는 황산의 농도가 96(W/W, %), 비중 1.84일 때, 노말농도(N)는?

$\Rightarrow$ 황산의 농도가 96(W/W,%)이므로, 용액 100g이면, 황산(용질)은 96g이다.
황산(H_2SO_4)은 2가산이므로, 1mol=2eq=98g

$N = \dfrac{\text{황산(eq)}}{\text{용액(L)}} = \dfrac{96\text{g} \times \dfrac{2\text{eq}}{98\text{g}}}{100\text{g} \times \dfrac{1\text{mL}}{1.84\text{g}} \times \dfrac{1\text{L}}{1{,}000\text{mL}}} = 36.04\text{eq/L}$

2-6 산화 · 환원 반응

(1) 산화와 환원의 정의

반응의 종류	전자	산소	수소	산화수
산화	잃음	얻음	잃음	증가
환원	얻음	잃음	얻음	감소

전자를 잃으면, 산소를 얻으면, 수소를 잃으면, 산화수가 증가하면 ⇒ 그 물질은 산화됨
전자를 얻으면, 산소를 잃으면, 수소를 얻으면, 산화수가 감소하면 ⇒ 그 물질은 환원됨

(2) 산화수를 구하는 규칙

① 중성 화합물의 산화수 총합＝0
② 원자단 이온의 산화수 총합＝이온의 전하수
③ 이온의 산화수＝이온의 전하수

〈 주요 원소의 산화수 〉

원소	산화수
H	+1
O	−2
S	−2
Na, K	+1
Mg, Ca, Ba	+2
Al	+3
F, Cl, Br, I	−1

─ 개념확인문제 ─

1. $Cr_2O_7^{2-}$ 이온에서 크로뮴(Cr)의 산화수는?

▣ 원자단 이온의 산화수 총합＝이온의 전하수
   2(Cr의 산화수)+7(O의 산화수)＝−2
   2(Cr의 산화수)+7×(−2)＝−2
   ∴ Cr의 산화수＝+6

2. MnO_4^- 에서 망가니즈(Mn)의 산화수는?

▣ (Mn의 산화수)+4×(−2)＝−1
   ∴ Mn의 산화수＝+7

③ 모든 과목에 적용되는 계산 공식

계산형 문제를 풀 때는 각 계산 공식을 숙지하고, 단위환산을 통해 크기를 맞춘다.

(1) 부하

부하 = 농도(C)×유량(Q)

(단위)　kg/day　　mg/L　　m^3/day

(2) 질량(M)

질량(M) = 농도(C)×부피(V)

(단위)　　kg　　　mg/L　　　m^3

개념확인문제

30m×18m×3.6m 규격의 직사각형 조에 물이 가득 차 있다. 약품 주입농도를 69mg/L로 하기 위해서 주입해야 할 약품량(kg)은?

➡ 약품 주입량(kg) = 약품 주입농도(mg/L)×부피(m^3)

$$= \frac{69\text{mg}}{\text{L}} \left| \frac{30\text{m}×18\text{m}×3.6\text{m}}{} \right| \frac{1{,}000\text{L}}{1\text{m}^3} \left| \frac{1\text{kg}}{10^6\text{mg}} \right.$$

$$= 134.136\text{kg}$$

(3) 유량(Q)

유량(Q) = 면적(A)×속도(v)

여기서, Q : 유량(m^3/sec), A : 면적(m^2), v : 속도(m/sec)

(4) 부피(V)

부피(V) = 유량(Q)×체류시간(t)
= 면적(A)×수심(H)

여기서, V : 부피(m^3), Q : 유량(m^3/sec), t : 체류시간(sec)
A : 면적(m^2), H : 수심(m)

(5) 면적(A)

① 원의 면적

$$원의 \ 면적 = \frac{\pi D^2}{4}$$

여기서, D : 원의 직경(m)

② 사각형(장방형 단면)의 면적

$$사각형의 \ 면적 = 가로 \times 세로$$

(6) 체류시간(t)

$$t = \frac{V}{Q} = \frac{AH}{Q}$$

여기서, t : 체류시간(sec), V : 부피(m^3), Q : 유량(m^3/sec), A : 면적(m^2), H : 수심(m)

(7) 레이놀즈수(Re) 유체에서는 관성력과 점성력의 비 ★★★

$$Re = \frac{관성력}{점성력} = \frac{\rho v D}{\mu} = \frac{v D}{\nu}$$

여기서, ρ : 입자의 밀도, v : 입자의 속도, D : 관의 직경
μ : 유체의 점성계수, ν : 유체의 동점성계수

※ 공식에서, 분자에 있는 인자는 비례하고, 분모에 있는 인자는 반비례한다.
 - 레이놀즈수와 비례 : 입자의 밀도, 액체(유체)의 유속
 - 레이놀즈수와 반비례 : 액체(유체)의 점성계수, 액체(유체)의 동점성계수

※ 레이놀즈수는 그 크기에 따라 유체 흐름이 달라진다.

구분	레이놀즈수	특징
층류	2,000 이하	흐름이 규칙적인 유체의 흐름
천이영역	2,000 ~ 4,000	층류와 난류 공존
난류	4,000 이상	흐름이 불규칙적인 유체의 흐름

한번에
합격하기

이어지는 「과목별 핵심요점」에서는 출제비중에 따른 중요도를 ★ 개수로 표시하였습니다.
시험까지 시간이 얼마 남지 않은 경우에는 별 개수가 3~5개인 부분만 집중적으로 학습하세요.

과 목	챕 터	핵심요점
제1과목 대기오염 방지	Chapter 1	1. 대기★★★ 2. 대기오염물질★ 3. 대기오염 현상★★ 4. 광화학 반응과 광화학 스모그★★ 5. 바람★★ 6. 대기오염의 확산★★ 7. 자동차 연료★
	Chapter 2	1. 연소★★ 2. 연료★ 3. 연소 계산★★★★★ 4. 국소환기장치★★
	Chapter 3	1. 집진의 기초★★ 2. 집진장치★★★★★
	Chapter 4	1. 가스상 물질 처리방법의 구분★ 2. 가스상 물질의 처리방법★★★★ 3. 가스상 물질의 종류별 처리방법★★★ 4. 가스상 물질 처리 관련 계산★★★
	Chapter 5	1. 대기오염 공정시험기준★★ 2. 대기환경 관계 법규★
제2과목 폐수 처리	Chapter 1	1. 물과 수자원★★★ 2. 수질오염★★ 3. 생물농축★ 4. 수질오염지표★★★★ 5. 수자원 관리★★★★ 6. 수중 미생물★★ 7. 유기물의 분해★ 8. 질소의 변환★★★
	Chapter 2	1. 정수처리와 하수처리의 과정★ 2. 물리·화학적 처리★★★★★ 3. 생물학적 처리★★★★★ 4. 질소 및 인 제거공정★★★
	Chapter 3	1. 관거★ 2. 상하수도 계획★
제3과목 폐기물 처리	Chapter 1	1. 폐기물의 분류★★ 2. 폐기물 발생량★★ 3. 폐기물 관련 계산★★★
	Chapter 2	1. 폐기물 처리의 개요★ 2. 폐기물의 수거와 수송★★★★ 3. 폐기물의 전처리(중간처리)★★★★★ 4. 폐기물의 중간처분 (1) − 소각과 열분해★★★★★ 5. 폐기물의 중간처분 (2) − 안정화 및 고형화★ 6. 폐기물의 중간처분 (3) − 슬러지 처리★★★★ 7. 폐기물의 최종처분★★★★★
	Chapter 3	1. 폐기물 공정시험기준 − 시료의 분할채취방법★★ 2. 환경 관련 국제협약★
제4과목 소음·진동 방지	Chapter 1	1. 파동과 음의 성질★★ 2. 소음의 영향★ 3. 음의 크기와 표현★★★ 4. 청력손실과 소음평가★ 5. 소음의 저감★
	Chapter 2	1. 공해진동★ 2. 진동의 크기와 영향★
	Chapter 3	1. 소음·진동 방지대책★★ 2. 소음·진동 제어를 위한 자재★★
	Chapter 4	1. 소음·진동 공정시험기준★ 2. 환경기준 중 소음 측정방법★ 3. 배출허용기준의 측정방법★ 4. 소음계★

PART 1

과목별
핵심요점

과목명	출제비중
대기오염 방지	40%
폐수 처리	30%
폐기물 처리	25%
소음 · 진동 방지	5%

환경기능사는 출제기준에서 총 4과목으로 구분하고 있지만, 과목 구분 없이 60문제가 출제되는 특성상 과목별로 중요도에 따라 출제비중에도 차이가 있다.

왼쪽 표에서와 같이, 1과목 '대기오염 방지'와 2과목 '폐수 처리'에서 가장 많은 문제가 출제되고 있으며, 1과목과 2과목을 합친 출제비중이 약 70%로 기능사 합격점이 60점인 것을 생각해보면 중요도의 차이를 더욱 확실하게 알 수 있다.

따라서 1과목과 2과목에 더 많은 비중을 두고 중점적으로 학습하는 것이 효율적이다.

바로 앞 쪽 「들어가기」에 정리된 핵심요점별 중요도를 참고한다면, 효율적으로 학습하기 위해 더욱 세부적인 전략을 세울 수 있다. 시험까지 시간이 얼마 남지 않은 경우에는 중요도가 ★표시 3개~5개까지의 내용을 위주로 학습하도록 한다.

PART 1
과목별 핵심요점

제1과목 대기오염 방지

Craftsman Environmental

환 / 경 / 기 / 능 / 사

대기오염 개론

1 대기의 특징

중력에 의하여 지구 주위를 둘러싸고 있는 기체(공기)를 대기라고 한다.

(1) 대기의 조성

대기(공기)에는 질소(N_2)가 78%, 산소(O_2)가 21% 정도로, 질소와 산소가 가장 많이 존재하며, 대기를 조성하는 물질들을 부피농도 순으로 나열하면 다음과 같다.

> 질소(N_2) > 산소(O_2) > 아르곤(Ar) > 이산화탄소(CO_2) > 네온(Ne) > 헬륨(He)

참고 비활성 기체
- 주기율표의 18족 원소
- 다른 물질과 화학반응을 하지 않아 반응성이 없는(비활성) 기체상태로 존재함
- 종류 : 헬륨(He), 네온(Ne), 아르곤(Ar), 크립톤(Kr), 제논(Xe) 등

(2) 체류시간

건조공기를 구성하는 물질을 대기 내 체류시간이 긴 순서대로 나열하면 다음과 같다.

> 질소(N_2) > 산소(O_2) > 이산화질소(N_2O) > 이산화탄소(CO_2)
> > 메테인(CH_4) > 수소(H_2) > 일산화탄소(CO) > 이산화황(SO_2)

─ 기출유형 ─

1. 다음 중 건조대기 중에 가장 많은 비율로 존재하는 비활성 기체는?
① He ② Ne
③ Ar ④ Xe

2. 다음 표준상태(0℃, 760mmHg)에 있는 건조공기 중 대기 내의 체류시간이 가장 긴 것은?
① N_2 ② CO
③ NO ④ CO_2

정답 1. ③ 2. ①

(3) 공기의 특성

① 공기의 분자량 : $29g/mol$

② 공기의 밀도 : $1.3kg/Sm^3$

참고 혼합기체의 분자량 계산

혼합기체의 분자량 $= \sum ($기체의 분자량 $\times$ 기체의 조성비율$)$

$$밀도 = \frac{질량}{부피} = \frac{공기\ 분자량(g)}{22.4(L)} = \frac{29kg}{22.4Sm^3} = 1.3kg/Sm^3$$

③ 기체의 비중 : 기체의 비중은, 분자량이 클수록 크다.

$$비중 = \frac{기체의\ 밀도}{공기의\ 밀도} = \frac{\dfrac{기체의\ 분자량}{22.4}}{\dfrac{29}{22.4}} = \frac{기체의\ 분자량}{29}$$

기출유형

다음 기체 중 비중이 가장 큰 것은?

① SO_2

② CO_2

③ HCHO

④ CS_2

▣ 기체의 비중은 분자량이 클수록 크며, 각 보기의 분자량은 다음과 같다.

① $SO_2 : 32 + 16 \times 2 = 64$

② $CO_2 : 12 + 16 \times 2 = 44$

③ HCHO $: 1 + 12 + 1 + 16 = 30$

④ $CS_2 : 12 + 32 \times 2 = 76$

정답 ④

---

2 대기권의 구조

대기권은 온도경사에 따라 대류권, 성층권, 중간권, 열권의 4개 층으로 구분한다.

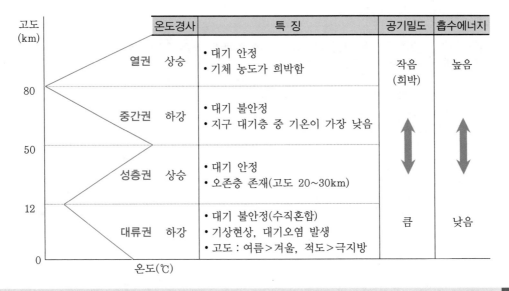

고도(km)		온도경사	특 징	공기밀도	흡수에너지
	열권	상승	• 대기 안정 • 기체 농도가 희박함	작음 (희박)	높음
80	중간권	하강	• 대기 불안정 • 지구 대기층 중 기온이 가장 낮음	↕	↕
50	성층권	상승	• 대기 안정 • 오존층 존재(고도 20~30km)		
12	대류권	하강	• 대기 불안정(수직혼합) • 기상현상, 대기오염 발생 • 고도 : 여름>겨울, 적도>극지방	큼	낮음
0			온도(℃)		

(1) 대류권(troposphere) ▶ 범위 : 지표~12km

① [고도↑ ➡ 기온↓] ➡ 대기 불안정, 공기의 수직혼합

　※ 고도 1km 증가 시 온도 6.5℃ 감소됨

② 기상현상, 대기오염이 발생한다.

③ 대류권의 고도 : 여름 > 겨울, 저위도 > 고위도

　(위도 45°에서 12km, 극지방에서 최저, 적도에서 최고)

(2) 성층권(stratosphere) ▶ 범위 : 12~50km

① [고도↑ ➡ 기온↑] ➡ 대기 안정

② 고도 20~30km 부근에 오존층이 존재한다.

(3) 중간권(mesosphere) ▶ 범위 : 50~80km

① [고도↑ ➡ 기온↓] ➡ 대기 불안정, 공기의 수직혼합

② 수증기가 없으므로 기상현상은 일어나지 않는다.

③ 지구 대기층 중에서 기온이 가장 낮다.

(4) 열권(thermosphere) ▶ 범위 : 80km 이상

① [고도↑ ➡ 기온↑] ➡ 대기 안정

② 태양에 가장 가까운 대기이다.

③ 기체 농도가 희박하다.

④ 오로라 현상이 나타난다.

정리

• 고도가 상승할 때 온도가 높아지면 : 대기 안정, 공기의 수직혼합(대류) 없음

• 고도가 상승할 때 온도가 낮아지면 : 대기 불안정, 공기의 수직혼합(대류) 발생

─ 기출유형 ─

지구의 대기권은 고도에 따른 기온의 분포에 의해 몇 개의 권역으로 구분하는데, 다음 설명에 해당하는 권역은 무엇인가?

> • 고도가 높아짐에 따라 온도가 상승한다.
> • 공기의 상승이나 하강과 같은 수직이동이 없는 안정한 상태를 유지한다.
> • 지면으로부터 20~30km 사이에 오존이 많이 분포하고 있는 오존층이 있다.

① 대류권　　　　　　　　　② 성층권

③ 중간권　　　　　　　　　④ 열권

➡ 오존층은 성층권에 있다.

정답 ②

핵심요점 ② 대기오염물질 ★

1 대기오염물질의 분류

(1) 생성과정에 따른 분류

① 1차 대기오염물질 : 발생원에서 직접 대기 중으로 배출된 대기오염물질
② 2차 대기오염물질 : 1차 대기오염물질의 산화반응 또는 광화학반응으로 생성된 대기오염물질
③ 1·2차 대기오염물질 : 1차 및 2차 대기오염물질에 모두 속하는 물질

(2) 성상에 따른 분류

① 입자상 물질 : 입자(고체, 액체) 형태의 물질
② 가스상 물질 : 가스(기체) 형태의 물질

(3) 분류에 따른 대기오염물질의 종류

분류기준	분 류	대기오염물질의 종류
생성 과정	1차 대기오염물질	CO, CO_2, HC, HCl, NH_3, H_2S, $NaCl$, N_2O_3, 먼지, Pb, Zn 등 대부분 물질
	2차 대기오염물질	O_3, $PAN(CH_3COOONO_2)$, H_2O_2, $NOCl$, 아크롤레인(CH_2CHCHO)
	1·2차 대기오염물질	$SOx(SO_2, SO_3)$, $NOx(NO, NO_2)$, H_2SO_4, $HCHO$, 케톤, 유기산
성상	입자상 물질	강하먼지, 부유먼지, 에어로졸(aerosol), 먼지(dust), 매연(smoke), 검댕(soot), 연무(haze), 박무(mist), 안개(fog), 훈연(fume), 스모그(smog), 비산재, 카본블랙, 황산미스트 등
	가스상 물질	$SOx(SO_2, SO_3)$, $NOx(NO, NO_2)$, O_3, CO, NH_3, HCl, Cl_2, $HCHO$, CS_2, 플루오린화수소(HF), 페놀(C_6H_5OH), 벤젠(C_6H_6)

─ 기출유형 ─

1. 다음 대기오염물질 중 물리적 성상이 다른 것은?

① 먼지   ② 매연
③ 오존   ④ 비산재

➡ ①, ②, ④ : 입자상 물질, ③ : 가스상 물질

2. 다음 중 2차 대기오염물질에 속하는 것은?

① HCl   ② Pb
③ CO   ④ H_2O_2

정답 1. ③   2. ④

2 입자상 물질

〈입자상 물질의 종류에 따른 특징〉

입자상 물질	특 징
먼지(dust)	• 대기 중 떠다니거나 흩날려 내려오는 입자상 물질 • 일반적으로 집진 조작의 대상이 되는 고체 입자
매연(smoke)	연료 중 탄소가 유리된 유리탄소를 주성분으로 한 고체상 물질
검댕(soot)	연소과정에서 유리탄소가 타르(tar)에 젖어 뭉쳐진 액체상 매연(직경 $1\mu m$ 이상)
훈연(fume)	• 금속산화물과 같이 가스상 물질이 승화, 증류 및 화학반응과정에서 응축될 때 주로 생성되는 $1\mu m$ 이하의 고체 입자 • 브라운 운동으로 상호 응집이 쉬움
안개(fog)	• 증기의 응축에 의해 생성되는 액체 입자 • 습도 약 100%, 가시거리 1km 미만
박무(mist)	• 미립자를 핵으로 증기가 응축하거나 큰 물체로부터 분산하여 생기는 액체상 입자 • 습도 90% 이상, 가시거리 1km 이상
연무(haze)	• 크기 $1\mu m$ 미만의 시야를 방해하는 물질 • 습도 70% 이하, 가시거리 1km 이상
에어로졸(aerosol)	고체 또는 액체 입자가 기체 중에 안정적으로 부유하여 존재하는 상태
PM-10, PM-2.5	• PM-10 : 미세먼지(공기역학적 직경이 $10\mu m$ 이하인 먼지) • PM-2.5 : 초미세먼지(공기역학적 직경이 $2.5\mu m$ 이하인 먼지)

참고 먼지의 입경범위

• 인체에 침착률이 가장 큰 입경범위 : $0.1\sim1.0\mu m$
• 폐포에 침착하기 쉬운 입경범위 : $0.5\sim5.0\mu m$

─(기출유형)─

대기환경보전법상 괄호에 들어갈 용어는?

( )(이)란 연소할 때에 생기는 유리탄소가 응결하여 입자의 지름이 1미크론 이상이 되는 입자상 물질을 말한다.

① VOC
② 검댕
③ 콜로이드
④ 1차 대기오염물질

▶ ① VOC : 휘발성 유기화합물질
③ 콜로이드 : 입경이 $0.001\sim1\mu m$인 미세한 부유물질
④ 1차 대기오염물질 : 배출원에서 바로 배출되는 형태의 대기오염물질

정답 ②

3 가스상 물질

(1) 황화합물(SOx)

① 이산화황(SO₂)

> **정리** 연소과정에서 발생하는 질소산화물(SOx)
> SO_2(95%), SO_3(5%)

ㄱ 화석연료가 연소할 때 황이 산화되어 발생한다.

$$S + O_2 \rightarrow SO_2$$

ㄴ 무색의 불연성 기체로 자극성 냄새가 난다.

ㄷ 환원성이 있어서, 수분이 있으면 표백 효과가 있다.

ㄹ 금속, 석회암, 대리석을 부식시킨다.

ㅁ 물에 잘 녹아, 대기 중 수분과 반응하여 H_2SO_4를 생성한다.

$$SO_2 + \frac{1}{2}O_2 \rightarrow SO_3 + H_2O \rightarrow H_2SO_4$$

ㅂ 체류시간이 짧다.

ㅅ 산성비의 원인이다.

> **참고** 식물과 황화합물의 관계
> - 식물에 미치는 영향 : 백화 현상, 맥간반점
> - 지표식물(약한 식물) : 담배, 자주개나리, 참깨 등
> - 강한 식물 : 협죽도, 옥수수, 양배추, 무궁화 등

② 무수황산(SO_3, 삼산화황)

ㄱ SO_2가 대기 중에서 산화되어 생성되는 물질이다.

ㄴ 물에 잘 녹는다.

③ 황화수소(H_2S)

ㄱ 황화합물 중 자연계에 가장 많이 존재한다.

ㄴ 무색의 유독성·질식성 가스로, 악취(달걀 썩는 냄새) 물질이다.

ㄷ 배출원 : 가스공업, 펄프, 석유, 석유정제업, 도시가스, 하수처리장, 암모니아 제조

④ 이황화탄소(CS_2)

ㄱ 상온에서 무색투명하고, 일반적으로 불쾌한 자극성 냄새를 내는 액체이다.

ㄴ 휘발성을 가지며, 연소가 쉽다.

> **용어** 휘발성
> 증발하기 쉬운 성질

ㄷ 공기보다 2.64배 정도 무겁다.

ㄹ 인화점 : −30℃, 끓는점 : 46.45℃, 녹는점 : −111.53℃

ㅁ 배출원 : 비스코스섬유공업

ㅂ 인체 영향 : 중추신경계 장애

1. 다음에서 설명하는 대기오염물질은?

보통 백화 현상에 의해 맥간반점을 형성하며, 지표식물로는 자주개나리, 보리, 담배 등이 있고, 강한 식물로는 협죽도, 양배추, 옥수수 등이 있다.

① 황산화물   ② 탄화수소

③ 일산화탄소   ④ 질소산화물

➡ 식물의 백화 현상, 맥간반점은 SO_2의 영향이다.

　※ 황산화물(SOx) : 이산화황(SO_2), 삼산화황(SO_3)

2. 다음 설명에 해당하는 대기오염물질은?

- 상온에서 무색투명하고, 일반적으로 불쾌한 자극성 냄새를 내는 액체이다.
- 인화점이 $-30℃$ 정도이고, 증발과 연소가 대단히 쉽다.
- 이 물질의 증기는 공기보다 2.64배 정도 무겁다.

① 이산화황   ② 이황화탄소

③ 이산화질소   ④ 일산화질소   정답 1.① 2.②

---

(2) 질소산화물(NOx)

① 일산화질소(NO)

   ㄱ 고온의 연소과정에서 발생한다.

     $N_2 + O_2 \rightarrow 2NO$

> **정리** 연소과정에서 발생하는 질소산화물(NOx)
> NO(90%), NO_2(10%)

   ㄴ **무색무취, 무자극성의 기체**이다.

   ㄷ 물에 잘 녹지 않는다.

   ㄹ 헤모글로빈과 결합력이 매우 강하고, 헤모글로빈과 결합하여 메타헤모글로빈을 형성한다.

   ㅁ 배출원 : 내연기관, 폭약 제조, 비료 제조 등

② 이산화질소(NO_2)

   ㄱ NO가 산화되어 생성된다.

     $2NO + O_2 \rightarrow 2NO_2$

   ㄴ **적갈색의 자극성 · 부식성을 가진 기체**이다.

   ㄷ 습도가 높은 경우, 질산이 되어 금속을 부식시킨다.

   ㄹ 여름철 농도가 높다(강한 태양에너지에 의하여 NO가 NO_2로 산화됨).

   ㅁ 광화학적 분해작용 때문에 대기의 O_3 농도를 증가시킨다.

ⓑ 냉수 또는 알칼리 수용액과 반응하여 시정거리를 단축시킨다.

⓼ NO보다 인체에 미치는 독성이 5~7배 정도 강하다.

ⓞ 난용성이지만, NO보다는 용해도가 높다.

ⓩ 헤모글로빈(Hb ; 혈색소)과 결합력이 강하다.

ⓩ 배출원 : 내연기관, 폭약 제조, 비료 제조 등

> **참고 질소산화물의 영향**
> • 인체 영향 : 헤모글로빈과 친화력($NO > CO > O_2$)
> • 식물 피해순서 : $HF > Cl_2 > SO_2 > O_3 > NOx > CO$

③ 아산화질소(N_2O)

ⓐ 무색의 불활성 기체로, 안정한 물질이다.

ⓑ **오존층 파괴물질**이면서, **온실가스**이다.

ⓒ **마취약의 재료(웃음기체)**로 사용된다.

> **정리 연소공정에서 발생하는 질소산화물의 종류**
> • Fuel NOx : 연료 자체에 포함된 질소성분의 연소로 발생
> • Thermal NOx : 연소 시 고온 분위기에 의해, 공기 중의 질소가 산화되어 발생
> • Prompt NOx : 연료와 공기 중 질소의 결합으로 발생

⎧기출유형⎭

1. 연소과정에서 주로 발생하는 질소산화물의 형태는?

① NO ② NO_2

③ NO_3 ④ N_2O

2. 내연기관, 폭약 제조, 비료 제조 등에서 발생되며, 빛의 흡수가 현저하여 시정거리 단축의 원인으로 작용하는 대기오염물질은?

① SO_2 ② NO_2

③ CO ④ NH_3

➡ $NOx(NO, NO_2)$는 냉수 또는 알칼리 수용액과 반응하면, 질산 미스트가 되어 시정거리를 단축시킨다.

3. 대류권에서는 온실가스이며 성층권에서는 오존층 파괴물질로 알려져 있는 것은?

① CO ② N_2O

③ HCl ④ SO_2

➡ 아산화질소(N_2O)는 오존층 파괴물질이자, 온실가스이다.

정답 1. ①   2. ②   3. ②

(3) 탄소화합물

① 이산화탄소(CO_2)

- ㉠ 화석연료의 연소로 발생한다.
- ㉡ **실내공기 오염 지표**이며, 온실가스이다.
- ㉢ 지구 온실효과에 대한 추정 기여도가 50% 정도로 가장 높다.
- ㉣ 자연상태 빗물의 pH가 5.6인 이유는 공기 중 이산화탄소 때문이다.
- ㉤ 대기 중 CO_2 농도는 겨울에 증가하고, 봄과 여름에 감소한다.

② 일산화탄소(CO)

- ㉠ 무색무취의 기체이다.
- ㉡ **물에 잘 녹지 않는다(난용성).**
- ㉢ 공기보다 가볍다.
- ㉣ **체류시간 : 1~3개월**
- ㉤ 금속산화물을 환원시킨다(환원제).
- ㉥ 연료 중 탄소의 **불완전연소 시에 발생**한다.
- ㉦ CO_2로 쉽게 산화된다.
- ㉧ **헤모글로빈과의 결합력이 강하다.**
  - ※ CO와 헤모글로빈의 결합력은 산소와 헤모글로빈 결합력의 210배로 강하며, 헤모글로빈과 결합해 카복시헤모글로빈(CO-Hb)을 형성해 혈액 내 산소 운반을 방해한다.
- ㉨ 연탄가스 중독의 원인이다.
- ㉩ 배출원 : 내연기관, 코크스 연소로, 제철, 탄광, 야금공업

③ 탄화수소류(HC)

- ㉠ 탄소와 수소로 구성된 물질의 총칭이다.
- ㉡ 메테인(CH_4)이 대기 중 가장 많다.
- ㉢ 자동차 감속 시 발생하며, 광화학 스모그의 원인물질로 작용한다.
- ㉣ 자연적 발생량이 인위적 발생량보다 많다.

─(기출유형)─

일산화탄소의 특성으로 옳지 않은 것은?

① 무색무취의 기체이다.
② 물에 잘 녹고, CO_2로 쉽게 산화된다.
③ 연료 중 탄소의 불완전연소 시에 발생한다.
④ 헤모글로빈과의 결합력이 강하다.

➡ ② 일산화탄소(CO)는 물에 잘 녹지 않는다.

정답 ②

(4) 플루오린화수소(HF)

① 무색의 발연성 기체이다.

② 용해도가 매우 크고, 그 수용액은 약산이다.

③ 대부분의 금속을 용해·부식시킨다.

④ 배출원 : 알루미늄공업, 인산비료공업, 유리 제조공업

(5) 염소(Cl_2)

① 황록색의 자극성이 있는 맹독성 기체이다.

② 표백작용을 한다.

③ 배출원 : 소다공업, 화학공업, 농약

──(기출유형)──

1. 다음 중 도자기나 유리제품에 부식을 일으키는 성질을 가진 가스로서 알루미늄 제조, 인산비료 제조공업 등에 이용되는 것은?

① 플루오린 및 그 화합물

② 염소 및 그 화합물

③ 사이안화수소

④ 이산화황

2. 황록색의 유독한 기체로 물에 잘 녹으며 강한 자극성이 있는 기체는?

① Cl_2

② NH_3

③ CO_2

④ CH_4

정답 1. ①   2. ①

4 실내공기 오염물질

(1) 라돈(Rn)

① 자연 **방사능 물질**이다.

② 무색무취의 불활성 기체이다.

③ 공기보다 무겁다.

④ 발생원 : 암석 틈, 건축자재 등

(2) 석면

① 자연계에 존재하는 섬유상 규산광물의 총칭이다.

② 내열성 · 불활성이다.

③ 용도 : 단열재, 절연재, 방열재, 브레이크 등

④ 인체 영향 : 인체에 다량 흡입되면 피부질환, 호흡기질환, 폐암, 중피종 등을 유발한다.

(3) 휘발성 유기화합물(VOC)

① 100℃ 이하의 비등점과 25℃에서 증기압이 1mmHg보다 큰 유기화합물의 총칭이다.

② 높은 증기압을 갖는다.

③ 광화학 반응성이 높다.

④ 차량 운전 시 불완전연소로 발생한다.

⑤ 발생원 : 세탁시설, 석유 정제시설, 주유소, 산업공정 등

⑥ 종류 : BTEX(벤젠, 톨루엔, 에틸벤젠, 자일렌) 등

> **참고** **실내공기 오염물질의 종류**
> - 미세먼지(PM-10), 초미세먼지(PM-2.5)
> - 일산화탄소(CO), 이산화탄소(CO_2), 이산화질소(NO_2), 오존(O_3)
> - 라돈(Rn), 석면, 폼알데하이드(HCHO)
> - 총부유세균(TAB), 곰팡이
> - 벤젠, 톨루엔, 에틸벤젠, 자일렌, 스타이렌

기출유형

다음 실내공기 오염물질 중 주로 단열재, 절연재, 방열재, 브레이크 등에서 발생되며 인체에 다량 흡입되면 피부질환, 호흡기질환, 폐암, 중피종 등을 유발시키는 것은?

① 총부유세균

② 석면

③ 오존

④ 일산화탄소

정답 ②

핵심요점 ③ 대기오염 현상 ★★

1 대기오염 사건

(1) 역사적 대기오염 사건

사건명	국 적	원인물질	피해 및 영향
뮤즈계곡 사건(1930년)	벨기에	SO_2, 먼지, 매연	호흡기 질환
요코하마 사건(1946년)	일본	SO_2, 먼지, 매연	호흡기 질환
도노라 사건(1948년)	미국	SO_2, 먼지, 매연	호흡기 질환
포자리카 사건(1950년)	멕시코	H_2S	호흡기 질환, 중추신경계 장애
런던 스모그 사건(1952년)	영국	SO_2, 먼지, 매연	호흡기 질환
LA 스모그 사건(1954년)	미국	옥시던트(O_3, PAN 등)	호흡기 질환, 눈·코 자극
욧카이치 사건(1960년대)	일본	SO_2, 먼지, 매연	호흡기 질환
세베소 사건(1976년)	이탈리아	다이옥신, 염소가스	피부병, 잔류오염
스리마일섬 원전사고(1979년)	미국	방사성 물질	발암률 증가
보팔 사건(1984년)	인도	메틸아이소시아네이트 (MIC)	호흡곤란, 구토, 기침, 질식
체르노빌 원전사고(1986년)	우크라이나	방사성 물질	발암, 유전질환, 기형아 등 세대를 이은 피해 발생

정리 대기오염 사건의 공통점
무풍지역, 기온역전, 대기가 안정할 때 자연 발생(인위적 폭발, 원전 사고 제외)

(2) 자연재해 사건
크라카타우 사건 : 인도에서 자연 발생한 화산폭발 사건(1883년)

(3) 물질별 대기오염 사건 정리
① 황화수소(H_2S) : 포자리카
② 메틸아이소시아네이트(MIC) : 보팔
③ 다이옥신(dioxin) : 세베소
④ 자동차 배기가스의 NOx(NO, NO_2) : LA 스모그
⑤ 방사능 물질 : 체르노빌, 스리마일섬(TMI)
⑥ 화석연료 연소에 의한 SO_2, 매연, 먼지 : 나머지 사건

대기오염 사건 중 포자리카(Poza Rica) 사건은 주로 어떤 오염물질에 의한 피해였는가?

① O_3 ② H_2S

③ PCB   ④ MIC

정답 ②

2 스모그

(1) 정의

스모그(smog)는 매연(smoke)과 안개(fog)의 합성어로, 매연이 안개처럼 뿌옇게 낀 상태를 말한다.

(2) 종류

① 런던 스모그 : 화석연료의 연소로 생성된 SOx로 인해 발생한 스모그
② LA 스모그(광화학 스모그) : 광화학 반응으로 생성된 옥시던트로 인해 발생한 스모그

〈런던 스모그와 LA 스모그의 비교〉

구 분	런던 스모그	LA 스모그
발생시간	새벽~이른 아침	한낮(12~14시 최대)
발생시기	겨울(12~1월)	여름(7~9월)
온도	4℃ 이하의 저온	24~32℃의 고온
습도	습윤(90% 이상)	건조(70% 이하)
바람	무풍	무풍
역전형태	복사성(방사성) 역전	침강성 역전
오염원인	석탄연료의 매연(가정난방)	자동차 매연(NOx)
오염물질	SOx	옥시던트
반응형태	열적 환원반응	광화학적 산화반응
시정거리	100m 이하	1km 이하
연기 특징	차가운 취기의 회색빛 농무형	회청색 연무형
반응과정	연기 + 안개 + SO_2 → 환원형 스모그	HC + NOx + $h\nu$ → O_3, PAN 등
피해 및 영향	호흡기 질환, 사망자 최대	눈, 코, 기도 점막 자극, 고무 등의 손상
발생기간	단기간	장기간
발생국가	개발도상국형	선진국형

정리 런던 스모그와 LA 스모그 발생조건

- 런던 스모그 : 복사성(방사성) 역전, 4℃ 이하의 저온, 열적 환원반응, 석탄계 연료
- LA 스모그 : 침강성 역전, 24~32℃의 고온, 광화학적 산화반응, 석유계 연료, 높은 자외선 농도

─ 기출유형 ─

1. 런던형 스모그에 관한 설명으로 가장 거리가 먼 것은?

① 주로 아침 일찍 발생한다.
② 습도와 기온이 높은 여름에 주로 발생한다.
③ 복사역전 형태이다.
④ 시정거리가 100m 이하이다.

➡ ② 습도가 높고 기온이 낮은 겨울에 발생한다.

2. 로스엔젤레스(Los Angeles)형 스모그의 발생조건으로 가장 거리가 먼 것은?

① 방사성 역전 형태   ② 24~32℃의 고온
③ 광화학적 반응   ④ 석유계 연료

정답 1.② 2.①

3 오존층 파괴

(1) 오존층

① 오존층은 오존의 생성과 분해가 가장 활발하게 일어나는 층으로, 성층권에 존재한다.
② 성층권의 오존은 유해한 자외선(UV-B, 파장 200~290nm)을 일부 흡수해 지표에 유해한 자외선이 도달하지 않도록 보호막 역할을 한다.
③ 오존 밀집지역 : 고도 20~30km(성층권)
④ 오존 최대농도 : 10ppm(고도 25km)

(2) 오존층의 두께

① 오존층의 두께를 표시하는 단위는 돕슨(Dobson ; DU)이다.
  ※ 100DU = 1mm
② 지구 전체의 평균 오존량은 약 300DU(극지방 400DU, 적도 200DU)이다.

─ 기출유형 ─

다음 중 오존층의 두께를 표시하는 단위는?

① VAL   ② OTL
③ Pa   ④ Dobson

정답 ④

(3) 오존층 파괴물질

오존층을 파괴하는 물질에는 CFCs(염화플루오린화탄소, 염화불화탄소, 프레온가스), 할론(halons, 염화브로민화탄소), 질소산화물(NO, N_2O), 사염화탄소(CCl_4)가 있다.

오존층 파괴물질	특 징
CFCs	• 온실가스 • C, F, Cl로 구성 • 용도 : 스프레이류, 냉매제, 소화제, 발포제, 전자부품, 세정제
할론	• C, F, Cl, Br로 구성 • CFCs보다 오존층 파괴력이 더 큼
질소산화물	성층권을 비행하는 초음속 여객기에서 NO가 배출

(4) 오존층 파괴물질의 대체물질

오존층 파괴물질을 대체할 수 있는 물질로는 과플루오린화탄소(과불화탄소, PFC), 수소플루오린화탄소(수소불화탄소, HFC), 수소염화플루오린화탄소(수소염화불화탄소, HCFC)가 있다.

┌─ 기출유형 ─

오존층을 파괴하는 특정 물질과 거리가 먼 것은?

① 염화플루오린화탄소(CFCs) 　　② 황화수소(H_2S)

③ 염화브로민화탄소(Halons) 　　④ 사염화탄소(CCl_4) 　　정답 ②

4 지구온난화

(1) 정의

지구온난화(온실효과)는 자연적인 현상이나 인위적인 영향으로, 대기 중 온실가스(GHG)가 늘어나 지구 온도가 증가하는 현상이다.

(2) 원인물질 ▶ 대기환경보전법상 온실가스(교토의정서 감축대상물질)

지구온난화의 원인물질로는 이산화탄소(CO_2), 메테인(메탄, CH_4), 아산화질소(N_2O), 과플루오린화탄소(과불화탄소, PFC), 수소플루오린화탄소(수소불화탄소, HFC), 육플루오린화황(육불화황, SF_6)이 있다.

┌─ 기출유형 ─

대기환경보전법상 온실가스에 해당하지 않는 것은?

① NH_3 　　　　　　② CO_2

③ CH_4 　　　　　　④ N_2O 　　정답 ①

(3) 온난화지수

온난화지수(GWP ; Global Warming Potential)란 온실가스의 단위질량당 기여도(흡수율)이다. GWP는 CO_2를 1로 기준하며, 온실가스를 온난화지수가 높은 순서대로 나열하면 다음과 같다.

$$SF_6 > PFC > HFC > N_2O > CH_4 > CO_2$$
$$GWP \quad (23,900) \quad (7,000) \quad (1,300) \quad (310) \quad (21) \quad (1)$$

(4) 영향

지구온난화로, 이상기온 현상, 해수면 상승, 해빙, 사막화 현상, 엘리뇨, 라니냐 등이 발생한다.

> **참고** 엘리뇨와 라니냐
> • 엘리뇨 : 적도 동태평양에서 해수면의 온도가 평균보다 0.5℃ 이상 높은 상태가 6개월 이상 지속되는 고수온 현상(남자 아이 또는 아기 예수의 의미)
> • 라니냐 : 적도 동태평양에서 해수면의 온도가 평균보다 낮아지는 저수온 현상(여자 아이의 의미)

─ 기출유형 ─

열대 태평양 남미 해안으로부터 중태평양에 이르는 넓은 범위에서 해수면의 온도가 평균보다 0.5℃ 이상 높은 상태가 6개월 이상 지속되는 현상으로, 스페인어로 아기 예수를 의미하는 것은?
① 라니냐 현상   ② 업웰링 현상
③ 뢴트겐 현상   ④ 엘니뇨 현상

➡ • 엘리뇨 현상 : 고수온 현상
    • 라니냐 현상 : 저수온 현상   **정답** ④

5 산성비

(1) 산성비의 정의

① **자연강우** : 오염되지 않은 대기 중에 존재하는 CO_2가 빗물에 녹으면, 약산인 탄산(H_2CO_3, 약산)이 형성되어 pH가 5.6으로 낮아진다.

② **산성비** : CO_2 이외의 산성 물질이 빗물에 녹아 pH 5.6 이하인 비를 산성비라고 한다.

> **정리** 자연강우와 산성비의 pH
> • 자연강우의 pH : 5.6
> • 산성비의 pH : 5.6 이하

(2) 산성비의 원인물질

산성비의 원인물질로는 황산화물(SOx), 질소산화물(NOx), 플루오린화합물(HF 등)이 있다.

 CO₂는 산성비의 원인물질이 아님!

(3) 산성비의 영향

① 토양의 산성화
② 호수의 산성화
③ 식물 영향 : 식물 고사, 농작물과 산림에 직접적인 피해
④ 인체 영향 : 눈·피부 자극, 대사기능 장애, 위암, 노인성 치매
⑤ 재산 영향 : 급수관, 건축자재, 의류, 금속, 대리석, 전선 등의 부식

(4) 산성비 관련 국제협약

① 헬싱키 의정서 : SOx 감축 결의
② 소피아 의정서 : NOx 감축 결의

6 열섬 현상

열섬 현상(heat island effect, dust dome effect)이란 대기오염과 인공열의 영향으로 주변 전원지역보다 도시의 온도가 더 높은 현상(도시 고온 현상)을 말한다.

──(기출유형)──

1. 산성비에 대한 설명으로 가장 거리가 먼 것은?
① 통상 pH가 5.6 이하인 비를 말한다.
② 산성비는 인공건축물의 부식을 더디게 한다.
③ 산성비는 토양의 광물질을 씻겨 내려 토양을 황폐화시킨다.
④ 산성비는 황산화물이나 질소산화물 등이 물방울에 녹아서 생긴다.

➡ ② 산성비는 급수관, 건축자재, 의류, 금속, 대리석, 전선 등의 부식을 촉진시킨다.

2. 대기오염으로 인한 지구환경 변화 중 도시지역의 공장, 자동차 등에서 배출되는 고온의 가스와 냉난방시설로부터 배출되는 더운 공기가 상승하면서 주변의 찬 공기가 도시로 유입되어 도시지역의 대기오염물질에 의한 거대한 지붕을 만드는 현상은?
① 라니냐 현상
② 열섬 현상
③ 엘니뇨 현상
④ 오존층 파괴현상

정답 1. ② 2. ②

핵심요점 ④ 광화학 반응과 광화학 스모그 ★★

1 광화학 반응

(1) 정의

탄화수소와 질소산화물이 강한 자외선으로 옥시던트(2차 오염물질)를 생성하는 반응을 광화학 반응이라 한다.

$$HC + NOx \xrightarrow{h\nu} O_3 \rightarrow 옥시던트$$

(2) 광화학 반응의 3대 요소

① 질소산화물(NOx) : NO, NO_2
② 탄화수소 : 올레핀계 탄화수소(C_nH_{2n})
③ 빛 : 자외선과 가시광선

2 광화학 스모그

(1) 정의

광화학 스모그는 질소산화물, 일산화탄소, 탄화수소가 대기 중에 농축되어 있다가 태양광선 중 자외선과 화학반응을 일으키면서 2차 오염물질인 광산화물(oxidant)을 만들어 대기가 안개 낀 것처럼 뿌옇게 변하는 현상(하얀 스모그, 자줏빛 스모그)이다.

(2) 광화학 스모그가 잘 발생하는 조건

① 일사량이 클 때
② 역전(안정)이 생성될 때
③ 대기 중 반응성 탄화수소, NOx, O_3 등의 농도가 높을 때
④ 기온이 높은 여름 한낮일 때

(3) 영향 및 피해

① 인체 영향 : 눈과 목의 점막 자극, 눈병, 호흡기 질환, 가시거리 저하 등이 발생한다. 급성 중독 시 폐수종을 유발하며, 사망에 이를 수도 있다.
② 식물 영향 : 잎이 마르거나 열매가 열리지 않을 정도의 피해를 주며, 산림을 황폐하게 한다.
③ 산업 영향 : 자동차 타이어 등 고무제품을 부식시켜 제품의 수명을 감소시킨다.

3 광화학 반응 생성물질

(1) 옥시던트(oxidant)

① 정의 : 광화학 반응(2차 반응)으로 생성되는 자극성이 강한 물질의 총칭
② 종류 : 오존(O_3), 알데하이드(HCHO), 과산화수소(H_2O_2), 염화나이트로실(NOCl), 아크롤레인(CH_2CHCHO), 케톤, PAN, PPN, PBN 등

(2) 오존(O_3)

① 광화학 반응으로 생성되는 무색·무미의 해초(마늘) 냄새가 나는 물질이다.
② 한낮에 농도가 최대이며, 복사실에서 많이 발생된다.
③ 산화력이 강하여, 고무제품(타이어, 전선피복)이 손상되고, 각종 섬유를 퇴색시킨다.

─(기출유형)─

1. 다음 중 광화학 스모그 발생과 가장 거리가 먼 것은?

① 질소산화물
② 일산화탄소
③ 올레핀계 탄화수소
④ 태양광선

➡ 광화학 반응의 3대 요소 : 질소산화물(NO_x), 탄화수소, 빛

2. 대기 중 광화학 반응에 의한 광화학 스모그가 잘 발생하는 조건이 아닌 것은?

① 일사량이 클 때
② 역전이 생성될 때
③ 대기 중 반응성 탄화수소, NO_x, O_3 등의 농도가 높을 때
④ 습도가 높고, 기온이 낮은 아침일 때

➡ ④ 기온이 높은 여름 한낮일 때

3. 다음 중 주로 광화학 반응에 의하여 생성되는 물질은?

① CH_4
② PAN
③ NH_3
④ HC

➡ 광화학 반응으로 옥시던트가 생성된다.

4. 다음에서 설명하는 대기오염물질은?

자동차 등에서 배출된 질소산화물과 탄화수소가 광화학 반응을 일으키는 과정에서 생성되며, 가죽제품이나 고무제품을 각질화시킨다. 대기환경보전법상 대기 중 농도가 일정기준을 초과하면 경보를 발령하고 있다.

① VOC
② O_3
③ CO_2
④ CFCs

정답 1.② 2.④ 3.② 4.②

핵심요점 ⑤ **바람 ★★**

1 바람

(1) 바람과 대류

① 바람 : 공기의 움직임 중 **수평**방향으로 움직이는 것

② 대류 : 공기의 움직임 중 **수직**방향으로 움직이는 것

(2) 바람을 일으키는 힘

① 기압경도력 : 특정 두 지점 사이 **기압차**에 의해 발생하는 힘

② 전향력(코리올리 힘) : 지구 **자전**으로 발생하는 가상의 힘

③ 원심력 : 중심에서 멀어지려는 힘

④ 마찰력 : 지표에서 풍속에 비례하며 진행방향의 반대로 작용하는 힘

(3) 바람의 종류

구 분	바람의 종류	작용 힘
공중풍	지균풍	기압경도력 + 전향력
	경도풍	기압경도력 + 전향력 + 원심력
지상풍	지상풍	기압경도력 + 전향력 + 마찰력

─ 기출유형 ─

공기에 작용하는 힘 중 '지구 자전에 의해 운동하는 물체에 작용하는 힘'을 의미하는 것은?

① 경도력

② 원심력

③ 구심력

④ 전향력

정답 ④

2 국지풍

국지풍이란 지형적인 영향으로 특정 지역에서만 국지적으로 부는 바람으로, 등압선으로는 설명할 수 없는 바람이다.

(1) 해륙풍

① 원인 : 바다와 육지의 비열차(온도차)

② 해풍 : 낮에 바다에서 육지로 부는 바람으로, 풍속이 강하며, 여름에 잘 발생한다.

　　※ 해풍의 풍속 : 5~6m/sec(영향범위 : 8~15km)

③ 육풍 : 밤에 육지에서 바다로 부는 바람으로, 풍속이 약하며, 겨울에 잘 발생한다.

　　※ 육풍의 풍속 : 2~3m/sec(영향범위 : 5~6km)

(2) 산곡풍

① 원인 : 지역 간 일사량 차

② 곡풍 : 낮에 산의 비탈면보다 산 정상 부근이 더 쉽게 가열되어, 산 비탈면을 따라 상승하며 부는 바람이다.

③ 산풍 : 밤에 복사·냉각으로 산 정상이 빨리 냉각되어, 산 비탈면을 따라 하강하며 부는 바람이다.

(3) 전원풍

① 발생원리 : 도시 열섬 현상 → 도시 중심부 상승기류 발생 → 시골에서 보완하는 바람이 수평으로 불며 전원풍 발생

② 특징 : 풍향 변화는 없지만, 풍속은 주기적으로 변하며, 하늘이 맑고 바람이 약한 야간에 특히 심하게 부는 경향이 있다.

> **TIP** 바람은 출발점을 기준으로 이름을 붙인다.
> 해풍은 바다에서 출발하는 바람, 육풍은 육지에서 출발하는 바람

──── 기출유형 ────

다음 설명에 해당하는 국지풍은?

- 해안지방에서 낮에는 태양열에 의하여 육지가 바다보다 빨리 온도가 상승하므로, 육지의 공기가 팽창되어 상승기류가 생기게 되었다.
- 이때, 바다에서 육지로 8~15km 정도까지 바람이 불게 되며, 여름에 빈발한다.

① 해풍　　　　　　　　　　　② 육풍

③ 산풍　　　　　　　　　　　④ 국풍

➡ • 해풍 : 낮에 바다에서 육지로 부는 바람, 여름에 잘 발생됨
　 • 육풍 : 밤에 육지에서 바다로 부는 바람, 겨울에 잘 발생됨

정답 ①

핵심요점 6 | **대기오염의 확산** ★★

1 **대기의 안정 · 불안정**

(1) 대기 안정(기온역전)

　① 고도가 높아질수록 기온이 증가하여, 수직방향으로 확산이 일어나지 않는다.

　② 대기가 안정되어 오염물질의 확산이 안 되는 상태이다.

　③ 대기오염이 심해진다.

(2) 대기 불안정

　① 고도가 높아질수록 기온이 감소하여, 수직방향으로 확산이 일어난다.

　② 대기오염물질의 확산이 잘 일어나는 상태이다.

　③ 대기오염이 감소한다.

기출유형

대기 조건 중 고도가 높아질수록 기온이 증가하여 수직온도차에 의한 혼합이 이루어지지 않는 상태는?

① 과단열 상태　　　　　　　　② 중립 상태

③ 기온역전 상태　　　　　　　④ 등온 상태

정답 ③

2 기온역전

(1) 기온역전의 분류

① 공중역전 : 침강역전, 해풍역전, 난류역전, 전선역전

② 지표역전 : 복사역전, 이류역전

(2) 침강역전

① 정체성 고기압 기층이 **장기간** 서서히 침강하면서 단열 압축되어 온도가 증가하여 발생한다.

② **공중역전**이다.

③ LA 스모그와 관련이 있다.

(3) 복사역전(방사성 역전)

① 밤에 지표면의 열이 냉각되어 기온역전이 발생한다.

② **밤부터 새벽까지 단기간 형성**된다.

③ 일출 직전에 하늘이 맑고 바람이 적을 때 가장 강하게 형성된다.

④ **지표역전**이다.

⑤ 매연이 소산되지 못하므로 대기오염물질은 지표 부근에 축적된다.

⑥ 런던 스모그와 관련이 있다.

⑦ 플룸(plume)은 훈증형이다.

─ 기출유형 ─

다음에서 설명하는 현상으로 옳은 것은?

- 맑고 바람이 없는 날 아침에 해가 뜨기 직전 지표면 근처에서 강하게 형성되며, 공기의 수직혼합이 일어나지 않기 때문에 대기오염물질의 축적으로 이어지게 된다.
- 지표 부근에서 일어나므로 지표역전이라고도 한다.
- 보통 가을로부터 봄에 걸쳐서 날씨가 좋고, 바람이 약하며, 습도가 적을 때 잘 형성된다.

① 공중역전   ② 침강역전

③ 복사역전   ④ 전선역전

정답 ③

3 플룸

– 안정도에 따른 플룸(연기)의 형태

연기는 불안정한 대기로 확산되고, 안정한 대기로는 확산되지 않는다.

플룸의 형태		대기상태	특징
밧줄형, 환상형 (looping)	온도	불안정	• 굴뚝에서 배출되는 오염물질이 넓은 지역에 걸쳐 분산 • 지표면에서는 국부적인 고농도 현상이 발생
원추형 (coning)	온도	중립	**가우시안 분포**
부채형 (fanning)	온도	역전(안정)	–
지붕형 (lofting)	불안정 안정 온도	상층 불안정, 하층 안정	–
훈증형 (fumigation)	안정 불안정 온도	상층 안정, 하층 불안정	• 하늘이 맑고 바람이 약한 날 아침에 잘 발생 • 지표면 역전이 해소될 때(새벽~아침) 단기간 발생 • 최대착지농도(C_{max})가 가장 큼 • 런던형 스모그
구속형, 함정형 (trapping)	안정 불안정 안정 온도	상층 안정, 중간 불안정, 하층 안정	상층에서 **침강역전(공중역전)**과 지표(**하층**)에서 **복사역전(지표역전)**이 동시에 발생할 때 발생

─(기출유형)─

1. 대기상태가 중립 조건일 때 발생하며, 연기의 수직이동보다 수평이동이 크기 때문에 오염물질이 멀리까지 퍼져 나가고, 지표면 가까이에는 오염의 영향이 거의 없으며, 이 연기 내에서는 오염의 단면분포가 전형적인 가우시안 분포를 나타내는 연기 형태는?

① 환상형
② 부채형
③ 원추형
④ 지붕형

플룸의 형태	대기상태
밧줄형, 환상형(looping)	불안정
원추형(coning)	중립
부채형(fanning)	역전(안정)
지붕형(lofting)	상층은 불안정, 하층은 안정할 때 발생
훈증형(fumigation)	대기상태가 상층은 안정, 하층은 불안정할 때 발생
구속형, 함정형(trapping)	상층에서 침강역전(공중역전), 지표(하층)에서 복사역전(지표역전)이 발생할 때 발생

2. 상층부가 불안정하고 하층부가 안정을 이루고 있을 때의 연기 모양은?

①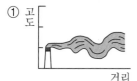

②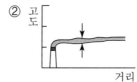

③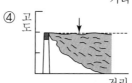

④

① 환상형 : 불안정
② 부채형 : 안정(역전)
③ 지붕형 : 상층 불안정, 하층 안정
④ 훈증형 : 상층 안정, 하층 불안정

[문제풀이 Keypoint] 연기는 불안정한 대기로 확산되고, 안정한 대기로는 확산되지 않는다.

정답 1. ③ 2. ③

4 대기확산방정식

(1) 유효굴뚝높이 계산

유효굴뚝높이(H_e)란 굴뚝의 배출가스가 대기 중에 퍼져 나가는 높이로, 다음의 식으로 구할 수 있다.

$$H_e = H + \Delta h$$

여기서, H_e : 유효굴뚝높이(m)

H : 실제 굴뚝높이(m)

Δh : 연기 상승높이(m)

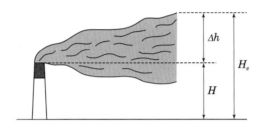

(2) 유효굴뚝높이의 영향인자

① 배기가스의 유속이 빠를수록, 증가한다.

② 외기의 온도차가 클수록, 증가한다.

③ 풍속이 작을수록, 증가한다.

④ 굴뚝의 통풍력이 클수록, 증가한다.

─ 기출유형 ─

굴뚝의 유효높이와 관련된 인자에 관한 설명으로 옳지 않은 것은?

① 배기가스의 유속이 빠를수록 증가한다.

② 외기의 온도차가 작을수록 증가한다.

③ 풍속이 작을수록 증가한다.

④ 굴뚝의 통풍력이 클수록 증가한다.

정답 ②

핵심요점 ⑦ **자동차 연료** ★

1 자동차 배출가스

(1) 운전상태에 따른 배출가스 – 휘발유(가솔린) 자동차

구 분	HC	CO	NOx	CO$_2$
많이 나올 때	감속	공회전, 가속	가속	운행
적게 나올 때	운행	운행	공회전	공회전, 감속

(2) 자동차 배출가스 방지대책

대 책	휘발유(가솔린) 자동차	경유(디젤) 자동차
전처리	• 엔진(기관) 개량 • 연료장치 개량	• 엔진(기관) 개량 • 연료장치 개량
후처리	• Blow-by 방지장치 설치 • 삼원촉매장치 설치 • 배기가스 재순환장치(EGR 시스템) 설치 • 증발가스 방지장치 설치	• 후처리장치(산화촉매장치, 입자상 물질 여과장치) 설치 • 배기가스 재순환장치(EGR 시스템) 설치

참고 삼원촉매 전환장치

산화촉매와 환원촉매의 기능을 가진 알맞은 촉매(백금, 로듐 등)를 사용하여 하나의 장치 내에서 CO, HC, NOx를 동시에 처리하여 무해한 CO$_2$, H$_2$O, N$_2$로 만드는 장치
• 산화촉매 : 백금(Pt), 팔라듐(Pd)
• 환원촉매 : 로듐(Rh)

$$CO, HC \xrightarrow{\text{산화 (Pt, Pd)}} CO_2, H_2O$$
$$NOx \xrightarrow{\text{환원 (Rh)}} N_2$$

기출유형

1. 가솔린을 연료로 사용하는 자동차의 엔진에서 NOx가 가장 많이 배출될 때의 운전상태는?
① 감속 ② 가속
③ 공회전 ④ 저속(15km 이하)

2. 가솔린 자동차에서 배출되는 가스를 저감하는 기술로 가장 거리가 먼 것은?
① 기관 개량 ② 삼원촉매장치
③ 증발가스 방지장치 ④ 입자상 물질 여과장치

➡ ④ 입자상 물질 여과장치는 경유 자동차의 배출가스 저감대책이다. **정답** 1. ② 2. ④

2 노킹

(1) 정의

노킹(knocking)이란 공기와 연료를 흡인하고 압축하여 폭발하기 전에 일찍 점화되어 발생하는 불완전 연소현상 혹은 비정상적인 폭발적 연소현상이다.

(2) 대책

① 노킹을 방지하기 위해서는 연료의 옥테인가를 향상시킨다.

② **옥테인가 향상제**로, 기존에는 **4에틸납 또는 4메틸납을 사용**하였으나, 납 성분으로 인한 오염 방지를 위해 최근에는 이를 이용하지 않고, MTBE(Methyl Tertiary −Butyl Ether)를 사용하고 있다.

───(기출유형)─────────────────────────────

비행기나 자동차에 사용되는 휘발유의 옥테인가를 높이기 위하여 사용되며, 차량에 의한 대기오염물질인 유기연(organic lead)은?

① 염기성 탄산납   ② 3산화납

③ 4에틸납   ④ 아질산납

정답 ③

───

2 연소공학

핵심요점 ① **연소** ★★

1 연소와 완전연소

(1) 연소의 정의

가연성분이 산소와 반응하여 매우 빠른 속도로 산화하면서 열과 빛을 내는 현상(발열 반응)을 연소라고 한다.

가연성 물질	+	산소	→	산화물	+	반응열, 불꽃
(연료)		(공기)		(연소생성물)		(발열량)

(2) 완전연소의 3요소(3T)

① Temperature(온도) : 착화점 이상의 온도
② Time(시간) : 완전연소가 되기에 충분한 시간
③ Turbulence(혼합) : 연료와 산소의 충분한 혼합

(3) 완전연소되기 위한 조건

① 연소온도를 높게 유지하여야 한다(착화점 이상의 온도를 유지해야 함).
② 공기와 연료의 혼합이 잘 되어야 한다.
③ 공기(산소)의 공급이 충분하여야 한다.
④ 연소를 위한 체류시간이 충분하여야 한다.
⑤ 공기/연료의 비가 적절해야 한다.

2 착화온도

(1) 정의

연료가 가열되어 점화원(불꽃) 없이 스스로 불이 붙는 최저온도를 착화온도(firing temperature)라 한다.

(2) 착화온도가 낮아지는 경우

① 산소 농도가 높을수록

② 산소와의 친화성이 클수록

③ 화학반응성과 화학결합의 활성도가 클수록

④ 탄화수소의 분자량이 클수록

⑤ 분자구조가 복잡할수록

⑥ 비표면적이 클수록

⑦ 압력이 높을수록

⑧ 발열량이 클수록

⑨ 활성화에너지가 낮을수록

⑩ 열전도율이 낮을수록

⑪ 탄화도가 낮을수록

정리 착화온도가 낮아지면 연소가 쉬워진다.

기출유형

1. 소각로에서의 완전연소를 위한 3가지 조건(일명 3T)으로 옳은 것은?

① 시간 – 온도 – 혼합

② 시간 – 온도 – 수분

③ 혼합 – 수분 – 시간

④ 혼합 – 수분 – 온도

2. 연료가 완전연소되기 위한 조건으로 옳지 않은 것은?

① 연소온도를 낮게 유지하여야 한다.

② 공기와 연료의 혼합이 잘 되어야 한다.

③ 공기(산소)의 공급이 충분하여야 한다.

④ 연소를 위한 체류시간이 충분하여야 한다.

▣ ① 연소온도를 높게 유지하여야 한다.

3. 다음 중 착화온도에 관한 설명으로 옳은 것은?

① 분자구조가 간단할수록 착화온도는 낮아진다.

② 발열량이 작을수록 착화온도는 낮아진다.

③ 활성화에너지가 작을수록 착화온도는 높아진다.

④ 화학결합의 활성도가 클수록 착화온도는 낮아진다.

▣ ① 분자구조가 복잡할수록 착화온도는 낮아진다.

② 발열량이 클수록 착화온도는 낮아진다.

③ 활성화에너지가 클수록 착화온도는 높아진다.

정답 1. ① 2. ① 3. ④

3 연소의 종류

(1) 표면연소

휘발성 성분이 거의 없는 고체연료가 표면을 고온으로 유지시켜, 표면에서 반응을 일으켜 내부로 연소가 진행되는 형태

> 예 대부분 탄소만으로 되어 있는 고체연료(흑연, 코크스, 목탄 등)

(2) 분해연소

연소 초기에 가연성 고체가 열분해하여 가연성 가스가 생성되고, 이것이 긴 화염을 발생시키는 연소형태

> 예 대부분 고체연료(목재, 석탄, 타르 등)

(3) 발연연소(훈연연소)

열분해로 발생된 휘발성분이 정화되지 않고, 다량의 발연을 수반하여 표면반응을 일으키면서 연소하는 형태

(4) 증발연소

액체연료가 증발(기화)하여 증기가 되는 연소형태

> 예 액체연료(휘발유, 등유, 알코올, 벤젠 등)

(5) 확산연소

가연성 연료와 외부 공기가 서로 확산에 의해 혼합하면서 화염을 형성하는 연소형태

(6) 예혼합연소

기체연료와 공기를 알맞은 비율로 혼합(AFR)하여 혼합기에 넣어 점화시키는 연소형태

(7) 부분예혼합연소

확산연소와 예혼합연소의 중간 연소형태

(8) 자기연소(내부연소)

공기 중 산소 공급 없이, 그 물질의 분자 자체에 함유하고 있는 산소를 이용하여 연소하는 형태

> 예 나이트로글리세린, 폭탄, 다이너마이트

정리 연료별 연소형태
- 고체연료 : 표면연소, 분해연소, 발연연소(훈연연소)
- 액체연료 : 분해연소, 증발연소
- 기체연료 : 확산연소, 예혼합연소, 부분예혼합연소

기출유형

다음은 연소의 종류에 관한 설명이다. ( ) 안에 알맞은 것은?

> 목재, 석탄, 타르 등은 연소 초기에 가연성 가스가 생성되고, 이것이 긴 화염을 발생시키면서 연소하는데, 이러한 연소를 ( )라 한다.

① 표면연소   ② 분해연소

③ 확산연소   ④ 자기연소

정답 ②

핵심요점 ② **연료 ★**

1 연료의 정의와 종류

(1) 연료의 정의

연료란 연소 시에 발생하는 열을 경제적으로 이용할 수 있는 가연성 물질이다.

(2) 연료의 종류별 특징

구 분	고체연료	액체연료	기체연료
탄소수	12 이상	5~12	1~4
종류	석탄, 코크스, 목재 등	석유 (휘발유, 중유, 경유, 등유 등)	LPG, LNG
연소성	나쁨	보통	좋음
연소효율	작음	중간	큼
필요공기량 (필요산소량)	많음	보통	적음
발열량	작음	중간	큼
매연 발생	많음	보통	적음
저장 및 운반	쉬움	보통	어려움
폭발의 위험	작음	보통	큼
특징	• 저질 연료 • 연소성 낮아 불완전 연소되기 쉬움 • SOx의 주발생연료	• 중기형, 초기 선진국형 • 우리나라의 주에너지원 • NOx의 주발생연료	• 후기형, 선진국형 • 연소성이 좋아 완전 연소되기 쉬움 • 매연이 거의 발생되지 않는 청정연료

다음과 같은 특성에 가장 적합한 연료는?

> • 저질의 연료로 고온을 얻을 수 있다.
> • 연소효율이 높고, 안정된 연소가 된다.
> • 점화와 소화가 쉽고 연소조절이 간편하여 연소의 자동제어에 적합하다.
> • 대기오염 방지 측면에서 볼 때 재, 매연, 황산화물 등의 발생이 거의 없어 청정연료이다.

① 석탄   ② 아탄
③ 벙커C유   ④ LNG

➡ LNG(액화천연가스)는 기체연료로 연소성이 좋고, 대기오염 방지 측면에서 볼 때 재, 매연, 황산화물 등의 발생이 거의 없어 청정연료이다.   정답 ④

---

2 연료의 종류별 특징

(1) 고체연료

① 고정탄소

고체연료에 포함되어 있는 비휘발성 탄소를 고정탄소라고 한다.

$$고정탄소(\%) = 100(\%) - [수분(\%) + 회분(\%) + 휘발분(\%)]$$

② 연료 성분별 연소특성

연료 성분이 증가하면, 다음의 연소 특성이 발생한다.
㉠ 수분 : 열손실 증가, 체류시간 증가, 착화 불량
㉡ 회분 : 발열량 감소, 연소성 나빠짐
㉢ 휘발분 : 매연(검댕) 증가, 장염 발생
㉣ 고정탄소 : 발열량 증가, 연소성 좋아짐, 단염 발생

③ 석탄의 탄화도

석탄에서 수분과 회분을 뺀 나머지 성분 중 탄소가 차지하는 비율(%)을 탄화도라고 한다.
㉠ 탄화도↑ ➡ 고정탄소, 연료비, 착화온도, 발열량, 비중↑
㉡ 탄화도↑ ➡ 수분, 이산화탄소, 휘발분, 비열, 매연발생량, 산소함량, 연소속도↓

(2) 액체연료

탄수소비(C/H비) 크기 순서 : 중유 > 경유 > 등유 > 휘발유

(3) 기체연료

① 액화천연가스(LNG)의 주성분 : 메테인(CH_4)
② 액화석유가스(LPG)의 주성분 : 프로페인(C_3H_8), 뷰테인(C_4H_{10})

─(기출유형)─

1. 석탄의 탄화도가 클수록 가지는 성질에 관한 설명으로 옳지 않은 것은?

① 고정탄소의 양이 증가하고, 산소의 양이 줄어든다.
② 연소속도가 작아진다.
③ 수분 및 휘발분이 증가한다.
④ 연료비(고정탄소%/휘발분%)가 증가한다.

▣ ③ 수분 및 휘발분이 감소한다.

2. 액화천연가스의 주성분은?

① 나프타   ② 메테인
③ 뷰테인   ④ 프로페인   정답 1. ③ 2. ②

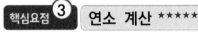 **핵심요점 ③ 연소 계산 ★★★★★**

1 연소반응식

① **가연성 물질(가연분)** : 직접 타는 물질(연료 중 C, H, S)
② **조연성 가스** : 직접 타지는 않지만 물질의 연소를 도와주는 물질(공기 중 산소)
③ **연소생성물** : 가연분이 연소되면서 생성된 산화물
④ **발열량** : 연료가 연소되면서 발생하는 반응열

$$\underset{\text{(연료)}}{\text{가연성 물질}} + \underset{\text{(산소)}}{\text{조연성 가스}} \rightarrow \text{연소생성물} + \underset{\text{(발열량)}}{\text{반응열, 불꽃}}$$

• 탄소	:	C	$+$	O_2	$\rightarrow$ CO_2	$+$ 8,100(kcal/kg)
• 수소	:	H_2	$+$	$\frac{1}{2}O_2$	$\rightarrow$ H_2O	$+$ 34,000(kcal/kg)
• 황	:	S	$+$	O_2	$\rightarrow$ SO_2	$+$ 2,500(kcal/kg)
• 탄화수소	:	C_mH_n	$+$	$\left(m+\frac{n}{4}\right)O_2$	$\rightarrow$ $m\,CO_2$	$+$ $\frac{n}{2}H_2O$

▣ **참고** 주요 연료의 연소반응식

• 메테인 : $CH_4 + 2O_2 \rightarrow CO_2 + 2H_2O$
• 에테인 : $C_2H_6 + 3.5O_2 \rightarrow 2CO_2 + 3H_2O$
• 프로페인 : $C_3H_8 + 5O_2 \rightarrow 3CO_2 + 4H_2O$
• 뷰테인 : $C_4H_{10} + 6.5O_2 \rightarrow 4CO_2 + 5H_2O$
• 메탄올 : $CH_3OH + 1.5O_2 \rightarrow CO_2 + 2H_2O$
• 에탄올 : $C_2H_5OH + 3O_2 \rightarrow 2CO_2 + 3H_2O$

2 이론 산소량(O_o)

(1) 고체 및 액체 연료

① 무게식 : O_o(kg/kg)

연료 무게(1kg)당 완전연소 시 필요한 산소의 무게(kg)

$$O_o(\text{kg/kg}) = 2.667C + 8H - O + S$$

② 부피식 : O_o(Sm³/kg)

연료 무게(1kg)당 완전연소 시 필요한 산소의 부피(Sm³)

$$O_o(\text{Sm}^3/\text{kg}) = 1.867C + 5.6H - 0.7O + 0.7S$$

여기서, C : 연료 중 탄소 함량

H : 연료 중 수소 함량

O : 연료 중 산소 함량

S : 연료 중 황 함량

(2) 기체연료

> **TIP** 기체연료의 이론 산소량은 연소반응식으로 구한다.
> 이어지는 (기출유형) 문제를 통해 연소반응식으로 이론 산소량을 구하는 과정을 숙지하도록 한다.

① O_o(kg/kg)

연료 무게(1kg)당 완전연소 시 필요한 산소의 무게(kg)

② O_o(Sm³/kg)

연료 무게(1kg)당 완전연소 시 필요한 산소의 부피(Sm³)

③ O_o(Sm³/Sm³)

연료 부피(1Sm³)당 완전연소 시 필요한 산소의 부피(Sm³)

$$O_o(\text{Sm}^3/\text{Sm}^3) = \text{연소반응식에서 연료와 산소의 몰수 비}$$

(기출유형)

1. 중량비가 C : 86%, H : 4%, O : 8%, S : 2%인 석탄을 연소할 경우 필요한 이론 산소량 (Sm^3/kg)은?

① 약 1.6

② 약 1.8

③ 약 2.0

④ 약 2.2

➡ $O_o(Sm^3/kg) = 1.867C + 5.6H - 0.7O + 0.7S$

$\qquad = 1.867 \times 0.86 + 5.6 \times 0.04 - 0.7 \times 0.08 + 0.7 \times 0.02$

$\qquad = 1.787$

문제풀이 Keypoint 연료 중 성분이 2%이면, 0.02로 계산한다.

2. 메테인 8kg을 완전연소시키는 데 필요한 이론 산소량(kg)은?

① 16

② 32

③ 48

④ 64

➡ $CH_4 \quad + \quad 2O_2 \quad \rightarrow \quad CO_2 + 2H_2O$

$\quad$ 16kg $\quad : \quad 2 \times 32$kg

$\quad$ 8kg $\quad : \quad X$(kg)

$\therefore \quad X = \dfrac{2 \times 32 \times 8}{16} = 32$kg

3. 탄소 6kg을 완전연소시킬 때 필요한 이론 산소량(Sm^3)은?

① $6Sm^3$

② $11.2Sm^3$

③ $22.4Sm^3$

④ $53.3Sm^3$

➡ $C \quad + \quad O_2 \quad \rightarrow \quad CO_2$

$\quad$ 12kg $\quad : \quad 22.4Sm^3$

$\quad$ 6kg $\quad : \quad X(Sm^3)$

$\therefore \quad X = \dfrac{6 \times 22.4}{12} = 11.2Sm^3$

4. 프로페인 $1Sm^3$을 이론적으로 완전연소하는 데 필요한 이론 산소량(Sm^3)은?

① 2

② 3

③ 4

④ 5

➡ $C_3H_8 + 5O_2 \rightarrow 3CO_2 + 4H_2O$

$\quad 1Sm^3 : 5Sm^3$

$\quad 1Sm^3 : O_o(Sm^3)$

$\therefore \quad O_o(Sm^3) = 5$

정답 1. ② 2. ② 3. ② 4. ④

---

3 이론 공기량(A_o)과 실제 공기량(A)

이론 공기량은 연료의 완전연소 시 필요한 최소한의 공기량을 말한다.

(1) 고체 및 액체 연료의 이론 공기량

① 무게식 : A_o(kg/kg)

$$A_o(\text{kg/kg}) = \frac{O_o(\text{kg/kg})}{0.232} = \frac{(2.667C + 8H - O + S)}{0.232}$$

② 부피식 : A_o(Sm³/kg)

$$A_o(\text{Sm}^3/\text{kg}) = \frac{O_o(\text{Sm}^3/\text{kg})}{0.21} = \frac{1.867C + 5.6H - 0.7O + 0.7S}{0.21}$$

TIP 공기 중 산소는
- 질량비로 23.2%이므로, 이론 공기량을 계산할 때 공기(kg)=산소(kg)/0.232이다.
- 부피비로 21%이므로, 이론 공기량을 계산할 때 공기(kg)=산소(kg)/0.21이다.

(2) 기체연료의 이론 공기량

① A_o(Sm³/kg) : 연료 1kg당 완전연소 시 필요 공기부피량(Sm³)

$$A_o(\text{Sm}^3/\text{kg}) = \frac{O_o(\text{Sm}^3/\text{kg})}{0.21}$$

② A_o(Sm³/Sm³) : 연료 1Sm³당 완전연소 시 필요 공기부피량(Sm³)

$$A_o(\text{Sm}^3/\text{Sm}^3) = \frac{O_o(\text{Sm}^3/\text{Sm}^3)}{0.21}$$

(3) 실제 공기량(A)

실제 연소 시 공기량

$$A = mA_o$$

여기서, A : 실제 공기량
m : 공기비
A_o : 이론 공기량

1. 탄소 87%, 수소 10%, 황 3%의 조성을 가진 중유 1.7kg을 완전연소시킬 때, 필요한 이론 공기량(Sm^3)은?

① 약 9   ② 약 14
③ 약 18   ④ 약 21

➡ 1) 이론 산소량 $O_o(Sm^3/kg) = 1.867C + 5.6H - 0.7O + 0.7S$

$$= 1.867 \times 0.87 + 5.6 \times 0.10 + 0.7 \times 0.03 = 2.2052$$

2) 이론 공기량 $A_o(Sm^3/kg) = \dfrac{O_o}{0.21} = \dfrac{2.2052}{0.21} = 10.5013$

$$\therefore \ A_o(Sm^3) = \dfrac{10.5013\,Sm^3}{kg} \times 1.7kg = 17.85\,Sm^3$$

2. 프로페인(C_3H_8)가스 10kg을 완전연소하는 데 필요한 이론 공기량(Sm^3)은?

① 62.2Sm^3 ② 84.2Sm^3
③ 104.2Sm^3 ④ 121.2Sm^3

➡ 1) 이론 산소량(O_o)

$C_3H_8 + 5O_2 \longrightarrow 3CO_2 + 4H_2O$

44kg : $5 \times 22.4\,Sm^3$

10kg : $O_o(Sm^3)$

$$\therefore \ O_o = \dfrac{5 \times 22.4 \times 10kg}{44} = 25.4545\,Sm^3$$

2) 이론 공기량 $A_o = \dfrac{O_o}{0.21} = \dfrac{25.4545\,Sm^3}{0.21} = 121.21\,Sm^3$

3. 에테인가스 1Sm^3의 완전연소에 필요한 이론 공기량은?

① 8.67Sm^3 ② 10.67Sm^3
③ 12.67Sm^3 ④ 16.67Sm^3

➡ 1) 이론 산소량(O_o)

$C_2H_6 + 3.5O_2 \longrightarrow 2CO_2 + 3H_2O$

$1Sm^3 : 3.5Sm^3$

$1Sm^3 : O_o(Sm^3)$

$$\therefore \ O_o = 3.5\,Sm^3$$

2) 이론 공기량 $A_o = \dfrac{O_o}{0.21} = \dfrac{3.5}{0.21} = 16.67\,Sm^3/Sm^3$

4. 쓰레기를 연소시키기 위한 이론 공기량이 10Sm^3/kg이고, 공기비가 1.1일 때, 실제로 공급된 공기량은?

① 0.5Sm^3/kg   ② 0.6Sm^3/kg
③ 10.0Sm^3/kg   ④ 11.0Sm^3/kg

➡ 실제 공기량 = 공기비 × 이론 공기량

$A = mA_o = 1.1 \times 10 = 11.0\,Sm^3/kg$

정답 1. ③   2. ④   3. ④   4. ④

4 공기비(m)

공기비는 이론 공기량에 대한 실제 공기량의 비이다.

$$m = \frac{A}{A_o}$$

여기서, m : 공기비, A : 실제 공기량, A_o : 이론 공기량

〈공기비와 연소 특성〉

공기비	$m < 1$	$m = 1$	$m > 1$
연소상태	공기 부족, 불완전연소	완전연소	과잉 공기
특징	• 매연, 검댕, CO, HC 증가 • 폭발 위험	CO_2 발생량 최대	• SOx, NOx 증가 • 연소온도 감소, 냉각효과 • 열손실 커짐 • 저온부식 발생 • 희석효과가 높아져, 연소 생성물의 농도 감소

참고 **등가비와 공기비의 관계**

등가비(ϕ : Equivalent Ratio)는 공기비의 역수이다.

$\phi = \dfrac{1}{m}$

─기출유형─

1. 2Sm^{3}의 기체연료를 연소시키는 데 필요한 이론 공기량은 18Sm^{3}이고, 실제 사용한 공기량은 21.6Sm^{3}이다. 이때의 공기비는?

① 0.6   ② 1.2

③ 2.4   ④ 3.6

➡ $m = \dfrac{A}{A_o} = \dfrac{21.6}{18} = 1.2$

2. **연료의 연소 시 공기비가 클 경우에 나타나는 현상으로 가장 거리가 먼 것은?**

① 연소실 내의 온도가 낮아짐
② 배기가스 중 NOx 양 증가
③ 배기가스에 의한 열손실의 증대
④ 불완전연소에 의한 매연 증대

➡ ④ 불완전연소로 매연이 증대하는 것은 공기비가 작을 경우이다.

정답 1. ②   2. ④

5 과잉 공기량과 과잉 공기율

(1) 과잉 공기량

$$과잉\ 공기량 = 실제\ 공기량 - 이론\ 공기량 = A - A_o = mA_o - A_o = (m-1)A_o$$

(2) 과잉 공기율

$$과잉\ 공기율 = \frac{과잉\ 공기량}{이론\ 공기량} = \frac{A - A_o}{A_o} = \frac{A}{A_o} - 1 = m - 1$$

6 공기연료비(공연비, AFR ; Air/Fuel Ratio)

(1) 무게식

$$AFR = \frac{공기(kg)}{연료(kg)} = \frac{산소(kg)/0.232}{연료(kg)}$$

(2) 부피식

$$AFR = \frac{공기\ mol수}{연료\ mol수} = \frac{산소\ mol수/0.21}{연료\ mol수}$$

> **TIP** 공기 중 산소는
> - 질량비로 23.2%이므로, AFR(무게)를 계산할 때 공기(kg)=산소(kg)/0.232이다.
> - 부피비로 21%이므로, AFR(부피)를 계산할 때 공기(kg)=산소(kg)/0.21이다.

7 최대이산화탄소량[$(CO_2)max$, %]

최대이산화탄소량은 연료를 완전연소시켰을 때 발생되는 건조연소가스(G_{od}) 중의 최대 CO_2 함량(%)을 의미한다.

$$(CO_2)_{max} = \frac{CO_2}{G_{od}} \times 100(\%)$$

> **참고** 이론 건조연소가스량(G_{od})
> 완전연소 시 발생하는 배기가스 중 수증기(수분)가 포함되지 않은 상태의 가스량
> $G_{od}(Sm^3/Sm^3) = (1 - 0.21)A_o + \Sigma$연소생성물($H_2O$ 제외)

───(기출유형)───────────────────────────────────────

1. C_8H_{18}을 완전연소시킬 때 부피 및 무게에 대한 이론 AFR로 옳은 것은?

① 부피 : 59.5, 무게 : 15.1

② 부피 : 59.5, 무게 : 13.1

③ 부피 : 35.5, 무게 : 15.1

④ 부피 : 35.5, 무게 : 13.1

➡ 1) AFR(부피)

$$C_8H_{18} + 12.5O_2 \rightarrow 8CO_2 + 9H_2O$$

1mol : 12.5mol

$$AFR(부피) = \frac{공기(mol)}{연료(mol)} = \frac{산소(mol)/0.21}{연료(mol)} = \frac{12.5/0.21}{1} = 59.52$$

2) AFR(무게)

$$C_8H_{18} + \quad 12.5O_2 \rightarrow 8CO_2 + 9H_2O$$

114kg : 12.5×32kg

$$AFR(무게) = \frac{공기(kg)}{연료(kg)} = \frac{산소(kg)/0.232}{연료(kg)} = \frac{12.5 \times 32/0.232}{114} = 15.12$$

2. 에테인(C_2H_6) $1Sm^3$를 완전연소시킬 때, 건조배출가스 중의 $(CO_2)_{max}$(%)는?

① 11.7%   ② 13.2%

③ 15.7%   ④ 18.7%

➡ $C_2H_6 + 3.5O_2 \rightarrow 2CO_2 + 3H_2O$

1) 이론 건조연소가스량(G_{od})

$$G_{od}(Sm^3/Sm^3) = (1-0.21)A_o + \sum 건조생성물(H_2O \ 제외)$$

$$= (1-0.21) \times \frac{3.5}{0.21} + 2$$

$$= 15.1666$$

2) $(CO_2)_{max}(\%) = \dfrac{CO_2(Sm^3/Sm^3)}{G_{od}(Sm^3/Sm^3)} \times 100\% = \dfrac{2}{15.1666} \times 100\% = 13.18\%$

정답 1. ①   2. ②

8 발열량

(1) 고위발열량(H_h)

① 총발열량(연소 시 발생하는 전체 열량)

② 측정 : 봄베 열량계(Bomb Calorimeter)

$$H_h\,(\text{kcal/kg}) = 8,100\,C + 34,000\left(H - \frac{O}{8}\right) + 2,500\,S$$

여기서, H_h : 고위발열량(kcal/kg)

C : 연료 중 탄소 함량

H : 연료 중 수소 함량

O : 연료 중 산소 함량

S : 연료 중 황 함량

(2) 저위발열량(H_l)

① 총발열량에서 연료 중 수분이나 수소 연소에 의해 생긴 수분의 증발잠열을 제외한 열량

② 실제 소각시설의 설계 발열량

$$H_l\,(\text{kcal/kg}) = H_h - 600(9H + W)$$

여기서, H_l : 저위발열량(LHV, kcal/kg)

H_h : 고위발열량(HHV, kcal/kg)

H : 연료 중 수소 함량

W : 연료 중 수분 함량

참고 $H_l(\text{kcal/Sm}^3)$ 구하는 공식

$H_l(\text{kcal/Sm}^3) = H_h - 480\sum H_2O$

(3) 주요 연료의 발열량

연료 중 탄소, 수소, 황의 함유량이 높은 연료일수록 발열량이 크다.

$$\text{뷰테인}(C_4H_{10}) > \text{에테인}(C_2H_6) > \text{메테인}(CH_4) > \text{수소}(H_2)$$

─ 기출유형 ─

1. 어느 도시 쓰레기의 조성이 탄소 50%, 수소 5%, 산소 39%, 질소 3%, 황 0.5%, 회분 2.5%일 때 고위발열량은? (단, 듀롱의 식 이용)

① 약 3,900kcal/kg   ② 약 4,100kcal/kg

③ 약 5,700kcal/kg   ④ 약 7,440kcal/kg

➡ $H_h(\text{kcal/kg}) = 8,100C + 34,000\left(H - \dfrac{O}{8}\right) + 2,500S$

$\quad = 8,100 \times 0.5 + 34,000\left(0.05 - \dfrac{0.39}{8}\right) + 2,500 \times 0.005$

$\quad = 4,105\,\text{kcal/kg}$

여기서, C : 연료 중 탄소 함량(%)

$\quad\quad\quad H$: 연료 중 수소 함량(%)

$\quad\quad\quad O$: 연료 중 산소 함량(%)

$\quad\quad\quad S$: 연료 중 황 함량(%)

[문제풀이 Keypoint] **고위발열량(듀롱식) - 쉬운 계산법**

듀롱식을 다음과 같이 변형하면, 각 성분 함량을 %값 그대로 넣어 계산할 수 있어 편리하다.

$H_h(\text{kcal/kg}) = 81C(\%) + 340\left(H(\%) - \dfrac{O(\%)}{8}\right) + 25S(\%)$

$\quad = 81 \times 50 + 340\left(5 - \dfrac{39}{8}\right) + 25 \times 0.5$

$\quad = 4,105\,\text{kcal/kg}$

2. 통상적으로 소각로의 설계기준이 되는 진발열량을 의미하는 것은?

① 고위발열량

② 저위발열량

③ 고위발열량과 저위발열량의 기하평균

④ 고위발열량과 저위발열량의 산술평균

➡ 소각로의 설계기준은 저위발열량이다.

3. 수소 10%, 수분 5%인 중유의 고위발열량이 10,000kcal/kg일 때 저위발열량(kcal/kg)은?

① 9,310   ② 9,430

③ 9,590   ④ 9,720

➡ $H_l(\text{kcal/kg}) = H_h - 600(9H + W)$

$\quad = 10,000 - 600(9 \times 0.1 + 0.05)$

$\quad = 9,430\,\text{kcal/kg}$

4. 다음 기체연료 중 저위발열량이 가장 큰 것은?

① 수소   ② 메테인

③ 뷰테인   ④ 에테인

[정답] 1. ②   2. ②   3. ②   4. ③

핵심요점 ④ 국소환기장치 ★★

1 국소환기장치의 사용과 구성

(1) 정의

국소환기(국소배기)장치란, 공기 오염물질이 실내에 확산되기 전에 그 발생원으로부터 가까운 곳에서 포집하여 배출하는 장치이다.

(2) 흡인방법에 의한 분류

① 직접흡인방법 : 발생시설 본체에서 직접 흡인하는 방법
② 간접흡인방법 : 발생원에서 발생된 오염물질을 후드로 포착하여 흡인하는 방법

(3) 국소환기장치의 구성

후드 - 덕트 - 송풍기 - 굴뚝
① 후드(hood)
　㉠ 정의 : 오염물질 발생원 쪽에 설치하여 외부로 배출시키는 장치
　㉡ 종류 : 포위형 후드, 외부형 후드, 수형 후드, 포집형 후드
　㉢ 후드의 흡인 향상조건
　　• 후드를 발생원에 가깝게 설치한다.
　　• 후드의 개구면적을 작게 한다.
　　• 충분한 포착속도를 유지한다.
　　• 기류 흐름 및 장해물 영향 고려한다(에어커튼 설치).
　　• 송풍기의 여유율을 30%로 유지한다.
② 덕트(duct)
　후드와 외부의 연결통로로, 공기나 기타 유체가 흐르는 통로 및 구조물을 말한다.
③ 송풍기(blower)
　인공적인 바람을 일으켜 공기를 이동시키는 기계이다.

2 국소환기장치 관련 계산

(1) 상당직경

$$D_o = \frac{\text{단면적}}{\text{평균 둘레 길이}} = \frac{2ab}{a+b}$$

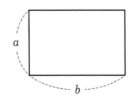

여기서, D_o : 상당직경
　　　　a : 가로, b : 세로

(2) 후드의 흡인유량

$$Q = Av$$

여기서, Q : 후드의 흡인유량, A : 관 면적, v : 흡인속도

─(기출유형)─

1. 후드는 여러 가지 생산공정에서 발생되는 열이나 대기오염물질을 함유하는 공기를 포획하여 환기시키는 장치이다. 이러한 후드의 형식(종류)에 해당하지 않는 것은?

① 배기형 후드　　　　　　　　　② 포위형 후드
③ 수형 후드　　　　　　　　　　④ 포집형 후드

➡ 후드의 종류에는 포위형 후드, 외부형 후드, 수형 후드, 포집형 후드가 있다.

2. 후드의 설치 및 흡인 요령으로 가장 적합한 것은?

① 후드를 발생원에 근접시켜 흡인시킨다.
② 후드의 개구면적을 점차적으로 크게 하여 흡인속도에 변화를 준다.
③ 에어커튼(air curtain)은 제거하고 행한다.
④ 송풍기(blower)의 여유량은 두지 않고 행한다.

➡ ② 개구면적을 작게 한다.
　 ③ 에어커튼을 설치한다.
　 ④ 송풍기의 여유율을 30%로 한다.

3. 유해가스를 배출시키기 위해 설치한 가로 30cm, 세로 50cm인 직사각형 송풍관의 상당직경(D_o)은?

① 37.5cm　　　　　　　　　　② 38.5cm
③ 39.5cm　　　　　　　　　　④ 40.0cm

➡ 상당직경(D_o) $= \dfrac{2ab}{a+b} = \dfrac{2 \times 30 \times 50}{30+50} = 37.5\text{cm}$

4. 직경이 200mm인 표면이 매끈한 직관을 통하여 125m³/min의 표준공기를 송풍할 때, 관 내 평균풍속(m/sec)은?

① 약 50m/sec　　　　　　　　② 약 53m/sec
③ 약 60m/sec　　　　　　　　④ 약 66m/sec

➡ 1) $A = \dfrac{\pi}{4}D^2 = \dfrac{\pi}{4} \times (0.2\text{m})^2 = 0.0314\text{m}^2$

2) $v = \dfrac{Q}{A} = \dfrac{125\text{m}^3/\text{min}}{0.0314\text{m}^2} \times \dfrac{1\text{min}}{60\sec} = 66.31\text{m}/\sec$

[문제풀이 Keypoint] 직경(D) 200mm $\times \dfrac{1\text{m}}{1,000\text{mm}} = 0.2\text{m}$

1min = 60sec

[정답] 1. ①　2. ①　3. ①　4. ④

(3) 덕트(송풍관)의 압력손실

① 원형 덕트의 압력손실(ΔP)

$$\Delta P = F \times P_v = 4f\frac{L}{D} \times \frac{\gamma v^2}{2g}$$

여기서, F : 상수, P_v : 속도압(mmH$_2$O)

f : 마찰손실계수, L : 관의 길이(m), D : 관의 직경(m)

γ : 유체 비중(kg$_f$/m^3), v : 유속(m/sec), g : 중력가속도(9.8m/s^2)

② 장방형 덕트의 압력손실(ΔP)

$$\Delta P = f\frac{L}{D_o} \times \frac{\gamma v^2}{2g}$$

여기서, D_o : 상당직경

(4) 송풍기의 동력

$$P = \frac{Q \Delta P \alpha}{102\eta}$$

여기서, P : 소요동력(kW), Q : 처리가스량(m^3/sec), ΔP : 압력(mmH$_2$O)

α : 여유율(안전율), η : 효율

─(기출유형)─

1. 원형 송풍관의 길이가 10m, 내경이 300mm, 직관 내 속도압이 15mmH$_2$O, 철판의 관마찰계수가 0.004일 때, 이 송풍관의 압력손실은?

① 1mmH$_2$O ② 4mmH$_2$O

③ 8mmH$_2$O ④ 18mmH$_2$O

$\Rrightarrow$ $\Delta P(\text{mmH}_2\text{O}) = 4f \times \frac{L}{D} \times \frac{\gamma v^2}{2g} = 4 \times 0.004 \times \frac{10}{0.3} \times 15 = 8\,\text{mmH}_2\text{O}$

2. A집진장치의 압력손실이 444mmH$_2$O, 처리가스량이 55m^3/sec인 송풍기의 효율이 77%일 때 이 송풍기의 소요동력은?

① 256kW ② 286kW

③ 298kW ④ 311kW

$\Rrightarrow$ $P = \frac{Q \times \Delta P}{102 \times \eta} = \frac{444 \times 55}{102 \times 0.77} = 310.92\,\text{kW}$

정답 1. ③ 2. ④

집진장치

집진의 기초 ★★

1 입자의 직경

(1) 공기역학적 직경(aerodynamic diameter)

본래의 먼지와 침강속도가 같고, 밀도가 $1g/cm^3$인 구형 입자의 직경이다.

> **참고** 미세먼지와 초미세먼지
> - 미세먼지(PM-10) : 공기역학적 직경이 $10\mu m$ 이하인 먼지
> - 초미세먼지(PM-2.5) : 공기역학적 직경이 $2.5\mu m$ 이하인 먼지

(2) 스토크스 직경(stokes diameter)

본래의 먼지와 같은 밀도와 침강속도를 갖는 입자상 물질의 직경이다.

(3) 광학적 직경(optical diameter)

현미경으로 먼지의 그림자를 측정한 직경으로, 다음의 종류가 있다.

① 페렛(feret) 직경 : 입자의 끝과 끝을 연결한 선 중 최대인 선의 길이
② 마틴(martin) 직경 : 평면에 투영된 입자의 그림자 면적과 기준선이 평형하게 이등 분하는 선의 길이(2개의 등면적으로 각 입자를 등분할 때 그 선의 길이)
③ 투영면적 직경(등가경) : 울퉁불퉁, 들쭉날쭉한 먼지의 면적과 동일한 면적을 가지는 원의 직경

> **참고** 집진장치에서 사용하는 입경
> - 임계입경(최소입경, 한계입경, critical diameter, $d_{p_{100}}$) : 100% 집진(제거) 가능한 먼지의 최소입경, 집진효율이 100%일 때의 입경
> - 절단입경(cut size diameter, $d_{p_{50}}$) : 50% 집진(제거) 가능한 먼지의 입경, 집진 효율이 50%일 때의 입경

─ 기출유형 ─

측정하고자 하는 입자와 동일한 침강속도를 가지며, 밀도가 $1g/cm^3$인 구형 입자의 직경은?
① 페렛 직경(feret diameter)
② 마틴 직경(martin diameter)
③ 공기역학 직경(aerodynamic diameter)
④ 스토크스 직경(stokes diameter)

정답 ③

2 집진율

(1) 집진율(제거율, η)

$$\eta = \frac{C_0 - C}{C_0} = 1 - \frac{C}{C_0}$$

여기서, η : 집진율, C : 출구 농도, C_0 : 입구 농도

(2) 통과율(P)

$$P = \frac{C}{C_0} = 1 - \eta$$

여기서, P : 통과율, C : 출구 농도, C_0 : 입구 농도, η : 집진율

(3) 출구 농도(C)

집진(제거) 후 출구로 배출되는 농도이다.

$$C = C_0(1 - \eta)$$

여기서, C : 출구 농도, C_0 : 입구 농도, η : 집진장치의 집진율

─ 기출유형 ─

1. 집진장치의 입구 더스트 농도가 2.8g/Sm³이고 출구 더스트 농도가 0.1g/Sm³일 때, 집진율(%)은?

① 86.9　　　　　　　　　　　　② 94.2
③ 96.4　　　　　　　　　　　　④ 98.8

➡ $\eta = 1 - \dfrac{C}{C_0} = 1 - \dfrac{0.1}{2.8} = 0.9642 = 96.42\%$

2. A집진장치의 집진효율은 99%이다. 이 집진시설 유입구의 먼지 농도가 13.5g/Sm³일 때, 집진장치의 출구 농도는?

① 0.0135g/Sm³　　　　　　　　② 135mg/Sm³
③ 1,350mg/Sm³　　　　　　　　④ 13.5g/Sm³

➡ $C = C_0(1 - \eta) = 13.5(1 - 0.99) = 0.135\text{g/Sm}^3 = 135\text{mg/Sm}^3$

문제풀이 Keypoint 1g = 1,000mg

정답 1. ③ 2. ②

(4) 직렬연결 시 집진율

직렬연결을 하면, 집진율(제거율)이 증가한다.

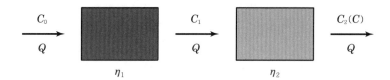

① 총집진율(총제거율)

$$\eta_T = 1 - (1-\eta_1)(1-\eta_2)$$

여기서, η_T : 집진장치의 총집진율

η_1 : 1차 집진장치의 집진율

η_2 : 2차 집진장치의 집진율

② 출구 농도

$$C = C_0(1-\eta_1)(1-\eta_2)$$

여기서, C : 출구 농도

C_0 : 입구 농도

η_1 : 1차 집진장치의 집진율

η_2 : 2차 집진장치의 집진율

─〔기출유형〕─

HF를 제거하고자 효율이 90%인 흡수탑 3대를 직렬로 설치하였다. 이때 HF의 유입 농도가 3,000ppm이라면 처리가스 중 HF의 농도는?

① 0.3ppm   ② 3ppm

③ 9ppm   ④ 30ppm

➡ $C = C_0(1-\eta_1)(1-\eta_2)(1-\eta_3)$

$\quad = 3,000\text{ppm} \times (1-0.9)(1-0.9)(1-0.9)$

$\quad = 3\text{ppm}$

정답 ②

핵심요점 ② 집진장치 ★★★★★

1 집진장치의 정의와 분류

(1) 정의

집진장치란 입자상 물질을 제거하는 장치이다.

(2) 집진장치의 종류

① 중력 집진장치
② 관성력 집진장치
③ 원심력 집진장치
④ 세정 집진장치
⑤ 여과 집진장치
⑥ 전기 집진장치

(3) 집진장치의 종류별 특징

구 분	중력 집진장치	관성력 집진장치	원심력 집진장치	세정 집진장치	여과 집진장치	전기 집진장치
집진효율 (%)	40~60	50~70	85~95	80~95	90~99	90~99.9
가스속도 (m/sec)	1~2	1~5	• 접선유입식 : 7~15 • 축류식 : 10	60~90	0.3~0.5	• 건식 : 1~2 • 습식 : 2~4
압력손실 (mmH$_2$O)	10~15	30~70	50~150	300~800	100~200	10~20
처리입경 (μm)	50 이상	10~100	3~100	0.1~100	0.1~20	0.05~20
주요 특징	• 설치비 최소 • 구조 간단	–	–	동력비 최대	고온가스 처리 안 됨	• 유지비 적음 • 설치비 최대

2 중력 집진장치

(1) 원리

입자가 가지는 중력에 의하여 함진가스 중 입자를 자연침강에 의해 분리·포집한다.

(2) 설계인자

① 처리입경 : 50~1,000μm(50μm 이상)

② 압력손실 : 10~15mmH$_2$O

③ 집진효율 : 40~60%

④ 처리가스 속도 : 1~2m/sec

(3) 장단점

장 점	단 점
• 구조가 간단하고, 설치비용이 적음 • 압력손실이 적음 • 고온가스 처리가 용이함 • 주로 전처리에 많이 이용됨	• 미세먼지 포집이 어려움 • 집진효율이 낮음 • 시설의 규모가 커짐

(4) 입자의 침강속도(Stokes식)

$$v_g = \frac{d^2 g (\rho_p - \rho_a)}{18\mu}$$

여기서, v_g : 침강속도(m/sec)

ρ_p : 입자의 밀도(kg/m^3), ρ_a : 가스의 밀도(=1.3kg/m^3)

d : 입자의 직경(m), g : 중력가속도(=9.8m/sec^2)

μ : 가스의 점도(kg/m·sec)

(5) 효율 향상조건

다음의 경우 집진효율이 증가한다.

① 침강실 내 가스 유속이 느릴수록

② 침강실의 높이가 낮을수록

③ 침강실의 길이가 길수록

④ 침강실의 입구 폭이 넓을수록

⑤ 침강속도가 빠를수록

⑥ 입자의 밀도가 클수록

⑦ 단수가 높을수록

⑧ 침강실 내 배기 기류가 균일할수록

기출유형

1. 다음과 같은 특성을 지닌 집진장치는?

- 고농도 함진가스의 전처리에 사용될 수 있다.
- 배출가스의 유속은 보통 0.3~3m/sec 정도가 되도록 설계한다.
- 시설의 규모는 크지만 유지비가 저렴하다.
- 압력손실은 10~15mmH$_2$O 정도이다.

① 중력 집진장치
② 원심력 집진장치
③ 여과 집진장치
④ 전기 집진장치

➡ 중력 집진장치에 관한 설명이다.

2. 직경이 5μm이고 밀도가 3.7g/cm^{3}인 구형 먼지 입자가 공기 중에서 중력침강할 때 종말 침강속도는? (단, 스토크스 법칙 적용, 공기의 밀도 무시, 점성계수 1.85×10^{-5}kg/m · sec)

① 약 0.27cm/sec
② 약 0.32cm/sec
③ 약 0.36cm/sec
④ 약 0.41cm/sec

➡ $v_g = \dfrac{d^2 g(\rho_p - \rho_a)}{18\mu}$

$= \dfrac{(5\times10^{-6}\,\mathrm{m})^2 \times 3,700\,\mathrm{kg/m^3} \times 9.8\,\mathrm{m/sec^2}}{18\times1.85^{-5}\mathrm{kg/m\cdot sec}}$

$= 2.72\times10^{-3}\mathrm{m/sec} \times \dfrac{100\mathrm{cm}}{1\mathrm{m}}$

$= 0.272\mathrm{cm/sec}$

여기서, 입자 밀도 $= 3.7\mathrm{g/cm^3} = 3,700\,\mathrm{kg/m^3}$

3. 중력 집진장치의 집진효율 향상조건으로 옳지 않은 것은?

① 침강실 내의 처리가스 속도를 크게 한다.
② 침강실 내의 처리가스의 흐름을 균일하게 한다.
③ 침강실의 높이를 낮게 하고, 길이를 길게 한다.
④ 다단일 경우에는 단수가 증가될수록 압력손실은 커지나 효율은 증가한다.

➡ ① 침강실 내의 처리가스 속도가 작아야, 체류시간이 길어져 집진효율이 커진다.

정답 1. ① 2. ① 3. ①

3 관성력 집진장치

(1) 원리

함진가스를 방해판에 충돌시켜 기류의 급격한 방향전환을 일으켜서 입자의 관성력에 의해 가스 흐름으로부터 입자를 분리·포집한다.

(2) 설계인자

① 처리입경 : $10 \sim 100 \mu m$ ② 압력손실 : $37 \sim 80 mmH_2O$

③ 집진효율 : $50 \sim 70\%$ ④ 처리가스 속도 : $1 \sim 5 m/sec$

(3) 장단점

장 점	단 점
• 구조가 간단하고, 취급이 용이함 • 전처리용으로 많이 이용됨 • 운전비, 유지비가 저렴함 • 고온가스 처리가 가능함	• 미세입자 포집이 곤란함 • 효율이 낮음 • 방해판의 전환각도가 큼

(4) 효율 향상조건

다음의 경우 집진효율(압력손실)이 증가한다.

① 충돌 직전의 처리가스 속도가 빠를수록

② 방향전환각도가 작을수록

③ 전환횟수가 많을수록

④ 방향전환 곡률반경(기류반경)이 작을수록

⑤ 출구 가스 속도가 느릴수록

⑥ 방해판이 많을수록

─(기출유형)─

관성력 집진장치에서 집진율 향상조건으로 옳지 않은 것은?

① 일반적으로 충돌 직전의 처리가스 속도가 느리고, 처리 후의 출구 가스 속도는 빠를수록 미립자의 제거가 쉽다.

② 기류의 방향전환각도가 작고 방향전환횟수가 많을수록 압력손실은 커지나 집진은 잘 된다.

③ 적당한 모양과 크기의 호퍼가 필요하다.

④ 함진가스의 충돌 또는 기류의 방향전환 직전의 가스 속도가 빠르고, 방향전환 시 곡률반경이 작을수록 미세입자의 포집이 가능하다.

➡ ① 일반적으로 충돌 직전의 처리가스 속도가 빠르고, 처리 후의 출구 가스 속도는 느릴수록 미립자의 제거가 쉽다.

정답 ①

4 원심력 집진장치

(1) 원리

함진가스에 선회운동을 부여하여, 입자에 작용하는 원심력에 의해 분리·포집을 한다.

(2) 설계인자

① 처리입경 : 3~100μm

② 압력손실 : 50~150mmH$_2$O

③ 집진효율 : 85~95%

④ 입구 유속

    ㉠ 접선유입식 : 7~15m/sec

    ㉡ 축류식 : 10m/sec

(3) 장단점

장 점	단 점
• 조작이 간단하고, 유지관리가 쉬움 • 운전비·설치비가 저렴함 • 고온가스 처리가 가능함 • 압력손실이 작음	• 미세입자의 집진효율이 낮음 • 수분 함량이 높은 먼지 집진이 어려움 • 분진량과 유량의 변화에 민감함

(4) 효율 향상조건

다음의 경우 집진효율이 증가한다.

① 먼지의 농도, 밀도, 입경이 클수록

② 입구 유속이 빠를수록

③ 배기관 지름이 작을수록

④ 유량이 클수록

⑤ 회전수가 많을수록

⑥ 몸통 길이가 길수록

⑦ 몸통 직경이 작을수록

⑧ 처리가스 온도가 낮을수록

⑨ 점도가 작을수록

⑩ 블로다운 방식을 사용할 경우

⑪ 직렬 연결을 사용할 경우

⑫ 고농도일 때는 병렬 연결하여 사용

⑬ 응집성이 강한 먼지는 직렬 연결(최대 3단 한계)하여 사용

(5) 블로다운(blow down)

사이클론 하부 분진박스(dust box)에서 처리가스량의 5~10%에 상당하는 함진가스를 추출시켜 유효원심력을 증대시키고, 선회기류의 흐트러짐과 집진된 먼지의 재비산을 방지한다.

─ 기출유형 ─

다음 중 일반적으로 배기가스의 입구 처리속도가 증가하면 제진효율이 커지며, 블로다운 효과와 관련된 집진장치는?

① 중력 집진장치   ② 원심력 집진장치

③ 전기 집진장치   ④ 여과 집진장치

➡ 블로다운 효과는 원심력 집진장치에서 집진율을 높이는 방법이다.

정답 ②

5 세정 집진장치

🕐TIP 세정 집진장치는 가스상 물질의 처리방법 중 '흡수법'과 동일하다.

(1) 원리

세정액을 분사하거나 함진가스를 분산시켜 액적(물방울) 또는 액막을 형성시켜 함진 가스를 세정시킨다.

① 관성충돌 : 액적-입자 충돌에 의한 부착 포집

② 확산 : 미립자 확산에 의한 액적과의 접촉 포집

③ 증습에 의한 응집 : 배기가스 증습에 의한 입자 간 상호 응집

④ 응결 : 입자를 핵으로 한 증기의 응결에 따른 응집성 증가

⑤ 부착 : 액막의 기포에 의한 입자의 접촉 부착

(2) 장단점

장 점	단 점
• 입자상 물질과 가스상 물질의 동시 제거 가능 • 고온가스 처리 가능 • 먼지의 재비산이 없음 • 점착성·조해성 먼지의 처리 가능 • 인화성·가열성·폭발성 입자의 처리 가능	• 동력비가 큼 • 먼지의 성질에 따라 효과가 다름 • 물 사용량이 많음(급수설비·폐수처리 시설 설치 필요, 수질오염 발생) • 배출 시 가스 재가열 필요 • 동결·부식 발생 가능

참고 세정 집진장치의 먼지의 성질에 따른 효과 차이

• 소수성 먼지 : 세정 집진효과 적음
• 친수성 먼지 : 폐색 가능

(3) 세정 집진장치의 종류 – 세정액 접촉방법에 의한 분류

구 분	원 리	종 류
가압수식 (액분산형)	물을 가압 공급하여 함진가스 내에 물(세정액)을 분사하는 방법	• 충전탑(packed tower) • 분무탑(spray tower) • 벤투리 스크러버 • 사이클론 스크러버 • 제트 스크러버
유수식 (저수식, 가스분산형)	장치 내 물(세정액)을 채운 후 가스를 통과시키는 방법	• 단탑, 포종탑, 다공판탑, 기포탑 • S임펠러형, 로터형, 가스선회형, 가스분출형(분수형)
회전식	송풍기 팬의 회전을 이용하는 방법	• 타이젠와셔 • 임펄스 스크러버

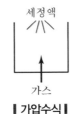

▌가압수식▐

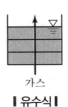

▌유수식▐

(4) 벤투리 스크러버

① 정의 : 함진가스를 벤투리관 목(throat)부에 60~90m/sec의 고속으로 공급하고, 목부 주변 노즐에서 세정액이 분사되도록 하여 수적에 분진입자를 충돌·포집하는 세정 집진장치이다.

② 설계인자

    ㉠ 처리가스 속도 : 60~90m/sec

    ㉡ 압력손실 : 300~800mmH$_2$O

    ㉢ 집진효율 : 80~90%

    ㉣ 액가스비

        • 친수성 입자 또는 굵은 먼지 입자 : 0.3~0.5L/m^3

        • 친수성이 아닌 입자 또는 미세 입자 : 0.5~1.5L/m^3

    ㉤ 물방울 직경 : 먼지 직경 = 150 : 1 (물방울 직경은 분진의 150배 정도)

③ 장단점

장 점	단 점
• 집진효율이 큼(세정 집진 중 효율 최대) • 소형으로 대용량 가스의 처리 가능	압력손실이 가장 큼

참고 세정 집진장치의 유속 비교

구 분	목부 유속	입구 유속
충전탑	0.3~1m/sec	0.3~1m/sec
분무탑	0.2~1m/sec	0.2~1m/sec
제트 스크러버	10~100m/sec	10~20m/sec
벤투리 스크러버	60~90m/sec	60~90m/sec

─(기출유형)─

1. 세정 집진장치의 입자 포집원리에 관한 설명으로 가장 거리가 먼 것은?

① 미립자 확산에 의하여 액적과의 접촉을 쉽게 한다.
② 배기가스의 습도 감소로 인해 입자가 응집하여 제거효율이 증가한다.
③ 액적에 입자가 충돌하여 부착한다.
④ 입자를 핵으로 한 증기의 응결에 의하여 응집성을 증가시킨다.

➡ ② 배기가스의 습도 증가로 인하여 입자가 응집하여 제거효율이 증가한다.

2. 세정 집진장치의 특징으로 거리가 먼 것은?

① 고온의 가스를 처리할 수 있다.
② 폐수처리장치가 필요하다.
③ 점착성 및 조해성 먼지를 처리할 수 없다.
④ 포집된 먼지의 재비산 염려가 거의 없다.

➡ ③ 물을 뿌려 먼지를 제거하므로, 점착성 및 조해성 먼지를 처리할 수 있다.

3. 세정 집진장치는 유수식, 가압수식, 회전식으로 분류될 수 있는데, 다음 중 유수식의 분류에 해당되는 것은?

① 분수형
② 벤투리 스크러버
③ 충전탑
④ 분무탑

4. 다음 세정 집진장치 중 스로트(throat)부의 가스 속도가 60~90m/sec 정도인 것은?

① 충전탑
② 분무탑
③ 제트 스크러버
④ 벤투리 스크러버

정답 1. ② 2. ③ 3. ① 4. ④

6 여과 집진장치

(1) 원리

함진가스를 여과재(filter)에 통과시켜 입자를 관성충돌, 차단, 확산 등에 의해 포집한다.

① 관성충돌
② 중력작용
③ 확산작용
④ 직접차단

(2) 여과 집진장치의 종류

① 여과포 모양에 따른 분류

원통식, 봉투식, 평판식(met식) 등

② 여과방식에 의한 분류

구 분	특 징	예
표면여과	• 고농도·대용량 배기가스 처리에 사용 • 여과포(여포) 재생이 가능(청소 후 재사용)	봉투식, 백필터(bag filter)
내면여과	• 저농도·소용량 배기가스 처리에 제한적 사용 • 여과포 재생이 곤란하여 주기적 교체 필요 • 여과속도가 느림	자동차 에어필터, 패키지형 필터, 방사먼지용 에어필터

③ 청소방법(탈진방식)에 따른 분류

구 분	종 류
간헐식	진동형, 역기류형, 역세형, 역세진동형
연속식	충격기류식(pulse jet형, reverse jet형), 음파 제트(sonic jet)

(3) 설계인자

① 처리입경 : 0.1~20μm
② 압력손실 : 100~200mmH$_2$O
③ 집진효율 : 90~99%
④ 처리가스 속도 : 0.3~0.5m/sec

기출유형

다음 중 여과 집진장치의 탈진방법으로 가장 거리가 먼 것은?

① 진동형
② 세정형
③ 역기류형
④ Pluse jet형

정답 ②

---

(4) 장단점

장 점	단 점
• 미세입자의 집진효율이 높음 • 처리입경범위가 넓음 • 취급이 쉬움 • 여러 가지 형태의 분진 포집이 가능 • 다양한 여재 사용으로 설계 및 운영이 유연함	• 소요 설치공간이 크고, 유지비가 많이 듦 • 내열성이 적어 고온가스 처리가 어려움 • 가스의 온도에 따라 여과재 선택에 제한을 받음 • 여과포 손상이 쉬움 • 습하면 눈막힘 현상으로 여과포가 막힘 • 수분·여과속도에 대한 적응성이 낮음 • 폭발위험성이 있음 • 폭발성, 점착성 및 흡습성의 먼지 제거에 부적합

(5) 주요 여과포의 내열온도

① 목면 : 80℃

② 양모 : 80℃

③ 카네카론 : 100℃

④ 유리섬유(glass fiber) : 250℃

> **참고** 주요 여과포의 특징
> • 목면 : 내열온도 80℃, 산에 약함
> • 유리섬유 : 내열온도 250℃, 염기에 약함

(6) 여과 집진장치의 설계요소

① 여과속도

$$v = \frac{Q}{A} = \frac{Q}{(\pi DL)N}$$

여기서, v : 여과속도, Q : 유량(m³/min), A : 총여과면적(m²)
D : 여과포 직경(m), L : 여과포 길이(m), N : 여과포 개수

② 여과포(백필터) 개수

$$N = \frac{Q}{A_{1지}v} = \frac{Q}{(\pi DL) \times v}$$

여기서, N : 여과포 개수, Q : 유량(m³/min), $A_{1지}$: 여과포 1지의 여과면적(m²)
v : 여과속도(m/min), D : 여과포 직경(m), L : 여과포 길이(m)

> **정리** 여과면적(A) 계산
> • 여과포 1지의 여과면적 : $A_{1지} = \pi DL$
> • 총여과면적 : $A = N \times A_{1지} = N(\pi DL)$

─(**기출유형**)─

1. 여과 집진장치에 사용되는 여과포 재료 중 가장 높은 온도에서 사용이 가능한 것은?

① 목면   ② 양모

③ 카네카론   ④ 글라스화이버

➡ ④ 글라스화이버(유리섬유)의 내열온도가 가장 높다.

2. 여과식 집진장치에서 지름이 0.3m, 길이가 3m인 원통형 여과포 18개를 사용하여 유량이 30m³/min인 가스를 처리할 경우에 여과포의 표면 여과속도는 얼마인가?

① 0.49m/min   ② 0.59m/min

③ 0.79m/min   ④ 0.99m/min

➡ $v = \dfrac{Q}{\pi \times D \times L \times N} = \dfrac{30\text{m}^3/\text{min}}{\pi \times 0.3\text{m} \times 3\text{m} \times 18} = 0.589\text{m/min}$

3. 직경이 30cm, 길이가 15m인 여과자루를 사용하여 농도 3g/m³의 배출가스를 1,000m³/min으로 처리하였다. 여과속도가 1.5cm/sec일 때 필요한 여과자루의 개수는?

① 75개   ② 79개

③ 83개   ④ 87개

➡ 1) 여과속도 $v = \dfrac{1.5\text{cm}}{\text{sec}} \times \dfrac{1\text{m}}{100\text{cm}} \times \dfrac{60\text{sec}}{1\text{min}} = 0.9\text{m/min}$

2) 여과자루 수 $N = \dfrac{Q}{\pi \times D \times L \times v} = \dfrac{1,000\text{m}^3/\text{min}}{\pi \times 0.3\text{m} \times 15\text{m} \times 0.9\text{m/min}} = 78.59$

∴ 여과자루의 개수는 79개이다.

정답 1. ④   2. ②   3. ②

---

7 전기 집진장치

(1) 원리

집진극을 (+), 방전극을 (−)로 하여 고압직류전원을 주었을 때 발생하는 코로나 방전으로, 가스 내 먼지에 전하가 생겨 대전입자를 쿨롱력에 의해 집진극에 분리·포집한다.

용어 **코로나 방전**
도체 주위의 유체의 이온화로 생기는 전기적 방전

(2) 설계인자

① **처리입경** : 0.05~20μm(0.1~0.5μm 입경에서 효율 최대)

② **압력손실** : 건식(10mmH₂O), 습식(20mmH₂O)

③ **집진효율** : 90~99.9%

④ **처리가스 속도** : 건식(1~2m/sec), 습식(2~4m/sec)

(3) 장단점

장 점	단 점
• 미세입자의 집진효율이 높음 • 압력손실 낮아 소요동력이 작음 • 대량의 가스 처리 가능 • 연속운전 가능 • 운전비가 적음 • 온도범위가 넓음 • 배출가스의 온도강하가 적음 • 고온가스 처리 가능(약 500℃ 전후)	• 초기설치비용이 큼 • 가스상 물질 제어 안 됨 • 운전조건 변동에 적응성이 낮음(전압 변동과 같은 조건 변동에 적용이 어려움) • 넓은 설치면적이 필요 • 비저항이 큰 분진 제거 곤란 • 분진 부하가 대단히 높으면 전처리시설이 요구됨 • 근무자의 안전성에 유의해야 함

(4) 종류별 특징

구 분	건 식	습 식
정의	물 사용이 없는 전기 집진방식	물을 사용하여 집진극 표면에 포집된 먼지를 계속 세척하는 방식
속도	1~2m/sec	2~4m/sec
압력손실	10mmH$_2$O	20mmH$_2$O
장점	폐수가 발생하지 않음	• 건식보다 처리속도가 빠름 • 소규모 설치 가능 • 항상 깨끗하여 강한 전계를 형성하고, 집진효율이 높음 • 역전리·재비산 현상이 없음
단점	• 습식보다 장치가 큼 • 역전리·재비산 현상에 대응이 어려움	• 감전 및 누전 위험 • 폐수 및 슬러지가 생성됨 • 배기가스 냉각으로 부식 발생

(5) 집진극이 갖추어야 할 조건

① 부착된 먼지를 털어내기 쉬울 것
② 전기장 강도가 균일하게 분포하도록 할 것
③ 열과 부식성 가스에 강할 것
④ 기계적인 강도가 있을 것
⑤ 부착된 먼지에 탈진 시 재비산이 잘 일어나지 않는 구조를 가질 것

(6) 전기 저항률(비저항)

① 포집된 분진층의 전류에 대한 전기 저항($\Omega \cdot cm$)
② 집진효율이 좋은 전기 비저항 범위 : $10^4 \sim 10^{11} \Omega \cdot cm$

구 분	$10^4 \Omega \cdot cm$ 이하일 때	$10^{11} \Omega \cdot cm$ 이상일 때
현상	• 재비산(jumping) 현상 발생 • 집진효율 감소	• 역코로나(back corona)·역전리 발생 • 집진효율 감소
대책	• 함진가스 유속을 느리게 함 • 암모니아수 주입	• 물(수증기) 주입 • 무수황산(H$_2$SO$_4$), SO$_3$, NaCl, 소석회 주입

(7) 집진효율(Deutsch-Anderson식)

① 평판형

$$\eta = \left[1 - e^{\left(-\frac{Aw}{Q}\right)}\right] \times 100\,(\%)$$

여기서, η : 집진율, e : 자연로그의 밑
A : 집진판 면적(m^2), w : 겉보기속도(m/sec), Q : 처리가스량(m^3/sec)

② 원통형

$$\eta = \left[1 - e^{\left(-\frac{2Lw}{RU}\right)}\right] \times 100\,(\%)$$

여기서, η : 집진율, e : 자연로그의 밑
L : 집진판 길이(m), w : 겉보기속도(m/sec)
R : 반경(m), U : 처리가스속도(m/sec)

─(기출유형)─

1. 전기 집진장치에 관한 설명으로 가장 거리가 먼 것은?

① 대량의 가스 처리가 가능하다.
② 전압 변동과 같은 조건 변동에 쉽게 적응할 수 있다.
③ 초기설치비가 고가이다.
④ 압력손실이 적어 소요동력이 적다.

➡ 전기 집진장치는 운전조건 변동에 적응성 낮아, 전압 변동과 같은 조건 변동에 적응이 어렵다.

2. 전기 집진장치의 집진극이 갖추어야 할 조건으로 옳지 않은 것은?

① 부착된 먼지를 털어내기 쉬울 것
② 전기장 강도가 불균일하게 분포하도록 할 것
③ 열, 부식성 가스에 강하고 기계적인 강도가 있을 것
④ 부착된 먼지에 탈진 시 재비산이 잘 일어나지 않는 구조를 가질 것

➡ ② 전기장 강도가 균일하게 분포하도록 할 것

3. 전기 집진기장치에서 입자의 대전과 집진된 먼지의 탈진이 정상적으로 진행되는 겉보기 고유저항의 범위로 가장 적합한 것은?

① $10^{-3} \sim 10^1 \, \Omega \cdot cm$ ② $10^1 \sim 10^3 \, \Omega \cdot cm$
③ $10^4 \sim 10^{11} \, \Omega \cdot cm$ ④ $10^{12} \sim 10^{15} \, \Omega \cdot cm$

➡ 집진효율이 좋은 전기비저항 범위는 $10^4 \sim 10^{11} \, \Omega \cdot cm$이다.

정답 1. ② 2. ② 3. ③

CHAPTER 4 가스상 물질의 처리

가스상 물질 처리방법의 구분 ★

〈가스상 물질의 처리〉

가스상 처리방법별 분류	유해가스 종류별 분류
• 흡수법 • 흡착법 • 산화(환원)법	• 황산화물(SOx) 제거 • 질소산화물(NOx) 제거 • 기타 : 염소가스 등

정리 대기오염물질별 처리장치
• 입자상 물질 처리장치 : 집진장치
• 가스상 물질 처리장치 : 흡수장치, 흡착장치, 산화 및 환원 장치

─(기출유형)─

유해가스 처리장치로 부적합한 것은?

① 충전탑   ② 분무탑
③ 벤투리형 세정기   ④ 중력 집진장치

➡ ④ 집진장치는 입자상 물질 처리장치이다.   정답 ④

가스상 물질의 처리방법 ★★★★

1 흡수법

가스상 물질을 흡수액(물)에 용해(흡수)시켜 제거하는 방법이다.

(1) 원리

① 헨리의 법칙

일정 온도에서 기체의 용해도는 그 기체의 압력에 비례한다.

$$P = HC$$

여기서, P : 분압(atm), H : 헨리상수(atm · m^3/kmol), C : 액중 농도(kmol/m^3)

〈헨리의 법칙 적용기체〉

헨리의 법칙이 잘 적용되는 기체	헨리의 법칙이 적용되기 어려운 기체
용해도가 작은 기체 예 N_2, H_2, O_2, CO, CO_2, NO, NO_2, H_2S 등	용해도가 크거나 반응성이 큰 기체 예 Cl_2, HCl, HF, SiF_4, SO_2, NH_3 등

② 기체의 용해도

㉠ 온도가 증가할수록 기체의 용해도는 감소한다.

㉡ 압력이 증가할수록 기체의 용해도는 증가한다.

㉢ 용해도가 작은 기체일수록 헨리상수가 크다.

참고 용해도 순서

HCl > HF > NH_3 > SO_2 > Cl_2 > CO_2 > O_2

(2) 특징

TIP 흡수법은 세정 집진장치와 동일하다.

물에 잘 녹는 가스일수록, 용해도가 큰 가스일수록, 흡수법으로 제거가 잘 된다.

(3) 흡수장치

① 가스분산형 흡수장치 : 단탑, 포종탑, 다공판탑, 기포탑

② 액분산형 흡수장치 : 충전탑, 분무탑, 벤투리 스크러버, 사이클론 스크러버, 제트 스크러버

(4) 좋은 충전물(충진물)의 조건

① 충전밀도(충진밀도)가 커야 한다.

② Hold-up이 작아야 한다.

③ 공극률이 커야 한다.

④ 비표면적이 커야 한다.

⑤ 압력손실이 작아야 한다.

⑥ 내열성·내식성이 커야 한다.

⑦ 충분한 강도를 지녀야 한다.

⑧ 화학적으로 불활성이어야 한다.

(5) 좋은 흡수액(세정액)의 조건

① 용해도가 커야 한다.

② 화학적으로 안정해야 한다.

③ 독성·부식성이 없어야 한다.

④ 휘발성이 작아야 한다.

⑤ 점성이 작아야 한다.

⑥ 어는점이 낮아야 한다.

⑦ 가격이 저렴해야 한다.

⑧ 용매의 화학적 성질과 비슷해야 한다.

(기출유형)

1. SO_2 기체와 물이 30℃에서 평형상태에 있다. 기상에서의 SO_2 분압이 44mmHg일 때 액상에서의 SO_2 농도는 얼마인가? (단, 30℃에서 SO_2 기체의 물에 대한 헨리상수는 1.60×10 atm · m^3/kmol이다.)

① 2.51×10^{-4}kmol/m^3 ② 2.51×10^{-3}kmol/m^3

③ 3.62×10^{-4}kmol/m^3 ④ 3.62×10^{-3}kmol/m^3

➡ 헨리의 법칙에서 $P = HC$이므로,

$$C = \frac{P}{H} = \frac{kmol}{1.6 \times 10 atm \cdot m^3} \times 44mmHg \times \frac{1atm}{760mmHg} = 3.618 \times 10^{-3} kmol/m^3$$

2. 다음 중 헨리법칙이 가장 잘 적용되는 기체는?

① O_2 ② HCl

③ SO_2 ④ HF

3. 다음 중 기체의 용해도에 대한 설명이 틀린 것은?

① 온도가 증가할수록 용해도가 커진다.
② 용해도는 기체의 압력에 비례한다.
③ 용해도가 작은 기체는 헨리상수가 크다.
④ 헨리의 법칙이 잘 적용되는 기체는 용해도가 작은 기체이다.

➡ ① 온도가 증가할수록 기체의 용해도는 감소한다.

4. 흡수장치의 종류를 액분산형과 기체분산형으로 나눌 때, 다음 중 기체분산형에 해당하는 것은?

① 충전탑   ② 분무탑

③ 단탑   ④ 벤투리 스크러버

5. 유해가스의 처리에 사용되는 충전탑의 내부에 채워 넣는 충전물이 갖추어야 할 조건으로 옳지 않은 것은?

① 공극률이 커야 한다.
② 단위용적에 대하여 표면적이 작아야 한다.
③ 마찰저항이 작아야 한다.
④ 충전밀도가 커야 한다.

➡ ② 단위용적에 대하여 표면적이 커야 한다.

6. 흡수공정으로 유해가스를 처리할 때, 흡수액이 갖추어야 할 요건으로 옳지 않은 것은?

① 휘발성이 커야 한다.   ② 점성이 작아야 한다.

③ 용해도가 커야 한다.   ④ 용매의 화학적 성질과 비슷해야 한다.

➡ ① 휘발성이 작아야 한다.

정답 1. ④ 2. ① 3. ① 4. ③ 5. ② 6. ①

2 흡착법

(1) 흡착의 분류

구 분	물리적 흡착	화학적 흡착
반응	가역반응	비가역반응
계	Open system	Closed system
원동력	분자 간 인력(반데르발스힘)	화학반응
흡착열	낮음	높음
흡착층	다분자 흡착(여러 층)	단분자 흡착(단층)
온도, 압력 영향	온도영향이 큼 (온도↓ 압력↑ ➡ 흡착↑) (온도↑ 압력↓ ➡ 탈착↑)	온도영향이 작음 (임계온도 이상에서 흡착 안 됨)
재생	가능	불가능

(2) 흡착제

① 흡착제의 종류

활성탄, 실리카겔, 활성알루미나, 합성제올라이트, 마그네시아, 보크사이트

② 흡착제의 조건

㉠ 단위질량당 표면적이 클 것

㉡ 어느 정도의 강도 및 경도를 지닐 것

㉢ 흡착효율이 높을 것

㉣ 가스 흐름에 대한 압력손실이 적을 것

㉤ 어느 정도의 강도를 가질 것

㉥ 재생과 회수가 쉬울 것

(3) 흡착장지의 종류

① 고정층 흡착장치

② 이동층 흡착장치

③ 유동층 흡착장치

기출유형

1. 물리적 흡착과 화학적 흡착에 대한 비교 설명으로 옳은 것은?

① 물리적 흡착과정은 가역적이기 때문에 흡착제의 재생이나 오염가스의 회수에 매우 편리하다.

② 물리적 흡착은 온도의 영향을 받지 않는다.

③ 물리적 흡착은 화학적 흡착보다 분자 간의 인력이 강하기 때문에 흡착과정에서의 발열량도 크다.

④ 물리적 흡착에서는 용질의 분자량이 적을수록 유리하게 흡착한다.

➡ ② 물리적 흡착은 온도의 영향을 크게 받는다.
　③ 화학적 흡착은 물리적 흡착력보다 흡착력이 더 강하기 때문에 발열량이 더 크다.
　④ 물리적 흡착에서는 용질의 분자량이 클수록 유리하게 흡착한다.

2. 오염가스를 흡착하기 위하여 사용되는 흡착제와 가장 거리가 먼 것은?

① 활성탄

② 활성망가니즈

③ 마그네시아

④ 실리카겔

➡ ② 활성망가니즈 : 흡수제

3. 유해가스 처리를 위한 흡착제 선택 시 고려해야 할 사항으로 옳지 않은 것은?

① 흡착효율이 우수해야 한다.

② 흡착제의 회수가 용이해야 한다.

③ 흡착제의 재생이 용이해야 한다.

④ 기체의 흐름에 대한 압력손실이 커야 한다.

➡ ④ 기체의 흐름에 대한 압력손실이 적어야 한다.

4. 대기오염방지시설 중 유해가스상 물질을 처리할 수 있는 흡착장치의 종류와 가장 거리가 먼 것은?

① 고정층 흡착장치

② 촉매층 흡착장치

③ 이동층 흡착장치

④ 유동층 흡착장치

정답 1.① 2.② 3.④ 4.②

3 산화법

(1) 연소산화법(직접연소법)

① 악취물질을 600~800℃의 화염으로 직접 연소시키는 방법이다.

② 연료는 CO_2와 H_2O 이외에는 생성되지 않아야 하며, 불완전연소가 되어서는 안 된다.

③ 접촉시간 : 0.3~0.5초

④ 효율 : 90% 이상

(2) 촉매산화법(촉매연소법)

① 백금 등의 금속 촉매를 이용하여 250~450℃로 산화·분해하여 처리하는 방법이다.

② 촉매 : 백금(Pt), 팔라듐(Pd), V_2O_5, K_2SO_4 등

③ 효율 : 90% 이상

> **참고** 산화제의 종류
>
> O_3, $KMnO_4$, $NaOCl$, $NaClO_2$, ClO_2, Cl_2, H_2O_2 등

─ 기출유형 ─

촉매산화법으로 악취물질을 함유한 가스를 산화·분해하여 처리하고자 할 때, 다음 중 가장 적합한 연소온도 범위는?

① 100~150℃

② 250~450℃

③ 650~800℃

④ 850~1,000℃

➡ • 연소산화법(직접연소법)의 연소온도 범위 : 600~800℃
  • 촉매산화법(촉매연소법)의 연소온도 범위 : 250~450℃

정답 ②

핵심요점 ③ 가스상 물질의 종류별 처리방법 ★★★

1 황산화물 방지기술

구 분	전처리(중유 탈황)	후처리(배연 탈황)
원리	연료 중 탈황	배출가스 중 SOx 제거
공법 종류	• 접촉 수소화 탈황 • 금속산화물에 의한 흡착 탈황 • 미생물에 의한 생화학적 탈황 • 방사선 화학에 의한 탈황	• 흡수법 • 흡착법 • 산화법(접촉산화법, 금속산화법) • 전자선 조사법

— 기출유형 —

황산화물(SOx)은 주로 석탄의 연소, 석유의 연소, 원유의 정제를 위한 정유공정 등에서 발생하는데, 이러한 배출가스 중의 탈황방법으로 적절하지 않은 것은?

① 흡수법 ② 흡착법

③ 산화법 ④ 수소화법

➡ ④ (접촉)수소화법은 연료 중 탈황방법이다.

정답 ④

2 질소산화물(NOx) 방지기술 ▸ NOx의 저감방법

(1) 저감방법의 분류

① 연소 중 저감 : 연소 조절

② 배기가스 중 저감 : 배기가스 탈질

(2) 연소조절에 의한 NOx의 저감방법

① 저온 연소

② 저산소 연소

③ 저질소 성분 연료 우선 연소

④ 2단 연소

⑤ 최고화염온도를 낮춤

⑥ 배기가스 재순환

⑦ 버너 및 연소실의 구조 개선

⑧ 수증기 및 물 분사

TIP NOx는 고온·고산소 상태에서 많이 발생하므로, 저온·저산소 연소를 해야 NOx 발생이 줄어든다.

연소 시 연소상태를 조절하여 질소산화물의 발생을 억제하는 방법으로 가장 거리가 먼 것은?

① 저온도 연소   ② 저산소 연소
③ 공급공기량의 과량 주입   ④ 수증기 분무

➡ 공기량이 늘어나면 연소 시 공급되는 산소가 늘어나므로 NOx 발생량이 증가한다.

정답 ③

(3) 배기가스 탈질(NO 제거)

① 흡수법(용융염 흡수법)
② 흡착법
③ 촉매환원법(접촉환원법)
④ 접촉분해법
⑤ 전자선조사법
⑥ 수세법

(4) 촉매환원법

촉매환원법이란 촉매 접촉 하에 환원제를 이용하여 NOx를 N_2로 환원 처리하는 방법으로, 다음과 같이 분류할 수 있다.

분 류	특 징
선택적 촉매환원법 (SCR)	• 정의 : 촉매를 이용하여 배기가스 중 존재하는 O_2와는 무관하게 NOx를 선택적으로 N_2로 환원시키는 방법 • 촉매 : 백금(Pt), 코발트(Co), 니켈(Ni), 구리(Cu), 크로뮴(Cr), 망가니즈(Mn), $TiO_2-V_2O_5$ • 환원제 : 암모니아(NH_3), 수소(H_2), 일산화탄소(CO), 황화수소(H_2S), 요소($(NH_2)_2CO$) 등 • 온도 : 275~450℃(최적 350℃) • 처리효율 : 90%
비선택적 촉매환원법 (NCR)	• 정의 : 촉매을 이용하여 배기가스 중 O_2를 환원제로 먼저 소비한 다음, NOx를 환원시키는 방법 • 촉매 : 백금(Pt), 코발트(Co), 니켈(Ni), 구리(Cu), 크로뮴(Cr), 망가니즈(Mn) • 비선택적 환원제 : 메테인(CH_4), 수소(H_2), 일산화탄소(CO), 황화수소(H_2S) • 온도 : 200~450℃(최적 350℃) • 처리효율 : 90%
선택적 무촉매환원법 (SNCR)	• 정의 : 촉매를 사용하지 않고 NOx부터 먼저 환원시키는 방법 • 온도 : 750~950℃(최적 800~900℃) • 처리효율 : 약 40~70%

─ 기출유형 ─

질소산화물을 촉매환원법으로 처리할 때, 어떤 물질로 환원되는가?

① N_2 ② HNO_3

③ CH_4 ④ NO_2

➡ 선택적 촉매환원법 : 촉매를 이용하여 NOx를 N_2로 환원시키는 방법

정답 ①

 핵심요점 4 | 가스상 물질 처리 관련 계산 ★★★

TIP 이 부분은 화학반응식을 구하고, 반응식의 양적 관계로 양을 계산한다. 이어지는 기출유형 문제를 통해 연습하도록 한다.

1 배출가스의 양

─ 기출유형 ─

1. A공장에서 SO_2가 농도 444ppm, 유량 52m³/hr로 배출될 때, 하루에 배출되는 SO_2의 양(kg)은? (단, 24시간 연속가동 기준, 표준상태 기준)

① 1.58kg ② 1.67kg

③ 1.79kg ④ 1.94kg

➡ $$\frac{444\,m^3}{10^6 m^3}\times\frac{52\,m^3}{hr}\times\frac{64kg}{22.4Sm^3}\times\frac{24hr}{day}=1.583kg/day$$

문제풀이 Keypoint SO_2 64kg = 22.4Sm³

2. 황 함유량 1.5%인 액체 연료 20톤을 이론적으로 완전연소시킬 때 생성되는 SO_2의 부피는? (단, 연료 중 황은 완전연소하여 100% SO_2로 전환된다.)

① 140Sm³ ② 170Sm³

③ 210Sm³ ④ 250Sm³

➡ $$S + O_2 \rightarrow SO_2$$
$$32kg : 22.4Sm^3$$
$$\frac{1.5}{100}\times 20,000kg : X(Sm^3)$$
$$\therefore X = \frac{\dfrac{1.5}{100}\times 20,000\,kg \times 22.4Sm^3}{32\,kg} = 210Sm^3$$

문제풀이 Keypoint 20t = 20,000kg

$$1.5\% = \frac{1.5}{100}$$

정답 1.① 2.③

2 약품(흡수제 등)의 양

─(기출유형)─

1. 황(S) 함량이 2.0%인 중유를 시간당 5톤으로 연소시킨다. 배출가스 중의 SO_2를 $CaCO_3$로 완전히 흡수시킬 때 필요한 $CaCO_3$의 양을 구하면? (단, 중유 중의 황 성분은 전량 SO_2로 연소된다.)

① 278.3kg/hr ② 312.5kg/hr
③ 351.7kg/hr ④ 379.3kg/hr

➡️ $$SO_2 + CaCO_3 + \frac{1}{2}O_2 \rightarrow CaSO_4 + CO_2$$

$$32kg : 100kg$$
$$0.02 \times 5,000kg/hr : CaCO_3(kg/hr)$$
$$\therefore CaCO_3 \text{ 필요량} = \frac{100 \times 0.02 \times 5,000kg/hr}{32} = 312.5kg/hr$$

문제풀이 Keypoint 5ton = 5,000kg

$$S : 2.0\% = \frac{2.0}{100} = 0.02$$

2. 황(S) 성분이 1.6wt%인 중유가 2,000kg/hr로 연소하는 보일러 배출가스를 NaOH 용액으로 처리할 때, 시간당 필요한 NaOH의 양(kg)은? (단, 황 성분은 완전연소하여 SO_2로 되며, 탈황률은 95%이다.)

① 76 ② 82
③ 84 ④ 89

➡️ $$S + O_2 \rightarrow SO_2 + 2NaOH \rightarrow Na_2SO_3 + H_2O$$
$$32kg : 2 \times 40kg$$
$$\frac{1.6}{100} \times 2,000kg/hr \times \frac{95}{100} : NaOH(kg/hr)$$
$$\therefore NaOH = \frac{1.6}{100} \times 2,000kg/hr \times \frac{95}{100} \times \frac{2 \times 40}{32} = 76kg/hr$$

문제풀이 Keypoint $1.6wt\% = \dfrac{1.6}{100}$

3. 황 성분 1%인 중유를 20t/hr로 연소시킬 때 배출되는 SO_2를 석고($CaSO_4$)로 회수하고자 할 때 회수하는 석고의 양은? (단, 24시간 연속 가동되며, 연소율 100%, 탈황률 80%, 원자량 S : 32, Ca : 40이다.)

① 6.83kg/min ② 11.33kg/min
③ 12.75kg/min ④ 14.17kg/min

➡️ $$S + O_2 \rightarrow SO_2 + CaCO_3 + \frac{1}{2}O_2 \rightarrow CaSO_4 + CO_2$$
$$32kg : 136kg$$
$$\frac{1}{100} \times \frac{20,000kg}{hr} \times \frac{80}{100} \times \frac{1hr}{60min} : CaSO_4(kg/min)$$
$$\therefore CaSO_4 \text{ 필요량} = \frac{1}{100} \times \frac{20,000kg}{hr} \times \frac{80}{100} \times \frac{1hr}{60min} \times \frac{136}{32}$$
$$= 11.333kg/min$$

정답 1. ② 2. ① 3. ②

핵심요점 ① 대기오염 공정시험기준 ★★

1 용어의 정의

① "정확히 단다"라 함은 규정한 양의 검체를 취하여 분석용 저울로 0.1mg까지 다는 것을 뜻한다.

② 액체 성분의 양을 "정확히 취한다"라 함은 홀피펫, 눈금플라스크 또는 이와 동등 이상의 정도를 갖는 용량계를 사용하여 조작하는 것을 뜻한다.

③ "항량이 될 때까지 건조한다 또는 강열한다"라 함은 따로 규정이 없는 한 보통의 건조방법으로 1시간 더 건조 또는 강열할 때 전후 무게의 차가 매 g당 0.3mg 이하일 때를 뜻한다.

④ 시험조작 중 "즉시"란 30초 이내에 표시된 조작을 하는 것을 뜻한다.

⑤ "감압 또는 진공"이라 함은 따로 규정이 없는 한 15mmHg 이하를 뜻한다.

⑥ "바탕시험을 하여 보정한다"라 함은 시료에 대한 처리 및 측정을 할 때 시료를 사용하지 않고 같은 방법으로 조작한 측정치를 빼는 것을 뜻한다.

⑦ "약"이란 그 무게 또는 부피에 대하여 ±10% 이상의 차가 있어서는 안 된다.

⑧ "방울수"라 함은 20℃에서 정제수 20방울을 떨어뜨릴 때 그 부피가 약 1mL 되는 것을 뜻한다.

──[기출유형]──

1. 감압 또는 진공이라 함은 따로 규정이 없는 한 얼마 이하를 의미하는가?

① 15mmHg 이하   ② 20mmHg 이하
③ 30mmHg 이하   ④ 76mmHg 이하

➡ "감압 또는 진공"이라 함은 따로 규정이 없는 한 15mmHg 이하를 뜻한다.

2. 대기오염 공정시험기준상 방울수의 의미로 옳은 것은?

① 10℃에서 정제수 10방울을 떨어뜨릴 때 그 부피가 약 1mL 되는 것을 뜻한다.
② 10℃에서 정제수 20방울을 떨어뜨릴 때 그 부피가 약 1mL 되는 것을 뜻한다.
③ 20℃에서 정제수 10방울을 떨어뜨릴 때 그 부피가 약 1mL 되는 것을 뜻한다.
④ 20℃에서 정제수 20방울을 떨어뜨릴 때 그 부피가 약 1mL 되는 것을 뜻한다.

➡ "방울수"라 함은 20℃에서 정제수 20방울을 떨어뜨릴 때 그 부피가 약 1mL 되는 것을 뜻한다.

정답 1. ①   2. ④

2 온도의 표시

① 표준온도 : 0℃

② 상온 : 15~25℃

③ 실온 : 1~35℃

④ 냉수 : 15℃ 이하

⑤ 온수 : 60~70℃

⑥ 열수 : 약 100℃

⑦ 냉후(식힌 후) : 보온 또는 가열 후 실온까지 냉각된 상태

3 액의 농도

① 단순히 용액이라 기재하고, 그 용액의 이름을 밝히지 않은 것은 수용액을 뜻한다.

② 혼액 (1+2), (1+5), (1+5+10) 등으로 표시한 것은 액체상의 성분을 각각 '1용량 대 2용량', '1용량 대 5용량', '1용량 대 5용량 대 10용량'의 비율로 혼합한 것을 뜻하며, (1 : 2), (1 : 5), (1 : 5 : 10)과 같이 표시할 수도 있다.

> 예 황산(1+2) 또는 황산(1 : 2)라고 표시한 것은 황산 1용량에 물 2용량을 혼합한 것이다.

③ 액의 농도를 (1→2), (1→5) 등으로 표시한 것은 그 용질의 성분이 고체일 때는 1g을, 액체일 때는 1mL를 용매에 녹여 전량을 각각 2mL 또는 5mL로 하는 비율을 뜻한다.

4 배출가스 중 가스상 물질의 시료채취장치 구성

굴뚝 – 시료채취관 – 여과재 – 흡수병 – 건조재 – 흡인펌프 – 가스미터

(기출유형)

1. 다음 중 황산(1+2) 혼합용액은?

① 물 1mL에 황산을 가하여 전체 2mL로 한 용액

② 황산 1mL를 물에 희석하여 전체 2mL로 한 용액

③ 물 1mL와 황산 2mL를 혼합한 용액

④ 황산 1mL와 물 2mL를 혼합한 용액

➡ • 황산(1+2) : 황산 1mL + 물 2mL를 혼합한 용액
  • 황산(1 → 2) : 황산 1mL를 물에 가하여 전체를 2mL로 한 용액

2. 유해가스 측정을 위한 시료채취장치가 순서대로 바르게 구성된 것은?

① 굴뚝 – 시료채취관 – 여과재 – 흡수병 – 건조재 – 흡인펌프 – 가스미터

② 굴뚝 – 건조재 – 흡인펌프 – 가스미터 – 시료채취관 – 여과재 – 흡수병

③ 굴뚝 – 시료채취관 – 가스미터 – 여과재 – 흡수병 – 건조재 – 흡인펌프

④ 굴뚝 – 가스미터 – 흡인펌프 – 건조재 – 흡수병 – 시료채취관 – 여과재

정답 1. ④ 2. ①

5 용기

① 용기 : 시험용액 또는 시험에 관계된 물질을 보존, 운반 또는 조작하기 위하여 넣어두는 것으로, 시험에 지장을 주지 않도록 깨끗한 것

② 밀폐용기 : 물질을 취급 또는 보관하는 동안에 이물이 들어가거나 내용물이 손실되지 않도록 보호하는 용기

③ 기밀용기 : 물질을 취급 또는 보관하는 동안에 외부로부터의 공기 또는 다른 가스가 침입하지 않도록 내용물을 보호하는 용기

④ 밀봉용기 : 물질을 취급 또는 보관하는 동안에 기체 또는 미생물이 침입하지 않도록 내용물을 보호하는 용기

⑤ 차광용기 : 광선을 투과하지 않은 용기 또는 투과하지 않게 포장을 한 용기로서 취급 또는 보관하는 동안에 내용물의 광화학적 변화를 방지할 수 있는 용기

6 피토관에 의한 유속

$$V = C\sqrt{\frac{2gP_v}{\gamma}}$$

여기서, V : 유속(m/sec)

C : 피토관계수

P_v : 동압(mmH_2O)

γ : 배출가스 밀도(kg/m^3)

─〔기출유형〕─

1. 대기오염 공정시험기준에서 "취급 또는 저장하는 동안에 이물질이 들어가거나 또는 내용물이 손실물이 손실되지 아니하도록 보호하는 용기"를 무엇이라 하는가?

① 차광용기　　　　　　　　　② 밀봉용기
③ 기밀용기　　　　　　　　　④ 밀폐용기

2. 굴뚝에서 배출되는 가스의 유속을 측정하고자 피토관을 굴뚝에 넣었더니 동압이 5mmH_2O이었다. 이때 배출가스의 유속은 얼마인가? (단, 피토관계수는 0.85이고, 공기의 비중량은 1.3kg/m^{3}이다.)

① 5.92m/sec　　　　　　　　② 7.38m/sec
③ 8.84m/sec　　　　　　　　④ 9.49m/sec

➡ $V = C\sqrt{\dfrac{2gP_v}{\gamma}} = 0.85 \times \sqrt{\dfrac{2 \times 9.8 \times 5}{1.3}} = 7.380\text{m/sec}$

정답 1. ④　2. ②

핵심요점 ② 대기환경 관계 법규 ★

1 용어의 정의

용어	용어의 정의
대기오염물질	대기 중에 존재하는 물질 중 심사·평가 결과 대기오염의 원인으로 인정된 가스·입자상 물질로서 환경부령으로 정하는 것
유해성 대기 감시물질	대기오염물질 중 심사·평가 결과 사람의 건강이나 동식물의 생육에 위해를 끼칠 수 있어 지속적인 측정이나 감시·관찰 등이 필요하다고 인정된 물질로서 환경부령으로 정하는 것
기후·생태계 변화유발물질	지구온난화 등으로 생태계의 변화를 가져올 수 있는 기체상 물질로서 온실가스와 환경부령으로 정하는 것
온실가스	적외선 복사열을 흡수하거나 다시 방출하여 온실효과를 유발하는 대기 중의 가스상태 물질 (이산화탄소, 메테인, 아산화질소, 수소플루오린화탄소, 과플루오린화탄소, 육플루오린화황)
가스	연소·합성·분해될 때에 발생하거나 물리적 성질로 인하여 발생하는 기체상 물질
입자상 물질	물질이 파쇄·선별·퇴적·이적될 때, 그 밖에 기계적으로 처리되거나 연소·합성·분해될 때에 발생하는 고체상 또는 액체상의 미세한 물질
먼지	대기 중에 떠다니거나 흩날려 내려오는 입자상 물질
매연	연소할 때에 생기는 유리탄소가 주가 되는 미세한 입자상 물질
검댕	연소할 때에 생기는 유리탄소가 응결하여 입자의 지름이 1미크론 이상이 되는 입자상 물질
특정대기 유해물질	유해성 대기감시물질 중 심사·평가 결과 저농도에서도 장기적인 섭취나 노출에 의하여 사람의 건강이나 동식물의 생육에 직접 또는 간접으로 위해를 끼칠 수 있어 대기 배출에 대한 관리가 필요하다고 인정된 물질로서 환경부령으로 정하는 것
휘발성 유기화합물	탄화수소류 중 석유화학제품, 유기용제, 그 밖의 물질로서 환경부장관이 관계 중앙행정기관의 장과 협의하여 고시하는 것
대기오염물질 배출시설	대기오염물질을 대기에 배출하는 시설물, 기계·기구, 그 밖의 물체로서 환경부령으로 정하는 것
대기오염 방지시설	대기오염물질 배출시설로부터 나오는 대기오염물질을 연소조절에 의한 방법 등으로 없애거나 줄이는 시설로서 환경부령으로 정하는 것

2 특정대기유해물질

① 카드뮴 및 그 화합물   ② 시안화수소   ③ 납 및 그 화합물
④ 폴리염화비페닐   ⑤ 크롬 및 그 화합물   ⑥ 비소 및 그 화합물
⑦ 수은 및 그 화합물   ⑧ 프로필렌옥사이드   ⑨ 염소 및 염화수소
⑩ 불소화물   ⑪ 석면   ⑫ 니켈 및 그 화합물
⑬ 염화비닐   ⑭ 다이옥신   ⑮ 페놀 및 그 화합물
⑯ 베릴륨 및 그 화합물   ⑰ 벤젠   ⑱ 사염화탄소
⑲ 이황화메틸   ⑳ 아닐린   ㉑ 클로로포름
㉒ 포름알데히드   ㉓ 아세트알데히드   ㉔ 벤지딘
㉕ 1,3-부타디엔   ㉖ 다환방향족 탄화수소류   ㉗ 에틸렌옥사이드
㉘ 디클로로메탄   ㉙ 스틸렌   ㉚ 테트라클로로에틸렌
㉛ 1,2-디클로로에탄   ㉜ 에틸벤젠   ㉝ 트리클로로에틸렌
㉞ 아크릴로니트릴   ㉟ 히드라진

──(기출유형)──

1. 대기환경보전법상 용어의 정의로 옳지 않은 것은?

① "기후 · 생태계 변화유발물질"이란 지구온난화 등으로 생태계의 변화를 가져올 수 있는 기체상 물질로서 온실가스와 환경부령으로 정하는 것을 말한다.
② "매연"이란 연소할 때에 생기는 유리탄소가 주가 되는 미세한 입자상 물질을 말한다.
③ "먼지"란 대기 중에 떠다니거나 흩날려 내려오는 입자상 물질을 말한다.
④ "온실가스"란 자외선 복사열을 흡수하여 온실효과를 유발하는 대기 중의 가스상태 물질로서 이산화탄소, 메탄, 아산화탄소, 수소불화탄소, 과불화탄소, 육불화황을 말한다.

➡ ④ "온실가스"란 적외선 복사열을 흡수하거나 다시 방출하여 온실효과를 유발하는 대기 중 가스상태 물질로서 이산화탄소, 메탄, 아산화질소, 수소불화탄소, 과불화탄소, 육불화황을 말한다.

2. 대기환경보전법규상 특정대기유해물질이 아닌 것은?

① 석면   ② 시안화수소
③ 망간화합물   ④ 사염화탄소

정답 1.④ 2.③

제2과목　**폐수 처리**

Craftsman Environmental

환 / 경 / 기 / 능 / 사

수질오염 개론

1 물의 특성

(1) 물의 상태변화

① 용융(융해) : 고체가 액체로 변하는 현상

② 응고 : 액체가 고체로 변하는 현상

③ 기화 : 액체가 기체로 변하는 현상

④ 액화 : 기체가 액체로 변하는 현상

⑤ 승화 : 고체가 기체가 되거나, 기체가 고체로 변하는 현상

(2) 물의 특성

① 분자량이 유사한 다른 화합물에 비하여 비열은 크고, 압축성은 작다.

② 물의 밀도는 4℃에서 최대이다.

③ 다른 물질보다 열전달률이 높다.

④ 온도가 높아지면, 물의 표면장력과 점성은 작아진다.

⑤ 수소와 산소 원자 간 공유결합을 가진다.

⑥ 물 분자는 O 원자와 H 원자의 전기음성도 차이가 커서 큰 쌍극자를 가지며, 강한 극성 분자이다.

⑦ 수소결합을 가져 극성이 크다.

⑧ 좋은 극성 용매, 광합성의 수소공여체이다.

> **참고** 물의 비열과 밀도
> • 물의 비열 : 1g의 물질을 1℃ 올리는 데 필요한 열량(1cal/g · ℃)
> • 물의 밀도 : 단위부피당 질량(1t/m^3=1kg/L=1g/cm^3)

──〔기출유형〕──

4℃에서 순수한 물의 밀도는 1g/mL이다. 이때 물 1L의 질량은 얼마인가?

① 1g   ② 10g
③ 100g   ④ 1,000g

➡ $\dfrac{1L}{}\left|\dfrac{1g}{mL}\right|\dfrac{1,000mL}{1L}=1,000g$

정답 ④

2 수자원

(1) 수자원의 분포

① 지구 전체 수자원 중 해수는 97%, 담수는 3%이다.

② 담수의 분포 : 빙하 > 지하수 > 지표수 > 대기 중 수분 > 생물체 내 수분
(호수, 하천) (수증기, 구름, 안개 등)

(2) 수자원의 종류

① 우수(강수, 빗물)

㉠ 해수 성분과 비슷하다.

㉡ pH 5.6이다(대기 중 CO_2가 빗물에 녹아 약산성이 된다).

② 지표수(surface water)

㉠ 지하수보다 수량은 풍부하나, 유량 및 수질 변동이 크다.

㉡ 지하수보다 용존산소농도가 높고, 경도가 낮다.

㉢ 지상에 노출되어 오염의 우려가 크다.

㉣ 철, 망가니즈 성분이 비교적 적게 포함되어 있고, 대량 취수가 쉽다.

㉤ 광화학 반응 및 호기성 세균에 의한 유기물 분해가 주된 생물작용이다.

③ 지하수(underground water)

㉠ 수질의 변화가 적다.

㉡ **연중 수온의 변화가 거의 없다.**

㉢ 낮은 공기용해도, 환원상태, 지표면 깊은 곳에서는 무산소상태가 될 수 있다.

㉣ **유속과 자정속도가 느리다.**

㉤ 세균에 의한 유기물 분해가 주된 생물작용이다.

㉥ 지표수보다 유기물이 적으며, 일반적으로 지표수보다 깨끗하다.

㉦ **지표수보다 무기물 성분 많아 알칼리도, 경도, 염분이 높다.**

㉧ **국지적인 환경조건의 영향이 크게 받으며**, 지질 특성에 영향을 받는다.

㉨ 수직분포에 따른 수질 차이가 있다.

㉩ 비교적 깊은 곳의 물일수록 지층과의 오랜 접촉에 의해 용매 효과가 커진다.

㉪ **오염정도의 측정과 예측 · 감시가 어렵다.**

④ 해수(sea water)

㉠ pH 8.2(8.0~8.3)

㉡ **중탄산염(HCO_3^-) 포화용액이다.**

㉢ 해수의 Mg/Ca비는 3~4 정도이다.

㉣ 강전해질이다.

㉤ 밀도는 $1.025 \sim 1.03 g/cm^3$ 정도로, 수온이 낮을수록, 수심이 깊을수록, 염분이 높을수록 해수의 밀도는 커진다.

㉥ 질소성분은 유기질소 및 NH_3-N가 35%, NO_2^--N 및 NO_3^--N가 65% 정도이다.

> **참고** 해수의 염분
> • 염분의 농도 : 1L당 평균 35g=3.5%=35‰=35,000ppm 정도이며, 무역풍대>적도>극지방 순으로 염분 농도가 낮아진다.
> • 염분의 성분 : 해수의 주성분을 이루고 있는 대표적인 7가지 원소를 Holy Seven이라고 하며, 원소별 성분 비율은 다음과 같다.
> $Cl^- > Na^+ > SO_4^{2-} > Mg^{2+} > Ca^{2+} > K^+ > HCO_3^-$
> • 염분비 일정법칙
> 해양 어느 곳에서나 염류의 절대농도와 관계없이 상대적인 구성비율은 일정하다.

─ 기출유형 ─

1. 지구상에 존재하는 담수 중 가장 많은 부분을 차지하는 형태는?

① 호소수   ② 하천수

③ 지하수   ④ 빙하

2. 지하수의 일반적인 특징으로 가장 거리가 먼 것은?

① 유속이 느리다.
② 세균에 의한 유기물 분해가 주된 생물작용이다.
③ 연중 수온이 거의 일정하다.
④ 국지적인 환경조건의 영향을 적게 받는다.

➡ ④ 국지적인 환경조건의 영향을 많이 받는다.

정답 1. ④ 2. ④

핵심요점 ② **수질오염 ★★**

1 수질오염원

(1) 정의

수질오염물질이 발생되는 배출원을 수질오염원(water pollution source)이라고 한다.

(2) 오염원의 분류

① **점오염원** : 폐수배출시설, 하수발생시설, 축사 등으로서, 관거 수로를 통하여 일정한 지점으로 수질오염물질을 배출하는 배출원

② **비점오염원** : 도시, 도로, 농지, 산지, 공사장 등으로서, 불특정 장소에서 불특정하게 수질오염물질을 배출하는 배출원

〈점오염원과 비점오염원의 비교〉

구 분	점오염원	비점오염원
발생원	가정하수, 공장폐수, 축산폐수, 분뇨 처리장, 가두리양식장, 세차장 등	도로, 임야, 농지, 농경지 배수, 지하수, 강우 유출수, 거리 청소수, 광산, 벌목장, 골프장 등
특징	• 고농도 물질을 한 지점에 집중적으로 배출 • 차집이 쉽고, 처리효율이 높음 • 인위적 영향이 큼 • 자연적 요인의 영향이 적음 • 계절적 변화의 영향이 적음	• 배출지점이 불특정한 광역적 배출 • 오염원의 간헐적 유입 • 차집이 어렵고, 처리효율이 낮음 • 강우에 직접적인 영향을 받음 • 자연적 · 인위적 영향을 받음 • 일간 · 계절간 배출량 변화가 크기 때문에 예측 및 방지가 어려움

2 분뇨

(1) 분뇨의 특성

① 발생량 : 0.9~1.1L/day

② 비중 : 1.02

③ 악취가 난다.

④ 염분 함량 및 유기물의 농도가 높다.

⑤ 고액분리가 어렵고, 점도가 높다.

⑥ 고형물 중 휘발성고형물(VS)의 농도가 높다.

⑦ 토사와 협잡물이 많다.

⑧ 시간에 따라 크게 변한다.

⑨ pH 7.0~8.5 정도이다.

⑩ 분뇨에 포함되어 있는 질소화합물은 소화 시 소화조 내의 pH 강하를 막아준다.

⑪ 하수 슬러지에 비해 질소 농도(NH_4HCO_3, $(NH_4)_2CO_3$)가 높다.

⑫ 분의 질소산화물은 VS의 12~20% 정도이다.

⑬ 뇨의 질소산화물은 VS의 80~90% 정도이다.

(2) 분뇨 및 슬러지의 처리목표

① 감량화 : 부피 감소, 비용 감소, 후속처리용적 감소

② 안정화 : 유기물 분해로 부패 방지

③ 안전화 : 병원균 제거(살균)

④ 처분의 확실성

⑤ 자원화 : 자원의 유효 이용

기출유형

1. 다음 중 비점오염원에 해당하는 것은?

① 농경지 배수

② 폐수처리장 방류수

③ 축산폐수

④ 공장의 산업폐수

2. 분뇨의 특성과 거리가 먼 것은?

① 유기물 농도 및 염분 함량이 낮다.

② 질소 농도가 높다.

③ 토사와 협잡물이 많다.

④ 시간에 따라 크게 변한다.

➡ ① 유기물 농도 및 염분 함량이 높다.

3. 분뇨 처리의 목적으로 가장 거리가 먼 것은?

① 최종 생성물의 감량화

② 생물학적으로 안정화

③ 위생적으로 안전화

④ 슬러지의 균일화

정답 1. ① 2. ① 3. ④

---

3 유해물질

(1) 수은(Hg)

① 금속 중 상온에서 유일한 액체이다.

② 유기수은의 독성이 가장 강하다.

③ 배출원 : 의약품·농약, 제지공장, 금속광산, 정련공장, 도료공장 등

④ 피해 및 영향 : 신경계 계통에 작용, 미나마타병(알킬수은 중독), 헌터루셀병

⑤ 처리법 : 황화물침전법, 이온교환법, 아말감법, 흡착법, 역삼투법, 산화분해법

(2) 카드뮴(Cd)

① 배출원 : 아연정련업, 도금공업, 화학공업(염료, 촉매, 염화바이닐 안정제), 기계제품 제조업(자동차 부품, 스프링, 항공기) 등

② 피해 및 영향 : 이타이이타이병

③ 처리법 : 응집침전법, 부상분리법, 여과법, 흡착법

(3) 납(Pb)

① 배출원 : 안료, 도료, 도자기, 인쇄, 납축전지

② 피해 및 영향 : 헤모글로빈 생성을 저해, 위장 장애(복통, 구토)

③ 처리법 : 침전법, 이온교환법

(4) 크로뮴(Cr)

① 결핍 시 인슐린이 저하되며, 탄수화물 대사 장애가 발생한다.

② 크로뮴 화합물 중 6가크로뮴(Cr^{6+})의 독성이 가장 크다.

③ 배출원 : 도금, 염색, 피혁 제조, 색소·방부제·약품 제조, 화학비료 제조

④ 피해 및 영향 : 접촉성 피부염, 피부궤양, 부종, 폐암

⑤ 처리법 : 침전법

(5) 비소(As)

① 배출원 : 화학공업(무기약품·촉매·농약 제조)

② 피해 및 영향 : 흑피증, 색소침착

③ 처리법 : 수산화물 공침법(수산화제2철 공침법), 환원법, 이온교환법, 흡착법

(6) 플루오린(F)

① 배출원 : 유리공업(CaF_2), 알루미늄 정련

② 피해 및 영향 : 반상치

(7) 망가니즈(Mn)

① 배출원 : 광산, 합금, 건전지, 유리 착색

② 피해 및 영향 : 파킨슨씨병과 유사한 증상

③ 처리법 : 침전법, 이온교환법

(8) PCB

① 불활성, 내산성, 내알칼리성, 내부식성, 내열성, 절연성이 매우 안정하다.

② 배출원 : 전기제품 생산공장, 화학공장, 식품공장, 제지공장, 트랜스유·콘덴서유

③ 피해 및 영향 : 카네미유증

④ 처리법 : 방사선분해법, 자외선분해법, 열분해법, 미생물분해법, 흡착법

[기출유형]

다음 중 인체에 만성중독 증상으로 카네미유증을 발생시키는 유해물질은?

① PCB

② Mn

③ As

④ Cd

➡ 주요 물질별 만성중독증
- 수은 : 미나마타병, 헌터루셀병
- 카드뮴 : 이타이이타이병
- PCB : 카네미유증
- 비소 : 흑피증
- 플루오린 : 반상치
- 망가니즈 : 파킨슨씨 유사병
- 구리 : 간경변, 윌슨씨병

정답 ①

핵심요점 ③ 생물농축 ★

(1) 정의

생물이 특정 물질을 외부로부터 받아들여 외부보다 높은 농도로 체내에 축적하는 것을 생물농축이라고 한다.

(2) 생물농축의 특징

① 먹이연쇄를 통하여 이루어진다.
② 생체 내에서 분해가 쉽고, 배설률이 크면 농축이 되지 않는다.
③ 잔류성 물질이 생물농축이 잘 된다.

(3) 잔류성 물질

① 지용성 물질일수록, 무거울수록 잔류성이 크다.
② 잔류성 물질은 생물농축이 되기 쉽다.

예 중금속, 유기염소계 농약 등

용어 잔류성

생물 체내에 들어와 배출되지 않고 몸속에 쌓이는 성질

(4) 생물농축계수

생물농축계수는 물질 외부 농도에 대한 생물 체내의 농도 비이다.

$$C_f = \frac{C_b}{C_a}$$

여기서, C_f : 농축계수
C_b : 생물 체내의 오염물질 농도
C_a : 환경의 오염물질 농도

─ 기출유형 ─

생물농축에 관한 설명으로 틀린 것은?

① 생물농축은 먹이연쇄를 통하여 이루어진다.
② 생체 내에서 분해가 쉽고 배설률이 크면 농축이 되지 않는다.
③ 농축계수란 유해물의 수중 농도를 생물의 체내 농도로 나눈 값을 말한다.
④ 미나마타병은 생물농축에 의한 공해병이다.

➡ ③ 농축계수란 생물의 체내 농도를 유해물의 수중 농도로 나눈 값이다.

정답 ③

4 **수질오염지표** ★★★★

1 pH

(1) 정의

pH는 액성을 나타내는 지표로, pH에 따른 액성은 다음과 같이 구분된다.

액 성	정 의	pH
산성	$[H^+] > [OH^-]$	7 미만
중성	$[H^+] = [OH^-]$	7
염기성	$[H^+] < [OH^-]$	7 초과

(2) 공식

$$pH = -\log[H^+]$$
$$pOH = -\log[OH^-]$$
$$pH + pOH = 14$$

$$[H^+] = 10^{-pH}$$
$$[OH^-] = 10^{-pOH}$$
$$[H^+][OH^-] = 10^{-14}$$

여기서, $[H^+]$: H^+의 몰농도(mol/L), $[OH^-]$: OH^-의 몰농도(mol/L)

(3) 물질별 pH 계산

① 강산(HCl)일 때

$$[H^+] = C$$
$$pH = -\log[H^+]$$

여기서, $[H^+]$: H^+의 몰농도(mol/L), C : 강산의 초기 몰농도(mol/L)

② 강염기(NaOH)일 때

$$[OH^-] = C$$
$$pOH = -\log[OH^-]$$
$$pH = 14 - pOH$$

여기서, $[OH^-]$: OH^-의 몰농도(mol/L), C : 강염기의 초기 몰농도(mol/L)

⎯（기출유형）⎯

1. 염산(HCl) 0.001mol/L의 pH는? (단, 이 농도에서 염산은 100% 해리한다.)

① 2   ② 2.5

③ 3   ④ 3.5

➡ 100% 해리될 때(강산일 때)의 pH

$[H^+] = C = 0.001M$

$pH = -\log[H^+] = -\log[0.001] = 3$

2. 0.1N 염산(HCl) 용액의 예상되는 pH는 얼마인가? (단, 이 농도에서 염산 용액은 100% 해리한다.)

① 1   ② 2

③ 12   ④ 13

➡ 100% 해리될 때(강산일 때)의 pH

$[H^+] = C = 0.1N$

$pH = -\log[H^+] = -\log[0.1] = 1$

문제풀이 Keypoint   HCl 0.1N = 0.1M

3. 1mM의 수산화칼슘이 녹아 있는 수용액의 pH는 얼마인가? (단, 수산화칼슘은 완전해리한다.)

① 2.7   ② 4.5

③ 9.5   ④ 11.3

➡ 100% 해리될 때(강염기일 때)의 pH

$$Ca(OH)_2 \leftrightarrow Ca^{2+} + 2OH^-$$

농도 C $2C$

$[OH^-] = 2C = 2 \times 10^{-3}M$

$pOH = -\log[OH^-] = -\log[2 \times 10^{-3}] = 2.6989$

$\therefore pH = 14 - pOH = 14 - 2.6989 = 11.30$

문제풀이 Keypoint $mM = 10^{-3}M$

정답 1. ③   2. ①   3. ④

---

2 경도(hardness)

(1) 경도의 정의

경도란 수중에 용해되어 있는 2가 이상의 양이온(Ca^{2+}, Mg^{2+}, Fe^{2+}, Mn^{2+}, Sr^{2+}) 농도에 대응하는 탄산칼슘($CaCO_3$)의 양(mg/L 또는 ppm)이다.

(2) 경도 유발물질

물속에 용해되어 있는 금속원소의 2가 이상 양이온(Ca^{2+}, Mg^{2+}, Fe^{2+}, Mn^{2+}, Sr^{2+})으로, 특히 칼슘(Ca^{2+}), 마그네슘(Mg^{2+})이 대부분이다.

(3) 경도의 분류

① **총경도(TH)** : 수중의 2가 이상 양이온을 같은 당량의 $CaCO_3$(mg/L)로 표시한 것이다.

② **탄산경도(CH)** : HCO_3^-, CO_3^{2-} 등의 알칼리도 물질과 결합하는 경도로, 끓이면 제거되므로 일시경도라 한다.

③ **비탄산경도(NCH)** : SO_4^{3-}, NO_3^-, Cl^- 등의 산도 물질과 결합하는 경도로, 끓여도 제거되지 않으므로 영구경도라 한다.

④ **가경도(유사경도)** : Na^+는 경도를 유발하는 이온은 아니지만 그 농도가 높을 때 경도와 비슷한 작용을 하므로 가경도(유사경도)라 한다.

> 총경도(TH) = 탄산경도(CH) + 비탄산경도(NCH)
>
> 탄산경도(CH) = 알칼리도(Alk)

(4) 경도 제거방법(연수화)

① **자비법**(process of boiling) : 끓여서 탄산경도를 제거

② **석회-소다법**(lime-soda ash process) : $CaCO_3$로 침전 제거

③ **이온교환법**(ion exchange process)

④ **제올라이트법**(zeolite process)

(기출유형)

1. 다음 중 경도의 주원인물질은?

① Ca^{2+}, Mg^{2+}

② Ba^{2+}, Cd^{2+}

③ Fe^{2+}, Pb^{2+}

④ Ra^{2+}, Mn^{2+}

2. 지하수를 사용하기 위해 수질 분석을 하였더니 칼슘이온 농도가 40mg/L이고, 마그네슘이온 농도가 36mg/L였다. 이 지하수의 총경도(as $CaCO_3$)는?

① 16mg/L

② 76mg/L

③ 120mg/L

④ 250mg/L

➡️ $Ca^{2+} = \dfrac{40mg}{L} \left| \dfrac{1me}{20mg} \right| \dfrac{50mg\ CaCO_3}{1me} = 100mg/L$

$Mg^{2+} = \dfrac{36mg}{L} \left| \dfrac{1me}{12mg} \right| \dfrac{50mg\ CaCO_3}{1me} = 150mg/L$

총경도(TH) $= [Ca^{2+}] + [Mg^{2+}] = 100 + 150 = 250mg/L\ CaCO_3$

정답 1. ① 2. ④

3 알칼리도(Alk ; Alkalinity)

(1) 정의

산(H^+)을 중화시킬 수 있는 능력의 척도로, 탄산칼슘($CaCO_3$)을 mg/L로 표시한다.

(2) 유발물질

수산화물(OH^-), 중탄산염(HCO_3^-), 탄산염(CO_3^{2-}) 등

(3) 알칼리도의 기여도

$OH^- > CO_3^{2-} > HCO_3^-$

(4) 분류

① 총알칼리도(T-Alk, M-Alk)

pH 4.5로 낮출 때까지 주입한 산의 양을 같은 당량의 탄산칼슘($CaCO_3$)에 대하여 mg/L로 표시한 값이다.

$$Alk = [OH^-] + [HCO_3^-] + [CO_3^{2-}] \,(mg/L \ as \ CaCO_3)$$

② 페놀프탈레인 알칼리도(P-Alk)

pH 8.3으로 낮출 때까지 주입한 산의 양을 같은 당량의 탄산칼슘($CaCO_3$)에 대하여 mg/L로 표시한 값이다.

(5) 수질에 미치는 영향

알칼리도는 산의 완충용량이므로, pH 조절, 산·염기 투입량, 응집제 투입, 부식, 완충용량, 경도, 연수화, 스케일(슬러지) 생성 등에 이용된다.

4 산도(acidity)

염기(OH^-)를 중화시킬 수 있는 능력의 척도로, 탄산칼슘($CaCO_3$)을 mg/L로 표시한다.

―(기출유형)―

자연수에 존재하는 다음 이온 중 알칼리도를 유발하는 데 가장 크게 기여하는 것은?

① OH^- ② CO_3^{2-}
③ HCO_3^- ④ NH_4^+

정답 ①

5 고형물(solids)

(1) 고형물의 분류

고형물의 분류	정 의
총고형물(TS)	시료를 여과하지 않고 105℃로 가열하여 수분을 증발시킨 후의 잔류물
총부유고형물(TSS)	• 크기 0.1μm 이상의 현탁상태 고형물 • 시료 중 유리섬유여과지(GF/C)를 통과하지 못하고 여과지에 남은 고형물을 105℃에서 1시간 이상 건조시켰을 때 잔류하는 고형물
총용존고형물(TDS)	• 크기 0.1μm 이하로 물속에 녹아 있는 고형물(물에 녹아 있는 작은 분자 또는 이온들) • 시료 중 유리섬유여과지(GF/C)를 통과한 고형물을 105℃에서 1시간 이상 건조시켰을 때 잔류하는 고형물
휘발성 고형물(VS)	총고형물질(TS)을 550℃에서 15분간 태웠을 때 휘산된 고형물
총강열잔류 고형물(FS)	총고형물질(TS)을 550℃에서 15분간 태웠을 때 휘산되지 않고 남아 있는 고형물
휘발성 부유물(VSS)	TSS를 550℃에서 15분간 태웠을 때 휘산된 물질
휘발성 용존고형물(VDS)	TDS를 550℃에서 15분간 태웠을 때 휘산된 물질
강열잔류 용존고형물(FDS)	TDS를 550℃에서 15분간 태웠을 때 휘산되지 않고 남아 있는 물질
강열잔류 부유물(FSS)	TSS를 550℃에서 15분간 태웠을 때 휘산되지 않고 남아 있는 물질

(2) 고형물의 상호관계

$$
\begin{array}{ccc}
TS = DS + SS & \qquad & VS = VDS + VSS \\
\parallel \quad \parallel \quad \parallel & & \parallel \quad \parallel \quad \parallel \\
VS = VDS + VSS & & BDVS = BDVDS + BDVSS \\
+ \quad + \quad + & & + \quad + \quad + \\
FS = FDS + FSS & & NBDVS = NBDVDS + NBDVSS
\end{array}
$$

(3) 부유물질의 영향

① 수질의 탁도 및 색도를 유발하는 원인물질이다.

② 빛의 투과량을 감소시켜 수생식물의 광합성을 저해한다.

③ 어류의 아가미에 부착되어 어류를 질식시키는 원인이 된다.

④ 유기성 부유물질은 하천과 해저에 침적·부패하기 때문에 저질의 환경을 악화시킨다.

⑤ 물 맛을 나쁘게 하고, 각종 용수로서의 가치를 낮춘다.

⑥ 침강성 고형물질은 하수처리장의 1차 침전지에서 침강에 필요한 유속을 결정하는 기초자료가 된다.

⑦ 부유물질의 농도는 하·폐수의 특성이나 처리장의 처리효율을 평가하는 데 이용된다.

(4) 부유물질(SS)의 농도

$$SS(\text{mg/L}) = \frac{[(\text{여과 후 건조된 유리섬유여지 무게}) - (\text{유리섬유여지 무게})](\text{mg})}{\text{시료의 양(L)}}$$

─ 기출유형 ─

1. A공장 폐수를 채취한 뒤 다음과 같은 실험결과를 얻었다. 이때 부유물질의 농도(mg/L)는?

- 시료의 부피 : 250mL
- 유리섬유여지 무게 : 1.3751g
- 여과 후 건조된 유리섬유여지 무게 : 1.3859g
- 회화시킨 후의 유리섬유여지 무게 : 1.3767g

① 6.4mg/L   ② 33.6mg/L

③ 36.8mg/L   ④ 43.2mg/L

➡ 부유물질(SS)의 농도

$SS = (\text{여과 후 건조된 유리섬유여지 무게}) - (\text{유리섬유여지 무게})$

$= 1.3859 - 1.3751$

$= 0.0108\text{g}$

$\therefore SS = \dfrac{0.0108\text{g}}{250\text{mL}} \left| \dfrac{1,000\text{mL}}{1\text{L}} \right| \dfrac{1,000\text{mg}}{1\text{g}} = 43.2\text{mg/L}$

2. SS 측정은 다음 중 어느 분석법에 해당되는가?

① 용량법   ② 중량법

③ 용매추출법   ④ 흡광측정법

➡ 부유물질(SS) 측정 : 중량법

정답 1. ④   2. ②

6 콜로이드(colloid)

크기 0.001~1μm의 범위로서, 육안으로 식별이 불가능한 초미립자가 분산 또는 현탁 상태로 존재하는 입자이다.

7 용존산소(DO)

(1) 정의

① 용존산소량(DO ; Dissolved Oxygen) : 수중에 실제 녹아 있는 산소량
② 포화 용존산소량(DOs) : 수중에 최대한 녹을 수 있는 산소량

(2) DO의 증가와 감소

DO의 증감	원 인
DO가 증가하는 경우	• 산소용해도가 클수록 • 압력(기압)이 높을수록 • 수온이 낮을수록 • 용존이온 또는 염분 농도가 낮을수록 • 기포가 작을수록 • 유속이 빠를수록 • 수심이 얕을수록 • 교란작용이 있을 때, 난류일 때
DO가 감소하는 경우	• 오염도가 클수록 • 유기물이 많을수록(유기물 분해 시 DO 감소) • 호흡량이 많을수록(조류나 생물 수가 많을수록)

> **참고** DO 관련 법칙
> 헨리의 법칙 : 기체의 용해도는 그 기체의 분압에 비례한다는 법칙

─ 기출유형 ─

1. 다음 중 콜로이드 물질의 크기 범위로 가장 적합한 것은?

① 0.001~1μm
② 10~50μm
③ 100~1,000μm
④ 1,000~10,000μm

2. 수중 용존산소와 관련된 일반적인 설명으로 옳지 않은 것은?

① 온도가 높을수록 용존산소값은 감소한다.
② 물의 흐름이 난류일 때 산소의 용해도는 높다.
③ 유기물질이 많을수록 용존산소값은 커진다.
④ 일반적으로 용존산소값이 클수록 깨끗한 물로 간주할 수 있다.

➡ ③ 유기물질이 많을수록 유기물 분해 시 DO가 많이 소비되므로, 수중 용존산소값은 작아진다.

정답 1. ① 2. ③

8 생물화학적 산소요구량(BOD)

(1) 정의

생물화학적 산소요구량(BOD ; Biochemical Oxygen Demand)이란 20℃에서 호기성 미생물이 유기물을 분해할 때 5일 동안 소비하는 산소량(mg/L)을 의미한다.

(2) BOD의 종류

① 1단계 BOD(CBOD) : 탄소화합물을 분해하는 데 요구되는 산소량
② 2단계 BOD(NBOD) : 질소화합물을 분해하는 데 요구되는 산소량
③ 최종 BOD(BOD_u) : 20℃에서 호기성 미생물이 유기물을 분해할 때 소비하는 산소량의 최대값(보통 20일 동안 소비한 BOD값임)

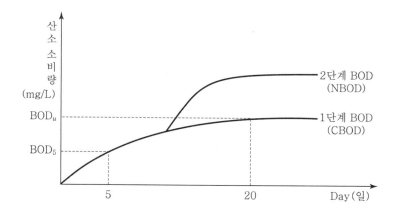

참고 **BOD의 한계**

• 생물학적 난분해성 물질은 측정하지 못한다.
• 독성 물질이 있으면 부적합하다.
• 시험의 오차가 크다.

─(기출유형)─

실험실에서 일반적으로 BOD_5를 측정할 때의 배양조건은?

① 5℃에서 10일간 배양
② 5℃에서 20일간 배양
③ 20℃에서 5일간 배양
④ 20℃에서 10일간 배양

➡ BOD_5란 20℃에서 호기성 미생물이 유기물을 분해할 때 5일 동안 소비하는 산소량을 의미한다.

정답 ③

(3) BOD의 계산

① 소비 BOD

$$BOD_t = BOD_u(1 - 10^{-k_1 t})$$

여기서, BOD_t : t일 후의 BOD, BOD_u : 최종 BOD, k_1 : 탈산소계수

② 잔류 BOD

$$BOD_t = BOD_u \times 10^{-k_1 t}$$

여기서, BOD_t : t일 후의 잔류 BOD, BOD_u : 최종 BOD, k_1 : 탈산소계수

③ 희석했을 때의 BOD 실험식

$$BOD(mg/L) = (D_1 - D_2) \times P$$

여기서, D_1 : 15분간 방치된 후 희석(조제)한 시료의 DO(mg/L)
D_2 : 5일간 배양한 다음 희석(조제)한 시료의 DO(mg/L)
P : 희석시료 중 시료의 희석배수(희석시료량/시료량)

TIP BOD 계산문제가 나왔을 때, 다음 중 어떤 식을 써야 할까?
- 대체로 BOD를 구하라고 할 때는 ① 소비 BOD 공식을,
- 하천에 남아 있는 · 잔류하는 · 잔존하는 BOD를 구하라고 할 때는 ② 잔류 BOD 공식을,
- 희석수를 섞은 경우에는 ③ 희석했을 때의 BOD 실험식을 사용한다.

─(기출유형)─

1. A공장 폐수의 최종 BOD값이 200mg/L이고, 탈산소계수(k_1)가 0.2/day일 때, BOD₅값은? (단, BOD 소비식은 $Y = L_0(1 - 10^{-k_1 t})$을 이용할 것)

① 90mg/L ② 120mg/L ③ 150mg/L ④ 180mg/L

➡ $BOD_t = BOD_u(1 - 10^{-k_1 t})$ ▸ 소비 BOD 공식
$BOD_5 = 200 \times (1 - 10^{-5 \times 0.2}) = 180mg/L$

2. 300mL BOD 병에 분석대상 시료를 0.2% 넣고, 나머지는 희석수로 채운 다음 최소 DO 농도를 측정한 결과 6.8mg/L였고, 5일간 배양 후의 DO 농도는 2.6mg/L였다. 이 시료의 BOD₅(mg/L)는?

① 8,200 ② 6,300 ③ 4,800 ④ 2,100

➡ 1) 희석배수 $P = \dfrac{희석시료량}{시료량} = \dfrac{시료량 + 희석수량}{시료량} = \dfrac{300mL}{300mL \times 0.2/100} = 500$

2) $BOD(mg/L) = (D_1 - D_2) \times P$ ▸ 희석했을 때의 BOD 실험식
$= (6.8 - 2.6) \times 500 = 2,100mg/L$

정답 1. ④ 2. ④

9 화학적 산소요구량(COD)

(1) 정의

화학적 산소요구량(COD ; Chemical Oxygen Demand)이란 수중의 유기물질을 화학적 산화제를 사용하여 화학적으로 분해·산화하는 데 소요되는 산화제의 양을 같은 당량의 산소량(mg/L)으로 환산한 것을 말한다.

(2) 종류

① 망가니즈 COD(COD_{Mn}) : 과망가니즈산포타슘($KMnO_4$)을 산화제로 사용한 COD
② 크로뮴 COD(COD_{Cr}) : 다이크로뮴산포타슘($K_2Cr_2O_7$)을 산화제로 사용한 COD

(3) 특징

① 주시험법 : 산성 망가니즈법(산성 과망가니즈산포타슘법, 산성 100℃에서 $KMnO_4$를 산화제로 사용)
② 측정시간 : 2~3시간(BOD는 5일)으로, BOD 시험치보다 빨리 구할 수 있어 폐수처리시설 운영 시 유용하게 사용이 가능하다.
③ 간섭물질 : 염소이온은 과망가니즈산에 의해 정량적으로 산화되어 양의 오차를 유발하므로, 황산은을 첨가하여 염소이온을 제거한다.

(4) COD의 계산

① 유기물의 호기성 분해반응식 이용

COD는 유기물의 호기성 분해(산화)반응식에서 소비된 산소(O_2)의 양이다.

$$\text{유기물} \quad + \quad aO_2 \rightarrow bCO_2 + cH_2O$$

유기물의 분자량(g)   : $a \times 32g$
유기물의 농도(mg/L)   :   COD(mg/L)

$$COD(mg/L) = \frac{a \times 32 \times \text{유기물의 농도}}{\text{유기물의 분자량}}$$

② 공정시험법상 산성 과망가니즈산포타슘법

$$COD(mg/L) = (b-a) \times f \times \frac{1,000}{V} \times 0.2$$

여기서, a : 바탕시험 적정에 소비된 과망가니즈산포타슘 용액(0.005M)의 양(mL)
b : 시료의 적정에 소비된 과망가니즈산포타슘 용액(0.005M)의 양(mL)
f : 과망가니즈산포타슘 용액(0.005M)의 역가(factor), V : 시료의 양(mL)

참고 **알칼리성 과망가니즈산포타슘법**
산성 과망가니즈산포타슘법을 사용할 수 없을 때, 염소이온이 높은(2,000mg/L 이상) 하수 및 해수의 시료에 적용한다.

정리 ThOD와 TOC
- ThOD(이론적 산소요구량) : 유기물이 이론적으로 완전히 분해될 때 필요한 산소량(호기성 분해 반응식상 소비되는 산소량)
- TOC(총유기탄소량) : 유기물 중 탄소의 양

──(기출유형)──

1. 다음 중 화학적 산소요구량(COD)에 대한 설명으로 옳지 않은 것은?

① 미생물에 의해 분해되지 않는 물질도 측정이 가능하다.
② 염소이온의 방해는 황산은을 첨가함으로써 감소시킬 수 있다.
③ BOD 시험치보다 빨리 구할 수 있으므로 폐수처리시설 운영 시 유용하게 사용이 가능하다.
④ 우리나라는 알칼리성 100℃에서 $K_2Cr_2O_4$를 이용하여 측정하도록 규정하고 있다.

➡ ④ 우리나라는 COD 주시험법으로 산성 망가니즈법(산성 100℃에서 $KMnO_4$를 산화제로 사용)을 사용하고 있다.

2. 에탄올(C_2H_5OH)의 농도가 350mg/L인 폐수의 이론적인 화학적 산소요구량은?

① 620mg/L
② 730mg/L
③ 840mg/L
④ 950mg/L

➡ C_2H_5OH + $3O_2$ → $2CO_2 + 3H_2O$
46g : 3×32g
350mg/L : X(mg/L)

$$\therefore X = \frac{3\times32\times350\text{mg/L}}{46} = 730.43\,\text{mg/L}$$

3. C_2H_5OH의 완전산화 시 ThOD/TOC의 비는?

① 1.92
② 2.67
③ 3.31
④ 4

➡ 에탄올의 호기성 분해반응식 : $\underline{C_2H_5OH} + \underline{3O_2}$ → $2CO_2 + 3H_2O$
　　　　　　　　　　　　　　TOC　　　ThOD

$$\therefore \frac{\text{ThOD}}{\text{TOC}} = \frac{3O_2}{2C} = \frac{3\times32}{2\times12} = 4$$

4. 폐수의 화학적 산소요구량을 측정하기 위해 산성 100℃ 과망가니즈산포타슘법으로 측정하였다. 바탕시험 적정에 소비된 0.005M 과망가니즈산포타슘 용액의 양이 0.1mL, 시료용액의 적정에 소비된 0.005M 과망가니즈산포타슘 용액의 양이 5.1mL일 때 COD(mg/L)는? (단, 0.005M 과망가니즈산포타슘의 역가는 1.0이고, 시험에 사용한 시료의 양은 100mL이다.)

① 4.0mg/L
② 6.0mg/L
③ 8.0mg/L
④ 10.0mg/L

➡ $COD(\text{mg/L}) = (b-a) \times f \times \dfrac{1,000}{V} \times 0.2$
$= (5.1-0.1) \times 1.0 \times \dfrac{1,000}{100} \times 0.2 = 10$
$= 10$

정답 1.④ 2.② 3.④ 4.④

핵심요점 **5** **수자원 관리** ★★★★

1 자정상수

$$f = \frac{k_2}{k_1}$$

여기서, f : 자정상수

k_1 : 탈산소계수

k_2 : 재폭기계수

기출유형

20℃ 재폭기계수가 6.0day^{-1}이고, 탈산소계수가 0.2day^{-1}이면, 자정상수는?

① 1.2

② 20

③ 30

④ 120

➡ 자정상수$(f) = \dfrac{재폭기계수(k_2)}{탈산소계수(k_1)} = \dfrac{6.0}{0.2} = 30$

정답 ③

2 하천의 자정작용 단계 ▶ Whipple의 자정작용 단계

오염이 시작된 지점부터 하류 방향으로의 오염 진행상태를 4단계로 구분한다.

분해지대 → 활발한 분해지대 → 회복지대 → 정수지대

(1) 분해지대

① 수질오염이 막 발생하여 수질이 악화되기 시작한다.

② 호기성 상태이다.

③ BOD 농도가 대단히 높고, DO가 급격히 감소한다.

④ 실지렁이, 균류(fungi), 박테리아(bacteria) 등이 출현하고, 고등생물은 점차 사라진다.

(2) 활발한 분해지대

① DO가 급감하여 아주 낮거나 거의 없다.

② 호기성에서 혐기성 상태로 전환된다.

③ 혐기성 기체(암모니아, 황화수소, 탄산가스 등)가 발생하여 악취가 난다.

④ 짙은 회색 또는 검은색을 띤다.

⑤ 혐기성 세균류가 급증하고, 자유유영성 섬모충류도 증가한다.

⑥ 호기성 미생물인 균류가 사라진다.

(3) 회복지대

① 분해 가능한 유기물이 거의 분해된다.

② DO가 점점 증가하기 시작한다.

③ NH_3-N가 NO_2^--N 및 NO_3^--N으로 산화되며 질산화가 발생한다.

④ 혐기성 균이 호기성 균으로 대체된다.

⑤ 균류, 조류가 증가하고, 혐기성 세균이 감소한다.

(4) 정수지대

① 오염된 수질이 완전히 회복된다.

② DO는 거의 포화상태가 된다.

③ 윤충류(rotifer), 무척추동물, 청수성 어류(송어 등) 등의 고등생물이 출현한다.

정리 하천의 자정작용 4단계의 주요 특징

1. 분해지대	2. 활발한 분해지대	3. 회복지대	4. 정수지대
• DO 감소 • 호기성 상태 • 박테리아, 균류 출현 • 고등생물 감소	• DO 최소 상태 • 호기성→혐기성 전환 • 혐기성 미생물, 세균류 급증 • 혐기성 기체 발생 • 부패, 악취	• DO 증가 • 혐기성→호기성 전환 • 균류 증가 • 질산화 발생	• DO 거의 포화 상태 • 청수성 어종 출현 • 고등생물 출현

─(기출유형)─

Whipple이 구분한 하천의 자정작용 단계 중 용존산소의 농도가 아주 낮거나 때로는 거의 없어 부패상태에 도달하게 되는 지대는?

① 정수지대

② 회복지대

③ 분해지대

④ 활발한 분해지대

정답 ④

3 부영양화

(1) 정의

① 부영양화(eutrophication)란 강, 바다, 호수의 정체 수역에서 영양염류가 과다 유입되면, 미생물 활동에 의한 생산과 소비의 균형이 파괴되어 조류가 다량 번식하고 물의 이용가치가 저하되는 현상이다.

② 부영양화로 인해 적조현상과 녹조현상이 발생한다.

(2) 원인

① 질소와 인 등의 영양염류가 수계에 과다 유입되어 발생한다.

② 주로 인이 제한물질로 작용한다.

(3) 부영양화 평가지수

① 부영양화 지수(TSI ; Trophic State Index)

② 칼슨 지수 : 클로로필-a, 총인, 투명도를 지표로 부영양화를 평가한다.

③ AGP(Algae Growth Potential) : 조류를 20℃, 고도 4,000lux에서 배양하여 증식한 조류의 건조중량값이다.

(4) 부영양화 평가방법

① 투명도 측정

② 영양염류(N, P) 농도 측정

③ 클로로필-a 농도 측정

기출유형

1. 다음 중 적조현상을 발생시키는 주된 원인물질은?

① Cl   ② P

③ Mg   ④ Fe

➡ 부영양화(적조, 녹조) 원인
- 질소(N)와 인(P) 등 영양염류의 수계 과다 유입
- 주로 인이 제한물질로 작용

2. 질소, 인 등이 강이나 호수에 지나치게 유입될 때 발생할 수 있는 현상은?

① 빈영양화   ② 저영양화

③ 산영양화   ④ 부영양화

➡ 부영양화는 질소(N)와 인(P) 등 영양염류가 수계에 과다 유입되는 현상으로, 부영양화가 담수에서 발생하면 녹조, 해수에서 발생하면 적조 현상이다.

정답 1. ②   2. ④

4 호수의 수질 변화

(1) 성층현상

① 호소수에서 계절에 따라 온도변화로 수심에 따른 물의 밀도차가 생기면서, 호소수가 여러 개의 층으로 분리되는 현상이다.

② 호소수의 수면으로부터 성층 구분

> 순환층(표수층) → 수온약층(변온층) → 정체층(심수층)

③ 여름, 겨울에 발생한다.

④ 여름 성층은 DO와 온도구배(경사)가 같다.

⑤ 겨울 성층은 DO와 온도구배(경사)가 반대이다.

┃ 성층의 구분 ┃

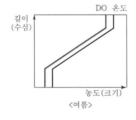 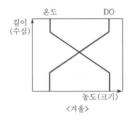

┃ 여름과 겨울 성층의 수심별 농도 변화 ┃

(2) 전도현상

① 호소수에서 계절에 따라 온도변화로 호수 전체가 혼합되는 현상이다.

② 봄, 가을에 발생한다.

5 해양 오염

① **적조** : 수역에 영양염류(N, P)가 과도하게 유입하면서 플랑크톤이 대량 증식하여 바닷물의 색깔이 붉게 변하는 현상

② **유류 오염** : 기름(원유나 중유, 윤활유 등)이나 선박의 폐수, 폐유 등에 의한 해수의 오염

③ **열 오염** : 화력발전소, 제철소, 석유화학공업에서 방출하는 냉각수에 의해 주변 해수의 온도가 상승하여 발생하는 오염

─ 기출유형 ─

물의 깊이에 따라 나타나는 수온성층에 해당되지 않는 것은?

① 수온약층 ② 표수층 ③ 변수층 ④ 심수층

➡ 호소수의 수면으로부터 성층 구분
   순환층(표수층) → 수온약층(변온층) → 정체층(심수층)

정답 ③

핵심요점 ⑥ 수중 미생물 ★★

1 환경미생물의 분류

(1) 이용하는 산소에 따른 분류

① 호기성 미생물(aerobic bacteria)
② 혐기성 미생물(anaerobic bacteria)
③ 임의성 미생물(통성 혐기성균, facultative anaerobic bacteria)

미생물	호기성 미생물	혐기성 미생물	임의성 미생물
이용산소	유리산소 [DO, $O_2(aq)$]	결합산소 (SO_4^{2-}, NO_3^- 등)	결합산소, 유리산소 둘다 이용
특징	산소(DO)가 풍부한 호기성 상태에서 잘 큼	산소(DO)가 부족한 혐기성 상태에서 잘 큼	산소의 유무에 상관없이 잘 큼

(2) 온도관계에 따른 분류

① 초고온성 미생물 : 80℃ 이상에서 성장하는 미생물
② 고온성(친열성) 미생물 : 50℃ 이상에서 성장하는 미생물(최적온도 55℃)
③ 중온성(친온성) 미생물 : 20~50℃ 범위에서 성장하는 미생물(최적온도 35℃)
④ 저온성(친냉성) 미생물 : 20℃ 이하에서 성장하는 미생물(최적온도 10℃)

참고 온도 변화에 따른 미생물의 성장속도
35℃ 정도까지는 10℃ 증가할 때마다 미생물의 성장속도가 2배씩 증가한다.

(3) 에너지원에 따른 분류

미생물	광합성 미생물	화학합성 미생물
에너지원	빛에너지	화학에너지

(4) 영양관계에 따른 분류

미생물	독립영양 미생물	종속영양 미생물
탄소원	무기탄소 (CO_2, HCO_3^-, CO_3^{2-})	유기탄소 (유기물)

기출유형

1. 다음 중 "공기를 좋아하는" 미생물로 물속의 용존산소를 섭취하는 미생물은?

① 혐기성 미생물   ② 임의성 미생물
③ 통기성 미생물   ④ 호기성 미생물

2. 다음 중 친온성 미생물의 성장속도가 가장 빠른 온도분포는?

① 10℃ 부근   ② 15℃ 부근
③ 20℃ 부근   ④ 35℃ 부근

3. 생태계의 생물적 요소 중 유기물을 스스로 합성할 수 없으며, 생산자나 소비자의 생체, 사체와 배출물을 에너지원으로 하여 무기물을 생성하고 용존산소를 소비하는 분해자로, 일반적으로 유기물과 영양물질이 풍부한 환경에서 잘 자라며, 물질순환과 자정작용에 중요한 역할을 하는 종으로 가장 적합한 것은?

① 조류
② 호기성 독립영양세균
③ 호기성 종속영양세균
④ 혐기성 종속영양세균

➡ • 에너지원 : 유기물 → 종속영양 미생물
   • 이용산소 : 용존산소(유리산소) → 호기성 미생물
  따라서, 호기성 종속영양세균이다.

정답 1. ④ 2. ④ 3. ③

2 주요 환경미생물

(1) 세균(bacteria)

① 정의 : 핵막이 없고, 염색체는 직접 세포질 속에 존재하는 단세포 생물
② 종류 : 구균(공 모양), 간균(막대 모양), 나선균(나선 모양)
③ 특징
   ㉠ 세포 구성 : 수분 80%, 고형물 20%(유기물 90%, 무기물 10%)
   ㉡ 영양 : BOD : N : P의 성분비가 100 : 5 : 1일 때 잘 생장함

(2) 균류(fungi)

① 정의 : 곰팡이, 버섯, 효모 등의 진균류와 먼지곰팡이 등의 변형균류를 포함하는 생물군으로, 진핵 생물
② 모양 : 효모와 같이 단세포도 있으나, 대부분이 다세포로 구성된 균사

③ 특징

㉠ 화학유기영양계 미생물이다.

㉡ 박테리아보다 낮은 DO, 낮은 pH(pH 3~5), 낮은 질소 농도에서도 잘 성장한다.

㉢ 고형물질의 표면에 부착하여 생장한다.

㉣ 각 세포는 독립된 생존능력을 가지며, 영양물질과 에너지물질인 유기물을 세포 표면으로 흡수하여 생장한다.

㉤ 슬러지 팽화(sludge bulking)의 원인이다.

(3) 조류(algae)

① 정의 : 광합성에 의한 독립영양생활을 하는 하등한 식물

② 종류 : 녹조류, 규조류, 남조류

③ 수중에 미치는 영향

㉠ 영양염류(N, P)가 많아지면 조류가 번식하고, 부영양화가 발생한다.

㉡ 광합성과 호흡을 하여 수질에 영향을 미친다.

- 광합성 : $CO_2 + H_2O \rightarrow CH_2O(세포) + O_2$
- 호흡 : $CH_2O + O_2 \rightarrow CO_2 + H_2O$

〈조류가 수중 환경에 미치는 영향〉

구 분	활 동	산소(DO)	pH	알칼리도
주간	광합성, 호흡	증가	증가	–
야간	호흡	감소	감소	소비

기출유형

아래 설명에 해당하는 생물적 요소로 가장 적합한 것은?

- 고형물질의 표면에 부착하여 생장하는 미생물이다.
- 핵의 형태가 뚜렷한 단세포가 서로 연결되어 일정한 형태를 이룬다.
- 다세포로 구성된 균사, 생식세포를 형성하는 자실체로 구성되어 있다.
- 각 세포는 독립된 생존능력을 가지며, 영양물질과 에너지물질인 유기물을 세포 표면으로 흡수하여 생장한다.
- 물질순환 및 자정작용에 중요한 역할을 한다.

① 곰팡이　　　　　　　　　② 바이러스
③ 원생동물　　　　　　　　④ 수서곤충

정답 ①

3 미생물의 증식단계

(1) 미생물 증식단계의 구분

① 4단계 : 유도기 → 대수성장기 → 정지기(감소성장기) → 사멸기(내생성장기)

② 5단계 : 유도기 → 증식기 → 대수성장기 → 정지기(감소성장기) → 사멸기(내생성
장기)

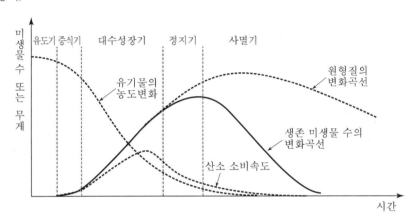

┃미생물의 증식단계(5단계) ┃

(2) 미생물 증식단계별 특징

① 유도기 : 환경에 적응하면서 증식 준비

② 증식기 : 증식이 시작되고, 증식속도가 점점 증가

③ 대수성장기 : 증식속도 최대, 신진대사율 최대

④ 정지기(감소성장기) : 미생물양 최대

⑤ 사멸기(내생성장기) : 신진대사율 급격히 감소, 미생물 자산화, 원형질양 감소

─(기출유형)─

다음 중 회분식 배양조건에서 시간에 따른 박테리아의 성장곡선을 순서대로 옳게 나열한 것은?

① 유도기 → 사멸기 → 대수성장기 → 정지기

② 유도기 → 사멸기 → 정지기 → 대수성정기

③ 대수성장기 → 정지기 → 유도기 → 사멸기

④ 유도기 → 대수성장기 → 정지기 → 사멸기

➡ 미생물 증식단계(4단계) : 유도기 → 대수성장기 → 정지기 → 사멸기

정답 ④

---

1 호기성 분해

용존산소가 충분한 환경조건(호기성 조건)에서 호기성 미생물의 생화학적 반응에 의해 수중의 유기물질이 분해·안정화되는 과정이다.

> 고분자 + 산소 → 저분자(산화물) + 에너지
>
> 유기물 + O_2 → CO_2 + H_2O + 에너지

예 $C_6H_{12}O_6 + 6O_2 \rightarrow 6CO_2 + 6H_2O$

2 혐기성 분해

산소가 결핍된 환경조건(혐기성 조건)에서 혐기성 미생물의 생화학적 반응에 의해 수중의 유기물질이 분해·안정화되는 과정이다.

> 고분자 → 저분자(혐기성 기체) + 에너지
>
> 유기물 → $CO_2 + CH_4$ + 에너지

예 $C_6H_{12}O_6 \rightarrow 3CO_2 + 3CH_4$

기출유형

1. 물속의 탄소 유기물이 호기성 분해를 하여 발생하는 것은?

① 암모니아   ② 탄산가스   ③ 메테인가스   ④ 유화수소

➡ 유기물을 호기성 분해시키면, 탄산가스(CO_2), 물(H_2O) 등이 발생한다.

2. 3kg의 박테리아($C_5H_7O_2N$)를 완전히 산화시키려고 할 때 필요한 산소의 양(kg)은? (단, 질소는 모두 암모니아로 무기화된다.)

① 4.25   ② 3.47   ③ 2.14   ④ 1.42

➡ $C_5H_7O_2N$의 분자량 = 113g

$C_5H_7O_2N + 5O_2 \rightarrow 5CO_2 + 2H_2O + NH_3$

$113g \quad : \quad 5 \times 32g$

$3kg \quad : \quad X(kg)$

$\therefore X = \dfrac{5 \times 32 \times 3kg}{113} = 4.25kg$

3. 166.6g의 $C_6H_{12}O_6$가 완전한 혐기성 분해를 한다고 가정할 때 발생 가능한 CH_4가스의 용적은? (단, 표준상태 기준)

① 24.4L   ② 62.2L   ③ 186.7L   ④ 1339.3L

➡ $C_6H_{12}O_6 \rightarrow 3CH_4 + 3CO_2$

$180g \quad : \quad 3 \times 22.4L$

$166.6g \quad : \quad X(L)$

$\therefore X = \dfrac{166.6 \times 3 \times 22.4L}{180} = 62.197L$

정답 1. ② 2. ① 3. ②

핵심요점 8 질소의 변환 ★★★

1 질산화

(1) 정의

질산화란 질소화합물이 질산성 미생물에 의해 산화(분해)되는 과정이다.

(2) 질산화 과정

암모니아성 질소 $\xrightarrow[\text{나이트로소모나스}]{\text{1단계 질산화}}$ 아질산성 질소 $\xrightarrow[\text{나이트로박터}]{\text{2단계 질산화}}$ 질산성 질소
(NH_3-N, NH_4^+-N)   (NO_2^--N)   (NO_3^--N)

(3) 질산화 미생물

호기성, 독립영양 미생물

① 1단계 질산화 미생물 : 나이트로소모나스($NH_4^+ \rightarrow NO_2^-$)

② 2단계 질산화 미생물 : 나이트로박터($NO_2^- \rightarrow NO_3^-$)

─(기출유형)─

1. 용존산소가 충분한 조건의 수중에서 미생물에 의한 단백질 분해순서를 올바르게 나타낸 것은?

① $NO_3^- \rightarrow NO_2^- \rightarrow NH_4^+ \rightarrow$ Amino acid

② $NH_4^+ \rightarrow NO_2^- \rightarrow NO_3^- \rightarrow$ Amino acid

③ Amino acid $\rightarrow NO_3^- \rightarrow NO_2^- \rightarrow NH_4^+$

④ Amino acid $\rightarrow NH_4^+ \rightarrow NO_2^- \rightarrow NO_3^-$

2. 유기물질의 질산화 과정에서 아질산이온(NO_2^-)이 질산이온(NO_3^-)으로 변할 때 주로 관여하는 것은?

① 디프테리아

② 나이트로박터

③ 나이트로소모나스

④ 카로티노모나스

➡ • 1단계 질산화 미생물 : 나이트로소모나스($NH_4^+ \rightarrow NO_2^-$)

  • 2단계 질산화 미생물 : 나이트로박터($NO_2^- \rightarrow NO_3^-$)

정답 1. ④   2. ③

2 탈질화

(1) 정의

탈질화란 질산성 질소나 아질산성 질소가 탈질세균에 의해 환원하여 질소가스 등으로 환원되는 과정이다.

(2) 탈질화 과정

질산성 질소 → 아질산성 질소 → 질소가스
$(NO_3^- - N)$ $(NO_2^- - N)$ (N_2)

기출유형

탈질(denitrification) 과정을 거쳐 질소성분이 최종적으로 변환된 질소의 형태는?

① $NO_2^- - N$ ② $NO_3^- - N$

③ $NH_3 - N$ ④ N_2

정답 ④

---

3 질소(N)의 변환

가수분해 과정	질산화 과정
단백질 ⟶ 아미노산 →	$NH_3 - N$ → $NO_2^- - N$ → $NO_3^- - N$
← 유기질소 →	← 무기질소 →

① 유기질소는 수중에 유입된 후, 가수분해와 질산화로 형태가 변화된다.
② 유기질소나 암모니아성 질소가 수중에 많으면 오염물질이 수중에 유입된 지 얼마 되지 않았으며, 인근에서 유입되었음을 알 수 있다.
③ 질산성 질소가 수중에 많으면 오염물질이 유입된 지 오래되었음을 알 수 있다.

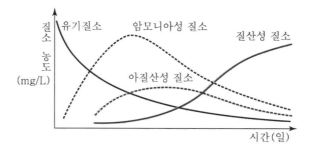

▌질소화합물의 분해과정 ▌

참고 **질소의 구분**
- 유기질소 : 단백질, 아미노산, 요산 등
- 무기질소 : $NH_3-N + NO_2^--N + NO_3^--N$
- 총질소(T−N) : $NH_3-N + NO_2^--N + NO_3^--N$
- 킬달질소(TKN) : 유기질소 + NH_3-N

(기출유형)

다음 그래프는 하천에서 질소화합물의 분해과정이다. 이에 관한 설명으로 가장 거리가 먼 것은?

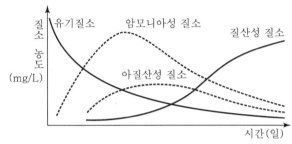

① 유기물에 함유된 유기질소는 점차 무기질소로 변한다.
② 질산화 미생물에 이해 최종적으로 질산성 질소로 변한다.
③ 질산성 질소가 다량 검출되면 오염물질이 인근에서 배출되었다고 의심할 수 있다.
④ 유기질소가 다량 검출되면 수인성 전염병을 유발하는 각종 세균의 존재 가능성을 의심할 수 있다.

➡ ③ 질산성 질소는 질산화의 최종 생성물이므로, 질산성 질소가 다량 검출되면 오염물질이 오래 전에 유입되었다고 생각할 수 있다.

정답 ③

수질오염 방지기술

1 정수처리 과정

응집 · 침전	여과	소독
혼화지 | 플록형성지 | 침전지 –	여과지 –	소독지

2 하수처리 과정

유입수 → 침사지 → 1차 침전지 → 포기조 → 최종 침전지 → 소독조 → 유출수

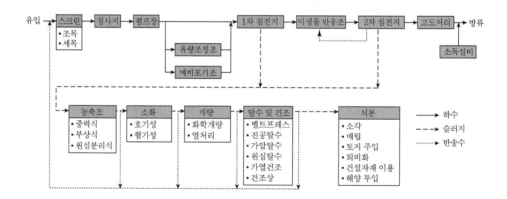

기출유형

1. 상수도의 정수처리장에서 정수처리의 일반적인 순서로 가장 적합한 것은?

① 플록형성지 – 침전지 – 여과지 – 소독
② 침전지 – 소독 – 플록형성지 – 여과지
③ 여과지 – 플록형성지 – 소독 – 침전지
④ 여과지 – 소독 – 침전지 – 플록형성지

2. 다음 중 하 · 폐수 처리시설의 일반적인 처리계통으로 가장 적합한 것은?

① 침사지 – 1차 침전지 – 소독조 – 포기조
② 침사지 – 1차 침전지 – 포기조 – 소독조
③ 침사지 – 소독조 – 포기조 – 1차 침전지
④ 침사지 – 포기조 – 소독조 – 1차 침전지

정답 1. ① 2. ②

핵심요점② **물리·화학적 처리** ★★★★★

정리 물리적 예비처리시설의 종류

• 스크린
• 침사지
• 침전지
• 유량조정조 : 후속 처리시설에 유량이 일정하게 들어오도록 유입부하량 변동에 대하여 유량조정을 하기 위한 탱크
• 분쇄기

1 스크린

(1) 정의

부유협잡물(유수 중의 부유물, 유목 등)이 처리시설에 유입하는 것을 방지하는 설비이다.

(2) 원리

폐수가 흐르는 수로에 관망을 설치하여 부유물 중 망의 유효간격보다 큰 것을 망 위에 걸리게 하여 협잡물을 제거한다.

(3) 목적

유입수 중의 부유협잡물을 제거하고, 후속처리장치와 펌프 및 기계류를 보호해야 한다.

(4) 특징

① 스크린 접근 유속 : 스크린을 통과하기 전 유속은 0.4m/sec 이상이어야 한다.
② 스크린 통과 유속 : 스크린을 통과할 때의 유속은 1.0m/sec 이하이어야 한다.

2 침사지

(1) 정의

무기성 부유물질이나 자갈, 모래, 뼈 등 토사류(grit)를 제거하여 기계장치 및 배관의 손상이나 막힘을 방지하는 시설이다.

(2) 특징

일반적으로 스크린 다음에 설치하며, 침전한 그릿이 쉽게 제거되도록 밑바닥이 한 쪽으로 급한 경사를 이루도록 설치한다.

(3) 관련 공식

① 체류시간

$$t = \frac{V}{Q} = \frac{AH}{Q}$$

여기서, t : 체류시간

V : 부피(체적, 용적, m³)

Q : 유량(m³/day)

A : 침전지 수면적(m²)

H : 수심(m)

② 유효길이

$$L = vt$$

여기서, L : 침사지 길이(m)

v : 수평유속(m/day)

t : 체류시간(day)

③ 표면부하율(수면부하율, 수면적 부하, 수리학적 부하)

표면부하(표면부하율)가 작을수록, 침전효율(제거율)이 증가한다.

$$Q/A = \frac{Q}{A} = \frac{H}{t}$$

여기서, Q/A : 표면부하율(m³/m² · day)

Q : 유량(m³)

A : 침전지 수면적(m²)

H : 수심(m)

t : 체류시간(day)

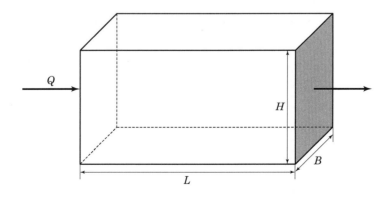

기출유형

1. 무기성 부유물질, 자갈, 모래, 뼈 등 토사류를 제거하여 기계장치 및 배관의 손상이나 막힘을 방지하는 시설로 가장 적합한 것은?

① 침전지

② 침사지

③ 조정조

④ 부상조

2. 침사지에서 폐수의 평균유속이 0.3m/sec이고, 유효수심이 1.0m이며, 수면적 부하가 1,800m³/m² · day일 때, 침사지의 유효길이는?

① 20.2m

② 14.4m

③ 10.6m

④ 7.5m

➡ 1) 체류시간$(t) = \dfrac{H}{Q/A}$

$$= \dfrac{1m}{} \left| \dfrac{m^2 \cdot day}{1,800m^3} \right| \dfrac{86,400sec}{1day}$$

$$= 48sec$$

2) 유효길이 = 수평유속 × 체류시간

$$= \dfrac{0.3m}{sec} \times 48sec$$

$$= 14.4m$$

문제풀이 Keypoint 1day = 24hr = 1,440min = 86,400sec

3. 살수여상의 표면적이 300m², 유입분뇨량이 1,500m³/일이다. 표면부하는 얼마인가?

① 3m³/m² · 일

② 5m³/m² · 일

③ 15m³/m² · 일

④ 18m³/m² · 일

➡ 표면부하$(Q/A) = \dfrac{Q}{A}$

$$= \dfrac{1,500m^3}{day} \left| \dfrac{}{300m^2} \right.$$

$$= 5m^3/m^2 \cdot day$$

정답 1. ② 2. ② 3. ②

3 침전지

(1) 제거물질

침전 가능한 부유물질(SS)

(2) 침강속도식 ▶ 스토크스(Stokes) 법칙

$$v_g = \frac{d^2 g(\rho_s - \rho_w)}{18\mu}$$

여기서, v_g : 입자의 침강속도(cm/sec), d : 입자의 직경(cm)

ρ_s : 입자의 밀도(g/cm³), ρ_w : 물의 밀도(=1g/cm³)

g : 중력가속도, μ : 물의 점성계수(g/cm · sec)

① 침강속도(v_g)는 입자 직경의 제곱(d^2), 입자와 물의 밀도차($\rho_s - \rho_w$), 중력가속도(g)에 비례하고, 점성계수(μ)에는 반비례한다.

② 입자의 침강속도(스토크스식)는 입자 직경의 제곱(d^2)에 비례하므로, 입자 직경에 가장 큰 영향을 받는다.

TIP 스토크스식에서 침전속도는 분자 항목에 비례하고, 분모 항목에는 반비례한다.

─(기출유형)─

1. 물속에서 입자가 침강하고 있을 때 스토크스(Stokes) 법칙이 적용된다고 한다. 다음 중 입자의 침강속도에 가장 큰 영향을 주는 변화인자는?

① 입자의 밀도　　　　　　　　② 물의 밀도

③ 물의 점도　　　　　　　　　④ 입자의 직경

➡ 입자의 침강속도(스토크스식)는 입자 직경의 제곱에 비례하므로, 입자의 직경에 가장 큰 영향을 받는다.

2. 침전지에서 지름이 0.1mm이고 비중이 2.65인 모래 입자가 침전하는 경우 침전속도는? (단, Stokes 법칙을 적용, 물의 점도는 0.01g/cm · sec)

① 0.898cm/sec　　　　　　　② 0.792cm/sec

③ 0.726cm/sec　　　　　　　④ 0.625cm/sec

➡ 1) $d(\mathrm{cm}) = \dfrac{0.1\mathrm{mm}}{} \dfrac{1\mathrm{cm}}{10\mathrm{mm}} = 0.01\mathrm{cm}$

　 문제풀이 Keypoint　1cm = 10mm

　 2) 침전속도 $v_g = \dfrac{d^2 g(\rho_p - \rho_w)}{18\mu} = \dfrac{(0.01\mathrm{cm})^2 \times 980\mathrm{cm/sec}^2 \times (2.65-1)\mathrm{g/cm}^3}{18 \times 0.01\mathrm{g/cm \cdot sec}}$

　 　 $= 0.8983\mathrm{cm/sec}$

정답 1.④　2.①

참고 침강속도에 영향을 미치는 요소
- 입자의 직경
- 입자의 밀도
- 물의 밀도
- 물의 점성계수
- 중력가속도

TIP 스토크스 공식에 들어가는 인자는 침강속도에 영향을 미친다.

(3) 침전효율

$$\eta = \frac{v_g}{Q/A}$$

여기서, η : 침전효율
v_g : 입자의 침강속도
Q/A : 표면적 부하

(4) 월류부하

$$월류부하 = \frac{Q}{L}$$

여기서, Q : 유량(m^3/day)
L : 위어 길이(m)

─(기출유형)─

1. 입자의 침전속도는 0.5m/day, 유입유량은 50m^3/day, 침전지 표면적은 50m^2이고, 깊이 2m인 침전지에서의 침전효율은?

① 20%
② 50%
③ 70%
④ 90%

▶ $\eta = \dfrac{v_g}{Q/A} = \dfrac{v_g \cdot A}{Q} = \dfrac{0.5m}{day} \left| \dfrac{day}{50m^3} \right| \dfrac{50m^2}{} = 0.5 = 50\%$

2. 시간당 200m^3의 폐수가 유입되는 침전조의 위어(weir)의 유효길이가 50m라면 월류부하는?

① 2m^3/m · hr
② 4m^3/m · hr
③ 8m^3/m · hr
④ 15m^3/m · hr

▶ 월류부하 $= \dfrac{유량}{위어 길이} = \dfrac{200m^3}{hr} \left| \dfrac{}{50m} \right. = 4m^3/m \cdot hr$

정답 1. ② 2. ②

(5) 입자의 침강형태

침강형태	특 징	발생장소
I형 침전 (독립침전, 자유침전)	• 이웃 입자들의 영향을 받지 않고 자유롭게 일정한 속도로 침강 • Stokes 법칙 적용	보통 침전지, 침사지, 1차 침전지
II형 침전 (플록침전)	입자가 서로 응집되면서 만들어지는 플록이 점점 커지면서, 침전속도가 증가하는 침전	약품 침전지
III형 침전 (간섭침전)	플록을 형성하여 침강하는 입자들이 서로 방해를 받아 침전속도가 감소하는 침전	상향류식 침전지, 생물학적 2차 침전지
IV형 침전 (압축침전)	고농도 입자들의 침전으로 침전된 입자군이 바닥에 쌓일 때 입자군의 무게에 의해 물이 빠져 나가면서 농축·압밀됨	침전 슬러지, 농축조의 슬러지 영역

(6) 기타 설비

① **정류판** : 침전지 유입구에 설치해 유입수의 유량이 균일하게 분배되도록 하여 유입수의 흐름을 일정하게 하는 시설

② **스크레이퍼(scraper)** : 침전지 또는 농축조의 바닥의 침전물을 배출구로 끌어모으는 장치

─(기출유형)─

다음에서 설명하는 침전에 해당하는 것은?

> 입자들이 고농도로 있을 때의 침전현상으로서, 활성슬러지 공법으로 폐수를 처리하는 경우에 최종 침전지의 하부에서 일어난다. 이 침전은 슬러지 중력 농축공정에서 중요한 요소로, 포기조로의 반송을 위해 활성슬러지가 농축되어야 하는 활성슬러지 공법의 최종 침전지에서 특히 중요하다.

① 독립침전   ② 압축침전
③ 지역침전   ④ 응집침전

정답 ②

4 부상분리(floatation)

(1) 정의

물보다 밀도가 작은 고형물에 미세 기포를 부착시켜 물 위로 띄워 고액분리하는 것이다.

(2) 부상법의 종류

① 공기부상법
② 용존공기부상법
③ 진공부상법
④ 전해부상법
⑤ 미생물학적 부상법

> **참고 고액분리**
> • 정의 : 고체(오염물질)와 액체(물)를 분리하는 것
> • 적용 : 스크린, 침사지, 침전지, 부상분리, 원심분리 등

(3) 부상속도식 ▶ 스토크스(Stokes) 법칙

$$v_f = \frac{d^2 g (\rho_w - \rho_p)}{18\mu}$$

여기서, v_f : 입자의 부상속도(cm/sec), d : 입자의 직경(입경, cm), g : 중력가속도
ρ_w : 물의 밀도(=1g/cm³), ρ_p : 입자의 밀도(g/cm³), μ : 물의 점성계수

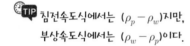
침전속도식에서는 $(\rho_p - \rho_w)$지만,
부상속도식에서는 $(\rho_w - \rho_p)$이다.

─ 기출유형 ─

1. 부상법으로 처리해야 할 폐수의 성상으로 가장 적합한 것은?

① 수중에 용존유기물의 농도가 높은 경우
② 비중이 물보다 낮은 고형물이 많은 경우
③ 수온이 높은 경우
④ 독성 물질을 많이 함유한 경우

➡ 부상법은 물보다 밀도가 작은 고형물에 적용한다.

2. 다음 폐수처리법 중 입자의 고액분리방법과 가장 거리가 먼 것은?

① 전기투석
② 부상분리
③ 침전
④ 침사지

➡ ① 전기투석은 물속의 이온을 분리하는 화학적 처리방법이다.

정답 1. ② 2. ①

5 응집

(1) 정의

폐수에 응집제를 첨가하여 침전성이 나쁜 콜로이드상 고형물과 침전속도가 느린 부유물 입자를 플록으로 만드는 것을 응집이라 한다.

(2) 응집의 영향인자

수온, pH, 알칼리도, 콜로이드의 종류와 농도, 교반조건, 용존물질의 성분

(3) 응집제의 종류별 장단점

① 알루미늄염(황산알루미늄, alum, 명반, 황산반토) ▶ 응집제로 가장 많이 사용됨

장 점	단 점
• 경제적 • 탁도, 세균, 조류 등 거의 모든 현탁성 물질, 부유물 제거에 유효 • 독성이 없으므로 대량 주입 가능 • 결정은 부식성이 없고, 취급이 용이 • 철염과 같이 시설을 더럽히지 않음	• 생성된 플록의 비중이 가벼움 • 적정 pH 폭이 좁음(pH 5~8) • 저수온 시 응집효과가 떨어짐 • 온도가 내려가거나 농도가 떨어지면 결정이 석출됨 • 알칼리도를 높일 응집보조제 첨가 필요

② 철염(염화제2철 등)

장 점	단 점
• 플록(floc)이 무겁고, 침강이 빠름 • 응집 적정범위가 넓음(pH 4~12)	• 철이온이 잔류함(색도 유발) • 부식성이 강함 • 시설을 더럽힘

③ 소석회(CaO, Ca(OH)$_2$)

장 점	단 점
가격이 쌈	• 응집효과가 낮음 • 슬러지 발생량이 많음

④ PAC(Poly Aluminum Chloride) ▶ 무기고분자응집제

장 점	단 점
• 액체 • Alum보다 플록이 무겁고, 응집효율이 높음 • pH 폭이 넓고, 알칼리도 저하가 적음 • 응집보조제가 필요 없음	• 가격이 비쌈 • Alum보다 부식성이 강함 • Alum과 혼합하여 사용할 경우 침전물이 발생하여 송액관이 막힐 우려가 있음 • 보온장치가 필요함

정리 응집제의 종류 : 알루미늄염(황산알루미늄), 철염(염화제2철, 황산제1철), 소석회, PAC 등

(4) 응집설비의 처리과정

① 응집제 투입 : 콜로이드의 안정성을 낮추어, 콜로이드가 뭉쳐 플록을 형성

② 급속 교반 : 처리수와 응집제 간의 접촉을 위한 혼합 교반

③ 완속 교반 : 입자들의 더 큰 플록으로 만들기 위한 완속 교반

④ 침전 : 침강성의 확보 및 침전

(5) 응집실험(약품교반실험, jar test)

부유물질(SS)을 응집 침전으로 제거할 때, SS 제거효율이 가장 높을 때의 응집제 및 응집보조제를 선정하고 최적 주입량을 결정하는 실험으로, 과정은 다음과 같다.

① 응집제 주입 : 몇 개의 유리비커에 시료를 담아 pH 조정약품과 응집제 주입량을 각기 달리하여 주입한다.

② 급속 교반 : 100~150rpm으로 1~5분간 급속 혼합한다.

③ 완속 교반 : 40~50rpm으로 약 15분간 완속 혼합시켜 응결(응집)한다.

④ 정치 침전 : 15~30분간 침전한다.

⑤ 상징수 분석 : 상징수를 취하여 필요한 분석을 실시한다.

─(기출유형)─

1. 다음 중 폐수를 응집 침전으로 처리할 때 영향을 주는 주요 인자와 가장 거리가 먼 것은?

① 수온　　　　② pH　　　　③ DO　　　　④ Colloid의 종류와 농도

➡ 응집반응의 영향인자 : 수온, pH, 알칼리도, 콜로이드의 종류 · 농도, 교반조건, 용존물질 성분

2. 다음 중 수처리 시 사용되는 응집제와 거리가 먼 것은?

① PAC　　　　② 소석회　　　　③ 입상 활성탄　　　　④ 염화제2철

➡ ③ 활성탄은 흡착제이다.

3. 무기응집제인 알루미늄염의 장점으로 가장 거리가 먼 것은?

① 적정 pH 폭이 2~12 정도로 매우 넓은 편이다.

② 독성이 거의 없어 대량으로 주입할 수 있다.

③ 시설을 더럽히지 않는 편이다.

④ 가격이 저렴한 편이다.

➡ ① 적정 pH 폭이 5~8 정도로 좁다.

4. 효과적인 응집을 위해 실시하는 약품교반실험장치(jar tester)의 일반적인 실험순서로 바르게 나열된 것은?

① 정치 침전 – 상징수 분석 – 응집제 주입 – 급속 교반 – 완속 교반

② 급속 교반 – 완속 교반 – 응집제 주입 – 정치 침전 – 상징수 분석

③ 상징수 분석 – 정치 침전 – 완속 교반 – 급속 교반 – 응집제 주입

④ 응집제 주입 – 급속 교반 – 완속 교반 – 정치 침전 – 상징수 분석

정답 1.③　2.③　3.①　4.④

6 여과

(1) 정의

여과란 여재(media)로 충전된 여과지에 처리대상을 통과시켜 공극 이상의 크기를 가진 입자를 제거하는 공정이다.

(2) 제거물질

부유물질(SS)

(3) 여재의 재질

모래, 무연탄, 규조토, 석류석 등

(4) 여과의 종류별 특징

구 분	급속 여과	완속 여과
여과속도	120~150m/day	4~5m/day
부지면적	좁음	넓음
건설(시공)비	저렴	비쌈
유지관리비	비쌈	저렴
손실수두	큼	작음
제거가능물질	부유물질, 탁도	부유물질, 세균, 용존 유기물, 색도, 철, 망가니즈
적용	고탁도 원수 처리에 적합	저탁도 원수 처리에 적합

(5) 여과속도(여과율)

$$v = \frac{Q}{A}$$

여기서, v : 여과속도, Q : 유량(m^3/day), A : 여과면적(m^2)

(6) 유지관리상 문제점

① 머드볼(mud ball) : 여층에 진흙 덩어리가 축적되는 현상
② 공기 결합(air binding) : 여층 내부 압력이 낮아져서 기포가 축적되는 현상(여층의 손실수두가 높아짐)
③ 여재 유실 : 여과와 역세척을 반복하는 과정에서 여재 유실
④ 여재층의 수축
⑤ 여과지 내 자갈층의 교란

(기출유형)

1. 폐수처리공정 중 여과에서 주로 제거되는 물질은?

① pH   ② 부유물질
③ 휘발성 물질   ④ 중금속 물질

2. 완속 여과의 특징에 관한 설명으로 가장 거리가 먼 것은?

① 손실수두가 비교적 적다.
② 유지관리비가 적은 편이다.
③ 시공비가 적고 부지가 좁다.
④ 처리수의 수질이 양호한 편이다.

➡ ③ 완속 여과는 부지면적이 넓어 시공비가 크다.

정답 1. ② 2. ③

---

7 흡착

(1) 정의

흡착(adsorption)이란 서로 다른 두 상(액체−고체, 기체−고체, 기체−액체) 사이에서 어떠한 물질이 계면에 농축되는 현상이다.

(2) 제거물질

불포화 유기물, 소수성 물질, 냄새, 색도 등

(3) 흡착제의 종류

활성탄, 실리카겔, 활성알루미나, 합성제올라이트, 마그네시아 등

(4) 흡착의 종류별 특징

구 분	물리적 흡착	화학적 흡착
원리	용질−흡착제 간의 분자인력이 용질−용매 간의 인력보다 클 때 흡착	흡착제−용질 사이의 화학반응에 의해 흡착
구동력	반데르발스힘(Van der Waals force)	화학반응
반응	가역반응	비가역반응
재생	가능	불가능
흡착열(발열량)	적음(40kJ/mol 이하)	많음(80kJ/mol 이상)
압력과의 관계	분자량↑ 압력↑ ➡ 흡착능↑	압력↓ ➡ 흡착능↑
온도와의 관계	온도↓ ➡ 흡착능↑	온도↑ ➡ 흡착능↑
분자층	다분자층 흡착	단분자층 흡착

(5) 프로인드리히(Freundlich) 등온흡착식

$$\frac{X}{M} = KC^{\frac{1}{n}}$$

여기서, X : 흡착된 오염물질의 농도(mg/L)

M : 흡착제(활성탄)의 농도(mg/L)

C : 흡착 후 남은 오염물질의 농도(mg/L)

K, n : 상수

참고 등온흡착식의 종류
- 프로인드리히의 식
- 랭뮤어 식
- BET 식

─(기출유형)─

1. 다음 보기 중 물리적 흡착의 특징을 모두 고른 것은?

ⓐ 흡착과 탈착이 비가역적이다.
ⓑ 온도가 낮을수록 흡착량은 많다.
ⓒ 흡착이 다층(multi-layers)에서 일어난다.
ⓓ 분자량이 클수록 잘 흡착된다.

① ⓐ, ⓑ   ② ⓑ, ⓓ
③ ⓐ, ⓑ, ⓒ   ④ ⓑ, ⓒ, ⓓ

➡ ⓐ 물리적 흡착은 가역적이다.

2. 폐수를 활성탄을 이용하여 흡착법으로 처리하고자 한다. 폐수 내 오염물질의 농도를 30mg/L에서 10mg/L로 줄이는 데 필요한 활성탄의 양은? (단, $X/M = KC^{\frac{1}{n}}$ 사용, $K = 0.5$, $n = 1$)

① 3.0mg/L   ② 3.3mg/L
③ 4.0mg/L   ④ 4.6mg/L

➡ $\dfrac{X}{M} = KC^{\frac{1}{n}}$

$\dfrac{(30-10)}{M} = 0.5 \times 10^{\frac{1}{1}}$

$\therefore M = \dfrac{(30-10)}{0.5 \times 10^{1/1}} = 4.0\,\text{mg/L}$

정답 1. ④   2. ③

8 **염소 소독**

(1) 잔류염소

　① 유리잔류염소

　　㉠ 생성 : 염소가 수중에서 가수분해되어 유리잔류염소가 생성된다.

　　㉡ 유리잔류염소는 살균력이 강하다.

　　㉢ 종류 : $HOCl$, OCl^-

　　㉣ $HOCl$의 살균력은 OCl^-의 살균력보다 약 80배 강하다.

　② 결합잔류염소(클로라민)

　　㉠ 생성 : 유리잔류염소($HOCl$)가 수중의 질소화합물과 결합하여 결합잔류염소(클로라민)를 생성한다.

　　㉡ 종류 : 모노클로라민(NH_2Cl), 다이클로라민($NHCl_2$), 트라이클로라민(NCl_3)

　　㉢ 결합잔류염소는 잔류성을 가진다.

　③ 살균력 순서

$$HOCl > OCl^- > 결합잔류염소(클로라민)$$

(2) 염소 살균력의 향상조건

　① pH가 낮을수록

　② 반응시간이 길수록

　③ 염소농도가 높을수록

(3) 잔류성

　① 염소 소독에서의 잔류성이란 소독력이 정수처리 후 급수설비(수도꼭지)까지 지속되는 것을 말한다.

　② 잔류성이 있어야 정수처리 후 급수 전까지 재오염이 되지 않는다.

　③ 유리잔류염소는 잔류성이 없고, 결합잔류염소가 잔류성을 가진다.

　④ 염소 소독은 잔류성이 있지만, 오존 및 UV 소독은 잔류성이 없다.

> **참고** 잔류염소와 pH
>
> 1. 유리잔류염소
>   - pH 4~6 : 대부분 $HOCl$로 존재
>   - pH 9 이상 : 대부분 OCl^-로 존재
> 2. 결합잔류염소
>   - pH 8.5 이상 : 대부분 모노클로라민으로 존재
>   - pH 4.5~8.5 : 대부분 다이클로라민으로 존재
>   - pH 4.5 이하 : 대부분 트라이클로라민으로 존재

(4) 염소 소독의 장단점

장 점	단 점
• 경제적임 • 소독이 효과적임 • 잔류성을 가짐	• 소독부산물(THM)이 발암물질임 • 바이러스(virus) 살균에 효과적이지 못함 • 정수장에 페놀이 유입되면 염소 소독 시 악취물질인 클로로페놀이 생성됨

(5) 염소주입량

> 염소주입량(mg/L) = 염소요구량(mg/L) + 잔류염소량(mg/L)

① **염소요구량** : 소독 이외의 목적으로 소비되는 염소의 양

② **잔류염소량** : 염소 주입 후 물속의 오염물을 산화시키고 처리수에 남아 있는 염소의 양

참고 **자외선 소독** : 자외선램프로 주파장 253.7nm의 자외선을 수중에 조사해 살균하는 방법

장 점	단 점
• 소독력이 좋고, 소독비용이 저렴함	• 소독이 잘 되었는지 즉시 측정할 수 없음
• 잔류독성이 없으며, 설치면적이 작음	• 잔류효과가 없어 염소처리와 병행되어야 함
• 대부분의 virus, cysts, spores 등을 비활성화시키는 데 염소보다 효과적임	• 낮은 농도에서는 살균효과가 낮음
	• 탁도가 높으면 소독효과가 떨어짐

─ 기출유형 ─

1. 염소는 폐수 내의 질소화합물과 결합하여 무엇을 형성하는가?

① 유리염소　　　② 클로라민　　　③ 액체염소　　　④ 암모니아

2. 염소(Cl_2)가스를 물에 흡수시켰을 때 살균력은 pH가 낮은 쪽이 유리하다고 한다. pH 9 이상에서 물속에 많이 존재하는 것으로 옳은 것은?

① OCl^-보다 $HOCl$이 많이 존재한다.
② $HOCl$보다 OCl^-이 많이 존재한다.
③ pH에 관계없이 항상 $HOCl$이 많이 존재한다.
④ NH_3가 없는 물속에서는 NH_2Cl_2이 많이 존재한다.

▨ pH가 낮을수록 OCl^-보다 $HOCl$이 많이 존재하므로, pH가 낮을수록 살균력이 강하다.

3. 수돗물을 염소로 소독하는 가장 주된 이유는?

① 잔류염소효과가 있다.　　　　② 물과 쉽게 반응한다.
③ 유기물을 분해한다.　　　　　④ 생물농축현상이 없다.

▨ 수돗물(먹는물)은 잔류성이 필요하기 때문에 염소 소독을 한다.

4. A공장의 최종 방류수 4,000m³/day에 염소를 60kg/day로 주입하여 방류하고 있다. 염소 주입 후 잔류염소량이 3mg/L이었다면, 이때 염소요구량은 몇 mg/L인가?

① 12mg/L　　　② 17mg/L　　　③ 20mg/L　　　④ 23mg/L

▨ 1) 염소주입량$(mg/L) = \dfrac{60kg}{day}\left|\dfrac{day}{4,000m^3}\right|\dfrac{10^6mg}{1kg}\left|\dfrac{1m^3}{1,000L}\right. = 15mg/L$

2) 염소요구량$(mg/L) =$ 염소주입량 - 염소잔류량 $= 15 - 3 = 12mg/L$

문제풀이 Keypoint 농도$(mg/L) = \dfrac{부하(kg/day)}{유량(m^3/day)}$

정답 1. ②　2. ②　3. ①　4. ①

9 pH 조정

(1) 중화제

① 산성 폐수를 중화시킬 때는 염기(산 중화제)을 주입한다.

② 염기성(알칼리) 폐수를 중화시킬 때는 산(알칼리 중화제)을 주입한다.

〈중화제의 종류〉

구 분	산 중화제(염기)					알칼리 중화제(산)			
명칭	가성소다 (수산화소듐)	소다회 (탄산소듐)	소석회 (수산화칼슘)	생석회 (산화칼슘)	석회석 (탄산칼슘)	황산	염산	탄산	질산
분자식	$NaOH$	Na_2CO_3	$Ca(OH)_2$	CaO	$CaCO_3$	H_2SO_4	HCl	H_2CO_3	HNO_3

(2) 중화적정식

$$NV = N'V'$$

여기서, N : 산의 N농도(eq/L)

N' : 염기의 N농도(eq/L)

V : 산의 부피(L)

V' : 염기의 부피(L)

─ 기출유형 ─

1. 중화반응공정에서 폐수가 산성일 때 약품조에 들어갈 약품으로 옳은 것은?

① 황산 　　　　　　　　　　　② 염산

③ 염화소듐 　　　　　　　　　④ 수산화소듐

➡ 산성 폐수를 중화시키기 위해서는 염기성 물질(산 중화제)을 주입한다.

2. 농도를 알 수 없는 염산 50mL를 완전히 중화시키는 데 0.4N 수산화소듐 25mL가 소모되었다. 이 염산의 농도는?

① 0.2N 　　　　　　　　　　② 0.4N

③ 0.6N 　　　　　　　　　　④ 0.8N

➡ $NV = N'V'$

$N \times 50mL = 0.4N \times 25mL$

$\therefore N = \dfrac{0.4N \times 25mL}{50mL} = 0.2N$

정답 1. ④　2. ①

10 펜톤 산화

(1) 정의

펜톤(fenton) 산화는 과산화수소와 2가철을 혼합시켜 생기는 OH 라디칼의 산화력을 이용하여 난분해성 유기물 등을 분해(산화)하는 폐수처리방법이다.

(2) 반응단계

> pH 조절(pH 3~4.5) → 펜톤시약 주입 → 중화(pH 7~8) → 수산화물 침전

(3) 시약

① **펜톤시약** : 과산화수소(H_2O_2) + 철염($FeSO_4$)
② **산화제** : 과산화수소(H_2O_2)
③ **촉매제** : 철염($FeSO_4$)

(4) 특징

① 과산화수소의 난분해성 유기물질 산화로 인해, 난분해성 유기물이 생물분해가 가능한 유기물로 바뀐다.
② COD는 감소하지만, BOD는 감소하지 않고 증가하는 경우도 있다.
③ 수산화철의 슬러지가 다량 생성된다.
④ 펜톤 산화의 최적반응 pH는 3~4.5이다.
⑤ 초기 pH가 맞지 않으면 제거효율이 현저히 떨어진다.

―〔기출유형〕―

펜톤(fenton) 산화반응에 대한 설명으로 옳은 것은?
① 황화수소의 난분해성 유기물질 산화
② 과산화수소의 난분해성 유기물질 산화
③ 오존의 난분해성 유기물질 산화
④ 아질산의 난분해성 유기물질 산화

정답 ②

11 유해물질 처리

(1) 사이안(CN) 처리방법

① 처리방법의 종류 : 알칼리염소법, 오존산화법, 전해법, 충격법, 감청법, 전기투석법, 활성오니법

② 주된 처리법 : 사이안 폐수는 주로 알칼리염소법으로 처리한다.

③ 알칼리염소법 : 염기 상태에서 차아염소소듐이나 염소 등의 산화로 사이안을 산화시키는 방법이다.

(2) 6가크로뮴 처리방법

환원침전법

> **참고** 환원침전법의 처리순서
>
> 1. 환원 : pH 2~3에서 Cr^{6+}을 Cr^{3+}으로 환원
> 2. 중화 : NaOH을 주입하여 pH 7~9로 중화
> 3. 침전 : pH 8~11에서 수산화물[$Cr(OH)_3$]로 침전

(3) 비소 처리방법

수산화물(수산화제2철) 공침법, 환원법, 이온교환법, 흡착법

(4) 플루오린 처리방법

형석침전법(화학침전)

(5) 유기수은계 함유 폐수 처리방법

침전법, 이온교환법, 흡착법, 산화분해법, 아말감법

> **참고** 환원제의 종류 : SO_2, Na_2SO_3, $NaHSO_3$, $FeSO_4$

─ 기출유형 ─

1. Cr^{6+} 함유 폐수처리법으로 가장 적합한 것은?

① 환원 → 침전 → 중화　　　② 환원 → 중화 → 침전
③ 중화 → 침전 → 환원　　　④ 중화 → 환원 → 침전

➡ 6가크로뮴 제거방법은 환원침전법으로, 환원 – 중화 – 침전의 순서로 처리된다.

2. 다음 중 플루오린 제거를 위한 폐수 처리방법으로 가장 적합한 것은?

① 화학침전　　　　　　　　② P/L 공정
③ 살수여상　　　　　　　　④ UCT 공정

정답 1. ②　2. ①

핵심요점 **3** **생물학적 처리 ★★★★★**

1 개요

(1) 정의

미생물을 이용하여 미생물의 먹이인 유기물을 분해하는 처리방법이다.

(2) 제거물질

유기물(BOD, SS)

※ 중금속 물질이나 유해물질 등은 미생물에게 독으로 작용해 미생물이 자랄 수 없으므로 분해하지 못한다.

(3) 생물학적 처리의 분류

① 생물학적 처리방법과 공법의 종류

처리방법의 분류		공 법
호기성 처리	부유생물법	활성슬러지법, 활성슬러지의 변법(계단식 포기법, 산화구법, 접촉안정법, 장기포기법, 심층포기법, 순산소 활성슬러지법 등)
	부착생물법	살수여상법, 접촉산화법, 회전원판법, 호기성 여상법
혐기성 처리		혐기성 소화법, 혐기성 접촉법, 혐기성 여상법, 상향류 혐기성 슬러지상(UASB), 혐기성 유동상, 임호프, 부패조, 습식 산화법
산화지법		-

② 부유생물법과 부착생물법의 비교

구 분	장 점	단 점
부유생물법 (활성슬러지법)	• 대량처리 가능 • 처리속도 빠름 • 처리효율이 큼	• 슬러지 벌킹(팽화) 발생 가능 • 반송 필요 • 충격부하에 약함
부착생물법 (생물막법)	• 반송 불필요 • 충격부하에 강함 • 다양한 물질 처리 가능	• 소규모 처리 • 처리속도 느림 • 처리효율 낮음 • 상등수 수질이 좋지 않음

기출유형

다음 설명에 알맞은 생물학적 처리공정으로 가장 적합한 것은?

- 설치면적이 적게 들며, 처리수의 수질이 양호하다.
- BOD, SS의 제거율이 높다.
- 수량 또는 수질에 영향을 많이 받는다.
- 슬러지 팽화가 문제점으로 지적된다.

① 산화지법 ② 살수여상법
③ 회전원판법 ④ 활성슬러지법

➡ 슬러지 팽화는 부유생물법(활성슬러지법 및 그 변법)에서 발생하는 문제이다.

정답 ④

2 활성슬러지법

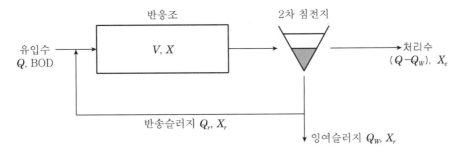

(1) 표준활성슬러지법의 설계인자

① HRT : 6~8hr
② SRT : 3~6day
③ F/M : 0.2~0.4kg/kg · day
④ MLSS : 1,500~2,500mg/L
⑤ SVI : 50~150
⑥ BOD 용적부하 : 0.4~0.8
⑦ DO : 2mg/L 이상
⑧ pH : 6~8

참고 MLSS(Mixed Liquor Suspended Solids)
MLSS란 활성슬러지와 폐수가 혼합된 혼합액 중의 부유물질이며, 활성슬러지법에서 반송을 하는 이유는 반응조 내 미생물(MLSS)의 양을 일정하게 유지하기 위함이다(MLSS 조절).

(2) 활성슬러지의 변법

① 계단식 포기법(step aeration법, 다단포기법)
② 점감식 포기법
③ 순산소 활성슬러지법
④ 심층포기법
⑤ 장기포기법
⑥ 접촉안정법
⑦ 산화구법
⑧ 연속회분식 활성슬러지법(SBR)

참고 포기시설
공기를 공급해 DO를 공급하는 시설

활성슬러지법은 여러 가지 변법이 개발되어 왔으며, 각 방법은 특별한 운전이나 제거효율을 달성하기 위하여 발전되었다. 다음 중 활성슬러지의 변법으로 볼 수 없는 것은?

① 다단포기법 ② 접촉안정법

③ 장기포기법 ④ 오존안정법

정답 ④

(3) 설계인자

① BOD 용적부하

$$\frac{BOD \cdot Q}{V} = \frac{BOD \cdot Q}{Q \cdot t} = \frac{BOD}{t}$$

여기서, BOD : BOD 농도(mg/L), Q : 유량(m^3/day)

V : 포기조 용적(체적·부피, m^3), t : 체류시간(day)

② BOD-MLSS 부하(F/M비)

$$F/M = \frac{BOD \cdot Q}{V \cdot X} = \frac{BOD}{t \cdot X}$$

여기서, F/M : kg BOD/kg MLSS·day, BOD : BOD 농도(mg/L)

Q : 유입유량(m^3/day), V : 포기조 부피(m^3)

X : MLSS 농도(mg/L), t : 체류시간(day)

③ BOD 부하량(kg/day)

$$BOD \text{ 부하량(kg/day)} = BOD \text{ 농도} \times \text{유량}$$

(4) 슬러지 용적지수(SVI) ▶슬러지 침강성 지표

슬러지 용적지수(SVI)란 반응조 내 혼합액을 30분간 정체한 경우 1g의 활성슬러지 부유물질이 포함하는 용적을 mL로 표시한 것이다.

① SVI 50~150 : 슬러지 침강성 양호

② SVI 200 이상 : 슬러지 벌킹 발생

$$SVI = \frac{SV_{30} \times 10^3}{MLSS(mg/L)} = \frac{SV(\%) \times 10^4}{MLSS(mg/L)} = \frac{10^6}{X_r}$$

여기서, SV_{30}(mL/L) : 시료 1L를 30분간 정치 후 측정한 슬러지 부피(mL)

$SV(\%)$: SV_{30}(mL/L)을 백분율로 표시한 것

X_r : 반송슬러지(2차 침전지 슬러지) 농도(mg/L)

(기출유형)

1. 200m³의 포기조에 BOD 370mg/L인 폐수가 1,250m³/day의 유량으로 유입되고 있다. 이 포기조의 BOD 용적부하는?

① 1.78kg/m³ · day   ② 2.31kg/m³ · day

③ 2.98kg/m³ · day   ④ 3.12kg/m³ · day

➡ BOD 용적부하 $= \dfrac{BOD \cdot Q}{V}$

$$= \frac{370mg}{L} \left| \frac{1,250m^3}{day} \right| \frac{1}{200m^3} \left| \frac{1kg}{10^6 mg} \right| \frac{1,000L}{1m^3}$$

$= 2.31kg/m^3 \cdot day$

2. MLSS 농도가 1,000mg/L이고, BOD 농도가 200mg/L인 2,000m³/day의 폐수가 포기조로 유입될 때, BOD/MLSS 부하는? (단, 포기조의 용적은 1,000m³이다.)

① 0.1kg BOD/kg MLSS · day   ② 0.2kg BOD/kg MLSS · day

③ 0.3kg BOD/kg MLSS · day   ④ 0.4kg BOD/kg MLSS · day

➡ F/M $= \dfrac{BOD \cdot Q}{V \cdot X}$

$$= \frac{200mg/L}{} \left| \frac{2,000m^3}{day} \right| \frac{1}{1,000m^3} \left| \frac{1}{1,000mg/L} \right.$$

$= 0.4kg \ BOD/kg \ MLSS \cdot day$

3. BOD 농도 200mg/L, 유입폐수량 800m³/일, 포기조 용량 200m³일 때, 포기조에 유입되는 BOD의 총부하량은?

① 1,600kg/일   ② 160kg/일

③ 800kg/일   ④ 80kg/일

➡ BOD 부하량(kg/day) = BOD 농도×유량

$$= \frac{200mg}{L} \left| \frac{800m^3}{day} \right| \frac{1,000L}{1m^3} \left| \frac{1kg}{10^6 mg} \right.$$

$= 160kg/day$

[문제풀이 Keypoint] 부하 = 농도×유량

4. MLSS 농도가 2,500mg/L인 혼합액을 1L 메스실린더에 취하여 30분 후 슬러지 부피를 측정한 결과 350mL이었다. 이때, SVI는?

① 80   ② 100

③ 120   ④ 140

➡ $SVI = \dfrac{SV_{30} \times 10^3}{MLSS} = \dfrac{350 \times 10^3}{2,500} = 140$

정답 1. ②   2. ④   3. ②   4. ④

(5) 활성슬러지법의 운영상 문제점

① 슬러지 벌킹(팽화)

주로 사상균의 이상번식으로 2차 침전지에서 활성슬러지의 침강성이 나빠져 슬러지가 침전되지 않는 현상으로, 2차 침전지의 고액분리 장애를 일으켜 상등수 수질에 영향을 미친다.

〈슬러지 벌킹의 원인과 대책〉

원 인	대 책
• DO 감소 • pH 감소 • F/M 불균형 • 영양 불균형(BOD : N : P) • 사상균(sphaerotilus 등) 증식 • 유기물 부하량의 급격한 변동 • 고농도 폐수 유입	• DO 증가 • SRT 증가, 슬러지 인발량 감소, 반송률 증가 • 플록 형성 미생물의 식종 • 염소, 과산화수소 주입 • 선택반응조(selector) 이용 • 응집제 주입

② 슬러지 부상(sludge rising)

2차 침전지에서 탈질화가 일어나 발생하는 질소가스가 슬러지 덩어리를 같이 끌고 탈기되어 침전조 수면에 슬러지가 떠올라 퍼지는 현상이 생긴다.

③ 흰색 거품 형성

2차 침전지 수면에 흰색 거품이 발생한다.

④ 갈색 거품 형성

2차 침전지 수면에 갈색 거품이 발생한다.

⑤ 핀 플록(pin floc) 현상

플록이 너무 작아 잘 침강하지 않는 현상이 생긴다.

⑥ 플록 해체(floc disintegration)

활성슬러지 플록이 2차 침전지에서 해체되어 미세하게 분산하면서 잘 침강하지 않고, 상징수와 함께 월류하는 현상이 발생한다.

3 부착생물법(생물막 공법)

생물막 공법은 접촉제 및 유동 담체의 표면에 부착된 미생물을 이용하여 처리하는 방법이다.

(1) 살수여상법

① 정의 : 탱크에 쇄석 등의 여재를 채우고 위에서 폐수를 뿌려, 쇄석 표면에 번식하는 미생물이 폐수와 접촉해서 유기물을 섭취·분해하여 폐수를 생물학적으로 처리하는 방식이다.

② 유지관리 시 문제점
　㉠ 연못화 현상
　㉡ 파리 번식
　㉢ 악취 발생
　㉣ 여상의 폐쇄
　㉤ 생물막 탈락
　㉥ 결빙(동결)

정리 부착생물법의 종류
• 살수여상법
• 접촉산화법
• 회전원판법
• 호기성 여상법

(2) 접촉산화법

① 정의 : 반응조 내에서 접촉제에 미생물을 키워 호기성 처리하는 생물막 공법이다.
② 매체의 종류 : 벌집형, 모듈(module)형, 벌크(bulk)형 등

〈접촉산화법의 장단점〉

장 점	단 점
• 부하변동과 유해물질에 대한 내성이 높음 • 운전 휴지기간에 대한 적응력이 높음 • 처리수의 투시도가 높음 • 슬러지 반송이 필요 없고, 슬러지 발생량이 적음 • 분해속도가 낮은 기질 제거에 효과적 • 표면적이 큰 접촉제를 사용하여 조내 부착 생물량이 크고 생물상이 다양함	• 부착 생물량의 확인이 어려움 • 미생물량과 영향인자를 정상상태로 유지하기 위한 조작이 어려움

기출유형

1. 다음과 같은 특성을 가지는 생물학적 폐수처리방법은?

• 대표적인 부착성장식 생물학적 처리공법이다.
• 매질(media)로 채워진 탱크에 위에서 폐수를 뿌려주면 매질 표면에 붙어있는 미생물이 유기물을 섭취하여 제거한다.
• 여재의 크기가 균일하지 않거나 매질이 파손되는 경우, 연못화 현상이 일어날 수 있다.

① 회전원판법　　　　② 살수여상법
③ 활성슬러지법　　　④ 산화지

➡ 연못화 현상은 살수여상법에서 발생하는 운영상 문제점이다.

2. 접촉산화법(호기성 침지여상)에 관한 설명으로 가장 거리가 먼 것은?

① 매체로 벌집형, 모듈형, 벌크형 등이 쓰인다.
② 부하변동과 유해물질에 대한 내성이 높다.
③ 운전 휴지기간에 대한 적응력이 낮다.
④ 처리수의 투시도가 높다.

➡ ③ 운전 휴지기간에 대한 적응력이 높다.

정답 1. ②　2. ③

(3) 회전원판법

① 정의 : 수조에 원판을 40% 정도 담근 후, 원판을 천천히 회전시켜 원판에 부착한 미생물과 수조 속에서 증식한 부유 미생물에 의해 폐수 중의 유기물질을 호기적으로 산화·분해하는 방법이다.

〈회전원판법의 장단점〉

장 점	단 점
• 슬러지의 반송이 필요 없음 • 유지비가 적게 들고, 관리가 용이함 • 충격부하 및 부하변동에 강함 • 잉여슬러지의 생산량이 적음 • 동력비가 적게 듦	• 2차 침전지에서 미세한 SS가 유출되기 쉽고, 처리수의 투명도가 나쁨 • 생물량의 인위적인 조절이 곤란함 • 처리수의 투명도가 낮고, 한랭한 기후에 영향을 받음 • 대규모 처리시설에 적용이 어려움 • 구동축 파손, 원판 손상, 베어링 손상, 악취 발생 등의 운영상 문제점이 있음 • 운영변수가 많아 모델링이 복잡함

② BOD 면적부하

$$\text{BOD 면적부하}(g/m^2 \cdot day) = \frac{BOD \cdot Q}{A}$$

여기서, BOD : BOD 농도(mg/L), Q : 유량(m^3/day), A : 원판 면적(m^2)

참고 원판 면적 $= n \times \dfrac{\pi D^2}{4}$

여기서, n : 원판 매수(양면일 때 n에 2를 곱함), D : 원판 직경(m)

(4) 호기성 여상법

3~5mm 정도의 접촉 여재를 충전시킨 여상에 미생물을 키워 호기성 처리하는 생물막 공법이다.

─ 기출유형 ─

회전원판식 생물학적 처리시설에 유량 1,000m^3/day, BOD 200mg/L로 유입될 경우, BOD 부하(g/m² · day)는? (단, 회전원판의 지름은 3m, 300매로 구성되어 있고, 두께는 무시하며, 양면을 기준으로 한다.)

① 29.4 ② 47.2
③ 94.3 ④ 107.6

➡ 1) 원판 면적 $A = n \times \dfrac{\pi D^2}{4} = 2 \times 300 \times \dfrac{\pi}{4} \times 3^2 = 4241.150m^2$

2) BOD 면적부하 $= \dfrac{BOD \cdot Q}{A} = \dfrac{200mg}{L} \left| \dfrac{1,000m^3}{day} \right| \dfrac{}{4241.150m^2} \left| \dfrac{1g}{10^3 mg} \right| \dfrac{1,000L}{1m^3}$

$= 47.15g/m^2 \cdot day$

정답 ②

4 혐기성 처리(소화·분해)

(1) 혐기성 분해과정

① 1단계 – 가수분해단계 : 발효균에 의해 고분자 물질이 저분자 물질로 분해된다.

② 2단계 – 산 생성단계 : 산 생성균에 의해 유기산이 생성된다.

③ 3단계 – 메테인 생성단계 : 메테인 생성균에 의해 메테인이 생성된다.

〈혐기성 분해과정의 주요 내용〉

단 계	과 정	관여 미생물	생성물
1단계 반응	가수분해	발효균	• 단백질 → 아미노산 • 지방 → 지방산, 글리세린 • 탄수화물 → 단당류, 이당류
2단계 반응	• 산성 소화과정 • 유기산 생성과정 • 수소 생성과정 • 액화 과정	아세트산 및 수소 생성균	• 유기산(아세트산, 프로피온산 등) • CO_2, H_2 • 알코올, 알데하이드, 케톤 등
3단계 반응	• 알칼리 소화과정 • 메테인 생성과정 • 가스화 과정	메테인 생성균	• CH_4(약 70%) • CO_2(약 30%) • H_2S • NH_3

참고 메테인가스

• 혐기성 분해(소화) 시 발생하는 가스 중 연료로 사용할 수 있는 가스는 메테인(CH_4)이다.
• 탄소(C)와 수소(H) 성분이 많아야 메테인이 많이 발생한다.

──(기출유형)──

1. 다음 중 유기물의 혐기성 소화 분해 시 발생되는 물질로 거리가 먼 것은?

① 산소　　　　　　　　　　② 알코올
③ 유기산　　　　　　　　　④ 메테인

➡ ① 산소는 호기성 분해 시 소비되는 물질이다.

2. 하수처리장에서 발생하는 슬러지를 혐기성으로 소화 처리하는 목적으로 가장 거리가 먼 것은?

① 병원균의 사멸　　　　　② 독성 중금속 및 무기물의 제거
③ 무게와 부피 감소　　　　④ 메테인과 같은 부산물 회수

➡ ② 혐기성 소화로 무기물은 제거되지 않는다.

정답 1. ① 2. ②

(2) 혐기성 분해의 장단점

장 점	단 점
• 고농도 유기물 처리에 유리 • 운영비가 낮음 • 슬러지 발생량이 적음 • 탈수성이 좋음 • 포기장치가 불필요 • 메테인(CH_4) 회수 가능 • 호기성 공정에서 제거가 힘든 물질도 일부 제거	• 비료로서의 가치가 떨어짐 • 상징수의 BOD 농도가 높음 • 독성 물질의 충격을 받을 경우 장기간 회복하기 어려움 • 초기건설비가 많이 듦 • 운전이 비교적 어려움 • 호기성에 비해 체류시간이 긺

(3) 혐기성 소화와 호기성 소화의 비교

항 목	혐기성 소화	호기성 소화
소화기간	긺	짧음
규모	큼	작음
설치면적	작음	큼
건설비(설치비)	큼	작음
탈수성	좋음	나쁨
슬러지 생산량	적음	많음
비료가치	낮음	높음
운전(운영)	어려움	쉬움
포기장치	필요 없음	필요함
운영비(동력비)	작음	큼
처리효율	낮음	높음
상등수(상징수) 수질(BOD 농도)	나쁨(높음)	좋음(낮음)
악취	많이 발생	적게 발생
가온장치	필요함	필요 없음
가치 있는 부산물	메테인 회수 가능	–

─ 기출유형 ─

혐기성 소화법과 상대비교 시 호기성 소화법의 특징으로 거리가 먼 것은?

① 상징수의 BOD 농도가 높으며, 운영이 다소 복잡하다.
② 초기시공비가 낮고 처리된 슬러지에서 악취가 나지 않는 편이다.
③ 포기를 위한 동력요구량 때문에 운영비가 높다.
④ 겨울철은 처리효율이 떨어지는 편이다.

➡ ① 호기성 소화는 상징수의 BOD 농도가 낮고, 운전이 쉽다.

정답 ①

(4) 혐기성 분해(소화) 공법

① 임호프조(imhoff tank)
- ㉠ 한 탱크 내에서 침전과 소화가 같이 이루어지는 처리시설이다.
- ㉡ 2층 구조로, 위층에서 부유물이 침전되고, 아래층에서 혐기성 소화가 일어난다.
- ㉢ 스컴실, 소화실, 침전실로 구성되어 있다.
- ㉣ 독일에서 최초로 개발되었다.

② 부패조(septic tank)
- ㉠ 상온에서 운영하는 혐기성 소화 공법이다.
- ㉡ 처리효율이 낮다.
- ㉢ 저부하 운전에 적합하다.
- ㉣ 악취가 발생한다.
- ㉤ 조립형인 경우 설치 · 시공이 쉽다.
- ㉥ 특별한 에너지 및 기계설비가 필요하지 않다.
- ㉦ 유지관리에 특별한 기술이 요구되지 않는다.

③ 습식 산화법(짐머만 공법 ; Zimmerman process)

슬러지에 가열(200~270℃ 정도) · 가압(70~120atm 정도)시켜 산소에 의해 유기물을 화학적으로 산화시키는 공법이다.

정리 혐기성 처리 공법의 종류

혐기성 소화법, 혐기성 접촉법, 혐기성 여상법, 상향류 혐기성 슬러지상(UASB), 혐기성 유동상, 임호프조, 부패조

기출유형

1. 분뇨처리법 중 부패조에 관한 설명으로 가장 거리가 먼 것은?

① 고부하 운전에 적합하다.
② 특별한 에너지 및 기계설비가 필요하지 않은 편이다.
③ 처리효율이 낮으며, 냄새가 많이 나는 편이다.
④ 조립형인 경우 설치 · 시공이 용이하며, 유지관리에 특별한 기술이 요구되지 않는다.

➡ ① 저부하 운전에 적합하다.

2. 습식 산화법의 일종으로 슬러지에 통상 200~270℃ 정도의 온도와 70atm 정도의 압력을 가하여 산소에 의해 유기물을 화학적으로 산화시키는 공법은?

① 짐머만(Zimmerman) 공법
② 유동산화(fluidized oxidation) 공법
③ 내산화(inter oxidation) 공법
④ 포졸란(pozzolan) 공법

정답 1. ① 2. ①

5 **산화지 공법** ▶ 라군(lagoon)법

얕은 연못에서 호기성 박테리아와 조류 사이의 공생관계로 유기물을 분해하는 호기성 처리법이다.

─ 기출유형 ─

미생물과 조류의 생물화학적 작용을 이용하여 하수 및 폐수를 자연정화시키는 공법으로, 라군(lagoon)이라고도 하며, 시설비와 운영비가 적게 들기 때문에 소규모 마을의 오수처리에 많이 이용되는 것은?

① 회전원판법   ② 부패조법

③ 산화지법   ④ 살수여상법

정답 ③

핵심요점 **④** **질소 및 인 제거공정 ★★★**

〈질소 및 인 제거공정〉

구 분	처리 분류	공 정
질소 제거	물리화학적 방법	• 암모니아 탈기법(스트리핑) • 파괴점 염소주입법 • 선택적 이온교환법
	생물학적 방법	• MLE(무산소-호기법) • 4단계 바덴포(bardenpho) 공법
인 제거	물리화학적 방법	• 금속염 첨가법 • 석회 첨가법(정석탈인법)
	생물학적 방법	• A/O 공법(혐기-호기법) • 포스트립 공법
질소 · 인 동시제거		• A_2/O 공법 • UCT 공법 • MUCT 공법 • VIP 공법 • SBR 공법 • 수정 포스트립(M-phostrip) 공법 • 5단계 바덴포(수정 바덴포 ; M-bardenpho) 공법

1 질소(N) 제거공법

(1) 물리화학적 방법

① 암모니아 탈기법(ammonia stripping, air stripping, 공기 스트리핑법)
　폐수의 pH를 11 이상으로 높인 후 공기를 불어넣어 수중의 암모니아를 NH_3가스로 탈기하는 방법

② 파과점(파괴점) 염소주입법(breakpoint chlorination)
　폐수에 염소를 가하여 암모늄염을 질소가스로 변환시켜 제거하는 방법

③ 선택적 이온교환법
　이온교환수지로 암모니아성 질소(NH_3-N)를 제거하는 방법

(2) 생물학적 방법

질산화 미생물과 탈질 미생물을 이용해 질소를 제거하는 공법이다.

① 반응조 역할
　㉠ 무산소조 : 탈질, 질소 제거
　㉡ 호기조 : 질산화

② 공법의 종류

공 법	반응조 구성
MLE 공법(무산소-호흡법 ; 무호법)	무산소조 – 호기조
4단계 바덴포 공법	무산소조 – 호기조 – 무산소조 – 호기조

참고 **반응조의 역할**
• 혐기조 : 인 방출, 유기물 제거
• 무산소조 : 탈질(질소 제거), 유기물 제거
• 호기조 : 인 과잉 흡수, 질산화, 유기물 제거

─(기출유형)

질소의 고도처리방법 중 폐수의 pH를 11 이상으로 높여 기체상태의 암모니아로 전환시킨 다음, 공기를 불어넣어 제거하는 방법은?
① 탈기
② 막분리법
③ 세포합성
④ 이온교환

➡ 폐수의 pH를 11 이상으로 높인 후 공기를 불어넣어 수중의 암모니아를 NH_3가스로 탈기하는 방법은 암모니아 탈기법이다.

정답 ①

2 인(P) 제거공법

(1) 물리화학적 방법

포기조에 응집제로 투입하여 인산과 결합하여 불용성의 염을 만들게 하고 최종 침전지에서 침전·분리하는 방법이다.

공법	응집제
금속염 첨가법	알루미늄염, 철염
석회 첨가법(정석탈인법)	석회(lime, CaO)

(2) 생물학적 방법

미생물을 이용해 주로 인을 제거하는 공법이다.

① 반응조 역할

　　㉠ 혐기조 : 인 방출

　　㉡ 호기조 : 인 과잉 흡수(섭취)

② 공법의 종류

공 법	특징 및 반응조 구성
A/O 공법	혐기조 – 호기조
포스트립 공법	• A/O 공법에 화학적으로 인을 제거하는 탈인조를 추가한 공법 • 혐기조 – 호기조 – 탈인조

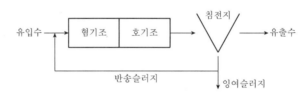

▌A/O 공법▐

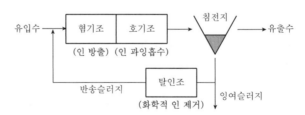

▌포스트립 공법▐

참고 포스트립(phostrip) 공법

반송슬러지의 일부를 혐기성 상태의 탈인조로 유입시켜 혐기성 상태에서 인을 방출 및 분리한 후 상징액으로부터 과량 함유된 인을 화학 침전·제거시키는 Side stream 공법

3 생물학적 질소(N) · 인(P) 동시제거공법

(1) A₂/O 공법

생물학적 질소와 인을 동시에 제거하기 위하여 혐기 - 무산소 - 호기를 조합한 공정이다.

장 점	단 점
• 질소와 인을 동시에 제거 • A/O 공법보다 질소 제거율이 높음 • 폐슬러지의 인 함량이 높아 비료로서 가치가 있음	• 내부순환율이 높음 • 인 제거율이 낮음

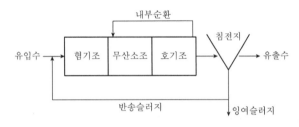

▌A₂O 공법 ▌

─ 기출유형 ─

1. 질소 제거를 위한 고도처리방법으로 거리가 먼 것은?

① 탈기   ② A/O 공정
③ 염소 주입   ④ 선택적 이온교환

➡ ② A/O 공정은 인 제거공법이다.

2. 다음 중 하수의 고도처리공법 중 인(P) 성분만을 주로 제거하기 위한 Side stream 공정으로 가장 적합한 것은?

① Bardenpho 공정   ② Phostrip 공법
③ A₂/O 공정   ④ UCT 공정

➡ ① : 질소 제거공법, ③, ④ : 질소 · 인 동시제거공법

3. 생물학적 처리공법으로 하수 내의 질소를 처리할 때, 탈질이 주로 이루어지는 공정은?

① 탈인조   ② 포기조
③ 무산소조   ④ 침전조

➡ A₂/O 공법 : 혐기조 - 무산소조 - 호기조(포기조)

정답 1. ②   2. ②   3. ③

(2) UCT 공법

① A$_2$/O 공정의 단점인 반송슬러지 내의 질산성 질소가 혐기조로 유입되어 인의 방출이 방해받는 것을 보완하기 위하여, 반송슬러지를 무산소조로 반송시켜서 탈질반응에 의하여 질산성 질소를 제거시킨 후에 혐기조로 다시 반송하는 공법이다.

② 반송슬러지를 무산소조로 반송시켜, 혐기조에서 인의 방출율을 높여서 인의 제거율을 향상시킨 공법이다.

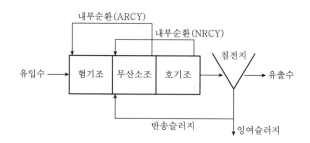

┃UCT 공법┃

(3) MUCT 공법(수정 UCT 공법)

① UCT 공정을 보완한 생물학적 질소·인 제거공정이다.

② UCT 공법에서 무산소조를 2개로 분리한 것이다.

ㄱ 1무산소조 : 반송슬러지 내의 질산성 질소 농도를 낮추는 역할

ㄴ 2무산소조 : 호기조에서 반송된 질산성 질소를 탈질시켜 전체의 질소 제거를 향상시키는 역할

③ 호기조에서 과량으로 질산화가 진행되어도 안정적으로 프로세스 유지가 가능하다.

┃MUCT 공법┃

(4) VIP 공법

① 장점 : 짧은 체류시간에 질소와 인을 비교적 효율적으로 제거하다.

② 단점 : 운전이 복잡하다.

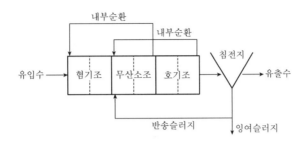

❙VIP 공법❙

(5) 5단계 바덴포 공법(수정 Bardenpho 공법 ; M-Bardenpho 공법)

4단계 바덴포 공법 앞 단에 혐기조를 설치하여 질소와 인을 동시에 제거하는 공법이다.

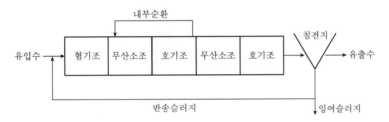

❙5단계 바덴포 공법❙

(6) 수정 포스트립(M-phostrip) 공법

① 포스트립 공법에 탈질조를 추가한 공법이다.

② 탈인조 앞에 무산소조인 탈질조를 설치한 것이다.

③ 탈인조에서 질산성 질소에 의한 영향을 최소화할 수 있다.

④ 질소와 인을 동시에 제거한다.

(7) 회분식 활성슬러지법(SBR)

하나의 반응탱크 안에서 시차를 두고 유입 · 반송 · 침전 · 유출 등의 각 과정을 거치도록 되어 있다.

장 점	단 점
• 최종 침전지와 슬러지 반송펌프가 불필요함 • 충격부하, 첨두유량에 대한 대응성이 우수함 • 질소와 인의 동시제거 시 운전의 유연성이 큼 • 자동화를 실시하기가 용이함 • 2차 침전지와 슬러지 반송을 생략할 수 있음	• 처리용량이 큰 처리장에는 적용이 곤란함 • 설계자료가 다양하지 못하고 제한적임 • 여분의 반응조가 필요함 • 스컴의 잔류 가능성이 높음

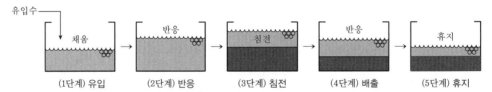

┃회분식 활성슬러지법 1cycle의 운전 순서 ┃

상하수도 계획

1 관거의 유속

① 상수관 : 0.3~3.0m/sec

② 오수관 : 0.6~3.0m/sec

③ 우수관 : 0.8~3.0m/sec

④ 슬러지 수송관 : 1.5~3.0m/sec

─(기출유형)─

수로형 침사지에서 폐수처리를 위해 유지해야 하는 폐수의 유속으로 가장 적합한 것은?

① 30m/sec　　　② 10m/sec　　　③ 5m/sec　　　④ 0.3m/sec

⇨ 유속은 관 손상을 방지하기 위해 최대 3m/sec를 넘을 수 없다.　　　정답 ④

2 유속 계산

(1) Manning 공식

$$V = \left(\frac{1}{n}\right) \times R^{\frac{2}{3}} \times I^{\frac{1}{2}}$$

여기서, V : 유속(m/sec)

n : 조도계수

R : 경심(윤심, 동수반경, m)

I : 수면구배(경사) 또는 동수구배(경사)

(2) 경심

$$R = \frac{A}{P}$$

여기서, R : 경심(m)

A : 수면적(m)

P : 윤변(m)

용어 윤변

혼관 단면에서 물이 관 벽에 닿는 부분의 길이

① 사각형 개수로의 경심

$$R = \frac{A}{P} = \frac{ab}{2a+b}$$

여기서, a : 수심, b : 폭

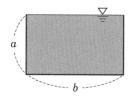

▌**사각형 개수로**▐

② 원형 관의 경심

$$R = \frac{A}{P} = \frac{\frac{\pi D^2}{4}}{\pi D} = \frac{D}{4}$$

여기서, D : 관의 직경(m)

▌**원형 관**▐

기출유형

직경 1m의 콘크리트 관에 20℃의 물이 동수구배 0.01로 흐르고 있다. 매닝(Manning) 공식에 의해 평균유속을 구하면? (단, $n = 0.014$이다.)

① 1.42m/sec　　　　　　　　　② 2.83m/sec

③ 4.62m/sec　　　　　　　　　④ 5.71m/sec

➡ 1) 원형 관 경심 $R = \dfrac{D}{4} = \dfrac{1}{4} = 0.25\text{m}$

　 2) 유속 $v = \left(\dfrac{1}{n}\right) \times R^{\frac{2}{3}} \times I^{\frac{1}{2}} = \dfrac{1}{0.014} \times (0.25)^{\frac{2}{3}} \times (0.01)^{\frac{1}{2}} = 2.834\text{m/sec}$

정답 ②

핵심요점 ② 상하수도 계획 ★

1 우수유출량(합리식) 계산

(1) 배수면적의 단위가 km²일 경우

$$Q = \frac{1}{3.6} CIA$$

여기서, Q : 우수유출량(m³/sec)

C : 유출계수

I : 강우강도(mm/hr)

A : 배수면적(km²)

(2) 배수면적의 단위가 ha일 경우

$$Q = \frac{1}{360} CIA$$

여기서, Q : 우수유출량(m³/sec)

C : 유출계수

I : 강우강도(mm/hr)

A : 배수면적(유역면적, ha)

─ 기출유형 ─

유출계수가 0.65인 1km²의 분수계에서 흘러내리는 우수의 양(m³/sec)은? (단, 강우강도 =3mm/min, 합리식 적용)

① 1.3 ② 6.5

③ 21.7 ④ 32.5

↪ 배수면적 단위가 km²인 경우의 우수유출량을 계산한다.

$Q = \frac{1}{3.6} CIA$

$= \frac{1}{3.6} \times 0.65 \times 180 \times 1 = 32.5 \text{m}^3/\text{sec}$

문제풀이 Keypoint $I(\text{mm/hr}) = \frac{3\text{mm}}{\text{min}} \times \frac{60\text{min}}{\text{hr}} = 180$

정답 ④

2 하수 배제방식

(1) 합류식

우수와 오수를 동일한 관으로 배제해 하수처리장으로 같이 보내는 방식

(2) 분류식

우수와 오수를 각각 다른 관으로 나누어 배제해, 오수는 하수처리장으로, 우수는 하천으로 보내는 방식

3 하수관거의 부식

- 관정부식(crown corrosion)의 발생과정

① 침전 및 혐기화 : 하수 중 유기물이 침전해 혐기성 상태가 된다.

② 황화수소 발생 : 혐기성 상태에서 하수 중에 포함된 황산염(SO_4^{2-})이 황산염 환원 세균에 의해 환원되어 황화수소(H_2S)가 발생한다.

③ 황화수소의 산화로 황산 발생 : 환기가 불량한 장소에서는 황화수소(H_2S)가 기상에 농축되어 콘크리트 벽면의 결로 중에 재용해하고, 이것이 호기성의 유황산화 세균에 의해 산화되어 황산(H_2SO_4)으로 전환된다.

④ 관정부식 발생 : 결로에 황산이 농축되면서 pH가 1~2로 낮아져(산성) 콘크리트(수산화칼슘)가 산에 부식된다.

┌ 기출유형 ┐

1. 신도시를 중심으로 설치되며 생활오수는 하수처리장으로, 우수는 별도의 관거를 통해 직접 수역으로 방류하는 배제방식은?

① 합류식   ② 분류식

③ 직각식   ④ 원형식

2. 다음 중 콘크리트 하수관거의 부식을 유발하는 오염물질로 가장 적합한 것은?

① NH_4^+ ② SO_4^{2-}

③ Cl^- ④ PO_4^{3-}

정답 1. ②   2. ②

제3과목 **폐기물 처리**

Craftsman Environmental

환 / 경 / 기 / 능 / 사

폐기물 개론

폐기물의 분류 ★★

1 폐기물관리법상 분류

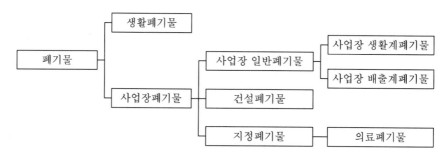

‖ 폐기물관리법상 폐기물의 분류 ‖

① **폐기물** : 쓰레기, 연소재, 오니, 폐유, 폐산, 폐알칼리 및 동물의 사체 등으로서 사람의 생활이나 사업활동에 필요하지 아니하게 된 물질
② **생활폐기물** : 사업장폐기물 외의 폐기물
③ **사업장폐기물** : 「대기환경보전법」, 「수질 및 수생태계 보전에 관한 법률」 또는 「소음·진동관리법」에 따라 배출시설을 설치·운영하는 사업장이나 그 밖에 대통령령으로 정하는 사업장에서 발생하는 폐기물
④ **지정폐기물** : 사업장폐기물 중 폐유·폐산 등 주변 환경을 오염시킬 수 있거나 의료폐기물 등 인체에 위해를 줄 수 있는 해로운 물질로서 대통령령으로 정하는 폐기물

참고 주요 지정폐기물의 종류

1. 부식성 폐기물
   • 폐산 : 액체상태의 폐기물로서 pH 2 이하인 것
   • 폐알칼리 : 액체상태의 폐기물로서 pH 12.5 이상인 것
2. 의료폐기물
   보건·의료기관, 동물병원, 시험·검사기관 등에서 배출되는 폐기물 중 인체에 감염 등 위해를 줄 우려가 있는 폐기물과 인체조직 등 적출물, 실험동물의 사체 등 보건·환경보호상 특별한 관리가 필요하다고 인정되는 폐기물로서 대통령령으로 정하는 폐기물

2 폐기물의 다른 분류

(1) 상(相, phase)에 따른 분류(공정시험법상 분류)

① 액상 폐기물 : 고형물 함량 5% 미만

② 반고상 폐기물 : 고형물 함량 5~15%

③ 고상 폐기물 : 고형물 함량 15% 이상

(2) 성상에 따른 분류

① 2성분 : 폐기물＝수분＋고형물

② 3성분 : 폐기물＝수분＋가연분＋불연분

③ 4성분 : 폐기물＝수분＋고정탄소＋휘발분＋불연분(회분)

용어 가연분과 불연분

- 가연분 : 타는 성분[유기물(VS)]
- 불연분(비가연분) : 타지 않는 성분[(회분(ash), 무기물(FS)]

─(기출유형)

1. 폐기물관리법령상 지정폐기물 중 부식성 폐기물의 "폐산" 기준으로 옳은 것은?

① 액체상태의 폐기물로서 수소이온농도지수가 2.0 이하인 것으로 한정한다.

② 액체상태의 폐기물로서 수소이온농도지수가 3.0 이하인 것으로 한정한다.

③ 액체상태의 폐기물로서 수소이온농도지수가 5.0 이하인 것으로 한정한다.

④ 액체상태의 폐기물로서 수소이온농도지수가 5.5 이하인 것으로 한정한다.

➡ 지정폐기물 중 부식성 폐기물
- 폐산 : 액체상태의 폐기물로서 pH 2 이하인 것
- 폐알칼리 : 액체상태의 폐기물로서 pH 12.5 이상인 것

2. 폐기물의 3성분이라 볼 수 없는 것은?

① 수분

② 무연분

③ 회분

④ 가연분

➡ 폐기물의 3성분
- 수분
- 가연분
- 불연분(회분)

정답 1. ① 2. ②

핵심요점 ② **폐기물 발생량** ★★

(1) 폐기물 발생량의 특징

① 지역 규모와 특성에 따라 큰 차이가 난다.

② 발생량은 원단위(kg/인·일)로 나타낸다.

(2) 폐기물 발생량의 예측방법

방법(모델)	내 용
경향법(경향예측모델, trend method)	최저 5년 이상의 과거 처리실적을 수식 모델(model)에 대하여 과거의 경향으로 장래를 예측하는 방법
다중회귀모델 (multiple regression model)	하나의 수식으로 각 인자들의 효과를 총괄적으로 나타내어 복잡한 시스템의 분석에 유용하게 사용할 수 있는 예측방법
동적모사모델 (dynamic simulation model)	쓰레기 발생량에 영향을 주는 모든 인자를 시간에 대한 함수로 나타낸 후, 시간에 대한 함수로 표현된 각 영향인자들 간의 상관관계를 수식화하는 방법

(3) 폐기물 발생량의 조사방법

조사방법		내 용
적재차량 계수분석법		• 쓰레기 수거차량의 대수를 조사하고, 이 값에 밀도를 곱하여 중량으로 환산하는 방법 • 차량 대수만 조사하므로 작업량이 적고 간편함 • 쓰레기 밀도 또는 압축 정도에 따라 오차가 큼
직접계근법		• 쓰레기 수거·운반 차량의 무게를 직접 계근하는 방법 • 쓰레기 발생량을 비교적 정확하게 파악 가능 • 작업량이 많고 번거로움
물질수지법		• 시스템으로 유입되는 모든 물질과 유출되는 모든 물질들 간의 물질수지를 세움으로써 발생량을 추정하는 방법 • 주로 산업폐기물의 발생량을 추산할 때 이용하는 방법 • 물질수지를 세울 수 있는 상세 데이터가 있을 경우에 가능 • 비용이 많이 들고, 많은 작업량이 소요됨
통계 조사	표본조사 (샘플링검사)	• 전체 측정지역 중 일부를 표본으로 하여 쓰레기 발생량을 조사하는 방법 • 정확성이 낮고, 오차가 큼 • 조사기간이 짧아 비용이 적게 듦
	전수조사	• 측정지역 전체의 쓰레기 발생량을 모두 조사하는 방법 • 정확성이 높음 • 조사기간이 길어, 비용이 많이 듦

(4) 폐기물 발생량의 영향인자

① 도시 규모가 커질수록, 쓰레기 발생량이 증가한다.

② 생활수준이 높을수록, 쓰레기 발생량이 증가한다.

③ 수집빈도가 높을수록, 쓰레기 발생량이 증가한다.

④ 쓰레기통이 클수록, 쓰레기 발생량이 증가한다.

⑤ 재이용률이 높을수록, 쓰레기 발생량은 감소한다.

⑥ 쓰레기 관련 법규는 쓰레기 발생량에 매우 중요한 영향을 미친다.

⑦ 기후, 장소에 따라 쓰레기의 발생량과 종류가 달라진다.

─(기출유형)─

1. 쓰레기의 발생량을 산정하는 방법 중 일정 기간 동안 특정 지역의 쓰레기 수거차량 대수를 조사하여 이 값에 밀도를 곱하여 중량으로 환산하는 방법은?

① 물질수지법

② 직접계근법

③ 적재차량 계수분석법

④ 적환법

2. 쓰레기 발생량에 영향을 미치는 요인에 관한 설명으로 가장 적합한 것은?

① 기후에 따라 쓰레기 발생량과 종류가 달라진다.

② 수거빈도가 잦으면 쓰레기 발생량이 감소하는 경향이 있다.

③ 쓰레기통의 크기가 클수록 쓰레기 발생량이 감소하는 경향이 있다.

④ 재활용품의 회수 및 재이용률이 높을수록 쓰레기 발생량이 증가한다.

➡ ② 수거빈도가 잦으면 쓰레기 발생량이 증가한다.

　③ 쓰레기통의 크기가 클수록 쓰레기 발생량이 증가한다.

　④ 재활용품의 회수 및 재이용률이 높을수록 쓰레기 발생량이 감소한다.

정답 1. ③　2. ①

핵심요점 3 **폐기물 관련 계산 ★★★**

TIP 폐기물과 관련된 계산문제는 대부분 단위환산으로 푸는 경우가 많다.

(1) 폐기물 발생량

폐기물(쓰레기) 발생량은 문제에 주어진 단위를 보고, 단위환산으로 풀이한다.

※ 쓰레기 발생량＝쓰레기 수거량

─ 기출유형 ─

5,000,000명이 거주하는 도시에서 1주일 동안 100,000m³의 쓰레기를 수거하였다. 쓰레기의 밀도가 0.4t/m³일 경우, 1인 1일 쓰레기 발생량은?

① 0.8kg/인·일
② 1.14kg/인·일
③ 2.14kg/인·일
④ 8kg/인·일

➡ 1인 1일 쓰레기 발생량(kg/인·일)

$$= \frac{0.4t}{m^3} \left| \frac{100,000m^3}{7일} \right| \frac{1,000kg}{1t} \left| \frac{}{5,000,000명} \right. = 1.14kg/인·일$$

정답 ②

(2) 폐기물 밀도(비중)

$$밀도(비중) = \frac{질량}{부피}$$

─ 기출유형 ─

1. 400,000명이 거주하는 A지역에서 1주일 동안 8,000m³의 쓰레기를 수거하였다. 이 지역의 쓰레기 발생원 단위가 1.37kg/인·일이면, 쓰레기의 밀도(t/m³)는?

① 0.28
② 0.38
③ 0.48
④ 0.58

➡ 밀도$(t/m^3) = \frac{1.37kg}{인·일} \left| \frac{400,000인}{} \right| \frac{1t}{1,000kg} \left| \frac{7일}{8,000m^3} \right. = 0.4795t/m^3$

문제풀이 Keypoint 단위환산으로 풀이한다.

2. 5m³의 용기에 2.5kg의 쓰레기가 채워져 있다. 이 쓰레기의 겉보기비중(kg/m³)은?

① 0.5kg/m³
② 1kg/m³
③ 2kg/m³
④ 2.5kg/m³

➡ 밀도(비중) $= \frac{질량}{부피} = \frac{2.5kg}{5m^3} = 0.5kg/m^3$

정답 1. ③   2. ①

(3) 가연분의 양

가연분의 양＝가연분의 비율×폐기물의 양
　　　　＝(1－비가연분의 비율)×폐기물의 양

※ 폐기물＝가연분＋비가연분

─ 기출유형 ─

A폐기물의 성분을 분석한 결과 가연성 물질의 함유율이 무게기준으로 50%였다. 밀도가 700kg/m³인 A폐기물 10m³에 포함된 가연성 물질의 양은?

① 500kg
② 1,500kg
③ 2,500kg
④ 3,500kg

➡ 가연분의 양＝가연분의 비율×폐기물의 양
　　　　　 ＝(1－비가연분의 비율)×폐기물의 양
$$= (1-0.5) \times \frac{700 \text{kg}}{\text{m}^3} \times 10 \text{m}^3$$
$$= 3,500 \text{kg}$$

정답 ④

(4) 평균 함수율

$$평균\ 함수율 = \frac{\Sigma(각\ 폐기물의\ 구성비 \times 수분\ 함량)}{\Sigma 각\ 폐기물의\ 구성비}$$

─ 기출유형 ─

A도시의 쓰레기를 분류하여 성분별로 수분 함량을 측정한 결과가 다음 표와 같다. 이 폐기물의 평균 수분 함량은?

성 분	구성비(중량%)	수분 함량(%)
음식물	30	80
종이류	40	10
섬유류	5	5
플라스틱류	10	1
유리류	10	1
금속류	5	2

① 3.13%
② 13.33%
③ 28.55%
④ 41.22%

➡ 평균 함수율＝$\dfrac{\Sigma(구성비 \times 수분\ 함량)}{\Sigma 구성비}$

$$= \frac{30 \times 80 + 40 \times 10 + 5 \times 5 + 10 \times 1 + 10 \times 1 + 5 \times 2}{30 + 40 + 5 + 10 + 10 + 5}$$
$$= 28.55\%$$

정답 ③

폐기물의 처리

폐기물 처리의 개요 ★

1 폐기물 처리의 목적(우선순위)

감량화 > 재이용 > 재활용 > 에너지 회수 > 소각 > 매립

─(기출유형)─

다음 중 폐기물 처리를 위해 가장 우선적으로 추진해야 하는 방향은?

① 퇴비화
② 감량
③ 위생매립
④ 소각열 회수

정답 ②

2 폐기물의 감량화

(1) 쓰레기 감량화 대책(발생원 대책)

폐기물이 발생하기 전 폐기물이 적게 발생하도록 하는 대책이다.

① 식단제 개선
② 철저한 분리수거 실시
③ 가정용품의 적절한 정비
④ 적정 저장량 관리
⑤ 과대포장 안 하기
⑥ 중고품 활용
⑦ 조리음식 최소화

(2) 폐기물 감량화 및 재활용 촉진 정책

① 부담금 제도
② 예치금 제도
③ 쓰레기 종량제
④ 생산자책임 재활용 제도(EPR)

1. 다음 폐기물의 감량화 방안 중 폐기물이 발생원에서 발생되지 않도록 사전에 조치하는 발생원 대책으로 거리가 먼 것은?

① 적정 저장량 관리

② 과대포장 사용 안 하기

③ 철저한 분리수거 실시

④ 폐기물로부터 회수에너지 이용

➡ ④ 폐기물로부터 회수에너지를 이용하는 것은 사후대책이다.

2. 폐기물의 재활용과 감량화를 도모하기 위해 실시할 수 있는 제도로 가장 거리가 먼 것은?

① 예치금 제도

② 환경영향평가

③ 부담금 제도

④ 쓰레기 종량제

➡ ② 환경영향평가는 어떤 정책이나 사업이 환경에 미치는 영향을 미리 조사 및 평가하여 환경에 미치는 부정적인 영향을 최소화하기 위한 절차이다.

정답 1.④ 2.②

3 폐기물 처리의 순서

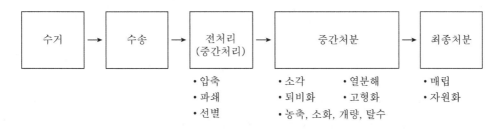

다음 중 폐기물의 중간처리가 아닌 것은?

① 압축

② 파쇄

③ 선별

④ 매립

➡ ④ 매립은 최종처분이다.

정답 ④

핵심요점 **2** **폐기물의 수거와 수송** ★★★★

1 폐기물의 수거단계

(1) 수거노선 결정 시 고려사항
① 높은 지역(언덕)에서부터 내려가면서 적재할 것(안전성, 연료비 절약)
② 시작 지점은 차고와 인접하고, 종료 지점은 처분지와 인접하도록 할 것
③ 가능한 간선도로에서 시작하고 종료할 것(지형지물, 도로경계 등과 같은 장벽 이용)
④ 수거노선은 가능한 시계방향으로 정할 것
⑤ 쓰레기 발생량이 적은 지점은 가능한 같은 날 정기적으로 수거할 것
⑥ 쓰레기 발생량이 많은 지점을 가장 먼저 수거할 것
⑦ 반복 운행 및 U자형 회전은 피할 것
⑧ 출퇴근 시간(교통량이 많은 시간)은 피할 것

(2) 적환장
① 정의
적환장(transfer station)이란 발생원에서 처리장까지의 거리가 먼 경우 중간 지점에 설치하여 쓰레기를 임시로 모아두는 곳이다.
② 적환장의 역할
㉠ 재사용 가능한 물질의 선별
㉡ 수거를 운반(수송)으로 연결
㉢ 폐기물 수거와 운반의 분리
㉣ 운반비용 절감
③ 적환장 설치가 필요한 경우
㉠ 작은 용량의 수집차량을 사용하는 경우($15m^3$ 이하)
㉡ 저밀도 거주지역이 존재하는 경우
㉢ 불법투기와 다량의 어질러진 쓰레기가 발생하는 경우
㉣ 슬러지 수송방식 또는 공기 수송방식을 사용하는 경우
㉤ 처분지가 수집장소로부터 멀리 떨어져 있는 경우
㉥ 상업지역에서 폐기물 수거에 소형 용기를 많이 사용하는 경우
㉦ 최종 처리장과 수거지역의 거리가 먼 경우(약 16km 이상)
④ 적환장 위치 결정 시 고려사항
㉠ 수거하고자 하는 폐기물 발생지역의 무게중심과 가까운 곳
㉡ 간선도로와 가까운 곳
㉢ 2차 보조 수송수단의 연결이 쉬운 곳
㉣ 주민의 반대가 적고, 주위 환경에 대한 영향이 최소인 곳
㉤ 설치 및 작업이 쉬운 곳(경제적인 곳)

─┤기출유형├─

1. 쓰레기 수거노선을 설정하는 데 유의하여야 할 사항으로 옳지 않은 것은?

① U자형 회전을 피해 수거한다.
② 될 수 있는 한 한번 간 길은 다시 가지 않는다.
③ 가능한 한 시계 반대방향으로 수거노선을 정한다.
④ 출발점은 차고지와 가깝게 하고 수거된 마지막 컨테이너는 처분장과 가깝도록 배치한다.

▣ ③ 가능한 한 시계방향으로 수거노선을 정한다.

2. 폐기물의 발생원에서 처리장까지의 거리가 먼 경우 중간 지점에 설치하여 운반비용을 절감시키는 역할을 하는 것은?

① 적환장   ② 소화조
③ 살포장   ④ 매립지

3. 폐기물이 발생되어 최종 처분되기까지 폐기물 관리에 관련되는 활동 중 작은 수거차량으로부터 큰 운반차량으로 폐기물을 옮겨 싣거나, 수거된 폐기물을 최종 처분장까지 장거리 수송하는 기능 요소는?

① 발생   ② 적환 및 운송
③ 처리 및 회수   ④ 최종 처분

▣ 적환장은 수거를 운반(수송)으로 연결하는 역할을 한다.

4. 폐기물의 수거를 용이하게 하기 위해 적환장의 설치가 필요한 이유로 가장 거리가 먼 것은?

① 작은 규모의 주택들이 밀집되어 있는 경우
② 폐기물 수집에 소형 컨테이너를 많이 사용하는 경우
③ 처분장이 수집장소에 바로 인접하여 있는 경우
④ 슬러지 수송이나 공기 수송방식을 사용하는 경우

▣ ③ 처분장이 수집장소에서 멀리 떨어져 있는 경우

5. 소형 차량으로 수거한 쓰레기를 대형 차량으로 옮겨 운반하기 위해 마련하는 적환장의 위치로 적합하지 않은 곳은?

① 주요 간선도로에 인접한 곳
② 수송 측면에서 가장 경제적인 곳
③ 공중위생 및 환경피해가 최소인 곳
④ 가능한 한 수거지역에서 멀리 떨어진 곳

▣ ④ 수거하고자 하는 폐기물 발생지역의 무게중심과 가까운 곳

정답 1. ③ 2. ① 3. ② 4. ③ 5. ④

(3) MHT(Man Hour per Ton ; 수거노동력)

① 정의 : 쓰레기 1톤을 수거하는 데 수거인부 1인이 소요하는 총시간으로, MHT가 적을수록 수거효율이 좋다.

② 단위 : man · hour/ton

③ 영향인자 : 운송거리, 쓰레기통 위치, 쓰레기통의 종류와 모양, 수거차의 능력과 형태 등

$$\text{MHT} = \frac{\text{1일 평균 수거인부(인)} \times \text{수거작업시간(hr/day)}}{\text{1일 수거량(t/day)}} = \frac{\text{총작업시간(인·hr)}}{\text{총수거량(t)}}$$

┌─ 기출유형 ─

1,792,500t/yr의 쓰레기를 2,725명의 인부가 수거하고 있다면 수거인부의 수거능력(MHT)은? (단, 수거인부의 1일 작업시간은 8시간, 1년 작업일수는 310일이다.)

① 2.16   ② 2.95

③ 3.24   ④ 3.77

➡ $\text{MHT} = \dfrac{\text{수거인부(인)} \times \text{수거작업시간(hr)}}{\text{쓰레기 수거량(t)}}$

$= \dfrac{2,725\text{인}}{} \left| \dfrac{8\text{hr}}{1\text{day}} \right| \dfrac{310\text{day}}{1\text{yr}} \left| \dfrac{1\text{yr}}{1,792,500\text{t}} \right. = 3.770$

정답 ④

2 폐기물의 수송단계

(1) 수송방법의 종류

① 모노레일(monorail) 수송

② 컨테이너(container) 수송

③ 컨베이어(conveyor) 수송

④ 관거(pipeline) 수송

(2) 관거 수송

① 관거 수송의 특징

㉠ 자동화 · 무공해화 · 안전화가 가능하다.

㉡ 미관 · 경관이 좋다.

㉢ 교통체증 유발이 없다.

㉣ 투입 및 수집이 용이하다.

㉤ 인건비가 절감된다.

㉥ 쓰레기의 발생밀도가 높은 인구밀집지역에서 현실성이 있다.

㉦ 대형 폐기물은 전처리공정(파쇄, 압축)이 필요하다.

　　　⊙ 설치 후 경로 변경이 어렵다.
　　　ⓩ 설치비용이 높다.
　　　ⓩ 투입된 폐기물의 회수가 곤란하다.
　　　ㅋ 장거리 이송에 한계가 있다(2.5km 이내).
　　② 관거 수송의 종류
　　　㉠ 공기 수송 : 공기 속도압으로 쓰레기를 수송하는 방식
　　　㉡ 반죽(슬러리) 수송 : 쓰레기를 파쇄하여 현탁물(슬러리) 형태로 하수도에 흘려
　　　　보내는 방식
　　　㉢ 캡슐 수송 : 쓰레기를 캡슐에 넣어 수송관으로 수송하는 방식

(3) 운반차량 대수

$$운반차량\ 대수 = \frac{쓰레기\ 발생량}{트럭\ 1대당\ 적재용량}$$

─(기출유형)─

1. 쓰레기를 수송하는 방법 중 자동화 · 무공해화가 가능하고 눈에 띄지 않는다는 장점을 가지고 있으며 공기 수송, 반죽(슬러리) 수송, 캡슐 수송 등의 방법으로 쓰레기를 수거하는 방법은?

① 모노레일 수거　　　　　　　　② 관거 수거
③ 컨베이어 수거　　　　　　　　④ 컨테이너 철도 수거

➡ 관거 수송의 종류 : 공기 수송, 반죽(슬러리) 수송, 캡슐 수송

2. 관거(pipeline)를 이용한 폐기물 수거방법에 관한 설명으로 가장 거리가 먼 것은?

① 폐기물 발생빈도가 높은 곳이 경제적이다.
② 가설 후에 경로 변경이 곤란하다.
③ 25km 이상의 장거리 수송에 현실성이 있다.
④ 큰 폐기물은 파쇄, 압축 등의 전처리를 해야 한다.

➡ ③ 2.5km 이내의 수송에 현실성이 있다.

3. 인구 100,000명이 거주하고 있는 도시에 1인 1일당 쓰레기 발생량이 평균 1kg이다. 적재용량이 4.5톤인 트럭을 이용하여 하루에 수거를 마치려면 최소 몇 대가 필요한가?

① 12대　　　　　　　　　　　② 20대
③ 23대　　　　　　　　　　　④ 32대

➡ 운반차량 대수 = $\dfrac{쓰레기\ 발생량}{트럭\ 1대당\ 적재용량}$

$$= \frac{1kg}{인 \cdot 일} \left| \frac{100,000인}{} \right| \frac{1t}{1,000kg} \left| \frac{대 \cdot 일}{4.5t} \right.$$

$$= 22.22대 ≒ 23대$$

정답 1.② 2.③ 3.③

핵심요점 ③ **폐기물의 전처리(중간처리)** ★★★★★

1 압축 공정

(1) 압축의 목적

① 감량화(부피 감소)

② 운반비 절감

③ 겉보기비중 증가

④ 매립지 소요면적 감소

⑤ 매립지 수명 연장

정리

- 폐기물의 전처리 방법 : 압축, 파쇄, 선별
- 폐기물의 전처리 목적 : 감량화

─ 기출유형 ─

폐기물의 중간처리기술로서의 압축의 목적이 아닌 것은?

① 부피 감소   ② 소각의 용이

③ 운반비의 감소   ④ 매립지의 수명 연장

➡ '소각, 열분해, 퇴비화 등의 용이'는 파쇄의 목적이다.

정답 ②

(2) 압축기의 종류

① 고정식(수평식, 수직식) 압축기

② 백 압축기

③ 수직 또는 소용돌이식 압축기

④ 회전식 압축기

(3) 압축기의 부피감소지표

① 압축비(CR ; Compaction Ratio)

$$CR = \frac{V_{전}}{V_{후}} = \frac{\rho_{후}}{\rho_{전}}$$

여기서, $V_{전}$: 압축 전 부피, $V_{후}$: 압축 후 부피

$\rho_{전}$: 압축 전 밀도, $\rho_{후}$: 압축 후 밀도

② 부피감소율(VR ; Volume Reduction)

$$VR = \frac{V_{전} - V_{후}}{V_{전}} = 1 - \frac{1}{CR}$$

1. 밀도가 0.4t/m³인 쓰레기를 매립하기 위해 밀도 0.85t/m³으로 압축하였다. 압축비는?

① 0.6 ② 1.8
③ 2.1 ④ 3.3

➡ $CR = \dfrac{\rho_후}{\rho_전} = \dfrac{0.85}{0.4} = 2.125$

2. 폐기물을 압축시켰을 때 부피감소율이 75%이었다면, 압축비는?

① 1.5 ② 2.0
③ 2.5 ④ 4.0

➡ $VR = 1 - \dfrac{1}{CR}$

$\therefore CR = \dfrac{1}{1-VR} = \dfrac{1}{1-0.75} = 4$

정답 1. ③ 2. ④

2 파쇄 공정

파쇄란 폐기물을 원래 형태보다 작고 균일한 형태로 만드는 공정이다.

(1) 파쇄의 목적
① 겉보기비중의 증가
② 입경분포의 균일화(저장ㆍ압축ㆍ소각 용이)
③ 용적(부피) 감소
④ 운반비 감소, 매립지 수명 연장
⑤ 분리 및 선별 용이, 특정 성분의 분리
⑥ 비표면적의 증가
⑦ 소각, 열분해, 퇴비화 처리 시 처리효율의 향상
⑧ 조대폐기물에 의한 소각로의 손상 방지
⑨ 고체물질 간의 균일혼합 효과
⑩ 매립 후 부등침하 방지

(2) 파쇄의 원리
① 압축력
② 전단력
③ 충격력

기출유형

1. 폐기물 처리에서 파쇄(shredding)의 목적과 거리가 먼 것은?

① 부식효과 억제

② 겉보기비중의 증가

③ 특정 성분의 분리

④ 고체물질 간의 균일혼합 효과

➡ ① 파쇄로 입자의 직경이 작아지면 비표면적이 증가해 반응속도가 증가하고, 부식(반응)이 촉진된다.

2. 다음 중 효율적인 파쇄를 위해 파쇄대상물에 작용하는 3가지 힘에 해당되지 않는 것은?

① 충격력　　　　　　　　　　② 정전력

③ 전단력　　　　　　　　　　④ 압축력

정답 1. ①　2. ②

(3) 파쇄기의 분류

구 분	전단 파쇄기	충격 파쇄기	압축 파쇄기
정의	고정날과 가동날의 교차에 의해 폐기물을 파쇄하는 장치	해머의 회전운동으로 인해 발생하는 충격력으로 폐기물을 파쇄하는 장치	기계의 압착력을 이용하여 폐기물을 파쇄하는 장치
대상 폐기물	목재류, 플라스틱류, 종이류, 폐타이어	유리, 목질류, 가전제품, 가구	나무, 플라스틱류, 콘크리트, 건축 폐기물(대형 폐기물)
장점	• 파쇄물의 크기(입도)가 고름 • 분진 발생이 적음 • 폭발 위험이 거의 없음	• 파쇄속도가 빠름 • 대형 폐기물 파쇄에 용이함 • 이물질 혼입에 강함	• 파쇄기의 마모가 적음 • 가장 간단하고 튼튼함 • 운전비용이 저렴함
단점	• 파쇄속도가 느림 • 이물질 혼입에 약함 • 처리용량이 작음	• 해머(hammer)나 임펠러(impeller)의 마모가 심함 • 소음 및 분진 발생량이 많음 • 폭발 위험이 있음 • 금속, 고무, 연질 플라스틱류의 파쇄가 어려움	금속, 고무, 연질 플라스틱류의 파쇄는 어려움
이용	소각로 전처리	도시폐기물 파쇄	큰 덩어리의 폐기물 파쇄
종류	왕복식, 회전식	주로 회전식	Rotary mill식, Impact crusher식, 터보 그라인더식

(4) 파쇄의 문제점

① 2차 공해 발생(소음·진동, 먼지)

② 부식 촉진

③ 폭발

④ 매립지에서 고농도 침출수가 유출될 수 있음

─(기출유형)─

폐기물의 파쇄작업 시 발생하는 문제점과 가장 거리가 먼 것은?

① 먼지 발생   ② 폐수 발생

③ 폭발 발생   ④ 소음·진동 발생

➡ 파쇄로 폐수는 발생하지 않는다.

정답 ②

---

3 선별 공정

(1) 선별의 목적

선별이란 재활용이 가능한 성분을 분리(자원회수)하는 공정이다.

─(기출유형)─

다음 중 폐기물의 선별 목적으로 가장 적합한 것은?

① 폐기물의 부피 감소   ② 폐기물의 밀도 증가

③ 폐기물 저장면적의 감소   ④ 재활용 가능한 성분의 분리

➡ 선별의 목적 : 재활용 가능한 성분의 분리

정답 ④

---

(2) 선별방법

① 손 선별

   ㉠ 컨베이어벨트를 이용하여 손으로 분류하는 방법이다.

   ㉡ 주요 품목은 종이류, 플라스틱류, 금속류, 유리류이다.

   ㉢ 폭발 가능 물질의 분류가 가능하다.

   ㉣ 기계적인 선별보다 작업량이 떨어진다.

   ㉤ 먼지, 악취 등에 노출될 수 있다.

② 스크린 선별(screening)

   ㉠ 다양한 크기를 가진 혼합 폐기물을 크기에 따라 자동으로 분류할 수 있다.

   ㉡ 주로 큰 폐기물로부터 후속처리장치를 보호하기 위해 많이 사용되는 선별방법이다.

   ㉢ 스크린의 종류 : 회전스크린, 트롬멜스크린, 진동스크린 등

③ 자석 선별

㉠ 대형 자석을 이용하여 폐기물로부터 철 및 금속류를 선별하여 회수한다.

㉡ 별다른 동력이 소요되지 않으나 주입되는 폐기물의 양이 적어야 한다.

④ 와전류 분리법

와전류 현상에 의하여 생긴 반발력의 차를 이용하여 다른 물질로부터 비철금속(구리, 알루미늄, 아연, 니켈 등)을 선별·회수한다.

⑤ 광학 선별법(optical sorting)

㉠ 물질이 가진 광학적 특성의 차를 이용하여 비철금속을 분리한다.

㉡ 투명과 불투명한 폐기물의 선별에 사용하는 방법이다.

예 색유리와 일반유리의 분리, 돌·코르크·유리의 선별

⑥ 테이블(table) 선별법

㉠ 각 물질의 비중차를 이용하여 비철금속을 분리한다.

㉡ 좌우로 빠른 진동과 느린 진동을 주면 가벼운 입자는 빠른 진동 쪽으로, 무거운 입자는 느린 진동 쪽으로 분류된다.

⑦ 공기 선별법(air classifier)

㉠ 무게를 이용한 분리(밀도차 선별)방법이다.

㉡ 공기 중 각 구성물질의 낙하속도 및 공기저항의 차에 따라 폐기물을 분별한다.

㉢ 종이나 플라스틱과 같은 가벼운 물질과 유리, 금속 등의 무거운 물질을 분리하는 데 효과적이다.

⑧ 공기 선별(air separation)

공기 선별 시 투입되는 폐기물 입자에 작용하는 힘은 중력, 부력, 항력이다.

예 광물에서 종이 선별

⑨ 수중체(jigs) 선별법

㉠ 각 물질의 비중차를 이용하여 분리하는 방법이다.

㉡ 물에 잠긴 스크린 위에 분류하려는 폐기물을 넣고 수위를 변화시켜 무거운 물질과 가벼운 물질을 분류하는 방법이다.

㉢ 습식 선별 또는 사금 선별이라 불린다.

⑩ 정전기적 선별기

폐기물에 전하를 부여하고 전하량의 차이에 따른 전기력으로 선별하는 방법이다.

예 플라스틱에서 종이 분리

⑪ 관성 선별

㉠ 분쇄된 폐기물을 중력이나 탄도학을 이용하여 분리하는 방법이다.

㉡ 가벼운 것(유기물)과 무거운 것(무기물)으로 분리한다.

⑫ 진동 스크린(골재 분리)

㉠ 폐기물의 입경 차를 이용한 스크린 선별방법이다.

㉡ 다양한 크기의 혼합 폐기물을 선별할 수 있다.

⑬ 부상 선별

공기의 부상력을 이용한 선별방법이다.

(3) 선별이론

① Worrell 공식

$$E = \frac{x_1}{x_0} \cdot \frac{y_2}{y_0}$$

② Rietema 공식

$$E = \frac{x_1}{x_0} - \frac{y_1}{y_0}$$

여기서, x_1 : 회수된 회수대상물질량, x_2 : 제거된 회수대상물질량

x_0 : 총회수대상물질량($x_0 = x_1 + x_2$)

y_1 : 회수된 제거대상물질량, y_2 : 제거된 제거대상물질량

y_0 : 총제거대상물질량($y_0 = y_1 + y_2$)

(기출유형)

1. 다양한 크기를 가진 혼합 폐기물을 크기에 따라 자동으로 분류할 수 있으며, 주로 큰 폐기물로부터 후속처리장치를 보호하기 위해 많이 사용되는 선별방법은?

① 손 선별　　　　　　　　　　　② 스크린 선별
③ 공기 선별　　　　　　　　　　④ 자석 선별

2. 다음 폐기물 선별방법 중 특징적으로 자장이나 전기장을 이용하는 것은?

① 중력 선별　　　　　　　　　　② 관성 선별
③ 스크린 선별　　　　　　　　　④ 와전류 선별

➡ 선별방법별 원리
• 중력 선별 : 폐기물의 무게(밀도) 차
• 관성 선별 : 폐기물의 무게(밀도) 차
• 스크린 선별 : 폐기물의 입경 차
• 와전류 선별 : 와전류 현상

3. 투입량이 1t/hr이고, 회수량이 600kg/hr(이 중 회수대상물질이 550kg/hr)이며, 제거량은 400kg/hr(이 중 회수대상물질은 70kg/hr)일 때, 회수율을 Rietema 식에 의해 구하면?

① 45%　　　　　　　　　　　　② 66%
③ 76%　　　　　　　　　　　　④ 87%

➡

회수량	600kg/hr	x_1	550kg/hr	y_1	50kg/hr
제거량	400kg/hr	x_2	70kg/hr	y_2	330kg/hr
투입량	1,000kg/hr	x_0	620kg/hr	y_0	380kg/hr

$x_0 = x_1 + x_2 = 550 + 70 = 620$

$y_0 = y_1 + y_2 = 50 + 330 = 380$

$E = \dfrac{x_1}{x_0} - \dfrac{y_1}{y_0} = \dfrac{550}{620} - \dfrac{50}{380} = 0.7555 = 75.55\%$

정답 1. ②　2. ④　3. ③

핵심요점 ④ 폐기물의 중간처분 (1) – 소각과 열분해 ★★★★★

1 소각

폐기물의 종류에 따라 적절한 소각로에서 소각이
이루어지며, 종류별 특징은 다음과 같다.

정리 소각로의 종류
- 고정상 소각로
- 화격자 소각로
- 유동층 소각로
- 다단로
- 회전로
- 열분해 용융 소각로
- 액체 분무주입형 소각로

(1) 고정상 소각로(fixed bed incinerator)

소각로 내의 화상 위에서 소각물을 태우는 방식이다.

장 점	단 점
화격자로는 적재가 불가능한 슬러지(오니), 입자상 물질, 열을 받아 용융해서 착화·연소하는 물질(플라스틱)의 연소에 적합	• 체류시간이 긺 • 교반력이 약해 국부가열 발생 가능 • 연소효율이 나쁨 • 잔사용량이 많이 발생함 • 초기 가온(열을 가함) 시 또는 저열량 폐기물에는 보조연료가 필요함

(2) 화격자 소각로(stoker, grate)

소각로 내에 고정화격자 또는 이동화격자를 설치하여 이 화격자 위에 소각하고자 하는 소각물을 올려놓고 아래에서 공기를 주입해 연소시키는 방식

장 점	단 점
• 쓰레기를 대량으로 간편하게 소각 처리하는 데 적합 • 연속적 소각 배출이 가능 • 수분이 많거나 발열량이 낮은 폐기물 가능 • 용량부하가 큼 • 자동운전 가능 • 유동층보다 비산먼지량이 적고, 수명이 긺 • 전처리시설이 필요 없음	• 열에 쉽게 용해되는 물질(플라스틱)의 소각에는 부적합(화격자 막힘 우려) • 소각시간이 긺 • 배기가스량이 많음 • 교반력이 약해 국부가열 발생 • 고온에서 기계적 가동에 의해 금속부의 마모 및 손실이 심함 • 소각로의 가동 및 정지조작이 불편함

기출유형

화격자 연소기의 특징으로 거리가 먼 것은?

① 연속적인 소각과 배출이 가능하다.
② 체류시간이 짧고 교반력이 강하여 수분이 많은 폐기물의 연소에 효과적이다.
③ 고온 중에서 기계적으로 구동하므로 금속부의 마모손실이 심한 편이다.
④ 플라스틱과 같이 열에 쉽게 용해되는 물질에 의해 화격자가 막힐 염려가 있다.

➡ ② 체류시간이 길고 교반력이 약하여 수분이 많은 폐기물의 연소에 효과적이다.

정답 ②

---

(3) 유동층 소각로(fluidized bed incinerator)

하부에서 뜨거운 가스를 주입하여 유동매체(모래)를 유동시켜 가열하고, 상부에서 폐기물을 주입하여 소각하는 방식이다.

장 점	단 점
• 유동매체의 열용량이 큼 • 액상 · 기상 · 고형 폐기물의 균일한 연소 가능 • 반응시간이 빨라 소각시간이 짧음 • 연소효율이 높아 미연소분이 적고, 2차 연소실이 불필요함 • 연소온도가 낮고, 과잉 공기량이 적음 • 보조연료 사용량, 배기가스량, NOx 배출량이 적음 • 기계적 구동 부분이 적어 고장률이 낮으므로, 유지관리가 쉬움	• 전처리 필요(파쇄 등) • 유동매체의 용융을 막기 위해 연소온도는 816℃를 초과할 수 없음 • 유동매체의 손실로 인한 보충이 필요 • 비산 또는 분진의 발생량 많음 • 운전비 및 동력비가 높음

참고 **유동매체(유동상 매질)의 구비조건**
• 불활성일 것
• 내열성이고, 녹는점(융점)이 높을 것
• 충격에 강할 것
• 내마모성일 것
• 비중이 작을 것
• 안정된 공급으로 구하기 쉬울 것
• 가격이 저렴할 것
• 균일한 입도 분포를 가질 것

(4) 다단로(multiple hearth)

상부로 공급된 소각물을 여러 단으로 분할된 수평 고정상 노에서 회전축으로 교반하여 하부로 이동시키고, 최종적으로 재가 배출될 때까지 다음 단으로 연속적으로 이동하는 형식의 소각로이다.

장 점	단 점
• 휘발성이 낮은 폐기물, 수분 함량이 높은 폐기물도 연소 가능 • 물리 · 화학적 성분이 다른 각종 폐기물의 처리 가능 • 국소연소가 줄어듦 • 연소효율이 좋음 • 다양한 보조연료 사용 가능	• 체류시간이 긺 • 온도반응이 느림 • 보조연료 사용 조절이 어려움 • 분진이 발생함 • 유지비가 높음 • 2차 연소실이 필요함 • 불규칙적인 대형 폐기물, 용융성 재 포함 폐기물, 높은 분해온도를 요하는 폐기물의 처리에는 부적합

(5) 회전로(rotary kiln, 회전식 소각로)

경사진 구조의 원통형 소각로가 회전함에 따라 폐기물이 교반·건조·이동되면서 연소하는 형식의 소각로이다.

장 점	단 점
• 넓은 범위의 액상 및 고상 폐기물 소각 가능 • 경사진 구조로, 용융상태의 물질에 의하여 방해받지 않음 • 드럼이나 대형 용기의 전처리 없이, 폐기물을 그대로 주입 가능 • 폐기물 소각에 방해 없이, 재의 연속적 배출 가능 • 공급장치의 설계에 유연성을 가짐	• 처리량이 적을 경우 설치비가 큼 • 열효율이 낮음 • 완전연소 시 소요공기량이 큼 • 먼지가 많이 발생함 • 구 형태의 폐기물은 완전연소가 끝나기 전에 굴러떨어질 수 있음

(6) 열분해 용융 소각로

폐기물을 산소가 부족한 상태로 가열하여 에너지원을 생성하고, 연소 잔재물을 고온에서 용융시켜, 다이옥신과 같은 유해물질을 파괴하는 방식이다.

(7) 액체 분무주입형 소각로(liquid injection incinerator)

액상 폐기물을 노즐 버너로 미립화하여, 고온의 노내로 분사시켜 소각하는 방식이다.

┌ 기출유형 ┐

다음 중 소각로의 형식이라 볼 수 없는 것은?

① 펌프식 ② 화격자식

③ 유동상식 ④ 회전로식

정답 ①

---

2 열분해

(1) 정의

열분해(pyrolysis)란 공기가 부족한 상태에서 가연성 폐기물을 간접 가열·연소시켜 기체, 액체 및 고체 상태의 연료를 생산하는 공정이다.

(2) 특징

① 무산소 분위기이다.

② Cr^{3+}이 Cr^{6+}으로 변화하기 어렵다.

③ NOx 및 배기가스 발생량이 적다.

④ 공기공급장치의 소형화 및 감량화가 가능하다.

⑤ 유지관리비가 높다.

⑥ 회분(ash) 중에 황, 중금속의 고정비율이 높다.

⑦ 소각 처리가 곤란한 물질도 처리가 가능하다(폐플라스틱, 폐타이어, 오니류 등).

⑧ 생성물의 질과 양의 안정적 확보가 어렵다.

정리 소각과 열분해의 특징 비교

구 분	소 각	열분해
공기 공급	충분한 산소 공급(산화성 분위기)	무산소 · 저산소(환원성 분위기)
반응	발열반응	흡열반응
에너지 회수	폐열(열에너지) 회수	연료 에너지 회수
발생물질	기체상태의 물질만 생성됨	고체 · 액체 · 기체 상태의 물질이 생성됨(메탄올, 아세톤, 타르 등)
온도	1,100℃	• 저온 열분해온도 : 500~900℃ • 고온 열분해온도 : 1,100~1,500℃

─(기출유형)─

1. 폐기물의 열분해에 관한 설명으로 옳지 않은 것은?

① 공기가 부족한 상태에서 폐기물을 연소시켜 기체, 액체 및 고체 상태의 연료를 생산하는 공정을 열분해방법이라 부른다.

② 열분해에 의해 생성되는 액체 물질은 식초산, 아세톤, 메탄올, 오일 등이다.

③ 열분해방법 중 저온법에서는 Tar, Char 및 액체 상태의 연료가 보다 많이 생성된다.

④ 저온열분해는 1,100~1,500℃에서 이루어진다.

➡ • 저온 열분해온도 : 500~900℃
　 • 고온 열분해온도 : 1,100~1,500℃

2. 폐기물 중의 열량을 재활용하기 위한 방법 중 소각과 열분해의 공정상 차이점으로 가장 적절한 것은?

① 공기의 공급 여부

② 처리온도의 높고 낮음

③ 폐기물의 유해성 존재 여부

④ 폐기물 중의 탄소성분 여부

➡ 열분해는 무산소 및 저산소 분위기에서, 소각은 산소(공기)가 충분한 상태에서 발생한다.

정답 1. ④ 2. ①

3 열교환기

열교환기는 폐열을 회수 및 이용하는 설비이다.

– 열교환기의 종류

① 과열기 : 보일러에서 발생하는 포화증기에 포함된 수분을 제거하여 과열도가 높은 증기를 얻도록 하는 장치
② 재열기 : 과열기와 같은 구조로, 과열기 중간 또는 뒤쪽에 설치하는 장치
③ 절탄기 : 연도로 배출되는 배기가스 중의 폐열을 이용하여 보일러의 급수를 예열함으로써 열효율을 높이는 설비
④ 공기예열기 : 연도가스의 여열을 이용하여 연소용 공기를 예열하여 보일러의 효율을 높이는 장치
⑤ 증기터빈 : 증기가 갖는 열에너지를 회전운동으로 전환시키는 장치

4 각종 연소 장애와 그 대책

(1) 저온 부식

① 원인 : 150℃ 이하로 온도가 낮아지면, 수증기가 응축되어 이슬(물)이 되면서 주변의 산성 가스(SO_x, NO_x, HCl 등)와 만나 산성염(황산, 염산, 질산 등)이 발생한다.
② 방지대책
　㉠ 연소가스 온도를 산노점(이슬점) 이상으로 유지한다.
　㉡ 과잉 공기를 줄여서 연소한다.
　㉢ 예열 공기를 사용하여 에어퍼지를 한다.
　㉣ 보온 시공을 한다.
　㉤ 연료를 전처리하여 황분을 제거한다.
　㉥ 내산성이 있는 금속재료를 선정한다.
　㉦ 장치 표면을 내식재료로 피복한다.

(2) 연소공정에서 과잉 공기량의 공급이 많을 경우 발생하는 연소 장애

① 연소실의 온도가 낮아진다.
② 배출가스에 의한 열손실이 증대되고, 열효율이 감소한다.
③ 저온 부식이 발생한다.

─ 기출유형 ─

1. 연도로 배출되는 배기가스 중의 폐열을 이용하여 보일러의 급수를 예열함으로써 열효율 증가에 기여하는 설비는?

① 공기예열기　　　② 절탄기　　　③ 재열기　　　④ 과열기

2. 연소가스 성분 중에서 저온 부식을 유발시키는 물질은?

① CO_2　　　② H_2O　　　③ CH_4　　　④ SO_x

➡ 저온 부식의 원인물질 : SO_x, NO_x, HCl 등의 산성 가스

정답 1. ②　2. ④

---

5 연소실의 열발생률(열부하)

(1) 열발생률

연소실의 단위용적당 발생하는 열량을 열발생률이라 한다.

$$Q_v = \frac{G_f H_l}{V}$$

여기서, Q_v : 열발생률(kcal/m^3 · hr)

G_f : 폐기물 소비량(kg/hr)

H_l : 저위발열량(kcal/kg)

V : 연소실 부피(m^3)

─ 기출유형 ─

가로 1.2m, 세로 2m, 높이 12m의 연소실에서 저위발열량이 12,000kcal/kg인 중유를 1시간에 10kg씩 연소시킨다면 연소실의 열발생률은 얼마인가?

① 2,888kcal/m^3 · hr

② 3,742kcal/m^3 · hr

③ 4,167kcal/m^3 · hr

④ 5,644kcal/m^3 · hr

➡ $Q_v = \dfrac{G_f H_l}{V}$

$= \dfrac{10\text{kg}}{\text{hr}} \left| \dfrac{12,000\text{kcal}}{\text{kg}} \right| \dfrac{}{1.2\text{m} \times 2\text{m} \times 12\text{m}} = 4,166.66\text{kcal/m}^3 \cdot \text{hr}$

정답 ③

(2) 화격자의 면적

$$\text{화격자의 면적} = \frac{\text{소각할 쓰레기의 양}}{\text{쓰레기의 소각능력}}$$

─ 기출유형 ─

화격자 소각로의 소각능력이 220kg/m^2 · hr이고, 80,000kg의 폐기물을 1일 8시간 소각한다면, 이때 화격자의 면적은?

① 41.6m^2

② 45.5m^2

③ 49.7m^2

④ 54.6m^2

➡ 화격자의 면적 $= \dfrac{\text{소각할 쓰레기의 양}}{\text{쓰레기의 소각능력}}$

$= \dfrac{80,000\text{kg}}{\text{day}} \left| \dfrac{\text{m}^2 \cdot \text{hr}}{220\text{kg}} \right| \dfrac{\text{day}}{8\text{hr}} = 45.45\text{m}^2$

정답 ②

폐기물의 중간처분 (2) – 안정화 및 고형화 ★

1 폐기물 안정화 및 고형화의 목적

① 폐기물 취급 및 물리적 특성 향상
② 오염물질이 이동되는 표면적 감소
③ 폐기물 내에 있는 오염물질의 용존성 및 용해성 감소
④ 오염물질의 독성 감소

─ 기출유형 ─

폐기물을 안정화 및 고형화시킬 때의 폐기물의 전환특성으로 거리가 먼 것은?

① 오염물질의 독성 증가
② 폐기물 취급 및 물리적 특성 향상
③ 오염물질이 이동되는 표면적 감소
④ 폐기물 내에 있는 오염물질의 용해성 제한

➡ ① 오염물질의 독성 감소

정답 ①

2 용매추출법과 증기탈기법

(1) 용매추출법

액상 폐기물 중 특정 물질을 용매를 사용하여 추출하는 방법

참고 용매추출법의 용매 선택기준
• 분배계수가 높아 선택성이 클 것
• 물에 대한 용해도가 낮을 것
• 끓는점이 낮아 회수성이 높을 것
• 밀도가 물과 다를 것
• 무극성일 것

(2) 증기탈기법

① 휘발성 물질을 함유하는 유해 액상 폐기물을 수증기와 접촉시켜 휘발성분을 기화시킨 후 분리하는 공정
② 특히 휘발성 물질이 고농도로 농축된 액상 폐기물의 처리에 가장 적합한 방법

3 고형화

폐기물에 첨가제를 혼합시켜 고체로 만들어, 고체 구조 내에 독성 폐기물을 고정시키는 방법

(1) 고형화 공법의 종류

① 시멘트기초법

② 석회기초법

③ 열가소성 플라스틱법

④ 유기중합체법(열중합체법)

⑤ 자가시멘트법

⑥ 피막형성법(캡슐화법)

⑦ 유리화법

─ 기출유형 ─

폐기물의 고형화 처리방법으로 가장 거리가 먼 것은?

① 활성슬러지법　　　　　　　　② 석회기초법

③ 유리화법　　　　　　　　　　④ 피막형성법

➡ ① 활성슬러지법은 생물학적 처리공법이다.

정답 ①

(2) 고형화 관련 공식

① 부피변화율(VCR, VCF)

$$VCR = \frac{\text{고형화 처리 후 폐기물의 부피}}{\text{고형화 처리 전 폐기물의 부피}} = \frac{\rho_\text{전}}{\rho_\text{후}}(1 + MR)$$

여기서, $\rho_\text{전}$: 고형화 전 폐기물의 밀도, $\rho_\text{후}$: 고형화 후 폐기물의 밀도

MR : 혼합률

② 혼합률(MR)

$$MR = \frac{\text{첨가제의 질량}}{\text{폐기물의 질량}}$$

─ 기출유형 ─

밀도가 1g/cm^{3}인 폐기물 10kg에 고형화 재료 2kg을 첨가하여 고형화시켰더니 밀도가 1.2g/cm^{3}로 증가했다. 이 경우 부피변화율은?

① 0.7　　　　　　　　　　　　② 0.8

③ 0.9　　　　　　　　　　　　④ 1.0

➡ 1) $MR = \dfrac{\text{첨가제의 질량}}{\text{폐기물의 질량}} = \dfrac{2\text{kg}}{10\text{kg}} = 0.2$

2) $VCR = \dfrac{\rho_\text{전}}{\rho_\text{후}}(1 + MR) = \dfrac{1}{1.2} \times (1 + 0.2) = 1$

정답 ④

핵심요점 ⑥ 폐기물의 중간처분 (3) – 슬러지 처리 ★★★★

1 슬러지 처리의 계통도 　(TIP) 폐기물의 슬러지 처리는 수질의 슬러지 처리와 내용이 중복된다.

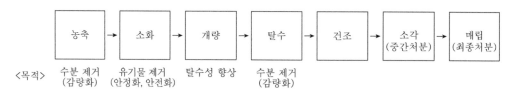

| 농축 | → | 소화 | → | 개량 | → | 탈수 | → | 건조 | → | 소각
(중간처분) | → | 매립
(최종처분) |

〈목적〉　수분 제거　　유기물 제거　탈수성 향상　수분 제거
　　　　(감량화)　(안정화, 안전화)　　　　　(감량화)

2 슬러지 농축

– 슬러지 농축의 목적(장점)

① 수분 제거

② 슬러지의 부피 감량

③ 고형물의 함량 증가

④ 소화조의 소요용적 절감

⑤ 슬러지 개량에 소요되는 약품비용 절감

⑥ 탈수기의 부하량 경감 및 후속처리의 시설비 · 운전비 절감

⑦ 최종 슬러지의 처분비용 절감

⑧ 미생물의 양분이 되는 유기물의 농도 증대

⑨ 소화효율 증가(각종 미생물의 유출 감소)

─ 기출유형 ─

1. 다음 중 일반적인 슬러지 처리 계통도로 가장 적합한 것은?

① 슬러지 → 농축 → 개량 → 탈수 → 소각 → 매립

② 슬러지 → 소화 → 탈수 → 개량 → 농축 → 매립

③ 슬러지 → 탈수 → 건조 → 개량 → 소각 → 매립

④ 슬러지 → 개량 → 탈수 → 농축 → 소각 → 매립

2. 슬러지를 농축시킴으로써 얻는 이점으로 가장 거리가 먼 것은?

① 소화조 내에서 미생물과 양분이 잘 접촉할 수 있으므로 효율이 증대된다.

② 슬러지 개량에 소요되는 약품이 적게 든다.

③ 후속처리시설인 소화조 부피를 감소시킬 수 있다.

④ 난분해성 중금속의 완전 제거가 용이하다.

▣ ④ 농축은 수분을 제거하는 과정이므로, 농축으로 난분해성 중금속이 제거되지 않는다.

정답 1.① 2.④

3 슬러지 개량

(1) 슬러지 개량의 목적
슬러지의 탈수성 향상

(2) 슬러지 개량의 방법
① 열처리
② 세정
③ 화학적 약품 처리
④ 생물학적 처리
⑤ 전기적 처리
⑥ 동결

(3) 슬러지 개량제
① 물리적 개량제 : 비산재(fly ash), 규조, 점토, 석탄가루, 종이펄프, 톱밥 등
② 화학적 개량제 : 황산알루미늄(명반), 철염, 고분자 응집제

─(기출유형)─

1. 다음 중 슬러지 개량(conditioning)의 주목적은?
① 악취 제거
② 슬러지의 무해화
③ 탈수성 향상
④ 부패 방지

2. 다음 슬러지 처리공정 중 개량단계에 해당되는 것은?
① 소각
② 소화
③ 탈수
④ 세정

3. 슬러지의 탈수성을 개량하기 위한 약품으로 적절하지 않은 것은?
① 명반
② 철염
③ 염소
④ 고분자 응집제

➡ 화학적 개량제로는 응집제(알루미늄염, 철염, 고분자 응집제 등)가 사용된다.
염소는 산화제(살균제)로 사용된다.
정답 1. ③ 2. ④ 3. ③

4 슬러지 탈수

(1) 탈수공법

① 슬러지 건조상법

② 진공여과법(vacuum filtration)

③ 가압여과법(pressure filtration)

④ 벨트 압축여과(belt press filter)

⑤ 원심분리법(centrifuge separation)

> **참고** **여과비저항**
> 슬러지의 탈수 특성을 나타내는 인자

(2) 슬러지 내 수분의 형태

수분의 형태	특징
간극수 (cavernous water)	• 슬러지 내에의 고형물을 둘러싸고 있는 수분 • 큰 고형물 입자 간극에 존재 • 슬러지 내에 존재하는 물의 형태 중 가장 많은 양 • 고형물질과 직접 결합해 있지 않기 때문에 농축 등의 방법으로 용이하게 분리 가능
모관결합수	미세한 슬러지 고형물질의 아주 작은 입자 사이에 존재하는 수분
부착수	미세 슬러지 입자 표면에 부착되어 있는 수분
내부수	세포액으로 구성된 세포 내부 수분

> **참고** 탈수성이 용이한 수분의 형태(탈수 용이 < ⋯ < 탈수 어려움)
> 간극수 < 모관결합수 < 부착수 < 내부수

─ (기출유형)

1. 슬러지 내의 수분을 제거하기 위한 탈수 및 건조 방법에 해당하지 않는 것은?

① 산화지법   ② 슬러지 건조상법

③ 원심분리법   ④ 벨트프레스법

➡ ① 산화지법 : 조류와 박테리아의 공생관계를 이용한 호기성 처리법

2. 슬러지 내의 수분 중 일반적으로 가장 많은 양을 차지하며 고형물질과 직접 결합해 있지 않기 때문에 농축 등의 방법으로 용이하게 분리할 수 있는 수분은?

① 간극수   ② 모관결합수

③ 부착수   ④ 내부수

➡ ② 모관결합수 : 미세한 슬러지 고형물질의 아주 작은 입자 사이에 존재하는 수분
　　③ 부착수 : 미세 슬러지 입자 표면에 부착되어 있는 수분
　　④ 내부수 : 세포액으로 구성된 세포 내부 수분

정답 1.① 2.①

5 슬러지 관련 공식

(1) 슬러지의 성분

정리 • 슬러지(SL)＝고형물(TS)＋수분(W)
• 고형물(TS)＝유기물(VS)＋무기물(FS)

$$SL = TS + W$$

여기서, SL : 슬러지(100%), TS : 슬러지 중 고형물 비율(%), W : 함수율(%)

$$TS = VS + FS$$

여기서, TS : 고형물(100%)

VS : 고형물 중 유기물(휘발분) 비율(%), FS : 고형물 중 무기물(회분) 비율(%)

(2) 슬러지 농축(건조, 탈수) 후 슬러지의 양

$$V_1(1 - W_1) = V_2(1 - W_2)$$

여기서, V_1 : 농축 전 슬러지의 양, V_2 : 농축 후 슬러지의 양

W_1 : 농축 전 슬러지의 함수율, W_2 : 농축 후 슬러지의 함수율

─ 기출유형 ─

1. 쓰레기를 건조시켜 함수율을 40%에서 20%로 감소시켰다. 건조 전 쓰레기의 중량이 1톤이었다면 건조 후 쓰레기의 중량은? (단, 쓰레기의 비중은 1.0으로 가정한다.)

① 250kg ② 500kg ③ 750kg ④ 1,000kg

➡ $V_1(1 - W_1) = V_2(1 - W_2)$

$1,000\text{kg}(1 - 0.4) = V_2(1 - 0.2)$

$\therefore \; V_2 = \dfrac{(1 - 0.4)}{(1 - 0.2)} \times 1,000\text{kg} = 750\text{kg}$

문제풀이 Keypoint 1ton＝1,000kg

2. 건조 전 슬러지 무게가 150g이고, 함량으로 건조한 후의 무게가 35g이었다면, 수분의 함량(%)은?

① 46.7 ② 56.7 ③ 66.7 ④ 76.7

➡ 1) 수분의 무게＝(초기 슬러지의 무게)−(건조 후 슬러지의 무게)

$= 150 - 35 = 115\text{g}$

2) 수분 함량(%)＝$\dfrac{수분의\ 무게}{초기\ 폐기물의\ 무게} = \dfrac{115}{150} = 0.76666 = 76.666\%$

정답 1. ③ 2. ④

(3) 소화율

$$\text{소화율} = \frac{\text{제거된 VS의 양}}{\text{유입된 VS의 양}} \times 100(\%) = \left(1 - \frac{VS_2/FS_2}{VS_1/FS_1}\right) \times 100(\%)$$

여기서, VS_1 : 소화 전 슬러지 중 유기물 비율(%), VS_2 : 소화 후 슬러지 중 유기물 비율(%)

FS_1 : 소화 전 슬러지 중 무기물 비율(%), FS_2 : 소화 후 슬러지 중 무기물 비율(%)

(4) 비중(밀도)

① 슬러지의 비중

$$\frac{M_{SL}}{\rho_{SL}} = \frac{M_{TS}}{\rho_{TS}} + \frac{M_W}{\rho_W}$$

여기서, M_{SL} : 슬러지 무게(비율), M_{TS} : 고형물 무게(비율), M_W : 물의 무게(비율)

ρ_{SL} : 슬러지 비중, ρ_{TS} : 고형물 비중, ρ_W : 물의 비중(=1)

② 슬러지 고형물의 비중

$$\frac{M_{TS}}{\rho_{TS}} = \frac{M_{FS}}{\rho_{FS}} + \frac{M_{VS}}{\rho_{VS}}$$

여기서, M_{TS} : 고형물 무게(비율), M_{FS} : 고형물 중 무기물(회분) 무게(비율)

M_{VS} : 고형물 중 유기물(휘발분) 무게(비율), ρ_{TS} : 고형물 비중

ρ_{FS} : 고형물 중 무기물(회분) 비중, ρ_{VS} : 고형물 중 유기물(휘발분) 비중

기출유형

1. 유기물과 무기물의 함량이 각각 80%, 20%인 슬러지를 소화 처리한 후 유기물과 무기물의 함량이 모두 50%로 되었을 때의 소화율(%)은?

① 50　　　　　　② 67　　　　　　③ 75　　　　　　④ 83

➡ 소화율 $= \left(1 - \frac{VS_2/FS_2}{VS_1/FS_1}\right) \times 100(\%) = \left(1 - \frac{50/50}{80/20}\right) \times 100(\%) = 75\%$

2. 건조된 고형물(dry solid)의 비중이 1.42이고, 건조 이전의 dry solid 함량이 38%, 건조중량이 400kg일 때, 슬러지 케이크의 비중은?

① 1.32　　　　　　② 1.28　　　　　　③ 1.21　　　　　　④ 1.13

➡ 1) 수분 함량(%) : $SL = TS + W$

　　　　　　　　　　100%　38%　62%

2) 슬러지 케이크의 비중$(\rho_{SL}) = \frac{100}{\rho_{SL}} = \frac{38}{1.42} + \frac{62}{1}$

　∴ $\rho_{SL} = 1.1266$

정답 1. ③　2. ④

핵심요점 ⑦ **폐기물의 최종처분** ★★★★★

1 매립 공법

(1) 매립 공법의 종류와 특징

구 분	공 법	주요 특징
내륙 매립	샌드위치 공법	• 쓰레기를 수평으로 고르게 깔고 압축하여, 쓰레기 층과 복토 층을 교대로 쌓는 방식 • 좁은 산간지 등에서 이용하는 공법
	셀 공법	• 매립된 쓰레기 및 비탈에 셀(cell) 모양으로 일일복토를 해나가는 방식 • 가장 많이 이용되는 공법
	압축 공법	쓰레기를 일정한 덩어리 형태로 압축하여 부피를 감소시 킨 후 포장하여 매립하는 방식
	도랑식 공법	도랑을 파서 매립하는 방식
	지역식 매립	• 매립지 바닥을 굴착하지 않고 제방을 쌓아 저지대 지역 에 쓰레기를 매립한 후 복토하는 방식 • 복토 소요량이 큼
	경사식 매립	경사면에 폐기물을 쌓은 후 그 위에 흙을 덮는 방식(덮는 흙을 다른 곳으로부터 가져옴)
	계곡식 매립	• 계곡을 매립지로 활용해 셀 방식으로 매립하는 방식 • 복토 소요량이 큼
해안 매립	내수배제 공법 (수중투기 공법)	외주 호안, 중간 제방 등 고립된 매립지의 해수를 놔두거 나 배제한 다음 폐기물을 투기하는 방식
	순차투입 공법	호안부터 쓰레기를 투입하여 순차적으로 육지화하는 방식
	박층뿌림 공법	연약 지반일 경우, 밑면이 뚫린 바지선에서 폐기물을 얇고 곱게 뿌려 바다 지반의 하중을 균일하게 하는 방식

참고 **위생 매립**(sanitary landfill)
• 일반폐기물 매립에 널리 이용되는 방법으로, 가장 경제적인 방식
• 복토(덮개시설)와 침출수를 처리(차수시설)하는 매립방식
• 종류 : 샌드위치 공법, 셀 공법, 도랑식 매립, 지역식 매립, 경사식 매립, 계곡식 매립 등

─ 기출유형 ─

다음 중 내륙매립 공법의 종류가 아닌 것은?

① 도랑형 공법 ② 압축매립 공법
③ 샌드위치 공법 ④ 박층뿌림 공법

➡ ④ 박층뿌림 공법은 해안매립 공법이다.

정답 ④

(2) 매립가스(LFG ; Land Fill Gas)

① 제1단계 : 호기성 단계(초기조절단계)

  ㉠ 호기성 분해

  ㉡ N_2, O_2 감소, CO_2 생성 시작 및 증가

② 제2단계 : 혐기성 전환단계(전이단계, 비메테인 단계, 산 생성단계)

  ㉠ 호기성에서 혐기성으로 전환되는 단계

  ㉡ CO_2 증가, H_2 생성 시작, 메테인은 아직 형성되지 않음(비메테인 단계)

  ㉢ 생성물질 : 지방산, 알코올, 혐기성 기체(CO_2, H_2) 생성

  ㉣ pH 5 이하(산 생성단계)

③ 제3단계 : 메테인 생성 · 축적단계

  ㉠ 혐기성 분해 – 메테인 생성단계

  ㉡ CO_2, H_2 감소, CH_4 생성 시작 및 증가

  ㉢ pH 6.8~8.0

> **참고** 혐기성 분해단계
>
> 산 생성단계 – 메테인 생성단계 – 메테인 정상단계

④ 제4단계 : 혐기성 정상상태단계

  ㉠ CH_4 및 CO_2 농도 일정

  ㉡ 매립가스 안정단계, 메테인이 가장 많이 발생

  ㉢ 가스 구성비가 일정($CH_4 : CO_2 = 2/3 : 1/3$)

> **참고**
> • 매립가스의 종류 : CH_4, CO_2, N_2, H_2 등
> • 매립가스 중 악취 유발물질 : 암모니아(NH_3), 황화수소(H_2S)
> • 매립가스 중 폭발의 위험성이 큰 가스 : 메테인(CH_4)

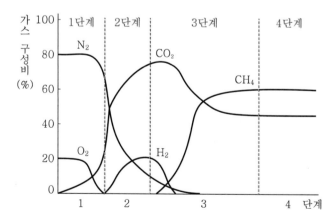

┃ 매립단계별 LFG 가스의 조성 변화 ┃

정리 매립가스 발생순서

- 제1단계(호기성 단계, 초기조절단계) : N_2 및 O_2 감소, CO_2 생성 시작·증가
- 제2단계(혐기성 전환단계, 전이단계, 비메테인 단계, 산 생성단계) : CO_2 증가, H_2 생성 시작
- 제3단계(메테인 생성·축적단계) : CO_2, H_2 감소, CH_4 생성 시작·증가
- 제4단계(혐기성 정상상태단계) : CH_4 및 CO_2 농도 일정

─ 기출유형 ─

다음 그림은 폐기물을 매립한 후 발생하는 생성가스의 농도변화를 단계적으로 나타낸 것이다. 유기물이 효소에 의해 발효되는 "혐기성 비메테인" 단계는?

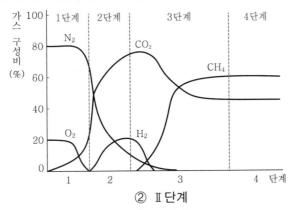

① Ⅰ단계   ② Ⅱ단계
③ Ⅲ단계   ④ Ⅳ단계

정답 ②

(3) 복토(덮개시설)

① 복토의 목적(기능)
- ㉠ 빗물 배제
- ㉡ 화재 방지
- ㉢ 유해가스 이동성 감소
- ㉣ 폐기물 비산 방지
- ㉤ 악취 발생 방지
- ㉥ 병원균 매개체(파리, 모기, 쥐 등) 서식 방지
- ㉦ 매립지 부등침하 최소화
- ㉧ 토양미생물의 접종
- ㉨ 강우에 의한 우수침투량 감소 및 방지(침출수 감소)
- ㉩ 식물성장 촉진(매립 완료 후 식물성장에 필요한 토양 제공)
- ㉪ 미관상의 문제

② 복토재의 구비조건
- ㉠ 투수계수가 작을 것
- ㉡ 공급이 용이하고, 독성이 없을 것
- ㉢ 원료가 저렴하고, 살포가 용이할 것
- ㉣ 악천후에도 사용이 용이할 것
- ㉤ 생분해 가능성이 있고, 연소되지 않을 것

③ 복토의 분류

구 분	특 징	최소두께
일일복토(당일복토)	매립작업 종료 후 매일 실시	15cm 이상
중간복토	7일 이상 방치(매립하지 않을 경우) 시 실시	30cm 이상
최종복토	매립지 수명이 끝났을 때 최종적으로 실시	60cm 이상

(4) 차수시설

① 정의

　⊙ 침출수 : 폐기물에 포함된 수분, 폐기물 분해에 의하여 생성되는 수분, 매립지
에 유입되는 강우에 의하여 발생하는 매립지 내의 액체 성분

　ⓒ 차수시설 : 매립지 내 침출수가 유출되는 것을 막고, 매립지 내부로의 지하수
유입을 방지하는 시설

② 침출수 발생량의 영향인자

　⊙ 강수량, 강우침투량

　ⓒ 증발산량

　ⓒ 유출량, 유출계수

　ⓔ 폐기물의 매립정도

　ⓜ 복토재의 재질

　ⓗ 폐기물 내 수분 또는 폐기물 분해에 따른 수분

③ 차수시설의 설치

　⊙ 설치목적 : 침출수 유출 방지와 매립지 내부로의 지하수 유입 방지

　ⓒ 차수재료 : 점토, 합성차수막, 시멘트, 아스팔트 등 투수계수가 낮은 재료

④ 다르시의 법칙(Darcy's law)

지하수의 유속 공식으로, 지하수의 유량을 조사할 때 사용하는 법칙

$$Q = A \times v$$
$$V = KI = K\frac{\Delta h}{\Delta L}$$
$$Q = KIA = K\left(\frac{\Delta h}{\Delta L}\right)A$$

여기서, Q : 대수층의 유량(m^3/sec)

　　　　A : 대수층의 투수단면적(m^2)

　　　　v : 지하수 유속(m/sec)

　　　　K : 투수계수(수리전도도, m/sec), I : 동수경사

　　　　Δh : 두 지점의 수두차(m)

　　　　ΔL : 두 지점 사이의 수평거리(m)

1. 매립시설에서 복토의 목적으로 가장 거리가 먼 것은?

① 빗물 배제   ② 화재 방지
③ 식물 성장 방지   ④ 폐기물의 비산 방지

➡ ③ 식물 성장 촉진

2. 우수침투 방지와 매립지 상부의 식재를 위해 최종복토를 할 경우, 매립 두께(cm)는?

① 10~30   ② 30~60
③ 60~90   ④ 90~120

➡ 복토의 두께는 일일복토 15cm 이상, 중간복토 30cm 이상, 최종복토 60cm 이상으로 한다.

3. 투수계수가 0.5cm/sec이며 동수경사가 2인 경우 Darcy의 법칙을 적용하여 구한 유출 속도는?

① 1.5cm/sec   ② 1.0cm/sec
③ 2.5cm/sec   ④ 0.25cm/sec

➡ $v = KI = \dfrac{0.5\text{cm}}{\text{sec}} \times 2 = 1.0\text{cm/sec}$

정답 1. ③   2. ③   3. ②

---

2 자원화 및 에너지 회수

(1) 에너지 회수방법

    ① 열분해
    ② 소각 폐열 회수
    ③ 혐기성 소화·발효
    ④ RDF
    ⑤ 퇴비화

(2) RDF(Refuse Drived Fuel ; 폐기물 고체연료 ; 쓰레기 전환연료)

    ① 정의 : RDF란 폐기물로 만든 고형 연료이다.
    ② RDF의 구비조건
        ㉠ 발열량이 높을 것
        ㉡ 함수율(수분양)이 낮을 것
        ㉢ 가연분이 많을 것
        ㉣ 비가연분(재)이 적을 것

ⓜ 대기오염이 적을 것

ⓑ 염소나 다이옥신, 황 성분이 적을 것

ⓢ 조성이 균일할 것

ⓞ 저장 및 이송이 용이할 것

ⓩ 기존 고체연료 사용시설에서 사용이 가능할 것

(3) 퇴비화(composting)

① 정의 : 퇴비화란 비료를 만들 목적으로 도시 폐기물 중 음식 찌꺼기, 낙엽, 하수처리장 슬러지 등의 유기성 폐기물을 토양 중 미생물로 폐기물, 슬러지, 분뇨 중 유기물을 분해시켜 가스화하여 안정화시키는 과정(호기성 처리)이다.

② 퇴비화의 영향인자

영향요인	최적조건	완성조건
C/N 비	20~50	10~20(10 이하에서 퇴비화 중단)
온도	50~65℃	40℃ 이하
함수율	50~60%	40% 이하
pH	5.5~8 정도	6.5~7.5 정도

③ 퇴비화의 목적

㉠ 유기물질을 안정한 물질로 변화

㉡ 폐기물의 부피 감소

㉢ 병원성 미생물, 유충, 해충 제거

㉣ 영양물질(N, P 등)의 최대 함유 유지

㉤ 부산물 생산(토양개량제로 사용)

④ 부식질(humus)의 특징

㉠ 악취가 발생하지 않는다(흙냄새가 남).

㉡ 물보유력 및 양이온 교환능력이 좋다.

㉢ C/N 비는 낮은 편이다(10~20 정도).

㉣ 짙은 갈색 또는 검은색을 띤다.

㉤ 병원균이 거의 사멸되어 토양개량제로서의 품질이 우수하다.

㉥ 안정한 유기물이다.

⑤ 부식질의 역할

㉠ 토질을 건강하게 만든다.

㉡ 토양의 양이온 교환능력(완충능), 물보유력(용수량)을 증가시킨다.

㉢ 토양의 구조를 양호하게 한다.

㉣ 가용성 무기질소의 용출량을 감소시킨다.

⑥ 퇴비화의 장단점

장 점	단 점
• 생산된 퇴비를 토양개량제로 사용 가능 • 초기 시설 투자비 및 운영비가 저렴 • 운전이 쉬움 • 유기성 폐기물 감량화(재활용)	• 생산된 퇴비의 비료가치가 일반 비료 보다 낮음 • 품질 표준화가 어려움 • 생산된 퇴비의 수요 불확실 • 퇴비화가 완료되어도 부피는 감소하지 않음 • 운반비용 증대 • 소요부지가 넓음(기계식은 예외) • 악취 발생 가능(완성된 퇴비는 악취 없음)

─(기출유형)─

1. 폐기물 고체연료(RDF)의 구비조건으로 옳지 않은 것은?

① 열량이 높을 것
② 함수율이 높을 것
③ 대기오염이 적을 것
④ 성분 배합률이 균일할 것

▣ ② 함수율이 낮을 것

2. 쓰레기를 퇴비화시킬 때의 적정 C/N 비의 범위는?

① 1~5   ② 20~35
③ 100~150   ④ 250~300

▣ 퇴비화의 최적조건
- C/N : 20~50
- 온도 : 50~65℃
- 함수율 : 50~60%
- pH : 5.5~8 정도
- 산소 : 5~15%
- 입도(입경) : 1.3~5cm

3. 다음 중 퇴비화의 최적조건으로 가장 적합한 것은?

① 수분 50~60%, pH 5.5~8 정도
② 수분 50~60%, pH 8.5~10 정도
③ 수분 80~85%, pH 5.5~8 정도
④ 수분 80~85%, pH 8.5~10 정도

정답 1. ②   2. ②   3. ①

1 구획법

① 대시료를 네모꼴로 얇게, 균일한 두께로 편다.
② 이것을 가로 4등분, 세로 5등분하여 20개의 덩어리로 나눈다.
③ 20개의 각 부분에서 균등량을 취한 다음, 혼합하여 하나의 시료로 한다.

2 교호삽법

① 분쇄한 대시료를 단단하고 깨끗한 평면 위에 원추형으로 쌓는다.
② 장소를 바꾸어 원추를 다시 쌓는다.
③ 원추에서 일정량을 취하여 장방형으로 도포하고, 계속해서 일정량을 취하여 그 위에 입체로 쌓는다.
④ 육면체의 측면을 교대로 돌면서 균등량을 취하여 두 개의 원추를 쌓는다.
⑤ 하나의 원추는 버리고, 나머지 원추는 앞의 조작을 반복하면서 적당한 크기까지 줄인다.

3 원추4분법

① 분쇄한 대시료를 단단하고 깨끗한 평면 위에 원추형으로 쌓아 올린다.
② 앞의 원추를 장소를 바꾸어 다시 쌓는다.
③ 원추의 꼭지를 수직으로 눌러서 평평하게 만들고, 이것을 부채꼴로 4등분한다.
④ 마주보는 두 부분을 취하고, 반은 버린다.
⑤ 반으로 줄어든 시료를 앞의 조작을 반복하여 적당한 크기까지 줄인다.

기출유형

폐기물을 분석하기 위한 시료의 축소화 방법으로만 옳게 나열된 것은?

① 구획법, 교호삽법, 원추4분법
② 구획법, 교호삽법, 직접계근법
③ 교호삽법, 물질수지법, 원추4분법
④ 구획법, 교호삽법, 적재차량계수법

정답 ①

폐기물 분석시료를 얻기 위한 시료의 분할채취방법 중 다음 설명에 해당하는 것은?

- 대시료를 네모꼴로 엷게, 균일한 두께로 편다.
- 이것을 가로 4등분, 세로 5등분하여 20개의 덩어리로 나눈다.
- 20개의 각 부분에서 균등량을 취한 다음, 혼합하여 하나의 시료로 한다.

① 균일법   ② 구획법
③ 교호삽법   ④ 원추4분법

정답 ②

핵심요점 ② **환경 관련 국제협약 ★**

1 오존층 보호를 위한 국제협약

(1) 비엔나협약

(2) 몬트리올의정서

오존층파괴물질(CFCs)의 생산 및 소비 삭감 결의(1987년)

2 산성비에 관한 국제협약

(1) 헬싱키의정서

황산화물(SOx) 저감에 관한 협약

(2) 소피아의정서

질소산화물(NOx) 저감에 관한 협약

3 지구온난화에 관한 기후변화협약

(1) 기후변화협약(리우회의)

지구의 온난화를 규제 · 방지하기 위한 국제협약(1992년)

(2) 교토의정서

이산화탄소(CO_2), 메테인(CH_4), 아산화질소(N_2O), 플루오린화탄소(PFC), 수소화플루오 린화탄소(HFC), 육플루오린화황(SF_6) 등 6가지 온실가스의 배출량 감소 결의(1997년)

4 기타 협약

(1) 바젤협약

유해 폐기물의 국가 간 불법적인 교역을 통제하기 위한 국제협약

(2) 스톡홀름협약

잔류성 유기오염물질(POPs)의 감소를 목적으로 지정 물질의 제조 · 사용 · 수출입을 금지 또는 제한하는 협약

(3) 런던 협약

폐기물의 해양 투기 금지 협약

(4) 로테르담협약

특정 유해물질 및 농약의 국제교역 시 사전통보 승인에 관한 협약

정리

• 오존층 파괴 관련 협약 : 비엔나협약, 몬트리올의정서
• 산성비 관련 협약 : 헬싱키의정서(SOx 저감), 소피아의정서(NOx 저감)
• 지구온난화 관련 협약 : 리우회의, 교토의정서

기출유형

1. 유해 폐기물의 국가 간 불법적인 교역을 통제하기 위한 국제협약은?
① 교토의정서   ② 바젤협약
③ 리우협약   ④ 몬트리올의정서

2. 다음 국제적 협약 중 잔류성 유기오염물질(POPs)을 국제적으로 규제하기 위해 채택된 협약은?
① 스톡홀름협약   ② 런던협약
③ 바젤협약   ④ 로테르담협약

정답 1. ②   2. ①

제4과목 소음·진동 방지

Craftsman Environmental

환 / 경 / 기 / 능 / 사

CHAPTER 1 소음

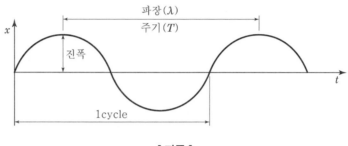

1 파동

(1) 파동의 구성

파장(λ)

주기(T)

진폭

1cycle

┃파동┃

용 어	정 의	기호 및 단위
파장	한 cycle의 거리 (마루와 마루 또는 골과 골 사이의 거리)	• 표시기호 : λ • 단위 : m
주기	한 파장이 전파되는 데 소요되는 시간	• 표시기호 : T • 단위 : sec
주파수 (진동수)	1초 동안의 cycle 수	• 표시기호 : f • 단위 : Hz • 가청주파수 : 20~20,000Hz
변위	어떤 순간의 위치와 원점 사이의 거리	• 표시기호 : D • 단위 : m
진폭	변위의 최대치	• 표시기호 : A 또는 P_{max} • 단위 : m

> **TIP** 헤르츠(Hz)를 계산할 때는 1/sec로 계산한다.

(2) 파동의 관계식

① 주기와 주파수의 관계식

$$T = \frac{1}{f}$$

여기서, T : 주기(sec)

f : 주파수(Hz)

② 속도와 파장 및 주파수의 관계식

$$c = f\lambda$$

여기서, c : 파동의 전파속도(m/sec)

f : 주파수(Hz)

λ : 파장(m)

(3) 파동의 종류

종 류	특 징	예
종파	• 파동의 진행방향과 매질의 진동방향이 평행한 파동 • 매질이 있어야만 전파됨 • 물체의 체적부피 변화에 의해 전달되는 파동	소밀파, P파, 압력파, 음파, 지진파의 P파
횡파	• 파동의 진행방향과 매질의 진동방향이 수직인 파동 • 매질이 없어도 전파됨 • 물체의 형상 탄성에 의해 전달되는 파동	고정파, 은파, 전자기파(광파, 전파), 지진파의 S파
표면파	• 지표면을 따라 전달되는 파동 • 매질 표면을 따라 전달됨 • 에너지가 가장 큼 • 전파속도가 느림	레일리파(R파), 러브파(L파)

(4) 파동의 종류에 따른 전파속도와 에너지의 크기

① 전파속도

종파 > 횡파 > 표면파

② 에너지

종파 < 횡파 < 표면파 (러브파 < 레일리파)

──기출유형──

1. 파동의 특성을 설명하는 용어로 옳지 않은 것은?

① 파동의 가장 높은 곳을 마루라 한다.

② 매질의 진동방향과 파동의 진행방향이 직각인 파동을 횡파라고 한다.

③ 마루와 마루 또는 골과 골 사이의 거리를 주기라 한다.

④ 진동의 중앙에서 마루 또는 골까지의 거리를 진폭이라 한다.

➡ ③ 마루와 마루 또는 골과 골 사이의 거리는 파장이다.

2. 진동수가 100Hz, 속도가 50m/sec인 파동의 파장은?

① 0.5m

② 1m

③ 1.5m

④ 2m

➡ $\lambda = \dfrac{c}{f} = \dfrac{50\text{m/sec}}{100/\text{sec}} = 0.5\text{m}$

3. 다음 중 종파에 해당하는 것은?

① 광파

② 음파

③ 수면파

④ 지진파의 S파

정답 1. ③ 2. ① 3. ②

2 음의 성질

(1) 회절

① 정의 : 음장에 장애물이 있는 경우 장애물 뒤쪽으로 음이 전파되는 현상

② 회전이 잘 되는 조건

  ㉠ 파장이 길수록

  ㉡ 주파수가 작을수록

  ㉢ 장애물이 작을수록(구멍, 슬릿이 작을수록)

──기출유형──

음의 회절에 관한 설명으로 옳지 않은 것은?

① 회절하는 정도는 파장에 반비례한다.

② 슬릿의 폭이 좁을수록 회절하는 정도가 크다.

③ 장애물 뒤쪽으로 음이 전파되는 현상이다.

④ 장애물이 작을수록 회절이 잘 된다.

➡ ① 회절하는 정도는 파장에 비례한다.

정답 ①

(2) 굴절

① 정의 : 음파가 한 매질에서 다른 매질로 통과 시 음의 진행방향(음선)이 구부러지는 현상

② 굴절이 커지는 조건 : 두 매질 간에 온도차 · 풍속차 · 음속차 · 밀도차가 클수록

(3) 간섭

서로 다른 파동 사이의 상호작용으로 나타나는 현상

(4) 음의 반사, 투과 및 흡수

① 반사 : 음이 어떤 매질을 통과할 때 다른 매질의 경계면에서 진행방향이 바뀌는 현상

② 투과 : 음이 어떤 매질을 통과할 때 다른 매질의 경계면을 통과해 음이 다른 매질로 전달되는 현상

③ 흡수 : 음이 어떤 매질을 통과할 때 다른 매질의 경계면에서 음의 일부가 흡수되는 현상

(5) 음향에너지 보존법칙

① 음파가 장애물에 입사되면, 일부는 반사, 일부는 투과, 일부는 흡수된다.

② 음의 반사, 투과(흡수)에는 음향에너지 보존법칙이 성립한다.

> 입사음 = 반사음 + 흡수음 + 투과음

예 입사음이 100이라면, 이 중 30은 반사되고, 10은 흡수되고, 남은 60만 투과되어 소리로 전달된다(100=30+10+60).

(6) 공명

2개 진동물체의 고유진동수가 같을 때 한쪽의 물체를 울리면 다른 쪽도 울리는 현상

기출유형

음이 온도가 일정하지 않은 공기를 통과할 때 음파가 휘는 현상은?

① 회절
② 반사
③ 간섭
④ 굴절

➡ ① 회절 : 장애물이 있는 경우 장애물 뒤쪽으로 음이 전파되는 현상
② 반사 : 음이 어떤 매질을 통광할 때 다른 매질의 경계면에서 진행방향이 바뀌는 현상
③ 간섭 : 서로 다른 파동 사이의 상호작용으로 나타나는 현상

정답 ④

3 음의 감각기관 – 청각기관

(1) 청각기관의 구조

구 분	외 이	중 이	내 이
음 전달 매질	기체	고체	액체
구성	• 이개 • 외이도 • 고막	• 고실 • 이소골 • 이관	• 난원창 • 달팽이관 • 세반고리관

(2) 외이 · 중이 · 내이의 구성

구 분	기 관	역 할
외이	이개(귓바퀴)	집음기 역할
	외이도	소리를 증폭시켜 고막에 전달하여 진동시킴(공명기 역할)
	고막	• 외이와 중이의 경계 사이에 위치 • 내이에 있는 난원창에 진동을 전달(진동판 역할)
중이	고실(청소골)	• 3개의 청소골(망치뼈, 모루뼈, 등자뼈)을 담고 있는 공간 • 임피던스 변환기 역할
	이소골	고막의 진동을 고체 진동으로 변환시켜 외이와 내이의 임피던스를 매칭
	이관(유스타키오관)	• 외이와 중이의 기압을 조정 • 청각기관이 아님
내이	난원창(전정창)	이소골의 진동을 달팽이관 중의 림프액에 전달(진동판 역할)
	달팽이관(와우각)	• 소리의 감각을 대뇌에 전달 • 감음기 역할
	세반고리관 및 전정기관	• 평형감각기관 • 청각기관이 아님

─ 기출유형 ─

인체 귀의 구조 중 고막의 진동을 쉽게 할 수 있도록 외이와 중이의 기압을 조정하는 것은?

① 고막   ② 고실창
③ 달팽이관   ④ 유스타키오관

➡ 유스타키오관(이관) : 외이와 중이의 기압을 조정(고막 내외의 기압을 같게 함)
　① 고막 : 진동판 역할, 내이에 있는 난원창에 진동을 전달
　② 고실창 : 3개의 청소골(망치뼈, 모루뼈, 등자뼈)을 담고 있는 공간, 임피던스 변환기의 역할
　③ 달팽이관 : 소리의 감각을 대뇌에 전달, 감음기 역할

정답 ④

핵심요점 ② 소음의 영향 ★

1 소음으로 인한 효과

(1) 마스킹 효과(음폐 효과)

① 정의

두 음이 동시에 있을 때, 한쪽이 큰 경우 작은 음은 더 작게 들리는 현상

② 원리

음의 간섭

③ 특징

㉠ 주파수가 낮은 음(저음)은 높은 음(고음)을 잘 마스킹(음폐)한다.

㉡ 두 음의 주파수가 비슷할 때는 마스킹 효과가 더욱 커진다.

㉢ 두 음의 주파수가 같을 때는 맥동현상에 의해 마스킹 효과가 감소한다.

㉣ 음이 강하면 음폐되는 양도 커진다.

(2) 도플러(Doppler) 효과

음원과 수음자 간에 상대운동이 생겼을 때, 그 진행방향 쪽에서는(가까워지면) 원래 음보다 고음(고주파수)으로 들리고, 진행방향 반대쪽에서는(멀어지면) 저음(저주파수)으로 들리는 현상이다.

──〔기출유형〕──

1. 마스킹 효과에 관한 설명 중 옳지 않은 것은?

① 저음이 고음을 잘 마스킹한다.

② 두 음의 주파수가 비슷할 때는 마스킹 효과가 대단히 커진다.

③ 두 음의 주파수가 거의 같을 때는 Doppler 현상에 의해 마스킹 효과가 커진다.

④ 음파의 간섭에 의해 일어난다.

➡ ③ 두 음의 주파수가 같을 때는 맥동현상에 의해 마스킹 효과가 감소한다.

2. 발음원이 이동할 때 그 진행방향 가까운 쪽에서는 발음원보다 고음으로, 진행방향 반대쪽에서는 저음으로 되는 현상은?

① 음의 전파속도 효과

② 도플러 효과

③ 음향출력 효과

④ 음압출력 효과

정답 1. ③ 2. ②

2 소음공해

(1) 소음공해의 특징

① 듣는 사람에 따라 주관적이다.

② 축적성이 없다.

③ 감각공해이다.

④ 국소적 · 다발적이다.

⑤ 다른 공해에 비해 불평 발생(민원) 건수가 많다.

⑥ 불평의 대부분은 정신적 · 심리적 피해에 관한 것이다.

⑦ 피해의 정도는 피해자와 가해자의 이해관계에 의해서도 영향을 받는다.

⑧ 소음에 대한 진정은 여름에 많다.

⑨ 대책 후 처리할 물질이 발생되지 않는다.

(2) 소음공해의 주발생원

발생원	특 징
공장 소음	• 일정한 장소에 고정되어 있어 소음발생시간이 지속적이고, 시간에 따른 변화가 없는 소음 • 진정 건수 최대
도로교통 소음	• 도로에서 발생되는 소음 • 차량 대수의 증가, 자동차의 엔진 · 주행 상태 · 타이어 종류, 도로 구조 등이 복합적으로 작용
건설 소음	• 단시간(일정 기간 동안) 발생 • 충격적인 소음 • 강한 진동을 수반하는 경우가 많음
항공기 소음	• 금속성의 고주파음 • 피해면적이 광범위함 • 간헐적이고 충격적인 큰 소음
생활 소음	• 주택가에서 다양하게 발생함 • 주거환경을 저해함

―〔기출유형〕――――――――――――――――――――――――――――――――――

일정한 장소에 고정되어 있어 소음 발생시간이 지속적이고 시간에 따른 변화가 없는 소음은?

① 공장 소음   ② 교통 소음

③ 항공기 소음   ④ 궤도 소음

➡ ① 공장 소음의 특성이다.

정답 ①

(3) 소음의 발생

분 류	정 의	방지대책
기류음	• 고체 진동을 수반하지 않는 소음 • 직접적인 공기의 압력변화에 의한 유체역학적 원인에 의해 발생하는 소음	• 분출유속의 저감 • 관의 곡률 완화 • 밸브의 다단화
고체음	기계의 운동(베어링 등의 마찰 · 충격)과 진동(프레임)에 의해 발생하는 소음	• 가진력 억제(가진력의 발생원인 제거 및 저감방법 검토) • 공명 방지(소음방사면의 고유진동수 변경) • 방사면 축소 및 제진 처리(소음 방사면의 방사율 저감) • 방진(차진)

─(기출유형)─

소음 발생을 기류음과 고체음으로 구분할 때, 다음 각 음의 대책으로 틀린 것은?

① 고체음 : 가진력 억제
② 기류음 : 밸브의 다단화
③ 기류음 : 관의 곡률 완화
④ 고체음 : 방사면 증가 및 공명 유도

➡ ④ 고체음 : 방사면 축소 및 공명 방지

정답 ④

3 소음에 의한 인체 영향

① 혈압 상승, 맥박 증가, 말초혈관 수축 등 자율신경계의 변화
② 호흡횟수 증가, 호흡깊이 감소
③ 타액 분비량 증가, 위액 산도 저하, 위 수축운동 감소 등 위장의 기능 감퇴
④ 혈당도 상승, 백혈구수 증가, 혈중 아드레날린 증가
⑤ 두통, 불면, 기억력 감퇴

─(기출유형)─

소음이 인체에 미치는 영향으로 가장 거리가 먼 것은?

① 혈압 상승, 맥박 증가
② 타액 분비량 증가, 위액 산도 저하
③ 호흡수 감소 및 호흡깊이 증가
④ 혈당도 상승 및 백혈구수 증가

➡ ③ 호흡수 증가 및 호흡 깊이 감소

정답 ③

1 음의 크기

(1) 음의 출력(acoustic power)

① 정의 : 음원에서 단위시간당 방사하는 총음향에너지

② 표시기호 : W 또는 Power

③ 단위 : Watt＝J/s＝N · m/sec

$$W = I \times S$$

여기서, W : 음향 출력(W)

I : 음의 세기

S : 음의 전파표면적(m^2)

(2) 음압(sound pressure)

① 정의 : 음에너지에 의한 매질의 압력 변화

② 표시 : P

③ 단위 : $\text{Pa} = \text{N}/\text{m}^2$

④ 가청음압범위 : $2 \times 10^{-5} \sim 60\text{Pa}$

⑤ 실효치 : 음압 및 입자 속도는 일반적으로 실효치(rms)를 사용한다.

$$P_{\text{rms}} = \frac{P_{\max}}{\sqrt{2}} = 0.7 P_{\max}$$

여기서, P_{rms} : 음압 실효치

$P_{\max}$: 음압의 최고값

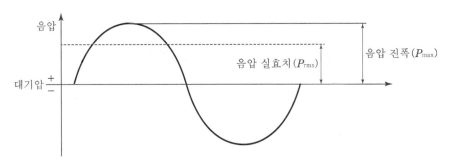

┃음압의 크기┃

(3) 음의 세기(sound intensity)

① 정의 : 한 점에서 주어진 방향으로 단위시간에 단위면적을 통과하는 음에너지의 시간평균치

② 표시기호 : I

③ 단위 : W/m^2

$$I = P \times v = \frac{P^2}{Z}$$

여기서, I : 음의 세기(W/m^2)

P : 음의 압력(실효치)(N/m^2 또는 Pa)

v : 입자 속도(실효치)(m/sec)

Z : 고유음향 임피던스(rayls)

(4) 음의 전파표면적

음원의 구분		전파표면적(S)의 크기
점음원	자유공간	$4\pi r^2$
	반자유공간	$2\pi r^2$
선음원	자유공간	$2\pi r$
	반자유공간	πr

여기서, r : 음원과의 거리(m)

───(기출유형)───

음향출력 100W인 점음원이 반자유공간에 있을 때, 10m 떨어진 지점의 음의 세기(W/m^2)는 얼마인가?

① 0.08　　　　　　　　　　② 0.16

③ 1.59　　　　　　　　　　④ 3.18

➡ $W = I \times S$

$\therefore I = \dfrac{W}{S} = \dfrac{W}{2\pi r^2} = \dfrac{100W}{2\pi \times (10m)^2} = 0.159 W/m^2$

정답 ②

2 소음 단위와 표현

(1) dB

① 정의 : 음의 전파방향에 수직한 단위면적을 단위시간에 통과하는 음의 세기량 또는 음의 압력량으로, 소리(소음)의 크기를 나타내는 단위

② 가청소음도 : 0~130dB

> **참고**
>
> 인간의 귀는 선형적이 아닌 대수적으로 반응하므로, 측정 시에는 음압(Pa)이나 음의 세기(W/m²) 단위를 직접 사용하지 않고 dB 단위를 사용한다.

(2) 음향파워레벨(PWL ; sound Power Level)

기준음의 파워(W_0)에 대한 임의의 소리 파워(W)가 몇 배인지를 대수로 표현한 값

$$PWL = 10\log\frac{W}{W_0}$$

여기서, PWL : 음향파워레벨(dB)

W_0 : 정상청력을 가진 사람의 최소가청음의 음향파워(10^{-12}W)

W : 대상음의 음향파워(W)

기출유형

1. 음향파워레벨이 125dB인 기계의 음향파워는 약 얼마인가?

① 125W   ② 12.5W

③ 32W   ④ 3.2W

➡ $PWL = 10\log\dfrac{W}{W_0}$(dB)

$125 = 10\log\left(\dfrac{W}{10^{-12}}\right)$

∴ $W = 3.162$W

문제풀이 Keypoint 위의 계산처럼 어떤 값을 구할 때는 공학용 계산기 solver 기능을 이용해 풀면 쉽다.
그러나 계산기 solver 기능을 쓰지 않을 때는 아래처럼 풀이 한다.

$PWL = 10\log\dfrac{W}{W_0}$ 식을 W에 관해 정리 ⇒ $W = W_0 \times 10^{\frac{PWL}{10}} = 10^{-12} \times 10^{\frac{125}{10}} = 3.162$W

2. 음향파워가 0.1watt일 때 PWL은?

① 1dB   ② 10dB

③ 100dB   ④ 110dB

➡ $PWL = 10\log\dfrac{W}{W_0}$(dB) $= 10\log\left(\dfrac{0.1}{10^{-12}}\right) = 110$dB

정답 1. ④　2. ④

(3) 음의 세기레벨(SIL ; Sound Intensity Level)

기준음의 세기(I_0)에 대한 어떤 소리의 세기(I)가 몇 배인지를 대수로 표현한 값

$$SIL = 10\log\left(\frac{I}{I_0}\right)$$

여기서, SIL : 음의 세기레벨(dB)

I : 대상음의 세기(W/m²)

I_0 : 정상청력을 가진 사람의 최소가청음의 세기(10^{-12}W/m²)

(4) 음의 압력레벨(SPL ; Sound Pressure Level)

기준음압(P_0)에 대한 어떤 소리의 음압이 몇 배인지를 대수로 표현한 값

$$SPL = 20\log\left(\frac{P}{P_0}\right)$$

여기서, SPL : 음의 압력레벨(dB)

P : 대상음의 음압실효치(N/m²)

P_0 : 정상청력을 가진 사람이 1,000Hz에서 가청할 수 있는 최소음압실효치(2×10^{-5}Pa)

정리 dB 단위로 표시하는 것

• 음향파워레벨(PWL)
• 음의 세기레벨(SIL)
• 음의 압력레벨(SPL)
• 투과손실(TL)

──(기출유형)──

음압이 10배가 되면 음압레벨은 몇 dB 증가하는가?

① 10 ② 20

③ 30 ④ 40

🖙 1) 원래의 음압레벨

$$SPL = 20\log\left(\frac{P}{P_0}\right)$$

2) 음악이 10배가 되었을 때의 음압레벨

$$SPL' = 20\log\left(\frac{10P}{P_0}\right) = 20\left(\log10 + \log\frac{P}{P_0}\right) = 20 + 20\log\frac{P}{P_0} = 20 + SPL$$

문제풀이 Keypoint $\log10 = 1$

$\log(ab) = \log a + \log b$

정답 ②

3 거리감쇠

(1) 정의

거리감쇠란 음원에서 거리가 멀수록 소음의 크기는 더 작게 들리는 것을 말한다.
SPL(SIL)은 상대적인 특정 위치에서의 소음레벨, PWL은 측정대상의 총소음에너지
로, 음원의 PWL은 일정하나, 음원에서의 거리가 멀어질수록 SPL(SIL)은 줄어든다.

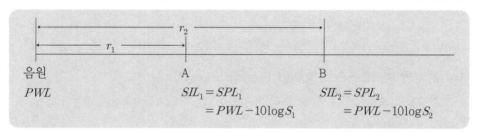

(2) 거리감쇠식

$$거리감쇠 = SPL_1 - SPL_2 = 10\log\left(\frac{r_2}{r_1}\right)$$

여기서, SPL_1 : 음원으로부터 r_1(가까운 거리)만큼 떨어진 지점의 음압레벨(dB)

SPL_2 : 음원으로부터 r_2(먼 거리)만큼 떨어진 지점의 음압레벨(dB)

r_1, r_2 : 특정 지점의 거리(단, $r_2 > r_1$)

(3) 거리감쇠의 역2승법칙

음원으로부터 거리가 2배 증가할 때,

① 점음원일 경우 : 6dB 감소

② 선음원일 경우 : 3dB 감소

─「기출유형」─

1. 선음원의 거리감쇠에서 거리가 2배로 되면 음압레벨의 감쇠치는?

① 1dB   ② 3dB   ③ 6dB   ④ 8dB

➡ 역2승법칙에 따라, 음원으로부터 거리가 2배 증가할 때, 점음원은 6dB 감소한다.

2. 점음원에서 5m 떨어진 지점의 음압레벨이 60dB이다. 이 음원으로부터 10m 떨어진 지점의 음압레벨은?

① 30dB   ② 44dB   ③ 54dB   ④ 58dB

➡ 1) $SPL_1 = SPL_2 + 20\log\dfrac{r_2}{r_1}$

    $\therefore SPL_1 = 60 + 20\log\dfrac{5}{10} = 53.9794\text{dB}$

2) 역2승법칙 따라, 음원으로부터 거리가 2배 증가할 때 점음원은 6dB 감소한다.

    $\therefore$ 음원으로부터 10m 떨어진 곳의 음압레벨 = 60 − 6 = 54dB

정답 1. ③   2. ③

4 dB의 계산

웨버-페흐너(Weber-Fechner)의 법칙, 즉 감각량은 자극의 대수에 비례한다는 내용을 기본으로 하여 dB의 합 · 차 · 평균을 계산한다.

(1) dB의 합(합성소음도)

$$L_{(합)} = 10\log\left(10^{\frac{L_1}{10}} + 10^{\frac{L_2}{10}} + \cdots\cdots + 10^{\frac{L_n}{10}}\right)$$

여기서, $L_{(합)}$: 합성소음도(dB), L_1, L_2, L_n : 각각의 소음도(dB), n : 소음도 개수

(2) dB의 차

$$L_{(차)} = 10\log\left(10^{\frac{L_1}{10}} - 10^{\frac{L_2}{10}}\right)$$

여기서, $L_{(차)}$: dB의 차(dB), L_1, L_2 : 각각의 소음도(dB)(단, $L_1 > L_2$)

(3) dB의 평균

$$L_{(평)} = 10\log\left[\frac{1}{n}\left(10^{\frac{L_1}{10}} + 10^{\frac{L_2}{10}} + \cdots\cdots + 10^{\frac{L_n}{10}}\right)\right] = L_{(합)} - 10\log n$$

여기서, $L_{(평)}$: dB의 평균, L_1, L_2, L_n : 각각의 소음도(dB), n : 소음도 개수

─ 기출유형 ─

1. 음압레벨 90dB인 기계 1대가 가동 중이다. 여기에 음압레벨 88dB인 기계 1대를 추가로 가동시킬 때 합성음압레벨은?

① 92dB   ② 94dB
③ 96dB   ④ 98dB

➡ $L_{(합)} = 10\log\left(10^{\frac{L_1}{10}} + 10^{\frac{L_2}{10}} + \cdots\cdots + 10^{\frac{L_n}{10}}\right) = 10\log\left(10^{\frac{90}{10}} + 10^{\frac{88}{10}}\right) = 92.12\text{dB}$

2. 각각 음향파워레벨이 89dB, 91dB, 95dB인 음의 평균파워레벨은?

① 92.4dB   ② 95.5dB
③ 97.2dB   ④ 101.7dB

➡ $L_{(평)} = 10\log\left[\frac{1}{n}\left(10^{\frac{L_1}{10}} + 10^{\frac{L_2}{10}} + \cdots\cdots + 10^{\frac{L_n}{10}}\right)\right]$ (dB)

$\quad = 10\log\left[\frac{1}{3}\left(10^{\frac{89}{10}} + 10^{\frac{91}{10}} + 10^{\frac{95}{10}}\right)\right] = 92.40\text{dB}$

정답 1. ①   2. ①

5 음의 크기 단위

(1) 음의 크기 레벨(LL ; Loundness Level)

① 정의

1,000Hz 순음을 기준으로, 그 감각레벨과 같은 크기로 들리는 다른 주파수 순음의 감각레벨

② 단위

phon : 1,000Hz를 기준으로 해서 나타난 dB

(2) 음의 크기(S : Loudness)

① 정의

㉠ 소음의 감각량을 나타내는 단위

㉡ sone 값이 2배, 3배로 증가하면 감각량의 크기도 2배, 3배로 증가

② 단위

1sone : 1,000Hz 순음의 40dB인 음 크기(1,000Hz 순음 40phon)

(3) phon과 sone의 관계식

$$S = 2^{\frac{(L-40)}{10}}$$

여기서, S : 음의 크기(sone)

L : 음의 크기레벨(phon)

─ 기출유형 ─

1. 다음은 음의 크기에 관한 설명이다. 괄호 안에 알맞은 것은?

(   ) 순음의 음 세기레벨 40dB인 음 크기를 1sone이라 한다.

① 10Hz   ② 100Hz

③ 1,000Hz   ④ 10,000Hz

2. 100sone인 음은 몇 phon인가?

① 106.6   ② 101.3

③ 96.8   ④ 88.9

➡ $L = 33.3 \log S + 40 = 33.3 \log 100 + 40 = 106.6$

정답 1. ③   2. ①

핵심요점 **4** **청력손실과 소음평가 ★**

1 청력손실과 난청

(1) 청력손실

청력손실이란 청력이 정상인 사람의 최소가청치와 검사자(피검자)의 최소가청치 비를 dB로 나타낸 것이다.

① 일시적 청력손실 : 일시적 손상(회복됨)

② 영구적 청력손실 : 영구적 손상(회복 안 됨)

(2) 난청

4분법에 의한 청력손실이 옥타브밴드 중심주파수 500~2,000Hz 범위에서 25dB 이상일 때를 난청이라고 한다.

① 소음성 난청

    ㉠ 회복 안 되는 영구적 손상이다.

    ㉡ 장기간 큰 소음을 유발하는 직장에서 일한 사람에게 발생한다(직업성 난청).

    ㉢ 4,000Hz 부근에서 청력손실이 발생한다(C_5-dip 현상).

② 노인성 난청

    ㉠ 노화에 의한 퇴행성 질환으로, 감각신경성 청력손실이 양쪽 귀에 대칭적 · 점진적으로 발생하는 질환이다.

    ㉡ 6,000Hz 부근에서 청력손실이 발생한다.

─ 기출유형 ─

난청이란 4분법에 의한 청력손실이 옥타브밴드 중심주파수 500~2,000Hz 범위에서 몇 dB 이상인 경우인가?

① 5   ② 10

③ 20   ④ 25   정답 ④

2 소음평가지표

(1) 소음평가지표의 종류

지 표	특 징
소음레벨(SL)	소음기 측정값
회화방해레벨(SIL)	소음을 600~1,200Hz, 1,200~2,400Hz, 2,400~4,800Hz의 3개 밴드로 분석한 음압레벨을 산술평균한 값
우선회화방해레벨(PSIL)	소음을 1/1 옥타브밴드로 분석한 중심주파수 500Hz, 1,000Hz, 2,000Hz의 음압레벨을 산술평균한 값
NC(Noise Criteria)	소음을 1/1 옥타브밴드로 분석한 결과에 의해 실내소음을 평가한 값
소음평가지수(NRN)	소음을 청력 장애, 회화 장애, 소란스러움의 3가지 관점에서 평가한 지표
교통소음지수(TNI)	도로교통 소음을 인간의 반응과 관련시켜 정량적으로 구한 값

(2) 항공기 소음평가지표

항공기 소음평가지표	특 징
감각소음레벨(PNL)	공항 주변의 항공기 소음을 평가하는 기본지표
NNI	영국의 항공기 소음평가방법 지표
EPNL	• 국제민간항공기구(ICAO)에서 제한한 항공기 소음평가치 • 항공기 소음증명제도에 이용
NEF	미국의 항공기 소음평가방법의 지표
WECPNL	• 많은 항공기에 의해 장기간 연속 폭로된 소음 척도 • 국제민간항공기구 및 우리나라에서 채택하고 있는 항공기 소음평가량

(3) 시간율소음도(L_n)

소음도가 어떤 dB 이상인 시간이 실측시간의 $x(\%)$를 차지할 경우, 그 dB을 $x(\%)$ 시간율소음도라고 한다.

> **참고** 시간율소음도의 종류
> • 중앙치 : 50% 시간율소음도(L_{50})
> • 90% 레인지의 상단치 : 5% 시간율소음도(L_5)
> • 90% 레인지의 하단치 : 95% 시간율소음도(L_{90})

(4) 등가소음레벨(L_{eq})

어떤 시간대에서 변동하는 소음레벨의 에너지를 같은 시간대의 정상소음 에너지로 치환한 값이다.

(5) 소음통계레벨(L_N)

전체 측정기간 중 그 소음레벨을 초과하는 시간의 총합이 N(%)이 되는 소음레벨이다.

> **참고**
>
> %가 작을수록 큰 소음레벨이다.
>
> 예 $L_{10} > L_{90}$ (L_{10} : 80% 레인지 상단치)

(6) 주야평균소음레벨(L_{dn})

하루의 시간당 등가소음도를 측정한 후, 야간(22 : 00 ~ 07 : 00)의 매시간 측정치에 10dB의 벌칙레벨을 합산하고 파워를 평균한 레벨이다.

(7) 소음공해레벨(L_{NP})

등가소음레벨과 소음레벨의 변동에 의해 발생하는 불만의 가중치를 합하여 표현하는 척도로, 변동소음의 에너지와 소란스러움을 동시에 평가하는 방법이다.

─ 기출유형 ─

변동하는 소음의 에너지 평균 레벨로서 어느 시간 동안에 변동하는 소음 레벨의 에너지를 같은 시간대의 정상 소음의 에너지로 치환한 값은?

① 소음레벨(SL)
② 등가소음레벨(L_{eq})
③ 시간율소음도(L_n)
④ 주야등가소음도(L_{dn})

➡ ① 소음레벨(SL) : 소음기 측정값
　② 등가소음레벨(L_{eq}) : 어떤 시간대에서 변동하는 소음레벨의 에너지를 동 시간대의 정상 소음의 에너지로 치환한 값
　③ 시간율소음도(L_n) : 소음도가 어떤 dB 이상인 시간이 실측시간의 x%를 차지할 경우, 그 dB를 x% 시간율 소음도라고 함.
　④ 주야등가소음도(L_{dn}) : 하루의 매시 간당 등가소음도를 측정한 후, 야간(22:00 ~ 07:00)의 매시간 측정치에 10dB의 벌칙레벨을 합산한 후 파워를 평균한 레벨

정답 ②

1 지향계수와 지향지수

소음원은 그 위치에 따라 음원의 특성이 다르게 나타난다. 그래서 지향계수와 지향지수를 사용하여 그 음원의 특정 방향으로의 집중, 즉 지향성을 설명한다.

소음원 위치		접한 변의 수 (n)	지향계수 (Q)	지향지수 (DI, dB)	전파표면적 (S)
자유공간		0	1	0	$4\pi r^2$
반자유 공간	지면 위(바닥)	1	2	3	$2\pi r^2$
	2변이 접한 공간	2	4	6	πr^2
	3변이 접한 공간	3	8	9	$\dfrac{\pi r^2}{2}$

이때, 지향계수 $Q = 2n$

지향지수 $DI = 10 \log Q$

전파표면적 $S = \dfrac{4\pi r^2}{Q}$

기출유형

무지향성 점음원을 두 면이 접하는 구석에 위치시켰을 때의 지향지수는?

① 0

② +3dB

③ +6dB

④ +9dB

➡ 두 면이 접하는 구석에 위치하므로 2변 접한 공간이고, 2변이 접한 공간의 지향지수는 6dB이다.

정답 ③

---

2 투과율과 투과손실

(1) 투과율(τ)

입사음 중 투과된 음의 크기 비

$$\tau = \frac{I_t}{I_0} = 10^{-\frac{TL}{10}}$$

여기서, τ : 투과율

I_t : 투과음 세기

I_0 : 입사음 세기

TL : 투과손실

(2) 투과손실(TL ; Transmission Loss)

투과율(τ)의 역수를 상용대수로 취한 후 10을 곱한 값

$$TL = 10\log\frac{1}{\tau} = -10\log\tau = 10\log\left(\frac{I_0}{I_t}\right)$$

여기서, TL : 투과손실(dB)

τ : 투과율

I_0 : 입사음 세기

I_t : 투과음 세기

───(기출유형)───

1. A벽체의 투과손실이 32dB일 때, 이 벽체의 투과율은?

① 6.3×10^{-4}　　　　　　　② 7.3×10^{-4}

③ 8.3×10^{-4}　　　　　　　④ 9.3×10^{-4}

➡ $\tau = \dfrac{1}{10^{TL/10}} = \dfrac{1}{10^{32/10}} = 6.309 \times 10^{-4}$

2. 아파트 벽의 음향투과율이 0.1%라면 투과손실은?

① 10dB　　　　　　　② 20dB

③ 30dB　　　　　　　④ 50dB

➡ $TL = 10\log\dfrac{1}{\tau} = 10\log\dfrac{1}{0.001} = 10\log 10^3 = 30\text{dB}$

정답 1. ①　2. ③

3 실내 평균 흡음률

(1) 평균 흡음률($\bar{\alpha}$)

① 재료별 면적과 흡음률을 이용한 방법

$$\bar{\alpha} = \frac{\sum S_i \alpha_i}{\sum S_i} = \frac{S_1 \alpha_1 + S_2 \alpha_2 + S_3 \alpha_3}{S_1 + S_2 + S_3}$$

여기서, $\bar{\alpha}$: 평균 흡음률

S_1, S_2, S_3 : 실내 각부(천장, 벽면, 바닥)의 면적(m^2)

α_1, α_2, α_3 : 실내 각부(천장, 벽면, 바닥)의 흡음률

② 잔향시간 측정을 이용한 방법

$$\bar{\alpha} = \frac{0.161\,V}{ST}$$

여기서, $\bar{\alpha}$: 평균 흡음률

V : 실의 체적(부피, m^3)

S : 실내 전 표면적(m^2)

T : 잔향시간(sec)

(2) 흡음력(A)

$$A = S\bar{\alpha} = \sum_{i=1}^{n} S_i \alpha_i$$

여기서, A : 흡음력

S : 실내 전 표면적(m^2, sabin)

$\bar{\alpha}$: 평균 흡음률

S_i, α_i : 각 흡음재의 면적과 흡음률

(3) 잔향시간(T)

실내에서 음원을 끈 순간부터 직선적으로 음압레벨이 60dB(에너지밀도가 10^{-6} 감소) 감쇠하는 데 소요되는 시간(초)

$$T = \frac{0.161\,V}{A} = \frac{0.161\,V}{S\bar{\alpha}}$$

여기서, T : 잔향시간(sec)

V : 실의 체적(부피)(m^3), A : 총흡음력($= \sum \alpha_i S_i$)(m^2, sabin)

S : 실내 전 표면적(m^2), $\bar{\alpha}$: 평균 흡음률

(기출유형)

길이 10m, 폭 10m, 높이 10m인 실내의 바닥, 천장, 벽면의 흡음율이 모두 0.0161일 때 Sabin의 식을 이용하여 잔향시간(sec)을 구하면?

① 0.17

② 1.7

③ 16.7

④ 167

➡ 바닥, 천장, 벽면의 흡음율이 모두 같으므로,

$\bar{\alpha} = 0.0161$

$T = 0.161 \dfrac{V}{S\bar{\alpha}} = 0.161 \times \dfrac{10 \times 10 \times 10}{(10 \times 10) \times 6 \times 0.0161} = 16.66 \, \text{sec}$

정답 ③

진동

공해진동 ★

(1) 공해진동의 정의

사람에게 불쾌감을 주는 진동으로, 사람의 건강 및 건물에 피해를 주는 진동

(2) 특징

① 공해진동의 주파수 : 1~90Hz

② 공해진동의 dB : 55±5~80dB

③ 진동역치 : 55±5dB

※ 진동의 감각기관은 아직 밝혀지지 않았다.

―기출유형―

공해진동에 관한 설명으로 옳지 않은 것은?

① 진동수 범위는 1,000~4,000Hz 정도이다.

② 문제가 되는 진동레벨은 60dB부터 80dB까지가 많다.

③ 사람이 느끼는 최소진동역치는 55±5dB 정도이다.

④ 사람에게 불쾌감을 준다.

➡ ① 공해진동의 진동수 범위는 1~90Hz 정도이다.

정답 ①

진동의 크기와 영향 ★

1 진동의 크기 표현

(1) 진동가속도

① 정의 : 단위시간당 속도의 변화량을 나타낸 것

② 단위 : Gal

참고 1Gal=1cm/sec^2

(2) 진동가속도레벨(VAL ; Vibration Acceleration Level)

음의 음압레벨에 상당하는 값으로, 진동의 물리량을 dB 값으로 나타낸 것

$$VAL = 20 \log \left(\frac{A_{rms}}{A_0} \right)$$

여기서, VAL : 진동가속도레벨(dB)

A_{rms} : 측정대상 진동가속도 진폭의 실효치

$$A_{rms} = \frac{A_{max}}{\sqrt{2}} \, (m/sec^2)$$

A_{max} : 측정대상 진동가속도 진폭의 최대값

A_0 : 기준진동의 가속도 실효치($10^{-5}m/sec^2$, 0dB)

─ 기출유형 ─

**가속도 진폭의 최대값이 0.01m/sec² 인 정현진동의 진동가속도레벨은? (단, 10⁻⁵m/sec²
기준)**

① 28dB
② 30dB
③ 57dB
④ 60dB

➡ 1) $A_{rms} = \dfrac{A_{max}}{\sqrt{2}} = \dfrac{0.01}{\sqrt{2}} = 7.071 \times 10^{-3} m/sec^2$

2) 진동가속도레벨 $VAL = 20 \log \left(\dfrac{A_{rms}}{A_0} \right) = 20 \log \left(\dfrac{7.071 \times 10^{-3}}{10^{-5}} \right) = 56.989 dB$

정답 ③

(3) 진동레벨(VL ; Vibration Level)

① 정의

㉠ 진동가속도레벨에 인체의 감각을 보정한 값

㉡ 1~90Hz 범위의 주파수 대역별 진동가속레벨에 주파수 대역별 인체의 진동감
각특성(수직 또는 수평 감각)을 보정한 후의 값들을 dB 합산한 것

② 특징

㉠ 수직진동레벨 : 수직보정된 레벨 dB(V) ▶ 가장 많이 쓰임

㉡ 수평진동레벨 : 수평보정된 레벨 dB(H)

㉢ 일반적으로 수직진동이 수평진동보다 진동레벨이 크다.

(4) 등감각곡선

진동수에 따라 인간이 같은 강도로 느끼는 진동가속도 실효치를 나타낸 곡선

─기출유형─

다음은 진동과 관련한 용어 설명이다. (   ) 안에 알맞은 것은?

> (   )은(는) 1~90Hz 범위의 주파수 대역별 진동가속레벨에 주파수 대역별 인체의 진동 감각특성(수직 또는 수평 감각)을 보정한 후의 값들을 dB 합산한 것이다.

① 진동레벨　　　　　　　　　　② 등감각곡선
③ 변위진폭　　　　　　　　　　④ 진동수

➡ ② 등감각곡선 : 진동수에 따라 인간이 같은 강도로 느끼는 진동가속도 실효치를 나타낸 곡선
　　③ 변위진폭 : 변위의 최대치
　　④ 진동수 : 1초 동안의 cycle 수

　　　　　　　　　　　　　　　　　　　　　　　　　　　　　　정답 ①

2 진동의 영향

(1) 진동의 일반적인 영향

① 진동수 및 상대적인 변위에 따라 느낌이 다르다.
② 수직진동은 4~8Hz 범위에서, 수평진동은 1~2Hz 범위에서 가장 민감하다.
③ 인간이 일반적으로 느낄 수 있는 진동가속도 범위는 1~1,000Gal(0.01~10m/sec^2)이다.

(2) 국소진동

① 국소부위로만 느끼는 진동이다.
② 8~1,500Hz의 진동수에 영향을 받으며, 진동공구를 사용할 때 일어난다.
③ 국소진동의 대표적 증상 : 레이노씨 현상

> **참고** 레이노씨 현상(Raynaud's Phenomenon)
>
> 손가락에 있는 말초혈관운동의 장애로 인해 혈액순환이 방해를 받아, 수지가 창백해지고 손이 차며 저리거나 통증이 오는 현상

─기출유형─

진동감각에 대한 인간의 느낌을 설명한 것으로 옳지 않은 것은?

① 진동수 및 상대적인 변위에 따라 느낌이 다르다.
② 수직진동은 주파수 4~8Hz에서 가장 민감하다.
③ 수평진동은 주파수 1~2Hz에서 가장 민감하다.
④ 인간이 느끼는 진동가속도의 범위는 0.01~10Gal이다.

➡ ④ 인간이 일반적으로 느낄 수 있는 진동가속도 범위는 1~1,000Gal(0.01~10m/sec²)이다.

　　　　　　　　　　　　　　　　　　　　　　　　　　　　　　정답 ④

소음 · 진동의 방지

핵심요점 ① **소음 · 진동 방지대책** ★★

 TIP 소음과 진동은 보통 같이 발생하므로, 방지대책을 함께 학습하는 것이 좋으며,
발생원 대책, 전파경로 대책, 수음 측 대책을 구분할 수 있도록 학습한다.

1 소음 방지대책(방음 대책)

발생원(소음원) 대책	전파경로 대책	수음(수진) 측 대책
• 원인 제거 • 운전 스케줄 변경 • 소음 발생원 밀폐 • 발생원의 유속 및 마찰력 저감 • 방음박스 및 흡음덕트 설치 • 음향출력의 저감 • 소음기, 저소음장비 사용 • 방진 처리 및 방사율 저감 • 공명 · 공진 방지	• 방음벽 설치 • 거리 감쇠(소음원과 수음점의 거리를 멀리 띄움) • 지향성 전환 • 차음성 증대(투과손실 증대) • 건물 내벽 흡음 처리 • 잔디를 심어 음의 반사를 차단	• 2중창 설치 • 건물의 차음성 증대 • 벽면 투과손실 증대 • 실내 흡음력 증대 • 마스킹 • 청력보호구(귀마개, 귀덮개) 착용 • 정기적 청력검사 실시

2 진동 방지대책(방진 대책)

발생원(소음원) 대책	전파경로 대책	수음(수진) 측 대책
• 가진력 감쇠(저진동 기계로 교체) • 발생원인 제거 • 탄성 지지 • 기초중량의 부가 및 경감 • 밸런싱 • 동적 흡진 • 방진 및 방사율 저감 • 공명 방지	• 수진점 부근에 방진구 설치 • 거리 감쇠(진동원 위치를 멀리하여 거리 감쇠를 크게 함) • 지중벽 설치 • 지향성 변경	• 탄성 지지 • 강성 변경

용어

• 방음 대책 : 소음을 줄이는 대책
• 방진 대책 : 진동을 줄이는 대책
• 발생원 대책 : 소음이나 진동이 발생하는 곳에서 취할 수 있는 대책
• 전파경로 대책 : 소음이나 진동이 전파되는 경로에서 취할 수 있는 대책
• 수음 측 대책 : 소음을 듣는 사람이나 장소에서 취할 수 있는 대책

기출유형

1. 방음 대책을 음원 대책과 전파경로 대책으로 구분할 때, 음원 대책에 해당하는 것은?

① 거리 감쇠
② 소음기 설치
③ 방음벽 설치
④ 공장건물 내벽의 흡음 처리

⊟ ② 소음기 설치는 발생원(음원) 대책이다.

2. 방음 대책을 음원 대책과 전파경로 대책으로 구분할 때, 다음 중 음원 대책이 아닌 것은?

① 소음기 설치
② 방음벽 설치
③ 공명 방지
④ 방진 및 방사율 저감

⊟ ② 방음벽 설치는 전파경로 대책이다.

3. 방진대책을 발생원, 전파경로, 수진 측 대책으로 분류할 때 다음 중 전파경로 대책에 해당하는 것은?

① 가진력을 감쇠시킨다.
② 진동원의 위치를 멀리하여 거리 감쇠를 크게 한다.
③ 동적 흡진한다.
④ 수진 측의 강성을 변경시킨다.

⊟ ①, ③ : 발생원 대책
④ : 수진 측 대책

정답 1. ② 2. ② 3. ②

소음·진동 제어를 위한 자재 ★★

1 소음·진동 제어 자재의 구분

구 분	종 류	재료 및 성상	원 리
소음 제어	흡음재	경량의 다공성 자재	• 음을 흡수해 소음을 저감하는 자재 • 음파의 파동에너지를 감소시켜 매질입자의 운동에너지(음에너지)를 열에너지로 전환함 • 용도 : 잔향음의 에너지 저감에 사용
	차음재	고밀도의 무거운 소재	• 음을 차단해 소음을 저감하는 자재 • 투과율을 저감시키고, 투과손실을 증가시켜 소음을 저감함
	소음기	반사작용이나 형태를 직렬 또는 병렬로 조합한 구조	• 소음 발생원에 부착해 소음을 저감하는 기구 • 기체의 정상흐름 상태에서 음에너지의 전환으로 감소시킴 • 용도 : 덕트 소음, 엔진의 흡·배기음, 회전기계(송풍기, 터빈) 등에 사용하여 저감
진동 제어	제진재	상대적으로 큰 내부손실을 가진 신축성 있는 점탄성 자재[탄성체(스프링)]	• 진동을 제어하여 진동을 저감하는 자재 • 탄성체로 진동에너지를 열에너지로 변환함 (자재의 점성흐름 손실이나 내부마찰에 의해 열에너지로 변환시킴)
	차진재	방진고무, 금속 및 공기 스프링	• 진동을 차단하여 진동 • 구조적 진동과 진동 전달력을 저감시켜 진동에너지를 감소시킴 • 용도 : 일반 회전기계류의 전달률 저감에 사용

2 흡음재료

(1) 흡음재료의 분류

흡음재의 분류	종 류
다공질형 흡음재	유리솜, 석면, 암면, 발포수지, 폴리우레탄폼 등
판(막)진동형 흡음재	비닐시트, 석고보드, 석면슬레이트, 합판 등
공명형 흡음재	유공 석고보드, 유공 알루미늄판, 유공 하드보드

(2) 흡음재의 선정 및 사용상 주의점

① 흡음률은 시공 시에 배후 공기층의 상황에 따라 변하는 것이므로, 시공할 때와 동일한 조건인 흡음률 데이터를 이용해야 한다.

② 벽면 부착 시 한 곳에 집중시키기보다는 전체 내벽에 분산시켜 부착한다.

③ 방의 모서리(구석)나 가장자리 부분에 흡음재를 부착하면 효과가 좋다.

④ 흡음재는 다공질 재료로서의 흡음작용 외에 판진동에 의한 흡음작용도 발생되므로 진동하기 쉬운 방법이 바람직하다(예를 들면 전면을 접착제로 부착하는 것보다는 못으로 고정시키는 것이 좋음).

⑤ 다공질 재료는 산란하기 쉬우므로 표면에 얇은 직물로 피복하는 것이 바람직하다.

⑥ 비닐시트나 캔버스로 피복을 하는 경우에는 수백 Hz 이상의 고음역에서는 흡음률의 저하를 각오해야 하나, 저음역에서는 판진동 때문에 오히려 흡음률이 증대하는 경우가 많다.

⑦ 다공질 재료의 표면을 도장하면 고음역의 흡음률이 저하된다.

⑧ 막진동이나 판진동형의 흡음기구는 도장을 해도 지장이 없다.

⑨ 다공질 재료의 표면에 종이를 바르는 것은 피해야 한다.

⑩ 다공질 재료의 표면을 다공판으로 피복할 때 개구율은 20% 이상으로 하고, 공명흡음의 경우에는 3~20%의 범위로 하는 것이 좋다.

─ 기출유형 ─

1. 다음 중 다공질 흡음재료에 해당하지 않는 것은?

① 암면
② 유리섬유
③ 발포수지재료(연속기포)
④ 석고보드

➡ ④ 석고보드는 판(막)진동형 흡음재이다.

2. 흡음재료의 선택 및 사용상의 유의점에 관한 설명으로 옳지 않은 것은?

① 벽면 부착 시 한 곳에 집중시키기 보다는 전체 내벽에 분산시켜 부착한다.
② 흡음재는 전면을 접착재로 부착하는 것보다는 못으로 시공하는 것이 좋다.
③ 다공질 재료는 산란하기 쉬우므로 표면에 얇은 직물로 피복하는 것이 바람직하다.
④ 다공질 재료의 흡음률을 높이기 위해 표면에 종이를 바르는 것이 권장되고 있다.

➡ ④ 다공질 재료는 표면에 종이를 바르는 것은 피해야 한다.

정답 1. ④ 2. ④

(3) 방음벽 설계 시 유의점

① 벽의 투과손실은 회절감쇠치보다 적어도 5dB 이상 크게 하는 것이 바람직하다.

② 방음벽 설계 시 음원의 지향성과 크기에 대한 상세한 조사가 필요하다.

③ 벽의 길이는 점음원일 때 벽 높이의 5배 이상, 선음원일 때 음원과 수음점 간 직선 거리의 2배 이상으로 하는 것이 바람직하다.

④ 음원의 지향성이 수음 측 방향으로 클 때에는 벽에 의한 감쇠치가 계산치보다 크게 된다.

⑤ 방음벽 설치가 소음원 주위에 나무를 심는 것보다 확실한 방음효과를 기대할 수 있다.

──(기출유형)──

방음벽 설계 시 유의점으로 옳지 않은 것은?

① 벽의 투과손실은 회절감쇠치보다 적어도 5dB 이상 크게 하는 것이 바람직하다.

② 방음벽 설계 시 음원의 지향성과 크기에 대한 상세한 조사가 필요하다.

③ 벽의 길이는 점음원일 때 벽 높이의 5배 이상, 선음원일 때 음원과 수음점 간 직선거리의 2배 이상으로 하는 것이 바람직하다.

④ 음원의 지향성이 수음 측 방향으로 클 때에는 벽에 의한 감쇠치가 계산치보다 작게 된다.

➡ ④ 음원의 지향성이 수음 측 방향으로 클 때에는 벽에 의한 감쇠치가 계산치보다 크게 된다.

정답 ④

---

3 방진재료(탄성지지 재료)

(1) 방진고무

여러 형태의 고무를 금속의 판이나 관 등의 사이에 끼워서 견고하게 고착시킨 것

구 분	내 용
장점	• 형상의 선택이 비교적 자유로움 • 압축, 전단, 나선 등의 사용방법에 따라, 1개로 2축 방향 및 회전방향의 스프링 정수를 광범위하게 선택 가능 • 댐퍼(damper) 설치 불필요 • 고주파 차진에 좋음(4Hz 이상)
단점	• 내부 마찰에 의한 발열 때문에 열화 가능성이 큼 • 기름, 오존에 약함 • 환경변화에 대응성이 떨어짐

(2) 금속스프링

구 분	내 용
장점	• 환경요소(온도, 부식 등)에 대한 저항성이 큼 • 부착이 용이하며, 내구성이 좋음 • 최대변위가 허용됨 • 저주파 차진에 좋음(2~6Hz) • 가격이 비교적 안정적이고, 하중의 대소에도 불구하고 사용 가능함
단점	• 감쇠가 거의 없고, 공진 시에 전달률이 매우 큼 • 고주파 차진이 어려움 • 공진 시 전달률이 매우 큼 • 서징(surging), 락킹(locking) 발생

(3) 공기스프링

공기의 압축탄성을 이용한 스프링

구 분	내 용
장점	• 하중의 변화에 따라 고유진동수를 일정하게 유지 가능 • 부하능력이 광범위 • 자동제어 가능
단점	• 구조가 복잡하고, 시설비가 많이 듦 • 압축기 등 부대시설이 필요 • 공기 누출의 위험이 있음 • 사용진폭(용진폭)이 적은 것이 많으므로 별도의 댐퍼가 필요한 경우가 많음

─(기출유형)─

형상의 선택이 비교적 자유롭고 압축, 전단 등의 사용방법에 따라 1개로 2축 방향 및 회전 방향의 스프링 정수를 광범위하게 선택할 수 있으나, 내부 마찰에 의한 발열 때문에 열화 되는 방진재료는?

① 방진고무
② 공기스프링
③ 금속스프링
④ 직접지지판 스프링

➡ ② 공기스프링 : 공기의 압축탄성을 이용한 스프링
　　③ 금속스프링 : 금속으로 제작한 스프링

정답 ①

CHAPTER 4 공정시험기준 및 관계 법규

핵심요점 ① 소음·진동 공정시험기준 ★

– 용어의 정의

① **소음원** : 소음을 발생하는 기계·기구, 시설 및 기타 물체 또는 환경부령으로 정하는 사람의 활동

② **반사음** : 한 매질 중의 음파가 다른 매질의 경계면에 입사한 후 진행방향을 변경하여 본래의 매질 중으로 되돌아오는 음

③ **대상소음** : 배경소음 외에 측정하고자 하는 특정 소음

④ **배경소음** : 한 장소에 있어서 특정 음을 대상으로 생각할 경우 대상소음이 없을 때, 그 장소의 소음을 대상소음에 대한 배경소음이라 한다.

⑤ **정상소음** : 시간적으로 변동하지 아니하거나 또는 변동폭이 작은 소음

⑥ **변동소음** : 시간에 따라 소음도 변화폭이 큰 소음

⑦ **충격음** : 폭발음, 타격음과 같이 극히 짧은 시간 동안에 발생하는 높은 세기의 음

⑧ **지시치** : 계기나 기록지 상에서 판독한 소음도로서 실효치

⑨ **소음도** : 소음계의 청감보정회로를 통하여 측정한 지시치

⑩ **등가소음도** : 임의의 측정시간 동안 발생한 변동소음의 총에너지를 같은 시간 내의 정상소음의 에너지로 등가하여 얻어진 소음도

⑪ **측정소음도** : 이 시험방법에서 정한 측정방법으로 측정한 소음도 및 등가소음도 등

⑫ **배경소음도** : 측정소음도의 측정위치에서 대상소음이 없을 때 이 시험방법에서 정한 측정방법으로 측정한 소음도 및 등가소음도 등

⑬ **대상소음도** : 측정소음도에 배경소음을 보정한 후 얻어진 소음도

⑭ **평가소음도** : 대상소음도에 충격음, 관련 시간대에 대한 측정소음 발생시간의 백분율, 시간별, 지역별 등의 보정치를 보정한 후 얻어진 소음도

[기출유형]

소음과 관련된 용어의 정의 중 "측정소음도에서 배경소음을 보정한 후 얻어지는 소음도"를 의미하는 것은?

① 대상소음도　　　　　　② 배경소음도
③ 등가소음도　　　　　　④ 평가소음도

정답 ①

227

핵심요점 ② 환경기준 중 소음 측정방법 ★

1 측정점

① 옥외 측정을 원칙으로 하며, "일반지역"은 해당 지역의 소음을 대표할 수 있는 장소로 하고, "도로변지역"에서는 소음으로 인하여 문제를 일으킬 우려가 있는 장소를 택하여야 한다.

측정점 선정 시에는 해당 지역 소음평가에 현저한 영향을 미칠 것으로 예상되는 공장 및 사업장, 건설사업장, 비행장, 철도 등의 부지 내는 피해야 한다.

② 일반지역의 경우에는 **가능한 한 측정점 반경 3.5m 이내에 장애물(담, 건물, 기타 반사성 구조물 등)이 없는 지점의 지면 위 1.2~1.5m**로 한다.

③ 도로변지역의 경우 장애물이나 주거, 학교, 병원, 상업 등에 활용되는 건물이 있을 때에는 이들 건축물로부터 도로방향으로 1.0m 떨어진 지점의 지면 위 1.2~1.5m 위치로 하며, 건축물이 보도가 없는 도로에 접해 있는 경우에는 도로단에서 측정한다. 다만, 상시측정용의 경우의 측정높이는 주변환경, 통행, 촉수 등을 고려하여 지면 위 1.2~5.0m 높이로 할 수 있다.

2 측정조건

① 소음계의 마이크로폰은 측정위치에 받침장치(삼각대 등)를 설치하여 측정하는 것을 원칙으로 한다.

② 손으로 소음계를 잡고 측정할 경우 **소음계는 측정자의 몸으로부터 0.5m 이상 떨어져야** 한다.

③ 소음계의 **마이크로폰은 주소음원 방향**으로 향하도록 하여야 한다.

④ **풍속이 2m/sec 이상일 때에는 반드시 마이크로폰에 방풍망을 부착하여야 하며, 풍속이 5m/sec를 초과할 때에는 측정하여서는 안 된다.**

⑤ 요일별로 소음변동이 적은 평일(월요일부터 금요일 사이)에 해당 지역의 환경소음을 측정하여야 한다.

3 청감보정회로 및 동특성

① 소음계의 청감보정회로는 **A특성**에 고정하여 측정하여야 한다.

② 소음계의 동특성은 원칙적으로 **빠름(fast)**을 사용하여 측정하여야 한다.

4 **측정시간 및 측정지점수**

① 낮 시간대(06 : 00 ~ 22 : 00)에는 해당 지역 소음을 대표할 수 있도록 측정지점수를 충분히 결정하고, 각 측정지점에서 **2시간 이상 간격으로 4회 이상 측정**하여 산술평균한 값을 측정소음도로 한다.

② 밤 시간대(22 : 00 ~ 06 : 00)에는 낮 시간대에 측정한 측정지점에서 **2시간 간격으로 2회 이상 측정**하여 산술평균한 값을 측정소음도로 한다.

─┤ 기출유형 ├─

손으로 소음계를 잡고 측정할 경우 소음계는 측정자의 몸으로부터 얼마 이상 떨어져야 하는가?

① 0.1m 이상   ② 0.2m 이상

③ 0.3m 이상   ④ 0.5m 이상

➡ 손으로 소음계를 잡고 측정할 경우 소음계는 측정자의 몸으로부터 0.5m 이상 떨어져야 한다.

정답 ④

핵심요점 **③**   **배출허용기준의 측정방법 ★**

1 **측정점**

① 공장의 부지경계선(아파트형 공장의 경우에는 공장 건물의 부지경계선) 중 피해가 우려되는 장소로서 소음도가 높을 것으로 예상되는 지점의 **지면 위 1.2~1.5m 높이**로 한다.

② 공장의 부지경계선이 불명확하거나 공장의 부지경계선에 비하여 피해가 예상되는 자의 부지경계선에서의 소음도가 더 큰 경우에는 피해가 예상되는 자의 부지경계선으로 한다.

③ 측정지점에 담, 건물 등 높이가 1.5m를 초과하는 장애물이 있는 경우에는 장애물로부터 **소음원 방향으로 1~3.5m 떨어진 지점**으로 한다. 다만, 그 장애물이 방음벽이거나 충분한 차음이 예상되는 경우에는 장애물 밖의 1~3.5m 떨어진 지점 중 암영대(暗影帶)의 영향이 적은 지점으로 한다.

④ 배경소음도는 측정소음도의 측정점과 동일한 장소에서 측정함을 원칙으로 한다.

2 측정조건

① 소음계의 마이크로폰은 측정위치에 받침장치(삼각대 등)를 설치하여 측정하는 것을 원칙으로 한다.

② 손으로 소음계를 잡고 측정할 경우 소음계는 측정자의 몸으로부터 **0.5m 이상** 떨어져야 한다.

③ 소음계의 마이크로폰은 주소음원 방향으로 향하도록 하여야 한다.

④ **풍속이 2m/sec 이상일 때에는 반드시 마이크로폰에 방풍망을 부착하여야 하며, 풍속이 5m/sec를 초과할 때에는 측정하여서는 아니 된다.**

⑤ 진동이 많은 장소 또는 전자장(대형 전기기계, 고압선 근처 등)의 영향을 받는 곳에서는 적절한 방지책(방진, 차폐 등)을 강구하여 측정하여야 한다.

⑥ 측정소음도의 측정은 대상 배출시설의 소음발생기기를 가능한 한 **최대출력**으로 가동시킨 정상상태에서 측정하여야 한다.

⑦ 배경소음도는 대상 배출시설의 가동을 중지한 상태에서 측정하여야 한다.

⑧ 소음계의 청감보정회로는 **A특성**에 고정하여 측정하여야 한다.

⑨ 소음계의 동특성은 원칙적으로 **빠름(fast)**을 사용하여 측정하여야 한다.

3 측정시각 및 측정지점수

피해가 예상되는 적절한 측정시각에 **2지점 이상**의 측정지점수를 선정·측정하여 그 중 가장 높은 소음도를 측정소음도로 한다.

기출유형

소음의 배출허용기준 측정방법에서 소음계의 청감보정회로는 어디에 고정하여 측정하여야 하는가?

① A특성 ② B특성
③ D특성 ④ F특성

➡ 청감보정회로 및 동특성
- 소음계의 청감보정회로는 A특성에 고정하여 측정하여야 한다.
- 소음계의 동특성은 원칙적으로 빠름(fast)을 사용하여 측정하여야 한다.

정답 ①

핵심요점 ④ 소음계 ★

1 소음계의 구성요소

소음계는 마이크로폰, 증폭기, 주파수 반응회로, 지시계로 구성되어 있다.

① 마이크로폰 : 음파의 미약한 압력변화(음압)를 전기신호로 변환하는 장치

② 증폭기 : 전기적 신호를 증폭시키는 장치

③ 교정장치 : 소음측정기의 감도를 점검 및 교정하는 장치

④ 정류회로 : 교류를 직류로 변환시키는 회로

⑤ 청감보정회로 : 등청감곡선에 가까운 보정회로, 인체의 청감각을 주파수 보정특성에 따라 나타내는 것

⑥ 동특성조절기 : 지시계기의 반응속도를 빠름 및 느림의 특성으로 조절할 수 있는 조절기

⑦ 출력단자(간이소음계 제외) : 소음신호를 기록기에 전속할 수 있는 것(교류출력단자)

⑧ 레벨레인지 변환기 : 측정하고자 하는 소음도가 지시계기의 범위 내에 있도록 하기 위한 감쇠기

⑨ 지시계기 : 소음을 숫자로 나타내는 부분

2 소음계의 성능기준

① 측정 가능 주파수 범위는 31.5Hz~8kHz 이상이어야 한다.

② 측정 가능 소음도 범위는 35~130dB 이상이어야 한다. 다만, 자동차 소음 측정에 사용되는 것은 45~130dB 이상으로 한다.

③ 레벨레인지 변환기가 있는 기기에 있어서 레벨레인지 변환기의 전환오차가 0.5dB 이내이어야 한다.

④ 지시계기의 눈금오차는 0.5dB 이내이어야 한다.

─（기출유형）─

소음계의 구성요소 중 음파의 미약한 압력변화(음압)를 전기신호로 변환하는 것은?

① 정류회로 ② 마이크로폰

③ 동특성조절기 ④ 청감보정회로

➡ ① 정류회로 : 교류를 직류로 변환시키는 회로

③ 동특성조절기 : 지시계기의 반응속도를 빠름 및 느림의 특성으로 조절할 수 있는 조절기

④ 청감보정회로 : 등청감곡선에 가까운 보정회로

정답 ②

Memo

PART 2

필기
최근 기출문제

최근 환경기능사 필기 기출문제 풀이

과목명\출제비율	단답형 문제	장답형 문제	계산형 문제
대기오염 방지	74%	3%	23%
폐수 처리	64%	7%	29%
폐기물 처리	75%	3%	22%
소음·진동 방지	71%	0%	29%

환경기능사 필기시험에서는 단답 유형의 문제가 가장 많이 출제되기 때문에 단답형으로 출제되는 이론을 완벽하게 암기한다면 합격점인 60점을 넘을 수 있다.

하지만 단답형 문제를 모두 맞는다는 보장을 할 수 없기 때문에, 계산 유형의 문제도 숙지해 두어야 한다. 공식의 암기는 물론 문제풀이에 적용하여 계산문제를 푸는 것을 많은 수험생이 어려워하지만, 출제되는 유형이 정해져 있기 때문에 이 책에 정리된 기출문제 풀이를 잘 따라오기를 바란다.

또한 별책부록의 「계산형 암기노트」를 활용하여 공식을 틈틈이 익히도록 한다.

PART 2
필기 최근 기출문제

01 다음 세정 집진장치 중 스로트(throat)부 가스속도가 60~90m/sec 정도인 것은?

① 충전탑
② 분무탑
③ 제트 스크러버
④ 벤투리 스크러버

해설 ① 충전탑 : 0.3~1m/sec
② 분무탑 : 0.2~1m/sec
③ 제트 스크러버 : 10~20m/sec
④ 벤투리 스크러버 : 60~90m/sec

02 사이클론의 집진효율을 높이는 블로다운 효과를 위해 호퍼부에서 처리가스량의 몇 % 정도를 흡인하는가?

① 0.1~0.5%   ② 5~10%
③ 100~120%   ④ 150~180%

해설 **블로다운(blow down)**
사이클론 하부 분진박스(dust box)에서 처리가스량의 5~10%에 상당하는 함진가스를 추출하여 유효원심력을 증대시키며, 선회기류의 흐트러짐과 집진된 먼지의 재비산을 방지한다.

03 다음 중 산성비에 관한 설명으로 가장 거리가 먼 것은?

① 독일에서 발생한 슈바르츠발트(검은 숲이란 뜻)의 고사현상은 산성비에 의한 대표적인 피해이다.
② 바젤협약은 산성비 방지를 위한 대표적인 국제협약이다.
③ 산성비에 의한 피해로는 파르테논 신전과 아크로폴리스와 같은 유적의 부식 등이 있다.
④ 산성비의 원인물질로 H_2SO_4, HCl, HNO_3 등이 있다.

해설 ② 바젤협약은 유해 폐기물의 국가 간 불법적인 교역을 통제하기 위한 국제협약이다.

The⁺ 알아보기

산성비에 관한 국제협약
• 헬싱키의정서(1985년) : 황산화물(SOx) 저감에 관한 협약
• 소피아의정서(1989년) : 질소산화물(NOx) 저감에 관한 협약

04 바람을 일으키는 4가지 힘에 해당하지 않는 것은 어느 것인가?

① 응집력   ② 전향력
③ 마찰력   ④ 기압경도력

해설 **바람을 일으키는 힘**
• 기압경도력 : 특정 두 지점 사이의 기압 차에 발생하는 힘
• 전향력(코리올리 힘) : 지구의 자전으로 발생하는 가상의 힘
• 원심력 : 중심에서 멀어지려는 힘
• 마찰력 : 지표에서 풍속에 비례하며 진행방향의 반대로 작용하는 힘

05 다음 중 화학흡착의 특성에 해당되는 것은? (단, 물리흡착과 비교한다.)

① 온도범위가 낮다.
② 흡착열이 낮다.
③ 여러 층의 흡착층이 가능하다.
④ 흡착제의 재생이 이루어지지 않는다.

해설 **물리적 흡착과 화학적 흡착의 비교**

구 분	물리적 흡착	화학적 흡착
원리	용질-흡착제 간의 분자인력이 용질-용매 간의 인력보다 클 때 흡착	흡착제-용질 사이의 화학반응에 의해 흡착
구동력	반데르발스 힘	화학반응
반응	가역반응	비가역반응
재생	가능	**불가능**
흡착열 (발열량)	적음 (40kJ/mol 이하)	많음 (80kJ/mol 이상)
압력과의 관계	분자량↑ 압력↑ ➡ 흡착능↑	압력↓ ➡ 흡착능↑
온도와의 관계	온도↓ ➡ 흡착능↑	온도↑ ➡ 흡착능↑
분자층	다분자층 흡착	단분자층 흡착

06 일반적으로 배기가스의 입구 처리속도가 증가하면 제진효율이 커지며 블로다운 효과와 관련된 집진장치는?

① 중력 집진장치 ② 원심력 집진장치
③ 전기 집진장치 ④ 여과 집진장치

> **해설** 블로다운 효과는 원심력 집진장치에서 집진율을 높이는 방법이다.

07 다음 중 주로 광화학 반응에 의하여 생성되는 물질은?

① CH_4 ② PAN
③ NH_3 ④ HC

> **해설** 광화학 반응으로 생성된 옥시던트
> O_3, 알데하이드, H_2O_2, NOCl(염화나이트로실), CH_2CHCHO (아크롤레인), 케톤, PAN, PBN, PPN 등

08 일산화탄소의 특성으로 옳지 않은 것은?

① 무색무취의 기체이다.
② 물에 잘 녹고, CO_2로 쉽게 산화된다.
③ 연료 중 탄소의 불완전연소 시에 발생한다.
④ 헤모글로빈과의 결합력이 강하다.

> **해설** 일산화탄소의 성질
> • 분자량 28, 무색무취의 기체이다.
> • **물에 잘 녹지 않는다(난용성).**
> • 금속산화물을 환원시킨다(환원제).
> • 체류시간은 1~3개월이다.
> • 연탄가스 중독을 일으킨다.
> • 연료 중 탄소의 불완전연소 시에 발생한다.
> • 헤모글로빈과의 결합력이 산소의 약 210배이다.

09 집진장치에 관한 설명으로 옳은 것은?

① 사이클론은 여과 집진장치에 해당된다.
② 중력 집진장치는 고효율 집진장치에 해당된다.
③ 여과 집진장치는 수분이 많은 먼지 처리에 적합하다.
④ 전기 집진장치는 코로나방전을 이용하여 집진하는 장치이다.

> **해설** ① 사이클론은 원심력 집진장치이다.
> ② 중력 집진장치는 효율이 가장 낮은 저효율 집진장치이다.
> ③ 여과 집진장치는 수분이 많은 먼지를 처리하기 어렵다.

10 액화천연가스의 주성분은?

① 나프타 ② 메테인
③ 뷰테인 ④ 프로페인

> **해설** 기체연료의 주성분
> • 액화천연가스(LNG) : 메테인(CH_4)
> • 액화석유가스(LPG) : 프로페인(C_3H_8), 뷰테인(C_4H_{10})

11 탄소 12kg을 완전연소시키는 데 필요한 이론 산소량(Sm^3)은?

① 11.2 ② 22.4
③ 53.3 ④ 106.7

> **해설**
> $C + O_2 \rightarrow CO_2$
> 12kg : $22.4Sm^3$
> 12kg : $x(Sm^3)$
> $\therefore x = 22.4Sm^3$

12 건조한 대기의 구성성분 중 질소, 산소 다음으로 많은 부피를 차지하고 있는 것은?

① 아르곤 ② 이산화탄소
③ 네온 ④ 오존

> **해설** 대기의 조성(부피농도 순)
> 질소(N_2) > 산소(O_2) > 아르곤(Ar) > 이산화탄소(CO_2) > 네온(Ne) > 헬륨(He)

13 여과 집진장치의 특성으로 가장 거리가 먼 것은?

① 폭발성, 점착성 및 흡습성의 먼지 제거에 매우 효과적이다.
② 가스 온도에 따라 여재의 사용이 제한된다.
③ 수분이나 여과속도에 대한 적응성이 낮다.
④ 여과재의 교환으로 유지비가 고가이다.

> **해설** 여과 집진장치의 장단점
>
> | 장 점 | 단 점 |
> | --- | --- |
> | • 미세입자의 집진효율이 높음
• 처리입경범위가 넓음
• 취급이 쉬움
• 여러 가지 형태의 분진 포집이 가능
• 다양한 여재 사용으로 설계 및 운영이 유연함 | • 소요 설치공간이 크고, 유지비가 많이 듦
• 내열성이 적어 고온가스 처리가 어려움
• 가스의 온도에 따라 여과재 선택에 제한을 받음
• 여과포 손상이 쉬움
• 습하면 눈막힘 현상으로 여과포가 막힘
• 수분·여과속도에 대한 적응성이 낮음
• 폭발위험성이 있음
• **폭발성, 점착성 및 흡습성의 먼지 제거에 부적합** |

14 다음 대기오염물질 중 1차 생성 오염물질인 것은 어느 것인가?

① CO_2

② PAN

③ O_3

④ H_2O_2

해설 **대기오염물질의 분류**

구 분	종 류
1차 대기오염물질	CO, CO_2, HC, HCl, NH_3, H_2S, NaCl, N_2O_3, 먼지, Pb, Zn 등 대부분 물질
2차 대기오염물질	O_3, PAN($CH_3COOONO_2$), H_2O_2, NOCl, 아크롤레인(CH_2CHCHO)
1 · 2차 대기오염물질	SOx(SO_2, SO_3), NOx(NO, NO_2), H_2SO_4, HCHO, 케톤, 유기산

15 수소가 15%, 수분이 0.5% 함유된 중유의 저위발열량이 10,300kcal/kg일 때, 고위발열량은?

① 9,487kcal/kg

② 10,805kcal/kg

③ 11,113kcal/kg

④ 12,300kcal/kg

해설
$$H_h = H_l + 600(9H + W)$$
$$= 10,300 + 600(9 \times 0.15 + 0.005)$$
$$= 11,113kcal/kg$$

여기서, H_h : 고위발열량(kcal/kg)

H_l : 저위발열량(kcal/kg)

H : 수소의 함량

W : 수분의 함량

16 0.1M 수산화소듐 용액의 농도는 몇 ppm인가?

① 40

② 400

③ 4,000

④ 40,000

해설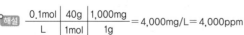

$$\frac{0.1mol}{L} \left| \frac{40g}{1mol} \right| \frac{1,000mg}{1g} = 4,000mg/L = 4,000ppm$$

단위 NaOH : 1mol=40g

몰농도(M) : mol/L

ppm=mg/L

17 Jar test와 가장 관련이 깊은 것은?

① 응집제 선정과 주입량 결정

② 흡착제(물리, 화학) 선정과 적용

③ 경도 결정

④ 최적 알칼리도 선정

해설 Jar test는 약품교반실험으로, SS를 응집침전으로 제거할 경우 SS 제거효율이 가장 높을 때의 응집제 및 응집보조제를 선정하고 최적주입량을 결정하는 실험이다.

18 다음 중 플루오린 제거를 위한 폐수처리방법으로 가장 적합한 것은?

① 화학침전   ② P/L 공정

③ 살수여상   ④ UCT 공정

해설 플루오린 처리는 화학침전으로 한다.

19 다음 그래프는 하천에서 질소화합물의 분해과정이다. 이에 관한 설명으로 가장 거리가 먼 것은?

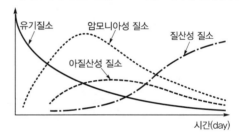

① 유기물에 함유된 유기질소는 점차 무기질소로 변한다.

② 질산화 미생물에 의해 최종적으로 질산성 질소로 변한다.

③ 질산성 질소가 다량 검출되면 오염물질이 인근에서 배출되었다고 의심할 수 있다.

④ 유기질소가 다량 검출되면 수인성 전염병을 유발하는 각종 세균의 존재가능성을 의심할 수 있다.

해설 **질소 형태에 따른 오염의 경과**

• 유기질소는 수중에 유입된 후 가수분해와 질산화로 형태가 변한다.

• 유기질소나 암모니아성 질소가 수중에 많으면 오염물질이 수중에 유입된 지 얼마 되지 않았으며, 인근에서 유입되었음을 알 수 있다.

• 질산성 질소가 수중에 많으면 오염물질이 유입된 지 오래되었음을 알 수 있다(질산성 질소는 질산화의 최종 생성물이므로).

20 A식품제조공장에서 배출되고 있는 폐수의 BOD_5 값이 480mg/L이고, 탈산소계수가 0.2/day라면 최종 BOD_u 값은? (단, 상용대수 적용)

① 497mg/L   ② 517mg/L

③ 526mg/L   ④ 533mg/L

해설 $BOD_5 = BOD_u(1-10^{-kt})$

$480 = BOD_u(1-10^{-0.2 \times 5})$

$\therefore BOD_u = \dfrac{480}{(1-10^{-0.2 \times 5})} = 533.33mg/L$

여기서, BOD_u : 최종 BOD

BOD_5 : 5일 후의 BOD

k : 탈산소계수

t : 시간(day)

21 유기물을 호기성으로 완전분해 시 최종산물은?

① 이산화탄소와 메테인

② 일산화탄소와 메테인

③ 이산화탄소와 물

④ 일산화탄소와 물

해설 유기물을 호기성 분해시키면 이산화탄소(CO_2), 물(H_2O) 등이 발생한다.

The⁺알아보기

호기성 분해와 혐기성 분해의 비교

• 호기성 분해

고분자 + 산소 → 저분자(산화물질) + 에너지

유기물 + O_2 → CO_2 + H_2O + 에너지

$C_6H_{12}O_6 + 6O_2$ → $6CO_2 + 6H_2O$

• 혐기성 분해

고분자 → 저분자(혐기성 기체) + 에너지

유기물 → $CO_2 + CH_4$ + 에너지

$C_6H_{12}O_6$ → $3CO_2 + 3CH_4$

22 다음 중 활성슬러지공법으로 폐수를 처리하는 경우 침전성이 좋은 슬러지가 최종 침전지에서 떠오르는 슬러지 부상(sludge rising)을 일으키는 원인으로 가장 적합한 것은?

① 층류 형성

② 이온전도도 차

③ 탈질작용

④ 색도 차

해설 **슬러지 부상**

2차 침전지에서 탈질화가 일어남으로써 발생하는 질소가스가 슬러지 덩어리를 같이 끌고 탈기되어 침전조 수면에 슬러지가 떠올라 퍼지는 현상

23 대표적인 부착성장식 생물학적 처리공법 중 하나로, 미생물이 부착된 매체에 하수를 뿌려주어 유기물을 제거하는 공법은?

① 산화지법   ② 소화조법

③ 살수여상법   ④ 활성슬러지법

해설 **생물막 공법(부착생물법)의 종류**

• 살수여상법 : 여재에 미생물을 키워 호기성 처리하는 생물막 공법

• 회전원판법 : 원판에 미생물을 키워 원판을 회전하면서 호기성 처리하는 생물막 공법

• 접촉산화법 : 접촉제에 미생물을 키워 호기성 처리하는 생물막 공법

• 호기성 여상법 : 3~5mm 정도의 접촉여재를 충전시킨 여상에 미생물을 키워 호기성 처리하는 생물막 공법

24 A공장 폐수의 BOD가 800ppm이다. 유입폐수량이 1,000m³/hr일 때 1일 BOD 부하량은? (단, 폐수의 비중은 1.0이고, 24시간 연속 가동한다.)

① 19.2t   ② 20.2t

③ 21.2t   ④ 22.2t

해설 BOD 부하량(t/day)

=BOD 농도×유량

$=\dfrac{800mg}{L} \times \dfrac{1,000m^3}{hr} \times \dfrac{1,000L}{1m^3} \times \dfrac{1t}{10^9mg} \times \dfrac{24hr}{1day}$

=19.2t/day

단위 ppm=mg/L

25 다음과 같은 특성을 갖는 수원은?

• 안료, 화학전지 제조나 도금공장 등에서 발생된다.

• 광산 폐수에 함유된 이 물질 때문에 일본에서는 이타이이타이병이 발생했다.

• 급성중독은 위장 점막에 염증을 일으키며 기침, 현기증, 복통 등의 증상을 나타낸다.

① Cr   ② Cu

③ Hg   ④ Cd

해설 **주요 유해물질별 만성중독증**

• 카드뮴 : 이타이이타이병

• 수은 : 미나마타병, 헌터루셀병

• PCB : 카네미유증

• 비소 : 흑피증

• 플루오린 : 반상치

• 망가니즈 : 파킨슨씨 유사병

• 구리 : 간경변, 윌슨씨병

26 입자의 침전속도 0.5m/day, 유입유량 50m³/day, 침전지 표면적 50m², 깊이 2m인 침전지에서의 침전효율은?

① 20% ② 50%
③ 70% ④ 90%

해설
$$\eta = \frac{V_g}{Q/A} = \frac{V_g \cdot A}{Q}$$

$$= \frac{0.5m}{day} \frac{day}{50m^3} \frac{50m^2}{}$$

$$= 0.5 = 50\%$$

여기서, η : 침전효율
V_g : 입자의 침전속도
Q/A : 표면적 부하

27 아래 공정은 무기환원제에 의한 크로뮴 함유 폐수의 처리공정이다. 이에 관한 설명으로 옳지 않은 것은?

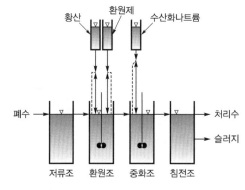

① 알칼리를 주입하여 수산화물로 침전시켜 제거한다.
② 3가크로뮴을 함유한 폐수는 NaClO 환원제를 사용하여 6가크로뮴으로 환원시켜 처리한다.
③ 폐수의 색상은 황색에서 청록색으로 변하므로 반응의 완결을 알 수 있다.
④ 환원반응은 pH 2~3이 적절하고 pH가 낮을수록 반응속도가 빠르나 비경제적이며 pH 4 이상이 되면 반응속도가 급격히 떨어진다.

해설 ② 6가크로뮴을 함유한 폐수는 NaClO 환원제를 사용하여 3가크로뮴으로 환원시켜 처리한다.

28 살수여상 운전 시 발생하는 일반적인 문제점으로 거리가 먼 것은?

① 악취 발생
② 연못화 현상
③ 파리 발생
④ 슬러지 팽화

해설 ④ 슬러지 팽화는 부유생물법(활성슬러지 및 그 변법)의 문제점이다.

The⁺알아보기

살수여상법의 운영상 문제점
• 연못화
• 파리 번식
• 악취
• 여상의 폐쇄
• 생물막 탈락
• 결빙

29 다음과 같은 특성을 갖는 수원은?

• 일반적으로 무기물이 풍부하고 지표수보다 깨끗하다.
• 연중 수온의 변화가 적으므로 수원으로 많이 이용되고 있다.
• 일년 내내 온도가 거의 일정하다.

① 호수 ② 하천수
③ 지하수 ④ 바닷물

해설 지하수의 특징
• 수질의 변화가 적다.
• 연중 수온의 변화가 거의 없다.
• 낮은 공기용해도, 환원상태, 지표면 깊은 곳에서는 무산소상태가 될 수 있다.
• 유속과 자정속도가 느리다.
• 세균에 의한 유기물 분해가 주된 생물작용이다.
• 지표수보다 유기물이 적으며, 일반적으로 지표수보다 깨끗하다.
• 지표수보다 무기물 성분이 많아 알칼리도, 경도, 염분이 높다.
• 국지적인 환경조건의 영향을 크게 받으며, 지질 특성에 영향을 받는다.
• 수직분포에 따른 수질 차이가 있다.
• 비교적 깊은 곳의 물일수록 지층과의 보다 오랜 접촉에 의해 용매 효과가 커진다.
• 오염정도의 측정과 예측 · 감시가 어렵다.

30 바닷물(해수)에 관한 설명으로 옳지 않은 것은?

① 해수는 수자원 중에서 97% 이상을 차지하나, 사용목적이 극히 한정되어 있는 실정이다.

② 해수의 pH는 약 8.2 정도로 약알칼리성을 띠고 있다.

③ 해수는 약전해질로 염소이온농도가 약 35ppm 정도이다.

④ 해수의 주요 성분 농도비는 거의 일정하다.

[해설] ③ 해수는 강전해질이고, 염소이온농도가 약 19,000ppm 정도이다.

31 다음 중 비점오염원에 해당하는 것은?

① 농경지

② 세차장

③ 축산단지

④ 비료공장

[해설] **점오염원과 비점오염원의 발생원**
• 점오염원 : 가정하수, 공장폐수, 축산폐수, 분뇨처리장, 가두리양식장, 세차장 등
• 비점오염원 : 임야, 강우 유출수, **농경지 배수**, 지하수, 농지, 골프장, 거리 청소수, 도로, 광산, 벌목장 등

32 물이 얼어 얼음이 되는 것과 같이 물질의 상태가 액체상태에서 고체상태로 변하는 현상을 무엇이라 하는가?

① 융해

② 응고

③ 액화

④ 승화

[해설] **물의 상태변화**
• 용융(융해) : 고체가 액체로 변하는 현상
• **응고 : 액체가 고체로 변하는 현상**
• 기화 : 액체가 기체로 변하는 현상
• 액화 : 기체가 액체로 변하는 현상
• 승화 : 고체가 기체가 되거나, 기체가 고체로 변하는 현상

33 0.01M 염산(HCl) 용액의 pH는 얼마인가? (단, 이 농도에서 염산은 100% 해리한다.)

① 1   ② 2

③ 3   ④ 4

[해설] 100% 해리될 때(강산일 때)의 pH

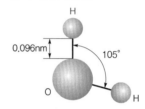

$[H^+] = C = 0.001M$

$pH = -\log[H^+] = -\log[0.001] = 3$

여기서, C : 강산의 초기 몰농도(mol/L)

34 아래 그림은 물 분자의 구조이다. 이와 관련된 설명으로 옳지 않은 것은?

① 분자구조와 비극성의 효과로 작은 쌍극자를 갖는다.

② 산소는 전기음성도가 매우 커서 공유결합을 하고 있다.

③ 산소원자와 수소원자가 공유결합하고, 2개의 고립전자쌍이 산소원자에 남아 있다.

④ 고립전자쌍은 서로 반발력을 형성하여 분자 모형은 105°의 각도를 가진다.

[해설] ① 물 분자는 O원자와 H원자의 전기음성도 차이가 커서 큰 쌍극자를 가지고, 강한 극성 분자이다.

35 생물학적 고도처리방법 중 활성슬러지공법의 포기조 앞에 혐기성 조를 추가시킨 것으로 혐기성 조, 호기성 조로 구성되고, 질소 제거가 고려되지 않아 높은 효율의 N, P의 동시제거는 곤란한 공법은?

① A/O 공법

② A₂/O 공법

③ VIP 공법

④ UCT 공법

질소 및 인 제거공정

구 분	처리방법	공 정
질소 제거	물리화학적 방법	• 암모니아 탈기법(스트리핑) • 파괴점 염소 주입법 • 선택적 이온교환법
	생물학적 방법	• MLE(무산소−호기법) • 4단계 바덴포(bardenpho) 공법
인 제거	물리화학적 방법	• 금속염 첨가법 • 석회 첨가법(정석탈인법)
	생물학적 방법	• **A/O 공법(혐기−호기법)** • 포스트립(phostrip) 공법
질소·인 동시제거		• A₂/O 공법 • UCT 공법 • MUCT 공법 • VIP 공법 • SBR 공법 • 수정 포스트립 공법 • 5단계 바덴포 공법

36 매립 시 발생되는 매립가스 중 악취를 유발시키는 물질은?

① CH_4　　　② CO_2

③ NH_3　　　④ CO

매립가스 중 악취를 유발하는 물질은 암모니아(NH_3)와 황화수소(H_2S)이다.

🌱 The⁺알아보기

• 매립가스 중 악취 가스 : 암모니아(NH_3), 황화수소(H_2S)
• 매립가스 중 폭발 위험이 가장 큰 가스 : 메테인(CH_4)
• 매립가스 중 회수하여 에너지원으로 이용하는 가스
  : 메테인(CH_4)

37 물의 증발잠열은 약 얼마인가? (단, 0℃ 기준)

① 300kcal/kg　　② 600kcal/kg

③ 900kcal/kg　　④ 1,200kcal/kg

물의 증발잠열
• 600kcal/kg
• 480kcal/Sm³

38 혐기성 소화방법으로 쓰레기를 처분하려고 한다. 연료로 쓰일 수 있는 가스를 많이 얻으려면 다음 중 어떤 성분이 특히 많아야 유리한가?

① 질소　　　② 탄소

③ 산소　　　④ 인

연료로 사용할 수 있는 가스는 메테인이며, 탄소(C) 성분이 많아야 메테인이 많이 발생한다.

39 건조된 고형물(dry solid)의 비중이 1.42이고, 건조 이전의 dry solid 함량이 38%, 건조중량이 400kg일 때, 슬러지케이크의 비중은?

① 1.32　　　② 1.28

③ 1.21　　　④ 1.13

1) 수분 함량(%)
$$SL = TS + W$$
$$100\% = 38\% + 62\%$$
2) 슬러지케이크의 비중(ρ_{SL})
$$\frac{100}{\rho_{SL}} = \frac{38}{1.42} + \frac{62}{1}$$
$$\therefore \rho_{SL} = 1.1266$$

40 다음 폐기물 분석항목 중 폐기물 공정시험기준 상 원자흡수 분광광도법으로 분석하는 것은?

① 감염성 미생물

② 유기인

③ 폴리클로리네이티드바이페닐

④ 6가크로뮴

원자흡수 분광광도법은 주로 중금속을 분석하는 데 이용한다.

41 폐기물의 파쇄 작업 시 발생하는 문제점과 가장 거리가 먼 것은?

① 먼지 발생

② 폐수 발생

③ 폭발 발생

④ 소음·진동 발생

파쇄의 문제점
• 2차 공해 발생(소음 및 진동, 먼지 등)
• 부식 촉진
• 폭발
• 매립지에서 고농도 침출수 유출 가능

42 통상적으로 소각로의 설계기준이 되는 진발열량을 의미하는 것은?

① 고위발열량

② 저위발열량

③ 고위발열량과 저위발열량의 기하평균

④ 고위발열량과 저위발열량의 산술평균

소각로의 설계기준이 되는 것은 저위발열량이다.

43 400,000명이 거주하는 A지역에서 1주일 동안 8,000m³의 쓰레기를 수거하였다. 이 지역의 쓰레기 발생원 단위가 1.37kg/인·일이면 쓰레기의 밀도(t/m³)는?

① 0.28
② 0.38
③ 0.48
④ 0.58

해설 단위환산으로 풀이한다.

$$\frac{1.37kg}{인 \cdot 일} \left| \frac{400,000인}{} \right| \frac{1t}{1,000kg} \left| \frac{7일}{8,000m^3} \right.$$

$= 0.4795t/m^3$

44 A폐기물의 조성이 탄소 42%, 산소 34%, 수소 8%, 황 2%, 회분 14%이었다. 이때 고위발열량을 구하면?

① 약 4,070kcal/kg
② 약 4,120kcal/kg
③ 약 4,600kcal/kg
④ 약 4,730kcal/kg

해설 고위발열량(H_h, kcal/kg)

$= 8,100C + 34,000\left(H - \dfrac{O}{8}\right) + 2,500S$

$= 8,100 \times 0.42 + 34,000\left(0.08 - \dfrac{0.34}{8}\right) + 2,500 \times 0.02$

$= 4,727$

여기서, C : 탄소 함량
H : 수소 함량
O : 산소 함량
S : 황 함량

45 다음 중 Optical sorter(광학분류기)를 이용하기에 가장 적합한 것은?

① 종이와 플라스틱의 분리
② 색유리와 일반유리의 분리
③ 딱딱한 물질과 물렁한 물질의 분리
④ 유기물과 무기물의 분리

해설 광학선별법(optical sorting)
• 물질이 가진 광학적 특성의 차를 이용하여 분리하는 방법
• 투명한 폐기물과 불투명한 폐기물의 선별에 사용
예 색유리와 일반유리의 분리, 돌·코르크·유리의 선별

46 슬러지를 가열(210℃ 정도)·가압(120atm 정도)시켜 슬러지 내의 유기물이 공기에 의해 산화되도록 하는 공법은?

① 가열 건조
② 습식 산화
③ 혐기성 산화
④ 호기성 소화

해설 습식 산화법(Zimmerman process)은 슬러지에 가열(200~270℃ 정도)·가압(70~120atm 정도)시켜 산소에 의해 유기물을 화학적으로 산화시키는 공법이다.

47 가로 1.2m, 세로 2m, 높이 12m의 연소실에서 저위발열량이 12,000kcal/kg인 중유를 1시간에 10kg씩 연소시킨다면, 연소실의 열발생률은?

① 2,888kcal/m³·hr
② 3,742kcal/m³·hr
③ 4,167kcal/m³·hr
④ 5,644kcal/m³·hr

해설 $Q_v = \dfrac{G_f H_l}{V}$

$= \dfrac{10kg}{hr} \left| \dfrac{12,000kcal}{kg} \right| \dfrac{}{1.2m \times 2m \times 12m}$

$= 4166.66kcal/m^3 \cdot hr$

여기서, Q_v : 연소실 열발생률(kcal/m³·hr)
G_f : 폐기물 소비량(kg/hr)
H_l : 저위발열량(kcal/kg)
V : 연소실 체적(m³)

48 다음 중 폐기물의 퇴비화 시 적정 C/N 비로 가장 적합한 것은?

① 1~2
② 1~10
③ 5~10
④ 25~50

해설 퇴비화의 최적조건

영향요인	최적조건
C/N 비	20~40(50)
온도	50~65℃
함수율	50~60%
pH	5.5~8
산소	5~15%
입도(입경)	1.3~5cm

49 다음 중 적환장을 설치할 필요성이 가장 낮은 경우는?

① 공기 수송방식을 사용하는 경우
② 폐기물 수거에 대형 컨테이너를 많이 사용하는 경우
③ 처분장이 원거리에 있어 도중에 불법투기의 가능성이 있는 경우
④ 처분장이 멀리 떨어져 있어 소형 차량에 의한 수송이 비경제적일 경우

[해설] **적환장 설치가 필요한 경우**
• 작은 용량(15m³ 이하)의 수집차량을 사용하는 경우
• 저밀도 거주지역이 존재하는 경우
• 불법투기와 다량의 어질러진 쓰레기가 발생하는 경우
• 슬러지 수송이나 공기 수송방식을 사용하는 경우
• 처분지가 수집장소로부터 멀리 떨어져 있는 경우
• 상업지역에서 폐기물 수거에 소형 용기를 많이 사용하는 경우
• 최종 처리장과 수거지역의 거리가 먼 경우(약 16km 이상)

50 하부로부터 가스를 주입하여 모래를 부상시켜 이를 가열하고 상부에서 폐기물을 주입하여 태우는 형식의 소각로는?

① 고정상 소각로
② 화격자 소각로
③ 유동층 소각로
④ 열분해 용융 소각로

[해설] **유동층 소각로**
하부에서 뜨거운 공기를 주입하여 유동매체(모래)를 유동시켜 가열시키고, 상부에서 폐기물을 주입하여 소각하는 형식

51 다음 폐수처리법 중 고액분리방법이 아닌 것은?

① 부상분리
② 전기투석
③ 원심분리
④ 스크리닝

[해설] ② 전기투석 : 물속의 이온을 분리하는 화학적 처리방법

The⁺알아보기

고액분리
• 정의 : 고체(오염물질)와 액체(물)를 분리하는 것
• 적용 : 스크리닝, 침사지, 침전지, 부상분리, 원심분리 등

52 슬러지의 안정화 방법으로 볼 수 없는 것은?

① 혐기성 소화
② 살수여상법
③ 호기성 소화
④ 퇴비화

[해설] **슬러지의 안정화 방법**
• 호기성 소화
• 혐기성 소화
• 퇴비화
• 석회 처리

53 혐기성 소화탱크에서 유기물 80%, 무기물 20%인 슬러지를 소화 처리하여 소화슬러지의 유기물이 75%, 무기물이 25%가 되었다. 이때 소화효율은?

① 25%
② 45%
③ 75%
④ 85%

[해설]
$$소화율 = \left(1 - \frac{VS_2/FS_2}{VS_1/FS_1}\right) \times 100$$
$$= \left(1 - \frac{75/25}{80/20}\right) \times 100 = 25\%$$

여기서, FS_1 : 투입슬러지의 무기성분(%)
VS_1 : 투입슬러지의 유기성분(%)
FS_2 : 소화슬러지의 무기성분(%)
VS_2 : 소화슬러지의 유기성분(%)

54 다양한 크기를 가진 혼합폐기물을 크기에 따라 자동으로 분류할 수 있으며, 주로 큰 폐기물로부터 후속처리장치를 보호하기 위해 많이 사용되는 선별방법은?

① 손 선별
② 스크린 선별
③ 공기 선별
④ 자석 선별

[해설] **스크린 선별(screening)**
• 스크린의 눈금 크기에 따라 입경별로 분류하는 방법
• 다양한 크기를 가진 혼합폐기물을 크기에 따라 자동으로 분류 가능
• 주로 큰 폐기물로부터 후속처리장치를 보호하기 위해 많이 사용

55 유기성 폐기물 매립장(혐기성)에서 가장 많이 발생되는 가스는? (단, 정상상태(steady-state)이다.)

① 일산화탄소
② 이산화질소
③ 메테인
④ 뷰테인

[해설] 매립가스 안정단계(제4단계 - 혐기성 정상상태단계)에서는 메테인이 가장 많이 발생한다.

56 진동수가 205Hz이고, 파장이 5m인 파동의 전파 속도는?

① 50m/sec   ② 250m/sec

③ 750m/sec   ④ 1,250m/sec

 $c = f\lambda = \dfrac{205}{\text{sec}} \times 5\text{m} = 1{,}250\text{m/sec}$

여기서, c : 전파속도(m/sec)

        λ : 파장(m)

        f : 주파수(Hz, 1/sec)

57 어느 벽체의 입사음 세기가 10^{-2} W/m²이고, 투과음 세기가 10^{-4} W/m²이었다. 이 벽체의 투과율과 투과손실은?

① 투과율 = 10^{-2}, 투과손실 = 20dB

② 투과율 = 10^{-2}, 투과손실 = 40dB

③ 투과율 = 10^{2}, 투과손실 = 20dB

④ 투과율 = 10^{2}, 투과손실 = 40dB

해설 1) 투과율(τ)

$= \dfrac{\text{투과음의 세기}(I_t)}{\text{입사음의 세기}(I_i)} = \dfrac{10^{-4}}{10^{-2}} = 10^{-2}$

2) 투과손실(TL)

$= 10\log\dfrac{1}{\tau}(\text{dB}) = 10\log\left(\dfrac{1}{10^{-2}}\right) = 20\text{dB}$

58 소음계의 성능기준으로 옳지 않은 것은?

① 레벨레인지 변환기의 전환오차는 5dB 이내이어야 한다.

② 측정가능 주파수 범위는 31.5Hz~8kHz 이상이어야 한다.

③ 측정가능 소음도 범위는 35~130dB 이상이어야 한다.

④ 지시계기의 눈금오차는 0.5dB 이내이어야 한다.

해설 ① 레벨레인지 변환기의 전환오차는 0.5dB 이내이어야 한다.

59 하중의 변화에도 기계의 높이 및 고유진동수를 일정하게 유지시킬 수 있으며, 부하능력이 광범위하나 사용진폭이 적은 것이 많으므로 별도의 댐퍼가 필요한 경우가 많은 방진재는?

① 방진고무   ② 탄성블록

③ 금속스프링   ④ 공기스프링

해설 **공기스프링의 장단점**

구 분	내 용
장점	• 하중의 변화에 따라 고유진동수를 일정하게 유지하는 것이 가능하다. • 부하능력이 광범위하다. • 자동제어가 가능하다. • 고주파진동의 절연 특성이 가장 우수하고, 방음 효과도 크다.
단점	• 구조가 복잡하고, 시설비가 많이 든다. • 압축기 등의 부대시설이 필요하다. • 공기 누출의 위험이 있다. • 사용진폭(용진폭)이 적은 것이 많으므로 별도의 댐퍼가 필요한 경우가 많다.

참고 공기스프링은 공기의 압축탄성을 이용한 것이다.

60 다음은 진동과 관련한 용어 설명이다. ( ) 안에 알맞은 것은?

> ( )은(는) 1~90Hz 범위의 주파수 대역별 진동가속레벨에 주파수 대역별 인체의 진동 감각특성(수직 또는 수평 감각)을 보정한 후의 값들을 dB 합산한 것이다.

① 진동레벨   ② 등감각곡선

③ 변위진폭   ④ 진동수

해설 **진동레벨(VL)**

진동레벨이란 진동가속도레벨에 인체의 감각을 보정한 값이다.

• 수직 진동레벨 : 수직 보정된 레벨(dB(V))

• 수평 진동레벨 : 수평 보정된 레벨(dB(H))

일반적으로 수직 진동레벨이 수평 진동레벨보다 크며, 수직 진동레벨이 가장 많이 쓰인다.

01 대기오염 공정시험기준상 굴뚝 배출가스 중 질소산화물을 분석하는 데 사용되는 방법은?

① 페놀다이설폰산법
② 중화적정법
③ 침전적정법
④ 아르세나조Ⅲ법

해설 **배출가스 중 무기물질 시험방법**

무기물질	시험방법
질소산화물	• 자외선/가시선 분광법 – 아연환원 나프틸에틸렌다이아민법 • 자외선/가시선 분광법 – **페놀다이설폰산법** • 자동측정법
황산화물	• 침전적정법 – 아르세나조Ⅲ법 • 중화적정법 • 자동측정법

02 연소 시 질소산화물의 저감방법이 아닌 것은?

① 배출가스 재순환
② 2단 연소
③ 과잉 공기량 증대
④ 연소부분 냉각

해설 공기량이 늘어나면 연소 시 공급되는 산소가 늘어나므로 NOx 발생량이 증가한다.

03 흡수장치의 흡수액이 갖추어야 할 조건으로 옳지 않은 것은?

① 용해도가 작아야 한다.
② 점성이 작아야 한다.
③ 휘발성이 작아야 한다.
④ 화학적으로 안정해야 한다.

해설 **좋은 흡수액(세정액)의 조건**
• 용해도가 커야 한다.
• 화학적으로 안정해야 한다.
• 독성, 부식성이 없어야 한다.
• 휘발성이 작아야 한다.
• 점성이 작아야 한다.
• 어는점이 낮아야 한다.
• 가격이 저렴해야 한다.
• 용매의 화학적 성질과 비슷해야 한다.

04 흡수법을 사용하여 오염물질을 제거하고자 한다. 헨리의 법칙이 잘 적용되는 물질과 가장 거리가 먼 것은?

① NO_2
② CO
③ SO_2
④ NO

해설 • 헨리의 법칙이 잘 적용되는 기체 : 용해도가 작은 기체
예 N_2, H_2, O_2, CO, CO_2, NO, NO_2, H_2S 등
• 헨리의 법칙 적용이 어려운 기체 : 용해도가 크거나, 반응성이 큰 기체
예 Cl_2, HCl, HF, SiF_4, SO_2, NH_3 등

05 탄소 18kg이 완전연소하는 데 필요한 이론 공기량(Sm^3)은?

① 107
② 160
③ 203
④ 208

해설 1) 이론 산소량(x, Sm^3)
$$C + O_2 \rightarrow CO_2$$
12kg : 22.4Sm^3
18kg : x(Sm^3)
$$\therefore x = \frac{18 \times 22.4}{12} = 33.6Sm^3$$
2) 이론 공기량(Sm^3)
$$= \frac{이론\ 산소량(Sm^3)}{0.21}$$
$$= \frac{33.6Sm^3}{0.21}$$
$$= 160Sm^3$$

06 다음 연료 중 탄수소비(C/H)가 가장 작은 연료는 어느 것인가?

① 중유
② 휘발유
③ 경유
④ 등유

해설 **액체 연료의 탄수소비(C/H 비) 크기 순서**
중유 > 경유 > 등유 > 휘발유

07 다음 중 압력손실이 가장 큰 집진장치는?

① 중력 집진장치
② 전기 집진장치
③ 원심력 집진장치
④ 벤투리 스크러버

해설 집진장치 중 압력손실이 가장 큰 집진장치는 벤투리 스크러버(세정 집진장치)이다.

The+알아보기

집진장치별 압력손실

구분	압력손실(mmH₂O)
중력 집진장치	10~15
관성력 집진장치	30~70
원심력 집진장치	50~150
세정 집진장치	300~800
여과 집진장치	100~200
전기 집진장치	10~20

08 상온에서 무색투명하고, 일반적으로 불쾌한 자극성 냄새를 내는 액체로, 끓는점은 46.45℃(760mmHg)이고, 인화점은 −30℃ 정도인 것은?

① SO_2
② HF
③ Cl_2
④ CS_2

해설 **이황화탄소(CS_2)의 성질**
• 상온에서 무색투명하고, 일반적으로 불쾌한 자극성 냄새를 내는 액체이다.
• 휘발성(증발하기 쉬움)을 가지며, 연소가 쉽다.
• 증기는 공기보다 2.64배 정도 무겁다.
• 인화점 : −30℃, 끓는점 : 46.45℃, 녹는점 : −111.53℃
• 배출원 : 비스코스 섬유공업
• 영향 : 중추신경계 장애

09 흡착법에 관한 설명으로 옳지 않은 것은?

① 물리적 흡착은 Van der Waals 흡착이라고도 한다.
② 물리적 흡착은 낮은 온도에서 흡착량이 많다.
③ 화학적 흡착인 경우 흡착과정이 주로 가역적이며, 흡착제의 재생이 용이하다.
④ 흡착제는 단위질량당 표면적이 큰 것이 좋다.

해설 ③ 화학적 흡착인 경우 흡착과정이 비가역적이며, 흡착제의 재생이 불가능하다.

10 런던 스모그와 로스앤젤레스 스모그에 대한 비교로 옳지 않은 것은?

〈항목〉	〈런던 스모그〉	〈로스앤젤레스 스모그〉
① 발생 시 기온	4℃ 이하	24~32℃
② 발생 시 습도	85% 이상	70% 이하
③ 발생시간	이른 아침	한낮
④ 발생한 달	7~9월	12~1월

해설 런던 스모그와 LA 스모그의 비교

구분	런던 스모그	LA 스모그
발생시간	새벽~이른 아침	한낮(12~14시 최대)
발생시기	겨울(12~1월)	여름(7~9월)
온도	4℃ 이하의 저온	24~32℃의 고온
습도	습윤(90% 이상)	건조(70% 이하)
바람	무풍	무풍
역전 종류	복사성 역전	침강성 역전
오염원인	석탄연료의 매연 (가정난방)	자동차 매연 (NOx)
오염물질	SOx	옥시던트
반응형태	열적 환원반응	광화학적 산화반응
시정거리	100m 이하	1km 이하
연기 특징	차가운 취기의 회색빛 농무형	회청색 연무형
반응과정	연기+안개+SO₂ → 환원형 스모그	HC+NOx+h_ν → O₃, PAN 등
피해 및 영향	호흡기 질환, 사망자 최대	눈, 코, 기도 점막자극, 고무 등의 손상
발생기간	단기간	장기간
발생국가	개발도상국형	선진국형

11 여과 집진장치에 사용되는 다음 여포 재료 중 가장 높은 온도에서 사용이 가능한 것은?

① 목면
② 양모
③ 카네카론
④ 글라스화이버

해설 각 보기의 여포(여과포) 내열온도는 다음과 같다.
① 목면 : 80℃
② 양모 : 80℃
③ 카네카론 : 100℃
④ 글라스화이버(glass fiber ; 유리섬유) : 250℃

12 과잉 공기비(m)를 크게($m>1$) 하였을 때의 연소 특성으로 옳지 않은 것은?

① 연소가스 중 CO 농도가 높아져 산업공해의 원인이 된다.

② 통풍력이 강하여 배기가스에 의한 열손실이 크다.

③ 배기가스의 온도 저하 및 SOx, NOx 등의 생성물이 증가한다.

④ 연소실의 냉각효과를 가져온다.

[해설] 공기비(m)에 따른 연소 특성

공기비	연소상태	특 징
$m<1$	공기 부족, 불완전연소	• 매연, 검댕, HC, **CO 증가** • 폭발 위험
$m=1$	완전연소	CO_2 발생량 최대
$m>1$	과잉 공기	• SOx, NOx 증가 • 연소온도 감소, 냉각효과 • 열손실 커짐 • 저온부식 발생 • 희석효과가 높아져 연소 생성물의 농도 감소

13 측정하고자 하는 입자와 동일한 침강속도를 가지며 밀도가 1g/cm³인 구형 입자로 정의되는 직경은?

① 마틴 직경

② 등속도 직경

③ 스토크스 직경

④ 공기역학적 직경

[해설] 먼지의 직경

• 공기역학적 직경 : 본래의 먼지와 침강속도가 같고, 밀도가 1g/cm³인 구형 입자의 직경

• 스토크스 직경 : 본래의 먼지와 같은 밀도 및 침강속도를 갖는 입자상 물질의 직경

• Feret경 : 광학적 직경으로, 먼지 그림자의 끝과 끝을 연결한 선 중 최대인 선의 길이

• Martin경 : 광학적 직경으로, 평면에 투영된 입자의 그림자 면적과 기준선이 평형하게 이등분하는 선의 길이 (2개의 등면적으로 각 입자를 등분할 때 그 선의 길이)

• 투영면적경(등가경) : 광학적 직경으로 울퉁불퉁, 들쭉날쭉한 먼지의 면적과 동일한 면적을 가지는 원의 직경

14 중력 집진장치의 효율 향상조건이라 볼 수 없는 것은?

① 침강실 내의 처리가스 속도를 작게 한다.

② 침강실 내의 배기가스 기류를 균일하게 한다.

③ 침강실의 높이는 낮게, 길이는 길게 한다.

④ 침강실의 blow down 효과를 유발하여 난류 현상을 유발한다.

[해설] ④ blow down 효과는 원심력 집진장치의 효율 향상조건이다.

The⁺알아보기

중력 집진장치의 효율 향상조건
• 침강실 내 가스 유속이 느릴수록
• 침강실의 높이가 낮을수록
• 침강실의 길이가 길수록
• 침강실의 입구 폭이 넓을수록
• 침강속도가 빠를수록
• 입자의 밀도가 클수록
• 단수가 높을수록
• 침강실 내 배기 기류가 균일할수록

15 SO_2의 1일 평균농도는 0℃, 1atm에서 100μg/m³이다. ppm으로 환산하면 얼마인가? (단, SO_2의 분자량 : 64)

① 0.035

② 0.35

③ 3.5

④ 35

[해설] μg/m³ → ppm 환산

$$\frac{100\mu g}{m^3} \times \frac{22.4mL}{64mg} \times \frac{1mg}{10^3\mu g} = 0.035mL/m^3 = 0.035ppm$$

[단위] SO_2 : 64mg=22.4mL

ppm=mL/m³

16 침전지 유입부에 설치하는 정류판(baffle)의 기능으로 가장 적합한 것은?

① 침전지 유입수의 균일한 분배와 분포

② 침전지 내의 침사물 수집

③ 바람을 막아 표면 난류 방지

④ 침전 슬러지의 재부상 방지

[해설] 정류판

침전지 유입구에 설치해 유입수의 유량이 균일하게 분배되도록 하여 유입수의 흐름을 일정하게 하는 시설

17 BOD가 400mg/L, 유량이 3,000m³/day인 폐수를 MLSS 3,000mg/L인 포기조에서 체류시간을 8시간으로 운전하고자 한다. 이때 F/M 비(BOD－MLSS 부하)는?

① 0.2kg BOD/kg MLSS · day

② 0.4kg BOD/kg MLSS · day

③ 0.6kg BOD/kg MLSS · day

④ 0.8kg BOD/kg MLSS · day

해설 1) $V = Q \cdot t$

$$= \frac{3,000m^3}{day} \left| \frac{8hr}{} \right| \frac{1day}{24hr}$$

$$= 1,000m^3$$

2) $F/M = \dfrac{BOD \cdot Q}{VX}$

$$= \frac{400mg/L}{} \left| \frac{3,000m^3}{day} \right| \frac{}{1,000m^3} \left| \frac{}{3,000mg/L} \right.$$

$$= 0.4kg\ BOD/kg\ MLSS \cdot day$$

여기서, V : 포기조 부피(m³)

Q : 유입유량(m³/day)

t : 체류시간

F/M : kg BOD/kg MLSS · day

BOD : BOD 농도(mg/L)

X : MLSS 농도(mg/L)

18 적조현상을 발생시키는 주된 원인물질은?

① Cd

② P

③ Hg

④ Cl

해설 부영양화(적조, 녹조)의 원인

• 질소(N)와 인(P) 등의 영양염류가 수계로 과다 유입

• 주로 인이 제한물질로 작용

🌿 **The⁺알아보기**

적조와 녹조의 구분

• 적조 : 부영양화가 해수에서 발생

• 녹조 : 부영양화가 담수에서 발생

19 $Cr_2O_7^{2-}$ 이온에서 크로뮴(Cr)의 산화수는?

① −5

② −6

③ +5

④ +6

해설 원자단 이온 산화수의 총합＝이온의 전하수

2×(Cr의 산화수)+7×(O의 산화수)＝−2

2×(Cr의 산화수)+7×(−2)＝−2

∴ Cr의 산화수 ＝+6

20 다음 수처리공정 중 스토크스(Stokes) 법칙이 가장 잘 적용되는 공정은?

① 1차 소화조

② 1차 침전지

③ 살균조

④ 포기조

해설 스토크스 법칙은 1형 침전(독립침전)에 적용되므로, 보통 침전지, 침사지, 1차 침전지에 적용된다.

🌿 **The⁺알아보기**

입자의 침전형태

침전형태	특 징	발생장소
I형 침전 (독립침전, 자유침전)	• 이웃 입자들의 영향을 받지 않고 자유롭게 일정한 속도로 침전 • Stokes 법칙 적용	보통 침전지, 침사지, 1차 침전지
II형 침전 (플록침전)	• 입자 간에 서로 접촉되면서 응집된 플록을 형성하여 침전 • 응집 · 응결 침전 또는 응집성 침전	약품 침전지
III형 침전 (간섭침전)	• 플록을 형성하여 침전하는 입자들이 서로 방해를 받아 침전속도가 감소하는 침전 • 방해 · 장애 · 집단 · 계면 · 지역 침전	상향류식 침전지, 생물학적 2차 침전지
IV형 침전 (압축침전, 압밀침전)	고농도 입자들의 침전으로 침전된 입자군이 바닥에 쌓일 때 입자군의 무게에 의해 물이 빠져나가면서 농축 · 압밀	침전슬러지, 농축조의 슬러지 영역

21 $C_2H_5NO_2$ 150g 분해에 필요한 이론적 산소요구량(g)은? (단, 최종 분해산물은 CO_2, H_2O, HNO_3이다.)

① 89g

② 94g

③ 112g

④ 224g

해설 $C_2H_5O_2N + \dfrac{7}{2}O_2 \rightarrow 2CO_2 + 2H_2O + HNO_3$

$$75g : \frac{7}{2} \times 32g$$

$$150g : x(g)$$

$$\therefore x = \frac{\dfrac{7}{2} \times 32 \times 150g}{75} = 224g$$

22 Whipple이 구분한 하천의 자정작용 단계 중 용존산소의 농도가 아주 낮거나 때로는 거의 없어 부패상태에 도달하게 되는 지대는?

① 정수지대
② 회복지대
③ 분해지대
④ 활발한 분해지대

해설 **활발한 분해지대의 특성**
• 용존산소(DO)가 급감하여 아주 낮거나 거의 없다.
• 호기성에서 혐기성 상태로 전환된다.
• 암모니아, 황화수소, 탄산가스 등의 혐기성 기체가 발생하여 악취가 난다.
• 짙은 회색 또는 검은색을 띤다.
• 혐기성 세균류가 급증하고, 자유유영성 섬모충류도 증가한다.
• 호기성 미생물인 균류(fungi)가 사라진다.

23 침전지 또는 농축조에 설치된 스크레이퍼의 사용목적으로 가장 적합한 것은?

① 침전물을 부상시키기 위해서
② 스컴(scum)을 방지하기 위해서
③ 슬러지(sludge)를 혼합하기 위해서
④ 슬러지(sludge)를 끌어모으기 위해서

해설 **스크레이퍼(scraper)** : 침전지 또는 농축조 바닥의 침전물을 배출구로 끌어모으는 장치

24 다음 중 물질의 순환속도가 가장 느린 것은?

① 망가니즈
② 탄소
③ 수소
④ 산소

해설 생물체(유기물)를 구성하는 탄소, 수소, 산소, 질소, 황, 인 등의 분해 및 순환 속도는 매우 빠르고, 무기물(금속 등)의 순환속도는 느리다.

25 A공장의 BOD 배출량은 400인의 인구당량에 해당한다. A공장의 폐수량이 $200m^3$/day일 때 이 공장 폐수의 BOD(mg/L) 값은? (단, 1인이 하루에 배출하는 BOD는 50g이다.)

① 100
② 150
③ 200
④ 250

해설

$$\frac{50g}{\text{인} \cdot day} \left| \frac{400\text{인}}{} \right| \frac{day}{200m^3} \left| \frac{1,000mg}{1g} \right| \frac{1m^3}{1,000L} = 100mg/L$$

26 다음 중 6가크로뮴(Cr^{6+}) 함유 폐수를 처리하기 위한 가장 적합한 방법은?

① 아말감법
② 환원침전법
③ 오존산화법
④ 충격법

해설 **환원침전법**
1) 환원 : pH 2~3에서 Cr^{6+}을 Cr^{3+}으로 환원
2) 중화 : pH 7~9로 중화, NaOH 주입
3) 침전 : pH 8~11에서 수산화물($Cr(OH)_3$)로 침전

27 폐수 중의 오염물질을 제거할 때 부상이 침전보다 좋은 점을 설명한 것으로 가장 적합한 것은?

① 침전속도가 느린 작거나 가벼운 입자를 짧은 시간 내에 분리시킬 수 있다.
② 침전에 의해 분리되기 어려운 유해 중금속을 효과적으로 분리시킬 수 있다.
③ 침전에 의해 분리되기 어려운 색도 및 경도 유발물질을 효과적으로 분리시킬 수 있다.
④ 침전속도가 빠르고 큰 입자를 짧은 시간 내에 분리시킬 수 있다.

해설 ② 유해 중금속은 주로 화학적 침전으로 제거한다.
③ 색도 및 경도 유발물질인 용존물질(DS, 이온)은 부상으로 제거할 수 없다.
④ 침전속도가 빠른 물질은 주로 밀도가 큰 입자이므로 침전으로 제거한다.

28 다음 폐수처리공법 중 고액분리방법과 가장 거리가 먼 것은?

① 부상분리법
② 전기투석법
③ 스크리닝
④ 원심분리법

해설 ② **전기투석법** : 물속의 이온을 분리하는 화학적 처리방법

🌱 **The⁺알아보기**

고액분리
• 정의 : 고체(오염물질)와 액체(물)를 분리하는 것
• 적용 : 스크리닝, 침사지, 침전지, 부상분리, 원심분리 등

29 명반(alum)을 폐수에 첨가하여 응집처리를 할 때, 투입조에 약품 주입 후 응집조에서 완속 교반을 행하는 주된 목적은?

① 명반이 잘 용해되도록 하기 위해
② Floc과 공기와의 접촉을 원활히 하기 위해
③ 형성되는 floc을 가능한 한 뭉쳐 밀도를 키우기 위해
④ 생성된 floc을 가능한 한 미립자로 하여 수량을 증가시키기 위해

[해설] 응집설비의 처리과정
1) 응집제 투입
2) 급속 교반 : 처리수와 응집제 간의 접촉을 위한 혼합 교반
3) 완속 교반 : 입자들을 더 큰 플록으로 만들기 위한 완속 교반
4) 침전 : 침강성의 확보 및 침전

30 액체 염소의 주입으로 생성된 유리염소, 결합잔류염소의 살균력 크기를 바르게 나열한 것은?

① HOCl > Chloramines > OCl$^-$
② OCl$^-$ > HOCl > Chloramines
③ HOCl > OCl$^-$ > Chloramines
④ OCl$^-$ > Chloramines > HOCl

[해설] 살균력 크기의 순서
HOCl > OCl$^-$ > 결합잔류염소(클로라민)

31 A침전지가 6,000m³/day의 하수를 처리한다. 유입수의 SS 농도가 150mg/L, 유출수의 SS 농도가 90mg/L라면, 이 침전지의 SS 제거율(%)은?

① 60%   ② 50%
③ 40%   ④ 30%

[해설] SS 제거율$(\eta) = \dfrac{\text{제거된 SS}}{\text{제거 전 SS}}$

$$= \frac{C_0 - C}{C_0}$$

$$= \frac{150 - 90}{150}$$

$$= 0.4 = 40\%$$

여기서, η : 제거율
C_0 : 유입 SS 농도
C : 유출 SS 농도

32 함수율 98%(중량)의 슬러지를 농축하여 함수율 94%(중량)인 농축 슬러지를 얻었다. 이때 슬러지의 용적은 어떻게 변화되는가? (단, 슬러지의 비중은 1.0으로 가정한다.)

① 원래의 1/2
② 원래의 1/3
③ 원래의 1/6
④ 원래의 1/9

[해설] $V_1(1 - W_1) = V_2(1 - W_2)$

$V_1(1 - 0.98) = V_2(1 - 0.94)$

$\therefore \ V_2 = \dfrac{(1 - 0.98)}{(1 - 0.94)} V_1 = \dfrac{1}{3} V_1$

여기서, V_1 : 농축 전 슬러지의 부피
V_2 : 농축 후 슬러지의 부피
W_1 : 농축 전 슬러지의 함수율
W_2 : 농축 후 슬러지의 함수율

33 다음 중 물리적 흡착의 특징을 모두 고른 것은?

> ㉠ 흡착과 탈착이 비가역적이다.
> ㉡ 온도가 낮을수록 흡착량이 많다.
> ㉢ 흡착이 다층(multi-layers)에서 일어난다.
> ㉣ 분자량이 클수록 잘 흡수된다.

① ㉠, ㉡
② ㉡, ㉣
③ ㉠, ㉡, ㉢
④ ㉡, ㉢, ㉣

[해설] 물리적 흡착과 화학적 흡착의 비교

구 분	물리적 흡착	화학적 흡착
원리	용질-흡착제 간의 분자인력이 용질-용매 간의 인력보다 클 때 흡착	흡착제-용질 사이의 화학반응에 의해 흡착
구동력	반데르발스 힘	화학반응
반응	**가역반응**	비가역반응
재생	가능	불가능
흡착열 (발열량)	적음 (40kJ/mol 이하)	많음 (80kJ/mol 이상)
압력과의 관계	**분자량↑ 압력↑ ➡ 흡착능↑**	압력↓ ➡ 흡착능↑
온도와의 관계	**온도↓ ➡ 흡착능↑**	온도↑ ➡ 흡착능↑
분자층	**다분자층 흡착**	단분자층 흡착

34 폐수처리에서 여과공정에 사용되는 여재로 가장 거리가 먼 것은?

① 모래
② 무연탄
③ 규조토
④ 유리

해설 여재의 재질 : 모래, 무연탄, 규조토, 석류석 등

35 4℃에서 순수한 물의 밀도는 1g/mL이다. 이때 물 1L의 질량은 얼마인가?

① 1g
② 10g
③ 100g
④ 1,000g

해설 $\dfrac{1L}{} \left| \dfrac{1g}{mL} \right| \dfrac{1,000mL}{1L} = 1,000g$

The⁺알아보기

$$밀도(\rho) = \frac{질량(M)}{부피(V)}$$

36 슬러지를 농축시킴으로써 얻는 이점으로 가장 거리가 먼 것은?

① 소화조 내에서 미생물과 양분이 잘 접촉할 수 있으므로 효율이 증대된다.
② 슬러지 개량에 소요되는 약품이 적게 든다.
③ 후속처리시설인 소화조의 부피를 감소시킬 수 있다.
④ 난분해성 중금속의 완전 제거가 용이하다.

해설 ④ 농축으로 난분해성 중금속이 제거되지는 않는다.

The⁺알아보기

슬러지 농축의 이점
• 수분 제거
• 슬러지의 부피 감량
• 고형물의 함량 증가
• 소화조의 소요용적 절감
• 슬러지 개량에 소요되는 약품비용 절감
• 탈수기의 부하량 경감
• 후속처리의 시설비 · 운전비 절감
• 최종 슬러지의 처분비용 절감
• 미생물의 양분이 되는 유기물의 농도 증대
• 소화효율 증가(각종 미생물의 유출 감소)

37 침출수 내 난분해성 유기물을 펜톤산화법에 의해 처리하고자 할 때 사용되는 시약의 구성으로 옳은 것은?

① 과산화수소＋철
② 과산화수소＋구리
③ 질산＋철
④ 질산＋구리

해설 펜톤시약 : 과산화수소(H_2O_2)＋철염($FeSO_4$)

38 합성차수막 중 PVC의 장점으로 가장 거리가 먼 것은?

① 작업이 용이하다.
② 강도가 높다.
③ 접합이 용이하다.
④ 자외선, 오존, 기후에 강하다.

해설 **합성차수막 중 PVC의 장단점**

장 점	단 점
• 작업 용이 • 강도 높음 • 접합 용이 • 가격 저렴	• 자외선, 오존, 기후에 약함 • 유기화학물질에 약함

39 압축비 1.67로 쓰레기를 압축하였다면 압축 전과 압축 후의 체적감소율은 몇 %인가? (단, 압축비는 V_i / V_f이다.)

① 약 20%
② 약 40%
③ 약 60%
④ 약 80%

해설 $VR = 1 - \dfrac{1}{CR} = 1 - \dfrac{1}{1.67} = 0.4011 = 40.11\%$

여기서, VR : 부피감소율
　　　　CR : 압축비

40 소각시설의 연소온도를 높이기 위한 방법으로 옳지 않은 것은?

① 발열량이 높은 연료 사용
② 공기량의 과다 주입
③ 연료의 예열
④ 연료의 완전연소

해설 ② 과잉 공기량이 너무 많으면 연소실의 온도가 낮아진다.

41 다음 중 로터리킬른 방식의 장점으로 거리가 먼 것은?

① 열효율이 높고, 적은 공기비로도 완전연소가 가능하다.
② 예열이나 혼합 등 전처리가 거의 필요 없다.
③ 드럼이나 대형 용기를 파쇄하지 않고 그대로 투입할 수 있다.
④ 공급장치의 설계에 있어서 유연성이 있다.

해설 **로터리킬른(Rotary kiln ; 회전로, 회전식 소각로)**
경사진 구조의 원통형 소각로가 회전하면서 폐기물이 교반, 건조, 이동하며 연소된다.

구 분	장단점
장점	• 넓은 범위의 액상 및 고상 폐기물 소각 가능 • 건조효과가 매우 좋음 • 착화, 연소가 용이 • 경사진 구조로 용융상태의 물질에 의해 방해받지 않음 • 전처리(예열, 혼합, 파쇄) 없이 주입 가능 • 고형폐기물에도 소각효율 좋음 • 드럼이나 대형 용기를 전처리 없이 그대로 주입 가능 • 폐기물의 소각에 방해 없이 재의 연속적 배출 가능 • 습식 가스 세정시스템과 함께 사용 가능 • 폐기물 체류시간 조절 가능 • 1,400℃ 이상 가동 시 독성물질의 파괴 가능 • 공급장치의 설계에 유연성을 가짐
단점	• 처리량이 적을 경우 설치비가 큼 • **열효율이 낮음** • **완전연소 시 소요공기량이 큼** • 먼지가 많이 발생 • 대기오염 제어시스템에 분진 부하율이 높음 • 구형의 폐기물은 완전연소가 끝나기 전에 굴러떨어질 수 있음 • 대형 폐기물로 인한 내화재의 파손에 주의해야 함

42 폐기물 발생량의 산정방법으로 가장 거리가 먼 것은?

① 적재차량 계수분석법
② 직접계근법
③ 간접계근법
④ 물질수지법

해설 **폐기물 발생량 조사(산정)방법**
• 적재차량 계수분석법
• 직접계근법
• 물질수지법
• 통계조사법

43 다음 중 해안매립 공법에 해당하는 것은?

① 셀 공법
② 도랑형 공법
③ 순차투입 공법
④ 샌드위치 공법

해설 **해안매립 공법의 종류**
• 내수배제 공법(수중투기 공법)
• 순차투입 공법
• 박층뿌림 공법

44 폐기물 시료 100kg을 달아 건조시킨 후의 시료 중량을 측정하였더니 40kg이었다. 이 폐기물의 수분 함량(%, W/W)은?

① 40%
② 50%
③ 60%
④ 80%

해설 1) 수분 무게
=(초기 폐기물의 무게)−(건조 후 폐기물의 무게)
=100−40=60kg
2) 수분 함량(%)
$$= \frac{수분의\ 무게}{초기\ 폐기물의\ 무게} = \frac{60}{100} = 0.6 = 60\%$$

45 폐기물을 파쇄하는 이유로 옳지 않은 것은?

① 겉보기밀도의 증가
② 고체의 치밀한 혼합
③ 부식효과 방지
④ 비표면적의 증가

해설 **파쇄의 목적**
• **겉보기비중의 증가**
• 입경분포의 균일화(저장 · 압축 · 소각 용이)
• 용적(부피) 감소
• 운반비 감소, 매립지 수명 연장
• 분리 및 선별 용이, 특정 성분의 분리
• **비표면적의 증가**
• 소각, 열해, 퇴비화 처리 시 처리효율의 향상
• 조대폐기물에 의한 소각로의 손상 방지
• **고체물질 간의 균일혼합 효과**
• 매립 후 부등침하 방지

46 다음 중 유기성 폐기물의 퇴비화 특성으로 가장 거리가 먼 것은?

① 생산된 퇴비는 비료가치가 높으며, 퇴비 완성 시 부피감소율이 70% 이상으로 큰 편이다.
② 초기 시설투자비가 낮고, 운영 시 소요에너지도 낮은 편이다.
③ 다른 폐기물 처리기술에 비해 고도의 기술수준이 요구되지 않는다.
④ 퇴비제품의 품질표준화가 어렵고, 부지가 많이 필요한 편이다.

해설 **퇴비화의 장단점**

장 점	단 점
• 생산된 퇴비를 토양 개량제 (개선제)로 사용 가능	• **생산된 퇴비의 비료가치가 낮음**
• 초기 시설 투자비 및 운영비가 저렴	• 품질 표준화가 어려움
• 운전이 쉬움	• 생산된 퇴비의 수요 불확실
• 유기성 폐기물 감량화	• **퇴비가 완성되어도 부피가 감소되지 않음**
	• 운반비용 증대
	• 소요부지 넓음
	• 악취 발생 가능

47 다음 중 유기성 액상 폐기물을 호기성 분해시킬 때 미생물이 가장 활발하게 활동하는 기간은?

① 고정기
② 대수증식기
③ 휴지기
④ 사멸기

해설 미생물의 증식속도(유기물 분해 및 섭취 속도)는 대수증식기에 가장 크다.

48 폐기물의 발열량에 대한 설명으로 잘못된 것은?

① 발열량은 연료의 단위량(기체연료는 $1Sm^3$, 고체와 액체 연료는 1kg)이 완전연소할 때 발생하는 열량(kcal)이다.
② 고위발열량은 폐기물 중의 수분 및 연소에 의해 생성된 수분의 응축열을 포함하는 열량이다.
③ 열량계로 측정되는 열량은 저위발열량이다.
④ 실제 연소시설에서는 고위발열량에서 응축열을 공제한 잔여 열량이 유효하게 이용된다.

해설 ③ 열량계로 측정되는 열량은 고위발열량이다.

49 폐기물 분석을 위한 시료의 분할채취방법에 해당하지 않는 것은?

① 구획법
② 원추4분법
③ 교호삽법
④ 면체분할법

해설 **시료의 분할채취방법**(폐기물 공정시험기준)
• 구획법
• 교호삽법
• 원추4분법

50 쓰레기 수거노선을 결정하는 데 유의할 사항으로 옳지 않은 것은?

① 가능한 한 한번 간 길은 가지 않는다.
② U자형 회전을 피해 수거한다.
③ 발생량이 많은 곳은 하루 중 가장 먼저 수거한다.
④ 가능한 한 반시계방향으로 수거노선을 정한다.

해설 **쓰레기 수거노선 결정 시 고려사항**
• 높은 지역(언덕)에서부터 내려가면서 적재한다(안전성, 연료비 절약).
• 시작지점은 차고와 인접하게, 종료지점은 처분지와 인접하도록 한다.
• 가능한 간선도로에서 시작 및 종료한다(지형지물 및 도로경계 등의 같은 장벽 이용).
• **가능한 시계방향으로 수거노선을 정한다.**
• 쓰레기가 적게 발생하는 지점은 가능한 같은 날 정기적으로 수거하고, 많이 발생하는 지점은 가장 먼저 수거한다.
• 반복 운행 및 U자형 회전을 피한다.
• 출퇴근시간(많은 교통량)을 피한다.

51 퇴비화 시 부식질의 역할로 옳지 않은 것은?

① 토양능의 완충능을 증가시킨다.
② 토양의 구조를 양호하게 한다.
③ 가용성 무기질소의 용출량을 증가시킨다.
④ 용수량을 증가시킨다.

해설 **부식질(humus)의 역할**
• 토질을 건강하게 만든다.
• 토양능의 완충능을 증가시킨다.
• 양이온 교환능력을 증가시킨다.
• **가용성 무기질소의 용출량을 감소시킨다.**
• 토양의 구조를 양호하게 한다.
• 물보유력(용수량)을 증가시킨다.

52 발열량이 800kcal/kg인 폐기물을 하루에 6톤씩 소각한다. 소각로 연소실의 용적이 125m³이고, 1일 운전시간이 8시간이면 연소실의 열발생률은?

① 3,600kcal/m³ · hr

② 4,000kcal/m³ · hr

③ 4,400kcal/m³ · hr

④ 4,800kcal/m³ · hr

해설 $Q_v = \dfrac{G_f H_l}{V}$

$$= \dfrac{6t}{day} \cdot \dfrac{800kcal}{kg} \cdot \dfrac{1day}{8hr} \cdot \dfrac{1,000kg}{1t} \cdot \dfrac{1}{125m^3}$$

$= 4,800kcal/m^3 \cdot hr$

여기서, Q_v : 연소실 열발생률(kcal/m³ · hr)

G_f : 폐기물 소비량(kg/hr)

H_l : 저위발열량(kcal/kg)

V : 연소실 체적(m³)

53 인구 240,327명의 도시에서 150,000t/년의 쓰레기를 수거하였다. 이 도시의 쓰레기 발생량은?

① 1.71kg/인 · 일

② 1.95kg/인 · 일

③ 2.05kg/인 · 일

④ 2.31kg/인 · 일

해설 단위환산으로 풀이한다.

1인 1일 쓰레기 발생량(kg/인 · 일)

$$= \dfrac{150,000t}{년} \cdot \dfrac{1,000kg}{1t} \cdot \dfrac{1년}{365일} \cdot \dfrac{1}{240,327인}$$

$= 1.709kg/인 · 일$

참고 쓰레기 발생량=쓰레기 수거량

54 도시폐기물을 개략분석(proximate analysis) 시 구성되는 4가지 성분으로 거리가 먼 것은?

① 수분

② 질소분

③ 휘발성 고형물

④ 고정탄소

해설 폐기물의 개략분석(4성분)

수분, 고정탄소, 휘발분, 불연분(회분)

55 분뇨의 특성과 거리가 먼 것은?

① 유기물 농도 및 염분 함량이 낮다.

② 질소 농도가 높다.

③ 토사와 협잡물이 많다.

④ 시간에 따라 크게 변한다.

해설 분뇨의 특성

- 유기물 및 염분의 농도가 높다.
- 고액분리가 어렵고, 점도가 높다.
- 고형물 중 휘발성 고형물(VS)의 농도가 높다.
- 분뇨의 BOD는 COD의 30%이다.
- 토사 및 협잡물이 많다.
- 분뇨 내 협잡물의 양과 질은 발생지역에 따른 큰 차이가 있다.
- 황색~다갈색의 색상을 띤다.
- 비중은 1.020이다.
- 악취를 유발한다.
- 하수 슬러지에 비해 질소 농도(NH_4HCO_3, $(NH_4)_2CO_3$)가 높다.
- 분의 질소산화물은 VS의 12~20% 정도이다.
- 뇨의 질소산화물은 VS의 80~90% 정도이다.

56 손으로 소음계를 잡고 측정할 경우 소음계는 측정자의 몸으로부터 얼마 이상 떨어져야 하는가?

① 0.1m 이상

② 0.2m 이상

③ 0.3m 이상

④ 0.5m 이상

해설 손으로 소음계를 잡고 측정할 경우, 소음계는 측정자의 몸으로부터 0.5m 이상 떨어져야 한다.

57 파동의 특성을 설명하는 용어로 옳지 않은 것은?

① 파동의 가장 높은 곳을 마루라 한다.

② 매질의 진동방향과 파동의 진행방향이 직각인 파동을 횡파라고 한다.

③ 마루와 마루 또는 골과 골 사이의 거리를 주기라 한다.

④ 진동의 중앙에서 마루 또는 골까지의 거리를 진폭이라 한다.

해설 ③ 마루와 마루 또는 골과 골 사이의 거리는 파장이라 하고, 주기는 한 파장(cycle)이 전파되는 데 소요되는 시간을 의미한다.

58 방진대책을 발생원, 전파경로, 수진 측 대책으로 분류할 때, 다음 중 전파경로대책에 해당하는 것은?

① 가진력을 감쇠시킨다.
② 진동원의 위치를 멀리하여 거리 감쇠를 크게 한다.
③ 동적 흡진한다.
④ 수진 측의 강성을 변경시킨다.

해설 **방진대책(진동대책)의 구분**

구 분	대 책
발생원(음원) 대책	• 가진력 감쇠(저감), 저진동기계로 교체 • 발생원인 제거 • 탄성 지지 • 기초중량의 부가 및 경감 • 밸런싱 • 동적 흡진 • 방진 및 방사율 저감 • 공명 방지
전파경로 대책	• 방진구 설치(수진점 근방) • **거리 감쇠(진동원 위치를 멀리하여 거리 감쇠를 크게 함)** • 지중벽 설치 • 지향성 변경
수음(수진) 측 대책	• 탄성 지지 • 강성 변경

59 길이 10m, 폭 10m, 높이 10m인 실내의 바닥, 천장, 벽면의 흡음률이 모두 0.0161일 때 Sabine의 식을 이용하여 잔향시간(sec)을 구하면?

① 0.17 ② 1.7
③ 16.7 ④ 167

해설 바닥, 천장, 벽면의 흡음률이 모두 같으므로, $\bar{\alpha}=0.0161$이고, Sabine의 식에 따라 계산하면 다음과 같다.

$$T=0.161\frac{V}{S\bar{\alpha}}$$
$$=0.161\times\frac{10\times10\times10}{(10\times10)\times6\times0.0161}=16.66\text{sec}$$

여기서, T : 잔향시간(sec)
　　　V : 실내 용적(m³)
　　　S : 실내 표면적(m²)
　　　$\bar{\alpha}$: 실내의 평균 흡음률

60 점음원에서 5m 떨어진 지점의 음압레벨이 60dB이다. 이 음원으로부터 10m 떨어진 지점의 음압레벨은?

① 30dB
② 44dB
③ 54dB
④ 58dB

해설 역2승법칙에 따라, 음원으로부터 거리가 2배 증가할 때 점음원은 6dB 감소한다.
∴ 음원으로부터 10m 떨어진 곳(5m의 2배)의 음압레벨
＝60－6＝54dB

The⁺알아보기

역2승법칙
음원으로부터 거리가 2배 증가할 때의 음압레벨
• 점음원일 경우 : 6dB 감소
• 선음원일 경우 : 3dB 감소

01 다음 중 대기층의 구조에 관한 설명으로 옳지 않은 것은?

① 오존 농도와 고도 분포는 지상으로부터 약 10km 부근인 성층권에서 35ppm 정도의 최대농도를 나타낸다.

② 대류권에서는 고도 증가에 따라 기온이 감소한다.

③ 열권은 지상 80km 이상에 위치한다.

④ 중간권 중상부 80km 부근은 지구 대기층 중 가장 기온이 낮다.

해설 ① 오존 농도와 고도 분포는 지상으로부터 약 25km 부근에서 최대이고, 10ppm 정도의 최대농도를 나타낸다.

02 세정 집진장치의 특징으로 거리가 먼 것은?

① 고온의 가스를 처리할 수 있다.

② 폐수처리장치가 필요하다.

③ 점착성 및 조해성 먼지를 처리할 수 없다.

④ 포집된 먼지의 재비산 염려가 거의 없다.

해설 ③ 물을 뿌려 먼지를 제거하므로, 점착성 및 조해성 먼지를 처리할 수 있다.

03 흡수법을 사용하여 오염물질을 처리하고자 할 때 흡수액의 구비조건으로 옳지 않은 것은?

① 휘발성이 적을 것

② 점성이 클 것

③ 부식성이 없을 것

④ 용해도가 클 것

해설 좋은 흡수액(세정액)의 조건

• 용해도가 커야 한다.
• 화학적으로 안정해야 한다.
• 독성, 부식성이 없어야 한다.
• 휘발성이 작아야 한다.
• **점성이 작아야 한다.**
• 어는점이 낮아야 한다.
• 가격이 저렴해야 한다.
• 용매의 화학적 성질과 비슷해야 한다.

04 후드(hood)는 여러 가지 생산공정에서 발생되는 열이나 대기오염물질을 함유하는 공기를 포획하여 환기시키는 장치이다. 이러한 후드의 형식(종류)에 해당하지 않는 것은?

① 배기형 후드

② 포위형 후드

③ 수형 후드

④ 포집형 후드

해설 후드의 종류에 따른 특징

종 류	특 징
포위식 후드 (enclosures hood)	• 오염원을 가능한 최대로 포위하여 오염물질이 후드 밖으로 누출되는 것을 막고, 필요한 공기량을 최소한으로 줄일 수 있는 후드 • 완전한 오염 방지 가능 • 주변 난기류 영향 적음 • 종류 : 커버형, 글러브박스형, 부스형, 드래프트챔버형
외부형 후드 (capture hood)	• 흡인력이 외부에까지 미치도록 한 것 • 필요공기량의 소요가 많음 • 다른 종류의 후드에 비해 근로자가 방해를 많이 받지 않고 작업 가능 • 외부 난기류의 영향으로 흡인효과가 떨어짐 • 종류 　- 후드 모양 : 슬로트형, 루버형, 그리드형 등 　- 흡인위치 : 측방형, 상방형, 하방형 등
리시버식 후드 (recieving hood, 수형 후드)	• 발생원과 후드가 일정 거리 떨어져 있는 경우 • 종류 : 캐노피형, 그라인드형 등

05 대기의 상층은 안정되어 있고 하층은 불안정하여, 굴뚝에서 발생한 오염물질이 아래로 지표면까지 확산되어 오염을 발생시킬 수 있는 연기의 형태는?

① Fanning형

② Loping형

③ Fumigation형

④ Trapping형

해설 훈증형(fumigation) 연기의 특징

• 대기상태가 상층은 안정, 하층은 불안정할 때 발생한다.
• 지표면 역전이 해소될 때(새벽~아침) 단시간 발생한다.
• 하늘이 맑고 바람이 약한 날 아침에 잘 발생한다.
• 최대착지농도(C_{max})가 가장 크다.
• 대표적인 사례 : 런던형 스모그

06 전기 집진장치에 관한 설명으로 잘못된 것은?

① 대량의 가스 처리가 가능하다.

② 전압 변동과 같은 조건 변동에 쉽게 적응할 수 있다.

③ 초기설비비가 고가이다.

④ 압력손실이 적어 소요동력이 적다.

> **해설** 전기 집진장치의 장단점

구 분	장단점
장점	• 미세입자 집진효율이 높음 • 압력손실이 낮아 소요동력이 작음 • 대량의 가스 처리 가능 • 연속운전 가능 • 운전비가 적음 • 온도범위가 넓음 • 배출가스의 온도강하가 적음 • 고온가스 처리 가능(약 500℃ 전후)
단점	• 초기설치비용이 큼 • 가스상 물질 제어 안 됨 • **운전조건 변동에 적응성이 낮음(전압 변동과 같은 조건 변동에 적용이 어려움)** • 넓은 설치면적이 필요 • 비저항이 큰 분진 제거 곤란 • 분진 부하가 대단히 높으면 전처리시설이 요구됨 • 근무자의 안전성에 유의해야 함

07 프로페인(C_3H_8)가스 10kg을 완전연소하는 데 필요한 이론 공기량(Sm^3)은?

① $62.2Sm^3$
② $84.2Sm^3$
③ $104.2Sm^3$
④ $121.2Sm^3$

> **해설**
> 1) 이론 산소량(O_o)
> $C_3H_8 + 5O_2 \rightarrow 3CO_2 + 4H_2O$
> $44kg : 5 \times 22.4Sm^3$
> $10kg : O_o(Sm^3)$
> $\therefore O_o = \dfrac{5 \times 22.4 \times 10kg}{44} = 25.4545Sm^3$
> 2) 이론 공기량(A_o)
> $A_o = \dfrac{O_o}{0.21} = \dfrac{25.4545Sm^3}{0.21} = 121.21Sm^3$

08 건조한 대기의 조성을 부피농도가 높은 순서대로 올바르게 나열한 것은?

① 질소 > 산소 > 아르곤 > 이산화탄소

② 산소 > 질소 > 이산화탄소 > 아르곤

③ 이산화탄소 > 산소 > 질소 > 아르곤

④ 산소 > 이산화탄소 > 아르곤 > 질소

> **해설** 대기의 조성(부피농도 순)
> 질소(N_2) > 산소(O_2) > 아르곤(Ar) > 이산화탄소(CO_2) > 네온(Ne) > 헬륨(He)

09 에테인(C_2H_6) $1Sm^3$를 완전연소시킬 때, 건조배출가스 중의 $(CO_2)_{max}$(%)는?

① 11.7%
② 13.2%
③ 15.7%
④ 18.7%

> **해설** $C_2H_6 + 3.5O_2 \rightarrow 2CO_2 + 3H_2O$
> 1) 이론 건조가스량(G_{od}, Sm^3/Sm^3)
> $=(1-0.21)A_o + \sum$연소생성물(H_2O 제외)
> $=(1-0.21) \times \dfrac{3.5}{0.21} + 2 = 15.1666$
> 2) $(CO_2)_{max}(\%) = \dfrac{CO_2(Sm^3/Sm^3)}{G_{od}(Sm^3/Sm^3)} \times 100\%$
> $= \dfrac{2}{15.1666} \times 100\% = 13.186\%$

10 질소산화물을 촉매환원법으로 처리하는 방법에 관한 설명으로 옳지 않은 것은?

① 비선택적 환원제로 메테인이 사용된다.

② 선택적 환원제로는 암모니아, 수소, 일산화탄소 등이 사용된다.

③ 선택적 촉매환원법의 촉매로는 백금, 산화알루미늄계, 산화철계, 산화타이타늄계 등이 사용된다.

④ 탄화수소, 수소, 일산화탄소는 산소가 공존하여도 선택적으로 질소산화물과 반응하며, 암모니아는 산소와 우선적으로 반응한다.

> **해설** ④ 암모니아는 선택적 환원제이므로 산소와 우선적으로 반응하지 않는다.

> ♥ **The⁺알아보기**
>
> **선택적 촉매환원법과 비선택적 촉매환원법**
> • 선택적 촉매환원법
> 촉매를 이용하여 배기가스 중 존재하는 O_2와는 무관하게 NO_x를 선택적으로 N_2로 환원시키는 방법
> – 촉매 : TiO_2, V_2O_5
> – 환원제 : 암모니아, 수소, 일산화탄소, 황화수소
> • 비선택적 촉매환원법
> 촉매를 이용하여 배기가스 중 O_2를 환원제로 먼저 소비한 다음, NO_x를 환원시키는 방법
> – 촉매 : Pt, Co, Ni, Cu, Cr, Mn
> – 환원제 : 메테인, 수소, 일산화탄소, 황화수소

11 중력 집진장치의 집진효율 향상조건으로 옳지 않은 것은?

① 침강실 내 배기가스 기류는 균일해야 한다.

② 침강실 내의 처리가스 속도가 작을수록 미립자가 포집된다.

③ 침강실의 높이가 높고, 길이가 짧을수록 집진효율이 높아진다.

④ 침강실 입구 폭이 클수록 유속이 느려지며 미세한 입자가 포집된다.

해설 중력 집진장치의 효율 향상조건
- 침강실 내 가스 유속이 느릴수록
- **침강실의 높이가 낮을수록**
- **침강실의 길이가 길수록**
- 침강실의 입구 폭이 넓을수록
- 침강속도가 빠를수록
- 입자의 밀도가 클수록
- 단수가 높을수록
- 침강실 내 배기 기류가 균일할수록

12 다음 중 벤투리 스크러버의 특징으로 옳지 않은 것은?

① 소형으로 대용량의 가스 처리가 가능하다.

② 목부의 처리가스 속도는 보통 60~90m/sec 정도이다.

③ 압력손실은 300~800mmH₂O 정도이다.

④ 물방울 입경과 먼지 입경의 비는 충돌효율 면에서 3 : 1 전후가 좋다.

해설 ④ 물방울 입경과 먼지 입경의 비는 충돌효율 면에서 150 : 1 전후가 좋다.

✿ The⁺알아보기

벤투리 스크러버의 설계인자

구 분	내 용
처리가스 속도	60~90m/sec
압력손실	300~800mmH₂O
효율	80~90%
액가스비	• 친수성 입자 또는 굵은 먼지 입자 : 0.3~0.5L/m³ • 친수성이 아닌 입자 또는 미세입자 : 0.5~1.5L/m³
물방울 직경	물방울 직경 : 먼지 직경 = 150 : 1

13 바람에 관여하는 힘과 거리가 먼 것은?

① 지균력 ② 마찰력

③ 전향력 ④ 기압경도력

해설 바람을 일으키는 힘
- 기압경도력 : 특정 두 지점 사이의 기압 차에 발생하는 힘
- 전향력(코리올리 힘) : 지구의 자전으로 발생하는 가상의 힘
- 원심력 : 중심에서 멀어지려는 힘
- 마찰 : 지표에서 풍속에 비례하며 진행방향의 반대로 작용하는 힘

14 굴뚝의 유효높이와 관련된 인자에 관한 설명으로 옳지 않은 것은?

① 배기가스의 유속이 빠를수록 증가한다.

② 외기의 온도차가 작을수록 증가한다.

③ 풍속이 작을수록 증가한다.

④ 굴뚝의 통풍력이 클수록 증가한다.

해설 ② 외기의 온도차가 클수록 증가한다.

15 다음 중 연료의 연소과정에서 공기비가 너무 큰 경우 나타나는 현상으로 가장 적합한 것은?

① 배기가스에 의한 열손실이 커진다.

② 오염물의 농도가 커진다.

③ 미연분에 의한 매연이 증가한다.

④ 불완전연소되어 연소효율이 저하한다.

해설 ② 공기의 희석효과로 오염물의 농도가 작아진다.
③ 불완전연소 시 미연분에 의한 매연이 증가한다.
④ 공기비가 작을 때 불완전연소가 발생한다.

✿ The⁺알아보기

공기비(m)에 따른 연소 특성

공기비	연소상태	특 징
$m < 1$	공기 부족, 불완전연소	• 매연, 검댕, CO, HC 증가 • 폭발 위험
$m = 1$	완전연소	CO₂ 발생량 최대
$m > 1$	과잉 공기	• SOx, NOx 증가 • 연소온도 감소, 냉각효과 • 열손실 커짐 • 저온부식 발생 • 희석효과가 높아져 연소 생성물의 농도 감소

16 경도(hardness)에 관한 설명으로 틀린 것은?

① Na^+은 농도가 높을 때는 경도와 비슷한 작용을 하여 유사경도라 한다.

② 2가 이상의 양이온 금속의 양을 수산화칼슘으로 환산하여 ppm 단위로 표시한다.

③ 센물 속의 금속이온들은 세제나 비누와 결합하여 세탁효과를 떨어뜨린다.

④ 경도 중 CO_3^{2-}, HCO_3^- 등과 결합한 형태로 있을 때 이를 탄산경도라고 하고, 이 성분은 물을 끓일 때 침전 제거되므로 일시경도라 한다.

해설 ② 2가 이상의 양이온 금속의 양을 탄산칼슘($CaCO_3$)으로 환산하여 mg/L 또는 ppm 단위로 표시한다.

17 지하수의 수질 특성에 관한 설명으로 옳지 않은 것은?

① 지하수는 국지적 환경조건의 영향을 크게 받기 쉽다.

② 지하수는 대기와의 접촉이 제한 또는 차단되어 있기 때문에 수질 성분들이 대체로 환원상태로 존재하는 경우가 많다.

③ 지하수는 햇빛을 받을 수 없으므로 광합성반응이 일어나지 않으며, 세균에 의한 유기물의 분해가 주된 생물작용이 되고 있다.

④ 지하수의 연평균 수온 변화는 지표수에 비해 현저히 크고, 일반적으로 약 2℃ 이상이다.

해설 지하수의 특징
• 수질의 변화가 적다.
• **연중 수온의 변화가 거의 없다.**
• 낮은 공기용해도, 환원상태, 지표면 깊은 곳에서는 무산소상태가 될 수 있다.
• 유속과 자정속도가 느리다.
• 세균에 의한 유기물 분해가 주된 생물작용이다.
• 지표수보다 유기물이 적으며, 일반적으로 지표수보다 깨끗하다.
• 지표수보다 무기물 성분이 많아 알칼리도, 경도, 염분이 높다.
• 국지적인 환경조건의 영향을 크게 받으며, 지질 특성에 영향을 받는다.
• 수직분포에 따른 수질 차이가 있다.
• 비교적 깊은 곳의 물일수록 지층과의 보다 오랜 접촉에 의해 용매 효과가 커진다.
• 오염정도의 측정과 예측·감시가 어렵다.

18 위플에 의한 하천의 자정과정을 오염원으로부터 하천 유하거리에 따라 단계별로 바르게 구분한 것은?

① 분해지대 → 활발한 분해지대 → 회복지대 → 정수지대

② 분해지대 → 활발한 분해지대 → 정수지대 → 회복지대

③ 활발한 분해지대 → 분해지대 → 회복지대 → 정수지대

④ 활발한 분해지대 → 분해지대 → 정수지대 → 회복지대

해설 하천의 자정작용 단계(위플)
분해지대 → 활발한 분해지대 → 회복지대 → 정수지대

19 다음 중 부상법의 종류에 해당하지 않는 것은 어느 것인가?

① 진공부상
② 산화부상
③ 공기부상
④ 용존공기부상

해설 부상법의 종류
• 공기부상법
• 용존공기부상법
• 진공부상법
• 전해부상법
• 미생물학적 부상법

20 0℃ 얼음과 0℃ 물 1L의 무게 차이는 몇 g인가? (단, 0℃에서 물의 밀도는 0.9998g/cm^3, 얼음의 밀도는 0.9167g/cm^3이고, 기타 조건은 무시한다.)

① 49.2
② 62.9
③ 70.3
④ 83.1

해설 1) 0℃ 물의 무게

$$= \frac{1L}{} \cdot \frac{0.9998g}{mL} \cdot \frac{1,000mL}{1L} = 999.8g$$

2) 0℃ 얼음의 무게

$$= \frac{1L}{} \cdot \frac{0.9167g}{mL} \cdot \frac{1,000mL}{1L} = 916.7g$$

∴ 999.8 - 916.7 = 83.1%

단위 cm^3 = mL = cc

21 C_2H_5OH의 완전산화 시 ThOD/TOC의 비는?

① 1.92   ② 2.67

③ 3.31   ④ 4

해설 $C_2H_5OH + 3O_2 \rightarrow 2CO_2 + 3H_2O$

$$\frac{\text{ThOD}}{\text{TOC}} = \frac{3O_2}{2C} = \frac{3 \times 32}{2 \times 12} = 4$$

The⁺알아보기

ThOD와 TOC
- ThOD(이론적 산소요구량) : 산화반응식에서 소비되는 산소량
- TOC(총유기탄소량) : 유기물(C_2H_5OH) 중 탄소량

22 A공장 폐수의 BOD_5 값이 240mg/L이고, 탈산소계수(k)가 0.2/day이다. 최종 BOD 값은? (단, 상용대수 기준)

① 237mg/L   ② 267mg/L

③ 297mg/L   ④ 327mg/L

해설 $BOD_5 = BOD_u(1 - 10^{-kt})$

여기서, BOD_5 : 5일 후의 BOD
BOD_u : 최종 BOD
k : 탈산소계수
t : 시간(day)

$240 = BOD_u(1 - 10^{-0.2 \times 5})$

$\therefore BOD_u = \dfrac{240}{(1 - 10^{-0.2 \times 5})} = 266.66\text{mg/L}$

23 상수처리장에서 처리된 물을 일시 저류하는 정수지의 설치기능과 이 시설을 지하에 설치하는 이유로 가장 거리가 먼 것은?

① 살균제(Cl_2)와 충분한 시간 동안 접촉시키기 위해 설치한다.
② 지상에 설치 시 처리수에 미량의 영양염류가 존재하면 조류가 광합성을 하고 증식하여 수질이 악화될 수 있다.
③ 살균제가 태양광과 접촉하면 분해하여 손실이 일어날 수 있다.
④ 바람의 영향을 받지 않고 처리수 중의 고형물질과 유해중금속을 침전 제거시킬 수 있다.

해설 ④ 정수처리된 정수는 깨끗하므로, 고형물질이나 중금속이 없다.

24 다음 오염물질 함유 폐수 중 알칼리 조건하에서 염소처리(산화)가 필요한 것은?

① 사이안(CN)
② 알루미늄(Al)
③ 6가크로뮴(Cr^{6+})
④ 아연(Zn)

해설 **사이안처리법**
알칼리염소법, 오존산화법, 전해법, 충격법, 감청법, 전기투석법, 활성오니법

25 농황산의 비중이 1.84, 농도는 70(W/W, %) 정도일 경우, 이 농황산의 몰농도(mol/L)는? (단, 농황산의 분자량 : 98)

① 10   ② 13

③ 15   ④ 16

해설 1) 퍼센트농도(W/W, %) $= \dfrac{\text{용질의 질량(g)}}{\text{용액의 질량(g)}} \times 100$

위 식에서 70(W/W, %) $= \dfrac{\text{용질 70g}}{\text{용액 100g}}$ 이므로,

용액이 100g이면, 농황산(용질)은 70g이다.

2) 비중 $1.84 = \dfrac{1.84t}{1m^3} = \dfrac{1.84kg}{1L} = \dfrac{1.84g}{1mL}$

3) 몰농도(M) $= \dfrac{\text{용질(농황산)의 몰수(mol)}}{\text{용액의 부피(L)}}$

$= \dfrac{70g \times \dfrac{1mol}{98g}}{100g \times \dfrac{1mL}{1.84g} \times \dfrac{1L}{1,000mL}}$

$= 13.14\text{mol/L}$

26 정수시설에서 오존 처리에 관한 설명으로 가장 거리가 먼 것은?

① 오존은 강력한 산화력이 있어 원수 중 미량 유기물질의 성상을 변화시켜 탈색 효과가 뛰어나다.
② 맛과 냄새 유발물질의 제거에 효과적이다.
③ 소독 효과가 우수하면서도 소독 부산물을 적게 형성한다.
④ 잔류성이 뛰어나 잔류소독 효과를 얻기 위해 염소를 추가로 주입할 필요가 없다.

해설 ④ 오존은 잔류성이 없으므로, 염소와 병행하여 사용해야 한다.

27 염소(Cl_2)가스를 물에 흡수시켰을 때 살균력은 pH가 낮은 쪽이 유리하다고 한다. pH 9 이상에서 물속에 많이 존재하는 것으로 옳은 것은?

① OCl^-보다 $HOCl$이 많이 존재한다.
② $HOCl$보다 OCl^-이 많이 존재한다.
③ pH에 관계없이 항상 $HOCl$이 많이 존재한다.
④ NH_3가 없는 물속에서는 NH_2Cl_2가 많이 존재한다.

해설 ② pH가 낮을수록 $HOCl$이 많고, OCl^-은 감소한다.

🌱 **The⁺알아보기**
$HOCl$의 살균력은 OCl^-의 살균력보다 약 80배 강하므로, pH가 낮을수록 살균력이 강하다.

28 A도시에서 발생하는 2,000m^3/day의 하수를 1차 침전지에서 침전속도가 2m/day보다 큰 입자들을 완전히 제거하기 위해 요구되는 1차 침전지의 표면적으로 가장 적합한 것은?

① 100m^2 이상 ② 500m^2 이상
③ 1,000m^2 이상 ④ 4,000m^2 이상

해설 $Q = A V_g$

$$A = \frac{Q}{V_g} = \frac{2,000m^3}{day} \Big| \frac{day}{2m} = 1,000m^2$$

여기서, Q : 유량(m^3/sec)
　　　　A : 수면적(m^2)
　　　　V_g : 침전속도(m/sec)

29 1mM의 수산화칼슘이 녹아 있는 수용액의 pH는 얼마인가? (단, 수산화칼슘은 완전해리한다.)

① 2.7 ② 4.5
③ 9.5 ④ 11.3

해설 100% 해리될 때(강염기일 때)의 pH

	$Ca(OH)_2$	$\leftrightarrow$	Ca^{2+}	$+$	$2OH^-$
처음 농도	C				
이온화 농도	$-C$				
평형 농도	0		C		$2C$

여기서, C : 강염기의 초기 몰농도(mol/L)
$[OH^-] = 2C = 2 \times 10^{-3}M$
$pOH = -\log[OH^-] = \log[2 \times 10^{-3}] = 2.6989$
∴ $pH = 14 - pOH = 14 - 2.6989 = 11.30$

참고 $pOH = -\log[OH^-]$
　　　$pH + pOH = 14$

30 다음 중 슬러지 팽화의 지표로서 가장 관계가 깊은 것은?

① 함수율 ② SVI
③ TSS ④ NBDCOD

해설 ② SVI는 슬러지 침강의 지표이다.

🌱 **The⁺알아보기**
슬러지의 침강성 지표
SVI, SV_{30}, SDI

31 폐수처리에 있어서 활성탄은 주로 어떤 목적으로 사용되는가?

① 흡착 ② 중화
③ 침전 ④ 부유

해설 활성탄은 흡착제이다.

32 BOD 용적부하(kg/m^3 · day) 식에 관한 설명으로 옳은 것은?

① 유입폐수 BOD 농도(mg/L)에 유입유량(m^3/day)과 10^{-3}을 곱한 값을 포기조 용적(m^3)으로 나눈 값이다.
② 유출폐수 BOD 농도(mg/L)에 유출유량(m^3/day)과 10^{-3}을 곱한 값을 포기조 용적(m^3)으로 나눈 값이다.
③ 유입폐수 BOD 농도(mg/L)에 유입유량(m^3/day)과 10^{-3}을 곱한 값에 미생물(MLSS) 용적(m^3)을 곱한 값이다.
④ 유출폐수 BOD 농도(mg/L)에 유출유량(m^3/day)과 10^{-3}을 곱한 값에 미생물(MLSS) 용적(m^3)을 곱한 값이다.

해설 BOD 용적부하

$$= \frac{BOD \cdot Q}{V}$$

$$= \frac{BOD(mg)}{L} \Big| \frac{Q(m^3)}{day} \Big| \frac{1}{V(m^3)} \Big| \frac{1kg}{10^6 mg} \Big| \frac{1,000L}{1m^3}$$

$$= \frac{BOD(mg/L) \times Q(m^3/day)}{V(m^3)} \times 10^{-3}$$

여기서, BOD : BOD 농도(mg/L)
　　　　Q : 유량(m^3/day)
　　　　V : 포기조 용적(m^3)

33 혐기성조－호기성조의 과정을 거치면서 질소 제거는 고려되지 않지만, 하·폐수 내의 유기물 산화와 생물학적으로 인(P)을 제거하는 공법으로 가장 적합한 것은?

① A/O 공법 ② A₂/O 공법

③ UCT 공법 ④ Bardenpho 공법

[해설] **질소 및 인 제거공정의 구분**

구 분	처리방법	공 정
질소 제거	물리화학적 방법	• 암모니아 탈기법(스트리핑) • 파괴점 염소 주입법 • 선택적 이온교환법
	생물학적 방법	• MLE(무산소－호기법) • 4단계 바덴포(bardenpho) 공법
인 제거	물리화학적 방법	• 금속염 첨가법 • 석회 첨가법(정석탈인법)
	생물학적 방법	• **A/O 공법(혐기－호기법)** • 포스트립(phostrip) 공법
질소·인 동시제거		• A₂/O 공법 • UCT 공법 • MUCT 공법 • VIP 공법 • SBR 공법 • 수정 포스트립 공법 • 5단계 바덴포 공법

34 하수처리장의 침사지 부피가 12m³이고, 유입되는 유량이 60m³/hr이라면, 체류시간은?

① 0.2min ② 12min

③ 30min ④ 60min

[해설] $t = \dfrac{V}{Q} = \dfrac{12m^3}{60m^3} \left| \dfrac{hr}{} \right| \dfrac{60min}{1hr} = 12min$

 The⁺알아보기

$V = AH = (LB)H = Qt$
여기서, V : 부피(체적, m³)
　　　　 A : 면적(m²)
　　　　 H : 수심(m)
　　　　 L : 길이(m)
　　　　 B : 폭(m)
　　　　 Q : 유량(m³/sec)
　　　　 t : 체류시간

35 지구상에 존재하는 담수 중 가장 많은 부분을 차지하는 형태는?

① 호소수 ② 하천수

③ 지하수 ④ 빙설 및 빙하

[해설] **담수의 비율**

빙설·빙하 > 지하수 > 지표수(호수, 하천) > 대기 중 수분 > 생물체 내 수분

36 혐기성 소화조 운영 중 소화가스 발생량의 저하 원인으로 가장 거리가 먼 것은?

① 유기물의 과부하

② 소화조 내 온도 저하

③ 소화조 내의 pH 상승(8.5 이상)

④ 과다한 유기산 생성

[해설] ① 유기물이 많이 유입하면, 소화가 늘어나 소화가스 발생량이 증가한다.

37 폐기물의 물리화학적 처리방법 중 용매 추출에 사용되는 용매의 선택기준으로 옳은 것만으로 묶여진 것은?

┌─────────────────────────────┐
│ ㉠ 분배계수가 높아 선택성이 클 것 │
│ ㉡ 끓는점이 높아 회수성이 높을 것 │
│ ㉢ 물에 대한 용해도가 낮을 것 │
│ ㉣ 밀도가 물과 같을 것 │
└─────────────────────────────┘

① ㉠, ㉡ ② ㉠, ㉢

③ ㉡, ㉢ ④ ㉡, ㉣

[해설] **용매추출법의 용매 선택기준**

• 분배계수가 높아 선택성이 클 것
• **끓는점이 낮아 회수성이 높을 것**
• 물에 대한 용해도가 낮을 것
• **밀도가 물과 다를 것**
• **무극성일 것**

38 짐머만(Zimmerman) 공법이라고도 불리며, 액상 슬러지에 열과 압력을 작용시켜 용존산소에 의하여 화학적으로 슬러지 내의 유기물을 산화시키는 방법은?

① 혐기성 소화

② 호기성 소화

③ 습식 산화

④ 화학적 안정화

[해설] 습식 산화법(짐머만 공법)은 슬러지에 가열(200~270℃ 정도)·가압(70~120atm 정도)시켜 산소에 의해 유기물을 화학적으로 산화시키는 공법이다.

39 슬러지의 탈수성을 개량하기 위한 약품으로 적절하지 않은 것은?

① 명반　　　　② 철염
③ 염소　　　　④ 고분자 응집제

해설 슬러지 개량제의 종류
- 물리적 개량제 : 비산재(fly ash), 규조토, 점토, 석탄가루, 종이펄프, 톱밥 등
- 화학적 개량제 : 황산알루미늄(명반), 철염, 고분자 응집제 등

참고 화학적 개량제에는 응집제가 사용된다.

40 쓰레기전환연료(RDF)의 구비조건이 아닌 것은?

① 칼로리가 높을 것
② 함수율이 높을 것
③ 재의 양이 적을 것
④ 조성이 균일할 것

해설 RDF의 구비조건
- 발열량이 높을 것
- **함수율(수분량)이 낮을 것**
- 가연분이 많을 것
- 비가연분(재)이 적을 것
- 대기오염이 적을 것
- 염소나 다이옥신, 황 성분이 적을 것
- 조성이 균일할 것
- 저장 및 이송이 용이할 것
- 기존 고체연료 사용시설에서 사용이 가능할 것

41 함수율이 20%인 폐기물을 건조시켜 함수율이 2.3%가 되도록 하려면, 폐기물 1,000kg당 증발시켜야 할 수분의 양은? (단, 폐기물 비중은 1.0이다.)

① 약 127kg　　② 약 158kg
③ 약 181kg　　④ 약 192kg

해설
1) $V_1(1-W_1) = V_2(1-W_2)$

$1,000kg(1-0.2) = V_2(1-0.023)$

$\therefore V_2 = \dfrac{(1-0.2)}{(1-0.023)} \times 1,000kg = 818.83kg$

2) 쓰레기 1톤당 증발시켜야 할 수분의 양(kg)

$V_1 - V_2 = 1,000 - 818.83 = 181.17kg$

여기서, V_1 : 농축 전 폐기물의 양
V_2 : 농축 후 폐기물의 양
W_1 : 농축 전 폐기물의 함수율
W_2 : 농축 후 폐기물의 함수율

단위 1t=1,000kg

42 다음 국제적 협약 중 잔류성 유기오염물질(POPs)을 국제적으로 규제하기 위해 채택된 협약은?

① 스톡홀름협약
② 런던협약
③ 바젤협약
④ 로테르담협약

해설
① 스톡홀름협약 : 잔류성 유기오염물질(POPs)의 감소를 목적으로 지정물질의 제조·사용·수출입을 금지 또는 제한하는 협약
② 런던협약 : 폐기물의 해양 투기 금지 협약
③ 바젤협약 : 유해 폐기물의 국가 간 불법적인 교역을 통제하기 위한 국제협약
④ 로테르담협약 : 특정 유해물질 및 농약의 국제교역 시 사전통보 승인에 관한 협약

43 각종 폐수처리 공정에서 발생되는 슬러지를 소화시키는 목적으로 거리가 먼 것은?

① 유기물을 분해시켜 안정화시킨다.
② 슬러지의 무게와 부피를 감소시킨다.
③ 병원균을 죽이거나 통제할 수 있다.
④ 함수율을 높여 수송을 용이하게 할 수 있다.

해설 ④ 소화는 함수율을 낮춰 슬러지의 부피를 감소시킨다.

The⁺알아보기

혐기성 소화의 목적
- 슬러지의 무게와 부피 감소(감량화)
- 유기물 제거(안정화)
- 병원균 사멸(안전화)
- 유용한 부산물(연료로 이용 가능한 메테인) 회수

44 침출수를 혐기성 여상으로 처리하고자 한다. 유입유량이 1,000m³/day, BOD가 500mg/L, 처리효율이 90%라면, 이때 혐기성 여상에서 발생되는 메테인가스의 양은? (단, 1.5m³ 가스/BOD kg, 가스 중 메테인 함량은 60%이다.)

① 350m³/day　　② 405m³/day
③ 510m³/day　　④ 550m³/day

해설 단위환산으로 풀이한다.
발생하는 메테인가스 양

$= \dfrac{1,000m^3}{day} \left| \dfrac{500mg\ BOD}{L} \right| 0.9 \left| \dfrac{1,000L}{1m^3} \right| \dfrac{1kg}{10^6mg} \left| \dfrac{1.5m^3\ 가스}{kg\ BOD} \right| \dfrac{60\ 메테인}{100\ 가스}$

$= 405m^3/day$

45 폐기물을 분쇄하여 세립화 및 균일화하는 것을 파쇄라 한다. 파쇄의 장점으로 가장 거리가 먼 것은?

① 조성을 균일하게 하여 정상연소 시 연소효율을 향상시킨다.

② 폐기물 입자의 표면적이 증가되어 미생물 작용이 촉진되어 매립 시 조기 안정화를 꾀할 수 있다.

③ 부피가 커져 운반비는 증가하나 고밀도 매립을 할 수 있으며, 토양으로의 산화 및 환원 작용이 빨라진다.

④ 조대 쓰레기에 의한 소각로의 손상을 방지할 수 있다.

해설 ③ 부피가 감소하므로 운반비도 감소하고 고밀도 매립을 할 수 있으며, 토양으로의 산화 및 환원 작용이 빨라진다.

The⁺알아보기

파쇄의 목적
- 겉보기비중의 증가
- 입경분포의 균일화(저장·압축·소각 용이)
- 용적(부피) 감소
- 운반비 감소, 매립지 수명 연장
- 분리 및 선별 용이, 특정 성분의 분리
- 비표면적의 증가
- 소각, 열분해, 퇴비화 처리 시 처리효율의 향상
- 조대폐기물에 의한 소각로의 손상 방지
- 고체물질 간의 균일혼합 효과
- 매립 후 부등침하 방지

46 A도시지역의 쓰레기 수거량은 1,792,500t/yr이다. 이 쓰레기를 1,363명이 수거한다면 수거능력(MHT)은 약 얼마인가? (단, 1일 작업시간은 8시간, 1년 작업일수는 310일이다.)

① 1.45

② 1.77

③ 1.89

④ 1.96

해설 $MHT = \dfrac{\text{수거인부(인)} \times \text{수거작업시간(hr)}}{\text{쓰레기 수거량(t)}}$

$= \dfrac{1,363인}{} \left| \dfrac{8hr}{1day} \right| \dfrac{310day}{1yr} \left| \dfrac{yr}{1,792,500t} \right.$

$= 1.885$

47 관거(pipeline)를 이용한 폐기물 수거방법에 관한 설명으로 가장 거리가 먼 것은?

① 폐기물 발생빈도가 높은 곳이 경제적이다.

② 가설 후에 경로 변경이 곤란하다.

③ 25km 이상의 장거리 수송에 현실성이 있다.

④ 큰 폐기물은 파쇄, 압축 등의 전처리를 해야 한다.

해설 **관거수송법의 특징**
- 자동화, 무공해화, 안전화가 가능하다.
- 미관, 경관이 좋다.
- 교통체증 유발이 없다.
- 투입 및 수집이 용이하다.
- 인건비가 절감된다.
- 쓰레기 발생밀도가 높은 인구밀집지역에서 현실성이 있다.
- 대형 폐기물은 전처리공정(파쇄, 압축)이 필요하다.
- 설치 후 경로 변경이 어렵다.
- 설치비용이 많이 든다.
- 투입된 폐기물의 회수가 곤란하다.
- 장거리 이송에 한계가 있다(2.5km 이내).
- 시스템 전체 마비 시 대체시스템으로 전환이 필요하다.

48 다음은 파쇄기의 특성에 관한 설명이다. ( ) 안에 가장 적합한 것은?

( )는 기계의 압착력을 이용하여 파쇄하는 장치로서, 나무나 플라스틱류, 콘크리트 덩이, 건축폐기물의 파쇄에 이용되며, Rotary mill식, Impact crusher 등이 있다. 이 파쇄기는 마모가 적고 비용이 적게 소요되는 장점이 있으나, 금속, 고무, 연질 플라스틱류의 파쇄는 어렵다.

① 전단파쇄기

② 압축파쇄기

③ 충격파쇄기

④ 컨베이어파쇄기

해설 **파쇄기의 종류**
- 전단파쇄기 : 고정날과 가동날의 교차에 의해 폐기물을 파쇄하는 장치
- 충격파쇄기 : 해머의 회전운동으로 발생하는 충격력으로 폐기물을 파쇄하는 장치
- 압축파쇄기 : 기계의 압착력을 이용하여 파쇄하는 장치

49 다음 중 매립지 내 가스(LFG ; Landfill Gas)에서 주로 발생되는 성분으로 가장 거리가 먼 것은?

① 메테인

② 질소

③ 염소

④ 탄산가스

해설 매립가스에는 메테인(CH_4), 이산화탄소(CO_2), 질소(N_2), 수소(H_2), 암모니아(NH_3), 황화수소(H_2S) 등이 있다.

50 유해폐기물의 물리화학적 처리방법 중 휘발성 물질을 함유하는 유해 액상 폐기물을 수증기와 접촉시켜 휘발성분을 기화시킨 후 분리하는 공정으로, 특히 휘발성 물질이 고농도로 농축된 액상 폐기물의 처리에 가장 적합한 방법은?

① 가압 부상　　② 전해 산화
③ 공기 탈기　　④ 증기 탈기

해설 증기 탈기법
휘발성 물질을 함유하는 유해 액상 폐기물을 수증기와 접촉시켜 휘발성분을 기화시킨 후 분리하는 공정으로, 특히 휘발성 물질이 고농도로 농축된 액상 폐기물의 처리에 가장 적합한 방법이다.

51 쓰레기 발생량을 산정하는 방법 중 일정 기간 동안 특정 지역의 쓰레기 수거차량 대수를 조사하여 이 값에 밀도를 곱해 중량으로 환산하는 방법은?

① 물질수지법
② 직접계근법
③ 적재차량 계수분석법
④ 적환법

해설 쓰레기 발생량 조사방법

조사방법		내용
적재차량 계수분석법		일정 기간 동안 특정 지역의 쓰레기 수거차량 대수를 조사하고, 이 값에 밀도를 곱하여 중량으로 환산하는 방법
직접계근법		일정 기간 동안 특정 지역의 쓰레기 수거·운반 차량 무게를 직접 계근하는 방법
물질수지법		시스템으로 유입되는 모든 물질과 유출되는 모든 물질들 간의 물질수지를 세움으로써 발생량을 추정하는 방법 (주로 산업폐기물의 발생량을 추산할 때 이용)
통계조사	표본조사 (샘플링검사)	전체 측정지역 중 일부를 표본으로 하여 쓰레기 발생량을 조사하는 방법
	전수조사	측정지역 전체의 쓰레기 발생량을 모두 조사하는 방법

52 쓰레기 수거노선을 설정할 때의 유의사항으로 가장 거리가 먼 것은?

① 가능한 한 간선도로 부근에서 시작하고 끝나도록 한다.
② 언덕길은 내려가면서 수거한다.
③ 발생량이 많은 곳은 하루 중 가장 먼저 수거한다.
④ 가능한 한 시계반대방향으로 수거노선을 정한다.

해설 ④ 가능한 한 시계방향으로 수거노선을 정한다.

53 화격자 소각로의 장점으로 가장 적합한 것은?

① 체류시간이 짧고, 교반력이 강하다.
② 연속적인 소각과 배출이 가능하다.
③ 열에 쉽게 용해되는 물질의 소각에 적합하다.
④ 수분이 많은 물질의 소각에 적합하며, 금속부의 마모손실이 적다.

해설 화격자 소각로의 장단점

장점	단점
• 쓰레기를 대량으로 간편하게 소각 처리하는 데 적합 • 연속적인 소각·배출 가능 • 수분이 많거나 발열량이 낮은 폐기물의 소각 가능 • 용량부하가 큼 • 자동운전 가능 • 유동층보다 비산먼지량이 적고, 수명이 긺 • 전처리시설이 필요 없음	• 열에 쉽게 용해되는 물질(플라스틱 등)의 소각에는 부적합(화격자 막힘 우려) • **소각시간(체류시간)이 긺** • 배기가스량이 많음 • **교반력이 약해 국부가열 발생** • **고온에서 기계적 가동에 의해 금속부의 마모 및 손실이 심함** • 소각로의 가동·정지 조작이 불편

54 어떤 물질을 분석한 결과 1,500ppm의 결과를 얻었다. 이것을 %로 환산하면?

① 0.15%　　② 1.5%
③ 15%　　④ 150%

해설 1% = 10,000ppm이므로,

$$1,500\text{ppm} \times \frac{1\%}{10,000\text{ppm}} = 0.15\%$$

단위 $1 = 100\% = 10^6\text{ppm} = 10^9\text{ppb}$
　　　 $1\% = 10^4\text{ppm} = 10^7\text{ppb}$
　　　 $1\text{ppm} = 1,000\text{ppb}$

55 합성차수막 중 PVC의 특성으로 가장 거리가 먼 것은?

① 작업이 용이한 편이다.
② 접합이 용이한 편이다.
③ 대부분의 유기화학물질에 약한 편이다.
④ 자외선, 오존, 기후 등에 강한 편이다.

해설 합성차수막 중 PVC의 장단점

장 점	단 점
• 작업 용이 • 강도 높음 • 접합 용이 • 가격 저렴	• **자외선, 오존, 기후에 약함** • 유기화학물질에 약함

56 방음벽 설계 시 유의점으로 옳지 않은 것은?

① 벽의 투과손실은 회절감쇠치보다 적어도 5dB 이상 크게 하는 것이 바람직하다.
② 방음벽 설계 시 음원의 지향성과 크기에 대한 상세한 조사가 필요하다.
③ 벽의 길이는 점음원일 때 벽 높이의 5배 이상, 선음원일 때 음원과 수음점 간 직선거리의 2배 이상으로 하는 것이 바람직하다.
④ 음원의 지향성이 수음 측 방향으로 클 때에는 벽에 의한 감쇠치가 계산치보다 작게 된다.

해설 ④ 음원의 지향성이 수음 측 방향으로 클 때에는 벽에 의한 감쇠치가 계산치보다 크게 된다.

57 음향파워가 0.01watt이면 PWL은 얼마인가?

① 1dB
② 10dB
③ 100dB
④ 1,000dB

해설 $PWL(\text{dB}) = 10\log\dfrac{W}{W_0}$
$\qquad = 10\log\left(\dfrac{10^{-2}}{10^{-12}}\right)$
$\qquad = 100\text{dB}$
여기서, W : 대상음의 음향파워(W)
$\qquad W_0$: 최소가청음의 음향파워(10^{-12}W)

58 난청이란 4분법에 의한 청력손실이 옥타브밴드 중심주파수 500~2,000Hz 범위에서 몇 dB 이상인 경우인가?

① 5
② 10
③ 20
④ 25

해설 난청 : 4분법에 의한 청력손실이 옥타브밴드 중심주파수 500~2,000Hz 범위에서 25dB 이상일 때

59 다음 중 표시단위가 다른 것은?

① 투과율
② 음압레벨
③ 투과손실
④ 음의 세기레벨

해설 ① 투과율의 단위는 %이고, ②, ③, ④의 단위는 dB이다.

 The⁺알아보기

단위가 dB인 것
• 음향파워레벨(PWL)
• 음압레벨(SPL)
• 음의 세기레벨(SIL)
• 투과손실(TL)

60 음압이 10배가 되면 음압레벨은 몇 dB 증가하는가?

① 10
② 20
③ 30
④ 40

해설 1) 원래의 음압레벨
$\qquad SPL = 20\log\left(\dfrac{P}{P_0}\right)$
2) 음압이 10배가 되었을 때의 음압레벨
$\qquad SPL' = 20\log\left(\dfrac{10P}{P_0}\right)$
$\qquad\qquad = 20\left(\log 10 + \log\dfrac{P}{P_0}\right)$
$\qquad\qquad = 20 + 20\log\dfrac{P}{P_0}$
$\qquad\qquad = 20 + SPL$

2014년 제1회 환경기능사 필기

2014년 1월 26일 시행

01 프로페인(C_3H_8) 44kg을 완전연소시키기 위해 부피비로 10%의 과잉 공기를 사용하였다. 이때 공급한 공기의 양은?

① 112Sm³

② 123Sm³

③ 587Sm³

④ 1,232Sm³

해설 1) 이론 산소량(O_o)

$$C_3H_8 + 5O_2 \rightarrow 3CO_2 + 4H_2O$$

44kg : 5×22.4Sm³

44kg : O_o(Sm³)

$$\therefore O_o = \frac{5 \times 22.4 \times 44\text{kg}}{44} = 112\text{Sm}^3$$

2) 이론 공기량(A_o)

$$A_o = \frac{O_o}{0.21} = \frac{112\text{Sm}^3}{0.21} = 533.333\text{Sm}^3$$

3) 공기비(m)

m = 1+과잉 공기율

  = 1+0.1 = 1.1

4) 실제 공기량(A)

A = 공기비×이론 공기량

  = mA_o

  = 1.1×533.333Sm³ = 586.666Sm³

02 여름철 광화학 스모그의 일반적인 발생조건으로만 적절히 묶여진 것은?

> ㉠ 반응성 탄화수소의 농도가 크다.
> ㉡ 기온이 높고, 자외선이 강하다.
> ㉢ 대기가 매우 불안정한 상태이다.

① ㉠, ㉡

② ㉠, ㉢

③ ㉡, ㉢

④ ㉢

해설 광화학 스모그가 잘 발생하는 조건
- 일사량이 클 때
- 역전(안정)이 생성될 때
- 대기 중 반응성 탄화수소, NOx, O_3 등의 농도가 높을 때
- 기온이 높은 여름 한낮일 때

03 C_8H_{18}을 완전연소시킬 때 부피 및 무게에 대한 이론 AFR로 옳은 것은?

① 부피 : 59.5, 무게 : 15.1

② 부피 : 59.5, 무게 : 13.1

③ 부피 : 35.5, 무게 : 15.1

④ 부피 : 35.5, 무게 : 13.1

해설 1) AFR(부피)

$$C_8H_{18} + 12.5O_2 \rightarrow 8CO_2 + 9H_2O$$

1mol : 12.5mol

$$\therefore AFR = \frac{\text{공기(mol)}}{\text{연료(mol)}} = \frac{\text{산소(mol)}/0.21}{\text{연료(mol)}}$$

$$= \frac{12.5/0.21}{1} = 59.52$$

2) AFR(무게)

$$C_8H_{18} + 12.5O_2 \rightarrow 8CO_2 + 9H_2O$$

114kg : 12.5×32kg

$$\therefore AFR = \frac{\text{공기(kg)}}{\text{연료(kg)}} = \frac{\text{산소(kg)}/0.232}{\text{연료(kg)}}$$

$$= \frac{12.5 \times 32/0.232}{114} = 15.12$$

04 중력 집진장치의 효율 향상조건으로 틀린 것은?

① 침강실 내 처리가스 속도가 클수록 미립자가 포집된다.

② 침강실 내 배기가스 기류는 균일하여야 한다.

③ 침강실 입구 폭이 클수록 유속이 느려지고 미세한 입자가 포집된다.

④ 다단일 경우 단수가 증가될수록 압력손실은 커지나 효율은 증가한다.

해설 중력 집진장치의 효율 향상조건
- 침강실 내 가스 유속이 느릴수록(침강실 내 처리가스 속도가 작을수록 체류시간이 길어져 집진효율이 증가하고 미립자가 포집된다.)
- 침강실의 높이가 낮을수록
- 침강실의 길이가 길수록
- 침강실의 입구 폭이 넓을수록
- 침강속도가 빠를수록
- 입자의 밀도가 클수록
- 단수가 높을수록
- 침강실 내 배기 기류가 균일할수록

01.③ 02.① 03.① 04.①

05 원심력 집진장치에서 한계(또는 분리)입경이란 무엇을 말하는가?

① 50% 처리효율로 제거되는 입자 입경
② 100% 분리 · 포집되는 입자의 최소입경
③ 블로다운 효과에 적용되는 최소입경
④ 분리계수가 적용되는 입자 입경

> **해설** 한계입경 : 100% 집진되는 입자의 최소입경

06 메테인(Methane) 1mol을 이론적으로 완전연소시킬 때 0℃, 1기압하에서 필요한 산소의 부피(L)는? (단, 이때 산소는 이상기체로 간주한다.)

① 22.4L ② 44.8L
③ 67.2L ④ 89.6L

> **해설** $CH_4 + 2O_2 \rightarrow CO_2 + 2H_2O$
> 1mol : 2mol
> ∴ 필요한 산소 부피 $= 2mol \times \dfrac{22.4L}{1mol} = 44.8L$

07 배출가스 중의 염소 농도가 200ppm이었다. 염소 농도를 10mg/Sm³로 최종 배출한다면, 염소의 제거율은 얼마인가?

① 98.7% ② 97.2%
③ 98.4% ④ 99.6%

> **해설** 1) $C_0 = \dfrac{10mg}{Sm^3} \times \dfrac{22.4mL}{71mg}$
> $= 3.1549mL/Sm^3 = 3.1549ppm$
> 2) 집진율
> $\eta(\%) = \left(1 - \dfrac{C}{C_0}\right) \times 100 = \left(1 - \dfrac{3.1549}{200}\right) \times 100$
> $= 98.42\%$
> 여기서, C_0 : 유입 농도(주입 농도)
> C : 출구 농도(배출 농도)

08 대기의 상태가 과단열감률을 나타내는 것으로 매우 불안정하고 심한 와류로 굴뚝에서 배출되는 오염물질이 넓은 지역에 걸쳐 분산되지만, 지표면에서는 국부적인 고농도 현상이 발생하기도 하는 연기의 형태는?

① 환상형(looping) ② 원추형(coning)
③ 부채형(fanning) ④ 구속형(trapping)

> **해설** 환상형(밧줄형) 연기의 특징
> • 불안정상태에서 발생한다.
> • 굴뚝에서 배출되는 오염물질이 넓은 지역에 걸쳐 분산된다.
> • 지표면에서는 국부적인 고농도 현상이 발생한다.

09 SO_2 기체와 물이 30℃에서 평형상태에 있다. 기상에서의 SO_2 분압이 44mmHg일 때 액상에서의 SO_2 농도는? (단, 30℃에서 SO_2 기체의 물에 대한 헨리상수는 $1.60 \times 10 atm \cdot m^3/kmol$이다.)

① $2.51 \times 10^{-4} kmol/m^3$
② $2.51 \times 10^{-4} kmol/m^3$
③ $3.62 \times 10^{-4} kmol/m^3$
④ $3.62 \times 10^{-4} kmol/m^3$

> **해설** $C = \dfrac{P}{H}$
> $= \dfrac{kmol}{1.6 \times 10 atm \cdot m^3} \times \dfrac{40mmHg}{} \times \dfrac{1atm}{760mmHg}$
> $= 3.62 \times 10^{-3} kmol/m^3$

> 🌱 **The⁺알아보기**
>
> **헨리의 법칙**
> 일정 온도에서 일정량의 액체에 용해되는 기체의 질량은 그 압력에 비례한다.
> $P = HC$
> 여기서, P : 분압(atm)
> C : 액중 농도(kmol/m³)
> H : 헨리상수(atm · m³/kmol)

10 전기 집진장치의 집진극이 갖추어야 할 조건으로 옳지 않은 것은?

① 부착된 먼지를 털어내기 쉬울 것
② 전기장 강도가 불균일하게 분포하도록 할 것
③ 열, 부식성 가스에 강하고 기계적인 강도가 있을 것
④ 부착된 먼지의 탈진 시 재비산이 잘 일어나지 않는 구조를 가질 것

> **해설** 집진극이 갖추어야 할 조건
> • 부착된 먼지를 털어내기 쉬울 것
> • 전기장 강도가 균일하게 분포하도록 할 것
> • 열, 부식성 가스에 강할 것
> • 부착된 먼지의 탈진 시 재비산이 잘 일어나지 않는 구조를 가질 것
> • 기계적인 강도가 있을 것

11 연소조절에 의한 NOx 발생의 억제방법으로 옳지 않은 것은?

① 2단 연소를 실시한다.
② 과잉 공기량을 삭감시켜 운전한다.
③ 배기가스를 재순환시킨다.
④ 부분적인 고온 영역을 만들어 연소효율을 높인다.

해설 ④ NOx는 고온·고산소 상태에서 많이 발생하므로, 저온·저산소 연소를 해야 NOx 발생이 줄어든다.

The⁺알아보기

연소조절에 의한 NOx 저감방법
- 저온 연소
- 저산소 연소
- 저질소 성분연료 우선 연소
- 2단 연소
- 최고화염온도를 낮추는 방법
- 배기가스 재순환
- 버너 및 연소실의 구조 개선
- 수증기 및 물 분사

12 황(S) 성분이 1.6wt%인 중유가 2,000kg/hr 연소하는 보일러 배출가스를 NaOH 용액으로 처리할 때 시간당 필요한 NaOH의 양(kg)은? (단, 황 성분은 완전연소하여 SO_2로 되며, 탈황률은 95%이다.)

① 76 　　② 82
③ 84 　　④ 89

해설 $S + O_2 \rightarrow SO_2 + 2NaOH \rightarrow Na_2SO_3 + H_2O$

$S : 2NaOH$

$32g : 2 \times 40kg$

$\frac{1.6}{100} \times 2,000kg/hr \times \frac{95}{100} : NaOH(kg/hr)$

$\therefore NaOH = \frac{1.6}{100} \times 2,000kg/hr \times \frac{95}{100} \times \frac{2 \times 40}{32}$

$= 76kg/hr$

13 다음에서 설명하는 장치분석법은?

이 법은 기체시료 또는 기화(氣化)한 액체나 고체 시료를 운반가스(carrier gas)에 의하여 분리, 관 내에 전개시켜 기체상태에서 분리되는 각 성분을 분석하는 방법으로, 일반적으로 무기물 또는 유기물의 대기오염물질에 대한 정성(定性)·정량(定量) 분석에 이용한다.

① 자외선/가시선 분광법
② 원자흡수 분광광도법
③ 가스 크로마토그래피
④ 비분산적외선 분광분석법

해설 기기분석법의 종류
- **자외선/가시선 분광법**
  광원으로 나오는 빛을 단색화장치 또는 필터에 의해 좁은 파장범위의 빛만을 선택하여 액층을 통과시킨 다음, 광전측광으로 흡광도를 측정하여 목적성분의 농도를 정량하는 방법이다.
- **원자흡수 분광광도법**
  시료를 적당한 방법으로 해리시켜 중성원자로 증기화하여 생긴 기저상태의 원자가 이 원자 증기층을 투과하는 특유파장의 빛을 흡수하는 현상을 이용하여 광전측광과 같은 개개의 특유파장에 대한 흡광도를 측정하여 시료 중의 원소농도를 정량하는 방법으로, 대기 또는 배출가스 중의 유해중금속, 기타 원소의 분석에 적용한다.
- **비분산적외선 분광분석법**
  적외선 영역에서 고유파장대역의 흡수특성을 갖는 성분가스의 농도분석에 적용된다. 선택성 검출기를 이용하여 시료 중 특정 성분에 의한 적외선의 흡수량 변화를 측정하여 시료 중에 들어있는 특정 성분의 농도를 구하는 방법으로, 대기 및 굴뚝 배출기체 중의 오염물질을 연속적으로 측정하는 비분산 정필터형 적외선 가스분석계에 대하여 적용한다.
- **가스 크로마토그래피**
  기체 시료 또는 기화한 액체나 고체 시료를 운반가스에 의하여 분리하고, 관 내에 전개시켜 기체상태에서 분리되는 각 성분을 분석하는 방법으로, 일반적으로 무기물 또는 유기물의 대기오염물질에 대한 정성·정량 분석에 이용한다.
- **이온 크로마토그래피**
  이동상으로는 액체, 고정상으로는 이온교환수지를 사용하여 이동상에 녹는 혼합물을 고분리능 고정상이 충전된 분리관 내로 통과시켜 시료 성분의 용출상태를 전도도검출기 또는 광학검출기로 검출하여 그 농도를 정량하는 방법으로, 일반적으로 강수(비, 눈, 우박 등), 대기먼지, 하천수 중의 이온성분을 정성·정량 분석하는 데 이용한다.
- **흡광차분광법**
  일반적으로 빛을 조사하는 발광부와 50~1,000m 정도 떨어진 곳에 설치되는 수광부(또는 발·수광부와 반사경) 사이에 형성되는 빛의 이동경로(path)를 통과하는 가스를 실시간으로 분석하며, 측정에 필요한 광원은 180~2,850nm 파장을 갖는 제논(Xenon) 램프를 사용하여 이산화황, 질소산화물, 오존 등의 대기오염물질 분석에 적용한다.

14 다음 중 오존층의 두께를 표시하는 단위는?

① VAL　　　　② OTL
③ Pa　　　　　④ Dobson

해설 돕슨(Dobson)
- 오존층의 두께를 표시하는 단위이다.
- 지구 대기 중의 오존 총량을 표준상태에서 두께로 환산했을 때, 1mm를 100돕슨으로 정하고 있다.
- 극지방은 400돕슨, 적도는 200돕슨이다.
- 지구 전체의 평균 오존량은 약 300Dobson이다.
- 지리적·계절적으로 평균치의 ±50% 정도까지 변화한다.

15 질소산화물을 촉매환원법으로 처리하고자 할 때 사용되는 촉매는 무엇인가?

① K_2SO_4　　　　② 백금
③ V_2O_5　　　　④ HCl

해설 촉매환원법에서 촉매의 종류
백금(Pt), TiO_2, V_2O_5, Co, Ni, Cu, Cr, Mn

16 활성슬러지법으로 처리하고 있는 어떤 폐수처리시설 포기조의 운영관리자료 중 적절하지 않은 것은?

① SV가 20~30%이다.
② DO가 7~9mg/L이다.
③ MLSS가 3,000mg/L이다.
④ pH가 6~8이다.

해설 표준활성슬러지 공법의 설계인자

설계인자	내 용
HRT	6~8시간
SRT	3~6일
F/M	0.2~0.4kg/kg·day
MLSS	1,500~2,500mg/L
SVI	50~150(200 이상 벌킹)
BOD 용적부하	0.4~0.8
DO	2mg/L
pH	6~8

17 4m×3m의 여과지에 1,000m³/day의 유량을 처리하는 경우, 여과율은?

① $0.96L/m^2 \cdot sec$　　② $9.6L/m^2 \cdot sec$
③ $0.12L/m^2 \cdot sec$　　④ $1.2L/m^2 \cdot sec$

해설 여과율 $= \dfrac{Q}{A}$

$$= \frac{1{,}000m^3}{day} \left| \frac{}{4m \times 3m} \right| \frac{1{,}000L}{1m^3} \left| \frac{1day}{86{,}400sec} \right.$$

$= 0.964L/m^2 \cdot sec$

단위 $1m^3 = 1{,}000L$
$1day = 86{,}400sec$

18 에탄올(C_2H_5OH)의 농도가 350mg/L인 폐수의 이론적인 화학적 산소요구량은?

① 620mg/L　　　② 730mg/L
③ 840mg/L　　　④ 950mg/L

해설 $C_2H_5OH + 3O_2 \rightarrow 2CO_2 + 3H_2O$
　　46g : 3×32g
350mg/L : x(mg/L)
∴ $x = \dfrac{3 \times 32 \times 350mg/L}{46} = 730mg/L$

🌱 The⁺알아보기

이론적인 화학적 산소요구량은 유기물의 산화반응식에서 소비된 산소(O_2)의 양이다.

19 다음 중 acidity 또는 hardness는 무엇으로 환산하는가?

① 염화칼슘　　　② 질산칼슘
③ 수산화칼슘　　④ 탄산칼슘

해설 산도(acidity), 경도(hardness), 알칼리도(alkalinity)는 탄산칼슘($CaCO_3$)의 양(mg/L 또는 ppm)으로 나타낸다.

20 시료의 5일 BOD가 212mg/L이고, 탈산소계수값이 0.15/day(밑수 10)이면 이 시료의 최종 BOD(mg/L)는?

① 243　　　　② 258
③ 285　　　　④ 292

해설 $BOD_5 = BOD_u(1 - 10^{-kt})$
$212 = BOD_u(1 - 10^{-0.15 \times 5})$
∴ $BOD_u = \dfrac{212}{(1 - 10^{-0.15 \times 5})} = 257.85mg/L$

여기서, BOD_u : 최종 BOD
　　　　BOD_5 : 5일 후의 BOD
　　　　k : 탈산소계수
　　　　t : 시간(day)

21 아래 설명에 알맞은 생물학적 처리공정은?

> • 설치면적이 적게 들며, 처리수의 수질이 양호하다.
> • BOD, SS의 제거율이 높다.
> • 수량 또는 수질의 영향을 많이 받는다.
> • 슬러지 팽화가 문제점으로 지적된다.

① 산화지법
② 살수여상법
③ 회전원판법
④ 활성슬러지법

해설 슬러지 팽화는 부유생물법(활성슬러지법 및 그 변법)에서 발생하는 문제이다.

22 아연과 성질이 유사한 금속으로 체내 칼슘 균형을 깨뜨려 골연화증의 원인이 되며 이타이이타이병으로 잘 알려진 것은?

① Hg
② Cd
③ PCB
④ Cr^{6+}

해설 **주요 유해물질별 만성중독증**
• 카드뮴 : 이타이이타이병
• 수은 : 미나마타병, 헌터루셀병
• PCB : 카네미유증
• 비소 : 흑피증
• 플루오린 : 반상치
• 망가니즈 : 파킨슨씨 유사병
• 구리 : 간경변, 윌슨씨병

23 하수의 고도처리공법 중 인(P) 성분만을 주로 제거하기 위한 side stream 공정으로 가장 적합한 것은?

① Bardenpho 공정
② Phostrip 공법
③ A_2/O 공정
④ UCT 공정

해설 **Phostrip 공정(side stream, 반송슬러지 탈인제거법)**
반송슬러지의 일부를 혐기성 상태의 탈인조로 유입시켜 혐기성 상태에서 인을 방출 및 분리한 후 상징액으로부터 과량 함유된 인을 화학 침전·제거시키는 side stream 공법

24 SVI=125일 때 반송슬러지 농도(mg/L)는?

① 1,000
② 2,000
③ 4,000
④ 8,000

해설 $SVI = \dfrac{10^6}{X_r}$

∴ $X_r = \dfrac{10^6}{SVI} = \dfrac{10^6}{125} = 8,000 \text{mg/L}$

여기서, SVI : 슬러지 용적지수
X_r : 반송슬러지 농도(mg/L)

25 아래 식은 크로뮴 함유 폐수의 수산화물 침전과정에 대한 화학반응식이다. ( ) 안에 들어갈 알맞은 수치는?

> $Cr_2(SO_4)_3 + 6NaOH \longrightarrow (\ )Cr(OH)_3 \downarrow + 3Na_2SO_4$

① 1
② 2
③ 3
④ 4

해설 반응물의 Cr 개수 = 생성물의 Cr 개수
2Cr 개수 = ( )Cr
∴ ( ) = 2

26 효과적인 응집을 위해 실시하는 약품교반실험장치(jar tester)의 일반적인 실험순서가 바르게 나열된 것은?

① 정치 침전 → 상징수 분석 → 응집제 주입 → 급속 교반 → 완속 교반
② 급속 교반 → 완속 교반 → 응집제 주입 → 정치 침전 → 상징수 분석
③ 상징수 분석 → 정치 침전 → 완속 교반 → 급속 교반 → 응집제 주입
④ 응집제 주입 → 급속 교반 → 완속 교반 → 정치 침전 → 상징수 분석

해설 **약품교반실험(응집실험, jar test)의 순서**
1) 응집제 주입 : 일련의 유리비커에 시료를 담아 pH 조정약품과 응집제 주입량을 각기 달리하여 넣는다.
2) 급속 혼합 : 100~150rpm으로 1~5분간 급속 혼합한다.
3) 완속 혼합 : 40~50rpm으로 약 15분간 완속 혼합시켜 응결(응집)한다.
4) 정치 침전 : 15~30분간 침전한다.
5) 상징수 분석 : 상징수를 취하여 필요한 분석을 실시한다.

27 다음 중 수처리 시 사용되는 응집제와 거리가 먼 것은?

① PAC　　　　② 소석회
③ 입상 활성탄　　④ 염화제2철

해설 ③ 활성탄은 흡착제이다.

The⁺알아보기

응집제의 종류
• 알루미늄염(황산알루미늄)
• 철염(염화제2철, 황산제1철)
• 소석회
• PAC 등

28 부상법으로 처리해야 할 폐수의 성상으로 가장 적합한 것은?

① 수중에 용존 유기물의 농도가 높은 경우
② 비중이 물보다 낮은 고형물이 많은 경우
③ 수온이 높은 경우
④ 독성 물질을 많이 함유한 경우

해설 **부상법**
물보다 밀도가 작은 현탁성 또는 부상성 고형물에 미세기포를 부착시켜 부력에 의하여 물 위로 띄워 고액분리를 하는 방법

29 MLSS 농도가 1,000mg/L이고, BOD 농도가 200mg/L인 2,000m³/day의 폐수가 포기조로 유입될 때 BOD/MLSS 부하는? (단, 포기조의 용적은 1,000m³이다.)

① 0.1kg BOD/kg MLSS · day
② 0.2kg BOD/kg MLSS · day
③ 0.3kg BOD/kg MLSS · day
④ 0.4kg BOD/kg MLSS · day

해설 $F/M = \dfrac{BOD \cdot Q}{VX}$

$$= \frac{200\text{mg/L}}{} \left| \frac{2{,}000\text{m}^3}{\text{day}} \right| \frac{}{1{,}000\text{m}^3} \left| \frac{}{1{,}000\text{mg/L}} \right.$$

$= 0.4$kg BOD/kg MLSS · day

여기서, F/M : kg BOD/kg MLSS · day
　　　　V : 포기조 부피(m³)
　　　　Q : 유입 유량(m³/day)
　　　　BOD : BOD 농도(mg/L)
　　　　X : MLSS 농도(mg/L)

30 0.1N 염산(HCl) 용액의 예상되는 pH는 얼마인가? (단, 이 농도에서 염산 용액은 100% 해리한다.)

① 1　　　　② 2
③ 12　　　　④ 13

해설 100% 해리될 때(강산일 때)의 pH

$$HCl \leftrightarrow H^+ + Cl^-$$

처음 농도　　C
이온화 농도　$-C$
───────────────────
평형 농도　　0　　C　　C

여기서, C : 강산의 초기 몰농도(mol/L)
$[H^+] = C = 0.1\text{N}$
$pH = -\log[H^+] = -\log[0.1] = 1$

참고 염산(HCl)은 1가 산이므로, M농도=N농도이다.

31 다음 중 살수여상법으로 폐수를 처리할 때 유지관리상 주의할 점이 아닌 것은?

① 슬러지의 팽화
② 여상의 폐쇄
③ 생물막의 탈락
④ 파리의 발생

해설 ① 슬러지의 팽화는 부유생물법(활성슬러지 및 그 변법)의 문제점이다.

The⁺알아보기

살수여상법의 운영상 문제점
• 연못화
• 파리 번식
• 악취
• 여상의 폐쇄
• 생물막 탈락
• 결빙

32 166.6g의 C₆H₁₂O₆가 완전한 혐기성 분해를 한다고 가정할 때 발생 가능한 CH₄가스 용적으로 옳은 것은? (단, 표준상태 기준)

① 24.4L　　　　② 62.2L
③ 186.7L　　　　④ 1339.3L

해설 $C_6H_{12}O_6 \rightarrow 3CH_4 + 3CO_2$
　　180g　　: 3×22.4L
　　166.6g　: x(L)
∴ $x = \dfrac{116.6 \times 3 \times 22.4\text{L}}{180} = 62.197\text{L}$

33 무기응집제인 알루미늄염의 장점으로 가장 거리가 먼 것은?

① 적정 pH 폭이 2~12 정도로 매우 넓은 편이다.
② 독성이 거의 없어 대량으로 주입할 수 있다.
③ 시설을 더럽히지 않는 편이다.
④ 가격이 저렴한 편이다.

해설 **알루미늄염의 장단점**

장 점	단 점
• 경제적임	• 생성된 플록의 비중이 가벼움
• 탁도, 세균, 조류 등 거의 모든 현탁성 물질과 부유물 제거에 유효함	• 적정 pH 폭이 좁음 (pH 5~8)
• 독성이 없으므로 대량 주입이 가능함	• 저수온 시 응집효과가 떨어짐
• 결정은 부식성 없고 취급이 용이함	• 온도가 내려가거나 농도가 떨어지면 결정이 석출됨
• 철염과 같이 시설을 더럽히지 않음	• 알칼리도를 높일 응집보조제 첨가가 필요함

34 스토크스(Stokes)의 법칙에 따라 물속에서 침전하는 원형 입자의 침전속도에 관한 설명으로 옳지 않은 것은?

① 침전속도는 입자 지름의 제곱에 비례한다.
② 침전속도는 물의 점도에 반비례한다.
③ 침전속도는 중력가속도에 비례한다.
④ 침전속도는 입자와 물 간의 밀도차에 반비례한다.

해설 ④ 침전속도는 입자와 물 간의 밀도차에 비례한다.

The⁺알아보기

Stokes 공식

$$V_g = \frac{d^2(\rho_s - \rho_w)g}{18\mu}$$

여기서, V_g : 입자의 침전속도
d : 입자의 직경(입경)
ρ_s : 입자의 밀도
ρ_w : 물의 밀도
g : 중력가속도
μ : 물의 점성계수

35 완속 여과의 특징에 관한 설명으로 가장 거리가 먼 것은?

① 손실수두가 비교적 적다.
② 유지관리비가 적은 편이다.
③ 시공비가 적고 부지가 좁다.
④ 처리수의 수질이 양호한 편이다.

해설 **급속 여과와 완속 여과의 특징**

구 분	급속 여과	완속 여과
여과속도	120~150m/day	4~5m/day
부지면적	좁음	**넓음**
건설(시공)비	저렴	**비쌈**
유지관리비	비쌈	저렴
손실수두	큼	작음

36 쓰레기 발생량과 성상에 영향을 미치는 요인에 관한 설명으로 가장 거리가 먼 것은?

① 수집빈도가 높을수록, 그리고 쓰레기통이 클수록 발생량이 감소하는 경향이 있다.
② 일반적으로 도시의 규모가 커질수록 쓰레기 발생량이 증가한다.
③ 쓰레기 관련 법규는 쓰레기 발생량에 매우 중요한 영향을 미친다.
④ 대체로 생활수준이 증가하면 쓰레기 발생량도 증가하며 다양화된다.

해설 **쓰레기 발생량의 영향인자**

영향요인	내 용
도시 규모	도시의 규모가 커질수록 발생량 증가
생활수준	생활수준이 높을수록 발생량이 증가하고 다양화됨
계절	겨울철에 발생량 증가
수집빈도	**수집(수거)빈도가 높을수록 발생량 증가**
쓰레기통 크기	**쓰레기통이 클수록 발생량 증가**
재활용품 회수 및 재이용률	재이용률이 높을수록 발생량 감소
법규	폐기물 관련 법규가 강할수록 발생량 감소
장소	장소에 따라 발생량과 성상이 다름
사회구조	평균 연령층 및 교육수준에 따라 발생량이 상이함

2 PART **필기 최근 기출문제**

37 화상 위에서 쓰레기를 태우는 방식으로 플라스틱처럼 열에 열화·용해되는 물질의 소각과 슬러지, 입자상 물질의 소각에도 적합하고, 체류시간이 길고 국부적으로 가열될 염려가 있으며, 연소효율이 나쁘고, 잔사의 용량이 많아질 수 있는 소각로는?

① 고정상　　　　② 화격자
③ 회전로　　　　④ 다단로

해설 고정상 소각로는 소각로 내의 화상 위에서 소각물을 태우는 방식으로, 화격자로서는 적재가 불가능한 슬러지(오니), 입자상 물질, 열을 받아 용융해서 착화 연소하는 물질(플라스틱)의 연소에 적합하다.

38 폐기물 소각시설의 후연소실에 대한 설명으로 가장 거리가 먼 것은?

① 주연소실에서 생성된 휘발성 기체는 후연소실로 흘러들어 연소된다.
② 깨끗하고 가연성인 액상 폐기물은 바로 후연소실로 주입될 수 있다.
③ 후연소실 내의 온도는 주연소실의 온도보다 보통 낮게 유지한다.
④ 연기 내의 가연성분의 완전산화를 위해 후연소실은 충분한 양의 잉여공기가 공급되어야 한다.

해설 ③ 후연소실 내의 온도는 주연소실의 온도보다 보통 높게 유지한다.

39 퇴비화에 관련된 부식질(humus)의 특징과 거리가 먼 것은?

① 병원균이 사멸되어 거의 없다.
② 뛰어난 토양개량제이다.
③ C/N비가 50~60 정도로 높다.
④ 물 보유력과 양이온 교환능력이 좋다.

해설 부식질의 특징
• 악취가 발생하지 않는다(흙냄새가 남).
• 물 보유력 및 양이온 교환능력이 좋다.
• C/N비는 10~20 정도로 낮다.
• 짙은 갈색 또는 검은색을 띤다.
• 병원균이 거의 사멸되어 토양개량제로서의 품질이 우수하다.
• 안정한 유기물이다.

40 소각로에서 적용하는 공기비(m)에 관한 설명으로 가장 적합한 것은?

① 실제 공기량과 이론 공기량의 비
② 연소가스량과 이론 공기량의 비
③ 연소가스량과 실제 공기량의 비
④ 실제 공기량과 이론 산소량의 비

해설 공기비(m) : 이론 공기량에 대한 실제 공기량의 비

$$m = \frac{A}{A_o}$$

41 매립지에서의 침출수 발생량에 영향을 미치는 인자와 가장 거리가 먼 것은?

① 강우침투량　　　② 유출계수
③ 증발산량　　　　④ 교통량

해설 침출수 발생량의 영향인자
• 강수량, 강우침투량
• 증발산량
• 유출량, 유출계수
• 폐기물의 매립정도
• 복토재의 재질
• 폐기물 내 수분 또는 폐기물 분해에 따른 수분

42 폐기물의 해안매립 공법 중 밑면이 뚫린 바지선 등으로 쓰레기를 떨어뜨림으로써 바닥 지반의 하중을 균일하게 하고 쓰레기 지반 안정화 및 매립부지 조기이용 등에는 유리하지만 매립효율이 떨어지는 것은?

① 셀 공법
② 박층뿌림 공법
③ 순차투입 공법
④ 내수배제 공법

해설 ① 셀 공법 : 매립된 쓰레기 및 비탈에 복토를 실시하여 셀(cell) 모양으로 셀마다 일일복토를 해나가는 내륙 매립 공법
② 박층뿌림 공법 : 연약지반일 경우, 밑면이 뚫린 바지선에서 폐기물을 얇고 곱게 뿌려주어 바닥 지반의 하중을 균일하게 하는 해안매립 공법
③ 순차투입 공법 : 해안으로부터 순차적으로 폐기물을 투입하는 해안매립 공법
④ 내수배제 공법(수중투기 공법) : 제방 등으로 내수를 배제한 후 폐기물을 투입하는 해안매립 공법

43 폐기물 처리에서 에너지 회수방법으로 거리가 먼 것은?

① 슬러지 개량
② 혐기성 소화
③ 소각열 회수
④ RDF 제조

[해설] 에너지 회수방법
• 열분해
• 소각폐열 회수
• 혐기성 소화, 발효
• RDF 제조
• 퇴비화

44 쓰레기를 파쇄 처리하는 이유와 가장 거리가 먼 것은?

① 겉보기밀도의 감소
② 입자 크기의 균일화
③ 부등침하의 가능한 억제
④ 비표면적의 증가

[해설] 파쇄의 목적
• 겉보기비중의 증가
• 입경분포의 균일화(저장·압축·소각 용이)
• 용적(부피) 감소
• 운반비 감소, 매립지 수명 연장
• 분리 및 선별 용이, 특정 성분의 분리
• 비표면적의 증가
• 소각, 열분해, 퇴비화 처리 시 처리효율의 향상
• 조대폐물에 의한 소각로의 손상 방지
• 고체물질 간의 균일혼합 효과
• 매립 후 부등침하 방지

45 어느 도시에 인구 100,000명이 거주하고 있으며, 1인당 쓰레기 발생량이 평균 0.9kg/인·일이다. 이 쓰레기를 적재용량이 5톤인 트럭을 이용하여 한 번에 수거를 마치려면 트럭이 몇 대 필요한가?

① 10대
② 12대
③ 15대
④ 18대

[해설] 운반차량 대수 = 쓰레기 발생량 / 트럭 1대당 적재용량

$$= \frac{0.9kg}{인·일} \cdot \frac{100,000인}{} \cdot \frac{1t}{1,000kg} \cdot \frac{대}{5t}$$

$$= 18대$$

46 슬러지 내의 수분 중 일반적으로 가장 많은 양을 차지하며 고형물질과 직접 결합해 있지 않기 때문에 농축 등의 방법으로 용이하게 분리할 수 있는 수분은?

① 간극수
② 모관결합수
③ 부착수
④ 내부수

[해설] 슬러지 내 존재하는 물의 형태 중 가장 양이 많은 것은 간극수이다.

47 일정 기간 동안 특정 지역의 쓰레기 수거차량 대수를 조사하여 이 값에 쓰레기의 밀도를 곱하고 중량으로 환산하여 쓰레기 발생량을 산출하는 방법은?

① 경향법
② 직접계근법
③ 물질수지법
④ 적재차량 계수분석법

[해설] 쓰레기 발생량 조사방법

조사방법		내용
적재차량 계수분석법		일정 기간 동안 특정 지역의 쓰레기 수거차량 대수를 조사하고, 이 값에 밀도를 곱하여 중량으로 환산하는 방법
직접계근법		일정 기간 동안 특정 지역의 쓰레기 수거·운반 차량 무게를 직접 계근하는 방법
물질수지법		시스템으로 유입되는 모든 물질과 유출되는 모든 물질들 간의 물질수지를 세움으로써 발생량을 추정하는 방법으로, 주로 산업폐기물의 발생량을 추산할 때 이용
통계조사	표본조사 (샘플링검사)	전체 측정지역 중 일부를 표본으로 하여 쓰레기 발생량을 조사하는 방법
	전수조사	측정지역 전체의 쓰레기 발생량을 모두 조사하는 방법

48 매립가스 중 축적되면 폭발의 위험이 있으며, 가볍기 때문에 위로 확산되고, 구조물의 설계 시에는 구조물로 스며들지 않도록 해야 하는 물질은?

① 메테인
② 산소
③ 황화수소
④ 이산화탄소

해설 매립가스 중 폭발의 위험성이 큰 가스는 메테인이다.

🌱 **The⁺알아보기**

- 매립가스 중 악취 가스 : 암모니아(NH_3), 황화수소(H_2S)
- 매립가스 중 폭발 위험이 가장 큰 가스 : 메테인(CH_4)
- 매립가스 중 회수하여 에너지원으로 이용하는 가스
  : 메테인(CH_4)

49 다단로 소각에 대한 내용으로 틀린 것은?

① 체류시간이 길어 특히 휘발성이 적은 폐기물의 연소에 유리하다.
② 온도반응이 비교적 신속하여 보조연료 사용 조절이 용이하다.
③ 다량의 수분이 증발되므로 수분 함량이 높은 폐기물의 연소도 가능하다.
④ 물리 · 화학적 성분이 다른 각종 폐기물을 처리할 수 있다.

해설 다단로(multiple hearth) 소각의 장단점

장 점	단 점
• 휘발성이 낮은 폐기물 연소에 유리	• 체류시간이 긺
• 수분 함량이 높은 폐기물도 연소 가능	• **온도반응이 느림**
	• **보조연료 사용 조절이 어려움**
• 물리 · 화학적 성분이 다른 각종 폐기물 처리 가능	• 분진 발생
• 국소연소가 줄어듦	• 열적 충격에 약함 (1,000℃ 이하 운전)
• 연소효율이 좋음	• 유지비가 높음
• 다양한 보조연료 사용 가능	• 2차 연소실이 필요
	• 불규칙적인 대형 폐기물, 용융성 재를 포함한 폐기물, 높은 분해온도를 요하는 폐기물 처리에는 부적합

50 그림과 같이 쓰레기를 수평으로 고르게 깔아 압축하고, 복토를 깔아 쓰레기층과 복토층을 교대로 쌓는 매립공법을 무엇이라 하는가?

일일 복토 → ← 수평한 쓰레기

① 박층뿌림 공법   ② 샌드위치 공법
③ 압축매립 공법   ④ 도랑형 공법

해설 그림은 샌드위치 공법으로, 쓰레기를 수평으로 고르게 깔아 압축하고 쓰레기층과 복토층을 교대로 쌓는 내륙매립 공법이다.

51 폐기물의 원소를 분석한 결과 탄소 42%, 산소 40%, 수소 9%, 회분 7%, 황 2%이었다. 듀롱(Dulong)식을 이용하여 고위발열량(kcal/kg)을 구하면?

① 약 4,100   ② 약 4,300
③ 약 4,500   ④ 약 4,800

해설 고위발열량 H_h (kcal/kg)

$$= 8,100\,C + 34,000\left(H - \frac{O}{8}\right) + 2,500\,S$$

$$= 8,100 \times 0.42 + 34,000\left(0.09 - \frac{0.4}{8}\right) + 2,500 \times 0.02$$

$$= 4,727$$

여기서, C : 탄소 함량, H : 수소 함량
O : 산소 함량, S : 황 함량

52 다음 중 MHT에 관한 설명으로 옳지 않은 것은?

① man · hour/ton을 뜻한다.
② 폐기물의 수거효율을 평가하는 단위로 쓰인다.
③ MHT가 클수록 수거효율이 좋다.
④ 수거작업 간의 노동력을 비교하기 위한 것이다.

해설 ③ MHT가 작을수록 수거효율이 좋다.

53 다음 중 작용하는 힘에 따른 폐기물의 파쇄장치의 분류로 가장 거리가 먼 것은?

① 전단식 파쇄기   ② 충격식 파쇄기
③ 압축식 파쇄기   ④ 공기식 파쇄기

해설 파쇄기의 분류
• 건식 파쇄기 : 전단 파쇄기, 충격 파쇄기, 압축 파쇄기
• 습식 파쇄기 : 냉각 파쇄기, 습식 펄퍼, 회전드럼식 파쇄기

54 밀도가 1g/cm³인 폐기물 10kg에 고형화 재료 2kg을 첨가하여 고형화시켰더니 밀도가 1.2g/cm³로 증가하였다. 이 경우 부피변화율은?

① 0.7   ② 0.8
③ 0.9   ④ 1.0

해설 1) $MR = \dfrac{\text{첨가제의 질량}}{\text{폐기물의 질량}} = \dfrac{2kg}{10kg} = 0.2$

2) 부피변화율

$$VCR = \frac{\rho_\text{전}}{\rho_\text{후}}(1 + MR) = \frac{1}{1.2}(1 + 0.2) = 1.0$$

여기서, MR : 혼합률, VCR : 부피변화율
$\rho_\text{전}$: 고형화 전 밀도, $\rho_\text{후}$: 고형화 후 밀도

55 다음 중 폐기물의 기계적(물리적) 선별방법으로 가장 거리가 먼 것은?

① 체 선별　　　　② 공기 선별
③ 용제 선별　　　④ 관성 선별

해설 폐기물 선별방법의 구분
- 물리적 선별 : 공기 선별, 스크린(체) 선별, 자석 선별, 관성 선별, 수중체(jig) 선별, 와전류 선별, 광학 선별 등
- 화학적 선별 : 용제 선별 등

56 음의 회절에 관한 설명으로 옳지 않은 것은?

① 회절하는 정도는 파장에 반비례한다.
② 슬릿의 폭이 좁을수록 회절하는 정도가 크다.
③ 장애물 뒤쪽으로 음이 전파되는 현상이다.
④ 장애물이 작을수록 회절이 잘 된다.

해설 음의 회절이란 음장에 장애물이 있는 경우 장애물 뒤쪽으로 음이 전파되는 현상으로, 회절이 잘 되는 조건은 다음과 같다.
- **파장이 길수록(파장에 비례)**
- 주파수가 작을수록
- 장애물이 작을수록(구멍, 슬릿이 작을수록)

57 다음 설명의 (　) 안에 알맞은 것은?

> 한 장소에 있어서 특정 음을 대상으로 생각할 경우 대상소음이 없을 때 그 장소의 소음을 대상소음에 대한 (　)이라 한다.

① 고정소음　　　② 기저소음
③ 정상소음　　　④ 배경소음

해설 소음의 구분
- 배경소음 : 한 장소에 있어서 특정 음을 대상으로 생각할 경우, 대상소음이 없을 때 그 장소의 소음을 대상소음에 대한 배경소음이라 한다.
- 대상소음 : 배경소음 외에 측정하고자 하는 특정 소음
- 정상소음 : 시간적으로 변동하지 아니하거나 변동 폭이 작은 소음
- 변동소음 : 시간에 따라 소음도 변화 폭이 큰 소음

58 가속도 진폭의 최대값이 0.01m/sec^2인 정현진동의 진동가속도레벨은? (단, 10^{-5}m/sec^2 기준)

① 28dB　　　② 30dB
③ 57dB　　　④ 60dB

해설 1) $A_{\text{rms}} = \dfrac{A_{\text{max}}}{\sqrt{2}} = \dfrac{0.01}{\sqrt{2}} = 7.071 \times 10^{-3}\text{m/sec}^2$

2) 진동가속도레벨
$$VAL = 20\log\left(\frac{A_{\text{rms}}}{A_0}\right)$$
$$= 20\log\left(\frac{7.071 \times 10^{-3}}{10^{-5}}\right)$$
$$= 56.989\text{dB}$$

여기서, A_{rms} : 측정대상 진동가속도 진폭의 실효치 (m/sec^2)
A_0 : 기준진동의 가속도 실효치 $(10^{-5}\text{m/sec}^2, \text{0dB})$

59 공해진동에 관한 설명으로 옳지 않은 것은?

① 진동수 범위는 $1,000\sim4,000\text{Hz}$ 정도이다.
② 문제가 되는 진동레벨은 60dB부터 80dB까지가 많다.
③ 사람이 느끼는 최소진동역치는 $55\pm5\text{dB}$ 정도이다.
④ 사람에게 불쾌감을 준다.

해설 ① 진동수 범위는 $1\sim90\text{Hz}$ 정도이다.

60 무지향성 점음원을 두 면이 접하는 구석에 위치시켰을 때의 지향지수는?

① 0　　　　　　② +3dB
③ +6dB　　　　④ +9dB

해설

소음원의 위치		접한 변의 수(n)	지향계수(Q)	지향지수(DI, dB)	전파표면적(S)
자유공간		0	1	0	$4\pi r^2$
반자유공간	지면 위, 바닥	1	2	3	$2\pi r^2$
	2변 접한 공간	2	4	6	πr^2
	3변 접한 공간	3	8	9	$\dfrac{\pi r^2}{2}$

이때, $Q = 2^n$
$DI = 10\log Q$
$S = \dfrac{4\pi r^2}{Q}$

2014년 제2회 환경기능사 필기

▌2014년 4월 6일 시행

01 다음 중 오존층의 두께를 표시하는 단위는?

① Plank ② Dobson
③ Albedo ④ Donora

[해설] 돕슨(Dobson)
- 오존층의 두께를 표시하는 단위이다.
- 지구 대기 중의 오존 총량을 표준상태에서 두께로 환산했을 때, 1mm를 100돕슨으로 정하고 있다.
- 극지방은 400돕슨, 적도는 200돕슨이다.
- 지구 전체의 평균 오존량은 약 300돕슨이다.
- 지리적·계절적으로 평균치의 ±50% 정도까지 변화한다.

02 세정식 집진장치의 유지관리에 관한 설명으로 옳지 않은 것은?

① 먼지의 성상과 처리가스 농도를 고려하여 액가스비를 결정한다.
② 목부는 처리가스의 속도가 매우 크기 때문에 마모가 일어나기 쉬우므로 수시로 점검하여 교환한다.
③ 기액분리기는 시설의 작동이 정지해도 잠시 공회전을 하여 부착된 먼지에 의한 산성의 세정수를 제거해야 한다.
④ 벤투리형 세정기에서 집진효율을 높이기 위하여 될 수 있는 한 처리가스 온도를 높게 하여 운전하는 것이 바람직하다.

[해설] 처리가스 온도가 높으면 가스 점성이 증가하므로 집진효율이 낮아진다. 따라서 벤투리형 세정기에서 집진효율을 높이기 위하여는 될 수 있는 한 처리가스 온도를 낮게 하여 운전하는 것이 바람직하다.

03 다음 중 벤투리 스크러버의 입구 유속으로 가장 적합한 것은?

① 60~90m/sec ② 5~10m/sec
③ 1~2m/sec ④ 0.5~1m/sec

[해설] 세정 집진장치의 종류별 유속
- 충전탑 : 0.3~1m/sec
- 분무탑 : 0.2~1m/sec
- 제트 스크러버 : 10~20m/sec
- 벤투리 스크러버 : 60~90m/sec

04 대기상태에 따른 굴뚝 연기의 모양으로 옳은 것은?

① 역전 상태 – 부채꼴
② 매우 불안정 상태 – 원추형
③ 안정 상태 – 환상형
④ 상층 불안정, 하층 안정 상태 – 훈증형

[해설] 연기의 형태별 대기상태

연기(플룸)의 형태	대기상태
밧줄형, 환상형 (looping)	불안정
원추형(coning)	중립
부채형(fanning)	역전(안정)
지붕형(lofting)	상층은 불안정, 하층은 안정할 때 발생
훈증형(fumigation)	상층은 안정, 하층은 불안정할 때 발생
구속형, 함정형 (trapping)	상층에서 침강역전(공중역전), 지표(하층)에서 복사역전(지표역전), 중간층 불안정

05 연기의 상승높이에 영향을 주는 인자와 가장 거리가 먼 것은?

① 배출가스 유속
② 오염물질 농도
③ 외기의 수평 풍속
④ 배출가스 온도

[해설] 유효굴뚝높이의 영향인자
- 배기가스의 유속이 빠를수록 증가한다.
- 외기의 온도차가 클수록 증가한다.
- 풍속이 작을수록 증가한다.
- 굴뚝의 통풍력이 클수록 증가한다.

06 표준상태에서 물 6.6g을 수증기로 만들 때 부피는?

① 약 5.16L ② 약 6.22L
③ 약 7.24L ④ 약 8.21L

[해설] 표준상태에서,
물(H_2O) 1mol=18g=22.4L
$$\therefore 6.6g \times \frac{22.4L}{18g} = 8.213L$$

07 자동차가 공회전할 때 많이 배출되며 혈액에 흡수되면 헤모글로빈과의 결합력이 산소의 약 210배 정도로 강하고, 이에 따라 중추신경계의 장애를 초래하는 가스는?

① Ozone ② HC
③ CO ④ NOx

해설 일산화탄소의 성질
• 분자량 28, 무색무취의 기체이다.
• 물에 잘 녹지 않는다(난용성).
• 금속산화물을 환원시킨다(환원제).
• 체류시간은 1~3개월이다.
• 연탄가스 중독을 일으킨다.
• 연료 중 탄소의 불완전연소 시에 발생한다.
• 헤모글로빈과의 결합력이 산소의 약 210배이다.

08 다음 집진장치 중 일반적으로 압력손실이 가장 큰 것은?

① 중력 집진장치
② 원심력 집진장치
③ 전기 집진장치
④ 벤투리 스크러버

해설 집진장치별 압력손실

구 분	압력손실(mmH₂O)
중력 집진장치	10~15
관성력 집진장치	30~70
원심력 집진장치	50~150
세정 집진장치 (벤투리 스크러버)	300~800
여과 집진장치	100~200
전기 집진장치	10~20

09 대기권에서 발생하고 있는 기온역전의 종류에 해당하지 않는 것은?

① 자유역전
② 이류역전
③ 침강역전
④ 복사역전

해설 기온역전의 분류
• 공중역전 : 침강역전, 해풍역전, 난류역전, 전선역전
• 지표역전 : 복사(방사성)역전, 이류역전

10 다음 중 여과 집진장치의 설명으로 옳은 것은?

① 350℃ 이상 고온의 가스 처리에 적합하다.
② 여과포의 종류와 상관없이 가스상 물질도 효과적으로 제거할 수 있다.
③ 압력손실이 약 20mmH₂O 전후이며, 다른 집진장치에 비해 설치면적이 작고, 폭발성 먼지 제거에 효과적이다.
④ 집진원리는 직접차단, 관성충돌, 확산 등의 형태로 먼지를 포집한다.

해설 ① 250℃ 이상 고온의 가스 처리에는 부적합하다.
② 가스상 물질 처리에는 부적합하다.
③ 압력손실이 약 100~200mmH₂O 전후이며, 다른 집진장치에 비해 설치면적이 크고, 폭발성 먼지 제거에 부적합하다.

11 다음 중 이산화황에 대한 식물저항력이 가장 약한 것은?

① 담배
② 옥수수
③ 국화
④ 참외

해설 이산화황(SO_2)에 대한 식물저항력
• 약한 식물(지표식물) : 알팔파(자주개나리), 참깨, 담배, 육송, 나팔꽃, 메밀, 시금치, 고구마
• 강한 식물 : 협죽도, 수랍목, 감귤, 무궁화, 양배추, 옥수수

12 다음 압력 중 크기가 다른 하나는?

① $1,013N/m^2$
② 760mmHg
③ 1,013mbar
④ 1atm

해설 대기압의 크기 비교
1기압 = 1atm
= 760mmHg
= 10,332mmH₂O = 10,332kg/m²
= 101,325Pa = 101,325N/m²
= 101.325kPa
= 1,013.25hPa
= 1,013.25mbar
= 14.7psi

13 황 성분이 1%인 중유를 20ton/hr로 연소시킬 때 배출되는 SO_2를 석고($CaSO_4$)로 회수하고자 할 경우, 회수하는 석고의 양은? (단, 24시간 연속 가동되며, 연소율은 100%, 탈황률은 80%, 원자량은 S : 32, Ca : 40)

① 6.83kg/min
② 11.33kg/min
③ 12.75kg/min
④ 14.17kg/min

해설 $S + O_2 \rightarrow SO_2 + CaCO_3 + \dfrac{1}{2}O_2 \rightarrow CaSO_4 + CO_2$

32kg : 136kg

$\dfrac{1}{100} \times \dfrac{20,000kg}{hr} \times \dfrac{80}{100} \times \dfrac{1hr}{60min}$: $CaSO_4$(kg/min)

∴ $CaSO_4$ 필요량

$= \dfrac{1}{100} \times \dfrac{20,000kg}{hr} \times \dfrac{80}{100} \times \dfrac{1hr}{60min} \times \dfrac{136}{32}$

$= 11.333$kg/min

14 연소 시 연소상태를 조절하여 질소산화물 발생을 억제하는 방법으로 가장 거리가 먼 것은?

① 저온도 연소
② 저산소 연소
③ 공급공기량의 과량 주입
④ 수증기 분무

해설 공기량이 늘어나면 연소 시 공급되는 산소가 늘어나므로 NOx 발생량이 증가한다.

15 역사적인 대기오염사건 중 포자리카(Poza Rica) 사건은 주로 어떤 오염물질에 의한 피해였는가?

① O_3
② H_2S
③ PCB
④ MIC

해설 주요 대기오염사건의 원인 오염물질
• 포자리카 : 황화수소(H_2S)
• 보팔 : 메틸아이소시아네이트(MIC)
• 세베소 : 다이옥신
• LA 스모그 : 자동차 배기가스의 NOx
• 체르노빌, TMI : 방사능 물질
• 나머지 사건 : 화석연료 연소에 의한 SO_2, 매연, 먼지 등

The⁺알아보기

대기오염사건의 발생순서
뮤즈(30) – 요코하마(46) – 도노라(48) – 포자리카(50) – 런던 스모그(52) – LA 스모그(54) – 보팔(84)

16 신도시를 중심으로 설치되며 생활오수는 하수 처리장으로, 우수는 별도의 관거를 통해 직접 수역으로 방류하는 배제방식은?

① 합류식
② 분류식
③ 직각식
④ 원형식

해설 하수 배제방식의 구분
• 합류식 : 우수와 오수를 동일한 관으로 배제해 하수처리장으로 같이 보내는 방식
• 분류식 : 우수와 오수를 각각 다른 관으로 나누어 배제해 오수는 하수처리장으로 보내고, 우수는 하천으로 보내는 방식

17 지구상의 담수 중 가장 큰 비율을 차지하고 있는 것은?

① 호수
② 하천
③ 빙설 및 빙하
④ 지하수

해설 담수의 비율
빙하 > 지하수 > 지표수(호수, 하천) > 대기 중 수분 > 생물체 내 수분

18 미생물과 조류의 생물화학적 작용을 이용하여 하수 및 폐수를 자연정화시키는 공법으로, 라군 (lagoon)이라고도 하며 시설비와 운영비가 적게 들기 때문에 소규모 마을의 오수 처리에 많이 이용되는 것은?

① 회전원판법
② 부패조법
③ 산화지법
④ 살수여상법

해설 ③ 산화지 공법 : 얕은 연못에서 호기성 박테리아와 조류 사이의 공생관계로 유기물을 분해하는 호기성 처리법

19 활성슬러지법에서 MLSS가 의미하는 것으로 가장 적합한 것은?

① 방류수 중의 부유물질
② 폐수 중의 중금속물질
③ 포기조 혼합액 중의 부유물질
④ 유입수 중의 부유물질

해설 MLSS(Mixed Liquor Suspended Solids)
활성슬러지와 폐수가 혼합된 혼합액 중의 부유물질

20 다음 중 지표수의 특징으로 가장 거리가 먼 것은? (단, 지하수와 비교)

① 지상에 노출되어 오염의 우려가 큰 편이다.
② 용존산소농도가 높고, 경도가 큰 편이다.
③ 철, 망가니즈 성분이 비교적 적게 포함되어 있고, 대량 취수가 용이한 편이다.
④ 수질 변동이 비교적 심한 편이다.

> **해설** **지표수(하천수)의 특징**
> • 지하수보다 수량은 풍부하나, 유량 및 수질 변동이 크다.
> • 지하수보다 용존산소농도가 높고, **경도가 낮다.**
> • 지상에 노출되어 오염의 우려가 크다.
> • 철, 망가니즈 성분이 비교적 적게 포함되어 있고, 대량 취수가 쉽다.
> • 광화학 반응 및 호기성 세균에 의한 유기물 분해가 주된 생물작용이다.

21 다음 중 인체에 만성중독 증상으로 카네미유증을 발생시키는 유해물질은?

① PCB   ② Mn
③ As   ④ Cd

> **해설** **주요 유해물질별 만성중독증**
> • 카드뮴 : 이타이이타이병
> • 수은 : 미나마타병, 헌터루셀병
> • PCB : **카네미유증**
> • 비소 : 흑피증
> • 플루오린 : 반상치
> • 망가니즈 : 파킨슨씨 유사병
> • 구리 : 간경변, 윌슨씨병

22 건조 전 슬러지 무게가 150g이고, 항량으로 건조한 후의 무게가 35g이었다면, 이때 수분의 함량(%)은?

① 46.7   ② 56.7
③ 66.7   ④ 76.7

> **해설** 1) 수분의 무게
> = (초기 슬러지의 무게) − (건조 후 슬러지의 무게)
> = 150 − 35
> = 115g
> 2) 수분의 함량(%)
> $$= \frac{수분의\ 무게}{초기\ 폐기물의\ 무게}$$
> $$= \frac{115}{150}$$
> = 0.76666 = 76.666%

23 다음 중 침전효율을 높이기 위한 방법으로 가장 거리가 먼 것은?

① 침전지의 표면적을 크게 한다.
② 응집제를 투여한다.
③ 침전지 내 유속을 빠르게 한다.
④ 침전된 침전물을 계속 제거시켜준다.

> **해설** **침전효율 향상방법**
> • 표면부하율을 감소시킨다.
> • 침전지의 표면적을 증가시킨다(경사판 또는 다층 침전지 설치).
> • 응집제를 주입해 입자의 침전속도를 증가시킨다.
> • **침전지 내 유속(수평유속)을 감소시켜 체류시간을 늘린다.**
> • 침전된 침전물을 계속 제거시켜 준다.

24 시간당 125m³인 폐수가 유입되는 침전조가 있다. 위어(weir)의 유효길이를 30m라 할 때, 월류부하는?

① 약 4.2m³/m·hr
② 약 40m³/m·hr
③ 약 100m³/m·hr
④ 약 150m³/m·hr

> **해설** 월류부하 $= \dfrac{유량}{위어\ 길이}$
> $$= \frac{125m^3}{hr} \Big| \frac{}{30m} = 4.16m^3/m \cdot hr$$

25 하수의 생물화학적 산소요구량(BOD)을 측정하기 위해 시료수를 배양기에 넣기 전의 용존산소량이 10mg/L, 시료수를 5일 동안 배양한 후의 용존산소량이 7mg/L이다. 이때 시료를 5배 희석하였다면 이 하수의 BOD₅(mg/L)는?

① 3   ② 6
③ 15   ④ 30

> **해설** 생물화학적 산소요구량
> $$BOD(mg/L) = (D_1 - D_2) \times P = (10 - 7) \times 5 = 15$$
> 여기서, D_1 : 15분간 방치된 후 희석(조제)한 시료의 DO (mg/L)
> D_2 : 5일간 배양한 후 희석(조제)한 시료의 DO (mg/L)
> P : 희석시료 중 시료의 희석배수
> $\left(= \dfrac{희석시료량}{시료량} \right)$

26 MLSS 농도가 2,500mg/L인 혼합액을 1,000mL 메스실린더에 취해 30분간 정치한 후의 침강슬러지가 차지하는 용적이 400mL였다면, 이 슬러지의 SVI는?

① 100
② 160
③ 250
④ 400

해설
$$SVI = \frac{SV_{30} \times 10^3}{MLSS} = \frac{400 \times 10^3}{2,500} = 160$$

여기서, SVI : 슬러지의 용적지수
SV_{30}(mL/L) : 시료 1L를 30분간 정치 후 측정한 슬러지의 부피(mL)

The⁺알아보기
$$SVI = \frac{SV_{30} \times 10^3}{MLSS(mg/L)} = \frac{SV(\%) \times 10^4}{MLSS(mg/L)}$$

27 주간에 호소에서 조류가 성장하는 동안 조류가 수질에 미치는 영향으로 가장 적합한 것은?

① 수온의 상승
② 질소의 증가
③ 칼슘농도의 증가
④ 용존산소농도의 증가

해설 조류는 낮에 광합성을 하므로 산소를 발생시켜 수중 DO를 증가시킨다.

28 동점도(v)의 단위로 옳은 것은?

① g/cm · sec
② g/m² · sec
③ cm²/sec
④ cm²/g

해설
• 점성계수의 단위 : poise＝g/cm · sec
• 동점성계수의 단위 : Stoke＝cm²/sec

29 다음 중 경도의 주원인물질은?

① Ca^{2+}, Mg^{2+}
② Ba^{2+}, Cd^{2+}
③ Fe^{2+}, Pb^{2+}
④ Ra^{2+}, Mn^{2+}

해설 **경도 유발물질**
물속에 용해되어 있는 금속원소의 2가 이상 양이온(Ca^{2+}, Mg^{2+}, Fe^{2+}, Mn^{2+}, Sr^{2+})을 의미하며, 칼슘(Ca^{2+}), 마그네슘(Mg^{2+})이 대부분이다.

30 에탄올(C_2H_5OH)의 농도가 350mg/L인 폐수를 완전산화시켰을 때, 이론적인 화학적 산소요구량(mg/L)은?

① 488
② 569
③ 730
④ 835

해설
$C_2H_5OH + 3O_2 \rightarrow 2CO_2 + 3H_2O$
46g : 3×32g
350mg/L : x(mg/L)
$$\therefore x = \frac{3 \times 32 \times 350mg/L}{46} = 730.43mg/L$$

참고 이론적인 화학적 산소요구량은 유기물의 산화반응식에서 소비된 산소(O_2)의 양이다.

31 산도(acidity)나 경도(hardness)는 무엇으로 환산하는가?

① 탄산칼슘
② 탄산소듐
③ 탄화수소소듐
④ 수산화소듐

해설 산도(acidity), 경도(hardness), 알칼리도(alkalinity)는 탄산칼슘($CaCO_3$)의 양(mg/L 또는 ppm)으로 나타낸다.

32 다음 중 산화에 해당하는 것은?

① 수소와 화합
② 산소를 잃음
③ 전자를 얻음
④ 산화수 증가

해설 **산화와 환원**

반응의 종류	전 자	산 소	수 소	산화수
산화	잃음	얻음	잃음	**증가**
환원	얻음	잃음	얻음	감소

33 무기성 부유물질, 자갈, 모래, 뼈 등 토사류를 제거하여 기계장치 및 배관의 손상이나 막힘을 방지하는 시설로 가장 적합한 것은?

① 침전지
② 침사지
③ 조정조
④ 부상조

해설 **물리적 예비처리시설**
• 침사지 : 무기성 부유 물질이나 자갈, 모래, 뼈 등 토사류(grit)를 제거하여 기계장치 및 배관의 손상이나 막힘을 방지하는 시설
• 스크린 : 부유 협잡물이 처리시설에 유입하는 것을 방지하는 시설

26.② 27.④ 28.③ 29.① 30.③ 31.① 32.④ 33.②

34 생물학적 처리공법으로 하수 내의 질소를 처리할 때 탈질이 주로 이루어지는 공정은?

① 탈인조
② 포기조
③ 무산소조
④ 침전조

해설 **반응조의 역할**
• 혐기조 : 인 방출, 유기물 흡수(제거)
• **무산소조 : 탈질(질소 제거), 유기물 흡수(제거)**
• 호기조 : 인 과잉 흡수, 질산화, 유기물 흡수(제거)

35 다음 중 비점오염원에 해당하는 것은?

① 농경지 배수
② 폐수처리장 방류수
③ 축산 폐수
④ 공장의 산업폐수

해설 **점오염원과 비점오염원의 발생원**
• 점오염원 : 가정하수, 공장폐수, 축산폐수, 분뇨처리장, 가두리양식장, 세차장 등
• 비점오염원 : 임야, 강우 유출수, **농경지 배수**, 지하수, 농지, 골프장, 거리 청소수, 도로, 광산, 벌목장 등

36 밀도가 1.2g/cm³인 폐기물 10kg에 고형화 재료 5kg을 첨가하여 고형화시킨 결과 밀도가 2.5g/cm³로 증가하였다. 이때의 부피변화율은?

① 0.5
② 0.72
③ 1.5
④ 2.45

해설 1) 혼합률

$$MR = \frac{\text{첨가제의 질량}}{\text{폐기물의 질량}} = \frac{5}{10} = 0.5$$

2) 부피변화율

$$VCR = \frac{\rho_\text{전}}{\rho_\text{후}}(1 + MR) = \frac{1.2}{2.5} \times (1 + 0.5) = 0.72$$

여기서, MR : 혼합률
　　　　VCR : 부피변화율
　　　　$\rho_\text{전}$: 고형화 전 밀도
　　　　$\rho_\text{후}$: 고형화 후 밀도

37 압축기에 플라스틱을 넣고 압축시킨 결과 부피 감소율이 80%였다. 이 경우 압축비는?

① 2
② 3
③ 4
④ 5

해설

$$VR = 1 - \frac{1}{CR}$$

$$\therefore CR = \frac{1}{1 - VR} = \frac{1}{1 - 0.8} = 5$$

여기서, CR : 압축비
　　　　VR : 부피감소율

38 퇴비화의 단점으로 거리가 먼 것은?

① 생산된 퇴비는 비료가치가 낮다.
② 생산품인 퇴비는 토양의 이화학 성질을 개선시키는 토양개선제로 사용할 수 없다.
③ 다양한 재료를 이용하므로 퇴비제품의 품질 표준화가 어렵다.
④ 퇴비가 완성되어도 부피가 크게 감소되지는 않는다(50% 이하).

해설 **퇴비화의 장단점**

장 점	단 점
• **생산된 퇴비를 토양 개선제 (개량제)로 사용 가능**	• 생산된 퇴비의 비료가치가 낮음
• 초기 시설 투자비 및 운영비가 저렴	• 품질 표준화가 어려움
• 운전이 쉬움	• 생산된 퇴비의 수요 불확실
• 유기성 폐기물 감량화	• 퇴비가 완성되어도 부피가 감소되지 않음
	• 운반비용 증대
	• 소요부지 넓음
	• 악취 발생 가능

39 다음 중 폐기물의 재활용과 감량화를 도모하기 위해 실시할 수 있는 제도로 가장 거리가 먼 것은?

① 예치금 제도
② 환경영향평가
③ 부담금 제도
④ 쓰레기종량제

해설 ② 환경영향평가는 어떤 정책이나 사업이 환경에 미치는 영향을 미리 조사 및 평가하여 환경에 미치는 부정적인 영향을 최소화하기 위한 절차이다.

40 인구가 30만명인 도시에서 1인당 쓰레기 발생량이 1.2kg/일이라고 한다. 적재용량이 15m³인 트럭으로 이 쓰레기를 매일 수거하려고 할 때, 필요한 트럭의 수는? (단, 쓰레기 평균 밀도는 550kg/m³이다.)

① 31대 　　　　　② 36대
③ 39대 　　　　　④ 44대

해설 운반차량 대수 $= \dfrac{\text{쓰레기 발생량}}{\text{트럭 1대당 적재용량}}$

$$= \dfrac{1.2kg}{\text{인}} \left| \dfrac{300,000인}{} \right| \dfrac{m^3}{550kg} \left| \dfrac{대}{15m^3} \right.$$

$$= 43.63 ≒ 44대$$

41 노의 하부로부터 가스를 주입하여 모래를 띄운 후 이를 가열시켜 상부에서 폐기물을 투입하여 소각하는 방식의 소각로는?

① 유동상 소각로
② 다단로
③ 회전로
④ 고정상 소각로

해설 **유동상(유동층) 소각로**
하부에서 뜨거운 공기를 주입하여 유동매체(모래)를 부상시켜 가열하고, 상부에서 폐기물을 주입하여 소각하는 형식

42 혐기성 소화탱크에서 유기물 75%, 무기물 25%인 슬러지를 소화 처리하여 소화슬러지의 유기물이 58%, 무기물이 42%가 되었다. 이때, 소화율은?

① 36% 　　　　　② 42%
③ 49% 　　　　　④ 54%

해설 소화율 $= \left(1 - \dfrac{VS_2/FS_2}{VS_1/FS_1}\right) \times 100$

$$= \left(1 - \dfrac{58/42}{75/25}\right) \times 100$$

$$= 53.96\%$$

여기서, FS_1 : 투입슬러지의 무기성분(%)
　　　　VS_1 : 투입슬러지의 유기성분(%)
　　　　FS_2 : 소화슬러지의 무기성분(%)
　　　　VS_2 : 소화슬러지의 유기성분(%)

43 도시 폐기물의 개략분석(proximate analysis) 시 4가지 구성 성분에 해당하지 않는 것은?

① 다이옥신(dioxin)
② 휘발성 고형물(volatile solids)
③ 고정탄소(fixed carbon)
④ 회분(ash)

해설 **폐기물 개략분석 시 4성분**
수분, 고정탄소, 휘발분, 불연분(회분)

44 함수율 25%인 쓰레기를 건조시켜 함수율 12%인 쓰레기로 만들려면 쓰레기 1t 당 약 얼마의 수분을 증발시켜야 하는가?

① 148kg 　　　　② 166kg
③ 180kg 　　　　④ 199kg

해설 1) $V_1(1 - W_1) = V_2(1 - W_2)$
　　$1,000kg(1 - 0.25) = V_2(1 - 0.12)$
　　$\therefore V_2 = \dfrac{(1 - 0.25)}{(1 - 0.12)} \times 1,000kg = 852.27kg$

2) 쓰레기 1톤당 증발시켜야 할 수분의 양(kg)
　　$V_1 - V_2 = 1,000 - 852.27 = 147.73kg$

여기서, V_1 : 농축 전 폐기물의 양
　　　　V_2 : 농축 후 폐기물의 양
　　　　W_1 : 농축 전 폐기물의 함수율
　　　　W_2 : 농축 후 폐기물의 함수율

단위 1t=1,000kg

45 소각로 내의 화상 위에서 폐기물을 태우는 방식으로 플라스틱과 같이 열에 의하여 열화되는 물질의 소각에 적합하며 국부적으로 가열의 염려가 있는 소각로는?

① 회전로
② 화격자 소각로
③ 고정상 소각로
④ 유동상 소각로

해설 **고정상 소각로의 장단점**

장 점	단 점
• 열에 열화 · 용해되는 소각물(플라스틱 등), 입자상 물질 소각에 적합 • 화격자에 적재가 불가능한 슬러지, 입자상 물질의 폐기물 소각 가능	• 체류시간이 긺 • 교반력이 약해 국부가열 발생 가능 • 연소효율이 나쁨 • 잔사 용량이 많이 발생 • 초기 가온 시 또는 저열량 폐기물에는 보조연료 필요

46 인구 500,000명의 도시에서 1주일 동안 8,720m³의 쓰레기를 수거하였다. 이 쓰레기의 밀도가 0.45t/m³라면 1인 1일 쓰레기 발생량은?

① 1.12kg/인·일
② 1.21kg/인·일
③ 1.25kg/인·일
④ 1.31kg/인·일

해설 단위환산으로 풀이한다.
1인 1일 쓰레기 발생량(kg/인·일)

$$= \frac{0.45t}{m^3} \frac{8,720m^3}{7일} \frac{1,000kg}{1t} \frac{}{500,000인}$$

= 1.121kg/인·일

참고 쓰레기 발생량＝쓰레기 수거량

47 슬러지나 폐기물을 토지 주입 시 중금속류의 성질에 관한 설명으로 가장 거리가 먼 것은?

① Cr : Cr³⁺은 거의 불용성으로 토양 내에서 존재한다.
② Pb : 토양 내에 침전되어 있어 작물에 거의 흡수되지 않는다.
③ Hg : 토양 내에서 활성도가 커 작물에 의한 흡수가 용이하고, 강우에 의해 쉽게 지표로 용해되어 나온다.
④ Zn : 모래를 제외한 대부분의 토양에 영구적으로 흡착되나 보통 Cu나 Ni보다 장기간 용해상태로 존재한다.

해설 ③ Hg : 토양 내에서 활성도가 커 작물에 의한 흡수가 용이하나, 잔류성이 높아 강우에 의해 쉽게 지표로 용해되어 나오지 않는다.

💚 The⁺알아보기

잔류성 물질
생물 체내에 들어와 배출되지 않고 몸속에 쌓이는 물질로, 지용성 물질일수록, 무거울수록 잔류성이 크고, 생물농축이 되기 쉽다.
예 중금속, 유기염소계 농약(살충제) 등

48 다음 중 슬러지 개량(conditioning) 방법에 해당하지 않는 것은?

① 슬러지 세정
② 열처리
③ 약품처리
④ 관성분리

해설 **슬러지 개량방법**
• 열처리
• 세정
• 화학적 약품처리
• 생물학적 처리
• 전기적 처리
• 동결

49 다음 매립 공법 중 해안매립 공법에 해당하는 것은?

① 셀 공법
② 순차투입 공법
③ 압축매립 공법
④ 도랑형 공법

해설 **해안매립 공법의 종류**
• 내수배제 공법(수중투기 공법)
• 순차투입 공법
• 박층뿌림 공법

50 폐기물의 저위발열량(LHV)을 구하는 식으로 옳은 것은? (단, HHV : 폐기물의 고위발열량(kcal/kg), H : 폐기물의 원소분석에 의한 수소 조성비(kg/kg), W : 폐기물의 수분 함량(kg/kg), 600 : 수증기 1kg의 응축열(kcal))

① $LHV = HHV - 600W$
② $LHV = HHV - 600(H+W)$
③ $LHV = HHV - 600(9H+W)$
④ $LHV = HHV + 600(9H+W)$

해설 저위발열량＝고위발열량－증발잠열
$LHV = HHV - 600(9H+W)$
여기서, LHV : 저위발열량(kcal/kg)
HHV : 고위발열량(kcal/kg)
H : 수소 함량(%)
W : 수분 함량(%)

51 소각에 비하여 열분해 공정의 특징이라고 볼 수 없는 것은?

① 무산소 분위기 중에서 고온으로 가열한다.
② 액체 및 기체 상태의 연료를 생산하는 공정이다.
③ NOx 발생량이 적다.
④ 열분해 생성물의 질과 양의 안정적 확보가 용이하다.

해설 ④ 열분해는 생성물의 질과 양의 안정적 확보가 어렵다.

52 연도로 배출되는 배기가스 중의 폐열을 이용하여 보일러의 급수를 예열함으로써 열효율 증가에 기여하는 설비는?

① 공기예열기 ② 절탄기
③ 재열기 ④ 과열기

해설 **열교환기의 종류**
• 과열기(super heater) : 보일러에서 발생하는 포화증기에 포함된 수분을 제거하여 과열도가 높은 증기를 얻도록 하는 장치
• 재열기(reheater) : 과열기와 같은 구조로, 과열기 중간 또는 뒤쪽에 설치하는 장치
• 절탄기(economizer) : 연도로 배출되는 배기가스 중의 폐열을 이용하여 보일러의 급수를 예열함으로써 열효율을 높이는 설비
• 공기예열기(air preheater) : 연도가스의 여열을 이용하여 연소용 공기를 예열하여 보일러의 효율을 높이는 장치
• 증기터빈(steam turbine) : 증기가 갖는 열에너지를 회전운동으로 전환시키는 장치

53 황화수소 $1Sm^3$의 이론 연소공기량(Sm^3)은? (단, 표준상태 기준, 황화수소는 완전연소되어 물과 이산화황으로 변화된다.)

① 5.6 ② 7.1
③ 8.7 ④ 9.3

해설 1) 이론 산소량(O_o)
$H_2S + 1.5O_2 \rightarrow SO_2 + H_2O$
$1Sm^3 : 1.5Sm^3$
$1Sm^3 : O_o(Sm^3)$
∴ $O_o = 1.5Sm^3$
2) 이론 공기량(A_o)
$$A_o = \frac{O_o}{0.21} = \frac{1.5}{0.21} = 7.142Sm^3$$

54 슬러지나 분뇨의 탈수 가능성을 나타내는 것은?

① 균등계수 ② 알칼리도
③ 여과비저항 ④ 유효경

해설 여과비저항(R)은 슬러지의 탈수 특성을 나타내는 인자이다.
$$R = \frac{2a \cdot \Delta P \cdot A^2}{\mu \cdot C}$$
여기서, R : 여과비저항(sec^2/g)
　　　　a : 실험상수(sec/m^6)
　　　　ΔP : 압력(g/cm^2)
　　　　A : 여과면적(cm^2)
　　　　μ : 여액의 점도($g/cm \cdot sec$)
　　　　C : 고형물의 농도(g/cm^3)

55 다음 중 폐기물의 퇴비화 공정에서 유지시켜 주어야 할 최적조건으로 가장 적합한 것은?

① 온도 : $20\pm2℃$
② 수분 : 5~10%
③ C/N 비율 : 100~150
④ pH : 6~8

해설 **퇴비화의 최적조건**

영향요인	최적조건
C/N 비	20~40(50)
온도	50~65℃
함수율	50~60%
pH	5.5~8
산소	5~15%
입도(입경)	1.3~5cm

56 진동 측정 시 진동픽업을 설치하기 위한 장소로 옳지 않은 것은?

① 경사 또는 요철이 없는 장소
② 완충물이 있고 충분히 다져서 단단히 굳은 장소
③ 복잡한 반사, 회절현상이 없는 지점
④ 온도, 전자기 등의 외부영향을 받지 않는 곳

해설 **진동픽업을 설치하기 위한 장소**
• 경사 또는 요철이 없는 장소
• 완충물이 없고 충분히 다져서 단단히 굳은 장소
• 복잡한 반사, 회절현상이 없는 지점
• 온도, 전자기 등의 외부영향을 받지 않는 곳

57 선음원의 거리감쇠에서 거리가 2배로 되면 음압레벨의 감쇠치는?

① 1dB
② 2dB
③ 3dB
④ 4dB

해설 **역2승법칙**(거리감쇠)
음원으로부터 거리가 2배 증가할 때의 음압레벨
• 점음원일 경우 : 6dB 감소
• 선음원일 경우 : 3dB 감소

58 진동수가 3,300Hz이고, 속도가 330m/sec인 소리의 파장은?

① 0.1m
② 1m
③ 10m
④ 100m

 $\lambda = \dfrac{c}{f} = \dfrac{330\text{m/sec}}{3{,}300\text{/sec}} = 0.1\text{m}$

The⁺알아보기

$c = f\lambda$
여기서, c : 전파속도(m/sec)
λ : 파장(m)
f : 주파수(Hz, 1/sec)

59 다음 중 종파에 해당하는 것은?

① 광파
② 음파
③ 수면파
④ 지진파의 S파

해설 파동의 종류

구 분	특 징	예
종파	• 파동의 진행방향과 매질의 진동방향이 평행한 파동 • 매질이 있어야만 전파됨 • 물체의 체적부피 변화에 의해 전달되는 파동	소밀파, P파, 압력파, 음파, 지진파의 P파
횡파	• 파동의 진행방향과 매질의 진동방향이 수직인 파동 • 매질이 없어도 전파됨 • 물체의 형상 탄성에 의해 전달되는 파동	고정파, 전자기파(광파, 전파), 지진파의 S파
표면파	• 지표면을 따라 전달되는 파동 • 매질 표면을 따라 전달됨 • 에너지가 가장 큼 • 전파속도가 느림	레일리파(R파), 러브파(L파)

60 흡음재료의 선택 및 사용상의 유의점에 관한 설명으로 옳지 않은 것은?

① 벽면 부착 시 한 곳에 집중시키기보다는 전체 내벽에 분산시켜 부착한다.
② 흡음재는 전면을 접착재로 부착하는 것보다는 못으로 시공하는 것이 좋다.
③ 다공질 재료는 산란하기 쉬우므로 표면에 얇은 직물로 피복하는 것이 바람직하다.
④ 다공질 재료의 흡음률을 높이기 위해 표면에 종이를 바르는 것이 권장되고 있다.

해설 흡음재의 선정 및 사용상 주의점
• 흡음률은 시공 시 배후 공기층의 상황에 따라서 변화하므로, 시공할 때와 동일한 조건인 흡음률 데이터를 이용해야 한다.
• 벽면 부착 시 한 곳에 집중시키기보다는 전체 내벽에 분산시켜 부착한다.
• 방의 모서리(구석)나 가장자리 부분에 흡음재를 부착하면 효과가 좋다.
• 흡음재는 다공질 재료로서의 흡음작용 외에, 판진동에 의한 흡음작용도 발생되므로 진동하기 쉬운 방법이 바람직하다.
  예 전면을 접착제로 부착하는 것보다는 못으로 고정시키는 것이 좋다.
• 다공질 재료는 산란하기 쉬우므로 표면에 얇은 직물로 피복하는 것이 바람직하다.
• 비닐시트나 캔버스로 피복을 하는 경우 수백 Hz 이상의 고음역에서는 흡음률의 저하를 각오해야 하나, 저음역에서는 판진동 때문에 오히려 흡음률이 증대하는 경우가 많다.
• 다공질 재료의 표면을 도장하면 고음역의 흡음률이 저하된다.
• 막진동이나 판진동형의 흡음기구는 도장을 해도 지장이 없다.
• **다공질 재료의 표면에 종이를 바르는 것은 피해야 한다.**
• 다공질 재료의 표면을 다공판으로 피복할 때 개구율은 20% 이상으로 하고, 공명흡음의 경우에는 3~20%의 범위로 하는 것이 좋다.

01 농황산의 비중이 약 1.84, 농도는 75%라면 이 농황산의 몰농도(mol/L)는? (단, 농황산의 분자량은 98이다.)

① 9　　　　　　　② 11
③ 14　　　　　　　④ 18

해설

1) 퍼센트(%)농도 $= \dfrac{용질(g)}{용액(g)} \times 100\%$

농황산의 %농도가 75%이므로,
황산 용액이 100g이면, 황산(용질)은 75g이다.

2) 비중 $1.84 = \dfrac{1.84t}{1m^3} = \dfrac{1.84kg}{1L} = \dfrac{1.84g}{1mL}$

3) 몰농도$(M) = \dfrac{용질의\ 몰수(mol)}{용액의\ 부피(L)}$

$= \dfrac{75g \times \dfrac{1mol}{98g}}{100g \times \dfrac{L}{1.84kg} \times \dfrac{1kg}{1,000g}}$

$= 14.081 mol/L$

02 굴뚝에서 배출되는 가스의 유속을 측정하고자 피토관을 굴뚝에 넣었더니 동압이 5mmH₂O였다. 이때 배출가스의 유속은 얼마인가? (단, 피토관계수는 0.85, 공기의 비중량은 1.3kg/m³이다.)

① 5.92m/sec　　　② 7.38m/sec
③ 8.84m/sec　　　④ 9.49m/sec

해설 피토관에 의한 유속

$V = C \sqrt{\dfrac{2gP_v}{\gamma}} = 0.85 \times \sqrt{\dfrac{2 \times 9.8 \times 5}{1.3}}$

$= 7.380 m/sec$

여기서, V : 유속(m/sec)
　　　　C : 피토관계수
　　　　P_v : 동압(mmH₂O)
　　　　γ : 배출가스 밀도(kg/m³)

03 고도에 따라 대기권을 분류할 때 지표로부터 가장 가까이 있는 것은?

① 열권　　　　　　② 대류권
③ 성층권　　　　　④ 중간권

해설 대기권은 지표로부터 대류권, 성층권, 중간권, 열권의 순서로 구성된다.

04 소각로에서 연소효율을 높일 수 있는 방법과 거리가 먼 것은?

① 공기와 연료의 혼합이 좋아야 한다.
② 온도가 충분히 높아야 한다.
③ 체류시간이 짧아야 한다.
④ 연료에 산소가 충분히 공급되어야 한다.

해설 완전연소의 3요소(3T)
• Temperature(온도) : 착화점 이상의 온도로, 연소온도를 높게 유지할 것
• Time(시간) : 완전연소가 되기에 충분한 시간을 가질 것
• Turbulence(혼합) : 연료와 산소가 충분히 혼합될 것

05 집진장치에 관한 설명으로 옳지 않은 것은?

① 중력 집진장치는 $50\mu m$ 이상의 큰 입자를 제거하는 데 유용하다.
② 원심력 집진장치의 일반적인 형태가 사이클론이다.
③ 여과 집진장치는 여과재에 먼지를 함유하는 가스를 통과시켜 입자를 분리·포집하는 장치이다.
④ 전기 집진장치는 함진가스 중의 먼지에 +전하를 부여하여 대전시킨다.

해설 전기 집진장치는 먼지를 −전하로 만들어 먼지가 반대전하인 +극(집진극)으로 끌려가도록 하여 집진한다.

06 다음 온실가스 중 지구온난화지수(GWP)가 가장 큰 것은?

① CH₄
② SF₆
③ CO₂
④ N₂O

해설 지구온난화지수(GWP ; Global Warming Potential)
온실효과를 일으키는 잠재력을 표현한 값으로, CO₂를 1로 기준으로 한다.
단위질량당 기여도(흡수율)를 큰 순서대로 나열하면 다음과 같다.
SF₆ > PFC > HFC > N₂O > CH₄ > CO₂

07 산성비의 주된 원인물질로만 올바르게 나열된 것은?

① SO_2, NO_2, Hg

② CH_4, NO_2, HCl

③ CH_4, NH_3, HCN

④ SO_2, NO_2, HCl

해설 산성비의 원인물질
황산화물(SO_x), 질소산화물(NO_x), 염소화합물(HCl 등)

08 다음 보기에 해당하는 대기오염물질은?

> 보통 백화현상에 의해 맥간반점을 형성하고 지표식물로는 자주개나리, 보리, 담배 등이 있으며, 강한 식물로는 협죽도, 양배추, 옥수수 등이 있다.

① 황산화물

② 탄화수소

③ 일산화탄소

④ 질소산화물

해설 식물의 백화현상과 맥간반점은 SO_2의 영향이다.

09 대기오염 공정시험기준상 각 오염물질에 대한 측정방법의 연결로 옳지 않은 것은?

① 일산화탄소 – 비분산적외선분석법

② 염소 – 질산은적정법

③ 황화수소 – 메틸렌블루법

④ 암모니아 – 인도페놀법

해설 배출가스 중 무기물질의 시험방법

무기물질	시험방법
염소	자외선/가시선 분광법 – 오르토톨리딘법
사이안화수소	• 자외선/가시선 분광법 – 피리딘피라졸론법 • 적정법 – 질산은 적정법

10 다음 중 주로 광화학 반응에 의하여 생성되는 물질은?

① PAN　　　② CH_4

③ NH_3　　　④ HC

해설 광화학 반응으로 생성되는 옥시던트
O_3, 알데하이드, H_2O_2, NOCl(염화나이트로실), CH_2CHCHO(아크롤레인), 케톤, PAN, PBN, PPN 등

11 다음 중 건조대기 중에 가장 많은 비율로 존재하는 비활성 기체는?

① He　　　② Ne

③ Ar　　　④ Xe

해설 대기의 조성(부피농도순)
질소(N_2) > 산소(O_2) > 아르곤(Ar) > 이산화탄소(CO_2) > 네온(Ne) > 헬륨(He) > 제논(Xe)

12 연소조절에 의하여 NO_x 발생을 억제하는 방법 중 옳지 않은 것은?

① 연소 시 과잉 공기를 삭감하여 저산소 연소시킨다.

② 연소의 온도를 높여서 고온 연소를 시킨다.

③ 버너 및 연소실 구조를 개량하여 연소실 내의 온도분포를 균일하게 한다.

④ 화로 내에 물이나 수증기를 분무시켜서 연소시킨다.

해설 연소조절에 의한 NO_x 저감방법
• 저온 연소
• 저산소 연소
• 저질소성분 연료 우선 연소
• 2단 연소
• 최고화염온도를 낮추는 방법
• 배기가스 재순환
• 버너 및 연소실의 구조 개선
• 수증기 및 물 분사

🌱 **The⁺알아보기**

> **2단 연소**
> 버너 부분에서 이론 공기량의 95%를 공급하고, 상부의 공기구멍에서 나머지 공기를 더 공급하는 방법

13 $0.3g/Sm^3$인 HCl의 농도를 ppm으로 환산하면? (단, 표준상태 기준)

① 116.4ppm　　　② 137.7ppm

③ 167.3ppm　　　④ 184.1ppm

해설 $g/Sm^3 \rightarrow$ ppm 환산

$$\frac{0.3g}{Sm^3} \times \frac{22.4mL}{36.5mg} \times \frac{10^3 mg}{1g} = 184.10 mL/m^3$$

$$= 184.10 ppm$$

단위 $ppm = mL/m^3$
HCl : $1mol = 36.5g = 22.4L$

14 중량비로 수소가 15%, 수분이 1% 함유되어 있는 중유의 고위발열량이 13,000kcal/kg이다. 이 중유의 저위발열량은?

① 11,368kcal/kg ② 11,976kcal/kg

③ 12,025kcal/kg ④ 12,184kcal/kg

[해설] 저위발열량(kcal/kg)

$H_l = H_h - 600(9H + W)$

$= 13,000 - 600(9 \times 0.15 + 0.01)$

$= 12,184$kcal/kg

여기서, H_l : 저위발열량(kcal/kg)

H_h : 고위발열량(kcal/kg)

H : 수소의 함량

W : 수분의 함량

15 유해가스 처리를 위한 흡착제 선택 시 고려해야 할 사항으로 옳지 않은 것은?

① 흡착효율이 우수해야 한다.

② 흡착제의 회수가 용이해야 한다.

③ 흡착제의 재생이 용이해야 한다.

④ 기체의 흐름에 대한 압력손실이 커야 한다.

[해설] 흡착제의 조건

• 단위질량당 표면적이 커야 한다.

• 어느 정도의 강도 및 경도를 지녀야 한다.

• 흡착효율이 높아야 한다.

• **기체 흐름에 대한 압력손실이 작아야 한다.**

• 어느 정도의 강도를 가져야 한다.

• 재생과 회수가 쉬워야 한다.

16 Stokes의 법칙에 의한 침강속도에 영향을 미치는 요소로 가장 거리가 먼 것은?

① 침전물의 밀도

② 침전물의 입경

③ 폐수의 밀도

④ 대기압

[해설] Stokes 공식

$$V_g = \frac{d^2(\rho_s - \rho_w)g}{18\mu}$$

여기서, V_g : 입자의 침강속도

d : 입자의 직경(입경)

ρ_s : 입자의 밀도

ρ_w : 물의 밀도

μ : 물의 점성계수

17 수처리 시 사용되는 응집제와 거리가 먼 것은?

① 입상 활성탄 ② 소석회

③ 명반 ④ 황산반토

[해설] ① 활성탄은 흡착제이다.

The⁺알아보기

응집제의 종류

• 알루미늄염(황산알루미늄)

• 철염(염화제2철, 황산제1철)

• 소석회

• PAC 등

18 750g의 Glucose($C_6H_{12}O_6$)가 완전한 혐기성 분해를 할 경우 발생 가능한 CH_4 가스량은? (단, 표준상태 기준)

① 187L ② 225L

③ 255L ④ 280L

[해설] $C_6H_{12}O_6 \longrightarrow 3CH_4 + 3CO_2$

180g : 3×22.4L

750g : x(L)

$\therefore x = \dfrac{750 \times 22.4\text{L}}{180} = 280\text{L}$

19 포기조의 용량이 500m³, 포기조 내의 부유물질 농도가 2,000mg/L일 때, MLSS의 양은?

① 500kg MLSS

② 800kg MLSS

③ 1,000kg MLSS

④ 1,500kg MLSS

[해설] 질량(kg)=농도(mg/L)×부피(m³)

$$\text{MLSS(kg)} = \frac{2,000\text{mg}}{\text{L}} \left| \frac{500\text{m}^3}{} \right| \frac{1\text{kg}}{10^6\text{mg}} \left| \frac{1,000\text{L}}{1\text{m}^3} \right.$$

$= 1,000$kg

The⁺알아보기

BOD 용적부하

$$\frac{BOD \cdot Q}{V} = \frac{BOD \cdot Q}{Q \cdot t} = \frac{BOD}{t}$$

여기서, BOD : BOD 농도(mg/L)

Q : 유량(m³/day)

V : 포기조 용적(m³)

t : 체류시간

14.④ 15.④ 16.④ 17.① 18.④ 19.③

20 활성슬러지 공법에서 슬러지 반송의 주된 목적은 무엇인가?

① MLSS 조절 ② DO 공급
③ pH 조절 ④ 소독 및 살균

해설 슬러지 반송을 하는 이유는 반응조 내의 미생물(MLSS)의 양을 일정하게 유지(MLSS 조절)하기 위해서이다.

21 수돗물을 염소로 소독하는 가장 주된 이유는?

① 잔류염소 효과가 있다.
② 물과 쉽게 반응한다.
③ 유기물을 분해한다.
④ 생물농축 현상이 없다.

해설 수돗물(먹는물)은 잔류성이 필요하기 때문에 염소 소독을 사용한다.

22 폐수처리공정에서 유입폐수 중에 포함된 모래, 기타 무기성의 부유물로 구성된 혼합물을 제거하는 데 사용되는 시설은?

① 응집조 ② 침사지
③ 부상조 ④ 여과조

해설 물리적 예비처리시설
• 침사지 : 무기성 부유 물질이나 자갈, 모래, 뼈 등 토사류(grit)를 제거하여 기계장치 및 배관의 손상이나 막힘을 방지하는 시설이나 막힘을 방지하는 시설
• 스크린 : 부유 협잡물이 처리시설에 유입하는 것을 방지하는 시설

23 활성슬러지법은 여러 가지 변법이 개발되어 왔으며, 각 방법은 특별한 운전이나 제거효율을 달성하기 위하여 발전되었다. 다음 중 활성슬러지의 변법으로 볼 수 없는 것은?

① 다단포기법 ② 접촉안정법
③ 장기포기법 ④ 오존안정법

해설 활성슬러지의 변법
• 계단식 포기법(step aeration법, 다단포기법)
• 점감식 포기법
• 순산소 활성슬러지법
• 심층포기법
• 장기포기법
• 접촉안정법
• 산화구법
• 연속회분식 활성슬러지법(SBR)

24 다음 중 위어(weir)의 설치목적으로 가장 적합한 것은?

① pH 측정
② DO 측정
③ MLSS 측정
④ 유량 측정

해설 위어는 유량을 측정하기 위해 설치한다.

The⁺알아보기

유량측정장치의 구분
• 관내 유량측정장치(관수로 설치)
  – 벤투리미터(venturi meter)
  – 유량측정용 노즐(nozzle)
  – 오리피스(orifice)
  – 피토(pitot)관
  – 자기식 유량측정기(magnetic flow meter)
• 측정용 수로(개방유로) 유량측정장치(하천, 개수로 설치)
  – 위어(weir)
  – 파샬수로(flume)

25 SVI와 SDI의 관계식으로 옳은 것은? (단, SVI ; Sludge Volume Index, SDI ; Sludge Density Index)

① $SVI = \dfrac{100}{SDI}$ ② $SVI = \dfrac{10}{SDI}$

③ $SVI = \dfrac{1}{SDI}$ ④ $SVI = \dfrac{SDI}{1,000}$

해설 $SVI = \dfrac{100}{SDI}$

여기서, SVI : 슬러지 용적지수
SDI : 슬러지 밀도지수

26 하수처리장의 유입수의 BOD가 225mg/L이고, 유출수의 BOD가 55ppm이었다. 이 하수처리장의 BOD 제거율은?

① 약 55% ② 약 76%
③ 약 83% ④ 약 95%

해설 BOD 제거율(η)

$= \dfrac{\text{제거된 BOD}}{\text{제거 전 BOD}} = \dfrac{C_0 - C}{C_0} = \dfrac{225 - 55}{225} = 0.755$

$= 75.5\%$

여기서, η : 제거율
C_0 : 유입 BOD 농도
C : 유출 BOD 농도

27 다음 중 임호프콘(imhoff cone)이 측정하는 항목으로 가장 적합한 것은?

① 전기음성도   ② 분원성 대장균군
③ pH   ④ 침전물질

해설 **임호프콘**
폐수에서 침전성 고형물의 부피를 측정하는 눈금이 있는 유리기구

28 다음은 수질오염 공정시험기준상 방울수에 대한 설명이다. ( ) 안에 알맞은 것은?

> 방울수라 함은 20℃에서 정제수 (㉠)을 적하할 때 그 부피가 약 (㉡)되는 것을 뜻한다.

① ㉠ 10방울, ㉡ 1mL
② ㉠ 20방울, ㉡ 1mL
③ ㉠ 10방울, ㉡ 0.1mL
④ ㉠ 20방울, ㉡ 0.1mL

해설 "방울수"라 함은 20℃에서 정제수 20방울을 떨어뜨릴 때 그 부피가 약 1mL 되는 것을 뜻한다.

29 회전원판식 생물학적 처리시설로 유량 1,000m^3/day, BOD 200mg/L로 유입될 경우, BOD 부하(g/m^2·day)는? (단, 회전원판의 지름은 3m, 300매로 구성되어 있고, 두께는 무시하며, 양면을 기준으로 한다.)

① 29.4   ② 47.2
③ 94.3   ④ 107.6

해설 1) 원판 면적
$$A = n \times \frac{\pi D^2}{4} = 2 \times 300 \times \frac{\pi}{4} \times 3^2 = 4241.150 m^2$$
여기서, n : 원판 매수(양면일 때 n에 2를 곱함)
D : 원판 직경(m)

2) BOD 면적부하(g/m^2·day)
$$= \frac{BOD \cdot Q}{A}$$
$$= \frac{200mg}{L} \left| \frac{1,000 m^3}{day} \right| \frac{1}{4241.150 m^2} \left| \frac{1g}{10^3 mg} \right| \frac{1,000L}{1 m^3}$$
$$= 47.15 g/m^2 \cdot day$$
여기서, BOD : BOD 농도(mg/L)
Q : 유량(m^3/day)
A : 원판 면적(m^2)

30 다음 포기조 내의 미생물 성장단계 중 신진대사율이 가장 높은 단계는?

① 내생성장 단계
② 감소성장 단계
③ 감소와 내생성장 단계 중간
④ 대수성장 단계

해설 **미생물 성장곡선의 단계**
1) 유도기 : 환경에 적응하면서 증식 준비
2) 증식기 : 증식이 시작되고, 증식속도가 점점 증가
3) 대수성장기 : 증식속도 최대, 신진대사율 최대
4) 정지기(감소성장기) : 미생물의 양 최대
5) 사멸기(내생성장기, 내생호흡기) : 신진대사율 급격히 감소, 미생물 자산화, 원형질의 양 감소

31 탈질(denitrification) 과정을 거쳐 질소성분이 최종적으로 변환된 질소의 형태는?

① NO_2-N
② NO_3-N
③ NH_3-N
④ N_2

해설 • 탈질화 : 질산성 질소나 아질산성 질소가 탈질세균에 의해 환원하여 질소가스 등으로 환원되는 과정
• 탈질화 과정 : $NO_3^--N \rightarrow NO_2^--N \rightarrow N_2$

The⁺알아보기
질산화 과정
$NH_4^+-N \rightarrow NO_2^--N \rightarrow NO_3^--N$

32 염소 살균에서 용존염소가 반응하여 물의 불쾌한 맛과 냄새를 유발하는 것은?

① 클로로페놀
② PCB
③ 다이옥신
④ CFCs

해설 정수장에 페놀이 유입되면 염소 소독 시 페놀이 염소와 반응해 악취와 불쾌한 맛을 가지는 클로로페놀이 생성된다.
[예] 낙동강 페놀 사건

33 공장 폐수 50mL를 검수로 하여 산성 100℃ KMnO₄법에 의한 COD 측정을 하였을 때 시료 적정에 소비된 0.025N KMnO₄ 용액은 5.13mL이다. 이 폐수의 COD 값은? (단, 0.025N KMnO₄ 용액의 역가는 0.98이고, 바탕시험 적정에 소비된 0.025N KMnO₄ 용액은 0.13mL이다.)

① 9.8mg/L ② 19.6mg/L
③ 21.6mg/L ④ 98mg/L

해설 $COD(mg/L) = (b-a) \times f \times \dfrac{1,000}{V} \times 0.2$

$= (5.13-0.13) \times 0.98 \times \dfrac{1,000}{50} \times 0.2$

$= 19.6$

여기서, a : 바탕시험 적정에 소비된 과망가니즈산포타슘 용액(0.005M)의 양(mL)
b : 시료의 적정에 소비된 과망가니즈산포타슘 용액(0.005M)의 양(mL)
f : 과망가니즈산포타슘 용액(0.005M)의 농도계수(factor)
V : 시료의 양(mL)

34 하천의 유량은 1,000m³/일, BOD 농도는 26ppm이고, 이 하천에 흘러드는 폐수의 양은 100m³/일, BOD 농도는 165ppm이라고 하면, 하천과 폐수가 완전 혼합된 후의 BOD 농도는? (단, 혼합에 의한 기타 영향 등은 고려하지 않는다.)

① 38.6ppm ② 44.9ppm
③ 48.5ppm ④ 59.8ppm

해설 $C = \dfrac{C_1 Q_1 + C_2 Q_2}{Q_1 + Q_2}$

$= \dfrac{26 \times 1,000 + 165 \times 100}{1,000 + 100} = 38.636 mg/L$

여기서, C : 혼합용액의 농도
C_1 : 1번 용액의 농도
Q_1 : 1번 용액의 유량
C_2 : 2번 용액의 농도
Q_2 : 2번 용액의 유량

35 다음 중 레이놀즈수(Reynold's number)와 반비례하는 것은?

① 액체의 점성계수
② 입자의 지름
③ 액체의 밀도
④ 입자의 침강속도

해설 레이놀즈수$(Re) = \dfrac{관성력}{점성력} = \dfrac{\rho v D}{\mu} = \dfrac{vD}{\nu}$

여기서, ρ : 입자의 밀도
v : 입자의 유속
D : 관의 직경
μ : 유체의 점성계수
ν : 유체의 동점성계수

따라서, 비례 : 밀도, 유속, 관의 직경
반비례 : 점성계수, 동점성계수

36 퇴비화의 장점으로 가장 거리가 먼 것은?

① 폐기물의 재활용
② 높은 비료가치
③ 과정 중 낮은 energy 소모
④ 낮은 초기 시설 투자비

해설 **퇴비화의 장단점**

장 점	단 점
• 생산된 퇴비를 토양 개량제(개선제)로 사용 • 초기 시설 투자비 및 운영비가 저렴 • 운전이 쉬움 • 유기성 폐기물 감량화	• 생산된 퇴비의 비료가치가 낮음 • 품질 표준화가 어려움 • 생산된 퇴비의 수요 불확실 • 퇴비가 완성되어도 부피가 감소되지 않음 • 운반비용 증대 • 소요부지 넓음 • 악취 발생 가능

37 다음 중 폐기물의 적환장이 필요한 경우와 거리가 먼 것은?

① 폐기물 처분장소가 수집장소로부터 16km 이상 멀리 떨어져 있을 때
② 작은 용량의 수집차량(15m³ 이하)을 사용할 때
③ 작은 규모의 주택들이 밀집되어 있을 때
④ 상업지역에서 폐기물 수집에 대형 수거용기를 많이 사용할 때

해설 **적환장 설치가 필요한 경우**
• 작은 용량(15m³ 이하)의 수집차량을 사용하는 경우
• 저밀도 거주지역이 존재하는 경우
• 불법투기와 다량의 어질러진 쓰레기가 발생하는 경우
• 슬러지 수송이나 공기 수송방식을 사용하는 경우
• 처분지가 수집장소로부터 멀리 떨어져 있는 경우
• 상업지역에서 폐기물 수집에 소형 용기를 많이 사용하는 경우
• 최종 처리장과 수거지역의 거리가 먼 경우(약 16km 이상)

38 쓰레기의 양이 4,000m³이며, 밀도는 1.2t/m³이다. 적재용량이 8t인 차량으로 이 쓰레기를 운반한다면 몇 대의 차량이 필요한가?

① 120대
② 400대
③ 500대
④ 600대

해설 운반차량 대수 $= \dfrac{\text{쓰레기 발생량}}{\text{트럭 1대당 적재용량}}$

$$= \frac{4,000\text{m}^3}{\text{m}^3} \left| \frac{1.2\text{t}}{8\text{t}} \right| \frac{\text{대}}{}$$

$$= 600대$$

39 A도시의 쓰레기 성분 중 타지 않는 성분이 중량비로 약 60%를 차지하였다. 밀도가 400kg/m³인 쓰레기 8m³가 있을 때 타는 성분의 양은?

① 1.28t   ② 1.92t
③ 3.2t   ④ 19.2t

해설 가연분 양=(1−비가연분 비율)×폐기물 양

$$= (1 - 0.6) \times \frac{400\text{kg}}{\text{m}^3} \times 8\text{m}^3 \times \frac{1\text{t}}{1,000\text{kg}}$$

$$= 1.28\text{ton}$$

🌿 **The⁺알아보기**

폐기물=가연분+비가연분
여기서, 가연분 : 타는 성분
　　　　비가연분 : 타지 않는 성분

40 유동상 소각로에서 유동상 매질이 갖추어야 할 특성으로 거리가 먼 것은?

① 불활성일 것
② 내마모성일 것
③ 융점이 낮을 것
④ 비중이 작을 것

해설 유동상 매질(유동층 매체)의 구비조건
• 불활성일 것
• 내열성이며, 융점이 높을 것
• 충격에 강할 것
• 내마모성일 것
• 비중이 작을 것
• 안정된 공급으로 구하기 쉬울 것
• 가격이 저렴할 것
• 균일한 입도분포를 가질 것

41 화격자 연소기의 특징으로 거리가 먼 것은?

① 연속적인 소각과 배출이 가능하다.
② 체류시간이 짧고 교반력이 강하여 수분이 많은 폐기물의 연소에 효과적이다.
③ 고온 중에서 기계적으로 구동하므로 금속부의 마모·손실이 심한 편이다.
④ 플라스틱과 같이 열에 쉽게 용해되는 물질에 의해 화격자가 막힐 염려가 있다.

해설 화격자 연소기(소각로)의 장단점

장 점	단 점
• 쓰레기를 대량으로 간편하게 소각 처리하는 데 적합	• 열에 쉽게 용해되는 물질(플라스틱 등)의 소각에는 부적합(화격자 막힘 우려)
• 연속적인 소각·배출 가능	• 소각시간(체류시간)이 긺
• **수분이 많거나 발열량이 낮은 폐기물의 소각 가능**	• 배기가스량이 많음
• 용량부하가 큼	• 교반력이 약해 국부가열 발생
• 자동운전 가능	• 고온에서 기계적 가동에 의해 금속부 마모 및 손실이 심함
• 유동층보다 비산먼지량이 적고, 수명이 긺	• 소각로의 가동·정지 조작이 불편
• 전처리시설이 필요 없음	

42 소각능력이 120kg/m²·hr인 쓰레기 소각로를 하루에 8시간씩 가동하여 12,000kg의 쓰레기를 소각할 때 소요되는 화격자의 넓이는 몇 m²인가?

① 11.0   ② 12.5
③ 14.0   ④ 15.5

해설 화격자의 면적 $= \dfrac{\text{소각할 쓰레기의 양}}{\text{쓰레기 소각능력}}$

$$= \frac{12,000\text{kg}}{\text{day}} \left| \frac{\text{m}^2 \cdot \text{hr}}{120\text{kg}} \right| \frac{1\text{day}}{8\text{hr}} = 12.5\text{m}^2$$

43 유해폐기물 처리를 위해 사용되는 용매추출법에서 용매의 선택기준으로 옳지 않은 것은?

① 끓는점이 낮아 회수성이 높을 것
② 밀도가 물과 다를 것
③ 분배계수가 낮아 선택성이 작을 것
④ 물에 대한 용해도가 낮을 것

해설 용매추출법에서 용매의 선택기준
• **분배계수가 높아 선택성이 클 것**
• 물에 대한 용해도가 낮을 것
• 끓는점이 낮아 회수성이 높을 것
• 밀도가 물과 다를 것
• 무극성일 것

44 쓰레기 수거대상 인구가 550,000명이고, 쓰레기 수거실적이 220,000톤/년이라면 1인당 1일 쓰레기 발생량(kg)은? (단, 1년 365일로 계산한다.)

① 1.1kg
② 1.8kg
③ 2.1kg
④ 2.5kg

해설 단위환산으로 풀이한다.
1인 1일 쓰레기 발생량(kg/인 · 일)

$$= \frac{220,000톤}{년} \left| \frac{1,000kg}{1톤} \right| \frac{1년}{365일} \left| \frac{1}{550,000인} \right.$$

= 1.095kg/인 · 일
= 1.095kg/인 · 일

참고 쓰레기 발생량=쓰레기 수거량

45 매립지에서 매립 후 경과기간에 따라 매립가스 (landfill gas) 생성과정을 4단계로 구분할 때, 각 단계에 관한 설명으로 가장 거리가 먼 것은?

① 제1단계는 친산소성 단계로서 폐기물 내에 수분이 많은 경우에는 반응이 가속화되어 용존산소가 쉽게 고갈되어 2단계 반응에 빨리 도달한다.
② 제2단계는 산소가 고갈되어 혐기성 조건이 형성되며 질소가스가 발생하기 시작하여 아울러 메테인가스도 생성되기 시작하는 단계이다.
③ 제3단계는 매립지 내부의 온도가 상승하여 약 55℃ 정도까지 올라간다.
④ 제4단계는 매립가스 내 메테인과 이산화탄소의 함량이 거의 일정하게 유지된다.

해설 ② 제2단계는 산소가 고갈되어 혐기성 조건이 형성되며 수소가스가 발생하기 시작하고 메테인은 아직 생성되지 않는 단계이다.

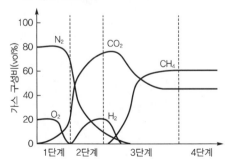

46 다음 중 유해폐기물의 국제적 이동의 통제와 규제를 주요 골자로 하는 국제협약(의정서)은?

① 교토의정서
② 바젤협약
③ 비엔나협약
④ 몬트리올의정서

해설 각 보기의 쟁점은 다음과 같다.
① 교토의정서 : 지구온난화
② 바젤협약 : 유해 폐기물
③ 비엔나협약 : 오존층 파괴
④ 몬트리올의정서 : 오존층 파괴

The⁺알아보기
• 지구온난화 관련 협약 : 리우회의, 교토의정서
• 오존층 파괴 관련 협약 : 비엔나협약, 몬트리올의정서
• 산성비 관련 협약 : 헬싱키의정서(SOx 저감), 소피아 의정서(NOx 저감)

47 짐머만 공법이라고도 하며, 액상 슬러지에 열과 압력을 작용시켜 용존산소에 의해 화학적으로 슬러지 내의 유기물을 산화시키는 방법은?

① 호기성 산화
② 습식 산화
③ 화학적 안정화
④ 혐기성 소화

해설 습식 산화법(짐머만 공법)은 슬러지에 가열(200~270℃ 정도) · 가압(70~ 120atm 정도)시켜 산소에 의해 유기물을 화학적으로 산화시키는 공법이다.

48 도시에서 생활쓰레기를 수거할 때 고려할 사항으로 가장 거리가 먼 것은?

① 처음 수거지역은 차고지와 가깝게 설정한다.
② U자형 회전을 피하여 수거한다.
③ 교통이 혼잡한 지역은 출 · 퇴근 시간을 피하여 수거한다.
④ 쓰레기가 적게 발생하는 지점은 하루 중 가장 먼저 수거하도록 한다.

해설 ④ 쓰레기가 많이 발생하는 지점은 하루 중 가장 먼저 수거하고, 적은 양이 발생하는 지점은 정기적으로 수거한다.

49 다음 중 분뇨 수거 및 처분 계획을 세울 때 계획하는 우리나라 성인 1인당 1일 분뇨 발생량의 평균범위로 가장 적합한 것은?

① 0.2~0.5L
② 0.9~1.1L
③ 2.3~2.5L
④ 3.0~3.5L

해설 우리나라 성인 1명당 1일 분뇨 발생량은 0.9~1.1L 정도이다.

50 파쇄하였거나 파쇄하지 않은 폐기물로부터 철분을 회수하기 위해 가장 많이 사용되는 폐기물 선별방법은?

① 공기 선별 　　② 스크린 선별
③ 자석 선별 　　④ 손 선별

> **해설** ① 공기 선별 : 밀도차를 이용하여 선별하는 방법으로, 공기 중 각 구성물질의 낙하속도와 공기저항의 차에 따라 폐기물을 분별하는 방법
> ② 스크린 선별 : 폐기물의 입경차를 이용하여 선별하는 방법
> ③ 자석 선별 : 대형 자석을 사용하여 폐기물로부터 철분 등을 선별하는 방법
> ④ 손 선별 : 사람의 눈으로 보고 손으로 직접 선별하는 방법

51 소각로에서 완전연소를 위한 3가지 조건(일명 3T)으로 옳은 것은?

① 시간 – 온도 – 혼합
② 시간 – 온도 – 수분
③ 혼합 – 수분 – 시간
④ 혼합 – 수분 – 온도

> **해설** 완전연소의 3요소(3T)
> • 시간(Time) : 완전연소가 되기에 충분한 시간
> • 온도(Temperature) : 착화점 이상의 온도
> • 혼합(Turbulence) : 연료와 산소의 충분한 혼합

52 다음은 연소의 종류에 관한 설명이다. ( ) 안에 알맞은 것은?

> 목재, 석탄, 타르 등은 연소 초기에 가연성 가스가 생성되고, 이것이 긴 화염을 발생시키면서 연소하는데 이러한 연소를 ( )라 한다.

① 표면연소 　　② 분해연소
③ 확산연소 　　④ 자기연소

> **해설** 분해연소
> 연소 초기에 가연성 고체(목탄, 석탄, 타르 등)가 열분해에 의하여 가연성 가스가 생성되고, 이것이 긴 화염을 발생시키는 연소

53 폐기물의 파쇄작용이 일어나게 되는 힘의 3종류와 가장 거리가 먼 것은?

① 압축력 　　② 전단력
③ 수평력 　　④ 충격력

> **해설** 파쇄대상물에 작용하는 3가지 힘
> • 압축력
> • 전단력
> • 충격력

54 스크린 선별에 관한 설명으로 거리가 먼 것은?

① 스크린 선별은 주로 큰 폐기물로부터 후속 처리장치를 보호하거나 재료를 회수하기 위해 많이 사용한다.
② 트롬멜 스크린은 진동스크린의 형식에 해당한다.
③ 스크린의 형식은 진동식과 회전식으로 구분할 수 있다.
④ 회전스크린은 일반적으로 도시폐기물 선별에 많이 사용하는 스크린이다.

> **해설** ② 트롬멜 스크린은 회전스크린의 형식에 해당한다.

55 다음 중 유기물의 혐기성 소화 분해 시 발생되는 물질로 거리가 먼 것은?

① 산소 　　② 알코올
③ 유기산 　　④ 메테인

> **해설** ① 산소는 호기성 분해 시 소비되는 물질이다.

The⁺알아보기

혐기성 소화의 과정

구 분	1단계 반응	2단계 반응	3단계 반응
과정	가수분해	• 산성 소화과정 • 유기산 생성과정 • 수소 생성과정 • 액화 과정	• 알칼리 소화과정 • 메테인 생성과정 • 가스화 과정
관여 미생물	발효균	아세트산 및 수소 생성균	메테인 생성균
생성물	• 단백질 → 아미노산 • 지방 → 지방산, 글리세린 • 탄수화물 → 단당류, 이당류 • 휘발성 유기산	• 유기산(아세트산, 프로피온산, 뷰티르산, 고분자 유기산) • CO_2, H_2 • 알코올, 알데하이드, 케톤 등	• CH_4(약 70%) • CO_2(약 30%) • H_2S • NH_3
특징	가장 느린 반응	유기물의 총 COD는 변하지 않음(유기물이 분해되어 무기물로 변하지 않고 단지 유기물의 종류만 달라짐)	• 유기물의 COD가 가스상태의 메테인으로 변화함으로써 유기물이 제거된다. • 최적 pH : 6.8~7.4 • 분뇨 투입량의 8~10배의 가스 발생

56 음향파워가 0.2watt이면 PWL은?

① 113dB   ② 123dB

③ 133dB   ④ 226dB

해설 $PWL(dB) = 10 \log \dfrac{W}{W_0} = 10 \log \left(\dfrac{0.2}{10^{-12}} \right) = 113dB$

여기서, W : 대상음의 음향파워(W)

W_0 : 최소가청음의 음향파워(10^{-12}W)

57 사람의 귀는 외이, 중이, 내이로 구분할 수 있다. 다음 중 내이에 관한 설명으로 옳지 않은 것은?

① 음의 전달매질은 액체이다.

② 이소골에 의해 진동음압을 20배 정도 증폭 시킨다.

③ 음의 대소는 섬모가 받는 자극의 크기에 따라 다르다.

④ 난원창은 이소골의 진동을 와우각 중의 림 프액에 전달하는 진동판이다.

해설 ② 이소골은 내이가 아닌, 중이에 속한다.

58 아파트 벽의 음향투과율이 0.1%라면 투과손실은 얼마인가?

① 10dB   ② 20dB

③ 30dB   ④ 50dB

해설 투과손실$(TL) = 10 \log \dfrac{1}{\tau}$ (dB)

$= 10 \log \dfrac{1}{0.001}$

$= 10 \log 10^3$

$= 30dB$

여기서, TL : 투과손실

τ : 투과율

59 소음계의 구성요소 중 음파의 미약한 압력변화 (음압)를 전기신호로 변환하는 것은?

① 정류회로   ② 마이크로폰

③ 동특성조절기   ④ 청감보정회로

해설 ① 정류회로 : 교류를 직류로 변환시키는 회로

③ 동특성조절기 : 지시계기의 반응속도를 빠름 및 느림의 특성으로 조절할 수 있는 조절기

④ 청감보정회로 : 등청감곡선에 가까운 보정회로

60 흡음재료 선택 및 사용상 유의점으로 거리가 먼 것은?

① 다공질 재료는 산란되기 쉬우므로 표면을 얇은 직물로 피복하는 행위는 금해야 한다.

② 다공질 재료의 표면을 도장하면 고음역에서 흡음률이 저하한다.

③ 실의 모서리나 가장자리 부분에 흡음재를 부착하면 효과가 좋아진다.

④ 막진동이나 판진동형의 것은 도장해도 차이가 없다.

해설 **흡음재의 선정 및 사용상 주의점**

• 흡음률은 시공 시 배후 공기층의 상황에 따라서 변화하므로, 시공할 때와 동일한 조건인 흡음률 데이터를 이용해야 한다.

• 벽면 부착 시 한 곳에 집중시키기보다는 전체 내벽에 분산시켜 부착한다.

• 방의 모서리(구석)나 가장자리 부분에 흡음재를 부착하면 효과가 좋다.

• 흡음재는 다공질 재료로서의 흡음작용 외에, 판진동에 의한 흡음작용도 발생되므로 진동하기 쉬운 방법이 바람직하다.

　예 전면을 접착제로 부착하는 것보다는 못으로 고정시키는 것이 좋다.

• 다공질 재료는 산란하기 쉬우므로 표면에 얇은 직물로 피복하는 것이 바람직하다.

• 비닐시트나 캔버스로 피복을 하는 경우 수백Hz 이상의 고음역에서는 흡음률의 저하를 각오해야 하나, 저음역에서는 판진동 때문에 오히려 흡음률이 증대하는 경우가 많다.

• 다공질 재료의 표면을 도장하면 고음역의 흡음률이 저하된다.

• 막진동이나 판진동형의 흡음기구는 도장을 해도 지장이 없다.

• 다공질 재료의 표면에 종이를 바르는 것은 피해야 한다.

• 다공질 재료의 표면을 다공판으로 피복할 때 개구율은 20% 이상으로 하고, 공명흡음의 경우에는 3~20%의 범위로 하는 것이 좋다.

01 여과 집진장치에 사용되는 다음 여과재 중 최고 사용온도가 가장 높은 것은?

① 유리섬유
② 목면
③ 양모
④ 아마이드계 나일론

해설 보기 여과포의 내열온도는 각각 다음과 같다.
① 유리섬유(glass fiber) : 250℃
② 목면 : 80℃
③ 양모 : 80℃
④ 나일론 : 110℃

02 집진효율이 50%인 중력침강 집진장치와 99%인 여과식 집진장치가 직렬로 연결된 집진시설에서 중력침강 집진장치의 입구 먼지농도가 200mg/Sm^3 라면, 여과식 집진장치의 출구 먼지농도(mg/Sm^3)는 얼마인가?

① 1
② 5
③ 10
④ 50

해설 $C = C_0(1-\eta_1)(1-\eta_2)$
　　$= 200(1-0.5)(1-0.99)$
　　$= 1mg/Sm^3$
여기서, η_1 : 1차 집진율
　　　　η_2 : 2차 집진율
　　　　C : 출구 농도
　　　　C_0 : 입구 농도

03 다음 대기오염물질과 관련된 업종 중 플루오린화수소가 주된 배출원에 해당하는 것은?

① 고무 가공, 인쇄 공업
② 인산비료, 알루미늄 제조
③ 내연기관, 폭약 제조
④ 코크스 연소로, 제철

해설 오염물질별 배출원

오염물질	배출원(배출시설)
이산화황 (SO$_2$)	제련소, 펄프 제조, 중유공장, 염료 제조공장, 용광로, 산업장의 보일러시설, 화력발전소, 디젤자동차, 기타 관련 화학공업 등
황화수소 (H$_2$S)	암모니아 공업, 가스 공업, 펄프 제조, 석유 정제, 도시가스 제조업, 형광물질료 제조업, 하수처리장 등
질소산화물 (NOx)	내연기관, 폭약, 비료, 필름 제조, 초산 제조 등 화학공업 등
일산화탄소 (CO)	내연기관, 코크스 연소로, 제철, 탄광, 야금 공업 등
암모니아 (NH$_3$)	비료공장, 냉동공장, 표백·색소 제조 공장, 나일론 및 암모니아 제조 공장, 도금 공업 등
플루오린화수소 (HF)	**알루미늄 공업, 인산비료 공업, 유리 제조 공업 등**
이황화탄소 (CS$_2$)	비스코스섬유 공업, 이황화탄소 제조 공장 등
카드뮴(Cd)	아연 제련, 카드뮴 제련 등
염화수소 (HCl)	소다 공업, 플라스틱 제조업, 활성탄 조공장, 금속 제련, 의약품, 쓰레기소각장 등
염소(Cl$_2$)	소다 공업, 화학 공업, 농약 제조, 의약품 등
사이안화수소 (HCN)	화학 공업, 가스 공업, 제철 공업, 청산 제조업, 용광로, 코크스로 등
폼알데하이드 (HCHO)	피혁 공장, 합성수지 공장, 포말린 제조업, 섬유 공업 등
브로민(Br$_2$)	염료 제조, 의약 및 농약 제조, 살충제 등
벤젠(C$_6$H$_6$)	석유 정제, 포말린 제조, 도장 공업, 페인트, 고무 가공 등
페놀 (C$_6$H$_5$OH)	타르 공업, 화학 공업, 도장 공업, 의약품, 염료, 향료 등
비소(As)	안료, 의약품, 화학, 농약 등
아연(Zn)	산화아연의 제조, 금속아연의 용융, 아연도금, 청동의 주조 가공 등
크로뮴(Cr)	도금, 염색, 피혁 제조, 색소·방부제·약품 제조, 화학비료 제조
니켈(Ni)	석탄화력발전소, 디젤엔진 배기, 석면 제조, 니켈 광산 등
구리(Cu)	구리광산, 제련소, 도금 공장, 농약 제조 등
납(Pb)	건전지 및 축전지, 인쇄, 크레용, 에나멜, 페인트, 고무가공, 도가니, 내연기관 등
메탄올 (CH$_3$OH)	포말린 제조, 도장 공업, 고무가스 공업, 피혁, 메탄올 제조업 등

04 다음 중 섭씨온도가 20℃인 것은?

① 20K ② 36℉
③ 68℉ ④ 273K

해설 $℉=\dfrac{9}{5}℃+32=\dfrac{9}{5}\times20℃+32=68℉$

여기서, ℉ : 화씨온도
　　　　℃ : 섭씨온도

05 대기오염 방지시설 중 유해가스상 물질을 처리할 수 있는 흡착장치의 종류와 가장 거리가 먼 것은?

① 고정층 흡착장치
② 촉매층 흡착장치
③ 이동층 흡착장치
④ 유동층 흡착장치

해설 **흡착장치의 종류**
• 고정층 흡착장치
• 이동층 흡착장치
• 유동층 흡착장치

06 복사역전에 대한 설명 중 옳지 않은 것은?

① 복사역전은 공중에서 일어난다.
② 맑고 바람이 없는 날 아침에 해가 뜨기 직전에 강하게 형성된다.
③ 복사역전이 형성될 경우 대기오염물질의 수직이동 확산이 어렵게 된다.
④ 해가 지면서부터 열복사에 의한 지표면의 냉각이 시작되므로 복사역전이 형성된다.

해설 ① 복사역전은 지표역전이다.

07 질소산화물의 발생을 억제하는 연소방법이 아닌 것은?

① 저산소 연소법 ② 고온 연소법
③ 2단 연소법 ④ 배기가스 재순환법

해설 **연소조절에 의한 NOx 저감방법**
• **저온 연소**
• 저산소 연소
• 저질소성분 연료 우선 연소
• 2단 연소
• 최고화염온도를 낮추는 방법
• 배기가스 재순환
• 버너 및 연소실의 구조 개선
• 수증기 및 물 분사

08 대류권에서는 온실가스이며 성층권에서는 오존층 파괴물질로 알려져 있는 것은?

① CO ② N_2O
③ HCl ④ SO_2

해설 ② N_2O(아산화질소)는 오존층 파괴물질이자, 온실가스이다.

09 다음 중 집진효율이 가장 낮은 집진장치는?

① 전기 집진장치
② 여과 집진장치
③ 원심력 집진장치
④ 중력 집진장치

해설 **집진장치의 집진효율**

구 분	집진효율(%)
중력 집진장치	40~60
관성력 집진장치	50~70
원심력 집진장치	85~95
세정 집진장치	80~95
여과 집진장치	90~99
전기 집진장치	90~99.9

10 대기환경보전법규상 특정대기유해물질이 아닌 것은?

① 석면 ② 시안화수소
③ 망간화합물 ④ 사염화탄소

해설 **특정대기유해물질**

• 카드뮴 및 그 화합물	• 시안화수소
• 납 및 그 화합물	• 폴리염화비페닐
• 크롬 및 그 화합물	• 비소 및 그 화합물
• 수은 및 그 화합물	• 프로필렌옥사이드
• 염소 및 염화수소	• 불소화물
• 석면	• 니켈 및 그 화합물
• 염화비닐	• 다이옥신
• 페놀 및 그 화합물	• 베릴륨 및 그 화합물
• 벤젠	• 사염화탄소
• 이황화메틸	• 아닐린
• 클로로포름	• 포름알데히드
• 아세트알데히드	• 벤지딘
• 1,3-부타디엔	• 다환방향족 탄화수소류
• 에틸렌옥사이드	• 디클로로메탄
• 스틸렌	• 테트라클로로에틸렌
• 1,2-디클로로에탄	• 에틸벤젠
• 트리클로로에틸렌	• 아크릴로니트릴
• 히드라진	

04.③ 05.② 06.① 07.② 08.② 09.④ 10.③

11 함진가스를 방해판에 충돌시켜 기류의 급격한 방향전환을 이용하여 입자를 분리·포집하는 집진장치는?

① 중력 집진장치 ② 전기 집진장치
③ 여과 집진장치 ④ 관성력 집진장치

해설 방해판에 충돌되는 집진장치는 관성력 집진장치이다.

12 다음 기체 중 비중이 가장 큰 것은?

① SO_2 ② CO_2
③ $HCHO$ ④ CS_2

해설 기체의 비중은 분자량이 클수록 크며, 각 보기의 분자량은 다음과 같다.
① SO_2 : 64
② CO_2 : 44
③ $HCHO$: 30
④ CS_2 : 76

13 CO 200kg을 완전연소시킬 때 필요한 이론 산소량(Sm^3)은? (단, 표준상태 기준)

① 15 ② 56
③ 80 ④ 381

해설
$$CO + \frac{1}{2}O_2 \rightarrow CO_2$$
$$28kg : \frac{1}{2} \times 22.4 Sm^3$$
$$200kg : x(Sm^3)$$
$$\therefore x = \frac{\frac{1}{2} \times 22.4 \times 200}{28} = 80 Sm^3$$

14 다음 중 2차 대기오염물질에 속하는 것은?

① HCl ② Pb
③ CO ④ H_2O_2

해설 대기오염물질의 분류

구 분	종 류
1차 대기오염물질	CO, CO_2, HC, HCl, NH_3, H_2S, $NaCl$, N_2O_3, 먼지, Pb, Zn 등 대부분 물질
2차 대기오염물질	O_3, $PAN(CH_3COOONO_2)$, H_2O_2, $NOCl$, 아크롤레인(CH_2CHCHO)
1·2차 대기오염물질	$SOx(SO_2, SO_3)$, $NOx(NO, NO_2)$, H_2SO_4, $HCHO$, 케톤, 유기산

15 다음 표준상태(0℃, 760mmHg)에 있는 건조공기 중 대기 내의 체류시간이 가장 긴 것은?

① N_2 ② CO
③ NO ④ CO_2

해설 건조공기의 체류시간 순서
$N_2 > O_2 > N_2O > CO_2 > CH_4 > H_2 > CO > SO_2$

16 다음 중 지하수의 일반적인 수질 특성에 관한 설명으로 옳지 않은 것은?

① 수온의 변화가 심하다.
② 무기물 성분이 많다.
③ 지질 특성에 영향을 받는다.
④ 지표면 깊은 곳에서는 무산소상태로 될 수 있다.

해설 지하수의 특징
• 수질의 변화가 적다.
• 연중 수온의 변화가 거의 없다.
• 낮은 공기용해도, 환원상태, 지표면 깊은 곳에서는 무산소상태가 될 수 있다.
• 유속과 자정속도가 느리다.
• 세균에 의한 유기물 분해가 주된 생물작용이다.
• 지표수보다 유기물이 적으며, 일반적으로 지표수보다 깨끗하다.
• 지표수보다 무기물 성분이 많아 알칼리도, 경도, 염분이 높다.
• 국지적인 환경조건의 영향을 크게 받으며, 지질 특성에 영향을 받는다.
• 수직분포에 따른 수질 차이가 있다.
• 비교적 깊은 곳의 물일수록 지층과의 보다 오랜 접촉에 의해 용매 효과가 커진다.
• 오염정도의 측정과 예측·감시가 어렵다.

17 다음 중 콘크리트 하수관거의 부식을 유발하는 오염물질로 가장 적합한 것은?

① NH_4^+ ② SO_4^{2-}
③ Cl^- ④ PO_4^{3-}

해설 관정 부식(crown corrosion)의 과정
1) 하수 중 유기물이 침전되어 혐기성 상태가 된다.
2) 혐기성 상태에서 하수 중에 포함된 황산염(SO_4^{2-})이 황산염 환원세균에 의해 환원되어 황화수소(H_2S)가 발생한다.
3) 황화수소가 관정에서 산화되어 황산(H_2SO_4)이 발생한다.
4) 황산에 의해 콘크리트관이 부식된다.

18 생물학적 처리방법에 관한 설명으로 옳지 않은 것은?

① 주로 유기성 폐수의 처리에 적용한다.
② 미생물을 이용한 처리방법으로 호기성 처리방법은 부패조 등이 있다.
③ 살수여상은 부착성장식 생물학적 처리공법이다.
④ 산화지는 자연에 의하여 처리하기 때문에 활성슬러지법에 비해 적정 처리가 어렵다.

해설 생물학적 처리방법의 분류

구 분		처리방법
호기성 처리법	부유 생물법	• 활성슬러지법 • 활성슬러지의 변법 : 계단식 포기법, 점강식 포기법, 산화구법, 장기포기법, 심층포기법, 순산소 활성슬러지법, 접촉안정법 등
	부착 생물법 (생물막법)	• 살수여상법 • 회전원판법 • 접촉산화법 • 호기성 여상법
혐기성 처리법		• 혐기성 소화법 • 혐기성 접촉법 • 혐기성 여상법 • 상향류 혐기성 슬러지상(UASB) • 혐기성 유동상 • 임호프 • **부패조**
산화지법		–

19 하천의 자정작용을 4단계(Wipple)로 구분할 때 순서대로 바르게 나열한 것은?

① 분해지대 – 활발한 분해지대 – 회복지대 – 정수지대
② 정수지대 – 활발한 분해지대 – 분해지대 – 회복지대
③ 활발한 분해지대 – 회복지대 – 분해지대 – 정수지대
④ 회복지대 – 분해지대 – 활발한 분해지대 – 정수지대

해설 하천의 자정작용 4단계(Wipple)
분해지대 → 활발한 분해지대 → 회복지대 → 정수지대

20 유입하수량이 2,000m³/day이고, 침전지의 용적이 250m³이다. 이때, 체류시간은?

① 3시간
② 4시간
③ 6시간
④ 8시간

해설 $t = \dfrac{V}{Q} = \dfrac{250\text{m}^3}{2,000\text{m}^3} \left| \dfrac{\text{day}}{1\text{day}} \right| \dfrac{24\text{hr}}{} = 3\text{hr}$

The⁺알아보기

$V = AH = (LB)H = Qt$
여기서, V : 부피(체적, m³)
　　　　A : 면적(m²)
　　　　H : 수심(m)
　　　　L : 길이(m)
　　　　B : 폭(m)
　　　　Q : 유량(m³/sec)
　　　　t : 체류시간

21 명반을 폐수의 응집조에 주입 후 완속 교반을 행하는 주된 목적은?

① Floc의 입자를 크게 하기 위하여
② Floc과 공기를 잘 접촉시키기 위하여
③ 명반을 원수에 용해시키기 위하여
④ 생성된 floc의 수를 증가시키기 위하여

해설 응집설비의 처리과정
1) 응집제 투입
2) 급속 교반 : 처리수와 응집제 간의 접촉을 위한 혼합 교반
3) 완속 교반 : 입자들을 더 큰 플록으로 만들기 위한 교반
4) 침강성의 확보 및 침전

22 활성슬러지 공법에 의한 운영상의 문제점으로 옳지 않은 것은?

① 거품 발생
② 연못화 현상
③ Floc 해체현상
④ 슬러지 부상 현상

해설 ② 연못화 현상은 살수여상법의 운영 시 발생하는 문제점이다.

23 다음 중 산화와 거리가 먼 것은?

① 원자가가 감소하는 현상
② 전자를 잃는 현상
③ 수소를 잃는 현상
④ 산소와 화합하는 현상

해설 산화와 환원

반응의 종류	전 자	산 소	수 소	산화수
산화	잃음	얻음	잃음	증가
환원	얻음	잃음	얻음	감소

24 물속에서 침강하고 있는 입자에 스토크스(Stokes)의 법칙이 적용된다면, 입자의 침강속도에 가장 큰 영향을 주는 변화인자는?

① 입자의 밀도
② 물의 밀도
③ 물의 점도
④ 입자의 직경

해설 입자의 침강속도는 입자의 직경(d^2)에 가장 큰 영향을 받는다.

The⁺알아보기

Stokes 공식

$$V_g = \frac{d^2 (\rho_s - \rho_w) g}{18 \mu}$$

여기서, V_g : 입자의 침강속도
d : 입자의 직경(입경)
ρ_s : 입자의 밀도
ρ_w : 물의 밀도
g : 중력가속도
μ : 물의 점성계수

25 용존산소가 충분한 조건의 수중에서 미생물에 의한 단백질의 분해순서를 올바르게 나타낸 것은?

① $NO_3^- \rightarrow NO_2^- \rightarrow NH_4^+ \rightarrow$ Amino acid
② $NH_4^+ \rightarrow NO_2^- \rightarrow NO_3^- \rightarrow$ Amino acid
③ Amino acid $\rightarrow NO_3^- \rightarrow NO_2^- \rightarrow NH_4^+$
④ Amino acid $\rightarrow NH_4^+ \rightarrow NO_2^- \rightarrow NO_3^-$

해설 호기성 상태에서 단백질의 분해순서

단백질 $\xrightarrow[\text{분해}]{\text{가수}}$ 아미노산 $\rightarrow NH_3\text{-}N \rightarrow NO_2^-\text{-}N \rightarrow NO_3^-\text{-}N$
(amino acid)

26 해수의 특성으로 옳지 않은 것은?

① 해수의 밀도는 수심이 깊을수록 증가한다.
② 해수의 pH는 5.6 정도로 약산성이다.
③ 해수의 Mg/Ca 비는 3~4 정도이다.
④ 해수는 강전해질로서 1L당 35g 정도의 염분을 함유한다.

해설 ② 해수의 pH는 8.2 정도로 약알칼리성이다.

27 지하수의 수질을 분석하였더니 Ca^{2+}=24mg/L, Mg^{2+}=14mg/L의 결과를 얻었다. 이 지하수의 경도는? (단, 원자량은 Ca=40, Mg=24이다.)

① 98.7mg/L
② 104.3mg/L
③ 118.3mg/L
④ 123.4mg/L

해설 $Ca^{2+} = \dfrac{24mg}{L} \left| \dfrac{1me}{20mg} \right| \dfrac{50mg\ CaCO_3}{1me} = 60mg/L$

$Mg^{2+} = \dfrac{14mg}{L} \left| \dfrac{1me}{12mg} \right| \dfrac{50mg\ CaCO_3}{1me} = 58.33mg/L$

∴ 총경도(TH) = $[Ca^{2+}] + [Mg^{2+}]$
= 60+58.33
= 118.33mg/L $CaCO_3$

The⁺알아보기

총경도는 Ca^{2+}, Mg^{2+} 등 2가 이상의 양이온을 같은 당량의 $CaCO_3$(mg/L)로 환산하여 합한다.

28 A공장의 최종 방류수 4,000m³/day에 염소를 60kg/day로 주입하여 방류하고 있다. 염소 주입 후 잔류염소량이 3mg/L이었다면, 이때 염소 요구량은 몇 mg/L인가?

① 12mg/L
② 17mg/L
③ 20mg/L
④ 23mg/L

해설 1) 염소 주입량(mg/L)

$= \dfrac{60kg}{day} \left| \dfrac{day}{4,000m^3} \right| \dfrac{10^6 mg}{1kg} \left| \dfrac{1m^3}{1,000L} \right. = 15mg/L$

2) 염소 요구량(mg/L)
= 염소 주입량 - 잔류염소량
= 15-3
= 12mg/L

The⁺알아보기

농도(mg/L) = $\dfrac{\text{부하(kg/day)}}{\text{유량(m}^3\text{/day)}}$

29 생물학적으로 질소와 인을 제거하는 A_2/O 공정 중 혐기조의 주된 역할은?

① 질산화
② 탈질화
③ 인의 방출
④ 인의 과잉 섭취

반응조의 역할
• 혐기조 : 인 방출, 유기물 흡수(제거)
• 무산소조 : 탈질(질소 제거), 유기물 흡수(제거)
• 호기조 : 인 과잉 흡수, 질산화, 유기물 흡수(제거)

30 다음 중 유기수은계 함유 폐수의 처리방법으로 가장 적합한 것은?

① 오존처리법, 염소분해법
② 흡착법, 산화분해법
③ 황산분해법, 사이안처리법
④ 염소분해법, 소석회처리법

유기수은계 함유 폐수 처리방법
• 침전법
• 이온교환법
• 흡착법
• 산화분해법
• 아말감법

31 다음은 BOD용 희석수(또는 BOD용 식종 희석수)를 검토하기 위한 시험방법이다. ( ) 안에 알맞은 것은?

> ( )을 각 150mg씩 취하여 정제수에 녹여 1,000mL로 한 액 5~10mL를 3개의 300mL BOD병에 넣고 BOD용 희석수(또는 BOD용 식종 희석수)를 완전히 채운 다음 BOD 시험 방법에 따라 시험한다.

① 설파민산 및 수산화소듐
② 글루코스 및 글루타민산
③ 알칼리성 아이오딘화포타슘 및 아자이드화소듐
④ 황산구리 및 설파민산

BOD 희석수 검토 시 글루코스 및 글루타민산을 사용한다.

32 폐수 중 총인을 자외선/가시선 분광법으로 측정할 때의 분석파장으로 옳은 것은?

① 220nm
② 150nm
③ 540nm
④ 880nm

자외선/가시선 분광법의 항목별 정리

파 장	물 질	주요 내용
400nm 대 파장	질산성질소 (블루신법)	황색 410nm
	구리	• 다이에틸다이싸이오카바민산소듐 • 황갈색 440nm
	니켈	• 다이메틸글리옥심 • 적갈색 450nm
	수은	• 디티존사염화탄소 • 490nm
500nm 대 파장	페놀	• pH 10 4-아미노안티피린 헥사사이안화철산포타슘 • 붉은색 안티피린계 흡광도 • 수용액 510nm/클로로폼 용액 460nm
	납	• 알칼리성 디티존 • 520nm
	망가니즈	525nm
	비소	• 다이에틸다이싸이오카바민산은 피리딘 용액 • 적자색 530
	아질산성질소	붉은색 540nm
600nm 이상 파장	플루오린	• 란타넘 알리자린 컴플렉션 • 청색 620nm
	사이안	• pH 2 산성, 클로라민-T, 피리딘-피라졸론 • 청색 620nm
	아연	• pH 9 진콘 • 청색 620nm
	암모니아성 질소	• 인도페놀 • 청색 630nm
	음이온 계면활성제	• 메틸렌블루, 클로로폼 • 청색 650nm
	인산염인 (이염화주석 환원법)	• 몰리브데넘 • 청색 690nm
	인산염인 (아스코르브산 환원법)	• 몰리브데넘산 • 청색 880nm
	총인	• 몰리브데넘산암모늄 아스코르브산 • 청색 **880nm**

33 시중에 판매되는 농황산의 비중이 약 1.84이고, 농도가 96%(중량 기준)일 때, 이 농황산의 몰농도(mol/L)는?

① 12 ② 18
③ 24 ④ 36

해설 퍼센트농도(W/W, %) = $\frac{용질의 질량(g)}{용액의 질량(g)}$ ×100%

농도가 96%이면, 용액이 100g일 때 농황산(용질)이 96g이다.

몰농도(M) = $\frac{용질(농황산)의 몰수(mol)}{용액의 부피(L)}$

$= \frac{96g \times \frac{1mol}{98g}}{100g \times \frac{1mL}{1.84g} \times \frac{1L}{1,000mL}}$

= 18.02mol/L

이때, 비중 1.84 = $\frac{1.84t}{1m^3} = \frac{1.84kg}{1L} = \frac{1.84g}{1mL}$

34 물리적 처리에 관한 설명으로 거리가 먼 것은?

① 폐수가 흐르는 수로에 관망을 설치하여 부유물 중 망의 유효간격보다 큰 것을 망 위에 걸리게 하여 제거하는 것이 스크린의 처리원리이다.
② 스크린의 접근유속은 0.15m/sec 이상이어야 하며, 통과유속이 5m/sec를 초과해서는 안 된다.
③ 침사지는 모래, 자갈, 뼛조각, 기타 무기성 부유물로 구성된 혼합물을 제거하기 위해 이용된다.
④ 침사지는 일반적으로 스크린 다음에 설치되며, 침전한 그릿이 쉽게 제거되도록 밑바닥이 한쪽으로 급한 경사를 이루도록 한다.

해설 ② 스크린의 접근유속은 0.4m/sec 이상이어야 하며, 통과유속은 1.0m/sec 이하이어야 한다.

35 수질오염 공정시험기준에서 "취급 또는 저장하는 동안에 이물질이 들어가거나 또는 내용물이 손실되지 아니하도록 보호하는 용기"를 무엇이라 하는가?

① 차광용기 ② 밀봉용기
③ 기밀용기 ④ 밀폐용기

해설 용기는 시험용액 또는 시험에 관계된 물질을 보존·운반 또는 조작하기 위하여 넣어두는 것으로, 시험에 지장을 주지 않도록 깨끗한 것이어야 한다.
① 차광용기 : 광선을 투과하지 않은 용기 또는 투과하지 않도록 포장한 것으로, 취급 또는 보관하는 동안에 내용물의 광화학적 변화를 방지할 수 있는 용기
② 밀봉용기 : 물질을 취급 또는 보관하는 동안에 기체 또는 미생물이 침입하지 않도록 내용물을 보호하는 용기
③ 기밀용기 : 물질을 취급 또는 보관하는 동안에 외부로부터의 공기 또는 다른 가스가 침입하지 않도록 내용물을 보호하는 용기

36 수분 함량이 30%인 어느 도시의 쓰레기를 건조시켜 수분 함량이 10%인 쓰레기로 만들어 처리하려고 한다. 쓰레기 1톤당 약 몇 kg의 수분을 증발시켜야 하는가? (단, 쓰레기 비중은 1.0으로 가정한다.)

① 204kg ② 215kg
③ 222kg ④ 242kg

해설 1) $V_1(1-W_1) = V_2(1-W_2)$
1,000kg(1-0.3) = V_2(1-0.1)
∴ $V_2 = \frac{(1-0.3)}{(1-0.1)}$ ×1,000kg = 777.77kg

2) 쓰레기 1톤당 증발시켜야 할 수분의 양(kg)
= $V_1 - V_2$
= 1,000 - 777.77
= 222.23kg

여기서, V_1 : 농축 전 폐기물의 양
V_2 : 농축 후 폐기물의 양
W_1 : 농축 전 폐기물의 함수율
W_2 : 농축 후 폐기물의 함수율

단위 1t = 1,000kg

37 장치 아래쪽에서는 가스를 주입하여 모래를 가열시키고 위쪽에서는 폐기물을 주입하여 연소시키는 형태로, 기계적 구동부가 적어 고장률이 낮으며, 슬러지나 폐유 등의 소각에 탁월한 성능을 가지는 소각로는?

① 고정상 소각로 ② 화격자 소각로
③ 유동상 소각로 ④ 열분해 소각로

해설 유동층(유동상) 소각로
하부에서 뜨거운 공기를 주입하여 유동매체(모래)를 부상시켜 가열하고, 상부에서 폐기물을 주입하여 소각하는 형식

38 다음 중 폐기물 처리를 위해 가장 우선적으로 추진해야 하는 방향은?

① 퇴비화　　　　② 감량
③ 위생매립　　　④ 소각열 회수

해설 폐기물 처리 시 우선순위
감량화 > 재이용 > 재활용 > 에너지 회수 > 소각 > 매립

39 주로 산업폐기물의 발생량 산정법으로, 먼저 조사하고자 하는 계의 경계를 정확히 설정한 다음 그 시스템으로 유입되는 모든 물질과 유출되는 모든 물질들 간의 물질수지를 세움으로써 발생량을 추정하는 방법은?

① 공장공정법
② 직접계근법
③ 물질수지법
④ 적재차량 계수분석법

해설 쓰레기 발생량 조사방법

조사방법		내 용
적재차량 계수분석법		일정 기간 동안 특정 지역의 쓰레기 수거차량 대수를 조사하고, 이 값에 밀도를 곱하여 중량으로 환산하는 방법
직접계근법		일정 기간 동안 특정 지역의 쓰레기 수거·운반 차량 무게를 직접 계근하는 방법
물질수지법		시스템으로 유입되는 모든 물질과 유출되는 모든 물질들 간의 물질수지를 세움으로써 발생량을 추정하는 방법으로, 주로 산업폐기물의 발생량을 추산할 때 이용
통계 조사	표본조사 (샘플링검사)	전체 측정지역 중 일부를 표본으로 하여 쓰레기 발생량을 조사하는 방법
	전수조사	측정지역 전체의 쓰레기 발생량을 모두 조사하는 방법

40 다음 폐기물 선별방법 중 특징적으로 자장이나 전기장을 이용하는 것은?

① 중력 선별　　　② 관성 선별
③ 스크린 선별　　④ 와전류 선별

해설 와전류 선별의 원리
연속적으로 변화하는 자장 속에 비극성(비자성)이고 전기전도도가 우수한 물질(구리, 알루미늄, 아연 등)을 넣으면 금속 내에 소용돌이전류(와전류)가 발생하는데, 이때 생기는 반발력으로 선별하는 방법이다.

41 다음 중 폐기물고체연료(RDF)의 구비조건으로 틀린 것은?

① 함수율이 높을 것
② 열량이 높을 것
③ 대기오염이 적을 것
④ 성분배합률이 균일할 것

해설 RDF의 구비조건
• 발열량이 높을 것
• **함수율(수분량)이 낮을 것**
• 가연분이 많을 것
• 비가연분(재)이 적을 것
• 대기오염이 적을 것
• 염소나 다이옥신, 황 성분이 적을 것
• 조성이 균일할 것
• 저장 및 이송이 용이할 것
• 기존 고체연료 사용시설에서 사용이 가능할 것

42 폐기물의 수거 시 수거작업 간의 노동력을 비교하기 위하여 사용하는 용어로서, 수거인부 1인이 쓰레기 1톤을 수거하는 데 소요되는 총시간을 말하는 것은?

① MHT　　　　② HHV
③ LHV　　　　④ RDF

해설 MHT(Man Hour per Ton)는 수거노동력으로, 쓰레기 1톤을 수거하는 데 수거인부 1인이 소요하는 총시간을 의미하며, MHT가 적을수록 수거효율이 좋다.
② HHV : 고위발열량
③ LHV : 저위발열량
④ RDF : 쓰레기전환연료

43 다음은 어떤 매립공법의 특성에 관한 설명인가?

• 폐기물과 복토층을 교대로 쌓는 방식
• 협곡, 산간 및 폐광산 등에서 사용하는 방법
• 외곽 우수배제시설 필요
• 복토재의 외부 반입 필요

① 샌드위치 공법
② 도랑형 공법
③ 박층뿌림 공법
④ 순차투입 공법

해설 샌드위치 공법은 쓰레기를 수평으로 고르게 깔아 압축하고 쓰레기층과 복토층을 교대로 쌓는 내륙매립 공법이다.

44 관거수송법에 관한 설명으로 가장 거리가 먼 것은?

① 쓰레기 발생밀도가 높은 곳은 적용이 곤란하다.
② 가설 후 경로변경이 곤란하고, 설치비가 높다.
③ 잘못 투입된 물건의 회수가 곤란하다.
④ 조대쓰레기는 파쇄, 압축 등의 전처리가 필요하다.

해설 관거(pipeline) 수송법의 특징
• 자동화, 무공해화, 안전화가 가능하다.
• 미관, 경관이 좋다.
• 교통체증 유발이 없다.
• 투입 및 수집이 용이하다.
• 인건비가 절감된다.
• **쓰레기 발생밀도가 높은 인구밀집지역에서 현실성이 있다.**
• 대형 폐기물은 전처리공정(파쇄, 압축)이 필요하다.
• 설치 후 경로 변경이 어렵다.
• 설치비용이 많이 든다.
• 투입된 폐기물의 회수가 곤란하다.
• 장거리 이송에 한계가 있다(2.5km 이내).
• 시스템 전체 마비 시 대체시스템으로 전환이 필요하다.

45 다음 중 폐기물 공정시험기준상 폐기물의 강열감량 및 유기물 함량을 측정하고자 할 때 사용되는 기구로만 바르게 묶여진 것은?

㉠ 도가니	㉡ 항온수조
㉢ 전기로	㉣ pH미터
㉤ 전자저울	㉥ 황산 데시케이터

① ㉠, ㉡, ㉢, ㉣　　② ㉡, ㉣, ㉤, ㉥
③ ㉡, ㉢, ㉤, ㉥　　④ ㉠, ㉢, ㉤, ㉥

해설 폐기물의 강열감량 측정기구
도가니(접시), 전기로, 저울, 데시케이터

46 일정 기간 동안 특정 지역의 쓰레기 수거차량 대수를 조사하고, 이 값에 밀도를 곱하여 중량으로 환산하는 쓰레기 발생량 산정방법은?

① 직접계근법
② 물질수지법
③ 통과중량조사법
④ 적재차량 계수분석법

해설 ① 직접계근법 : 일정 기간 동안 특정 지역의 쓰레기 수거·운반차량 무게를 직접 계근하는 방법
② 물질수지법 : 시스템으로 유입되는 모든 물질과 유출되는 모든 물질들 간의 물질수지를 세움으로써 발생량을 추정하는 방법으로, 주로 산업폐기물의 발생량을 추산할 때 이용하는 방법

47 인구 50만명인 A도시의 폐기물 발생량 중 가연성은 20%, 불연성은 80%이다. 1인당 폐기물 발생량이 1.0kg/인·일이고, 운반차량의 적재용량이 5m³일 때, 가연성 폐기물의 운반에 필요한 차량 운행횟수(회/월)는? (단, 가연성 폐기물의 겉보기비중은 3,000kg/m³, 월은 30일, 차량은 1대 기준)

① 185　　　　　② 191
③ 200　　　　　④ 222

해설 1) 가연분 폐기물 발생량(m³/월)
　　=가연분 비율×폐기물 양

$$=\frac{0.2}{}\left|\frac{1.0kg}{인\cdot일}\right|\frac{m^3}{3,000kg}\left|500,000인\right|\frac{30일}{월}$$

　　=1,000m³/월
2) 차량 운행횟수(회/월)

$$=\frac{1,000m^3}{월}\left|\frac{회}{5m^3}\right.$$

　　=200회/월

48 호기성 미생물을 이용하여 유기물을 분해하는 퇴비화 공정의 최적조건 범위로 가장 거리가 먼 것은?

① 수분 함량 : 85% 이상
② pH : 6.5~7.5
③ 온도 : 55~65℃
④ C/N 비 : 25~30

해설 퇴비화의 최적조건

영향요인	최적조건
C/N 비	20~40(50)
온도	50~65℃
함수율	**50~60%**
pH	5.5~8
산소	5~15%
입도(입경)	1.3~5cm

49 폐기물의 고형화 처리방법이 아닌 것은?

① 활성슬러지법　② 석회기초법
③ 유리화법　④ 피막형성법

해설 **고형화 공법의 종류**
- 시멘트기초법
- 석회기초법
- 열가소성 플라스틱법
- 유기중합체법(열중합체법)
- 자가시멘트법
- 피막형성법(캡슐화법)
- 유리화법

50 폐기물 소각공정에 사용되는 소각로의 종류에 해당하지 않는 것은?

① Scrubber　② Stoker
③ Rotary kiln　④ Multiple hearth

해설 **소각로의 종류**
- 화격자 소각로(grate or stoker)
- 고정상 소각로(fixed bed incinerator)
- 다단로(multiple hearth)
- 회전로(rotary kiln : 회전식 소각로)
- 유동층 소각로(fluidized bed incinerator)

51 매립 시 발생되는 매립가스 중 악취를 유발시키는 것은?

① CH_4　② CO
③ CO_2　④ NH_3

해설 매립가스 중 악취를 유발시키는 물질은 암모니아(NH_3)와 황화수소(H_2S)이다.

🌱 **The⁺알아보기**
- 매립가스 중 악취 가스 : 암모니아(NH_3), 황화수소(H_2S)
- 매립가스 중 폭발 위험이 가장 큰 가스 : 메테인(CH_4)
- 매립가스 중 회수하여 에너지원으로 이용하는 가스 : 메테인(CH_4)

52 폐기물을 분석하기 위한 시료의 축소화 방법으로만 바르게 나열된 것은?

① 구획법, 교호삽법, 원추4분법
② 구획법, 교호삽법, 직접계근법
③ 교호삽법, 물질수지법, 원추4분법
④ 구획법, 교호삽법, 적재차량계수법

해설 **시료의 분할채취방법(폐기물 공정시험기준)**
- 구획법
- 교호삽법
- 원추4분법

53 착화온도에 관한 다음 설명 중 옳은 것은?

① 분자구조가 간단할수록 착화온도는 낮아진다.
② 발열량이 작을수록 착화온도는 낮아진다.
③ 활성화에너지가 작을수록 착화온도는 높아진다.
④ 화학결합의 활성도가 클수록 착화온도는 낮아진다.

해설 **착화온도가 낮아지는 경우(연소되기 쉬운 조건)**
- 산소 농도가 높을수록
- 산소와의 친화성이 클수록
- 화학반응성이 클수록
- **화학결합의 활성도가 클수록**
- 탄화수소의 분자량이 클수록
- 분자구조가 복잡할수록
- 비표면적이 클수록
- 압력이 높을수록
- 동질성 물질에서 발열량이 클수록
- 활성화에너지가 낮을수록
- 열전도율이 낮을수록
- 석탄의 탄화도가 낮을수록

54 밀도가 $0.4t/m^3$인 쓰레기를 매립하기 위해 밀도를 $0.85t/m^3$로 압축하였다. 이때, 압축비는?

① 0.6　② 1.8
③ 2.1　④ 3.3

해설 압축비$(CR) = \dfrac{V_{전}}{V_{후}} = \dfrac{\rho_{후}}{\rho_{전}} = \dfrac{0.85}{0.4} = 2.125$

여기서, $V_{전}$: 압축 전 부피
　　　　$V_{후}$: 압축 후 부피
　　　　$\rho_{전}$: 압축 전 밀도
　　　　$\rho_{후}$: 압축 후 밀도

55 다음 연료 중 고위발열량($kcal/Sm^3$)이 가장 큰 것은?

① 프로페인
② 일산화탄소
③ 부틸렌
④ 아세틸렌

해설 연료 중 탄소, 수소, 황의 함유량이 높은 연료일수록 발열량이 크다.
보기항의 물질을 큰 순서대로 나열하면 다음과 같다.
부틸렌(C_4H_8) > 프로페인(C_3H_8) > 아세틸렌(C_2H_2) > 일산화탄소(CO)

56 진동수가 200Hz이고 속도가 100m/sec인 파동의 파장은?

① 0.2m ② 0.3m

③ 0.5m ④ 2.0m

해설 $c = f\lambda \rightarrow \lambda = \dfrac{c}{f} = \dfrac{100\text{m/sec}}{200/\text{sec}} = 0.5\text{m}$

여기서, c : 전파속도(m/sec)

λ : 파장(m)

f : 주파수(Hz, 1sec)

57 종파(소밀파)에 관한 설명으로 옳지 않은 것은?

① 매질이 있어야만 전파된다.

② 파동의 진행방향과 매질의 진동방향이 서로 평행하다.

③ 수면파는 종파에 해당한다.

④ 음파는 종파에 해당한다.

해설 ③ 수면파는 종파도 횡파도 아니다.

58 점음원의 거리감쇠에서 음원으로부터의 거리가 2배로 됨에 따른 음압레벨의 감쇠치는? (단, 자유시간)

① 2dB ② 3dB

③ 6dB ④ 10dB

해설 **역2승법칙**(거리감쇠)

음원으로부터 거리가 2배 증가할 때의 음압레벨

• 점음원일 경우 : 6dB 감소

• 선음원일 경우 : 3dB 감소

59 방음벽 설치 시 유의사항으로 거리가 먼 것은?

① 음원의 지향성과 크기에 대한 상세한 조사가 필요하다.

② 음원의 지향성이 수음 측 방향으로 클 때에는 벽에 의한 감쇠치가 계산치보다 크게 된다.

③ 벽의 투과손실은 회절감쇠치보다 적어도 5dB 이상 크게 하는 것이 바람직하다.

④ 소음원 주위에 나무를 심는 것이 방음벽 설치보다 확실한 방음효과를 기대할 수 있다.

해설 ④ 방음벽 설치가 소음원 주위에 나무를 심는 것보다 확실한 방음효과를 기대할 수 있다.

60 2개의 진동물체의 고유진동수가 같을 때 한쪽의 물체를 울리면 다른 쪽도 울리는 현상을 의미하는 것은?

① 임피던스 ② 굴절

③ 간섭 ④ 공명

해설 ① 임피던스 : 주어진 매질에서 음압에 대한 입자 속도의 비

② 굴절 : 음파가 한 매질에서 다른 매질로 통과 시 음의 진행방향(음선)이 구부러지는 현상

③ 간섭 : 서로 다른 파동 사이의 상호작용으로 나타나는 현상

01 공기에 작용하는 힘 중 "지구 자전에 의해 운동하는 물체에 작용하는 힘"을 의미하는 것은?

① 경도력   ② 원심력
③ 구심력   ④ 전향력

해설 바람을 일으키는 힘
- 기압경도력 : 특정 두 지점 사이의 기압 차에 발생하는 힘
- 전향력(코리올리 힘) : 지구의 자전으로 발생하는 가상의 힘
- 원심력 : 중심에서 멀어지려는 힘
- 마찰력 : 지표에서 풍속에 비례하며 진행방향의 반대로 작용하는 힘

02 흡수장치의 종류를 액분산형과 기체분산형으로 나눌 때, 다음 중 기체분산형에 해당하는 것은?

① 충전탑   ② 분무탑
③ 단탑   ④ 벤투리 스크러버

해설 흡수장치의 종류

구 분	종 류
액분산형	충전탑, 분무탑, 벤투리 스크러버, 사이클론 스크러버, 제트 스크러버
기체분산형	단탑, 포종탑, 다공판탑, 기포탑

03 전기 집진장치에서 입자의 대전과 집진된 먼지의 탈진이 정상적으로 진행되는 겉보기 고유저항의 범위로 가장 적합한 것은?

① $10^{-3} \sim 10^{1} \Omega \cdot cm$
② $10^{1} \sim 10^{3} \Omega \cdot cm$
③ $10^{4} \sim 10^{11} \Omega \cdot cm$
④ $10^{12} \sim 10^{15} \Omega \cdot cm$

해설 집진효율이 좋은 전기 비저항의 범위는 $10^{4} \sim 10^{11} \Omega \cdot cm$ 이다.

04 다음 집진장치 중 압력손실이 가장 큰 것은?

① 중력식 집진장치
② 사이클론
③ 백필터
④ 벤투리 스크러버

해설 집진장치 중 압력손실이 가장 큰 집진장치는 벤투리 스크러버(세정 집진)이다.

The⁺알아보기

집진장치별 압력손실

구 분	압력손실(mmH₂O)
중력 집진장치	10~15
관성력 집진장치	30~70
원심력 집진장치	50~150
세정 집진장치	300~800
여과 집진장치	100~200
전기 집진장치	10~20

05 액체연료의 연소장치 중 유압식과 공기분무식을 합한 것으로, 유압이 보통 $7kg/cm^2$ 이상이고, 연소가 양호하고 소형이며, 전자동 연소가 가능한 것은?

① 유압분무식 버너
② 회전식 버너
③ 선회식 버너
④ 건타입 버너

해설 ① 유압분무식 버너(압력분무 버너) : 펌프로 연료유를 $10 \sim 70kgf/cm^2$로 가압하여 연료유 자체의 압력에너지에 의해 팁으로부터 고속으로 분무하여 연소시키는 방식의 오일 버너
② 회전식 버너 : 고속으로 회전하는 컵의 안쪽으로부터 기름을 공급하고 얇은 막상으로 분산되는 기름을 컵 주위로부터 분출하는 1차 공기에 의해 연소하는 버너
③ 선회식 버너 : 미분탄과 1차 공기의 혼합물이 2차 공기와 선회하면서 혼합하고 연소하는 미분탄 버너의 한 종류

06 질소산화물을 촉매환원법으로 처리할 때 어떤 물질로 환원되는가?

① N_2 ② HNO_3
③ CH_4 ④ NO_2

해설 선택적 촉매환원법은 촉매를 이용하여 NOx를 N_2로 환원시키는 방법이다.

07 대기오염 공정시험기준에서 제시된 배출가스 중 오염물질 측정방법의 연결이 옳지 않은 것은?

① 염소 – 오르토톨리딘법
② 염화수소 – 싸이오사이안산제이수은 자외선/가시선 분광법
③ 사이안화수소 – 인도페놀법
④ 황화수소 – 메틸렌블루법

해설 물질별 자외선/가시선 분광법의 명칭
- 염소 – 오르토톨리딘법
- 염화수소 – 싸이오사이안산제이수은 자외선/가시선 분광법
- **사이안화수소 – 피리딘피라졸론법**
- 황화수소 – 메틸렌블루법
- 암모니아 – 인도페놀법
- 황화수소 – 메틸렌블루법

08 대기오염 공정시험기준상 "방울수"의 의미로 옳은 것은?

① 10℃에서 정제수 10방울을 떨어뜨릴 때 그 부피가 약 1mL 되는 것을 뜻한다.
② 10℃에서 정제수 20방울을 떨어뜨릴 때 그 부피가 약 1mL 되는 것을 뜻한다.
③ 20℃에서 정제수 10방울을 떨어뜨릴 때 그 부피가 약 1mL 되는 것을 뜻한다.
④ 20℃에서 정제수 20방울을 떨어뜨릴 때 그 부피가 약 1mL 되는 것을 뜻한다.

해설 "방울수"라 함은 20℃에서 정제수 20방울을 떨어뜨릴 때 그 부피가 약 1mL 되는 것을 뜻한다.

09 집진장치 출구 가스의 먼지 농도가 $0.02g/m^3$, 먼지 통과율이 0.5%일 때, 입구 가스의 먼지 농도(g/m^3)는?

① $3.5g/m^3$ ② $4.0g/m^3$
③ $4.5g/m^3$ ④ $8.0g/m^3$

해설
$$P = \frac{C}{C_0}$$

$$\frac{0.5}{100} = \frac{0.02}{C_0}$$

$$\therefore C_0 = 4.0g/m^3$$

여기서, P : 통과율
C_0 : 입구 농도
C : 출구 농도

10 중력 집진장치의 집진효율 향상조건으로 옳지 않은 것은?

① 침강실 내의 처리가스의 속도를 크게 한다.
② 침강실 내의 처리가스의 흐름을 균일하게 한다.
③ 침강실의 높이를 낮게 하고, 길이를 길게 한다.
④ 다단일 경우에는 단수가 증가될수록 압력손실은 커지나 효율은 증가한다.

해설 중력 집진장치의 효율 향상조건
- 침강실 내 가스 유속이 느릴수록(처리가스의 속도가 작을수록 체류시간이 길어져 집진효율이 증가하고 미립자가 포집된다.)
- 침강실의 높이가 낮을수록
- 침강실의 길이가 길수록
- 침강실의 입구 폭이 넓을수록
- 침강속도가 빠를수록
- 입자의 밀도가 클수록
- 단수가 높을수록
- 침강실 내 배기 기류가 균일할수록

11 다음 중 광화학 스모그 발생과 가장 거리가 먼 것은?

① 질소산화물
② 일산화탄소
③ 올레핀계 탄화수소
④ 태양광선

해설 광화학 반응의 3대 요소
질소산화물(NOx), 탄화수소, 빛

12 원심력 집진장치에서 50%의 집진율을 보이는 입자의 크기를 일컫는 용어는?

① 극한입경
② 절단입경
③ 중간입경
④ 임계입경

해설 절단입경과 임계입경
- 절단입경(cut size diameter) : 50% 집진(제거)이 가능한 먼지의 입경, 집진효율이 50%($\eta = 0.5$)일 때의 입경
- 임계입경(최소입경, 한계입경 ; critical diameter) : 100% 집진(제거)이 가능한 먼지의 최소입경, 집진효율이 100%일 때의 입경

13 다음 중 여과 집진장치의 탈진방법으로 가장 거리가 먼 것은?

① 진동형 　　　　② 세정형
③ 역기류형 　　　④ Pluse jet형

해설 청소방법별 탈진방식 분류

구 분	종 류
간헐식	진동형(중앙, 상하), 역기류형, 역세형, 역세진동형
연속식	충격기류식(pulse jet형, reverse jet형), 음파 제트형(sonic jet)

14 석탄의 탄화도가 클수록 가지는 성질에 관한 설명으로 옳지 않은 것은?

① 고정탄소의 양이 증가하고, 산소의 양이 줄어든다.
② 연소속도가 작아진다.
③ 수분 및 휘발분이 증가한다.
④ 연료비(고정탄소%/휘발분%)가 증가한다.

해설 석탄의 탄화도가 높을수록,
• 고정탄소, 연료비, 착화온도, 발열량, 비중이 증가
• 이산화탄소, 수분, 휘발분, 비열, 매연 발생, 산소 함량, 연소속도 감소

The⁺알아보기

탄화도
석탄에서 수분과 회분을 뺀 나머지 성분 중 탄소가 차지하는 비율(%)

15 A공장에서 SO_2 농도 444ppm, 유량 52m³/hr로 배출될 때, 하루에 배출되는 SO_2의 양(kg)은? (단, 24시간 연속 가동 기준, 표준상태 기준)

① 1.58kg 　　　② 1.67kg
③ 1.79kg 　　　④ 1.94kg

해설 $\dfrac{444\text{m}^3}{10^6\text{m}^3} \times \dfrac{52\text{m}^3}{\text{hr}} \times \dfrac{64\text{kg}}{22.4\text{m}^3} \times \dfrac{24\text{hr}}{\text{day}} = 1.583\text{kg/day}$

단위 $SO_2 : 64\text{kg} = 22.4\text{Sm}^3$

16 하천의 정화 4단계 중 DO가 아주 낮거나 때로는 거의 없어 부패상태에 도달하게 되는 단계는?

① 분해지대 　　　② 활발한 분해지대
③ 회복지대 　　　④ 정수지대

해설 활발한 분해지대의 특성
• 용존산소(DO)가 급감하여 아주 낮거나 거의 없다.
• 호기성에서 혐기성 상태로 전환된다.
• 암모니아, 황화수소, 탄산가스 등의 혐기성 기체가 발생하여 악취가 난다.
• 짙은 회색 또는 검은색을 띤다.
• 혐기성 세균류가 급증하고, 자유유영성 섬모충류도 증가한다.
• 호기성 미생물인 균류(fungi)가 사라진다.

17 BOD 농도 200mg/L, 유입 폐수량 800m³/일, 포기조 용량 200m³일 때, 포기조에 유입되는 BOD 총부하량은?

① 1,600kg/일 　　　② 160kg/일
③ 800kg/일 　　　④ 80kg/일

해설 BOD 부하량(kg/일)=BOD 농도×유량

$= \dfrac{200\text{mg}}{\text{L}} \Bigg| \dfrac{800\text{m}^3}{\text{일}} \Bigg| \dfrac{1,000\text{L}}{1\text{m}^3} \Bigg| \dfrac{1\text{kg}}{10^6\text{mg}}$

$=160\text{kg/일}$

18 폐수 중 중금속의 일반적 처리방법으로 가장 적합한 것은?

① 모래여과 처리 　　　② 미생물학적 처리
③ 화학적 처리 　　　④ 희석 처리

해설 중금속은 주로 약품을 넣어 침전시켜 제거(화학적 처리)한다.

19 하천에서의 자정작용을 저해하는 사항으로 가장 거리가 먼 것은?

① 유기물의 과도한 유입
② 독성 물질의 유입
③ 유역과 수역의 단절
④ 수중 용존산소의 증가

해설 ④ 수중 용존산소가 증가하면 자정용량이 커지고, 자정작용이 활발해진다.

The⁺알아보기

자정작용의 영향인자
• DO 클수록
• 온도 클수록
• 유속 클수록
• 동수경사 클수록　　자정작용 활발
• 일광 클수록
• 수심 얕을수록
• pH 중성일 때

20 수중 용존산소와 관련된 일반적인 설명으로 옳지 않은 것은?

① 온도가 높을수록 용존산소값은 감소한다.
② 물의 흐름이 난류일 때 산소의 용해도는 높다.
③ 유기물질이 많을수록 용존산소값은 커진다.
④ 일반적으로 용존산소값이 클수록 깨끗한 물로 간주할 수 있다.

[해설] ③ 유기물질이 많을수록 용존산소값은 감소한다.

The⁺알아보기

용존산소(DO)의 증가와 감소

DO의 증감	원 인
DO가 증가하는 경우	• 산소용해도가 클수록 • 압력(기압)이 높을수록 • 수온이 낮을수록 • 용존이온 또는 염분 농도가 낮을수록 • 기포가 작을수록 • 유속이 빠를수록 • 수심이 얕을수록 • 교란작용이 있을 때, 난류일 때
DO가 감소하는 경우	• 오염도가 클수록 • 유기물이 많을수록(유기물 분해 시 DO 감소) • 호흡량이 많을수록(조류나 생물 수가 많을수록)

21 물을 끓여 쉽게 침전·제거할 수 있는 경도 유발 화합물은?

① $MgCl_2$
② $CaSO_4$
③ $CaCO_3$
④ $MgSO_4$

[해설] • 물을 끓이면 쉽게 제거되는 경도는 일시경도(탄산경도)이다.
• 일시경도 : $CaCO_3$, $MgCO_3$, $Ca(HCO_3)_2$, $Mg(HCO_3)_2$

The⁺알아보기

• 경도물질(Ca^{2+}, Mg^{2+}) 중 알칼리도 물질(CO_3^{2-}, HCO_3^-)과 결합하여 염을 형성한 것
  : $CaCO_3$, $MgCO_3$, $Ca(HCO_3)_2$, $Mg(HCO_3)_2$
• 경도물질(Ca^{2+}, Mg^{2+}) 중 산도 물질(SO_4^{2-}, Cl^- 등)과 결합하여 염을 형성한 것
  : $CaSO_4$, $MgSO_4$, $CaCl_2$, $MgCl_2$

22 자 테스트(jar test)와 관련이 깊은 것은?

① 경도
② 알칼리도
③ 응집제
④ 산도

[해설] **약품교반실험(jar test)**
SS를 응집침전으로 제거할 경우, SS 제거효율이 가장 높을 때의 응집제 및 응집보조제를 선정하고 최적주입량을 결정하는 실험

23 폐수처리 유량이 2,000m^3/day이고, 염소 요구량이 6.0mg/L, 잔류염소농도가 0.5mg/L일 때, 하루에 주입해야 할 염소량(kg/day)은?

① 6.0kg/day
② 6.5kg/day
③ 12.0kg/day
④ 13.0kg/day

[해설] 1) 염소 주입량(mg/L)
   = 염소 요구량 + 잔류염소량
   = 6.0 + 0.5 = 6.5mg/L
2) 염소 주입량(kg/day)

$$= \frac{6.5mg}{L} \cdot \frac{2,000m^3}{day} \cdot \frac{1,000L}{1m^3} \cdot \frac{1kg}{10^6mg}$$

= 13.0kg/day

24 직경 1m의 콘크리트관에 20℃의 물이 동수구배 0.01로 흐르고 있다. 매닝(Manning) 공식에 의해 평균유속을 구하면? (단, $n = 0.014$이다.)

① 1.42m/sec
② 2.83m/sec
③ 4.62m/sec
④ 5.71m/sec

[해설] 1) 원형관 경심
   $$R = \frac{D}{4} = \frac{1}{4} = 0.25m$$
   여기서, R : 경심(m)
   D : 관의 직경(m)
2) 유속
   $$V = \frac{1}{n} \times R^{\frac{2}{3}} \times I^{\frac{1}{2}} \cdots \langle \text{Manning 공식} \rangle$$
   $$= \frac{1}{0.014} \times (0.25)^{2/3} \times (0.01)^{1/2}$$
   = 2.834m/sec
   여기서, V : 유속(m/sec)
   n : 조도계수
   R : 경심(윤심, 동수반경, m)
   I : 수면구배(경사) 또는 동수구배(경사)

25 폐수처리공정 중 여과에서 주로 제거되는 물질은 어느 것인가?

① pH
② 부유물질
③ 휘발성 물질
④ 중금속물질

해설 여과공정의 제거물질 : 부유물질(SS)

26 탈산소계수가 0.1/day인 오염물질의 BOD_5가 880mg/L라면 3일 BOD(mg/L)는? (단, 상용대수 적용)

① 584
② 642
③ 725
④ 776

해설
1) $BOD_5=BOD_u(1-10^{-5t})$
$880=BOD_u(1-10^{-5\times0.1})$
∴ $BOD_u=1286.978$
2) $BOD_3=1286.978(1-10^{-0.1\times3})$
$=641.96mg/L$
여기서, BOD_u : 최종 BOD
BOD_5 : 5일 후의 BOD
k_1 : 탈산소계수
t : 시간(day)
참고 상용대수이므로, 밑=10
$BOD_t=BOD_u(1-10^{-k_1t})$

27 다음 중 친온성 미생물의 성장속도가 가장 빠른 온도분포는?

① 10℃ 부근
② 15℃ 부근
③ 20℃ 부근
④ 35℃ 부근

해설 미생물의 분류(온도와의 관계)
• 초고온성 미생물(hyper thermoplics) : 80℃ 이상에서 성장하는 미생물
• 고온성(친열성) 미생물 : 50℃ 이상에서 성장하는 미생물(최적온도 55℃)
• 중온성(친온성) 미생물 : 20~50℃ 범위에서 성장하는 미생물(최적온도 35℃)
• 저온성(친냉성) 미생물 : 20℃ 이하에서 성장하는 미생물(최적온도 10℃)

28 다음 중 물의 밀도로 옳지 않은 것은?

① $1g/cm^3$
② $1,000kg/m^3$
③ $1kg/L$
④ $0.1mg/mm^3$

해설 물의 밀도 : $1t/m^3$ = $1kg/L$ = $1g/cm^3$(4℃)
단위 1t=1,000kg

29 다음 중 지하수의 일반적인 특징으로 거리가 먼 것은?

① 유기물의 함량은 적으나 무기물의 함량이 많고, 자연수 중 경도가 아주 높다.
② 지표수에 비해 염분의 함량이 30% 정도 낮은 편이다.
③ 자정작용의 속도가 느린 편이다.
④ 지하수 성분 조성은 하천수와 매우 흡사하나 지표수보다 경도가 높은 편이다.

해설 ② 지표수에 비해 염분의 함량이 높다.

30 글리신(glycine)의 이론적 산소요구량(g/mol)은 얼마인가? (단, 글리신의 분자식은 $C_2H_5O_2N$이며, 반응하여 CO_2, H_2O, HNO_3로 된다.)

① 112
② 106
③ 94
④ 78

해설 $C_2H_5O_2N + \frac{7}{2}O_2 \rightarrow 2CO_2 + 2H_2O + HNO_3$

1mol : $\frac{7}{2}\times32g$

∴ 이론적 산소요구량 = $\dfrac{\frac{7}{2}\times32g}{1mol}=112g/mol$

31 pH에 관한 설명으로 옳지 않은 것은?

① pH는 수소이온농도를 그 역수의 상용대수로서 나타내는 값이다.
② pH 표준액의 조제에 사용되는 물은 정제수를 증류하여 그 유출액을 15분 이상 끓여서 이산화탄소를 날려 보내고 산화칼슘 흡수관을 달아 식힌 후 사용한다.
③ pH 표준액 중 보통 산성 표준액은 3개월, 염기성 표준액은 산화칼슘 흡수관을 부착하여 1개월 이내에 사용한다.
④ pH미터는 보통 아르곤전극 및 산화전극으로 된 지시부와 검출부로 되어 있다.

해설 pH미터의 구성
• 검출부 : 유리전극, 비교전극으로 구성
• 지시부 : 검출된 pH를 표시

32 A하수처리장 유입수의 BOD가 225ppm이고, 유출수의 BOD가 46ppm이었다면, 이 하수처리장의 BOD 제거율(%)은?

① 약 66
② 약 71
③ 약 76
④ 약 80

해설 BOD 제거율$(\eta) = \dfrac{\text{제거된 BOD}}{\text{제거 전 BOD}}$

$$= \frac{C_0 - C}{C_0}$$

$$= \frac{225 - 46}{225}$$

$$= 0.795 = 79.5\%$$

여기서, η : BOD 제거율
C_0 : 유입 BOD 농도
C : 유출 BOD 농도

33 그림은 호수에서의 수온 연직분포(깊이에 대한 온도)에 따른 계절별 변화를 나타낸 것이다. 이에 관한 설명으로 거리가 먼 것은?

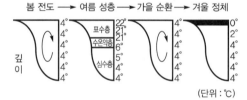

봄 전도 → 여름 성층 → 가을 순환 → 겨울 정체

(단위 : ℃)

① 수심이 깊은 온대지방의 호수는 계절에 따른 수온변화로 물의 밀도차이를 일으킨다.
② 겨울에 수면이 얼 경우 얼음 바로 아래의 수온은 0℃에 가깝고 호수 바닥은 4℃에 이르며, 물이 안정한 상태를 나타낸다.
③ 봄이 되면 얼음이 녹으면서 표면의 수온이 높아지기 시작하여 4℃가 되면 표층의 물은 밑으로 이동하여 전도가 일어난다.
④ 여름에서 가을로 가면 표면의 수온이 내려가면서 수직적인 평형상태를 이루어 봄과 다른 순환을 이루어 수질이 양호해진다.

해설 ④ 여름에서 가을로 가면 표면의 수온이 내려가면서 표면수의 밀도가 증가해 전도현상이 발생하여 호소수 전체가 혼합되면서 수질이 악화된다.

The⁺알아보기

호소수의 계절별 변화

계절	발생현상	발생원인
겨울	성층현상	• 겨울의 기온은 영하이므로 수면 가까이 표층의 수온도 낮아져 물의 밀도가 낮아지나, 바닥 부근의 물은 4℃ 정도의 밀도가 무거운 상태로 존재하여 성층이 발생한다. • 결빙이 될 경우 바람에 의한 수면상의 교란이 차단되고, 물의 연직 또는 수평방향의 이동이 억제된다.
봄	전도현상	• 겨울에서 봄으로 계절이 바뀌면서 수면 가까이 표층수의 수온이 증가한다. • 표층수의 수온이 4℃ 부근에 도달하면 밀도가 커져 하강하게 되면서 호수의 연직혼합(전도현상)이 발생한다.
여름	성층현상	• 표층의 수온이 상승하면서 밀도가 더 작아지게 된다. • 표층은 밀도가 작고, 심수층은 밀도가 크게 되어 성층이 발생한다.
가을	전도현상	• 가을이 되면 외부온도가 저하함에 따라 표층수의 수온도 점차 낮아진다. • 표층수의 수온이 4℃ 부근에 도달하면 밀도가 커져 하강하게 되면서 호수의 연직혼합(전도현상)이 발생한다.

34 다음에서 설명하는 오염물질로 가장 적합한 것은?

> 아연과 성질이 유사한 금속으로 아연 제련의 부산물로 발생하며, 일반적으로 합금용 첨가제나 충전식 전지에도 사용되고, 이타이이타이병의 원인물질로도 잘 알려져 있다.

① 비소
② 크로뮴
③ 사이안
④ 카드뮴

해설 **주요 유해물질별 만성중독증**
• **카드뮴** : 이타이이타이병
• 수은 : 미나마타병, 헌터루셀병
• PCB : 카네미유증
• 비소 : 흑피증
• 플루오린 : 반상치
• 망가니즈 : 파킨슨씨 유사병
• 구리 : 간경변, 윌슨씨병

35 다음 중 콜로이드 물질의 크기 범위로 가장 적합한 것은?

① $0.001{\sim}1\mu m$

② $10{\sim}50\mu m$

③ $100{\sim}1,000\mu m$

④ $1,000{\sim}10,000\mu m$

해설 콜로이드의 크기는 $0.001{\sim}1\mu m$ 정도이다.

36 다음 중 소각로의 형식이라 볼 수 없는 것은?

① 펌프식 ② 화격자식

③ 유동상식 ④ 회전로식

해설 **소각로의 종류**
• 화격자 소각로(grate or stoker)
• 고정상 소각로(fixed bed incinerator)
• 다단로(multiple hearth)
• 회전로(rotary kiln, 회전식 소각로)
• 유동층 소각로(fluidized bed incinerator)

37 $5m^3$의 용기에 2.5kg의 쓰레기가 채워져 있다. 이 쓰레기의 겉보기 비중(kg/m^3)은?

① $0.5kg/m^3$ ② $1kg/m^3$

③ $2kg/m^3$ ④ $2.5kg/m^3$

해설 밀도(비중) $= \dfrac{질량}{부피} = \dfrac{2.5kg}{5m^3} = 0.5kg/m^3$

38 슬러지 내 물의 존재형태 중 다음 설명으로 가장 적합한 것은?

> 큰 고형물질 입자 간극에 존재하는 수분으로 가장 많은 양을 차지하며, 고형물과 직접 결합해 있지 않기 때문에 농축 등의 방법으로 용이하게 분리할 수 있다.

① 모관결합수 ② 내부수

③ 부착수 ④ 간극수

해설 **간극수(cavernous water)**
• 슬러지 내에의 고형물을 둘러싸고 있는 수분이다.
• 큰 고형물 입자 간극에 존재한다.
• 고형물질과 직접 결합해 있지 않기 때문에 농축 등의 방법으로 용이하게 분리가 가능하다.
• 슬러지 내 존재하는 물의 형태 중 가장 많은 양을 차지한다.

39 폐수처리 공정에서 발생되는 슬러지를 혐기성으로 소화시키는 목적과 가장 거리가 먼 것은?

① 유해중금속 등의 화학물질을 분해시킨다.
② 슬러지의 무게와 부피를 감소시킨다.
③ 이용가치가 있는 부산물을 얻을 수 있다.
④ 병원균을 죽이거나 통제할 수 있다.

해설 **혐기성 소화의 목적**
• 슬러지의 무게와 부피 감소(감량화)
• 유기물 제거(안정화)
• 병원균 사멸(안전화)
• 유용한 부산물(연료로 이용 가능한 메테인) 회수

40 다음 중 매립지에서 유기성 폐기물이 혐기성 상태로 분해될 때 가장 먼저 일어나는 단계는?

① 수소 생성단계 ② 산 생성단계

③ 메테인 생성단계 ④ 발효단계

해설 **혐기성 분해단계**
산 생성단계 – 메테인 생성단계 – 메테인 정상단계

41 인구가 200,000명인 지역에서 일주일 동안 수거한 쓰레기양은 $15,000m^3$이다. 1인당 1일 쓰레기 발생량은? (단, 쓰레기의 밀도는 $0.5t/m^3$이다.)

① 3.50kg/인 · 일 ② 4.45kg/인 · 일

③ 5.36kg/인 · 일 ④ 6.43kg/인 · 일

해설 단위환산으로 풀이한다.
1인 1일 쓰레기 발생량(kg/인 · 일)

$= \dfrac{0.5t}{m^3} \left| \dfrac{15,000m^3}{7일} \right| \dfrac{1,000kg}{1t} \left| \dfrac{1}{200,000인} \right.$

$= 5.357kg/인 · 일$

참고 쓰레기 발생량 = 쓰레기 수거량

42 쓰레기 발생량이 24,000kg/일이고, 발열량이 500kcal/kg이라면 노내 열부하가 $50,000kcal/m^3 \cdot hr$인 소각로의 용적은? (단, 1일 가동시간은 12hr이다.)

① $20m^3$ ② $40m^3$

③ $60m^3$ ④ $80m^3$

해설 단위환산으로 풀이한다.
소각로 용적(m^3)

$= \dfrac{m^3 \cdot hr}{50,000kcal} \left| \dfrac{500kcal}{kg} \right| \dfrac{24,000kg}{day} \left| \dfrac{1day}{12hr} \right.$

$= 20m^3$

43 산업폐기물 발생량을 추산할 때 이용되며, 상세한 자료가 있는 경우에만 가능하고, 비용이 많이 드는 단점이 있으므로 특수한 경우에만 사용되는 방법은?

① 적재차량 계수분석법
② 물질수지법
③ 직접계근법
④ 간접계근법

해설 쓰레기 발생량 조사방법

조사방법		내 용
적재차량 계수분석법		일정 기간 동안 특정 지역의 쓰레기 수거차량 대수를 조사하고, 이 값에 밀도를 곱하여 중량으로 환산하는 방법
직접계근법		일정 기간 동안 특정 지역의 쓰레기 수거·운반 차량 무게를 직접 계근하는 방법
물질수지법		시스템으로 유입되는 모든 물질과 유출되는 모든 물질들 간의 물질수지를 세움으로써 발생량을 추정하는 방법으로, 주로 산업폐기물의 발생량을 추산할 때 이용
통계조사	표본조사 (샘플링검사)	전체 측정지역 중 일부를 표본으로 하여 쓰레기 발생량을 조사하는 방법
	전수조사	측정지역 전체의 쓰레기 발생량을 모두 조사하는 방법

44 공기 중 각 구성물질의 낙하속도 및 공기저항의 차이에 따라 폐기물을 선별하는 방법으로, 주로 종이나 플라스틱과 같은 가벼운 물질을 유리, 금속 등의 무거운 물질로부터 분리하는 데 효과적으로 사용되는 방법은?

① 손 선별
② 스크린 선별
③ 공기 선별
④ 자력 선별

해설 공기 선별방법
• 밀도차를 이용해 선별한다.
• 공기 중 각 구성물질의 낙하속도 및 공기저항의 차에 따라 폐기물을 분별하는 방법이다.
• 종이나 플라스틱과 같은 가벼운 물질과 유리, 금속 등의 무거운 물질을 분리하는 데 효과적이다.

45 타 공법에 비해 옥외 뒤집기식 퇴비화 공법이 갖는 특징으로 가장 거리가 먼 것은?

① 설치비용은 일반적으로 낮은 편이다.
② 날씨에 따른 영향이 거의 없다.
③ 부지 소요면적이 큰 편이다.
④ 악취 제어는 주입물에 의해 좌우되며, 악취 영향반경이 큰 편이다.

해설 ② 옥외에 설치하므로 날씨의 영향을 크게 받는다.

46 전단파쇄기에 관한 설명으로 옳지 않은 것은?

① 고정칼, 왕복 또는 회전칼과의 교합에 의해 폐기물을 전단한다.
② 주로 목재류, 플라스틱류 및 종이류를 파쇄하는 데 이용된다.
③ 파쇄물의 크기를 고르게 할 수 있는 장점이 있다.
④ 충격파쇄기에 비해 파쇄속도가 빠르고, 이물질의 혼입에 대하여 강하다.

해설 전단파쇄기와 충격파쇄기의 비교

구 분	전단파쇄기	충격파쇄기
원리	고정칼의 왕복운동, 회전칼(가동칼)의 교합	해머의 회전운동에 의한 충격력
파쇄속도	느림	빠름
이물질 혼입	약함	강함
처리용량	적음	큼
파쇄결과	고른 파쇄 가능	고른 파쇄 불가능
소음·분진	소음, 폭발, 분진 없음	소음, 폭발, 분진 발생

47 다음은 매립가스 중 어떤 성분에 관한 설명인가?

매립가스 중 이 성분은 지구온난화를 일으키며, 공기보다 가벼우므로 매립지 위에 구조물을 건설하는 경우 건물 기초 밑의 공간에 축적되어 폭발의 위험성이 있다. 또한 9% 이상 존재 시 눈의 통증이나 두통을 유발한다.

① CH_4
② CO_2
③ N_2
④ NH_3

해설 매립가스 중 폭발의 위험성이 큰 가스는 메테인(CH_4)이다.

48 소각로의 종류 중 다단로(multiple hearth)의 특성으로 거리가 먼 것은?

① 다량의 수분이 증발되므로 수분 함량이 높은 폐기물도 연소가 가능하다.
② 체류시간이 짧아 온도반응이 신속하다.
③ 많은 연소영역이 있으므로 연소효율을 높일 수 있다.
④ 물리·화학적 성분이 다른 각종 폐기물을 처리할 수 있다.

해설 다단로 소각의 장단점

장 점	단 점
• 휘발성이 낮은 폐기물 연소에 유리	• **체류시간이 김**
• 수분 함량이 높은 폐기물도 연소 가능	• **온도반응이 느림**
• 물리·화학적 성분이 다른 각종 폐기물 처리 가능	• 보조연료 사용 조절이 어려움
	• 분진 발생
• 국소연소가 줄어듦	• 열적 충격에 약함 (1,000℃ 이하 운전)
• 연소효율이 좋음	• 유지비가 높음
• 다양한 보조연료 사용 가능	• 2차 연소실이 필요
	• 불규칙적인 대형 폐기물, 용융성 재를 포함한 폐기물, 높은 분해온도를 요하는 폐기물 처리에는 부적합

49 내륙 매립공법 중 샌드위치 공법에 관한 설명으로 거리가 먼 것은?

① 폐기물과 복토층을 교대로 쌓는 방식이다.
② 협곡, 산간 및 폐광산 등에서 사용한다.
③ 외곽에 우수배제시설이 필요하다.
④ 현재 가장 널리 사용하는 공법이다.

해설 ④ 현재 가장 널리 사용하는 공법은 셀 공법이다.

50 배출상태에 따라 폐기물을 분류할 때 "액상 폐기물"은 고형물의 함량이 얼마인 것을 말하는가?

① 5% 미만
② 10% 미만
③ 15% 미만
④ 30% 미만

해설 폐기물의 상(相, phase)에 따른 분류
• 액상 폐기물 : 고형물 함량 5% 미만
• 반고상 폐기물 : 고형물 함량 5% 이상 ~ 15% 미만
• 고상 폐기물 : 고형물 함량 15% 이상

51 폐기물의 수거노선을 결정할 때 고려해야 할 사항으로 거리가 먼 것은?

① 가능한 한 지형지물 및 도로경계와 같은 장벽을 이용하여 간선도로 부근에서 시작하고 끝나도록 배치한다.
② 출발점은 차고지와 가깝게 하고 수거된 마지막 컨테이너가 처분지에 가장 가까이 위치하도록 배치한다.
③ 교통이 혼잡한 지역에서 발생되는 쓰레기는 가능한 출퇴근시간을 피하여 새벽에 수거한다.
④ 아주 적은 양의 쓰레기가 발생되는 발생원은 하루 중 가장 먼저 수거한다.

해설 쓰레기 수거노선 결정 시 고려사항
• 높은 지역(언덕)에서부터 내려가면서 적재한다(안전성, 연료비 절약).
• 시작지점은 차고와 인접하게, 종료지점은 처분지와 인접하도록 한다.
• 가능한 간선도로에서 시작 및 종료한다(지형지물 및 도로경계 등의 같은 장벽 이용).
• 가능한 시계방향으로 수거노선을 정한다.
• **쓰레기가 적게 발생하는 지점은 가능한 같은 날 정기적으로 수거하고, 많이 발생하는 지점은 가장 먼저 수거한다.**
• 반복 운행 및 U자형 회전을 피한다.
• 출퇴근시간(많은 교통량)을 피한다.

52 폐기물고체연료(RDF)의 구비조건으로 옳지 않은 것은?

① 열량이 높을 것
② 함수율이 높을 것
③ 대기오염이 적을 것
④ 성분배합률이 균일할 것

해설 RDF의 구비조건
• 발열량이 높을 것
• **함수율(수분량)이 낮을 것**
• 가연분이 많을 것
• 비가연분(재)이 적을 것
• 대기오염이 적을 것
• 염소나 다이옥신, 황 성분이 적을 것
• 조성이 균일할 것
• 저장 및 이송이 용이할 것
• 기존 고체연료 사용시설에서 사용이 가능할 것

48.② 49.④ 50.① 51.④ 52.②

53 원자흡수 분광광도법에서 사용되는 가연성 가스와 조연성 가스의 조합 중 불꽃의 온도가 높아 불꽃 중에서 해리하기 어려운 내화성 산화물을 만들기 쉬운 원소의 분석에 가장 적합한 것은?

① 아세틸렌 – 일산화이질소

② 프로페인 – 공기

③ 수소 – 공기

④ 석탄가스 – 공기

해설 원자흡수분광광도법
(불꽃 – 조연성 가스와 가연성 가스의 조합)
• 아세틸렌–공기 : 거의 대부분의 원소 분석에 유효하게 사용한다.
• 수소–공기 : 원자 외 영역에서의 불꽃 자체에 의한 흡수가 적기 때문에 이 파장영역에서 분석선을 갖는 원소의 분석에 이용한다.
• 아세틸렌–아산화질소 : 불꽃의 온도가 높기 때문에 불꽃 중에서 해리하기 어려운 내화성 산화물(refractory oxide)을 만들기 쉬운 원소의 분석에 적당하다.
• 프로페인–공기 : 불꽃의 온도가 낮고, 일부 원소에 대하여 높은 감도를 나타낸다.

54 친산소성 퇴비화 공정의 설계 및 운영 시 고려인자에 관한 설명으로 옳지 않은 것은?

① 퇴비단의 온도는 초기 며칠간은 50~55℃를 유지하여야 하며, 활발한 분해를 위해서는 55~60℃가 적당하다.

② 적당한 분해작용을 위해서는 pH 5.5~6.5 범위를 유지하되, 암모니아가스에 의한 질소 손실을 줄이기 위해서 pH는 3.5~4.5 범위로 유지시킨다.

③ 퇴비화 기간 동안 수분 함량은 50~60% 범위에서 유지시킨다.

④ 초기 C/N 비는 25~50 정도가 적당하다.

해설 퇴비화의 영향인자

영향요인	최적 조건
C/N 비	20~40(50)
온도	50~65℃
함수율	50~60%
pH	5.5~8
산소	5~15%
입도(입경)	1.3~5cm

55 옥테인(C_8H_{18})을 이론공기량으로 완전연소시킬 때 질량 기준 공기연료비(AFR ; Air/Fuel Ratio)는 얼마인가?

① 12　　　② 15

③ 18　　　④ 21

해설 $C_8H_{18} + 12.5O_2 \rightarrow 8CO_2 + 9H_2O$
$114kg : 12.5 \times 32kg$

$$AFR(질량) = \frac{공기(kg)}{연료(kg)} = \frac{\frac{산소(kg)}{0.232}}{연료(kg)}$$

$$= \frac{\frac{12.5 \times 32}{0.232}}{114} = 15.12$$

56 환경적 측면에서 문제가 되는 진동 중 특별히 인체에 해를 끼치는 공해진동의 진동수 범위로 가장 적합한 것은?

① 1~90Hz

② 0.1~500Hz

③ 20~12,500Hz

④ 20~20,000Hz

해설 공해진동의 진동수 범위는 1~90Hz 정도이다.

57 음향출력이 100W인 점음원이 지상에 있을 때 12m 떨어진 지점에서의 음의 세기는?

① $0.11W/m^2$　　　② $0.16W/m^2$

③ $0.20W/m^2$　　　④ $0.26W/m^2$

해설 음원이 지상에 있으므로 반자유공간이다.
$W = I \times S$
$$\therefore I = \frac{W}{S} = \frac{W}{2\pi r^2} = \frac{100W}{2\pi \times (12m)^2} = 0.110W/m^2$$
여기서, S : 음의 전파 표면적(m^2)
W : 음향출력
I : 음의 세기

The⁺알아보기

음의 전파 표면적(S)

음원의 구분		S의 크기
점음원	자유공간	$4\pi r^2$
	반자유공간	$2\pi r^2$
선음원	자유공간	$2\pi r$
	반자유공간	πr

58 공기스프링에 관한 설명으로 가장 거리가 먼 것은 어느 것인가?

① 부하능력이 광범위하다.

② 공기누출의 위험성이 없다.

③ 사용진폭이 적은 것이 많으므로 별도의 댐퍼가 필요한 경우가 많다.

④ 자동제어가 가능하다.

해설 **공기스프링의 장단점**

구 분	내 용
장점	• 하중의 변화에 따라 고유진동수를 일정하게 유지하는 것이 가능하다. • 부하능력이 광범위하다. • 자동제어가 가능하다. • 고주파진동의 절연 특성이 가장 우수하고, 방음효과도 크다.
단점	• 구조가 복잡하고, 시설비가 많이 든다. • 압축기 등의 부대시설이 필요하다. • 공기 누출의 위험이 있다. • 사용진폭(용진폭)이 적은 것이 많으므로 별도의 댐퍼가 필요한 경우가 많다.

참고 공기스프링은 공기의 압축탄성을 이용한 것이다.

59 100sone인 음은 몇 phon인가?

① 106.6 ② 101.3

③ 96.8 ④ 88.9

해설 phon과 sone의 관계식

$$S = 2^{\frac{(L-40)}{10}}$$

$L = 33.3\log 100 + 40 = (33.3 \times 2) + 40 = 106.6$

여기서, S : 음의 크기(sone)

L : 음의 크기레벨(phon)

60 다음 중 한 파장이 전파되는 데 소요되는 시간을 말하는 것은?

① 주파수

② 변위

③ 주기

④ 가속도레벨

해설 **파동 관련 용어**

• 파장(λ) : 한 사이클(cycle)의 거리(m)

• 주파수(f) : 1초 동안의 cycle 수(Hz)

• 주기(T) : 한 파장(cycle)이 전파되는 데 소요되는 시간(sec)

• 변위 : 어떤 순간의 위치와 원점 사이의 거리

• 진폭 : 변위의 최대치

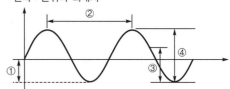

01 다음 보기에서 설명하는 현상으로 옳은 것은?

> • 맑고 바람이 없는 날 아침에 해가 뜨기 직
>   전에 지표면 근처에서 강하게 형성되며,
>   공기의 수직혼합이 일어나지 않기 때문에
>   대기오염물질의 축적으로 이어지게 된다.
> • 지표 부근에서 일어나므로 지표역전이라고
>   도 한다.
> • 보통 가을로부터 봄에 걸쳐서 날씨가 좋고
>   바람이 약하며 습도가 적을 때 잘 형성된다.

① 공중역전
② 침강역전
③ 복사역전
④ 전선역전

해설 **복사역전(방사성 역전)**
• 밤에서 새벽까지 단시간 형성된다.
• 밤에 지표면의 열이 냉각되어 기온역전이 발생하며, 지
  표역전이라고도 한다.
• 맑고 바람이 없는 날 아침, 해가 뜨기 직전에 지표면 근
  처에서 강하게 형성된다.
• 안개 발생하고 매연이 소산되지 못하므로, 대기오염물
  질은 지표 부근에 축적된다.
• 대표적으로 런던 스모그 사건이 있다.

02 다음 중 대기권에 대한 설명으로 옳은 것은?

① 대류권에서는 고도 1km 상승에 따라 약
  9.8℃ 높아진다.
② 대류권의 높이는 계절이나 위도에 관계없
  이 일정하다.
③ 성층권에서는 고도가 높아짐에 따라 기온
  이 내려간다.
④ 성층권에는 지상 20~30km 사이에 오존
  층이 존재한다.

해설 ① 대류권에서는 고도 1km 상승에 따라 약 6.5℃씩 낮아
  진다.
② 대류권의 높이는 적도지방은 높고 극지방은 낮다.
③ 성층권에서는 고도가 높아짐에 따라 기온이 증가한다.

The⁺알아보기
대류권의 고도
• 여름 > 겨울
• 저위도 > 고위도

03 다음 중 전기 집진장치의 특성으로 옳은 것은?

① 압력손실은 100~150mmH₂O 정도이다.
② 전압 변동과 같은 조건 변동에 대해 쉽게
  적응한다.
③ 초기시설비가 적게 든다.
④ 고온(350℃ 정도)의 가스 처리가 가능하다.

해설 ① 압력손실은 10~20mmH₂O 정도이다.
② 전압 변동과 같은 조건 변동에 적응이 어렵다.
③ 초기시설비가 많이 든다.

The⁺알아보기

전기 집진장치의 장단점	
구 분	**장단점**
장점	• 미세입자 집진효율이 높음 • 압력손실이 낮아 소요동력이 작음 • 대량의 가스 처리 가능 • 연속운전 가능 • 운전비가 적음 • 온도범위가 넓음 • 배출가스의 온도강하가 적음 • 고온가스 처리 가능(약 500℃ 전후)

단점	• 초기설치비용이 큼
	• 가스상 물질 제어 안 됨
	• 운전조건 변동에 적응성이 낮음(전압 변
	  동과 같은 조건 변동에 적용이 어려움)
	• 넓은 설치면적이 필요
	• 비저항이 큰 분진 제거 곤란
	• 분진 부하가 대단히 높으면 전처리시설이
	  요구됨
	• 근무자의 안전성에 유의해야 함

04 오존층을 파괴하는 특정 물질과 거리가 먼 것은?

① 염화플루오린화탄소(CFCs)
② 황화수소(H₂S)
③ 염화브로민화탄소(Halons)
④ 사염화탄소(CCl₄)

해설 **오존층 파괴물질의 종류**
• 염화플루오린탄소(CFCs)
• 염화브로민화탄소(할론)
• 질소산화물(NO, N₂O)
• 사염화탄소(CCl₄) 등

05 유해가스 제거방법 중 흡수법에 사용되는 흡수액의 구비조건으로 옳은 것은?

① 흡수능력과 용해도가 커야 한다.
② 화학적으로 안정하고, 휘발성이 높아야 한다.
③ 독성과 부식성은 무관하다.
④ 점성이 크고, 가격이 낮아야 한다.

해설 좋은 흡수액(세정액)의 조건
• 용해도가 커야 한다.
• 화학적으로 안정해야 한다.
• 독성, 부식성이 없어야 한다.
• 휘발성이 작아야 한다.
• 점성이 작아야 한다.
• 어는점이 낮아야 한다.
• 가격이 저렴해야 한다.
• 용매의 화학적 성질과 비슷해야 한다.

06 충전탑에서 충전물의 구비조건에 관한 설명으로 옳지 않은 것은?

① 내식성과 내열성이 커야 한다.
② 압력손실이 작아야 한다.
③ 충진밀도가 작아야 한다.
④ 단위용적에 대한 표면적이 커야 한다.

해설 좋은 충전물의 조건
• 충전(충진)밀도가 커야 한다.
• Hold-up이 작아야 한다.
• 공극률이 커야 한다.
• 비표면적이 커야 한다.
• 압력손실이 작아야 한다.
• 내열성과 내식성이 커야 한다.
• 충분한 강도를 지녀야 한다.
• 화학적으로 불활성이어야 한다.

07 중력식 집진장치의 효율 향상조건으로 옳지 않은 것은?

① 침강실 내 처리가스 속도가 빠를수록 미립자가 포집된다.
② 침강실의 높이가 낮고 길이가 길수록 집진율은 높아진다.
③ 침강실 입구 폭이 클수록 유속이 느려져 미세한 입자가 포집된다.
④ 압력손실은 커지나 효율은 증가한다.

해설 중력 집진장치의 효율 향상조건
• 침강실 내 가스 유속이 느릴수록(처리가스의 속도가 작을수록 체류시간이 길어져 집진효율이 증가하고 미립자가 포집된다.)
• 침강실의 높이가 낮을수록
• 침강실의 길이가 길수록
• 침강실의 입구 폭이 넓을수록
• 침강속도가 빠를수록
• 입자의 밀도가 클수록
• 단수가 높을수록
• 침강실 내 배기 기류가 균일할수록

08 메테인 94%, 이산화탄소 4%, 산소 2%인 기체연료 $1m^3$에 대하여 $9.5m^3$의 공기를 사용하여 연소하였다. 이 경우 공기비(m)는? (단, 표준상태 기준)

① 1.07 ② 1.27
③ 1.47 ④ 1.57

해설 94% $CH_4 + 2O_2 \rightarrow CO_2 + 2H_2O$
4% $CO_2 \rightarrow CO_2$
2% O_2
1) 이론 공기량
$$A_o = \frac{O_o}{0.21} = \frac{2 \times 0.94 - 0.02}{0.21} = 8.8571 Sm^3/Sm^3$$
2) 공기비
$$m = \frac{A}{A_o} = \frac{9.5}{8.8571} = 1.0725$$

09 대기오염으로 인한 지구환경 변화 중 도시지역의 공장, 자동차 등에서 배출되는 고온의 가스와 냉·난방시설로부터 배출되는 더운 공기가 상승하면서 주변의 찬 공기가 도시로 유입되어 도시지역의 대기오염물질에 의한 거대한 지붕을 만드는 현상은?

① 라니냐 현상
② 열섬 현상
③ 엘니뇨 현상
④ 오존층 파괴현상

해설 ① 라니냐 현상 : 해수의 저수온 현상
② 열섬 현상 : 대기오염과 인공열의 영향으로 주변 전원지역보다 도시의 온도가 더 높은 현상
③ 엘니뇨 현상 : 해수의 고수온 현상
④ 오존층 파괴현상 : 오존층 파괴물질 때문에 성층권의 오존 농도가 감소하는 현상

10 원심력 집진장치의 효율을 증가시키는 방법으로 가장 거리가 먼 것은?

① 배기관경이 작을수록 입경이 작은 먼지를 제거할 수 있다.

② 입구 유속에는 한계가 있지만 그 한계 내에서는 입구 유속이 빠를수록 효율이 높은 반면 압력손실도 높아진다.

③ 블로다운 효과로 먼지의 재비산을 방지한다.

④ 고농도일 경우 직렬로 사용하고, 응집성이 강한 먼지는 병렬 연결(5단 한계)하여 사용한다.

해설 원심력 집진장치의 효율 향상조건
- 먼지의 농도, 밀도, 입경이 클수록
- 입구의 유속이 빠를수록
- 배기관의 지름이 작을수록
- 유량이 클수록
- 회전수가 많을수록
- 몸통 길이가 길수록
- 몸통 직경이 작을수록
- 처리가스 온도가 낮을수록
- 점도가 작을수록
- 블로다운(blow down) 방식을 사용할 경우
- 직렬 연결을 사용할 경우
- **고농도일 때는 병렬 연결하여 사용**
- **응집성이 강한 먼지는 직렬 연결(최대 3단 한계)하여 사용**

11 이산화황 농도 0.02ppm을 질량농도로 고치면 몇 mg/Sm^{3}인가? (단, 표준상태 기준)

① 0.057　　② 0.065

③ 0.079　　④ 0.083

해설 ppm → mg/Sm^3 환산
$$\frac{0.02\text{mL}}{\text{Sm}^3} \times \frac{64\text{mg}}{22.4\text{mL}} = 0.0571\text{mg/Sm}^3$$
단위 ppm=mL/m^3
SO_2 : 1mol=64g=22.4L

12 중량비로 수소 13.5%, 수분 0.65%인 중유의 고위발열량이 11,000kcal/kg인 경우 저위발열량(kcal/kg)은?

① 약 9,880　　② 약 10,270

③ 약 10,740　　④ 약 10,980

해설 저위발열량
$$H_l = H_h - 600(9H + W)$$
$$= 11,000 - 600(9 \times 0.135 + 0.0065)$$
$$= 10267.1\text{kcal/kg}$$

여기서, H_h : 고위발열량(kcal/kg)
H_l : 저위발열량(kcal/kg)
H : 수소의 함량
W : 수분의 함량

13 다음 중 헨리 법칙이 가장 잘 적용되는 기체는?

① O_2　　② HCl

③ SO_2　　④ HF

해설 · 헨리법칙이 잘 적용되는 기체 : 용해도가 작은 기체
예 N_2, H_2, O_2, CO, CO_2, NO, NO_2, H_2S 등
· 헨리법칙이 적용되기 어려운 기체 : 용해도가 크거나 반응성이 큰 기체
예 Cl_2, HCl, HF, SiF_4, SO_2, NH_3 등

14 A집진장치의 압력손실이 444mmH$_2$O, 처리가스량이 55m^3/sec인 송풍기의 효율이 77%일 때, 이 송풍기의 소요동력은?

① 256kW　　② 286kW

③ 298kW　　④ 311kW

해설
$$P = \frac{Q \times \Delta P}{102 \times \eta}$$
$$= \frac{444 \times 55}{102 \times 0.77}$$
$$= 310.92\text{kW}$$

여기서, P : 소요동력(kW)
Q : 처리가스량(m^3/sec)
ΔP : 압력(mmH$_2$O)
η : 효율

15 다음 중 도자기나 유리 제품에 부식을 일으키는 성질을 가진 가스로서 알루미늄 제조, 인산비료 제조공업 등에 이용되는 것은?

① 플루오린 및 그 화합물

② 염소 및 그 화합물

③ 사이안화수소

④ 이산화황

해설 플루오린화수소(HF) 배출원
알루미늄 제조공업, 인산비료 제조공업, 유리 제조공업

16 포기조에 가해진 BOD 부하 1g당 100L의 공기를 주입시켜야 한다면 BOD가 100mg/L인 하수 1,000L/day를 처리하기 위해서는 얼마의 공기를 주입시켜야 하는가?

① $1m^3$/day　　　② $10m^3$/day

③ $100m^3$/day　④ $1,000m^3$/day

[해설] 단위환산으로 공기 주입량을 구한다.

1) 처리 BOD 양

$$= \frac{1,000L}{day} \left| \frac{100mg}{L} \right| \frac{1g}{10^3 mg} = 100g/day$$

2) 공기 주입량

$$= \frac{100g\ BOD}{day} \left| \frac{100L\ 공기}{g\ BOD} \right| \frac{1m^3}{1,000L} = 10m^3/day$$

17 다음은 미생물의 종류에 관한 설명이다. ( ) 안에 들어갈 말로 옳은 것은?

> 미생물은 영양섭취, 온도 또는 산소의 섭취 유무에 따라서도 분류하기도 하는데, ( ) 미생물은 용존산소가 아닌 SO_3^{2-}, NO_3^- 등과 같은 화합물에서 산소를 섭취하고 그 결과 황화수소, 질소가스 등을 발생시킨다.

① 자산성　　　② 호기성

③ 혐기성　　　④ 고온성

[해설] 미생물의 종류별 이용산소

구 분	이용산소
호기성 미생물	유리산소(DO, O_2(aq))
혐기성 미생물	**결합산소(SO_4^{2-}, NO_3^- 등)**
임의성 미생물 (통성 혐기성균)	결합산소, 유리산소 모두 이용

18 폐수 중의 오염물질을 제거할 때 부상이 침전보다 좋은 점을 설명한 것으로 가장 적합한 것은?

① 침전속도가 느린 작거나 가벼운 입자를 짧은 시간 내에 분리시킬 수 있다.

② 침전에 의해 분리되기 어려운 유해중금속을 효과적으로 분리시킬 수 있다.

③ 침전에 의해 분리되기 어려운 색도 및 경도 유발물질을 효과적으로 분리시킬 수 있다.

④ 침전속도가 빠르고 큰 입자를 짧은 시간 내에 분리시킬 수 있다.

[해설] ② 유해중금속은 주로 화학적 침전 제거한다.

③ 침전으로 제거가 어려운 색도 및 경도 유발물질(용존물질)은 부상으로 제거할 수 없다.

④ 침전속도가 빠른 물질은 주로 밀도가 큰 입자이므로 침전으로 제거한다.

19 호기성 상태에서 미생물에 의한 유기질소의 분해과정을 순서대로 나열한 것은?

① 유기질소 - 아질산성질소 - 암모니아성질소 - 질산성질소

② 유기질소 - 질산성질소 - 아질산성질소 - 암모니아성질소

③ 유기질소 - 암모니아성질소 - 아질산성질소 - 질산성질소

④ 유기질소 - 아질산성질소 - 질산성질소 - 암모니아성질소

[해설] 호기성 상태에서 단백질의 분해순서

단백질 $\xrightarrow[\text{분해}]{\text{가수}}$ 아미노산 (amino acid) → NH_3-N → NO_2^--N → NO_3^--N

20 다음 수처리공정 중 스토크스(Stokes) 법칙이 가장 잘 적용되는 공정은?

① 1차 소화조　　② 1차 침전지

③ 살균조　　　　④ 포기조

[해설] 입자의 침전형태

침전형태	특 징	발생장소
Ⅰ형 침전 (독립침전, 자유침전)	• 이웃 입자들의 영향을 받지 않고 자유롭게 일정한 속도로 침전 • Stokes 법칙 적용	보통 침전지, 침사지, 1차 침전지
Ⅱ형 침전 (플록침전)	• 입자 간에 서로 접촉되면서 응집된 플록을 형성하여 침전 • 응집 · 응결 침전 또는 응집성 침전	약품 침전지
Ⅲ형 침전 (간섭침전)	• 플록을 형성하여 침전하는 입자들이 서로 방해를 받아 침전속도가 감소하는 침전 • 방해 · 장애 · 집단 · 계면 · 지역 침전	상향류식 침전지, 생물학적 2차 침전지
Ⅳ형 침전 (압축침전, 압밀침전)	고농도 입자들의 침전으로 침전된 입자군이 바닥에 쌓일 때 입자군의 무게에 의해 물이 빠져나가면서 농축 · 압밀	침전슬러지, 농축조의 슬러지 영역

16.② 17.③ 18.① 19.③ 20.②

21 폐수처리에서 여과공정에 사용되는 여재로 가장 거리가 먼 것은?

① 모래
② 무연탄
③ 규조토
④ 유리

> **해설** 여재의 재질 : 모래, 무연탄, 규조토, 석류석 등

22 중화반응공정에서 폐수가 산성일 때 약품조에 들어갈 약품으로 옳은 것은?

① 황산
② 염산
③ 염화소듐
④ 수산화소듐

> **해설** 산성 폐수를 중화시키기 위해서는 염기성 물질(산 중화제)을 주입한다.
>
> **중화제의 구분**
>
> | 구분 | 명칭 | 분자식 |
> |---|---|---|
> | 산 중화제 (염기) | 가성소다(수산화소듐) | $NaOH$ |
> | | 소다회(탄산소듐) | Na_2CO_3 |
> | | 소석회(수산화칼슘) | $Ca(OH)_2$ |
> | | 생석회(산화칼슘) | CaO |
> | | 석회석(탄산칼슘) | $CaCO_3$ |
> | 알칼리 중화제 (산) | 황산 | H_2SO_4 |
> | | 염산 | HCl |
> | | 탄산 | H_2CO_3 |
> | | 질산 | HNO_3 |

23 활성슬러지 공법의 폐수처리장 포기조에서 요구되는 공기공급량이 $28.3m^3$/kg BOD이다. 포기조 내 평균 유입 BOD가 150mg/L, 포기조로의 유입유량이 $7,570m^3$/day일 때, 공급해야 할 공기량은?

① $70.8m^3$/min
② $48.1m^3$/min
③ $31.1m^3$/min
④ $22.3m^3$/min

> **해설** 단위환산으로 공기 주입량을 구한다.
> 1) 처리 BOD
>
> $$\frac{7,570m^3}{day}\left|\frac{150mg}{L}\right|\frac{1,000L}{1m^3}\left|\frac{1kg}{10^6mg}\right.=1135.5kg/day$$
>
> 2) 공기 주입량
>
> $$\frac{1135.5kg\ BOD}{day}\left|\frac{28.3m^3\ 공기}{kg\ BOD}\right|\frac{1day}{24h}\left|\frac{1hr}{60min}\right.$$
> $$=22.31m^3/min$$

24 A공장의 BOD 배출량이 500명의 인구당량에 해당하고, 그 수량은 $50m^3$/day이다. 이 공장 폐수의 BOD 농도는? (단, 한 사람이 하루에 배출하는 BOD는 50g이다.)

① 350mg/L
② 410mg/L
③ 475mg/L
④ 500mg/L

> **해설**
>
> $$\frac{50g}{인\cdot day}\left|\frac{500인}{}\right|\frac{day}{50m^3}\left|\frac{1,000mg}{1g}\right|\frac{1m^3}{1,000L}$$
> $$=500mg/L$$

25 흡착에 관한 설명 중 가장 거리가 먼 것은?

① 폐수처리에서 흡착이라 함은 보통 물리적 흡착을 말하여, 그 대표적인 예로는 활성탄에 의한 흡착이 있다.
② 냄새나 색도의 제거에도 쓰인다.
③ 고도처리 시 질소나 인의 제거에 가장 유효하다.
④ 흡착이란 제거대상 물질이 흡착제의 표면에 물리적 또는 화학적으로 부착되는 현상이다.

> **해설** ③ 질소, 인은 흡착법으로는 제거가 곤란하다.
>
> ### The⁺알아보기
>
> **흡착 제거대상**
> 불포화 유기물, 소수성 물질, 냄새, 색도 등

26 독립침전 영역에서 스토크스의 법칙을 따르는 입자의 침전속도에 영향을 주는 인자가 아닌 것은?

① 물의 밀도
② 물의 점도
③ 입자의 지름
④ 입자의 용해도

> **해설** Stokes 공식
>
> $$V_g = \frac{d^2(\rho_s - \rho_w)g}{18\mu}$$
>
> 여기서, V_g : 입자의 침전속도
> d : 입자의 직경(입경)
> ρ_s : 입자의 밀도
> ρ_w : 물의 밀도
> g : 중력가속도
> μ : 물의 점성계수

21.④ 22.④ 23.④ 24.④ 25.③ 26.④

27 활성슬러지 공법에서 2차 침전지 슬러지를 포기조로 반송시키는 주된 목적은?

① 슬러지를 순환시켜 배출슬러지를 최소화하기 위해

② 포기조 내 요구되는 미생물 농도를 적절하게 유지하기 위해

③ 최초 침전지 유출수를 농축하기 위해

④ 폐수 중 무기고형물을 산화하기 위해

해설 슬러지를 반송하는 이유는 반응조 내 미생물(MLSS)의 양을 일정하게 유지(MLSS 조절)하기 위해서이다.

28 다음 중 물속에 녹아 경도를 유발하는 물질로 거리가 먼 것은?

① K ② Ca

③ Mg ④ Fe

해설 **경도 유발물질**
물속에 용해되어 있는 금속원소의 2가 이상 양이온(Ca^{2+}, Mg^{2+}, Fe^{2+}, Mn^{2+}, Sr^{2+})이다.

29 폐수에 명반(Alum)을 사용하여 응집침전을 실시하는 경우 어떤 침전물이 생기는가?

① 탄산소듐

② 수산화소듐

③ 황산알루미늄

④ 수산화알루미늄

해설 폐수 + $Al_2(SO_4)_3$ → $Al(OH)_3$↓
　　　　　황산알루미늄(명반)　　침전물

30 혐기성 소화조의 완충능력(buffer capacity)을 표현하는 것으로 가장 적합한 것은?

① 탁도 ② 경도

③ 알칼리도 ④ 응집도

해설 혐기성 소화 시 산 생성단계에서 유기산이 생성되어 pH가 낮아지면, 메테인 생성단계에서 메테인 생성균이 제대로 크지 못해 소화효율이 떨어진다. 따라서 산 생성단계에서 pH가 낮아지지 않도록 알칼리(염기)를 투입해 pH가 떨어지지 않도록 한다.

The⁺알아보기

알칼리도
산이 유입될 때 pH가 낮아지지 않도록 하는 완충능력

31 수질오염 공정시험기준상 따로 규정이 없는 한 감압 또는 진공의 기준으로 옳은 것은?

① 5mmHg 이하 ② 10mmHg 이하

③ 15mmHg 이하 ④ 20mmHg 이하

해설 "감압 또는 진공"이라 함은 따로 규정이 없는 한 15mmHg 이하를 뜻한다.

32 박테리아에 관한 설명으로 옳지 않은 것은?

① 60%는 수분, 40%는 고형물질로 구성되어 있다.

② 막대기 모양, 공 모양, 나선 모양 등이 있다.

③ 단세포 미생물로서 용해된 유기물을 섭취한다.

④ 일반적인 화학조성식은 $C_5H_7O_2N$으로 나타낼 수 있다.

해설 ① 박테리아는 수분 80%, 고형물 20%로 구성되어 있다.

33 침사지의 수면적부하 1,800m³/m² · day, 수평유속 0.32m/sec, 유효수심 1.2m인 경우, 침사지의 유효길이는?

① 14.4m ② 16.4m

③ 18.4m ④ 20.4m

해설 1) 체류시간

$$t = \frac{H}{Q/A} = \frac{1.2m}{} \left|\frac{m^2 \cdot day}{1,800m^3}\right| \frac{86,400sec}{1day}$$

= 57.6sec

여기서, t : 체류시간, H : 수심(m)

Q/A : 표면부하율(수면적부하, m³/m² · day)

2) 유효길이

= 수평유속 × 체류시간

$$= \frac{0.32m}{sec} \times 57.6sec = 18.432m$$

단위 1day = 24hr = 1,440min = 86,400sec

34 침전지 또는 농축조에 설치된 스크레이퍼의 사용목적으로 가장 적합한 것은?

① 침전물을 부상시키기 위해서

② 스컴(scum)을 방지하기 위해서

③ 슬러지(sludge)를 혼합하기 위해서

④ 슬러지(sludge)를 끌어모으기 위해서

해설 스크레이퍼는 침전지 하부에 침전된 슬러지를 끌어모아 밖으로 배출시키는 장치이다.

35 생물학적 폐수처리에 있어서 팽화(bulking) 현상의 원인으로 가장 거리가 먼 것은?

① 유기물 부하량이 급격하게 변동될 경우
② 포기조의 용존산소가 부족할 경우
③ 유입수에 고농도의 산업유해폐수가 혼합되어 유입될 경우
④ 포기조 내 질소와 인이 유입될 경우

해설 슬러지 팽화는 호기성 상태가 나빠져서 박테리아가 잘 크지 못하고, 균류(사상균)가 잘 크는 환경이 되면 발생한다.

The⁺알아보기

슬러지 팽화의 원인
• DO 감소
• pH 감소
• F/M 불균형 : 유기물 부하량의 급격한 변동, 고농도 폐수 유입
• 영양 불균형(BOD : N : P)
• 사상균(Sphaerotilus 등) 증식

36 투수계수가 0.5cm/sec이며 동수경사가 2인 경우, Darcy 법칙을 적용하여 구한 유출속도는?

① 1.5cm/sec　　② 1.0cm/sec
③ 2.5cm/sec　　④ 0.25cm/sec

해설 $V = KI$ … 〈Darcy 법칙〉
$= \dfrac{0.5\text{cm}}{\text{sec}} \times 2$
$= 1.0\text{cm/sec}$
여기서, V : 지하수 유속(m/sec)
　　　　K : 투수계수(수리전도도, m/sec)
　　　　I : 동수경사

37 폐기물의 고형화 처리 시 유기성 고형화에 관한 설명으로 가장 거리가 먼 것은? (단, 무기성 고형화와 비교 시)

① 수밀성이 매우 크며, 다양한 폐기물에 적용이 가능하다.
② 미생물 및 자외선에 대한 안정성이 강하다.
③ 최종 고화체의 체적 증가가 다양하다.
④ 폐기물의 특정 성분에 의한 중합체 구조의 장기적인 약화 가능성이 존재한다.

해설 ② 미생물 및 자외선에 약하다.

38 다음은 폐기물 공정시험기준상 어떤 용기에 관한 설명인가?

취급 또는 저장하는 동안에 이물이 들어가거나 내용물이 손실되지 아니하도록 보호하는 용기를 말한다.

① 밀봉용기　　② 기밀용기
③ 차광용기　　④ 밀폐용기

해설 용기는 시험용액 또는 시험에 관계된 물질을 보존·운반 또는 조작하기 위하여 넣어두는 것으로 시험에 지장을 주지 않도록 깨끗한 것이어야 한다.
① 밀봉용기 : 물질을 취급 또는 보관하는 동안에 기체 또는 미생물이 침입하지 않도록 내용물을 보호하는 용기
② 기밀용기 : 물질을 취급 또는 보관하는 동안에 외부로부터의 공기 또는 다른 가스가 침입하지 않도록 내용물을 보호하는 용기
③ 차광용기 : 광선을 투과하지 않은 용기 또는 투과하지 않도록 포장한 것으로, 취급 또는 보관하는 동안에 내용물의 광화학적 변화를 방지할 수 있는 용기

39 함수율이 96%인 슬러지를 수분 75%로 탈수했을 때, 이 탈수 슬러지의 체적(m³)은? (단, 원래 슬러지의 체적은 100m³, 비중은 1.00이다.)

① 12.4　　② 13.1
③ 14.5　　④ 16

해설 $V_1(1-W_1) = V_2(1-W_2)$
$100\text{m}^3(1-0.96) = V_2(1-0.75)$
∴ $V_2 = \dfrac{(1-0.96)}{(1-0.75)} \times 100\text{m}^3 = 16\text{m}^3$
여기서, V_1 : 농축 전 슬러지의 부피
　　　　V_2 : 농축 후 슬러지의 부피
　　　　W_1 : 농축 전 슬러지의 함수율
　　　　W_2 : 농축 후 슬러지의 함수율

40 다음 중 해안매립 공법에 해당하는 것은?

① 도랑형 공법
② 압축매립 공법
③ 샌드위치 공법
④ 순차투입 공법

해설 **해안매립 공법의 종류**
• 내수배제 공법(수중투기 공법)
• 순차투입 공법
• 박층뿌림 공법

41 연도가스의 잉여열을 이용하여 보일러에 주입되는 물을 예열함으로써 보일러 드럼에 발생되는 열응력을 감소시켜 보일러의 효율을 높이는 장치는?

① 과열기(super heater)
② 재열기(reheater)
③ 절탄기(economizer)
④ 공기예열기(air preheater)

해설 **열교환기의 종류**
- 과열기(super heater) : 보일러에서 발생하는 포화증기에 포함된 수분을 제거하여 과열도가 높은 증기를 얻도록 하는 장치
- 재열기(reheater) : 과열기와 같은 구조로, 과열기 중간 또는 뒤쪽에 설치하는 장치
- 절탄기(economizer) : 연도로 배출되는 배기가스 중의 폐열을 이용하여 보일러의 급수를 예열함으로써 열효율을 높이는 설비
- 공기예열기(air preheater) : 연도가스의 여열을 이용하여 연소용 공기를 예열하여 보일러의 효율을 높이는 장치
- 증기터빈(steam turbine) : 증기가 갖는 열에너지를 회전운동으로 전환시키는 장치

42 다음 중 매립지에서 유기물이 혐기성 분해될 때, 가장 늦게 일어나는 단계는?

① 가수분해단계
② 알코올 발효단계
③ 메테인 생성단계
④ 산 생성단계

해설 **매립가스 발생순서**
- 제1단계 : 호기성 단계, 초기조절단계
- 제2단계 : 혐기성 전환단계, 비메테인 단계, 산 생성단계
- 제3단계 : 메테인 생성 · 축적단계
- 제4단계 : 혐기성 정상상태단계

43 폐기물 오염을 측정하기 위한 시료의 분할채취방법으로 거리가 먼 것은?

① 구획법   ② 교호삽법
③ 사등분법   ④ 원추사분법

해설 **시료의 분할채취방법**(폐기물 공정시험기준)
- 구획법
- 교호삽법
- 원추4분법

44 혐기성 소화법과 상대 비교 시 호기성 소화법의 특징으로 거리가 먼 것은?

① 상징수의 BOD 농도가 높으며, 운영이 다소 복잡하다.
② 초기시공비가 낮고, 처리된 슬러지에서 악취가 나지 않는 편이다.
③ 포기를 위한 동력 요구량 때문에 운영비가 높다.
④ 겨울철은 처리효율이 떨어지는 편이다.

해설 **혐기성 소화와 호기성 소화의 비교**

항 목	혐기성 소화	호기성 소화
소화기간	긺	짧음
규모	큼	작음
설치면적	작음	큼
건설비(설치비)	큼	작음
탈수성	좋음	나쁨
슬러지 생산량	적음	많음
비료가치	낮음	높음
운전(운영)	어려움	쉬움
포기장치	필요 없음	필요함
운영비(동력비)	작음	큼
처리효율	낮음	높음
상등수(상징수) 수질 (BOD 농도)	나쁨 (높음)	좋음 (낮음)
악취	많이 발생	적게 발생
가온장치	필요함	필요 없음
가치 있는 부산물	메테인 회수 가능	–

45 폐기물의 열분해에 관한 설명으로 옳지 않은 것은 어느 것인가?

① 공기가 부족한 상태에서 폐기물을 연소시켜 가스, 액체 및 고체 상태의 연료를 생산하는 공정을 열분해방법이라 부른다.
② 열분해에 의해 생성되는 액체 물질은 식초산, 아세톤, 메탄올, 오일 등이다.
③ 열분해방법 중 저온법에서는 Tar, Char 및 액체상태의 연료가 보다 많이 생성된다.
④ 저온 열분해는 1,100~1,500℃에서 이루어진다.

해설
- 저온 열분해온도 : 500~900℃(출구온도 850℃)
- 고온 열분해온도 : 1,100~1,500℃(출구온도 1,100℃)

46 쓰레기 연소를 위한 이론 공기량이 10Sm³/kg이고, 공기비가 1.1일 때, 실제로 공급된 공기량은 얼마인가?

① $0.5Sm^3/kg$
② $0.6Sm^3/kg$
③ $10.0Sm^3/kg$
④ $11.0Sm^3/kg$

해설 실제 공기량＝공기비×이론 공기량
$A = mA_o$
$\quad = 1.1 \times 10Sm^3/kg$
$\quad = 11.0Sm^3/kg$

47 다음 중 쓰레기를 유동층 소각로에서 처리할 때 유동상 매질이 갖추어야 할 특성으로 옳지 않은 것은?

① 공급이 안정적일 것
② 열충격에 강하고 융점이 높을 것
③ 비중이 클 것
④ 불활성일 것

해설 유동상 매질(유동층 매체)의 구비조건
• 불활성일 것
• 내열성, 융점이 높을 것
• 충격에 강할 것
• 내마모성일 것
• 비중이 작을 것
• 안정된 공급으로, 구하기 쉬울 것
• 가격이 저렴할 것
• 균일한 입도분포일 것

48 폐수 슬러지를 혐기적 방법으로 소화시키는 목적으로 거리가 먼 것은?

① 유기물을 분해시킴으로써 슬러지를 안정화시킨다.
② 슬러지의 무게와 부피를 증가시킨다.
③ 이용가치가 있는 부산물을 얻을 수 있다.
④ 유해한 병원균을 죽이거나 통제할 수 있다.

해설 혐기성 소화의 목적
• 슬러지의 무게와 부피 감소(감량화)
• 유기물 제거(안정화)
• 병원균 사멸(안전화)
• 유용한 부산물(연료로 이용 가능한 메테인) 회수

49 슬러지를 가열(210℃ 정도)·가압(120atm 정도)시켜 슬러지 내의 유기물이 공기에 의해 산화되도록 하는 공법은?

① 가열 건조
② 습식 산화
③ 혐기성 산화
④ 호기성 산화

해설 습식 산화법(짐머만 공법)은 슬러지에 가열(200~270℃ 정도)·가압(70~120atm 정도)시켜 산소에 의해 유기물을 화학적으로 산화시키는 공법이다.

50 분뇨처리법 중 부패조에 관한 설명으로 가장 거리가 먼 것은?

① 고부하 운전에 적합하다.
② 특별한 에너지 및 기계설비가 필요하지 않은 편이다.
③ 처리효율이 낮으며, 냄새가 많이 나는 편이다.
④ 조립형인 경우 설치·시공이 용이하며, 유지관리에 특별한 기술이 요구되지 않는다.

해설 부패조(septic tank)
상온에서 운영하는 혐기성 소화공법으로, 다음과 같은 특징을 가진다.
• 처리효율이 낮다.
• **저부하 운전에 적합하다.**
• 악취가 발생한다.
• 조립형인 경우 설치·시공이 쉽다.
• 특별한 에너지 및 기계설비가 필요하지 않다.
• 유지관리에 특별한 기술이 요구되지 않는다.

51 1,792,500t/year의 쓰레기를 5,450명의 인부가 수거하고 있다면 수거인부의 MHT는? (단, 수거인부의 1일 작업시간은 8시간이고, 1년 작업일수는 310일이다.)

① 2.02
② 5.38
③ 7.54
④ 9.45

해설 $MHT = \dfrac{\text{수거인부(인)} \times \text{수거작업시간(hr)}}{\text{쓰레기 수거량(t)}}$

$= \dfrac{5,450\text{인}}{} \left| \dfrac{8hr}{1day} \right| \dfrac{310day}{1year} \left| \dfrac{year}{1,792,500t} \right.$

$= 7.540$

52 적환장의 설치위치로 옳지 않은 것은?

① 가능한 한 수거지역의 중심에 위치하여야 한다.

② 주요 간선도로와 떨어진 곳에 위치하여야 한다.

③ 수송 측면에서 가장 경제적인 곳에 위치하여야 한다.

④ 적환작업에 의한 공중위생 및 환경피해가 최소인 지역에 위치하여야 한다.

해설 적환장의 위치 결정 시 고려사항
- 수거하고자 하는 폐기물 발생지역의 무게중심과 가까운 곳
- **간선도로와 접근성이 쉽고, 2차 보조 수송수단의 연결이 쉬운 곳**
- 주민의 반대가 적고 주위 환경에 대한 영향이 최소인 곳
- 설치 및 작업이 쉬운 곳(설치 및 작업 조작이 경제적인 곳)

53 슬러지 처리의 일반적 혐기성 소화과정이 아래와 같다면, ( ) 안에 들어갈 말로 옳은 것은?

> 산 생성균 + 유기물 → ( ) + 메테인균
> → 메테인 + 이산화탄소

① 탄산 ② 황산

③ 무기산 ④ 유기산

해설 혐기성 소화의 과정

구 분	1단계 반응	2단계 반응	3단계 반응
과정	가수분해	• 산성 소화과정 • 유기산 생성과정 • 수소 생성과정 • 액화 과정	• 알칼리 소화과정 • 메테인 생성과정 • 가스화 과정
관여 미생물	발효균	아세트산 및 수소 생성균	메테인 생성균
생성물	• 단백질 → 아미 노산 • 지방 → 지방산, 글리세린 • 탄수화물 → 단 당류, 이당류 • 휘발성 유기산	• 유기산(아세트 산, 프로피온산, 뷰티르산, 고분 자 유기산) • CO_2, H_2 • 알코올, 알데하 이드, 케톤 등	• CH_4(약 70%) • CO_2(약 30%) • H_2S • NH_3
특징	가장 느린 반응	유기물의 총 COD 는 변하지 않음(유 기물이 분해되어 무기물로 변하지 않고 단지 유기물 의 종류만 달라짐)	• 유기물의 COD가 가 스상태의 메테인으로 변화함으로써 유기물 이 제거됨 • 최적 pH : 6.8~7.4 • 분뇨 투입량 8~10배 의 가스 발생

54 매립시설에서 복토의 목적이 아닌 것은?

① 빗물 배제

② 화재 방지

③ 식물의 성장 방지

④ 폐기물의 비산 방지

해설 복토의 목적(기능)
- 빗물 배제
- 화재 방지
- 유해가스 이동성 감소
- 폐기물 비산 방지
- 악취발생 방지
- 병원균 매개체(파리, 모기, 쥐 등) 서식 방지
- 매립지 부등침하 최소화
- 토양미생물의 접종
- 강우에 의한 우수침투량 감소 및 방지(침출수 감소)
- **식물성장 촉진**(매립 완료 후 식물성장에 필요한 토양 제공)
- 미관상의 문제

55 A도시 쓰레기(가연성+비가연성)의 체적이 8m³, 밀도가 400kg/m³이다. 이 쓰레기 성분 중 비가연성 성분이 중량비로 약 60%를 차지한다면, 가연성 물질의 양(ton)은?

① 0.48 ② 0.69

③ 1.28 ④ 1.92

해설 가연분의 양 = (1-비가연분의 비율)×폐기물의 양

$$= (1-0.6) \times \frac{400kg}{m^3} \times 8m^3 \times \frac{1t}{1,000kg}$$

$$= 1.28t$$

The⁺알아보기

폐기물 = 가연분 + 비가연분
- 가연분 : 타는 성분
- 비가연분 : 타지 않는 성분

56 투과계수가 0.001일 때 투과손실량은?

① 20dB ② 30dB

③ 40dB ④ 50dB

해설 투과손실(TL) $= 10\log\dfrac{1}{\tau}$

$$= 10\log\frac{1}{0.001}$$

$$= 10\log10^3$$

$$= 30dB$$

여기서, TL : 투과손실(dB)
　　　　τ : 투과율

57 다음 중 종파(소밀파)에 해당하는 것은?

① 물결파
② 전자기파
③ 음파
④ 지진파의 S파

해설 파동의 종류

구 분	특 징	예
종파	• 파동의 진행방향과 매질의 진동방향이 평행한 파동 • 매질이 있어야만 전파됨 • 물체의 체적부피 변화에 의해 전달되는 파동	소밀파, P파, 압력파, 음파, 지진파의 P파
횡파	• 파동의 진행방향과 매질의 진동방향이 수직인 파동 • 매질이 없어도 전파됨 • 물체의 형상 탄성에 의해 전달되는 파동	고정파, 전자기파(광파, 전파), 지진파의 S파
표면파	• 지표면을 따라 전달되는 파동 • 매질 표면을 따라 전달됨 • 에너지가 가장 큼 • 전파속도가 느림	레일리파(R파), 러브파(L파)

58 발음원이 이동할 때 그 진행방향 가까운 쪽에서는 발음원보다 고음으로, 진행 반대쪽에서는 저음으로 되는 현상은?

① 음의 전파속도 효과
② 도플러 효과
③ 음향출력 효과
④ 음압출력 효과

해설 도플러(Doppler) 효과
음원과 수음자 간 상대운동이 생겼을 때 그 진행방향 쪽에서는(가까워지면) 원래 음보다 고음(고주파수)으로 들리고, 진행방향 반대쪽에서는(멀어지면) 저음(저주파수)으로 들리는 현상

59 진동감각에 대한 인간의 느낌을 설명한 것으로 옳지 않은 것은?

① 진동수 및 상대적인 변위에 따라 느낌이 다르다.
② 수직 진동은 주파수 4~8Hz에서 가장 민감하다.
③ 수평 진동은 주파수 1~2Hz에서 가장 민감하다.
④ 인간이 느끼는 진동가속도의 범위는 0.01 ~10Gal이다.

해설 ④ 인간이 일반적으로 느낄 수 있는 진동가속도 범위는 1~1,000Gal(0.01~10m/sec²)이다.

60 소음 발생을 기류음과 고체음으로 구분할 때, 다음 각 음의 대책으로 틀린 것은?

① 고체음 : 가진력 억제
② 기류음 : 밸브의 다단화
③ 기류음 : 관의 곡률 완화
④ 고체음 : 방사면 증가 및 공명 유도

해설 기류음과 고체음의 방지대책

구 분	방지대책
기류음	• 분출유속의 저감 • 관의 곡률 완화 • 밸브의 다단화
고체음	• 가진력 억제(가진력의 발생원인 제거 및 저감방법 검토) • 공명 방지(소음방사면의 고유진동수 변경) • 방사면 축소 및 제진 처리(방사면의 방사율 저감) • 방진(차진)

2015년 제5회 환경기능사 필기

01 다음 중 산성비에 관한 설명으로 가장 거리가 먼 것은?

① 독일에서 발생한 슈바르츠발트(검은 숲이란 뜻)의 고사현상은 산성비에 의한 대표적인 피해이다.

② 바젤협약은 산성비 방지를 위한 대표적인 국제협약이다.

③ 산성비에 의한 피해로는 파르테논 신전과 아크로폴리스와 같은 유적의 부식 등이 있다.

④ 산성비의 원인물질로 H_2SO_4, HCl, HNO_3 등이 있다.

해설 ② 바젤협약은 유해 폐기물의 국가 간 불법적인 교역을 통제하기 위한 국제협약이다.

🕊 **The⁺알아보기**

산성비에 관한 국제협약
• 헬싱키의정서(1985년) : 황산화물(SOx) 저감에 관한 협약
• 소피아의정서(1989년) : 질소산화물(NOx) 저감에 관한 협약

02 가솔린 자동차에서 배출되는 가스를 저감하는 기술로 가장 거리가 먼 것은?

① 기관 개량
② 삼원촉매장치
③ 증발가스 방지장치
④ 입자상 물질 여과장치

해설 자동차 배출가스 저감대책

구 분	휘발유(가솔린) 자동차	경유(디젤) 자동차
전처리	• 엔진(기관) 개량 • 연료장치 개량	• 엔진(기관) 개량 • 연료장치 개량

후처리	• Blow-by 방지장치
	• 삼원촉매장치
	• 배기가스 재순환장치
	  (EGR 시스템)
	• 증발가스 방지장치
		• 후처리장치(산화촉매,
		  입자상 물질 여과장치)
		• 배기가스 재순환장치
		  (EGR 시스템)

03 황산화물(SOx)은 주로 석탄의 연소, 석유의 연소, 원유의 정제를 위한 정유공정 등에서 발생하는데, 이러한 배출가스 중의 탈황방법으로 적절하지 않은 것은?

① 흡수법
② 흡착법
③ 산화법
④ 수소화법

해설 황산화물의 방지기술

분 류	정 의	공법 종류
전처리 (중유탈황)	**연료 중 탈황**	• **접촉 수소화 탈황** • 금속산화물에 의한 흡착 탈황 • 미생물에 의한 생화학적 탈황 • 방사선 화학에 의한 탈황
후처리 (배연탈황)	배기가스 중 SOx 제거	• 흡수법 • 흡착법 • 산화법(접촉산화법, 금속산화법) • 전자선 조사법

04 HF를 제거하고자 효율 90%의 흡수탑 3대를 직렬로 설치하였다. HF 유입농도가 3,000ppm이라면 처리가스 중의 HF 농도는?

① 0.3ppm
② 3ppm
③ 9ppm
④ 30ppm

해설 $C = C_0(1-\eta_1)(1-\eta_2)(1-\eta_3)$
$= 3,000\text{ppm} \times (1-0.9)(1-0.9)(1-0.9)$
$= 3\text{ppm}$

여기서, C : 출구 농도
C_0 : 유입 농도
η_1 : 1차 집진율
η_2 : 2차 집진율
η_3 : 3차 집진율

05 석탄의 탄화도가 증가하면 감소하는 것은?

① 휘발분
② 고정탄소
③ 착화온도
④ 발열량

해설 석탄의 탄화도가 높을수록,
• 고정탄소, 연료비, 착화온도, 발열량, 비중이 증가
• 이산화탄소, 수분, 휘발분, 비열, 매연 발생, 산소 함량, 연소속도 감소

06 연료의 연소에서 검댕 발생을 줄일 수 있는 방법으로 가장 적합한 것은?

① 과잉 공기율을 적게 한다.
② 고체 연료는 분말화한다.
③ 연소실의 온도를 낮게 한다.
④ 중유 연소 시에는 분무유적을 크게 한다.

해설 검댕은 불완전연소로 발생된다. 따라서 고체 연료를 분말화하면 완전연소되기 쉬우므로 검댕 발생을 줄일 수 있다.

The⁺알아보기

연료 입경과 연소효율
연료 분말화(연료 입경 감소) → 비표면적 증가 →
연료 접촉면적 증가 → 연소효율 증가, 완전연소

07 배연의 지상농도에 영향을 주는 인자에 관한 설명으로 가장 거리가 먼 것은?

① 최대착지농도 지점은 대기가 안정할수록 멀어진다.
② 농도는 풍속에 반비례한다.
③ 유효연돌고가 증가하면 농도는 증가한다.
④ 농도는 오염물질 배출량에 비례한다.

해설 ③ 유효연돌고(H_e)가 증가하면 지상 농도(C_{max})는 감소한다.

The⁺알아보기

최대착지농도의 계산

$$C_{max} = \frac{2Q}{\pi e U H_e^2}\left(\frac{\sigma_z}{\sigma_y}\right)$$

여기서, C_{max} : 최대착지농도
Q : 오염물질 배출량(m^3/sec)
   (=가스 유량×오염물질 농도)
U : 풍속(m/sec)
H_e : 유효굴뚝높이(m)
σ_z, σ_y : 확산계수

08 압력이 740mmHg인 기체는 몇 atm인가?

① 0.974atm
② 1.013atm
③ 1.471atm
④ 10.33atm

해설 $740\text{mmHg} \times \dfrac{1\text{atm}}{760\text{mmHg}} = 0.9736\text{atm}$

The⁺알아보기

대기압의 크기 비교
1기압 = 1atm
 = 760mmHg
 = 10,332mmH₂O = 10,332kg/m²
 = 101,325Pa = 101,325N/m²
 = 101.325kPa
 = 1,013.25hPa
 = 1,013.25mbar
 = 14.7psi

09 PM 10이 의미하는 것은?

① 총 질량이 10kg 이상인 강하먼지
② 공기역학적 직경이 $10\mu m$ 이하인 미세먼지
③ 공기역학적 직경이 10mm 이하인 미세먼지
④ 시료 채취기간 10일 동안의 먼지 농도

해설 • PM 10 : 공기역학적 직경이 $10\mu m$ 이하인 먼지(호흡성 먼지량의 척도)
• PM 2.5 : 공기역학적 직경이 $2.5\mu m$ 이하인 먼지

10 전기 집진장치의 집진효율을 Deutsch−Anderson 식으로 구할 때 직접적으로 필요한 인자가 아닌 것은?

① 집진극 면적
② 입자의 이동속도
③ 처리가스량
④ 입자의 점성력

해설 Deutsch−Anderson식(평판형)

$$\eta = \left[1 - e^{\left(-\frac{Aw}{Q}\right)}\right] \times 100(\%)$$

여기서, η : 집진율(%)
A : 집진판(집진극) 면적(m^2)
w : 겉보기 속도(m/sec)
R : 집진극과 방전극 사이의 거리(m)
Q : 처리가스량(m^3/sec)

11 대기환경보전법규상 연료사용량을 고체연료 환산계수로 환산할 때 기준이 되는 연료는?

① 경유   ② 무연탄
③ 등유   ④ 중유

해설 연료사용량이란 연료별 사용량에 무연탄을 기준으로 한 고체연료 환산계수를 곱하여 산정한 양을 말한다.

12 다음 유해가스 처리방법 중 황산화물 처리방법이 아닌 것은?

① 금속산화물법   ② 선택적 촉매환원법
③ 흡착법   ④ 석회세정법

> **해설** ② 선택적 촉매환원법은 질소산화물의 처리방법이다.

13 사이클론에서 처리가스량의 5~10%를 흡인하여 선회기류의 흐트러짐을 방지하고 유효원심력을 증대시키는 효과는?

① 축류 효과(axial effect)
② 나선 효과(herical effect)
③ 먼지상자 효과(dust box effect)
④ 블로다운 효과(blow down effect)

> **해설** 블로다운 효과
> 사이클론 하부 분진박스(dust box)에서 처리가스량의 5~10%에 상당하는 함진가스를 추출시켜 유효원심력을 증대시키며, 선회기류의 흐트러짐과 집진된 먼지의 재비산을 방지하는 효과이다.

14 지구의 대기권은 고도에 따른 기온의 분포에 의해 몇 개의 권역으로 구분하는데, 다음 설명에 해당하는 것은?

- 고도가 높아짐에 따라 온도가 상승한다.
- 공기의 상승이나 하강과 같은 수직이동이 없는 안정한 상태를 유지한다.
- 지면으로부터 20~30km 사이에 오존이 많이 분포하고 있는 오존층이 있다.

① 대류권   ② 성층권
③ 중간권   ④ 열권

> **해설** 오존층은 성층권에 있다.

15 다음 대기오염물질 중 물리적 성상이 다른 것은?

① 먼지   ② 매연
③ 오존   ④ 비산재

> **해설** 대기오염물질의 성상에 따른 분류
>
> | 분류 | 대기오염물질의 종류 |
> |------|------|
> | 입자상 물질 | 강하먼지, 부유먼지, 에어로졸(aerosol), 먼지(dust), 매연(smoke), 검댕(soot), 연무(haze), 박무(mist), 안개(fog), 훈연(fume), 스모그(smog), 비산재, 카본블랙, 황산미스트 등 |

> | 분류 | 대기오염물질의 종류 |
> |------|------|
> | 가스상 물질 | SOx(SO_2, SO_3), NOx(NO, NO_2), O_3, CO, NH_3, HCl, Cl_2, HCHO, CS_2, 플루오린화수소(HF), 페놀(C_6H_5OH), 벤젠(C_6H_6) 등 |

16 플루오린 제거를 위한 폐수처리방법으로 가장 적합한 것은?

① 화학침전   ② P/L 공정
③ 살수여상   ④ UCT 공정

> **해설** 플루오린은 생물학적 처리(②, ③, ④)로는 제거가 곤란하며, 형석침전법(화학침전)으로 해야 한다.

17 A공장 폐수를 채취하여 다음과 같은 실험결과를 얻었다. 이때 부유물질의 농도(mg/L)는?

- 시료의 부피 : 250mL
- 유리섬유 여지 무게 : 1.3751g
- 여과 후 건조된 유리섬유 여지 무게 : 1.3859g
- 회화시킨 후의 유리섬유 여지 무게 : 1.3767g

① 6.4mg/L   ② 33.6mg/L
③ 36.8mg/L   ④ 43.2mg/L

> **해설** 부유물질(SS)의 농도
> = (여과 후 유리섬유 여지 무게) - (유리섬유 여지 무게)
> = 1.3859 - 1.3751
> = 0.0108g
> $$\therefore SS = \frac{0.0108g}{250mL} \cdot \frac{1,000mL}{1L} \cdot \frac{1,000mg}{1g} = 43.2mg/L$$

18 다음 중 "공기를 좋아하는" 미생물로 물속의 용존산소를 섭취하는 미생물은?

① 혐기성 미생물
② 임의성 미생물
③ 통기성 미생물
④ 호기성 미생물

> **해설** 미생물의 종류별 이용산소
>
> | 구 분 | 이용산소 |
> |------|------|
> | **호기성 미생물** | **유리산소(DO, O_2(aq))** |
> | 혐기성 미생물 | 결합산소(SO_4^{2-}, NO_3^- 등) |
> | 임의성 미생물 (통성 혐기성균) | 결합산소, 유리산소 모두 이용 |

19 BOD 400mg/L, 유량 3,000m³/day인 폐수를 MLSS 3,000mg/L인 포기조에서 체류시간을 8시간으로 운전하고자 할 때 F/M 비(BOD-MLSS 부하)는?

① 0.2kg BOD/kg MLSS · day
② 0.4kg BOD/kg MLSS · day
③ 0.6kg BOD/kg MLSS · day
④ 0.8kg BOD/kg MLSS · day

해설
1) $V = Q \cdot t$

$$= \frac{3,000m^3}{day} \cdot \frac{8hr}{} \cdot \frac{1day}{24hr} = 1,000m^3$$

2) $F/M = \dfrac{BOD \cdot Q}{V \cdot X}$

$$= \frac{400mg/L}{} \cdot \frac{3,000m^3}{day} \cdot \frac{}{1,000m^3} \cdot \frac{}{3,000mg/L}$$

$= 0.4$kg BOD/kg MLSS · day

여기서, V : 포기조 부피(m³)
Q : 유입유량(m³/day)
t : 체류시간
F/M : F/M 비(kg BOD/kg MLSS · day)
BOD : BOD 농도(mg/L)
X : MLSS 농도(mg/L)

20 폭 2m, 길이 15m인 침사지에 1m 수심으로 폐수가 유입될 때 체류시간이 60초라면 유량은?

① 1,800m³/hr　　② 2,160m³/hr
③ 2,280m³/hr　　④ 2,460m³/hr

해설 $Q = \dfrac{V}{t} = \dfrac{2m \times 15m \times 1m}{60sec} \cdot \dfrac{3,600sec}{1hr} = 1,800m^3/hr$

이때, $V = AH = (LB)H = Qt$
여기서, Q : 유량(m³/sec)
V : 부피(체적, m³)
t : 체류시간
A : 면적(m²)
H : 수심(m)
L : 길이(m)
B : 폭(m)

21 다음 중 6가크로뮴(Cr^{6+}) 함유 폐수를 처리하기 위해 가장 적합한 방법은?

① 아말감법　　② 환원침전법
③ 오존산화법　　④ 충격법

해설 **환원침전법**
• 환원 : pH 2~3에서 Cr^{6+}을 Cr^{3+}으로 환원
• 중화 : pH 7~9로 중화, NaOH 주입
• 침전 : pH 8~11에서 수산화물[$Cr(OH)_3$]로 침전

22 알칼리도 자료가 이용되는 분야와 거리가 먼 것은 어느 것인가?

① 응집제 투입 시 적정 pH 유지 및 응집효과 촉진
② 물의 연수화 과정에서 석회 및 소다회의 소요량 계산에 고려
③ 부산물 회수의 경제성 여부
④ 폐수와 슬러지의 완충용량 계산

해설 알칼리도는 pH 조절, 산 · 염기 투입량, 응집제 투입, 부식, 완충용량, 경도, 연수화, 스케일(슬러지) 생성 등에 이용된다.

23 하수처리장에서의 스크린(screen)의 목적을 옳게 기술한 것은?

① 폐수로부터 용해성 유기물을 제거
② 폐수로부터 콜로이드 물질을 제거
③ 폐수로부터 협잡물 또는 큰 부유물을 제거
④ 폐수로부터 침강성 입자를 제거

해설 **물리적 예비처리시설**
• 스크린 : 부유 협잡물이 처리시설에 유입하는 것을 방지하는 시설
• 침사지 : 무기성 부유 물질이나 자갈, 모래, 뼈 등 토사류(grit)를 제거하여 기계장치 및 배관의 손상이나 막힘을 방지하는 시설

24 물이 얼어 얼음이 되는 것과 같이, 물질의 상태가 액체상태에서 고체상태로 변하는 현상은?

① 융해　　② 응고
③ 액화　　④ 승화

해설 **물의 상태변화**
• 용융(융해) : 고체가 액체로 변하는 현상
• **응고 : 액체가 고체로 변하는 현상**
• 기화 : 액체가 기체로 변하는 현상
• 액화 : 기체가 액체로 변하는 현상
• 승화 : 고체가 기체가 되거나, 기체가 고체로 변하는 현상

25 급속 모래여과는 다음 중 어떤 오염물질을 처리하기 위하여 설치되는가?

① 용존 유기물 　② 암모니아성질소
③ 부유물질 　　④ 색도

해설

구 분	급속 여과	완속 여과
제거 가능물질	부유물질, 탁도	부유물질, 세균, 용존 유기물, 색도, 철, 망가니즈
적용	고탁도 원수 처리에 적합	저탁도 원수 처리에 적합

26 상수도의 정수처리장에서 정수처리의 일반적인 순서로 가장 적합한 것은?

① 플록형성지 – 침전지 – 여과지 – 소독
② 침전지 – 소독 – 플록형성지 – 여과지
③ 여과지 – 플록형성지 – 소독 – 침전지
④ 여과지 – 소독 – 침전지 – 플록형성지

해설 일반적인 정수처리 순서
혼화지 → 플록형성지 → 침전지 → 여과지 → 소독지

27 수로형 침사지에서 폐수처리를 위해 유지해야 하는 폐수의 유속으로 가장 적합한 것은?

① 30m/sec 　② 10m/sec
③ 5m/sec 　　④ 0.3m/sec

해설 유속은 관 손상을 방지하기 위해 최대 3m/sec를 넘을 수 없다.

The+알아보기

관거의 유속
• 상수관 : 0.3~3.0m/sec
• 오수관 : 0.6~3.0m/sec
• 우수관 : 0.8~3.0m/sec
• 슬러지 수송관 : 1.5~3.0m/sec

28 개방유로의 유량 측정에 주로 사용되는 것으로서 일정한 수위와 유속을 유지하기 위해 침사지의 폐수가 배출되는 출구에 설치하는 것은?

① 그릿(grit)
② 스크린(screen)
③ 배출관(out−flow tube)
④ 위어(weir)

해설 개방유로의 유량 측정에 이용하며, 일정한 수위와 유속을 유지하기 위해 설치하는 것은 위어이다.

29 지하수를 사용하기 위해 수질 분석을 하였더니 칼슘이온 농도가 40mg/L이고, 마그네슘이온 농도가 36mg/L이었다. 이 지하수의 총경도(as $CaCO_3$)는?

① 16mg/L
② 76mg/L
③ 120mg/L
④ 250mg/L

해설

1) $Ca^{2+} = \dfrac{40mg}{L} \left| \dfrac{1me}{20mg} \right| \dfrac{50mg\ CaCO_3}{1me} = 100mg/L$

2) $Mg^{2+} = \dfrac{36mg}{L} \left| \dfrac{1me}{12mg} \right| \dfrac{50mg\ CaCO_3}{1me} = 150mg/L$

∴ 총경도(TH) = $[Ca^{2+}] + [Mg^{2+}]$
　　　　　= 100 + 150
　　　　　= 250mg/L $CaCO_3$

The+알아보기

총경도(TH)는 Ca^{2+}, Mg^{2+} 등 2가 이상의 양이온을 같은 당량의 $CaCO_3$(mg/L 또는 ppm)로 환산하여 합한다.

30 폐수에 화학약품을 첨가하여 침전성이 나쁜 콜로이드상 고형물과 침전속도가 느린 부유물 입자를 침전이 잘 되는 플록으로 만드는 조작은?

① 중화 　　② 살균
③ 응집 　　④ 이온교환

해설 ① 중화 : 산(염기)에 염기(산)를 주입하여 pH를 조절하는 것
② 살균 : 살균제를 주입하여 세균을 제거하는 것
④ 이온교환 : 이온교환수지로 수중의 유해한 이온을 제거하는 것

31 3kg의 박테리아($C_5H_7O_2N$)를 완전히 산화시키려고 할 때 필요한 산소의 양(kg)은? (단, 질소는 모두 암모니아로 무기화된다.)

① 4.25 　　② 3.47
③ 2.14 　　④ 1.42

해설 $C_5H_7O_2N$의 분자량 = 113g/mol
$C_5H_7O_2N + 5O_2 \rightarrow 5CO_2 + 2H_2O + NH_3$
　113kg : 5×32kg
　　3kg : x(kg)
∴ $x = \dfrac{5 \times 32 \times 3kg}{113} = 4.25kg$

32 침전지의 용량 결정을 위하여 폐수의 체류시간과 함께 필수적으로 조사하여야 하는 항목은?

① 유입폐수의 전해질 농도
② 유입폐수의 용존산소 농도
③ 유입폐수의 유량
④ 유입폐수의 경도

해설 $V = Qt$

여기서, V : 침전지 체적(m^3)
Q : 유량(m^3/day)
t : 체류시간(day)

33 폐수를 화학적으로 산화 처리할 때 사용되는 오존 처리에 대한 설명으로 옳은 것은?

① 생물학적으로 분해 불가능한 유기물 처리에도 적용할 수 있다.
② 2차 오염물질인 트라이할로메테인을 생성한다.
③ 별도의 장치가 필요 없어 유지비가 적다.
④ 색과 냄새 유발성분은 제거할 수 없다.

해설 ① 오존은 산화력이 강해 난분해성 물질을 생물 분해가 되도록 만든다.
② 트라이할로메테인(THM)은 염소 소독의 부산물이다.
③ 오존은 오존 발생장치와 오존 설비가 필요하므로 유지비가 많이 든다.
④ 오존은 산화력이 강해 색과 냄새, 맛을 제거할 수 있다.

34 활성탄을 이용하여 흡착법으로 A폐수를 처리하고자 한다. 폐수 내 오염물질의 농도를 30mg/L에서 10mg/L로 줄이는 데 필요한 활성탄의 양은? (단, $X/M = KC^{1/n}$ 사용, $K=0.5$, $n=1$)

① 3.0mg/L
② 3.3mg/L
③ 4.0mg/L
④ 4.6mg/L

해설 $\dfrac{X}{M} = KC^{\frac{1}{n}} \cdots$ 〈Freundlich 등온흡착식〉

$\dfrac{(30-10)}{M} = 0.5 \times 10^{1/1}$

$\therefore M = \dfrac{(30-10)}{0.5 \times 10^{1/1}} = 4.0$mg/L

여기서, X : 흡착된 오염물질의 농도
M : 주입된 흡착제(활성탄)의 농도
C : 흡착되고 남은 오염물질의 농도
K, n : 경험상수

35 염소 살균능력이 높은 것부터 배열된 것은?

① $OCl^- > NH_2Cl > HOCl$
② $HOCl > NH_2Cl > OCl^-$
③ $HOCl > OCl^- > NH_2Cl$
④ $NH_2Cl > OCl^- > HOCl$

해설 살균력 순서

$HOCl > OCl^- >$ 결합잔류염소(NH_2Cl, $NHCl_2$, NCl_3)

36 수분 함량이 25%(W/W)인 쓰레기를 건조시켜 수분 함량이 10%(W/W)인 쓰레기로 만들려면 쓰레기 1톤당 약 얼마의 수분을 증발시켜야 하는가?

① 46kg
② 83kg
③ 167kg
④ 250kg

해설 1) $V_1(1-W_1) = V_2(1-W_2)$

1,000kg(1-0.25) = V_2(1-0.1)

$\therefore V_2 = \dfrac{(1-0.25)}{(1-0.1)} \times$ 1,000kg = 833.33kg

2) 쓰레기 1톤당 증발시켜야 할 수분의 양(kg)

$V_1 - V_2 =$ 1,000 - 833.33 = 166.67kg

여기서, V_1 : 농축 전 폐기물의 양
V_2 : 농축 후 폐기물의 양
W_1 : 농축 전 폐기물의 함수율
W_2 : 농축 후 폐기물의 함수율

37 폐기물의 최종 처분으로 실시하는 내륙매립 공법이 아닌 것은?

① 셀 공법
② 압축매립 공법
③ 박층뿌림 공법
④ 도랑형 공법

해설 내륙매립과 해안매립

구 분	종 류
내륙매립 공법	• 샌드위치 공법 • 셀 공법 • 압축매립 공법 • 도랑형 공법 • 지역식 매립 • 계곡식 매립
해안매립 공법	• 내수배제 공법(수중투기 공법) • 순차투입 공법 • 박층뿌림 공법

38 수집 운반차에서의 시료채취방법이 틀린 것은?

① 무작위 채취방식을 택한다.

② 수집 운반차 2~3대 간격으로 채취한다.

③ 1대에서 10kg 이상씩 채취한다.

④ 기계식 압축차의 경우 배출 초기에서만 채취한다.

해설 ④ 기계식 압축차의 경우 배출 초기, 중간 및 마지막 단계에서 균등하게 채취한다.

39 폐기물에 의한 환경오염과 가장 관계가 깊은 사건은?

① 씨프린스호 사건

② 러브캐널 사건

③ 런던스모그 사건

④ 미나마타병 사건

해설 ① 씨프린스호 사건 : 수질오염(해수 기름 유출)
② 러브캐널 사건 : 폐기물 및 토양오염(후커케미컬 사의 유해폐기물 불법매립)
③ 런던스모그 사건 : 대기오염
④ 미나마타병 사건 : 수질오염(수은 중독)

40 분뇨의 특성과 거리가 먼 것은?

① 유기물 농도 및 염분 함량이 낮다.

② 질소 농도가 높다.

③ 토사와 협잡물이 많다.

④ 시간에 따라 크게 변한다.

해설 분뇨의 특성
• 유기물 및 염분의 농도가 높다.
• 고액분리가 어렵고, 점도가 높다.
• 고형물 중 휘발성 고형물(VS)의 농도가 높다.
• 분뇨의 BOD는 COD의 30%이다.
• 토사 및 협잡물이 많다.
• 분뇨 내 협잡물의 양과 질은 발생지역에 따른 큰 차이가 있다.
• 황색~다갈색의 색상을 띤다.
• 비중은 1.02이다.
• 악취를 유발한다.
• 하수 슬러지에 비해 질소 농도(NH_4HCO_3, $(NH_4)_2CO_3$)가 높다.
• 분의 질소산화물은 VS의 12~20% 정도이다.
• 뇨의 질소산화물은 VS의 80~90% 정도이다.

41 다음 중 폐기물 중간처리기술로서 압축의 목적이 아닌 것은?

① 부피 감소

② 소각의 용이

③ 운반비의 감소

④ 매립지의 수명 연장

해설 ② 소각, 열분해, 퇴비화 등의 용이는 파쇄의 목적이다.

🕊 The⁺알아보기

압축의 목적
• 감량화(부피 감소)
• 운반비 절감
• 겉보기 비중 증가
• 매립지 소요면적 감소
• 매립지 수명 연장

42 폐기물 중의 열량을 재활용하기 위한 방법 중 소각과 열분해의 공정상 차이점으로 가장 적절한 것은?

① 공기의 공급 여부

② 처리온도의 높고 낮음

③ 폐기물의 유해성 존재 여부

④ 폐기물 중의 탄소성분 여부

해설 열분해와 소각

구 분	열분해	소 각
공기 공급	무산소·저산소 (환원성 분위기)	충분한 산소 공급 (산화성 분위기)
반응	흡열반응	발열반응
에너지 회수	연료에너지 회수	폐열(열에너지) 회수
발생 물질	• 기체 : H_2, CH_4, CO, H_2S, HCN • 액체 : 식초산, 아세톤, 메탄올, 오일, 타르, 방향성 물질 • 고체 : 탄화물(char), 불활성 물질	기체 : CO_2, H_2O, NOx, SOx
출구 온도	• 저온 열분해온도 : 500~900℃ (출구온도 850℃) • 고온 열분해온도 : 1,100~1,500℃ (출구온도 1,100℃)	1,100℃

43 퇴비화 시 부식질의 역할로 옳지 않은 것은?

① 토양능의 완충능을 증가시킨다.
② 토양의 구조를 양호하게 한다.
③ 가용성 무기질소의 용출량을 증가시킨다.
④ 용수량을 증가시킨다.

해설 **부식질(humus)의 역할**
• 토질을 건강하게 만든다.
• 토양능의 완충능을 증가시킨다.
• 양이온 교환능력을 증가시킨다.
• **가용성 무기질소의 용출량을 감소시킨다.**
• 토양의 구조를 양호하게 한다.
• 물보유력(용수량)을 증가시킨다.

44 연소가스 성분 중에서 저온부식을 유발시키는 물질은?

① CO_2
② H_2O
③ CH_4
④ SOx

해설 **저온부식의 원리**
온도가 150℃ 이하로 낮아지면 수증기가 응축되어 이슬(물)이 되면서 주변의 산성 가스들과 만나 산성염(황산, 염산, 질산 등)이 발생하게 된다.

45 다음 중 폐기물의 기름성분 분석방법 중 중량법(노말헥세인 추출시험방법)에 관한 설명으로 옳지 않은 것은?

① 25℃의 물중탕에서 30분간 방치하고, 따로 물 20mL를 취하여 시료의 시험방법에 따라 시험하여 바탕시험액으로 한다.
② 폐기물 중의 비교적 휘발되지 않는 탄화수소, 탄화수소유도체, 그리스유상 물질 중 노말헥세인에 용해되는 성분에 적용한다.
③ 시료에 적당한 응집제 또는 흡착제 등을 넣어 노말헥세인 추출물질을 포집한 다음, 노말헥세인으로 추출하고 잔류물의 무게를 측정하여 노말헥세인 추출물질의 양으로 한다.
④ 시료 적당량을 분액깔대기에 넣고 메틸오렌지용액(0.1W/V%)을 2~3방울 넣은 후 황색이 적색으로 변할 때까지 염산(1+1)을 넣어 pH 4 이하로 조절한다.

해설 ① 80℃의 물중탕에서 10분간 가열 분해한 후 시험기준에 따라 시험한다. 따로 실험에 사용된 노말헥세인 전량을 미리 항량으로 하여 무게를 단 증발용기에 넣어 시료와 같이 조작하여 노말헥세인을 날려 보내고 바탕시험을 행하고 보정한다.

46 쓰레기 발생량에 영향을 미치는 요인에 관한 설명으로 가장 적합한 것은?

① 기후에 따라 쓰레기 발생량과 종류가 달라진다.
② 수거빈도가 잦으면 쓰레기 발생량이 감소하는 경향이 있다.
③ 쓰레기통의 크기가 클수록 쓰레기 발생량이 감소하는 경향이 있다.
④ 재활용품의 회수 및 재이용률이 높을수록 쓰레기 발생량이 증가한다.

해설 **쓰레기 발생량의 영향인자**

영향요인	내 용
도시 규모	도시의 규모가 커질수록 발생량 증가
생활수준	생활수준이 높을수록 발생량이 증가하고 다양화됨
계절	**겨울철에 발생량 증가**
수집빈도	수집(수거)빈도가 높을수록 발생량 증가
쓰레기통 크기	쓰레기통이 클수록 발생량 증가
재활용품 회수 및 재이용률	재이용률이 높을수록 발생량 감소
법규	폐기물 관련 법규가 강할수록 발생량 감소
장소	장소에 따라 발생량과 성상이 다름
사회구조	평균 연령층 및 교육수준에 따라 발생량이 상이함

47 쓰레기의 중간처리과정에서 수직형 공기선별기를 사용하여 선별할 수 있는 물질은?

① 철
② 유리
③ 금속
④ 플라스틱

해설 **공기선별방법**
• 밀도차를 이용해 선별한다.
• 공기 중 각 구성물질의 낙하속도 및 공기저항의 차에 따라 폐기물을 분별하는 방법이다.
• 종이나 플라스틱과 같은 가벼운 물질과 유리, 금속 등의 무거운 물질을 분리하는 데 효과적이다.

43.③ 44.④ 45.① 46.① 47.④

48 슬러지 처리공정의 단위조작이 아닌 것은?

① 혼합 ② 탈수
③ 농축 ④ 개량

해설 슬러지 처리공정
농축 → 소화 → 개량 → 탈수 → 소각 → 매립

49 폐기물을 매립한 평탄한 지면으로부터 폭이 좁은 수로를 200m 간격으로 굴착하였더니 지면으로부터 각각 4m, 6m 깊이에 지하수면이 형성되었다. 대수층의 두께가 20m이고 투수계수가 0.1m/일 이라면 대수층 폭 10m당 침출수의 유량은?

① 0.10m³/일 ② 0.15m³/일
③ 0.20m³/일 ④ 0.25m³/일

해설 $Q = K\left(\dfrac{\Delta h}{\Delta L}\right)A$

$= \dfrac{0.1\text{m}}{\text{day}} \times \dfrac{(6-4)\text{m}}{200\text{m}} \times (20\text{m} \times 10\text{m}) = 0.2\text{m}^3/\text{day}$

The⁺알아보기

Darcy의 법칙

$V = KI = K\dfrac{\Delta h}{\Delta L}$

$Q = VA = KIA = K\left(\dfrac{\Delta h}{\Delta L}\right)A$

여기서, V : 지하수 유속(m/sec)
　　　　K : 투수계수(수리전도도, m/sec)
　　　　I : 동수경사
　　　　Q : 대수층의 유량(m³/sec)
　　　　A : 대수층의 투수단면적(m²)
　　　　Δh : 두 지점의 수두차(m)
　　　　ΔL : 수평방향 두 지점 사이의 거리(m)

50 지정폐기물의 정의 및 특징으로 잘못된 것은?

① 생활폐기물 중 환경부령으로 정하는 폐기물을 의미한다.
② 유독성 물질을 함유하고 있다.
③ 2차 혹은 3차 환경오염의 유발 가능성이 있다.
④ 일반적으로 고도의 처리기술이 요구된다.

해설 지정폐기물
사업장 폐기물 중 폐유, 폐산 등 주변 환경을 오염시킬 수 있거나 의료폐기물 등 인체에 위해를 줄 수 있는 해로운 물질로서 대통령령으로 정하는 폐기물

51 5,000,000명이 거주하는 도시에서 1주일 동안 100,000m³의 쓰레기를 수거하였다. 쓰레기의 밀도가 0.4t/m³이면 1인 1일 쓰레기 발생량은?

① 0.8kg/인·일
② 1.14kg/인·일
③ 2.14kg/인·일
④ 8kg/인·일

해설 단위환산으로 풀이한다.
1인 1일 쓰레기 발생량(kg/인·일)

$= \dfrac{0.4\text{t}}{\text{m}^3}\left|\dfrac{100,000\text{m}^3}{7\text{일}}\right|\dfrac{1,000\text{kg}}{1\text{t}}\left|\dfrac{}{5,000,000\text{인}}\right.$

$= 1.142\text{kg/인·일}$

참고 쓰레기 발생량=쓰레기 수거량

52 "고상폐기물"을 정의할 때 고형물 함량 기준은 얼마인가?

① 3% 이상
② 5% 이상
③ 10% 이상
④ 15% 이상

해설 폐기물의 상(相, phase)에 따른 분류
• 액상 폐기물 : 고형물 함량 5% 미만
• 반고상 폐기물 : 고형물 함량 5% 이상~15% 미만
• 고상 폐기물 : 고형물 함량 15% 이상

53 혐기성 위생매립지로부터 발생되는 침출수의 특성에 대한 설명으로 틀린 것은?

① 색 : 엷은 다갈색~암갈색을 보이며, 색도 2.0 이하이다.
② pH : 매립지 초에는 pH 6~7의 약산성을 나타내는 수가 많다.
③ COD : 매립지 초에는 BOD값보다 약간 적으나 시간의 경과와 더불어 BOD값보다 높아진다.
④ P : 침출수에는 많은 양이 포함되어 있으므로 화학적인 인의 제거가 필요하다.

해설 ④ 침출수에서 인의 함량은 적다.

54 분뇨 중 소화조로 투입되는 휘발성 고형물의 양이 4,500kg/day이다. 이 분뇨의 휘발성 고형물은 전체 고형물의 2/3를 차지하고 분뇨는 5%의 고형물을 함유한다면, 소화조로 투입되는 분뇨의 양은 몇 m^3/day인가? (단, 분뇨의 비중은 1.0으로 본다.)

① 65
② 80
③ 100
④ 135

 해설

4,500kg	VS	1TS	100 분뇨	1t	$1m^3$
day		2/3VS	5TS	1,000kg	1t

$=135m^3$/day

참고 • 고형물 = 휘발성 고형물 + 비휘발성 고형물
        (TS)   (VS)   (FS)

• 물의 비중 : $1 = \dfrac{1t}{1m^3} = \dfrac{1,000kg}{1L} = \dfrac{1g}{1mL}$

55 다음 중 폐기물 매립을 위한 파쇄의 효과가 아닌 것은?

① 부등침하를 가능한 한 억제
② 겉보기비중의 감소 및 균질화 촉진
③ 연소효과의 촉진
④ 퇴비의 경우 분해효과 촉진

해설 **파쇄의 목적**
• 겉보기비중의 증가
• 입경분포의 균일화(저장 · 압축 · 소각 용이)
• 용적(부피) 감소
• 운반비 감소, 매립지 수명 연장
• 분리 및 선별 용이, 특정 성분의 분리
• 비표면적의 증가
• 소각, 열분해, 퇴비화 처리 시 처리효율의 향상
• 조대폐기물에 의한 소각로의 손상 방지
• 고체물질 간의 균일혼합 효과
• 매립 후 부등침하 방지

56 다음 중 소음이 인체에 미치는 영향으로 잘못된 것은?

① 혈압 상승, 맥박 증가
② 타액 분비량 증가, 위액 산도 저하
③ 호흡수 감소 및 호흡깊이 증가
④ 혈당도 상승 및 백혈구수 증가

해설 ③ 호흡수 증가 및 호흡깊이 감소

57 환경기준 중 소음측정방법에서 소음계의 청감보정회로는 원칙적으로는 어느 특성에 고정하여 측정하여야 하는가?

① A특성
② B특성
③ C특성
④ D특성

해설 **청감보정회로 및 동특성**
• 소음계의 청감보정회로는 A특성에 고정하여 측정하여야 한다.
• 소음계의 동특성은 원칙적으로 빠름(fast)을 사용하여 측정하여야 한다(항공기 소음은 예외 – 느림).

58 투과손실이 32dB인 벽체의 투과율은?

① 3.2×10^{-3}
② 3.2×10^{-4}
③ 6.3×10^{-3}
④ 6.3×10^{-4}

해설 투과손실(TL, dB)$= 10\log\dfrac{1}{\tau}$

$32 = 10\log\dfrac{1}{\tau}$

$10\log\dfrac{1}{\tau} = \dfrac{32}{10}$

$\dfrac{1}{\tau} = 10^{\frac{32}{10}}$

$\therefore \tau = \dfrac{1}{10^{\frac{32}{10}}} = 6.31 \times 10^{-4}$

여기서, TL : 투과손실
         τ : 투과율

59 음이 온도가 일정하지 않은 공기를 통과할 때 음파가 휘는 현상은?

① 회절
② 반사
③ 간섭
④ 굴절

해설 **굴절** : 음파가 한 매질에서 다른 매질로 통과 시 음의 진행방향(음선)이 구부러지는 현상으로, 두 매질 간에 온도차, 풍속차, 음속차, 밀도차가 클수록 굴절도 커진다.
① 회절 : 장애물이 있는 경우 장애물 뒤쪽으로 음이 전파되는 현상
② 반사 : 음파가 장애물이나 다른 매질을 통과할 때 음의 일부가 반사되는 것
③ 간섭 : 서로 다른 파동 사이의 상호작용으로 나타나는 현상

60 다음에서 ( ) 안에 알맞은 것은?

한 장소에 있어서 특정 음을 대상으로 생각
할 경우 대상소음이 없을 때 그 장소의 소음
을 대상소음에 대한 ( )이라 한다.

① 정상소음　　　② 배경소음
③ 상대소음　　　④ 측정소음

 해설　• 대상소음 : 배경소음 외에 측정하고자 하는 특정의 소음
　• 정상소음 : 시간적으로 변동하지 아니하거나 또는 변동
　　폭이 작은 소음
　• 변동소음 : 시간에 따라 소음도 변화폭이 큰 소음

01 대기환경보전법상 온실가스에 해당하지 않는 것은?

① NH_3 ② CO_2
③ CH_4 ④ N_2O

해설 대기환경보전법상 온실가스는 교토의정서의 6대 온실가스로, 다음과 같다.
이산화탄소(CO_2), 메테인(CH_4), 아산화질소(N_2O), 과플루오린화탄소(PFC), 수소플루오린화탄소(HFC), 육플루오린화황(SF_6)

02 런던형 스모그와 비교한 로스앤젤레스형 스모그 현상의 특성으로 옳은 것은?

① SO_2, 먼지 등이 주오염물질
② 온도가 낮고, 무풍의 기상조건
③ 습도가 높은 이른 아침
④ 침강성 역전층이 형성

해설 • 런던 스모그 : 복사성 역전
• LA 스모그 : 침강성 역전

03 가솔린을 연료로 사용하는 자동차의 엔진에서 NOx가 가장 많이 배출될 때의 운전상태는?

① 감속 ② 가속
③ 공회전 ④ 저속(15km 이하)

해설 가솔린 자동차의 운전상태에 따른 배출가스

배출가스	HC	CO	NOx	CO₂
많이 나올 때	감속	공회전, 가속	**가속**	운행
적게 나올 때	운행	운행	공회전	공회전, 감속

04 일반적으로 배기가스의 입구 처리속도가 증가하면 제거효율이 커지며, 블로다운 효과와 관련된 집진장치는?

① 중력 집진장치 ② 원심력 집진장치
③ 전기 집진장치 ④ 여과 집진장치

해설 블로다운 효과는 원심력 집진장치에서 집진율을 높이는 방법이다.

05 유해가스 흡수장치의 흡수액이 갖추어야 할 조건으로 옳은 것은?

① 용해도가 작아야 한다.
② 휘발성이 커야 한다.
③ 점성이 작아야 한다.
④ 화학적으로 불안정해야 한다.

해설 좋은 흡수액(세정액)의 조건
• 용해도가 커야 한다.
• 화학적으로 안정해야 한다.
• 독성, 부식성이 없어야 한다.
• 휘발성이 작아야 한다.
• **점성이 작아야 한다.**
• 어는점이 낮아야 한다.
• 가격이 저렴해야 한다.
• 용매의 화학적 성질과 비슷해야 한다.

06 기체의 용해도에 대한 설명으로 틀린 것은?

① 온도가 증가할수록 용해도가 커진다.
② 용해도는 기체의 압력에 비례한다.
③ 용해도가 작은 기체는 헨리상수가 크다.
④ 헨리의 법칙이 잘 적용되는 기체는 용해도가 작은 기체이다.

해설 ① 온도와 기체의 용해도는 반비례한다.

07 상층부가 불안정하고 하층부가 안정을 이루고 있을 때의 연기의 모양은?

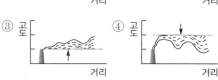

해설 ① : 환상형 – 불안정
② : 부채형 – 안정(역전)
③ : 지붕형 – 상층 불안정, 하층 안정
④ : 훈증형 – 상층 안정, 하층 불안정

08 직경이 5μm이고 밀도가 3.7g/cm³인 구형의 먼지입자가 공기 중에서 중력침강할 때 종말침강속도는? (단, 스토크스 법칙 적용, 공기의 밀도 무시, 점성계수 1.85×10^{-5}kg/m·sec)

① 약 0.27cm/sec
② 약 0.32cm/sec
③ 약 0.36cm/sec
④ 약 0.41cm/sec

해설 1) 입자 밀도
3.7g/cm³=$3,700$kg/m³
2) 종말침강속도

$$V_g = \frac{(\rho_s - \rho)\times d^2 \times g}{18\mu}$$

$$= \frac{3,700\text{kg/m}^3\times(5\times10^{-6}\text{m})^2\times9.8\text{m/sec}^2}{18\times1.85^{-5}\text{kg/m}\cdot\text{sec}}$$

$$= 2.72\times10^{-3}\text{m/sec}\times\frac{100\text{cm}}{1\text{m}}$$

$$= 0.272\text{cm/sec}$$

여기서, V_g : 입자의 침강속도(m/sec)
ρ_s : 입자 밀도(kg/m³)
ρ : 공기 밀도(kg/m³)
g : 중력가속도(=9.8m/sec²)
μ : 점성계수(kg/m·sec)

09 후드의 설치 및 흡인 요령으로 가장 적합한 것은?

① 후드를 발생원에 근접시켜 흡인시킨다.
② 후드의 개구면적을 점차적으로 크게 하여 흡인속도에 변화를 준다.
③ 에어커튼(air curtain)은 제거하고 행한다.
④ 배풍기(blower)의 여유량은 두지 않고 행한다.

해설 후드의 흡인(흡입) 향상조건
• 후드를 발생원에 가깝게 설치한다.
• 후드의 개구면적을 작게 한다.
• 충분한 포착속도를 유지한다.
• 기류 흐름 및 장해물 영향을 고려한다(에어커튼 설치·사용).
• 배풍기의 여유율을 30%로 유지한다.

10 여과 집진장치에 사용되는 다음 여포 재료 중 가장 높은 온도에서 사용이 가능한 것은?

① 목면
② 양모
③ 카네카론
④ 글라스화이버

해설 각 보기의 여포(여과포) 내열온도는 다음과 같다.
① 목면 : 80℃
② 양모 : 80℃
③ 카네카론 : 100℃
④ 글라스화이버(glass fiber ; 유리섬유) : 250℃

11 20℃, 740mmHg에서 SO₂가스의 농도가 5ppm이다. 표준상태(S.T.P)로 환산한 농도(ppm)는?

① 4.54
② 5.00
③ 5.51
④ 12.96

해설 1) 20℃, 740mmHg에서의 SO₂ 농도(mL/m³)
5ppm=5mL/m³
2) 표준상태(0℃, 760mmHg)에서의 SO₂ 농도(ppm)

$$\frac{5\text{mL}\times\left(\frac{273+0}{273+20}\right)\times\left(\frac{740\text{mmHg}}{760\text{mmHg}}\right)}{\text{m}^3\times\left(\frac{273+0}{273+20}\right)\times\left(\frac{740\text{mmHg}}{760\text{mmHg}}\right)}$$

$=5$mL/Sm^3=5ppm

참고 온도와 압력이 변하면 SO₂ 부피(분자)와 공기 부피(분모)가 모두 보정되므로, ppm 값은 달라지지 않는다.

12 전기 집진장치에 관한 설명으로 가장 거리가 먼 것은?

① 대량의 가스 처리가 가능하다.
② 전압 변동과 같은 조건 변동에 쉽게 적응할 수 있다.
③ 초기설비비가 고가이다.
④ 압력손실이 적어 소요동력이 적다.

해설 전기 집진장치의 장단점

구 분	장단점
장점	• 미세입자 집진효율이 높음 • 압력손실이 낮아 소요동력이 작음 • 대량의 가스 처리 가능 • 연속운전 가능 • 운전비가 적음 • 온도범위가 넓음 • 배출가스의 온도강하가 적음 • 고온가스 처리 가능(약 500℃ 전후)
단점	• 초기설치비용이 큼 • 가스상 물질 제어 안 됨 • **운전조건 변동에 적응성이 낮음(전압 변동과 같은 조건 변동에 적용이 어려움)** • 넓은 설치면적이 필요 • 비저항이 큰 분진 제거 곤란 • 분진 부하가 대단히 높으면 전처리시설이 요구됨 • 근무자의 안전성에 유의해야 함

13 포집먼지의 중화가 적당한 속도로 행해지기 때문에 이상적인 전기 집진이 이루어질 수 있는 전기저항의 범위로 가장 적합한 것은?

① $10^2 \sim 10^4 \Omega \cdot cm$　　② $10^5 \sim 10^{10} \Omega \cdot cm$

③ $10^{12} \sim 10^{14} \Omega \cdot cm$　　④ $10^{15} \sim 10^{18} \Omega \cdot cm$

해설 • 집진효율이 좋은 전기저항 범위 : $10^5 \sim 10^{10} \Omega \cdot cm$
• 집진효율이 좋은 전기비저항 범위 : $10^4 \sim 10^{11} \Omega \cdot cm$

14 연료의 연소과정에서 공기비가 너무 큰 경우 나타나는 현상으로 가장 적합한 것은?

① 배기가스에 의한 열손실이 커진다.
② 오염물의 농도가 커진다.
③ 미연분에 의한 매연이 증가한다.
④ 불완전연소되어 연소효율이 저하된다.

해설 ② 공기의 희석효과로 오염물의 농도가 작아진다.
③ 불완전연소 시 미연분에 의한 매연이 증가한다.
④ 공기비가 작을 때 불완전연소가 발생한다.

The⁺알아보기

공기비(m)에 따른 연소 특성

공기비	연소상태	특징
$m < 1$	공기 부족, 불완전연소	• 매연, 검댕, CO, HC 증가 • 폭발 위험
$m = 1$	완전연소	CO_2 발생량 최대
$m > 1$	과잉 공기	• SOx, NOx 증가 • 연소온도 감소, 냉각효과 • 열손실 커짐 • 저온부식 발생 • 희석효과가 높아져 연소 생성물의 농도 감소

15 사이클론으로 100% 집진할 수 있는 최소입경을 의미하는 것은?

① 절단입경
② 기하학적 입경
③ 임계입경
④ 유체역학적 입경

해설 **임계입경과 절단입경**
• 임계입경(최소입경, 한계입경 ; critical diameter) : 100% 집진(제거) 가능한 먼지의 최소입경, 집진효율이 100%일 때의 입경
• 절단입경(cut size diameter) : 50% 집진(제거) 가능한 먼지의 입경, 집진효율이 50%일 때의 입경

16 C_2H_5OH가 물 1L에 92g 녹아 있을 때 COD(g/L) 값은? (단, 완전분해 기준)

① 48　　② 96
③ 192　　④ 384

해설 $C_2H_5OH + 3O_2 \rightarrow 2CO_2 + 3H_2O$
　46g : 3×32g
　92g/L : x(g/L)
∴ $x = \dfrac{3 \times 32 \times 92g/L}{46} = 192g/L$

17 다음 용어 중 흡착과 가장 관련이 깊은 것은?

① 도플러 효과　　② VAL
③ 플랑크상수　　④ 프로인드리히의 식

해설 **등온흡착식의 종류**
• 랭뮤어 식
• 프로인드리히 식
• BET 식

18 다음 보기에서 우리나라 하천수의 일반적인 수질적 특징만을 고른 것은?

> ㉠ 계절에 따라 수위 변화가 심하다.
> ㉡ 여름철과 겨울철에 성층이 형성된다.
> ㉢ 수온이 비교적 일정하고 무기물이 풍부하다.
> ㉣ 오염물의 이동, 분해, 희석 등 자정작용이 활발하다.

① ㉠, ㉡　　② ㉡, ㉢
③ ㉢, ㉣　　④ ㉠, ㉣

해설 ㉡ : 호소수의 성층현상
㉢ : 지하수의 특징

The⁺알아보기

지표수(하천수)의 특징
• 지하수보다 수량은 풍부하나, 유량 및 수질 변동이 크다.
• 지하수보다 용존산소농도가 높고, 경도가 낮다.
• 지상에 노출되어 오염의 우려가 크다.
• 철, 망가니즈 성분이 비교적 적게 포함되어 있고, 대량 취수가 쉽다.
• 광화학 반응 및 호기성 세균에 의한 유기물 분해가 주된 생물작용이다.

19 오존 살균 시 급수 계통에서 미생물의 증식을 억제하고, 잔류살균 효과를 유지하기 위해 투입하는 약품은?

① 염소　　　　　② 활성탄
③ 실리카겔　　　④ 활성알루미나

[해설] 오존은 잔류성이 없으므로 염소와 병행하여 사용해야 한다.

20 $125m^3/hr$의 폐수가 유입되는 침전지의 월류부하가 $100m^3/m \cdot day$일 경우 침전지 월류위어의 유효길이는?

① 10m　　　　　② 20m
③ 30m　　　　　④ 40m

[해설] 위어의 길이 $= \dfrac{유량}{월류부하}$

$$= \frac{125m^3}{hr} \left| \frac{m \cdot day}{100m^3} \right| \frac{24hr}{1day} = 30m$$

🌱 The⁺알아보기

월류부하 $= \dfrac{유량}{위어의 \ 길이}$

21 폐수의 살균에 대한 설명으로 옳은 것은?

① NH_2Cl보다는 HOCl이 살균력이 작다.
② 보통 온도를 높이면 살균속도가 느려진다.
③ 같은 농도일 경우 유리잔류염소는 결합잔류염소보다 빠르게 작용하므로 살균능력도 훨씬 크다.
④ HOCl이 오존보다 더 강력한 산화제이다.

[해설] ① 살균력 : HOCl > OCl⁻ > 클로라민(NH_2Cl)
② 보통 온도를 높이면 살균속도(반응속도)가 증가한다.
④ 오존은 염소(HOCl)보다 강한 산화력을 가지므로 더 강력한 산화제이다.

22 살수여상의 표면적이 $300m^2$이고, 유입분뇨량이 $1,500m^3/$일이다. 표면부하는 얼마인가?

① $3m^3/m^2 \cdot$ 일
② $5m^3/m^2 \cdot$ 일
③ $15m^3/m^2 \cdot$ 일
④ $18m^3/m^2 \cdot$ 일

[해설] 표면부하(표면부하율)

$$Q/A = \frac{Q}{A} = \frac{1,500m^3}{일} \left| \frac{1}{300m^2} \right| = 5m^3/m^2 \cdot 일$$

여기서, Q/A : 표면부하율($m^3/m^2 \cdot$ 일)
　　　　Q : 유량(m^3)
　　　　A : 표면적(m^2)

23 수질오염 공정시험기준에 의거, 페놀류를 측정하기 위한 시료의 ㉠ 보존방법과 ㉡ 최대보존기간으로 가장 적합한 것은?

① ㉠ 현장에서 용존산소 고정 후 어두운 곳에 보관, ㉡ 8시간
② ㉠ 즉시 여과 후 4℃ 보관, ㉡ 48시간
③ ㉠ 20℃ 보관, ㉡ 즉시 측정
④ ㉠ 4℃ 보관, H_3PO_3로 pH 4 이하로 조정한 후 $CuSO_4$를 1g/L 첨가, ㉡ 28일

[해설] 페놀류의 시료 보존기준
• 시료용기 : G
• 보존방법 : 4℃ 보관, H_3PO_4로 pH 4 이하로 조정한 후 시료 1L당 $CuSO_4$를 1g 첨가
• 최대보존기간(권장보존기간) : 28일

24 어느 공장 폐수의 Cr^{6+}이 600mg/L이고, 이 폐수를 싸이오황산소듐으로 환원 처리하고자 한다. 폐수량이 $40m^3/day$일 경우, 하루에 필요한 싸이오황산소듐의 이론량은? (단, Cr 원자량 : 52, Na_3SO_3 분자량 : 126)

$$2H_2CrO_4 + 3Na_2SO_3 + 3H_2SO_4$$
$$\rightarrow Cr_2(SO_4)_3 + 3Na_2SO_4 + 5H_2O$$

① 72kg　　　　② 80kg
③ 87kg　　　　④ 95kg

[해설] 1) 처리해야 할 Cr^{6+}의 양(kg/day)

$$\frac{40m^3}{day} \left| \frac{600mg}{L} \right| \frac{1,000L}{1m^3} \left| \frac{1kg}{10^6mg} \right. = 24kg/day$$

2) 하루에 필요한 싸이오황산소듐(Na_2SO_3)의 양(x)
$2H_2CrO_4 + 3Na_2SO_3 + 3H_2SO_4$
　　　$\rightarrow Cr_2(SO_4)_3 + 3Na_2SO_4 + 5H_2O$
$2Cr^{6+}$: $3Na_2SO_3$
$2 \times 52kg$: $3 \times 126kg$
24kg/day : x(kg/day)
$\therefore x = \dfrac{3 \times 126 \times 24kg/day}{2 \times 52} = 87.23kg/day$

25 우리나라 강수량 분포의 특성으로 가장 거리가 먼 것은?

① 월별 강수량 차이가 큰 편이다.

② 하천수에 대한 의존량이 큰 편이다.

③ 6월과 9월 사이에 연 강수량의 약 2/3 정도가 집중되는 경향이 있다.

④ 세계 평균과 비교 시 연간 총강수량은 낮으나, 인구 1인당 가용수량은 높다.

해설 우리나라 강수량 분포의 특성
- 월별 강수량 차이가 큰 편이다.
- 하천수에 대한 의존량이 큰 편이다.
- 6월과 9월 사이에 연 강수량의 약 2/3 정도가 집중되는 경향이 있다.
- **세계 평균과 비교 시 연간 총 강수량은 높으나, 인구밀도가 높아 인구 1인당 가용수량은 낮다.**
- 하상계수가 크다.
- 연간 총 강수량은 높으나, 강수량이 여름에 집중되는 경향이 있어 강수이용률이 낮다.

26 생물학적으로 인을 제거하는 반응의 단계로 옳은 것은?

① 혐기상태 → 인 방출 → 호기상태 → 인 섭취

② 혐기상태 → 인 섭취 → 호기상태 → 인 방출

③ 호기상태 → 인 방출 → 혐기상태 → 인 섭취

④ 호기상태 → 인 섭취 → 혐기상태 → 인 방출

해설 생물학적 인 제거반응
- 혐기조 : 인 방출
- 호기조 : 인 과잉 흡수(섭취)

27 하수관로의 배수형식 중 하수를 방류할 때 일단 간선 하수 차집거에 모아 처리장으로 보내 처리한 후 배출하는 방식으로, 하천 유량이 하수량을 배출하기에는 부족하여 하천의 오염이 심할 것으로 예상되는 경우에 사용되는 방식은?

① 직각식

② 차집식

③ 선형식

④ 방사식

해설 간선 하수 차집거에 모아 처리장으로 보내 처리한 후 배출하는 방식은 차집식이다.

28 버섯은 어느 부류에 속하는가?

① 세균

② 균류

③ 조류

④ 원생동물

해설 균류 : 곰팡이, 버섯, 효모 등

29 기름입자 A와 B의 지름은 동일하나, A의 비중은 0.88이고, B의 비중은 0.91이다. 이때 A/B의 부상속도비는? (단, 기타 조건은 같다.)

① 1.03 ② 1.33

③ 1.52 ④ 1.61

해설
$$\frac{V_A}{V_B} = \frac{\dfrac{d^2 g(1-0.88)}{18\mu}}{\dfrac{d^2 g(1-0.91)}{18\mu}}$$
$$= \frac{(1-0.88)}{(1-0.91)}$$
$$= 1.333$$

 The⁺알아보기

부상속도식(Stokes 법칙)

$$V_f = \frac{d^2 g(\rho_w - \rho_p)}{18\mu}$$

여기서, V_f : 입자의 부상속도

ρ_p : 입자의 밀도

ρ_w : 물의 밀도(=1)

μ : 물의 점성계수

d : 입자의 직경(입경)

30 MLSS 농도 3,000mg/L인 포기조 혼합액을 1,000mL 메스실린더로 취해 30분간 정치시켰을 때, 침강슬러지가 차지하는 용적은 440mL였다. 이때 슬러지 밀도지수(SDI)는?

① 146.7 ② 73.4

③ 1.36 ④ 0.68

해설 1) 슬러지 용적지수
$$SVI = \frac{SV_{30} \times 10^3}{MLSS} = \frac{440 \times 10^3}{3,000} = 146.666$$

2) 슬러지 밀도지수
$$SDI = \frac{100}{SVI} \,\bigg|\, \frac{100}{146.666} = 0.681$$

31 오염물질을 배출하는 형태에 따라 점오염원과 비점오염원으로 구분된다. 다음 중 비점오염원에 해당하는 것은?

① 생활하수
② 농경지 배수
③ 축산폐수
④ 산업폐수

해설 **점오염원과 비점오염원의 발생원**
• 점오염원 : 가정하수, 공장폐수, 축산폐수, 분뇨처리장, 가두리양식장, 세차장 등
• 비점오염원 : 임야, 강우 유출수, **농경지 배수**, 지하수, 농지, 골프장, 거리 청소수, 도로, 광산, 벌목장 등

32 다음 중 해역에서 발생하는 적조의 주된 원인물질은?

① 수은
② 산소
③ 염소
④ 질소

해설 **부영양화(적조, 녹조)의 원인**
• 질소(N)와 인(P) 등의 영양염류가 수계로 과다 유입
• 주로 인이 제한물질로 작용
참고 부영양화가 담수에서 발생하면 녹조, 해수에서 발생하면 적조 현상이다.

33 살수여상 처리과정에 주의해야 할 점으로 거리가 먼 것은?

① 악취
② 연못화
③ 팽화
④ 동결

해설 ④ 슬러지 팽화는 부유생물법(활성슬러지 및 그 변법)의 문제점이다.

The⁺알아보기

살수여상법의 운영상 문제점
• 연못화
• 파리 번식
• 악취
• 여상의 폐쇄
• 생물막 탈락
• 결빙(동결)

34 폐수처리 분야에서 미생물이라 하는 개체의 크기 기준으로 가장 적절한 것은?

① 1.0mm 이하
② 3.0mm 이하
③ 5.0mm 이하
④ 10.0mm 이하

해설 **미생물의 크기** : 40~110μm(0.04~1.10mm)

35 0.1M의 NaOH 1,000mL를 0.3M의 H_2SO_4로 중화적정할 때 소비되는 이론적 황산량은?

① 126mL
② 167mL
③ 234mL
④ 277mL

해설 1) 노말농도(N)
NaOH는 1가 염기이므로, 1M=1N
H_2SO_4는 2가 산이므로, 1M=2N, 0.3M=0.6N
2) 중화적정식
$NV = N'V'$
$0.6N \times V = 0.1N \times 1,000mL$
$\therefore V = \dfrac{0.1N \times 1,000mL}{0.6N} = 166.66mL$
여기서, N : 산의 N농도(eq/L)
N' : 염기의 N농도(eq/L)
V : 산의 부피(L)
V' : 염기의 부피(L)
참고 1M=[산(염기)의 개수]N

36 쓰레기 수거노선을 결정할 때 고려사항으로 옳지 않은 것은?

① 아주 많은 양의 쓰레기가 발생되는 발생원은 하루 중 가장 나중에 수거한다.
② 가능한 한 시계방향으로 수거노선을 정한다.
③ U자형 회전을 피하여 수거한다.
④ 적은 양의 쓰레기가 발생하나 동일한 수거 빈도를 받기를 원하는 수거지점은 가능한 한 같은 날 왕복 내에서 수거하도록 한다.

해설 **쓰레기 수거노선 결정 시 고려사항**
• 높은 지역(언덕)에서부터 내려가면서 적재한다(안전성, 연료비 절약).
• 시작지점은 차고와 인접하게, 종료지점은 처분지와 인접하도록 한다.
• 가능한 간선도로에서 시작 및 종료한다(지형지물 및 도로경계 등의 같은 장벽 이용).
• 가능한 시계방향으로 수거노선을 정한다.
• **쓰레기가 적게 발생하는 지점은 가능한 같은 날 정기적으로 수거하고, 많이 발생하는 지점은 가장 먼저 수거한다.**
• 반복 운행 및 U자형 회전을 피한다.
• 출퇴근시간(많은 교통량)을 피한다.

37 다음 중 퇴비화의 최적조건으로 가장 적합한 것은?

① 수분 50~60%, pH 5.5~8 정도
② 수분 50~60%, pH 8.5~10 정도
③ 수분 80~85%, pH 5.5~8 정도
④ 수분 80~85%, pH 8.5~10 정도

해설 **퇴비화의 최적조건**

영향요인	최적조건
C/N 비	20~40(50)
온도	50~65℃
함수율	50~60%
pH	5.5~8
산소	5~15%
입도(입경)	1.3~5cm

38 인구 50만명이 거주하는 도시에서 1주일 동안 8,000m³의 쓰레기를 수거하였다. 쓰레기의 밀도가 420kg/m³라면 쓰레기 발생원의 단위는?

① 0.91kg/인 · 일   ② 0.96kg/인 · 일
③ 1.03kg/인 · 일   ④ 1.12kg/인 · 일

해설 단위환산으로 풀이한다.
1인 1일 쓰레기 발생량(kg/인 · 일)

$$= \frac{420kg}{m^3} \left| \frac{8,000m^3}{7일} \right| \frac{}{500,000인} = 0.96kg/인 · 일$$

※ • 원단위 : kg/인 · 일
 • 쓰레기 발생량 = 쓰레기 수거량

39 폐기물을 소각할 경우 필요한 폐열 회수 및 이용 설비가 아닌 것은?

① 과열기
② 부패조
③ 이코노마이저
④ 공기예열기

해설 **열교환기(폐열 회수 및 이용 설비)의 종류**
 • 과열기(super heater)
 • 재열기(reheater)
 • 절탄기(economizer)
 • 공기예열기(air preheater)
 • 증기터빈(steam turbine)

40 다음 중 폐기물의 퇴비화 시 적정 C/N 비로 가장 적합한 것은?

① 1~2   ② 1~10
③ 5~10   ④ 25~50

해설 퇴비화의 적정 C/N 비 : 20~40(50)

41 쓰레기를 건조시켜 함수율을 40%에서 20%로 감소시켰다. 건조 전 쓰레기의 중량이 1톤이었다면 건조 후 쓰레기의 중량은? (단, 쓰레기의 비중은 1.0으로 가정한다.)

① 250kg
② 500kg
③ 750kg
④ 1,000kg

해설 $V_1(1 - W_1) = V_2(1 - W_2)$
$1,000kg(1 - 0.4) = V_2(1 - 0.2)$

$$\therefore V_2 = \frac{(1 - 0.4)}{(1 - 0.2)} \times 1,000kg = 750kg$$

여기서, V_1 : 농축 전 폐기물의 양
 V_2 : 농축 후 폐기물의 양
 W_1 : 농축 전 폐기물의 함수율
 W_2 : 농축 후 폐기물의 함수율

단위 1t=1,000kg

42 적환장의 설치가 필요한 경우로 가장 거리가 먼 것은?

① 인구밀도가 높은 지역을 수집하는 경우
② 폐기물 수집에 소형 컨테이너를 많이 사용하는 경우
③ 처분장이 원거리에 있어 도중에 불법투기의 가능성이 있는 경우
④ 공기 수송방식을 사용할 경우

해설 **적환장 설치가 필요한 경우**
 • 작은 용량(15m³ 이하)의 수집차량을 사용하는 경우
 • **저밀도 거주지역이 존재하는 경우**
 • 불법투기와 다량의 어질러진 쓰레기가 발생하는 경우
 • 슬러지 수송이나 공기 수송방식을 사용하는 경우
 • 처분지가 수집장소로부터 멀리 떨어져 있는 경우
 • 상업지역에서 폐기물 수거에 소형 용기를 많이 사용하는 경우
 • 최종 처리장과 수거지역의 거리가 먼 경우(약 16km 이상)

43 폐기물 전단파쇄기에 관한 설명으로 틀린 것은?

① 전단파쇄기는 대개 고정칼, 회전칼과의 교합에 의하여 폐기물을 전단한다.
② 전단파쇄기는 충격파쇄기에 비하여 파쇄 속도는 느리나, 이물질의 혼입에 대하여는 강하다.
③ 전단파쇄기는 파쇄물의 크기를 고르게 할 수 있다.
④ 전단파쇄기는 주로 목재류, 플라스틱류 및 종이류를 파쇄하는 데 이용된다.

해설 전단파쇄기와 충격파쇄기의 비교

구 분	전단파쇄기	충격파쇄기
원리	고정칼의 왕복운동, 회전칼(가동칼)의 교합	해머의 회전운동에 의한 충격력
파쇄속도	느림	빠름
이물질 혼입	약함	강함
처리용량	적음	큼
파쇄결과	고른 파쇄 가능	고른 파쇄 불가능
소음 · 분진	소음, 폭발, 분진 없음	소음, 폭발, 분진 발생

44 연료의 연소에 필요한 이론 공기량을 A_o, 공급된 실제 공기량을 A라 할 때 공기비를 나타낸 식은?

① A/A_o
② A_o/A
③ $(A-A_o)/A_o$
④ $(A-A_o)/A$

해설 공기비(m) : 이론 공기량에 대한 실제 공기량의 비
$$m = \frac{A}{A_o}$$

45 폐기물 수거효율을 결정하고 수거작업 간의 노동력을 비교하기 위한 단위로 옳은 것은?

① ton/man · hour
② man · hour/ton
③ ton · man/hour
④ hour/ton · man

해설 MHT(Man Hour per Ton)는 수거노동력으로 쓰레기 1톤을 수거하는 데 수거인부 1인이 소요하는 총시간을 의미하며, MHT가 적을수록 수거효율이 좋다.

46 매립지에서 발생될 침출수량을 예측하고자 한다. 이때 침출수 발생량에 영향을 받는 항목으로 가장 거리가 먼 것은?

① 강수량(precipitation)
② 유출량(run-off)
③ 메테인가스의 함량
④ 폐기물 내 수분 또는 폐기물 분해에 따른 수분

해설 침출수 발생량의 영향인자
• 강수량, 강우침투량
• 증발산량
• 유출량, 유출계수
• 폐기물의 매립정도
• 복토재의 재질
• 폐기물 내 수분 또는 폐기물 분해에 따른 수분

47 쓰레기를 수송하는 방법 중 자동화 · 무공해화가 가능하고 눈에 띄지 않는다는 장점을 가지고 있으며, 공기 수송, 반죽(슬러리) 수송, 캡슐 수송 등의 방법으로 쓰레기를 수거하는 방법은?

① 모노레일 수거
② 관거 수거
③ 컨베이어 수거
④ 컨테이너 철도수거

해설 관거 수송의 종류
• 공기 수송
• 반죽(슬러리) 수송
• 캡슐 수송

48 수거된 폐기물을 압축하는 이유로 거리가 먼 것은?

① 저장에 필요한 용적을 줄이기 위해
② 수송 시 부피를 감소시키기 위해
③ 매립지의 수명을 연장시키기 위해
④ 소각장에서 소각 시 원활한 연소를 위해

해설 압축의 목적
• 감량화(부피 감소)
• 운반비 절감
• 겉보기 비중 증가
• 매립지 소요면적 감소
• 매립지 수명 연장

49 쓰레기 발생량에 영향을 미치는 일반적인 요인에 관한 설명으로 옳은 것은?

① 쓰레기의 성분은 계절에 영향을 받는다.
② 수거빈도와 발생량은 반비례한다.
③ 쓰레기통이 클수록 발생량이 감소한다.
④ 재활용률이 높을수록 발생량이 증가한다.

해설 ② 수거빈도와 발생량은 비례한다.
③ 쓰레기통이 클수록 발생량이 증가한다.
④ 재활용률이 높을수록 발생량이 감소한다.

50 다음 중 슬러지 탈수방법이 아닌 것은?

① 원심분리　　② 산화지
③ 진공여과　　④ 벨트프레스

해설 ② 산화지 : 조류와 박테리아의 공생관계를 이용한 호기성 처리법

The⁺알아보기

슬러지 탈수방법
• 슬러지 건조상법
• 진공여과법(vacuum filtration)
• 가압여과법(pressure filtration)
• 벨트 압축여과(belt press filter)
• 원심분리법(centrifuge separation)

51 폐기물 매립지에서 발생하는 침출수 중 생물학적으로 난분해성인 유기물질을 산화분해시키는데 사용되는 펜톤시약(Fenton agent)의 성분으로 옳은 것은?

① H_2O_2와 $FeSO_4$
② $KMnO_4$와 $FeSO_4$
③ H_2SO_4와 $Al_2(SO_4)_3$
④ $Al_2(SO_4)_3$와 $KMnO_4$

해설 펜톤시약은 과산화수소(H_2O_2)와 철염($FeSO_4$)으로 구성된다.

52 다음 중 효율적인 파쇄를 위해 파쇄대상물에 작용하는 3가지 힘에 해당되지 않는 것은?

① 충격력　　② 정전력
③ 전단력　　④ 압축력

해설 파쇄대상물에 작용하는 3가지 힘
• 압축력
• 전단력
• 충격력

53 합성차수막 중 PVC의 특성으로 가장 거리가 먼 것은?

① 작업이 용이한 편이다.
② 접합이 용이한 편이다.
③ 대부분의 유기화학물질에 약한 편이다.
④ 자외선, 오존, 기후 등에 강한 편이다.

해설 합성차수막 중 PVC의 장단점

장 점	단 점
• 작업 용이 • 강도 높음 • 접합 용이 • 가격 저렴	• **자외선, 오존, 기후에 약함** • 유기화학물질에 약함

54 탄소 1kg이 연소할 때 이론적으로 필요한 산소의 질량은?

① 4.1kg　　② 3.6kg
③ 3.2kg　　④ 2.7kg

해설
$$C + O_2 \rightarrow CO_2$$
12kg : 32kg
1kg : x(kg)
$$\therefore x = \frac{32 \times 1}{12} = 2.67kg$$

55 소각장에서 폐기물을 연소시킬 때의 조건으로 가장 거리가 먼 것은?

① 완전연소를 위해 체류시간은 가능한 한 짧아야 한다.
② 연료와 공기가 충분히 혼합되어야 한다.
③ 공기/연료비가 적절해야 한다.
④ 점화온도가 적장하게 유지되고 재의 방출이 최소화될 수 있는 소각로 형태여야 한다.

해설 ① 체류시간이 충분히 길어야 완전연소가 가능하다.

56 방음대책을 음원대책과 전파경로대책으로 구분할 때 다음 중 음원대책이 아닌 것은?

① 공명 방지
② 방음벽 설치
③ 소음기 설치
④ 방진 및 방사율 저감

해설 방음대책의 구분

구 분	대 책
발생원(소음원) 대책	• 원인 제거 • 운전 스케줄 변경 • 소음 발생원 밀폐 • **발생원의 유속 및 마찰력 저감** • 방음박스 및 흡음덕트 설치 • 음향출력의 저감 • **소음기, 저소음장비 사용** • 방진 처리 및 방사율 저감 • **공명·공진 방지**
전파경로 대책	• **방음벽 설치** • 거리 감쇠 • 지향성 전환 • 차음성 증대(투과손실 증대) • 건물 내벽 흡음 처리 • 잔디를 심어 음의 반사를 차단
수음(수진) 측 대책	• 2중창 설치 • 건물의 차음성 증대 • 벽면 투과손실 증대 • 실내 흡음력 증대 • 마스킹 • 청력보호구(귀마개, 귀덮개) 착용 • 정기적 청력검사 실시

57 점음원에서 5m 떨어진 지점의 음압레벨이 60dB이다. 이 음원으로부터 10m 떨어진 지점의 음압레벨은?

① 30dB   ② 44dB

③ 54dB   ④ 58dB

해설 역2승법칙에 따라, 음원으로부터 거리가 2배 증가할 때 점음원은 6dB 감소한다.

∴ 음원으로부터 10m 떨어진 곳(5m의 2배)의 음압레벨
= 60 − 6 = 54dB

The⁺알아보기

역2승법칙
음원으로부터 거리가 2배 증가할 때의 음압레벨
• 점음원일 경우 : 6dB 감소
• 선음원일 경우 : 3dB 감소

58 두 진동체의 고유진동수가 같을 때 한 쪽을 울리면 다른 쪽도 울리는 현상은?

① 공명   ② 진폭

③ 회절   ④ 굴절

해설 ② 진폭 : 한 사이클에서 변위의 최대값
③ 회절 : 장애물이 있는 경우 장애물 뒤쪽으로 음이 전파되는 현상
④ 굴절 : 음파가 한 매질에서 다른 매질로 통과 시 음의 진행방향(음선)이 구부러지는 현상

59 형상의 선택이 비교적 자유롭고 압축, 전단 등의 사용방법에 따라 1개로 2축 방향 및 회전 방향의 스프링 정수를 광범위하게 선택할 수 있으나, 내부마찰에 의한 발열 때문에 열화되는 방진재료는?

① 방진고무   ② 공기스프링

③ 금속스프링   ④ 직접 지지판 스프링

해설 방진고무
여러 형태의 고무를 금속의 판이나 관 등 사이에 끼워서 견고하게 고착시킨 것으로, 다음과 같은 특징이 있다.

구 분	장단점
장점	• 설계 및 부착이 비교적 간결하고 금속과도 견고하게 접촉이 가능하다. • 형상의 선택이 비교적 자유로워서 소형이나 중형 기계에 많이 사용된다. • 압축, 전단, 나선 등의 사용방법에 따라 1개로 2축 방향 및 회전방향의 스프링정수를 광범위하게 선택 가능하다. • 고무 자체의 내부마찰에 의해 저항을 얻을 수 있어 고주파진동의 차진에 양호하다(고주파 영역에 있어서 고체음 절연성능이 있음). • 내부감쇠 저항이 크기 때문에 댐퍼가 필요 없다. • 진동수 비가 1 이상인 방진 영역에서도 진동전달률이 크게 증대하지 않는다. • 서징이 일어나지 않거나 매우 작다.
단점	• 내부마찰에 의한 발열 때문에 열화 가능성이 크다. • 내유, 내열, 내노화, 내열팽창성 등이 약하다. • 저온에서는 고무가 경화되므로 방진성능이 저하된다. • 공기 중의 오존에 의해 산화된다.

60 변동하는 소음의 에너지 평균레벨로서 어느 시간 동안에 변동하는 소음레벨의 에너지를 같은 시간대의 정상소음 에너지로 치환한 값은?

① 소음레벨(SL)

② 등가소음레벨(L_{eq})

③ 시간율소음도(L_n)

④ 주야등가소음도(L_{dn})

해설 ① 소음레벨(SL) : 소음기의 측정값을 의미한다.
③ 시간율소음도(L_n) : 소음도가 어떤 dB 이상인 시간이 실측시간의 x%를 차지할 경우, 그 dB을 x% 시간율소음도라고 한다.
④ 주야등가소음도(L_{dn}) : 하루의 시간당 등가소음도를 측정한 후, 야간(22 : 00~07 : 00)의 시간 측정치에 10dB의 벌칙 레벨을 합산한 후 파워를 평균한 레벨이다.

01 링겔만 농도표와 관계가 깊은 것은?

① 매연 측정
② 가스 크로마토그래프
③ 오존농도 측정
④ 질소산화물 성분 분석

해설 굴뚝 등에서 배출되는 매연은 링겔만 매연 농도표에 의해 비교 측정한다.

02 수세법을 이용하여 제거시킬 수 있는 오염물질로 가장 거리가 먼 것은?

① NH_3
② SO_2
③ NO_2
④ Cl_2

해설 ③ NO_2 : 용해도가 낮으므로, 선택적 촉매환원법으로 제거한다.
참고 수세법은 물에 잘 녹는 기체(용해도가 큰 기체)에 적용한다.

03 산성비에 대한 설명으로 가장 거리가 먼 것은?

① 통상 pH가 5.6 이하인 비를 말한다.
② 산성비는 인공건축물의 부식을 더디게 한다.
③ 산성비는 토양의 광물질을 씻어 내려 토양을 황폐화시킨다.
④ 산성비는 황산화물이나 질소산화물 등이 물방울에 녹아서 생긴다.

해설 ② 산성비는 급수관, 건축자재, 의류, 금속, 대리석, 전선 등의 부식을 촉진시킨다.

04 가스상 물질과 먼지를 동시에 제거할 수 있으면서 압력손실이 큰 집진장치는?

① 원심력 집진장치
② 여과 집진장치
③ 세정 집진장치
④ 전기 집진장치

해설 입자상 물질과 가스상 물질을 동시에 제거할 수 있는 집진장치는 세정 집진장치이다.

05 대기가 매우 안정한 상태일 때 아침과 새벽에 잘 발생하고, 굴뚝의 높이가 낮으면 지표 부근에 심각한 오염 문제를 발생시키는 연기의 모양은?

① 환상형
② 원추형
③ 구속형
④ 부채형

해설 연기의 형태별 대기상태

연기(플룸)의 형태	대기상태
밧줄형, 환상형 (looping)	불안정
원추형(coning)	중립
부채형(fanning)	역전(안정)
지붕형(lofting)	상층은 불안정, 하층은 안정할 때 발생
훈증형(fumigation)	상층은 안정, 하층은 불안정할 때 발생
구속형, 함정형 (trapping)	상층에서 침강역전(공중역전), 지표(하층)에서 복사역전(지표역전), 중간층 불안정

06 중량비가 C : 86%, H : 4%, O : 8%, S : 2%인 석탄을 연소할 경우 필요한 이론 산소량(Sm^3/kg)은?

① 약 1.6
② 약 1.8
③ 약 2.0
④ 약 2.2

해설 $O_o(Sm^3/kg)$

$$=1.867C+5.6\left(H-\frac{O}{8}\right)+0.7S$$

$$=1.867\times0.8+5.6\left(0.04-\frac{0.08}{8}\right)+0.7\times0.02=1.787$$

07 집진장치에 관한 설명으로 옳은 것은?

① 사이클론은 여과 집진장치에 해당된다.
② 중력 집진장치는 고효율 집진장치에 해당된다.
③ 여과 집진장치는 수분이 많은 먼지 처리에 적합하다.
④ 전기 집진장치는 코로나 방전을 이용하여 집진하는 장치이다.

해설 ① 사이클론은 원심력 집진장치이다.
② 중력 집진장치는 효율이 가장 낮은 저효율 집진장치이다.
③ 여과 집진장치는 수분이 많은 먼지를 처리하기가 어렵다.

08 세정 집진장치의 입자 포집원리에 관한 설명으로 가장 거리가 먼 것은?

① 미립자 확산에 의하여 액적과의 접촉을 쉽게 한다.

② 배기가스의 습도 감소로 인하여 입자가 응집하여 제거효율이 증가한다.

③ 액적에 입자가 충돌하여 부착한다.

④ 입자를 핵으로 한 증기의 응결에 의하여 응집성을 증가시킨다.

해설 **세정 집진장치의 주요 포집원리**
- 관성충돌 : 액적-입자 충돌에 의한 부착 포집
- 확산 : 미립자 확산에 의한 액적과의 접촉 포집
- 증습에 의한 응집 : 배기가스 증습(습도 증가)에 의한 입자 간 상호 응집(제거효율 증가)
- 응결 : 입자를 핵으로 한 증기의 응결에 따른 응집성 증가
- 부착 : 액막의 기포에 의한 입자의 접촉 부착

09 액체 뷰테인 20kg을 1기압, 25℃에서 완전 기화시킬 때의 부피(m³)는?

① 5.45 ② 8.48

③ 12.38 ④ 16.43

해설 0℃에서 C_4H_{10}은 1kmol=58kg=22.4Sm³이므로,

$$V_{25℃} = 20kg \times \frac{22.4Sm^3}{58kg} \times \frac{(273+25)}{273} = 8.431m^3$$

이때, 뷰테인(C_4H_{10})의 분자량=58

10 물리적 흡착과 화학적 흡착에 대한 비교 설명으로 옳은 것은?

① 물리적 흡착과정은 가역적이기 때문에 흡착제의 재생이나 오염가스의 회수에 매우 편리하다.

② 물리적 흡착은 온도의 영향을 받지 않는다.

③ 물리적 흡착은 화학적 흡착보다 분자 간의 인력이 강하기 때문에 흡착과정에서의 발열량도 크다.

④ 물리적 흡착에서는 용질의 분자량이 적을수록 유리하게 흡착한다.

해설 ② 물리적 흡착은 온도의 영향을 크게 받는다.
③ 화학적 흡착은 물리적 흡착력보다 흡착력이 더 강하기 때문에 발열량이 더 크다.
④ 물리적 흡착에서는 용질의 분자량이 클수록 유리하게 흡착한다.

11 다음 중 집진장치의 원리와 특성에 대한 설명으로 옳은 것은?

① 전기 집진장치는 입자를 중력에 의해 분리·포집하는 장치로서 입경이 100μm 이상일 때 적용한다.

② 관성력 집진장치는 중력과 관성력을 동시에 이용하는 장치로서 원리와 구조는 간단하지만, 압력손실이 크고 운전비가 높다.

③ 여과 집진장치는 여러 종류의 먼지를 집진할 수 있어 가장 많이 사용되지만 200℃ 이상의 고온가스를 처리하기는 어렵다.

④ 중력 집진장치에서 배기관 지름이 작을수록 입경이 작은 먼지를 제거할 수 있고 블로다운으로 집진된 먼지의 재비산을 방지하여 효율을 높일 수 있다.

해설 ③ 여과 집진장치는 고온가스 처리가 어렵다.

12 집진장치의 입구 더스트 농도가 2.8g/Sm³이고, 출구 더스트 농도가 0.1g/Sm³일 때 집진율(%)은?

① 86.9 ② 94.2

③ 96.4 ④ 98.8

해설 $\eta = 1 - \dfrac{C}{C_0}$

$= 1 - \dfrac{0.1}{2.8}$

$= 0.9642 = 96.42\%$

여기서, η : 집진율
C_0 : 입구 농도
C : 출구 농도

13 디젤기관에서 많이 배출되며 탄화수소와 함께 광화학 스모그를 일으키는 반응에 영향을 미치는 배출가스는?

① 매연

② 황산화물

③ 질소산화물

④ 일산화탄소

해설 **광화학 스모그의 3대 요소**
질소산화물, 탄화수소, 빛

14 도심지역에서 열 방출이 많고 외부로 확산이 안 되기 때문에 교외지역에 비해 도심지역의 온도가 높게 나타나는 현상은?

① 온실효과
② 습윤단열감률
③ 열섬효과
④ 건조단열감률

해설 대기오염과 인공열의 영향으로, 주변 교외(전원)지역보다 도시의 온도가 더 높은 현상을 열섬효과라고 한다.

15 연소과정에서 주로 발생하는 질소산화물의 형태는?

① NO
② NO_2
③ NO_3
④ N_2O

해설 연소과정에서 발생하는 질소산화물(NOx)의 종류
• NO(90%)
• NO_2(10%)

16 도시화가 진행될수록 하천의 홍수와 갈수 현상이 심화되는 이유는?

① 대기오염물질의 증가
② 생활하수 배출량의 증가
③ 생활용수 사용량의 증가
④ 지면 포장으로 강수의 침투성 저하

해설 도시화가 진행되면 도로나 건물 등의 불투수면이 늘어나 빗물이 땅속으로 침투하지 못하고 땅 위로 유출되므로, 홍수와 갈수 현상이 심해진다.
참고 불투수면 : 물이 땅속으로 투과(침투)하지 못하는 면
예 도로, 건물 등

17 수질오염 공정시험기준상 6가크로뮴의 자외선/가시선 분광법 측정원리에 관한 설명으로 괄호 안에 알맞은 내용은?

> 6가크로뮴에 다이페닐카바자이드를 작용시켜 생성하는 (㉠)의 착화합물의 흡광도를 (㉡)nm에서 측정하여 6가크로뮴을 정량한다.

① ㉠ 적자색, ㉡ 253.7
② ㉠ 적자색, ㉡ 540
③ ㉠ 청색, ㉡ 253.7
④ ㉠ 청색, ㉡ 540

해설 6가크로뮴의 자외선/가시선 분광법
물속에 존재하는 6가크로뮴을 자외선/가시선 분광법으로 측정하는 것으로, 산성 용액에서 다이페닐카바자이드와 반응하여 생성하는 적자색 착화합물의 흡광도를 540nm에서 측정한다.

18 염소는 폐수 내의 질소화합물과 결합하여 무엇을 형성하는가?

① 유리염소
② 클로라민
③ 액체염소
④ 암모니아

해설 결합잔류염소(클로라민)의 생성
유리잔류염소(HOCl)는 수중의 질소화합물과 결합하여 결합잔류염소(클로라민)를 생성한다.
• 모노클로라민(NH_2Cl)의 생성
  $NH_3 + HOCl \rightarrow NH_2Cl + H_2O$(pH 8.5 이상)
• 다이클로라민($NHCl_2$)의 생성
  $NH_2Cl + HOCl \rightarrow NHCl_2 + H_2O$(pH 4.5~8.5)
• 트라이클로라민(NCl_3)의 생성
  $NHCl_2 + HOCl \rightarrow NCl_3 + H_2O$(pH 4.5 이하)

19 시판되는 황산의 농도가 96(W/W, %), 비중이 1.84일 때, 노말농도(N)는?

① 18
② 24
③ 36
④ 48

해설 황산의 농도가 96(W/W, %)이므로, 용액이 100g이면 황산(용질)은 96g이다.
황산(H_2SO_4)은 2가산이므로,
1mol=2eq=98g

노말농도 $N = \dfrac{\text{용질의 당량(eq)}}{\text{용액의 부피(L)}} = \dfrac{\text{황산(eq)}}{\text{용액(L)}}$

$= \dfrac{96g \times \dfrac{2eq}{98g}}{100g \times \dfrac{1mL}{1.84g} \times \dfrac{1L}{1,000mL}}$

$= 36.04eq/L$

단위 산(염기)의 당량(eq)
1mol=[산(염기)개수]eq=분자량(g)

20 수질오염 방지시설의 처리능력, 또는 설계 시에 사용되는 다음 용어 중 그 성격이 나머지 셋과 다른 것은?

① F/M 비
② SVI
③ 용적부하
④ 슬러지부하

해설 ② SVI는 슬러지 침강성 지표이다.
참고 유기물부하 : F/M 비, 용적부하, 슬러지부하

14.③ 15.① 16.④ 17.② 18.② 19.③ 20.②

21 조류를 이용한 산화지(oxidation pond)법으로 폐수를 처리할 경우에 가장 중요한 영향인자는?

① 햇빛
② 물의 색깔
③ 산화지의 표면 모양
④ 산화지 바닥의 흙입자 모양

해설 산화지법은 조류의 광합성으로 발생하는 산소를 호기성 박테리아가 유기물을 분해시키는 데 이용하므로, 광합성에 필요한 햇빛이 중요하다.

22 생물학적 원리를 이용하여 영양염류(인 또는 질소)를 효과적으로 제거할 수 있는 공법이라 볼 수 없는 것은?

① M－A/S
② A/O
③ Bardenpho
④ UCT

해설 질소 및 인 제거공정

구 분	처리방법	공 정
질소 제거	물리화학적 방법	• 암모니아 탈기법(스트리핑) • 파괴점 염소 주입법 • 선택적 이온교환법
	생물학적 방법	• MLE(무산소－호기법) • 4단계 바덴포(bardenpho) 공법
인 제거	물리화학적 방법	• 금속염 첨가법 • 석회 첨가법(정석탈인법)
	생물학적 방법	• A/O 공법(혐기－호기법) • 포스트립(phostrip) 공법
질소·인 동시제거		• A₂/O 공법 • UCT 공법 • MUCT 공법 • VIP 공법 • SBR 공법 • 수정 포스트립 공법 • 5단계 바덴포 공법

23 활성슬러지 공법으로 생활하수 처리 시 과량의 유기물이 유입되었을 때, 가장 적절한 응급조치는?

① 영양물질 투입
② 응집 전처리
③ 슬러지 반송률 증가
④ 산기기 추가 설치

해설 유기물(미생물의 먹이, BOD)의 양이 늘어나면, 적정 F/M 비를 유지하기 위해 반응조 내의 MLSS 양을 늘려야 한다. 따라서 슬러지의 반송을 늘리고, 반출을 줄여야 한다.

24 농촌마을의 발생 하수를 산화지로 처리할 때 유입 BOD 농도가 100g/m³이고, 유량이 3,000m³/day이며, 필요한 산화지의 면적이 3ha라면, BOD 부하량(kg/ha·day)은?

① 10
② 50
③ 100
④ 200

해설 BOD 부하량(kg/ha·day)

$$= \frac{BOD \text{ 농도} \times 유량}{면적(ha)}$$

$$= \frac{100g}{m^3} \left| \frac{3,000m^3}{day} \right| \frac{1}{3ha} \left| \frac{1kg}{10^3 g} \right.$$

$$= 100ha$$

25 농축대상 슬러지량이 500m³/day이고, 슬러지의 고형물 농도가 15g/L일 때, 농축조의 고형물 부하를 2.6kg/m²·hr로 하기 위해 필요한 농축조의 면적(m²)은? (단, 슬러지의 비중은 1.0이고, 24시간 연속가동 기준이다.)

① 110.4
② 120.2
③ 142.4
④ 156.3

해설 농축조 면적

$$= \frac{고형물 \text{ 농도} \times 슬러지량}{고형물 부하}$$

$$= \frac{15g}{L} \left| \frac{500m^3}{day} \right| \frac{m^2 \cdot hr}{2.6kg} \left| \frac{1kg}{1,000g} \right| \frac{1,000L}{1m^3} \left| \frac{1day}{24hr} \right.$$

$$= 120.19m^2$$

이때, 고형물 부하 $= \dfrac{고형물 \text{ 농도} \times 슬러지량}{농축조 면적}$

26 아연과 성질이 유사한 금속으로 체내 칼슘 균형을 깨뜨려 이타이이타이병과 같은 골연화증의 원인이 되는 것은?

① Hg
② Cd
③ PCB
④ Cr⁶⁺

해설 주요 유해물질별 만성중독증
• 카드뮴 : 이타이이타이병
• 수은 : 미나마타병, 헌터루셀병
• PCB : 카네미유증
• 비소 : 흑피증
• 플루오린 : 반상치
• 망가니즈 : 파킨슨씨 유사병
• 구리 : 간경변, 윌슨씨병

27 SVI=150인 경우 반송 슬러지의 농도(g/m³)는?

① 8,452   ② 6,667

③ 5,486   ④ 4,570

해설 $SVI = \dfrac{10^6}{X_r}$

$\therefore X_r = \dfrac{10^6}{SVI} = \dfrac{10^6}{150}$

= 6666.666mg/L

$= \dfrac{6666.666mg}{L} \left| \dfrac{1g}{1,000mg} \right| \dfrac{1,000L}{1m^3}$

= 6666.666g/m³

여기서, SVI : 슬러지 용적지수

X_r : 반송 슬러지 농도(mg/L)

28 생물학적 고도처리방법 중 활성슬러지 공법의 포기조 앞에 혐기성 조를 추가시킨 것으로 혐기성조, 호기성조로 구성되고 질소 제거가 고려되지 않아 높은 효율의 N, P의 동시제거가 어려운 공법은?

① A/O 공법

② A₂/O 공법

③ VIP 공법

④ UCT 공법

해설 ① A/O 공법은 인 제거공법이다.

29 MLSS 농도가 1,000mg/L이고, BOD 농도가 200mg/L인 2,000m³/day의 폐수가 포기조로 유입될 때, BOD/MLSS 부하(kg BOD/kg MLSS · day)는? (단, 포기조의 용적은 1,000m³이다.)

① 0.1   ② 0.2

③ 0.3   ④ 0.4

해설 $F/M = \dfrac{BOD \cdot Q}{V \cdot X}$

$= \dfrac{200mg/L}{} \left| \dfrac{2,000m^3}{day} \right| \dfrac{}{1,000m^3} \left| \dfrac{}{1,000mg/L} \right.$

= 0.4kg BOD/kg MLSS · day

여기서, F/M : F/M 비(kg BOD/kg MLSS · day)

V : 포기조 부피(m³)

Q : 유입 유량(m³/day)

BOD : BOD 농도(mg/L)

X : MLSS 농도(mg/L)

30 다음 중 지하수의 특성으로 가장 거리가 먼 것을 고르면?

① 광화학 반응 및 호기성 세균에 의한 유기물 분해가 주를 이룬다.

② 국지적 환경조건의 영향을 크게 받는다.

③ 지표수에 비해 경도가 높고, 용해된 광물질을 보다 많이 함유한다.

④ 비교적 깊은 곳의 물일수록 지층과의 보다 오랜 접촉에 의해 용매효과는 커진다.

해설 ①은 지표수의 특성이다.

31 SS 측정은 다음 중 어느 분석법에 해당되는가?

① 용량법

② 중량법

③ 용매추출법

④ 흡광측정법

해설 부유물질(SS) 측정은 중량법으로 한다.

32 미생물 성장곡선에서 다음 설명과 같은 특성을 보이는 단계는?

> • 살아 있는 미생물들이 조금밖에 없는 양분을 두고 서로 경쟁하고, 신진대사율은 큰 비율로 감소한다.
> • 미생물은 그들 자신의 원형질을 분해시켜 에너지를 얻는 자산화 과정을 겪게 되어 전체 원형질 무게는 감소된다.

① 지체기

② 대수성장기

③ 감소성장기

④ 내생호흡기

해설 **미생물 성장곡선의 단계**

1) 유도기 : 환경에 적응하면서 증식 준비

2) 증식기 : 증식이 시작되고, 증식속도가 점점 증가

3) 대수성장기 : 증식속도 최대, 신진대사율 최대

4) 정지기(감소성장기) : 미생물의 양 최대

5) **사멸기(내생성장기, 내생호흡기) : 신진대사율 급격히 감소, 미생물 자산화, 원형질의 양 감소**

33 생물농축에 관한 설명으로 틀린 것은?

① 생물농축은 먹이연쇄를 통하여 이루어진다.

② 생체 내에서 분해가 쉽고, 배설률이 크면 농축이 되지 않는다.

③ 농축계수란 유해물의 수중 농도를 생물의 체내 농도로 나눈 값을 말한다.

④ 미나마타병은 생물농축에 의한 공해병이다.

해설 생물농축계수

물질 외부 농도에 대한 생물 체내의 농도비

$$C_f = \frac{C_b}{C_a}$$

여기서, C_f : 생물농축계수

C_b : 생물 체내의 오염물질 농도

C_a : 환경의 오염물질 농도

34 모래, 자갈, 뼛조각 등과 같은 무기성의 부유물로 구성된 혼합물을 의미하는 것은?

① 스크린 ② 그릿

③ 슬러지 ④ 스컴

해설 ① 스크린(screen) : 부유 협착물이 처리시설에 유입하는 것을 방지하는 시설

③ 슬러지(slude) : 정수나 폐수 처리과정에서 발생하는 침전 쓰레기

④ 스컴(scum) : 정수나 폐수 처리과정에서 물보다 가벼워 물 표면에 뜨는 찌꺼기

35 접촉산화법(호기성 침지여상)에 관한 설명으로 가장 거리가 먼 것은?

① 매체로서는 벌집형, 모듈(module)형, 벌크(bulk)형 등이 쓰인다.

② 부하변동과 유해물질에 대한 내성이 높다.

③ 운전 휴지기간에 대한 적응력이 낮다.

④ 처리수의 투시도가 높다.

해설 ③ 운전 휴지기간에 대한 적응력이 높다.

36 처음 부피가 1,000m³인 폐기물을 압축하여 500m³인 상태로 부피를 감소시켰다면 체적감소율(%)은?

① 2 ② 10

③ 50 ④ 100

해설
$$VR = \frac{V_전 - V_후}{V_전}$$
$$= \frac{1,000 - 500}{1,000}$$
$$= 0.5 = 50\%$$

여기서, VR : 부피감소율

CR : 압축비

$V_전$: 압축 전 부피

$V_후$: 압축 후 부피

37 도시지역의 쓰레기 수거량은 1,792,500t/년이다. 이 쓰레기를 1,363명이 수거한다면 수거능력(MHT)은? (단, 1일 작업시간은 8시간, 1년 작업일수는 310일이다.)

① 1.45 ② 1.77

③ 1.89 ④ 1.96

해설 MHT = $\dfrac{\text{수거인부(인)} \times \text{수거작업시간(yr)}}{\text{쓰레기 수거량(t)}}$

$$= \frac{1,363인}{} \cdot \frac{8hr}{1day} \cdot \frac{310day}{1yr} \cdot \frac{yr}{1,792,500t}$$

$$= 1.885$$

38 도시의 쓰레기를 분석한 결과 밀도는 450kg/m³이고 비가연성 물질의 질량백분율은 72%였다. 이 쓰레기 10m³ 중에 함유된 가연성 물질의 질량(kg)은?

① 1,180 ② 1,260

③ 1,310 ④ 1,460

해설 가연분의 양 = (1 - 비가연분의 비율) × 폐기물의 양

$$= (1 - 0.72) \times \frac{450kg}{m^3} \times 10m^3$$

$$= 1,260kg$$

39 다음 중 폐기물과 선별방법이 올바르게 연결된 것은?

① 광물과 종이 - 광학 선별

② 목재와 철분 - 자석 선별

③ 스티로폼과 유리조각 - 스크린 선별

④ 다양한 크기의 혼합폐기물 - 부상 선별

해설 ② 자석 선별은 비금속에 섞여 있는 철분 선별에 적합하다.

40 폐기물의 발생특성에 관한 설명으로 옳은 것만 나열한 것은?

> ㉠ 쓰레기통이 작을수록 발생량은 감소한다.
> ㉡ 계절에 따라 쓰레기 발생량이 다르다.
> ㉢ 재활용률이 증가할수록 발생량은 감소한다.

① ㉠, ㉡
② ㉠, ㉢
③ ㉡, ㉢
④ ㉠, ㉡, ㉢

[해설] 쓰레기 발생량의 영향인자

영향요인	내 용
도시 규모	도시의 규모가 커질수록 발생량 증가
생활수준	생활수준이 높을수록 발생량이 증가하고 다양화됨
계절	겨울철에 발생량 증가
수집빈도	**수집(수거)빈도가 높을수록 발생량 증가**
쓰레기통 크기	**쓰레기통이 클수록 발생량 증가**
재활용품 회수 및 재이용률	재이용률이 높을수록 발생량 감소
법규	폐기물 관련 법규가 강할수록 발생량 감소
장소	장소에 따라 발생량과 성상이 다름
사회구조	평균 연령층 및 교육수준에 따라 발생량이 상이함

41 도시폐기물을 위생매립하였을 때 일반적으로 매립 초기(1단계~2단계)에 가장 많은 비율로 발생되는 가스는?

① CH_4
② CO_2
③ H_2S
④ NH_3

[해설] 매립 초기에는 CO_2 발생량이 최대이고, 매립 후반의 안정기에는 CH_4 발생량이 최대이다.

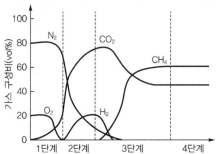

42 배출가스를 냉각시키거나 유해가스 또는 악취 물질이 함유되어 있어 이들을 같이 제거하고자 할 때 사용하는 집진장치로 적합한 것은?

① 중력 집진장치
② 원심력 집진장치
③ 여과 집진장치
④ 세정 집진장치

[해설] 입자상 물질과 가스상 물질을 동시에 제거할 수 있는 집진장치는 세정 집진장치이다.

43 슬러지 내의 수분 중 일반적으로 가장 많은 양을 차지하며 고형물질과 직접 결합해 있지 않기 때문에 농축 등의 방법으로 용이하게 분리할 수 있는 수분은?

① 간극수
② 모관결합수
③ 부착수
④ 내부수

[해설] 간극수(cavernous water)
- 슬러지 내에의 고형물을 둘러싸고 있는 수분이다.
- 큰 고형물 입자 간극에 존재한다.
- 고형물질과 직접 결합해 있지 않기 때문에 농축 등의 방법으로 용이하게 분리가 가능하다.
- 슬러지 내 존재하는 물의 형태 중 가장 많은 양을 차지한다.

44 폐기물 소각 후 발생한 폐열의 회수를 위해 열교환기를 설치하였다. 다음 중 열교환기의 종류가 아닌 것은?

① 과열기
② 비열기
③ 재열기
④ 공기예열기

[해설] 열교환기(폐열 회수 및 이용 설비)의 종류
- 과열기(super heater)
- 재열기(reheater)
- 절탄기(economizer)
- 공기예열기(air preheater)
- 증기터빈(steam turbine)

45 폐기물 발생량 산정법 중 직접계근법의 단점은?

① 밀도를 고려해야 한다.
② 작업량이 많다.
③ 정확한 값을 알기 어렵다.
④ 폐기물의 성분을 알아야 한다.

[해설] 직접계근법은 비교적 정확한 쓰레기 발생량 파악할 수 있으나, 적재차량 계수분석법에 비하여 작업량이 많은 단점이 있다.

46 수분 및 고형물 함량 측정에 필요한 실험기구와 거리가 먼 것은?

① 증발접시
② 전자저울
③ Jar 테스터
④ 데시케이터

해설 ③ Jar 테스터는 응집교반 실험기구이다.

47 다음 중 퇴비화 공정에 관한 설명으로 가장 적합한 것은?

① 크기를 고르게 할 필요 없이 발생된 그대로의 상태로 숙성시킨다.
② 미생물을 사멸시키기 위해 최적온도는 90℃ 정도로 유지한다.
③ 물을 충분히 뿌려 수분을 100%에 가깝게 유지한다.
④ 소비된 산소의 보충을 위해 규칙적으로 교반한다.

해설 ① 크기를 고르게 하여 숙성시킨다.
② 미생물을 사멸시키기 위해 최적온도는 40~70℃ 정도로 유지한다.
③ 적정 함수율은 50~60%이다.

48 폐기물 처리에서 파쇄(shredding)의 목적으로 가장 거리가 먼 것은?

① 부식효과 억제
② 겉보기비중의 증가
③ 특정 성분의 분리
④ 고체물질 간의 균일혼합효과

해설 **파쇄의 목적**
• **겉보기비중의 증가**
• 입경분포의 균일화(저장·압축·소각 용이)
• 용적(부피) 감소
• 운반비 감소, 매립지 수명 연장
• 분리 및 선별 용이, **특정 성분의 분리**
• 비표면적의 증가
• 소각, 열분해, 퇴비화 처리 시 처리효율의 향상
• 조대폐기물에 의한 소각로의 손상 방지
• **고체물질 간의 균일혼합 효과**
• 매립 후 부등침하 방지

49 화상 위에서 쓰레기를 태우는 방식으로 플라스틱처럼 열에 열화·용해되는 물질의 소각과 슬러지, 입자상 물질의 소각에 적합하지만 체류시간이 길고 국부적으로 가열될 염려가 있는 소각로는?

① 고정상
② 화격자
③ 회전로
④ 다단로

해설 **고정상 소각로**
소각로 내 화상 위에서 소각물을 태우는 방식

장 점	단 점
• 열에 열화·용해되는 소각물(플라스틱), 입자상 물질 소각에 적합 • 화격자에 적재가 불가능한 슬러지, 입자상 물질의 폐기물 소각 가능	• 체류시간이 김 • 교반력이 약해 국부가열 발생 가능 • 연소효율이 나쁨 • 잔사 용량이 많이 발생 • 초기 가온 시 또는 저열량 폐기물에는 보조연료 필요

50 다음 중 적환장의 위치로 적당하지 않은 곳을 고르면?

① 수거지역의 무게중심에서 가능한 가까운 곳
② 주요 간선도로에서 멀리 떨어진 곳
③ 작업에 의한 환경피해가 최소인 곳
④ 적환장 설치 및 작업이 가장 경제적인 곳

해설 **적환장의 위치 결정 시 고려사항**
• 수거하고자 하는 폐기물 발생지역의 무게중심과 가까운 곳
• 간선도로와 접근성이 쉽고, 2차 보조 수송수단의 연결이 쉬운 곳
• 주민의 반대가 적고 주위 환경에 대한 영향이 최소인 곳
• 설치 및 작업이 쉬운 곳(경제적인 곳)

51 생활 폐기물의 발생량을 표현하는 데 사용하는 단위는?

① kg/인·일
② kL/인·일
③ m^3/인·일
④ t/인·일

해설 폐기물 발생량은 원단위(kg/인·일)로 나타낸다.

52 폐기물 발생량 조사방법에 해당하지 않는 것은?

① 적재차량 계수분석법
② 원단위계산법
③ 직접계근법
④ 물질수지법

해설 폐기물 발생량 조사방법
- 적재차량 계수분석법
- 직접계근법
- 물질수지법
- 통계조사법

53 메테인 8kg을 완전연소시키는 데 필요한 이론 산소량(kg)은?

① 16   ② 32
③ 48   ④ 64

해설 $CH_4 + 2O_2 \rightarrow CO_2 + 2H_2O$
$16kg : 2 \times 32kg$
$8kg : x(kg)$
$\therefore x = \dfrac{2 \times 32 \times 8}{16} = 32kg$

54 소화슬러지의 발생량은 투입량의 15%이고 함수율이 90%이다. 탈수기에서 함수율을 70%로 한다면 케이크의 부피(m^3)는? (단, 투입량은 150kL이다.)

① 7.5   ② 8.7
③ 9.5   ④ 10.7

해설 1) 슬러지 발생량(V_1)
  = 투입량$\times 0.15$
  $= 150kL \times 0.15 = 22.5m^3$
2) 탈수 케이크 부피(V_2)
  $V_1(1 - W_1) = V_2(1 - W_2)$
  $22.5m^3(1 - 0.9) = V_2(1 - 0.7)$
  $\therefore V_2 = \dfrac{(1 - 0.9)}{(1 - 0.7)} \times 22.5m^3 = 7.5m^3$

여기서, V_1 : 농축 전 슬러지의 부피
           V_2 : 농축 후 슬러지의 부피
           W_1 : 농축 전 슬러지의 함수율
           W_2 : 농축 후 슬러지의 함수율

단위 $kL = m^3$

55 폐기물의 물리화학적 처리방법 중 용매추출에 사용되는 용매의 선택기준이 옳은 것으로만 나열된 것은?

> ㉠ 분배계수가 높아 선택성이 클 것
> ㉡ 끓는점이 높아 회수성이 높을 것
> ㉢ 물에 대한 용해도가 낮을 것
> ㉣ 밀도가 물과 같을 것

① ㉠, ㉡   ② ㉠, ㉢
③ ㉡, ㉢   ④ ㉡, ㉣

해설 용매추출법의 용매 선택기준
- 분배계수가 높아 선택성이 클 것
- 물에 대한 용해도가 낮을 것
- 끓는점이 낮아 회수성이 높을 것
- 밀도가 물과 다를 것
- 무극성일 것

56 귀의 구성 중 내이에 관한 설명으로 틀린 것은?

① 난원창은 이소골의 진동을 와우각 중의 림프액에 전달하는 진동관이다.
② 음의 전달매질은 액체이다.
③ 달팽이관은 내부에 림프액이 들어있다.
④ 이관은 내이의 기압을 조정하는 역할을 한다.

해설 ④ 이관은 외이와 중이의 기압을 조정하는 역할을 한다.

57 다공질 흡음재에 해당하지 않는 것은?

① 암면
② 비닐시트
③ 유리솜
④ 폴리우레탄폼

해설 흡음재의 구분

구 분	재 료	흡음역
다공질형 흡음재	유리솜, 석면, 암면, 발포수지, 폴리우레탄폼 등	중고음역
판(막)진동형 흡음재	**비닐시트**, 석고보드, 석면 슬레이트, 합판 등	저음역
공명형 흡음재	유공 석고보드, 유공 알루미늄판, 유공 하드보드 등	저음역

58 흡음기구(吸音機構)에 의한 흡음재료를 분류한 것으로 볼 수 없는 것은?

① 다공질 흡음재료

② 공명형 흡음재료

③ 판진동형 흡음재료

④ 반사형 흡음재료

해설 흡음재의 분류
- 다공질형
- 판(막)진동형
- 공명형

59 진동에 의한 장애는?

① 난청

② 중이염

③ 레이노씨 현상

④ 피부염

해설 레이노씨 현상(Raynaud's phenomenon)
손가락에 있는 말초혈관운동의 장애로 인한 혈액순환이 방해를 받아 수지가 창백해지고 손이 차며 저리거나 통증이 오는 현상으로, 국소진동의 대표적 증상이다.

60 소음계의 기본구조 중 "측정하고자 하는 소음도가 지시계기의 범위 내에 있도록 하기 위한 감쇠기"를 의미하는 것은?

① 증폭기

② 마이크로폰

③ 동특성 조절기

④ 레벨레인지 변환기

해설 ① 증폭기 : 전기적 신호를 증폭시키는 장치
② 마이크로폰 : 음파의 미약한 압력변화(음압)를 전기신호로 변환하는 장치
③ 동특성 조절기 : 지시계기의 반응속도를 빠름 및 느림의 특성으로 조절할 수 있는 조절기

01 연료가 완전연소하기 위한 조건으로 가장 거리가 먼 것은?

① 공기의 공급이 충분해야 한다.
② 연소용 공기를 예열하여 공급한다.
③ 공기와 연료의 혼합이 잘 되어야 한다.
④ 연소실 내의 온도를 낮게 유지해야 한다.

해설 ④ 연소실 내의 온도를 높게 유지해야 한다.

02 열대 태평양 남미 해안으로부터 중태평양에 이르는 넓은 범위에서 해수면의 온도가 평균보다 0.5℃ 이상 높은 상태가 6개월 이상 지속되는 현상으로, 스페인어로 아기예수를 의미하는 것은?

① 라니냐 현상
② 업웰링 현상
③ 뢴트겐 현상
④ 엘니뇨 현상

해설 • 엘니뇨 현상 : 고수온 현상
• 라니냐 현상 : 저수온 현상

03 중력 집진장치에서 먼지의 침강속도 산정에 관한 설명으로 틀린 것은?

① 중력가속도에 비례한다.
② 입경의 제곱에 비례한다.
③ 먼지와 가스의 비중차에 반비례한다.
④ 가스의 점도에 반비례한다.

해설 입자의 침강속도(Stokes 공식)

$$V_g(\text{m/sec}) = \frac{d^2(\rho_p - \rho_a)g}{18\mu}$$

여기서, V_g : 먼지의 침강속도
　　　　d : 입자의 직경
　　　　$(\rho_p - \rho_a)$: 먼지와 가스의 비중차
　　　　g : 중력가속도
　　　　μ : 가스 점도

공식에서, 인자가 분자에 있으면 비례하고 분자에 있으면 반비례한다.
따라서, 먼지와 가스의 비중차 · (입자의 직경)^2 · 중력가속도에 비례하고, 가스 점도에 반비례한다.

04 대기환경보전법상 괄호에 들어갈 용어는?

> (　　)(이)란 연소할 때에 생기는 유리탄소가 응결하여 입자의 지름이 1미크론 이상이 되는 입자상 물질을 말한다.

① VOC
② 검댕
③ 콜로이드
④ 1차 대기오염물질

해설 입자상 물질의 종류

입자상 물질	특 징
먼지 (dust)	• 대기 중 떠다니거나 흩날려 내려오는 입자상 물질 • 일반적으로 집진 조작의 대상이 되는 고체 입자
매연 (smoke)	연료 중 탄소가 유리된 유리탄소를 주성분으로 한 고체상 물질
검댕 (soot)	**연소과정에서의 유리탄소가 타르(tar)에 젖어 뭉쳐진 액체상 매연**
훈연 (fume)	• 금속산화물과 같이 가스상 물질이 승화, 증류 및 화학반응과정에서 응축될 때 주로 생성되는 $1\mu m$ 이하의 고체 입자 • 브라운 운동으로 상호 응집이 쉬움
안개 (fog)	• 증기의 응축에 의해 생성되는 액체 입자 • 습도 약 100%, 가시거리 1km 미만
박무 (mist)	• 미립자를 핵으로 증기가 응축하거나 큰 물체로부터 분산하여 생기는 액체상 입자 • 습도 90% 이상, 가시거리 1km 이상
연무 (haze)	• 크기 $1\mu m$ 미만의 시야를 방해하는 물질 • 습도 70% 이하, 가시거리 1km 이상
에어로졸 (aerosol)	고체 또는 액체 입자가 기체 중에 안정적으로 부유하여 존재하는 상태

05 200℃, 650mmHg 상태에서 100m^{3}의 배출가스를 표준상태로 환산(Sm^3)하면?

① 40.7
② 44.6
③ 49.4
④ 98.8

해설 $100\text{m}^3 \times \dfrac{273+0}{273+200} \times \dfrac{650\text{mmHg}}{760\text{mmHg}} = 49.362\text{Sm}^3$

참고 표준상태 : 0℃, 1기압(760mmHg)

06 대기상태에 따른 굴뚝 연기의 모양으로 옳은 것은?

① 역전 상태 – 부채형
② 매우 불안정 상태 – 원추형
③ 안정 상태 – 환상형
④ 상층 불안정, 하층 안정 상태 – 훈증형

해설 연기의 형태별 대기상태

연기(플룸)의 형태	대기상태
밧줄형, 환상형 (looping)	불안정
원추형(coning)	중립
부채형(fanning)	역전(안정)
지붕형(lofting)	상층은 불안정, 하층은 안정할 때 발생
훈증형(fumigation)	상층은 안정, 하층은 불안정할 때 발생
구속형, 함정형 (trapping)	상층에서 침강역전(공중역전), 지표(하층)에서 복사역전(지표역전), 중간층 불안정

07 촉매산화법으로 악취물질을 함유한 가스를 산화 · 분해하여 처리하고자 할 때, 적합한 연소온도범위는?

① 100~150℃
② 300~400℃
③ 650~800℃
④ 850~1,000℃

해설 촉매산화법(촉매연소법)의 정의 및 특징
• 정의 : 백금 등의 금속 촉매를 이용하여 250~450℃로 산화 · 분해하여 처리하는 방법
• 촉매 : 백금, 팔라듐, V_2O_5, K_2SO_4 등
• 효율 : 90% 이상

08 내연기관, 폭약 제조, 비료 제조 등에서 발생되며 빛의 흡수가 현저하여 시정거리 단축의 원인으로 작용하는 대기오염물질은?

① SO_2
② NO_2
③ CO
④ NH_3

해설 시정거리는 NOx의 영향을 많이 받는다.

09 유해가스 처리장치로 부적합한 것은?

① 충전탑
② 분무탑
③ 벤투리형 세정기
④ 중력 집진장치

해설 • 입자상 물질 처리장치 : 집진장치(중력, 관성력, 원심력, 세정, 여과, 전기)
• 가스상 물질 처리장치 : 흡수장치, 흡착장치, 산화 및 환원 장치

10 집진율이 각각 90%와 98%인 두 개의 집진장치를 직렬로 연결하였다. 1차 집진장치 입구의 먼지 농도가 $5.9g/m^3$일 경우, 2차 집진장치 출구에서 배출되는 먼지 농도(mg/m^3)는?

① 11.8
② 15.7
③ 18.3
④ 21.1

해설
$$C = C_0(1-\eta_1)(1-\eta_2)$$
$$= 5.9(1-0.9)(1-0.98)$$
$$= 0.0118g/m^3$$
$$= 11.8mg/m^3$$

여기서, C : 출구 농도
C_0 : 입구 농도
η_1 : 1차 집진율
η_2 : 2차 집진율

단위 1g = 1,000mg

11 그림과 같은 집진원리를 갖는 집진장치는?

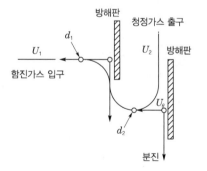

① 중력 집진장치
② 관성력 집진장치
③ 전기 집진장치
④ 음파 집진장치

해설 문제의 그림은 관성력 집진장치로, 함진가스를 방해판에 충돌시켜 기류에 급격한 방향전환을 일으켜서, 입자의 관성력에 의해 가스 흐름으로부터 입자를 분리 · 포집한다.

12 비행기나 자동차에 사용되는 휘발유의 옥테인가를 높이기 위하여 사용되며, 차량에 의한 대기오염물질인 유기연(organic lead)은?

① 염기성 탄산납
② 3산화납
③ 4에틸납
④ 아질산납

해설 옥테인가 향상제로 기존에는 4에틸납이나 4메틸납을 사용하였으나, 납 성분의 오염 방지를 위해 최근에는 이용하지 않고 MTBE를 사용하고 있다.

The⁺알아보기

노킹
• 정의 : 공기와 연료를 흡인하고 압축하여, 폭발 시점이 되기 전에 일찍 점화되어 발생하는 불완전연소현상 혹은 비정상적인 폭발적 연소현상이다.
• 영향
– 피스톤, 실린더, 밸브 등에 무리가 발생한다.
– 엔진의 출력이 저하되고, 수명이 단축된다.
– 노크 음이 발생한다.
– 연소효율 및 엔진효율을 저해한다.
• 대책 : 노킹을 방지하기 위해 연료의 옥테인가를 향상시킨다.

13 흡착법에 관한 설명으로 틀린 것은?

① 물리적 흡착은 Van der Waals 흡착이라고도 한다.
② 물리적 흡착은 낮은 온도에서 흡착량이 많다.
③ 화학적 흡착인 경우 흡착과정이 주로 가역적이며 흡착제의 재생이 용이하다.
④ 흡착제는 단위질량당 표면적이 큰 것이 좋다.

해설 **물리적 흡착과 화학적 흡착의 비교**

구 분	물리적 흡착	화학적 흡착
원리	용질-흡착제 간의 분자인력이 용질-용매 간의 인력보다 클 때 흡착	흡착제-용질 사이의 화학반응에 의해 흡착
구동력	반데르발스 힘	화학반응
반응	가역반응	**비가역반응**
재생	가능	**불가능**
흡착열 (발열량)	적음 (40kJ/mol 이하)	많음 (80kJ/mol 이상)
압력과의 관계	분자량↑ 압력↑ ➡ 흡착능↑	압력↓ ➡ 흡착능↑
온도와의 관계	온도↓ ➡ 흡착능↑	온도↑ ➡ 흡착능↑
분자층	다분자층 흡착	단분자층 흡착

14 호흡으로 인체에 유입되어 폐 질환을 유발하는 호흡성 먼지의 크기(μm)는?

① 0.5~1.0
② 10.0~50.0
③ 50.0~100
④ 100~500

해설 인체에 침착률이 가장 큰 입경범위는 0.1~1.0μm이다.

15 수당량이 2,500cal/℃인 봄베열량계를 사용하여 시료 2.3g을 10cm 퓨즈로 연소시켰다. 평형온도는 연소 전 21.31℃, 연소 후 23.61℃일 때, 발열량(cal/g)은? (단, 퓨즈의 연소열=2.3cal/cm, Q=(수당량×온도 상승값－퓨즈의 연소열)/시료의 질량)

① 2,470
② 2,480
③ 2,490
④ 2,500

해설 주어진 식에 조건을 넣어 계산하면,

$$Q = \frac{2,500 \times (23.61 - 21.31) - (2.3 \times 10)}{2.3}$$

$$= 2,490 \text{cal/g}$$

16 폐수처리공정에서 최적 응집제 투입량을 결정하기 위한 자 테스트(jar test)에 관한 설명으로 가장 적합한 것은?

① 응집제 투입량 대 상징수의 SS 잔류량을 측정하여 최적 응집제 투입량을 결정
② 응집제 투입량 대 상징수의 알칼리도를 측정하여 최적 응집제 투입량을 결정
③ 응집제 투입량 대 상징수의 용존산소를 측정하여 최적 응집제 투입량을 결정
④ 응집제 투입량 대 상징수의 대장균군수를 측정하여 최적 응집제 투입량을 결정

해설 **약품교반실험(jar test)**
Jar test란 SS를 응집 침전으로 제거할 때 SS 제거효율이 가장 높을 때의 응집제 및 응집보조제를 선정하고, 최적 주입량을 결정하는 실험으로, 다음과 같은 순서로 진행된다.
1) 응집제 주입 : 일련의 유리비커에 시료를 담아 pH 조정약품과 응집제 주입량을 각기 달리하여 넣는다.
2) 급속 혼합 : 100~150rpm으로 1~5분간 급속 혼합한다.
3) 완속 혼합 : 40~50rpm으로 약 15분간 완속 혼합시켜 응결(응집)한다.
4) 정치 침전 : 15~30분간 침전한다.
5) 상징수 분석 : 상징수를 취하여 필요한 분석을 실시한다.

17 인체에 만성중독 증상으로 카네미유증을 발생시키는 유해물질은?

① PCB ② 망가니즈(Mn)

③ 비소(As) ④ 카드뮴(Cd)

해설 주요 유해물질별 만성중독증
- 카드뮴 : 이타이이타이병
- 수은 : 미나마타병, 헌터루셀병
- PCB : 카네미유증
- 비소 : 흑피증
- 플루오린 : 반상치
- 망가니즈 : 파킨슨씨 유사병
- 구리 : 간경변, 윌슨씨병

18 산도(acidity)나 경도(hardness)는 무엇으로 환산하는가?

① 탄산칼슘 ② 탄산소듐

③ 탄화수소소듐 ④ 수산화소듐

해설 산도(acidity), 경도(hardness), 알칼리도(alkalinity)는 탄산칼슘($CaCO_3$)의 양(mg/L 또는 ppm)으로 나타낸다.

19 폐수량이 700m³/일, 유입하는 폐수의 오탁물 농도가 700mg/L, 침전지로부터 유출하는 처리수의 오탁물 농도는 70mg/L이었다. 발생된 슬러지의 함수율이 98%일 때 제거하여야 할 슬러지량(m³/일)은? (단, 슬러지 비중은 1.0이다.)

① 11.7 ② 14.7

③ 22.1 ④ 29.4

해설 1) 제거 오탁물 농도(TS)
=유입 오탁물 농도－유출 오탁물 농도
=700－70
=630mg/L

2) 제거 슬러지량

$$= \frac{630 mg\ TS}{L} \left| \frac{700 m^3}{day} \right| \frac{1,000L}{1m^3} \left| \frac{1t}{10^9 mg} \right| \frac{100SL}{2TS} \left| \frac{1m^3}{1t} \right.$$

= 22.05m³/day

참고 비중 1.0 = $\dfrac{1t}{1m^3}$

The⁺알아보기

$SL = TS + W$
여기서, SL : 슬러지(100%)
TS : 슬러지 중 고형물(%)
W : 함수율(%)

20 스토크스 법칙에 따라 침전하는 구형 입자의 침전속도는 입자 직경(d)과 어떤 관계가 있는가?

① $d^{1/2}$에 비례 ② d에 비례

③ d에 반비례 ④ d^2에 비례

해설 Stokes 공식

$$V_g = \frac{d^2(\rho_s - \rho_w)g}{18\mu}$$

여기서, V_g : 입자의 침전속도
d : 입자의 직경(입경)
ρ_s : 입자의 밀도
ρ_w : 물의 밀도
μ : 물의 점성계수

21 급속 여과와 비교한 완속 여과의 장점으로 옳은 것은?

① 비침전성 floc의 제거에 쓰인다.

② 여과속도는 100~200m/day이다.

③ 여층이 얇고 역세척설비를 갖추고 있다.

④ 세균 제거가 효과적이다.

해설 ④ 급속 여과는 세균을 효과적으로 제거하기 어렵다.

22 질소, 인 등이 강이나 호수에 지나치게 유입될 때 발생할 수 있는 현상은?

① 빈영양화 ② 저영양화

③ 산영양화 ④ 부영양화

해설 질소(N)와 인(P) 등 영양염류가 수계에 과다 유입되는 현상을 부영양화라고 하며, 부영양화가 담수에서 발생하면 녹조, 해수에서 발생하면 적조 현상이다.

23 120ppm의 NaCl 농도(M)는 얼마인가? (단, 원자량은 Na : 23, Cl : 35.5이다.)

① 0.0015 ② 0.0017

③ 0.0021 ④ 0.01

해설

$$\frac{120mg}{L} \left| \frac{1g}{1,000mg} \right| \frac{1mol}{58.5g} = 0.00205 mol/L$$

NaCl의 분자량=23+35.5=58.5g

단위 몰농도(M)=mol/L
이때, 1mol=분자량(g)
ppm=mg/L

24 수처리 시 사용되는 응집제의 종류가 아닌 것은?

① PAC ② 소석회
③ 입상활성탄 ④ 염화제2철

해설 ③ 활성탄은 흡착제이다.

🌱 **The⁺알아보기**

응집제의 종류
• 알루미늄염(황산알루미늄)
• 철염(염화제2철, 황산제1철)
• 소석회
• PAC 등

25 유기물과 무기물의 함량이 각각 80%, 20%인 슬러지를 소화 처리한 후 유기물과 무기물의 함량이 모두 50%로 되었을 때 소화율(%)은?

① 50 ② 67
③ 75 ④ 83

해설 1) TS_1을 100이라 가정하면,
$VS_1 = 100 \times 0.8 = 80$
$FS_1 = 100 - 80 = 20$
2) 소화과정으로 무기물의 양(FS)은 변하지 않으므로,
$FS_1 = FS_2 = 20$
$FS_2 = TS_2 \times 0.5$ (소화슬러지 고형물 중 50%)
∴ $TS_2 = 40$
3) $VS_2 = TS_2 - FS_2 = 40 - 20 = 20$
4) 소화율 = $\dfrac{\text{제거된 } VS}{\text{소화 전 } VS}$
$= \dfrac{VS_1 - VS_2}{VS_1}$
$= \dfrac{80 - 20}{80}$
$= 0.75 = 75\%$
여기서, TS_1 : 소화 전 슬러지 고형물
TS_2 : 소화 후 슬러지 고형물
VS_1 : 소화 전 슬러지 중 유기물
VS_2 : 소화 후 슬러지 중 유기물
FS_1 : 소화 전 슬러지 중 무기물
FS_2 : 소화 후 슬러지 중 무기물

🌱 **The⁺알아보기**

$TS = VS + FS$
여기서, TS : 슬러지 중 고형물
VS : 슬러지 중 유기물
FS : 슬러지 중 무기물

26 활성슬러지법에서 MLSS(Mixed Liquor Suspended Solids)가 의미하는 것은?

① 포기조 혼합액 중의 부유물질
② 처리장 유입폐수 중의 부유물질
③ 유입폐수 중의 여과된 물질
④ 처리장 방류폐수 중의 부유물질

해설 MLSS는 활성슬러지와 폐수가 혼합된 혼합액 중의 부유물질을 의미한다.

27 부상법의 종류에 해당하지 않는 것은?

① 용존공기부상법
② 침전부상법
③ 공기부상법
④ 진공부상법

해설 **부상법의 종류**
• 공기부상법
• 용존공기부상법
• 진공부상법
• 전해부상법
• 미생물학적 부상법

28 침사지에서 지름이 10^{-2}mm, 비중이 2.65인 모래 입자가 20℃의 물속에서 침전하는 속도(cm/sec)는? (단, Stokes 법칙에 따르며, 물의 밀도는 1g/cm³, 물의 점성계수는 0.01g/cm · sec이다.)

① 8.98×10^{-2} ② 8.98×10^{-3}
③ 9.34×10^{-2} ④ 9.34×10^{-3}

해설 1) $d(\text{cm}) = \dfrac{10^{-2}\text{mm}}{} \left| \dfrac{1\text{cm}}{10\text{mm}} = 10^{-3}\text{cm} \right.$
2) 침전속도
$V_g = \dfrac{d^2(\rho_p - \rho_w)g}{18\mu}$
$= \dfrac{(10^{-3}\text{cm})^2 \times (2.65-1)\text{g/cm}^3 \times 980\text{cm/sec}^2}{18 \times 0.01\text{g/cm} \cdot \text{sec}}$
$= 8.9833 \times 10^{-3}\text{cm/sec}$
여기서, V_g : 입자의 침전속도(cm/sec)
d : 입자의 직경(cm)
ρ_p : 입자의 밀도(g/cm³)
ρ_w : 물의 밀도(g/cm³)
g : 중력가속도(=980cm/sec²)
μ : 물의 점성계수(g/cm · sec)
단위 1cm=10mm

29 독성이 있는 6가를 독성이 없는 3가로 pH 2~4에서 환원시키고, 다시 3가를 pH 8~11에서 침전시켜 처리하는 폐수는?

① 납 함유 폐수
② 비소 함유 폐수
③ 크로뮴 함유 폐수
④ 카드뮴 함유 폐수

해설 **환원침전법**
• 환원 : pH 2~3에서 Cr^{6+}을 Cr^{3+}으로 환원
• 중화 : pH 7~9로 중화, NaOH 주입
• 침전 : pH 8~11에서 수산화물[$Cr(OH)_3$]로 침전

30 산업폐수에 관한 일반적인 설명으로 가장 거리가 먼 것은?

① 주로 악성 폐수가 많다.
② 업종 및 생산방식에 따라 수질이 거의 일정하다.
③ 중금속 등의 오염물질 함량이 생활하수에 비해 높다.
④ 같은 업종일지라도 생산규모에 따라 배수량이 달라진다.

해설 **폐수의 발생원별 분류**

구 분	정의와 특징
생활하수	• 가정에서 발생하는 폐수 • 발생량이 최대
산업폐수	• 공장, 산업지대에서 발생하는 폐수 • 발생량은 생활하수보다 적음 • 고농도 유해물질이 많음 • 주로 악성 폐수가 많음 • 중금속 등의 오염물질 함량이 생활하수에 비해 높음 • 같은 업종일지라도 생산규모에 따라 배수량이 달라짐 • **업종 및 생산방식에 따라 수질이 다양**
온폐수 (온열폐수)	• 높은 열을 포함한 폐수 • 주변 수온을 상승시켜 열오염을 일으킴 • 배출원 : 화력발전소, 제철소, 석유화학공업
방사성폐수	• 방사능 물질을 포함한 폐수 • 생물 내 방사능 축적과 생물농축으로 인체 방사능 피폭 피해 • 배출원 : 원자력발전소, 병원

31 염소 주입 시 물속의 오염물을 산화시키고 처리수에 남아있는 염소의 양은?

① 잔류염소량
② 염소요구량
③ 투입염소량
④ 파괴염소량

해설 염소주입량＝염소요구량＋잔류염소량
• 염소요구량 : 소독 이외의 목적으로 소비되는 염소량
• 잔류염소량 : 염소 주입 시 물속의 오염물을 산화시키고 처리수에 남아있는 염소의 양

32 에탄올(C_2H_5OH)의 완전산화 시 ThOD/TOC의 비는?

① 1.92
② 2.67
③ 3.31
④ 4

해설 $C_2H_5OH + 3O_2 \rightarrow 2CO_2 + 3H_2O$

$$\frac{ThOD}{TOC} = \frac{3O_2}{2C} = \frac{3 \times 32}{2 \times 12} = 4$$

여기서, ThOD : 이론적 산소요구량
TOC : 총유기탄소량

33 표준활성슬러지법으로 폐수를 처리하는 경우 F/M 비(kg BOD/kg SS·day)의 운전범위로 가장 적합한 것은?

① 0.02~0.04
② 0.2~0.4
③ 2~4
④ 4~8

해설 **표준활성슬러지 공법의 설계인자**
• HRT : 6~8시간
• SRT : 3~6일
• F/M : 0.2~0.4kg/kg·day
• MLSS : 1,500~2,500mg/L
• SVI : 50~150(200 이상이면 벌킹)
• BOD 용적부하 : 0.4~0.8
• DO : 2mg/L 이상
• pH : 6~8

34 지하수의 일반적인 특징으로 가장 거리가 먼 것은?

① 유속이 느리다.
② 세균에 의한 유기물 분해가 주된 생물작용이다.
③ 연중 수온이 거의 일정하다.
④ 국지적인 환경조건의 영향을 적게 받는다.

해설 ④ 국지적인 환경조건의 영향을 많이 받는다.

35 하수의 고도처리를 위한 A₂/O 공법의 조 구성으로 가장 거리가 먼 것은?

① 혐기조   ② 혼합조

③ 포기조   ④ 무산소조

> **해설** A₂/O 공법의 조 구성
> 혐기조 – 무산소조 – 호기조(포기조)

36 퇴비화의 장점으로 거리가 먼 것은?

① 초기 시설 투자비가 낮다.

② 비료로서의 가치가 뛰어나다.

③ 토양 개량제로 사용이 가능하다.

④ 운영 시 소요되는 에너지가 낮다.

> **해설** **퇴비화의 장단점**
>
> | 장 점 | 단 점 |
> |---|---|
> | • 생산된 퇴비를 토양 개량제(개선제)로 사용 가능
• 초기 시설 투자비 및 운영비가 저렴
• 운전이 쉬움
• 유기성 폐기물 감량화 | • **생산된 퇴비의 비료가치가 낮음**
• 품질 표준화가 어려움
• 생산된 퇴비의 수요 불확실
• 퇴비가 완성되어도 부피가 감소되지 않음
• 운반비용 증대
• 소요부지 넓음
• 악취 발생 가능 |

37 우수침투 방지와 매립지 상부의 식재를 위해 최종 복토를 할 경우 매립두께(cm)는?

① 10~30   ② 30~60

③ 60~90   ④ 90~120

> **해설** **복토의 두께**
> • 일일 복토 : 15cm 이상
> • 중간 복토 : 30cm 이상
> • 최종 복토 : 60cm 이상

38 화격자 소각로에 관한 설명으로 가장 거리가 먼 것은?

① 연속적인 소각과 배출이 가능하다.

② 화격자는 주입된 폐기물을 이동시켜 적절히 연소되게 하고, 화격자 사이로 공기가 유통되도록 한다.

③ 플라스틱과 같이 열에 쉽게 용용되는 물질의 연소에 적합하다.

④ 수분이 많거나 발열량이 낮은 폐기물도 소각시킬 수 있다.

> **해설** **화격자 소각로의 장단점**
>
> | 장 점 | 단 점 |
> |---|---|
> | • 쓰레기를 대량으로 간편하게 소각 처리하는 데 적합
• 연속적인 소각 · 배출 가능
• 수분이 많거나 발열량이 낮은 폐기물의 소각 가능
• 용량부하가 큼
• 자동운전 가능
• 유동층보다 비산먼지량이 적고, 수명이 김
• 전처리시설이 필요 없음 | • **열에 쉽게 용해되는 물질(플라스틱 등)의 소각에는 부적합(화격자 막힘 우려)**
• 소각시간(체류시간)이 긺
• 배기가스량이 많음
• 교반력이 약해 국부가열 발생
• 고온에서 기계적 가동에 의해 금속부의 마모 및 손실이 심함
• 소각로의 가동 · 정지 조작이 불편 |

39 우리나라 수거분뇨의 pH는 대략 어느 범위에 속하는가?

① 1.0~2.5

② 4.0~5.5

③ 7.0~8.5

④ 10~12

> **해설** 우리나라 분뇨의 pH는 약 7.0~8.5 정도이다.

40 슬러지나 폐기물을 토지 주입 시 중금속류의 성질에 관한 설명으로 가장 거리가 먼 것은?

① Cr : Cr^{3+}은 거의 불용성으로 토양 내에서 존재한다.

② Pb : 토양 내에 침전되어 있어 작물에 거의 흡수되지 않는다.

③ Hg : 토양 내에서 활성도가 커 작물에 의한 흡수가 용이하고, 강우에 의해 쉽게 지표로 용해되어 나온다.

④ Zn : 모래를 제외한 대부분의 토양에 영구적으로 흡착되나, 보통 Cu나 Ni보다 장기간 용해상태로 존재한다.

> **해설** ③ Hg : 토양 내에서 활성도가 커 작물에 의한 흡수가 용이하나, 잔류성이 높아 강우에 의해 쉽게 지표로 용해되어 나오지 않는다.
>
> 🌱 **The⁺알아보기**
>
> **잔류성 물질**
> 생물 체내에 들어와 배출되지 않고 몸속에 쌓이는 물질로, 지용성 물질일수록, 무거울수록 잔류성이 크고, 생물농축이 되기 쉽다.
> 예 중금속, 유기염소계 농약(살충제) 등

41 밀도가 1g/cm³인 폐기물 10kg에 고형화 재료 2kg을 첨가하여 고형화시켰더니 밀도가 1.2g/cm³로 증가하였다. 이 경우 부피변화율은?

① 0.7　　　　　② 0.8
③ 0.9　　　　　④ 1.0

[해설]
1) $MR = \dfrac{\text{첨가제의 질량}}{\text{폐기물의 질량}} = \dfrac{2}{10} = 0.2$

2) 부피변화율　$VCR = \dfrac{\rho_{\text{전}}}{\rho_{\text{후}}}(1 + MR)$

$\quad\quad\quad = \dfrac{1}{1.2} \times (1 + 0.2) = 1$

여기서, VCR : 부피변화율
$\quad\quad MR$: 혼합률
$\quad\quad \rho_{\text{전}}$: 고형화 전 밀도
$\quad\quad \rho_{\text{후}}$: 고형화 후 밀도

42 폐기물 발생량 조사방법으로 틀린 것은?

① 적재차량 계수분석법
② 직접계근법
③ 물질성상분석법
④ 물질수지법

[해설] 폐기물 발생량 조사방법
• 적재차량 계수분석법
• 직접계근법
• 물질수지법
• 통계조사법

43 매립지에서 복토를 하는 목적으로 틀린 것은?

① 악취발생 억제
② 쓰레기 비산 방지
③ 화재 방지
④ 식물성장 방지

[해설] 복토의 목적(기능)
• 빗물 배제
• 화재 방지
• 유해가스 이동성 감소
• 폐기물 비산 방지
• 악취발생 방지
• 병원균 매개체(파리, 모기, 쥐 등) 서식 방지
• 매립지 부등침하 최소화
• 토양미생물의 접종
• 강우에 의한 우수침투량 감소 및 방지(침출수 감소)
• **식물성장 촉진**(매립 완료 후 식물성장에 필요한 토양 제공)
• 미관상의 문제

44 소각로 내의 화상 위에서 폐기물을 태우는 방식으로 플라스틱과 같이 열에 의해 용융되는 물질의 소각에 적당하나, 연소효율이 나쁘고 체류시간이 길며 교반력이 약하여 국부적으로 가열될 염려가 있는 소각로 형식으로 가장 적합한 것은?

① 액체주입형 소각로
② 고정상 소각로
③ 유동상 소각로
④ 열분해 용융 소각로

[해설] 고정상 소각로의 장단점

장 점	단 점
• 열에 열화 · 용해되는 소각물(플라스틱 등), 입자상 물질 소각에 적합 • 화격자에 적재가 불가능한 슬러지, 입자상 물질의 폐기물 소각 가능	• 체류시간이 긺 • 교반력이 약해 국부가열 발생 가능 • 연소효율이 나쁨 • 잔사 용량이 많이 발생 • 초기 가온 시 또는 저열량 폐기물에는 보조연료 필요

45 폐기물이 발생되어 최종 처분되기까지 폐기물관리에 관련되는 활동 중 작은 수거차량으로부터 큰 운반차량으로 폐기물을 옮겨 싣거나, 수거된 폐기물을 최종 처분장까지 장거리 수송하는 기능요소는?

① 발생
② 적환 및 운송
③ 처리 및 회수
④ 최종 처분

[해설] 적환장은 수거를 운반(수송)으로 연결하는 역할을 한다.

46 밀도가 0.8t/m³인 쓰레기 1,000m³를 적재용량 4t인 차량으로 운반한다면, 필요한 차량 수는?

① 100대
② 150대
③ 200대
④ 250대

[해설] 운반차량 대수 = $\dfrac{\text{쓰레기 발생량}}{\text{트럭 1대당 적재용량}}$

$= \dfrac{1,000\text{m}^3}{} \cdot \dfrac{0.8\text{t}}{\text{m}^3} \cdot \dfrac{\text{대}}{4\text{t}}$

$= 200$대

47 유해폐기물 침출수 처리 중 펜톤 처리에 사용되는 약품으로 옳은 것은?

① $Pt + Ca(OH)_2$　　② $Hg + Na_3SO_4$

③ $NaCl + NaOH$　　④ $Fe + H_2O_2$

해설 펜톤시약은 철염($FeSO_4$)과 과산화수소(H_2O_2)로 구성된다.

48 건조 고형물의 함량이 15%인 슬러지를 건조시켜 얻은 고형물 중 회분이 25%, 휘발분이 75%라고 할 때, 슬러지의 비중은? (단, 수분, 회분, 휘발분의 비중은 각각 1.0, 2.0, 1.2이다.)

① 1.01　　　　　　② 1.04

③ 1.09　　　　　　④ 1.13

해설 1) 슬러지 고형물 비중(ρ_{TS})

$TS = VS + FS$

$100 = 75 + 25$

$\dfrac{TS}{\rho_{TS}} = \dfrac{VS}{\rho_{VS}} = \dfrac{FS}{\rho_{FS}}$

$\dfrac{100}{\rho_{TS}} = \dfrac{75}{1.2} + \dfrac{25}{2.0}$

∴ $\rho_{TS} = 1.333$

2) 슬러지 비중(ρ_{SL})

$SL = TS + W$

$100 = 15 + 85$

$\dfrac{SL}{\rho_{SL}} = \dfrac{TS}{\rho_{TS}} + \dfrac{W}{\rho_W}$

$\dfrac{100}{\rho_{SL}} = \dfrac{15}{1.333} + \dfrac{85}{1}$

∴ $\rho_{SL} = 1.038$

49 황화수소 $1Sm^3$의 이론 연소공기량(Sm^3)은? (단, 표준상태 기준, 황화수소는 완전연소되어 물과 이산화황으로 변화된다.)

① 5.6　　　　　　② 7.1

③ 8.7　　　　　　④ 9.3

해설 1) 이론 산소량(O_o)

$H_2S + 1.5O_2 \rightarrow SO_2 + H_2O$

$1Sm^3 : 1.5Sm^3$

$1Sm^3 : O_o(Sm^3)$

∴ $O_o = 1.5Sm^3$

2) 이론 공기량(A_o)

$A_o = \dfrac{O_o}{0.21} = \dfrac{1.5}{0.21} = 7.142\,Sm^3$

50 쓰레기 발생량과 성상에 영향을 미치는 요인에 관한 설명으로 가장 거리가 먼 것은?

① 수집빈도가 높을수록, 그리고 쓰레기통이 클수록 발생량이 감소하는 경향이 있다.

② 일반적으로 도시의 규모가 커질수록 쓰레기 발생량이 증가한다.

③ 쓰레기 관련 법규는 쓰레기 발생량에 매우 중요한 영향을 미친다.

④ 대체로 생활수준이 증가하면 쓰레기 발생량도 증가하며 다양화된다.

해설 **쓰레기 발생량의 영향인자**

영향요인	내 용
도시 규모	도시의 규모가 커질수록 발생량 증가
생활수준	생활수준이 높을수록 발생량이 증가하고 다양화됨
계절	겨울철에 발생량 증가
수집빈도	수집(수거)빈도가 높을수록 발생량 증가
쓰레기통 크기	쓰레기통이 클수록 발생량 증가
재활용품 회수 및 재이용률	재이용률이 높을수록 발생량 감소
법규	폐기물 관련 법규가 강할수록 발생량 감소
장소	장소에 따라 발생량과 성상이 다름
사회구조	평균 연령층 및 교육수준에 따라 발생량이 상이함

51 폐기물 압축의 목적이 아닌 것은?

① 물질 회수 전처리

② 부피 감소

③ 운반비 감소

④ 매립지 수명 연장

해설 ① 물질 회수 전처리는 선별의 목적이다.

The⁺알아보기

폐기물 압축의 목적

- 감량화(부피 감소)
- 운반비 절감
- 겉보기 비중 증가
- 매립지 소요면적 감소
- 매립지 수명 연장

52 폐기물 수거노선을 결정할 때 고려사항으로 거리가 먼 것은?

① 가능한 한 시계방향으로 수거노선을 정한다.
② 출발점은 차고지와 가깝게 한다.
③ 수거인원 및 차량형식이 같은 기존 시스템의 조건들을 서로 관련시킨다.
④ 쓰레기 발생량이 가장 많은 곳을 하루 중 가장 나중에 수거한다.

해설 **쓰레기 수거노선 결정 시 고려사항**
• 높은 지역(언덕)에서부터 내려가면서 적재한다(안전성, 연료비 절약).
• 시작지점은 차고와 인접하게, 종료지점은 처분지와 인접하도록 한다.
• 가능한 간선도로에서 시작 및 종료한다(지형지물 및 도로경계 등의 같은 장벽 이용).
• 가능한 시계방향으로 수거노선을 정한다.
• 쓰레기가 적게 발생하는 지점은 가능한 같은 날 정기적으로 수거하고, 많이 발생하는 지점은 가장 먼저 수거한다.
• 반복 운행 및 U자형 회전을 피한다.
• 출퇴근시간(많은 교통량)을 피한다.

53 발생된 폐기물을 유용하게 사용하기 위한 에너지 회수방법에 대한 설명이 틀린 것은?

① 열량이 높고 함수율이 낮은 폐기물 고체연료(RDF)를 생산한다.
② 가연성 폐기물을 장기간 호기성 소화시켜 메테인가스를 생산한다.
③ 폐기물을 열분해시켜 재사용이 가능한 가스나 액체를 생산한다.
④ 쓰레기 소각장에서 발생한 폐열을 실내수영장에 이용한다.

해설 ② 가연성 폐기물은 RDF로 만들거나 소각 후 폐열을 회수한다.

🕊 **The⁺알아보기**
에너지 회수방법
• 열분해
• 소각폐열 회수
• 혐기성 소화 · 발효
• RDF
• 퇴비화

54 일반적인 폐기물의 위생매립 공법이 아닌 것은?

① 도랑식(Trench method)
② 지역식(Area method)
③ 경사식(Slope or Ramp method)
④ 혐기식(Anaerobic method)

해설 위생매립 공법에는 도랑식, 지역식, 경사식 등이 있다.

55 쓰레기 적환장을 설치하기에 가장 적합한 경우는?

① 산업폐기물과 같이 유해성이 큰 경우
② 인구밀도가 높은 지역을 수집하는 경우
③ 음식물 쓰레기와 같이 부패성이 있는 경우
④ 처분장이 멀어 소형 차량 수송이 비경제적인 경우

해설 **적환장 설치가 필요한 경우**
• 작은 용량($15m^3$ 이하)의 수집차량을 사용하는 경우
• 저밀도 거주지역이 존재하는 경우
• 불법투기와 다량의 어질러진 쓰레기가 발생하는 경우
• 슬러지 수송이나 공기 수송방식을 사용하는 경우
• **처분지가 수집장소로부터 멀리 떨어져 있는 경우**
• 상업지역에서 폐기물 수집에 소형 용기를 많이 사용하는 경우
• 최종 처리장과 수거지역의 거리가 먼 경우(약 16km 이상)

56 음압과 음압레벨에 관한 설명으로 가장 거리가 먼 것은?

① 음원이 존재할 때, 이 음을 전달하는 물질의 압력변화 부분을 음압이라 한다.
② 음압의 단위는 압력의 단위인 Pa(파스칼, $1Pa=1N/m^2$)이다.
③ 가청음압의 범위는 적정 공기압력과 비교하여 200~2,000Pa이다.
④ 인간의 귀는 선형적이 아니라 대수적으로 반응하므로 음압 측정 시에는 Pa 단위를 직접 사용하지 않고, dB 단위를 사용한다.

해설 ③ 가청음압 범위는 적정 공기압력과 비교하여 2×10^{-5} ~60Pa이다.

57 흡음재료의 선택 및 사용상의 유의점에 관한 설명으로 가장 거리가 먼 것은?

① 벽면 부착 시 한 곳에 집중시키기보다는 전체 내벽에 분산시켜 부착한다.

② 흡음재는 전면을 접착재로 부착하는 것보다는 못으로 시공하는 것이 좋다.

③ 다공질 재료는 산란하기 쉬우므로 표면에 얇은 직물로 피복하는 것이 바람직하다.

④ 다공질 재료의 흡음률을 높이기 위해 표면에 종이를 바르는 것이 권장되고 있다.

해설 **흡음재의 선정 및 사용상 주의점**
- 흡음률은 시공 시 배후 공기층의 상황에 따라서 변화하므로, 시공할 때와 동일한 조건인 흡음률 데이터를 이용해야 한다.
- 벽면 부착 시 한 곳에 집중시키기보다는 전체 내벽에 분산시켜 부착한다.
- 방의 모서리(구석)나 가장자리 부분에 흡음재를 부착하면 효과가 좋다.
- 흡음재는 다공질 재료로서의 흡음작용 외에, 판진동에 의한 흡음작용도 발생되므로 진동하기 쉬운 방법이 바람직하다.
  - 예 전면을 접착제로 부착하는 것보다는 못으로 고정시키는 것이 좋다.
- 다공질 재료는 산란하기 쉬우므로 표면에 얇은 직물로 피복하는 것이 바람직하다.
- 비닐시트나 캔버스로 피복을 하는 경우 수백 Hz 이상의 고음역에서는 흡음률의 저하를 각오해야 하나, 저음역에서는 판진동 때문에 오히려 흡음률이 증대하는 경우가 많다.
- 다공질 재료의 표면을 도장하면 고음역의 흡음률이 저하된다.
- 막진동이나 판진동형의 흡음기구는 도장을 해도 지장이 없다.
- **다공질 재료의 표면에 종이를 바르는 것은 피해야 한다.**
- 다공질 재료의 표면을 다공판으로 피복할 때 개구율은 20% 이상으로 하고, 공명흡음의 경우에는 3~20%의 범위로 하는 것이 좋다.

58 각각 음향파워레벨이 89dB, 91dB, 95dB인 음의 평균 파워레벨(dB)은?

① 92.4 ② 95.5 ③ 97.2 ④ 101.7

해설
$$L_{평균}(dB) = 10\log\left[\frac{1}{n}\left(10^{\frac{L_1}{10}} + 10^{\frac{L_2}{10}} + \cdots + 10^{\frac{L_n}{10}}\right)\right]$$
$$= 10\log\left[\frac{1}{3}\left(10^{\frac{89}{10}} + 10^{\frac{91}{10}} + 10^{\frac{95}{10}}\right)\right]$$
$$= 92.41dB$$

여기서, L_1, L_2, L_n : 각각의 소음도(dB)

n : 소음도 개수

59 소음계의 성능기준으로 가장 거리가 먼 것은?

① 레벨레인지 변환기의 전환오차는 5dB 이내이어야 한다.

② 측정 가능 주파수 범위는 31.5Hz~8kHz 이상이어야 한다.

③ 측정 가능 소음도 범위는 35~130dB 이상이어야 한다.

④ 지시계기의 눈금오차는 0.5dB 이내이어야 한다.

해설 ① 레벨레인지 변환기의 전환오차는 0.5dB 이내이어야 한다.

60 일정한 장소에 고정되어 있어 소음 발생시간이 지속적이고 시간에 따른 변화가 없는 소음은?

① 공장 소음 ② 교통 소음 ③ 항공기 소음 ④ 궤도 소음

해설 일정한 장소에 고정되어 지속적으로 발생하는 소음은 공장 소음이다.

01 대기조건 중 고도가 높아질수록 기온이 증가하여 수직온도차에 의한 혼합이 이루어지지 않는 상태는?

① 과단열상태　　② 중립상태
③ 기온역전상태　④ 등온상태

해설 기온역전(대기 안정) 상태
- 고도가 높아질수록 기온이 증가하여 수직방향으로 확산이 일어나지 않는다.
- 대기가 안정되어 오염물질이 확산되지 않는 상태로, 대기오염이 심해진다.

The⁺알아보기

대기의 안정

대기 조건	상 태
대기 안정 (기온역전)	• 고도가 높아질수록 기온이 증가하여 수직방향으로 확산이 일어나지 않는다. • 대기가 안정되어 오염물질이 확산되지 않는 상태로, 대기오염이 심해진다.
대기 불안정	• 고도가 높아질수록 기온이 감소하여 수직방향으로 확산이 일어난다. • 대기가 불안정하여 오염물질이 잘 확산되는 상태로, 대기오염이 감소한다.

저온 (밀도 큼)　　　　고온 (밀도 작음)
　　　　　↕ 대류 발생
고온 (밀도 작음)　　　저온 (밀도 큼)
〈대기 불안정〉　　　　〈대기 안정〉

02 다음 중 1차 및 2차 오염물질에 모두 해당되는 것은?

① 이산화탄소(CO_2)　② 납
③ 알데하이드　　　　④ 일산화탄소

해설 대기 오염물질의 분류

구 분	종 류
1차 대기오염물질	CO, CO_2, HC, HCl, NH_3, H_2S, NaCl, N_2O_3, 먼지, Pb, Zn 등 대부분 물질
2차 대기오염물질	O_3, PAN($CH_3COOONO_2$), H_2O_2, NOCl, 아크롤레인(CH_2CHCHO)
1 · 2차 대기오염물질	SO_x(SO_2, SO_3), NO_x(NO, NO_2), H_2SO_4, HCHO, 케톤, 유기산

03 다음 그림과 같은 집진원리를 갖는 집진장치는?

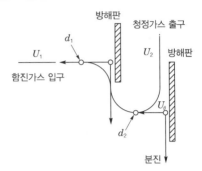

① 중력 집진장치　　② 관성력 집진장치
③ 전기 집진장치　　④ 음파 집진장치

해설 문제의 그림은 관성력 집진장치로, 함진가스를 방해판에 충돌시킴으로써 기류의 급격한 방향전환을 일으켜 입자의 관성력에 의해 가스 흐름으로부터 입자를 분리 · 포집하는 장치이다.

04 촉매산화법으로 악취물질을 함유한 가스를 산화 · 분해하여 처리하고자 할 때, 가장 적합한 연소온도범위는?

① 100~150℃　　② 250~450℃
③ 650~800℃　　④ 850~1,000℃

해설 촉매산화법(촉매연소법)의 정의 및 특징
- 정의 : 백금 등의 금속 촉매를 이용하여 250~450℃로 산화 · 분해하여 처리하는 방법
- 촉매 : 백금, 팔라듐, V_2O_5, K_2SO_4 등
- 효율 : 90% 이상

05 오염가스를 흡착하기 위하여 사용되는 흡착제와 가장 거리가 먼 것은?

① 활성탄　　　　② 활성망가니즈
③ 마그네시아　　④ 실리카겔

해설 ② 활성망가니즈 : 흡수제

The⁺알아보기

흡착제의 종류
활성탄, 실리카겔, 활성알루미나, 합성제올라이트, 마그네시아, 보크사이트

06 A집진장치의 압력손실이 250mmH$_2$O이고, 처리가스량이 6,000m^3/hr일 때, 소요동력을 구하면? (단, 송풍기 효율 : 65%, 여유율 : 20%)

① 6.12kW ② 7.54kW
③ 8.45kW ④ 9.19kW

[해설] $P = \dfrac{Q \times \Delta P \times \alpha}{102 \times \eta}$

$= \dfrac{250 \times \left(\dfrac{6,000}{3,600}\right) \times 1.2}{102 \times 0.65} = 7.541\text{kW}$

여기서, P : 소요동력(kW)
Q : 처리가스량(m^3/sec)
ΔP : 압력(mmH$_2$O)
η : 효율

07 원심력 집진장치에 관한 설명으로 잘못된 것은?

① 처리가능 입자는 3~100μm이며, 저효율 집진장치 중 집진율이 우수하고, 경제적인 이유로 전처리장치로 많이 사용된다.
② 설치비와 유지비가 저렴한 편이다.
③ 점착성이나 딱딱한 입자가 함유된 배출가스에 적합하다.
④ 블로다운 효과와 관련이 있다.

[해설] ③ 점착성이나 딱딱한 입자가 함유된 배출가스에는 세정집진장치가 적합하다.

08 감압 또는 진공이라 함은 따로 규정이 없는 한 얼마 이하를 의미하는가?

① 15mmHg 이하 ② 20mmHg 이하
③ 30mmHg 이하 ④ 76mmHg 이하

[해설] "감압 또는 진공"이라 함은 따로 규정이 없는 한 15mmHg 이하를 뜻한다.

09 연소 시 연소상태를 조절하여 질소산화물 발생을 억제하는 방법으로 가장 거리가 먼 것은?

① 저온도 연소
② 저산소 연소
③ 공급공기량의 과량 주입
④ 수증기 분무

[해설] ③ 공기량이 늘어나면 연소 시 공급되는 산소가 늘어나므로 NOx 발생량이 증가한다.

The⁺알아보기

연소조절에 의한 NOx 저감방법
• 저온 연소
• 저산소 연소
• 저질소 성분연료 우선 연소
• 2단 연소
• 최고화염온도를 낮추는 방법
• 배기가스 재순환
• 버너 및 연소실의 구조 개선
• 수증기 및 물 분사

10 유해가스 측정을 위한 시료채취장치가 순서대로 바르게 구성된 것은?

① 굴뚝 – 시료채취관 – 여과재 – 흡수병 – 건조재 – 흡인펌프 – 가스미터
② 굴뚝 – 건조재 – 흡인펌프 – 가스미터 – 시료채취관 – 여과재 – 흡수병
③ 굴뚝 – 시료채취관 – 가스미터 – 여과재 – 흡수병 – 건조재 – 흡인펌프
④ 굴뚝 – 가스미터 – 흡인펌프 – 건조재 – 흡수병 – 시료채취관 – 여과재

[해설] 배출가스 중 가스상 물질의 시료채취장치 구성
굴뚝 – 시료채취관 – 여과재 – 흡수병 – 건조재 – 흡인펌프 – 가스미터

11 지구의 대기권은 고도에 따른 기온의 분포에 의해 몇 개의 권역으로 구분하는데, 다음 설명에 해당하는 것은?

• 고도가 높아짐에 따라 온도가 상승한다.
• 공기의 상승이나 하강과 같은 수직이동이 없는 안정한 상태를 유지한다.
• 지면으로부터 20~30km 사이에 오존이 많이 분포하고 있는 오존층이 있다.

① 대류권 ② 성층권
③ 중간권 ④ 열권

[해설] 오존층은 성층권에 있다.

The⁺알아보기

대기권의 구조
• 대류권 : 기상현상, 대기오염 발생
• 성층권 : 오존층 존재
• 중간권 : 대기층 중 기온이 가장 낮음
• 열권 : 기체 농도가 희박함

12 다음 집진장치 중 일반적으로 동력비가 가장 적게 드는 것은?

① 벤투리 스크러버 ② 사이클론
③ 살수탑 ④ 중력 집진장치

해설 ④ 중력 집진장치가 집진장치 중 동력비가 가장 적다.

13 다음 설명에 해당하는 대기오염물질은?

- 상온에서 무색투명하고, 일반적으로 불쾌한 자극성 냄새를 내는 액체이다.
- 대단히 증발하기 쉬우며, 인화점이 −30℃ 정도이고, 대단히 연소하기 쉽다.
- 이 물질의 증기는 공기보다 2.64배 정도 무겁다.

① 이산화황 ② 이황화탄소
③ 이산화질소 ④ 일산화질소

해설 이황화탄소(CS_2)의 성질
- 상온에서 무색투명하고, 일반적으로 불쾌한 자극성 냄새를 내는 액체이다.
- 휘발성(증발하기 쉬움)을 가지며, 연소가 쉽다.
- 증기는 공기보다 2.64배 정도 무겁다.
- 인화점 : −30℃, 끓는점 : 46.45℃, 녹는점 : −111.53℃
- 배출원 : 비스코스 섬유공업
- 영향 : 중추신경계 장애

14 로스앤젤레스(Los Angeles)형 스모그 발생조건으로 가장 거리가 먼 것은?

① 방사성 역전형태 ② 23~32℃의 고온
③ 광화학적 반응 ④ 석유계 연료

해설 로스앤젤레스형 스모그의 발생조건
- **침강성 역전형태**
- 23~32℃의 고온
- 광화학적 반응
- 석유계 연료
- 높은 자외선 농도

15 다음 실내공기 오염물질 중 주로 단열재, 절연재, 브레이크, 방열재 등에서 발생되며 인체에 다량 흡입되면 피부질환, 호흡기질환, 폐암, 중피종 등을 유발시키는 것은?

① 총부유세균 ② 석면
③ 오존 ④ 일산화탄소

해설 석면
- 자연계에서 존재하는 섬유상 규산광물의 총칭
- 내열성, 불활성
- 용도 : 단열재, 절연재, 방열재, 브레이크 등
- 인체 영향 : 인체에 다량 흡입되면 피부질환, 호흡기질환, 폐암, 중피종 등을 유발

16 물속의 탄소유기물이 호기성 분해를 하여 발생하는 것은?

① 암모니아 ② 이산화탄소
③ 메테인가스 ④ 유화수소

해설 유기물을 호기성 분해시키면, 이산화탄소(CO_2), 물(H_2O) 등이 발생한다.

The⁺알아보기

호기성 분해와 혐기성 분해의 비교
- **호기성 분해**
  고분자 + 산소 → 저분자(산화물질) + 에너지
  유기물 + O_2 → CO_2 + H_2O + 에너지
  $C_6H_{12}O_6 + 6O_2 \rightarrow 6CO_2 + 6H_2O$
- **혐기성 분해**
  고분자 → 저분자(혐기성 기체) + 에너지
  유기물 → CO_2 + CH_4 + 에너지
  $C_6H_{12}O_6 \rightarrow 3CO_2 + 3CH_4$

17 탱크에 쇄석 등의 여재를 채우고 위에서 폐수를 뿌려 쇄석 표면에 번식하는 미생물이 폐수와 접촉하여 유기물을 섭취·분해하여 폐수를 생물학적으로 처리하는 방식은?

① 활성슬러지법 ② 호기성 산화지법
③ 회전원판법 ④ 살수여상법

해설 생물막 공법(부착생물법)의 종류
- 살수여상법 : 여재에 미생물을 키워 호기성 처리하는 생물막 공법
- 회전원판법 : 원판에 미생물을 키워 원판을 회전하면서 호기성 처리하는 생물막 공법
- 접촉산화법 : 접촉제에 미생물을 키워 호기성 처리하는 생물막 공법
- 호기성 여상법 : 3~5mm 정도의 접촉 여재를 충전시킨 여상에 미생물을 키워 호기성 처리하는 생물막 공법

18 에탄올의 농도가 250mg/L인 폐수의 이론적인 화학적 산소요구량은?

① 397.3mg/L ② 415.6mg/L
③ 457.5mg/L ④ 521.7mg/L

해설 $C_2H_5OH + 3O_2 \rightarrow 2CO_2 + 3H_2O$

$46g \quad : 3 \times 32g$

$250mg/L : X(mg/L)$

$\therefore X = \dfrac{3 \times 32 \times 250\,mg/L}{46} = 521.74mg/L$

19 레이놀즈수의 관계인자와 거리가 먼 것은?

① 입자의 지름 ② 액체의 점도

③ 액체의 비표면적 ④ 입자의 속도

해설 레이놀즈수 $Re = \dfrac{관성력}{점성력} = \dfrac{\rho vD}{\mu} = \dfrac{vD}{\nu}$

여기서, ρ : 입자의 밀도

v : 입자의 유속

D : 관의 직경

μ : 유체의 점성계수

ν : 유체의 동점성계수

20 다음 중 환원법과 수산화제2철 공침법으로 처리할 수 있는 폐수는?

① 염소 함유 폐수 ② 비소 함유 폐수

③ COD 함유 폐수 ④ 색도 함유 폐수

해설 **비소의 처리방법**

수산화물(수산화제2철) 공침법, 환원법, 이온교환법, 흡착법

21 질소 제거를 위한 고도처리방법으로 거리가 먼 것은?

① 탈기 ② A/O 공정

③ 염소 주입 ④ 선택적 이온교환

해설 **질소 및 인 제거공정**

구 분	처리방법	공 정
질소 제거	물리화학적 방법	• 암모니아 탈기법(스트리핑) • 파괴점 염소 주입법 • 선택적 이온교환법
	생물학적 방법	• MLE(무산소-호기법) • 4단계 바덴포(bardenpho) 공법
인 제거	물리화학적 방법	• 금속염 첨가법 • 석회 첨가법(정석탈인법)
	생물학적 방법	• **A/O 공법(혐기-호기법)** • 포스트립(phostrip) 공법
질소·인 동시제거		• A₂/O 공법 • UCT 공법 • MUCT 공법 • VIP 공법 • SBR 공법 • 수정 포스트립 공법 • 5단계 바덴포 공법

22 염소의 수중 용해상태가 다음 표와 같을 때, 살균력이 가장 큰 것은?

구 분	OCl⁻	HOCl
㉠	80%	20%
㉡	60%	40%
㉢	40%	60%
㉣	20%	80%

① ㉠ ② ㉡

③ ㉢ ④ ㉣

해설 OCl^-보다 $HOCl$의 살균력이 더 높아서, $HOCl$ 비율이 클수록 살균력이 크다.

23 BOD, SS의 제거율이 비교적 높고, 악취나 파리의 발생이 거의 없으며, 설치면적은 적게 드나, 슬러지 팽화의 문제점이 있고, 슬러지 생성량이 비교적 많은 생물학적 처리방법은?

① 활성슬러지법 ② 회전원판법

③ 산화지법 ④ 살수여상법

해설 슬러지 팽화는 부유생물법(활성슬러지법 및 그 변법)에서 발생하는 문제이다.

24 다음 중 부영양화의 원인물질 또는 영향물질의 양을 측정하는 평가방법으로 가장 거리가 먼 것은?

① 경도 측정

② 투명도 측정

③ 영양염류 농도 측정

④ 클로로필-a 농도 측정

해설 **부영양화 평가방법**

• 투명도 측정

• 영양염류(총인, 총질소) 농도 측정

• 클로로필-a 농도 측정

The⁺알아보기

부영양화 평가지수

• 부영양화지수(TSI ; Trophic State Index)

• 칼슨지수 : 클로로필-a, 총인, 투명도를 지표로 부영양화를 평가

• AGP(Algae Growth Potential) : 조류를 20℃ 고도 4,000lux에서 배양하여 증식한 조류의 건조중량값

25 다음 중 크로뮴 함유 폐수처리 시 사용되는 크로뮴 환원제에 해당하지 않는 것은?

① NH_2SO_4
② Na_2SO_3
③ $FeSO_4$
④ SO_2

해설 크로뮴(Cr)의 환원제
Na_2SO_3, $FeSO_4$, SO_2, $NaHSO_3$

26 펜톤(fenton) 산화반응에 대한 설명으로 옳은 것은?

① 황화수소의 난분해성 유기물질 산화
② 과산화수소의 난분해성 유기물질 산화
③ 오존의 난분해성 유기물질 산화
④ 아질산의 난분해성 유기물질 산화

해설 펜톤 산화
펜톤 시약(과산화수소와 2가 철)을 혼합시켜 생기는 OH 라디칼의 산화력을 이용하여 난분해성 유기물 등을 분해(산화)하는 폐수처리방법

27 산도(acidity)나 경도(hardness)는 무엇으로 환산하는가?

① 염화칼슘
② 수산화칼슘
③ 질산칼슘
④ 탄산칼슘

해설 산도(acidity), 경도(hardness), 알칼리도(alkalinity)는 탄산칼슘($CaCO_3$)의 양(mg/L 또는 ppm)으로 나타낸다.

28 미생물 성장곡선에서 다음과 같은 특성을 보이는 단계는?

- 살아 있는 미생물들이 조금밖에 없는 양분을 두고 서로 경쟁하고, 신진대사율은 큰 비율로 감소한다.
- 미생물은 그들 자신의 원형질을 분해시켜 에너지를 얻는 자산화 과정을 겪게 되어 전체 원형질 무게는 감소된다.

① 지체기
② 대수성장기
③ 감소성장기
④ 내생호흡기

해설 미생물 성장곡선의 단계
1) 유도기 : 환경에 적응하면서 증식 준비
2) 증식기 : 증식이 시작되고, 증식속도가 점점 증가
3) 대수성장기 : 증식속도 최대, 신진대사율 최대
4) 정지기(감소성장기) : 미생물의 양 최대
5) 사멸기(내생성장기, 내생호흡기) : 신진대사율 급격히 감소, 미생물 자산화, 원형질의 양 감소

29 다음 중 생물학적 폐수처리방법과 가장 거리가 먼 것은?

① 활성슬러지법
② 산화지법
③ 부상분리법
④ 살수여상법

해설 ③ 부상분리법은 물리적 폐수처리방법이다.

30 다음 중 수중의 알칼리도를 ppm 단위로 나타낼 때 기준이 되는 물질은?

① $Ca(OH)_2$
② CH_3OH
③ $CaCO_3$
④ HCl

해설 산도, 경도, 알칼리도는 탄산칼슘($CaCO_3$)의 양(mg/L 또는 ppm)으로 나타낸다.

31 다음 중 폐수를 응집침전으로 처리할 때 영향을 주는 주요 인자와 가장 거리가 먼 것은?

① 수온
② pH
③ DO
④ Colloid의 종류와 농도

해설 응집반응의 영향인자
수온, pH, 알칼리도, 콜로이드(colloid)의 종류와 농도, 교반조건, 용존물질의 성분

32 성층이 형성될 경우 수면 부근에서부터 하부로 내려갈수록 형성된 층의 구분으로 옳은 것은?

① 표수층 → 수온약층 → 심수층
② 심수층 → 수온약층 → 표수층
③ 수온약층 → 심수층 → 표수층
④ 수온약층 → 표수층 → 심수층

해설 호소수의 수면으로부터 성층 구분
표수층(순환층) → 수온약층(변온층) → 심수층(정체층)

33 인산염인을 아스코르브산 환원법에 의해 흡광도 측정을 할 때 880nm에서 측정이 불가능 할 경우 측정파장값으로 옳은 것은?

① 220nm
② 568nm
③ 710nm
④ 1,065nm

해설 인산염인 – 자외선/가시선 분광법 – 아스코르브산 환원법

물속에 존재하는 인산염인을 측정하기 위하여 몰리브데넘산암모늄과 반응하여 생성된 몰리브데넘산인암모늄을 아스코르브산으로 환원하여 생성된 몰리브데넘산 청의 흡광도를 880nm에서 측정하여 인산염인을 정량하는 방법으로, 880nm에서 흡광도 측정이 불가능할 경우에는 710nm에서 측정한다.

34 다음 중 물리적 흡착의 특징을 모두 고른 것은?

> ㉠ 흡착과 탈착이 비가역적이다.
> ㉡ 온도가 낮을수록 흡착량이 많다.
> ㉢ 흡착이 다층(multi-layers)에서 일어난다.
> ㉣ 분자량이 클수록 잘 흡수된다.

① ㉠, ㉡   ② ㉡, ㉣
③ ㉠, ㉡, ㉢   ④ ㉡, ㉢, ㉣

해설 물리적 흡착과 화학적 흡착의 비교

구 분	물리적 흡착	화학적 흡착
원리	용질-흡착제 간의 분자인력이 용질-용매 간의 인력보다 클 때 흡착	흡착제-용질 사이의 화학반응에 의해 흡착
구동력	반데르발스 힘	화학반응
반응	**가역반응**	비가역반응
재생	가능	불가능
흡착열 (발열량)	적음 (40kJ/mol 이하)	많음 (80kJ/mol 이상)
압력과의 관계	**분자량↑ 압력↑ ➡ 흡착능↑**	압력↓ ➡ 흡착능↑
온도와의 관계	**온도↓ ➡ 흡착능↑**	온도↑ ➡ 흡착능↑
분자층	**다분자층 흡착**	단분자층 흡착

35 염소를 이용하여 살균할 때 주입된 염소량과 남아 있는 염소량과의 차이를 무엇이라 하는가?

① 염소요구량
② 유리염소량
③ 잔류염소량
④ 클로라민

해설 염소요구량=염소주입량-잔류염소량
• 염소요구량 : 소독 이외의 목적으로 소비되는 염소량
• 잔류염소량 : 염소 주입 시 물속의 오염물을 산화시키고 처리수에 남아 있는 염소의 양

36 유독한 6가 크롬이 함유된 폐수를 처리하는 과정에서 환원제로 사용하기에 적합한 것은?

① NaOCl
② Cl_2
③ $FeSO_4$
④ O_3

해설 환원제의 종류
SO_2, Na_2SO_3, $NaHSO_3$, $FeSO_4$

37 다음 중 일반적인 슬러지 처리 계통도를 바르게 나열한 것은?

① 농축 → 안정화 → 개량 → 탈수 → 소각 → 최종처분
② 농축 → 안정화 → 소각 → 탈수 → 개량 → 최종처분
③ 안정화 → 개량 → 탈수 → 농축 → 소각 → 최종처분
④ 안정화 → 농축 → 탈수 → 개량 → 소각 → 최종처분

해설 슬러지 처리의 계통도
농축(수분 제거, 감량화) → 소화(유기물 제거, 안정화) → 개량(탈수성 향상) → 탈수(수분 제거, 감량화) → 건조 → 소각(중간처분) → 매립(최종처분)

38 다음 중 폐기물의 기름성분 분석방법 중 중량법(노말헥세인 추출시험방법)에 관한 설명으로 옳지 않은 것은?

① 25℃의 물중탕에서 30분간 방치하고, 따로 물 20mL를 취하여 시료의 시험방법에 따라 시험하여 바탕시험액으로 한다.
② 폐기물 중의 비교적 휘발되지 않는 탄화수소, 탄화수소유도체, 그리스유상 물질 중 노말헥세인에 용해되는 성분에 적용한다.
③ 시료에 적당한 응집제 또는 흡착제 등을 넣어 노말헥세인 추출물질을 포집한 다음, 노말헥세인으로 추출하고 잔류물의 무게를 측정하여 노말헥세인 추출물질의 양으로 한다.
④ 시료 적당량을 분액깔대기에 넣고 메틸오렌지용액(0.1W/V%)을 2~3방울 넣은 후 황색이 적색으로 변할 때까지 염산(1+1)을 넣어 pH 4 이하로 조절한다.

해설 ① 80℃의 물중탕에서 10분간 가열 분해한 후 시험기준에 따라 시험한다. 따로 실험에 사용된 노말헥세인 전량을 미리 항량으로 하여 무게를 단 증발용기에 넣어 시료와 같이 조작하여 노말헥세인을 날려 보내고 바탕시험을 행하고 보정한다.

39 폐기물을 분석하기 위한 시료의 축소화방법으로만 적절하게 나열된 것은?

① 구획법, 교호삽법, 원추4분법
② 구획법, 교호삽법, 직접계근법
③ 교호삽법, 물질수지법, 원추4분법
④ 구획법, 교호삽법, 적재차량계수법

해설 **시료의 분할채취방법**(폐기물 공정시험기준)
• 구획법
• 교호삽법
• 원추4분법

40 다음은 폐기물 매립처분시설 중 어떤 시설에 해당하는 설명인가?

• 악취, 쓰레기의 비산, 해충 및 야생동물의 번식, 화재 등을 방지하기 위해 설치한다.
• 쓰레기의 매립 및 다짐 작업에 필요할 뿐만 아니라 우수의 침투를 방지하는 효과가 있어 침출수 발생량을 감소시키는 역할도 한다.
• 이 시설은 매일복토, 중간복토, 최종복토로 나눈다.

① 차수시설　　　② 덮개시설
③ 저류구조물　　④ 우수집배수시설

해설 문제는 복토(덮개시설)에 관한 설명이다.

41 매립지역 선정 시 고려사항이 아닌 것은?

① 매몰 후 덮을 수 있는 충분한 흙이 있어야 하며, 점토의 용이성 등 흙의 성질을 고려해야 한다.
② 용지 매수가 쉽고, 경제적이어야 한다.
③ 입지 선정 후에 야기될 주민들의 반응도 고려한다.
④ 지하수 침투를 용이하게 하기 위해 낮은 지역으로 선정한다.

해설 **매립지역 선정 시 고려사항**
• 매몰 후 덮을 수 있는 충분한 흙이 있어야 하며, 점토의 용이성 등 흙의 성질을 고려해야 한다.
• 용지 매수가 쉽고, 경제적이어야 한다.
• 입지 선정 후에 야기될 주민들의 반응도 고려한다.
• 지하수 침투가 어려운 높은 지역으로 선정한다.

42 하부에서 뜨거운 가스로 모래를 가열하여 부상시키고, 상부에서는 폐기물을 주입하여 소각시키는 형태의 소각로는?

① 액체주입형 소각로
② 화격자 소각로
③ 회전형 소각로
④ 유동상 소각로

해설 **유동상(유동층) 소각로**
하부에서 뜨거운 공기를 주입하여 유동매체(모래)를 부상시켜 가열하고, 상부에서 폐기물을 주입하여 소각하는 형식

43 다음 중 폐기물의 중간처리가 아닌 것은?

① 압축
② 파쇄
③ 선별
④ 매립

해설 ④ 매립은 최종처분이다.

44 함수율 60%인 폐기물 1,000kg을 건조시켜 함수율을 25%로 하였을 때, 건조 후의 폐기물 중량은? (단, 건조 전후의 기타 특성변화는 고려하지 않는다.)

① 약 0.47t　　② 약 0.53t
③ 약 0.67t　　④ 약 0.78t

해설 $V_1(1-W_1)=V_2(1-W_2)$
$1,000kg(1-0.6)=V_2(1-0.25)$
∴ $V_2=\dfrac{(1-0.6)}{(1-0.25)}\times1,000kg=533.33kg=0.533t$
여기서, V_1 : 농축 전 폐기물의 양
V_2 : 농축 후 폐기물의 양
W_1 : 농축 전 폐기물의 함수율
W_2 : 농축 후 폐기물의 함수율
단위 1t=1,000kg

45 다음 그림은 폐기물을 매립한 후 발생하는 생성가스의 농도 변화를 단계적으로 나타낸 것이다. 유기물이 효소에 의해 발효되는 "혐기성 비메테인" 단계는?

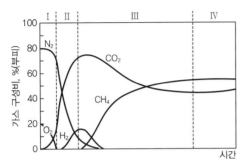

① Ⅰ단계   ② Ⅱ단계
③ Ⅲ단계   ④ Ⅳ단계

해설 매립가스 발생순서
- 제1단계 : 호기성 단계, 초기조절단계
- 제2단계 : 혐기성 전환단계, 비메테인 단계, 산 생성단계
- 제3단계 : 메테인 생성 · 축적단계
- 제4단계 : 혐기성 정상상태단계

46 탄소 6kg이 이론적으로 완전연소할 때 발생하는 이산화탄소의 양(kg)은?

① 44kg   ② 36kg
③ 22kg   ④ 12kg

해설
$$C + O_2 \rightarrow CO_2$$
$$12kg \quad : \quad 44kg$$
$$6kg \quad : \quad X(kg)$$
$$\therefore X = \frac{44 \times 6}{12} = 22kg$$

47 1,792,500t/year의 쓰레기를 2,725명의 인부가 수거하고 있다면 수거인부의 수거능력(MHT)은? (단, 수거인부의 1일 작업시간은 8시간, 1년 작업일수는 310일이다.)

① 2.16   ② 2.95
③ 3.24   ④ 3.77

해설

$$MHT = \frac{수거인부(인) \times 수거작업시간(hr)}{쓰레기 수거량(t)}$$

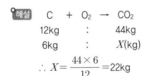

$$= 3.770$$

48 매립지의 복토기능으로 거리가 먼 것은?

① 화재 발생 방지
② 우수의 이동 및 침투 방지로 침출수량 최소화
③ 유해가스 이동성 향상
④ 매립지의 압축효과에 따른 부등침하의 최소화

해설 복토의 목적(기능)
- 빗물 배제
- 화재 방지
- **유해가스 이동성 감소**
- 폐기물 비산 방지
- 악취발생 방지
- 병원균 매개체(파리, 모기, 쥐 등) 서식 방지
- 매립지 부등침하 최소화
- 토양미생물의 접종
- 강우에 의한 우수침투량 감소 및 방지(침출수 감소)
- 식물성장 촉진(매립 완료 후 식물성장에 필요한 토양 제공)
- 미관상의 문제

49 폐기물 파쇄 전후의 입자 크기와 입자 크기 분포를 이해하는 것은 폐기물 특성을 파악하는 데 매우 중요하다. 대표적으로 사용하는 특성입경은 입자의 무게기준으로 몇 %가 통과할 수 있는 체 눈의 크기를 말하는가?

① 36.8%
② 50%
③ 63.2%
④ 80.7%

해설
- 유효입경(D_{10}) : 입자 무게 기준 10% 통과 체 눈의 크기
- 평균입경(D_{50}) : 입자 무게 기준 50% 통과 체 눈의 크기
- 특성입경 : 입자 무게 기준 63.2% 통과 체 눈의 크기

50 85%의 함수율을 갖고 있는 쓰레기를 건조시켜 함수율이 25%가 되었다면 쓰레기 1톤에 대하여 증발하는 수분의 양은? (단, 비중은 모두 1.0)

① 600kg   ② 700kg
③ 800kg   ④ 900kg

해설 1) 농축 후 폐기물의 양(V_2)

$$V_1(1-W_1)=V_2(1-W_2)$$

$$1{,}000kg(1-0.85)=V_2(1-0.25)$$

$$\therefore V_2=\frac{(1-0.85)}{(1-0.25)}\times1{,}000kg=200kg$$

2) 쓰레기 1톤당 증발시켜야 할 수분의 양(kg)

$$V_1-V_2=1{,}000-200=800kg$$

여기서, V_1 : 농축 전 폐기물의 양

V_2 : 농축 후 폐기물의 양

W_1 : 농축 전 폐기물의 함수율

W_2 : 농축 후 폐기물의 함수율

단위 1t=1,000kg

51 폐기물 공정시험기준에 따라 폐기물 중의 카드뮴을 원자흡수 분광광도법으로 분석할 때 측정파장은?

① 123.3nm ② 228.8nm

③ 583.3nm ④ 880nm

해설 원자흡수 분광광도법에서 카드뮴의 측정파장은 228.8nm 이다.

52 연도가스의 잉여열을 이용하여 보일러에 주입되는 물을 예열함으로써 보일러 드럼에 발생되는 열응력을 감소시켜 보일러의 효율을 높이는 장치는?

① 과열기(super heater)

② 재열기(reheater)

③ 절탄기(economizer)

④ 공기예열기(air preheater)

해설 **열교환기의 종류**

• 과열기(super heater) : 보일러에서 발생하는 포화증기에 포함된 수분을 제거하여 과열도가 높은 증기를 얻도록 하는 장치

• 재열기(reheater) : 과열기와 같은 구조로, 과열기 중간 또는 뒤쪽에 설치하는 장치

• 절탄기(economizer) : 연도로 배출되는 배기가스 중의 폐열을 이용하여 보일러의 급수를 예열함으로써 열효율을 높이는 설비

• 공기예열기(air preheater) : 연도가스의 여열을 이용하여 연소용 공기를 예열하여 보일러의 효율을 높이는 장치

• 증기터빈(steam turbine) : 증기가 갖는 열에너지를 회전운동으로 전환시키는 장치

53 다음 중 덮개시설에 관한 설명으로 옳지 않은 것은?

① 당일복토는 매립작업 종료 후에 매일 실시한다.

② 셀(cell) 방식의 매립에서는 상부면의 노출기간이 7일 이상이므로 당일복토는 주로 사면부에 두께 15cm 이상으로 실시한다.

③ 당일복토재로 사질토를 사용하면 압축작업이 쉽고 통기성은 좋으나 악취 발산의 가능성이 커진다.

④ 중간복토의 두께는 15cm 이상으로 하고, 우수 배제를 위해 중간복토층은 최소 0.5% 이상의 경사를 둔다.

해설 ④ 중간복토의 두께는 30cm 이상으로 하고, 우수 배제를 위해 중간복토층은 최소 2% 이상의 경사를 둔다.

54 철과 같이 재활용 가치가 높은 자원을 수거된 폐기물로부터 선별하는 데 적합한 선별방법은?

① 공기 선별

② 자석 선별

③ 부상 선별

④ 스크린 선별

해설 ② 자석 선별 : 대형 자석을 사용하여 폐기물로부터 철분 등을 선별하는 방법

55 인구 100만명이 거주하는 도시에서 1주일 동안 8,000m³의 쓰레기를 수거하였다. 쓰레기의 밀도가 850kg/m³라면 쓰레기 발생원의 단위는?

① 0.92kg/인·일

② 0.97kg/인·일

③ 1.03kg/인·일

④ 1.13kg/인·일

해설 단위환산으로 풀이한다.

1인 1일 쓰레기 발생량(kg/인·일)

$$=\frac{850kg}{m^3}\left|\frac{8{,}000m^3}{7일}\right|\frac{}{1{,}000{,}000인}$$

$$=0.97kg/인·일$$

참고 쓰레기 발생량 = 쓰레기 수거량

56 음향파워가 0.1watt일 때 PWL은?

① 1dB ② 10dB

③ 100dB ④ 110dB

해설 $PWL(\text{dB}) = 10\log\dfrac{W}{W_0} = 10\log\left(\dfrac{0.1}{10^{-12}}\right) = 110\text{dB}$

여기서, W_0 : 최소가청음의 음향파워(10^{-12}W)

　　　 W : 대상음의 음향파워(W)

57 다음 중 지반을 전파하는 파에 관한 설명으로 옳은 것은?

① 종파는 파동의 진행방향과 매질의 진동방향이 서로 수직이다.

② 종파는 매질이 없어도 전파된다.

③ 음파는 종파에 속한다.

④ 지진파의 S파는 파동의 진행방향과 매질의 진동방향이 서로 평행하다.

해설 ① 종파는 파동의 진행방향과 매질의 진동방향이 서로 평행하다.

② 종파는 매질이 있어야 전파된다.

④ 지진파의 S파는 횡파이므로, 파동의 진행방향과 매질의 진동방향이 서로 수직이다.

🌱 **The⁺알아보기**

파동의 종류

구 분	특 징	예
종파	• 파동의 진행방향과 매질의 진동방향이 평행한 파동 • 매질이 있어야만 전파됨 • 물체의 체적부피 변화에 의해 전달되는 파동	소밀파, P파, 압력파, 음파, 지진파의 P파
횡파	• 파동의 진행방향과 매질의 진동방향이 수직인 파동 • 매질이 없어도 전파됨 • 물체의 형상 탄성에 의해 전달되는 파동	고정파, 전자기파(광파, 전파), 지진파의 S파
표면파	• 지표면을 따라 전달되는 파동 • 매질 표면을 따라 전달됨 • 에너지가 가장 큼 • 전파속도가 느림	레일리파(R파), 러브파(L파)

58 음향파워레벨(PWL)이 100dB인 음원의 음향파워는?

① 0.01W ② 0.1W

③ 1W ④ 10W

해설 $PWL(\text{dB}) = 10\log\dfrac{W}{W_0}$

여기서, W : 대상음의 음향파워(W)

　　　 W_0 : 최소가청음의 음향파워(10^{-12}W)

$100 = 10\log\left(\dfrac{W}{10^{-12}}\right)$

∴ $W = 0.01$

🌱 **The⁺알아보기**

$PWL = 10\log\dfrac{W}{W_0}$

위 식을 W에 관해 정리하여 계산하면 다음과 같다.

$W = W_0 \times 10^{\frac{PWL}{10}} = 10^{-12} \times 10^{\frac{100}{10}} = 0.01\text{W}$

59 금속스프링의 장점이라 볼 수 없는 것은?

① 환경요소(온도, 부식, 용해 등)에 대한 저항성이 크다.

② 최대변위가 허용된다.

③ 공진 시에 전달율이 매우 크다.

④ 저주파 차진에 좋다.

해설 금속스프링의 장단점

구 분	내 용
장점	• 환경요소(온도, 부식 등)에 대한 저항성이 큼 • 부착이 용이하며, 내구성이 좋음 • 최대변위가 허용됨 • 저주파 차진에 좋음(2~6Hz) • 가격이 비교적 안정적이고 하중의 대소에도 불구하고 사용 가능함
단점	• 감쇠가 거의 없고 공진 시에 전달률이 매우 큼 • 고주파 차진 어려움 • 공진시 전달률이 매우 큼 • 서징(surging), 락킹(locking) 발생

60 70dB과 80dB인 두 소음의 합성레벨을 구하는 식으로 옳은 것은?

① $10\log(10^{70} + 10^{80})$

② $10\log(70 + 80)$

③ $10\log(10^{70/10} + 10^{80/10})$

④ $10\log[(80+70)/2]$

해설 $L_{(합)} = 10\log\left(10^{\frac{L_1}{10}} + 10^{\frac{L_2}{10}} + \cdots + 10^{\frac{L_n}{10}}\right)$

$= 10\log\left(10^{\frac{70}{10}} + 10^{\frac{80}{10}}\right)$

$= 80.41\text{dB}$

여기서, L_1, L_2, L_n : 각각의 소음도(dB)

2018년 통합 환경기능사 필기 복원문제

01 유해가스를 배출시키기 위해 설치한 가로 30cm, 세로 50cm인 직사각형 송풍관의 상당직경(D_o)은?

① 37.5cm
② 38.5cm
③ 39.5cm
④ 40.0cm

해설 상당직경 $D_o = \dfrac{\text{단면적}}{\text{평균 둘레 길이}}$

$= \dfrac{2ab}{a+b}$

$= \dfrac{2 \times 30 \times 50}{30 + 50} = 37.5\text{cm}$

여기서, a : 가로, b : 세로

02 대기오염 공정시험기준상 굴뚝 배출가스 중 질소산화물의 연속자동 측정방법이 아닌 것은?

① 용액전도율법
② 적외선흡수법
③ 자외선흡수법
④ 화학발광법

해설 굴뚝 배출가스별 연속자동 측정방법

측정물질	측정방법
질소산화물	• 화학발광법 • 적외선흡수법 • 자외선흡수법 • 정전위전해법
이산화황	• **용액전도율법** • 적외선흡수법 • 자외선흡수법 • 정전위전해법 • 불꽃광도법

03 후드의 설치 및 흡인 요령으로 가장 적합한 것은?

① 후드를 발생원에 근접시켜 흡인시킨다.
② 후드의 개구면적을 점차적으로 크게 하여 흡인속도에 변화를 준다.
③ 에어커튼(air curtain)은 제거하고 행한다.
④ 배풍기(blower)의 여유량은 두지 않고 행한다.

해설 후드의 흡인(흡입) 향상 조건
• 후드를 발생원에 가깝게 설치한다.
• 후드의 개구면적을 작게 한다.
• 충분한 포착속도를 유지한다.
• 기류 흐름 및 장해물 영향을 고려한다(에어커튼 설치·사용).
• 배풍기의 여유율을 30%로 유지한다.

04 중력 집진장치의 효율을 향상시키는 조건으로 거리가 먼 것은?

① 침강실 내 배기가스 기류는 균일해야 한다.
② 침강실의 높이가 높고, 길이가 짧을수록 집진율이 높아진다.
③ 침강실 내의 처리가스 유속이 작을수록 미립자가 포집된다.
④ 침강실의 입구 폭이 클수록 미세입자가 포집된다.

해설 중력 집진장치의 효율 향상조건
• 침강실 내 가스 유속이 느릴수록
• 침강실의 높이가 낮을수록
• 침강실의 길이가 길수록
• 침강실의 입구 폭이 넓을수록
• 침강속도가 빠를수록
• 입자의 밀도가 클수록
• 단수가 높을수록
• 침강실 내 배기 기류가 균일할수록

05 다음 중 연료의 발열량에 관한 설명으로 옳지 않은 것은?

① 연료의 단위량(기체연료 1Sm^3, 고체 및 액체 연료 1kg)이 완전연소할 때 발생하는 열량(kcal)을 발열량이라 한다.
② 발열량은 열량계로 측정하여 구하거나 연료의 화학성분 분석결과를 이용하여 이론적으로 구할 수 있다.
③ 저위발열량은 총발열량이라고도 하며, 연료 중의 수분 및 연소에 의해 생성된 수분의 응축열을 포함한 열량이다.
④ 실제 연소에 있어서는 연소 배출가스 중의 수분은 보통 수증기 형태로 배출되어 이용이 불가능하므로 발열량에서 응축열을 제외한 나머지 열량이 유효하게 이용된다.

해설 ③ 고위발열량은 총발열량이라고도 하며, 연료 중의 수분 및 연소에 의해 생성된 수분의 응축열을 포함한 열량이다.

06 다음 중 헨리법칙이 가장 잘 적용되는 기체는?

① O_2 　　② HCl

③ SO_2 　　④ HF

해설
• 헨리의 법칙이 잘 적용되는 기체 : 용해도가 작은 기체
  예 N_2, H_2, O_2, CO, CO_2, NO, NO_2, H_2S 등
• 헨리의 법칙 적용이 어려운 기체 : 용해도가 크거나, 반응성이 큰 기체
  예 Cl_2, HCl, HF, SiF_4, SO_2, NH_3 등

07 탄소 12kg이 완전연소하는 데 필요한 이론 공기량(Sm^3)은?

① 22.4 　　② 32.4

③ 86.7 　　④ 106.7

해설
1) 이론 산소량(x, Sm^3)

$$C + O_2 \rightarrow CO_2$$

12kg : $22.4Sm^3$
12kg : $x(Sm^3)$

$$\therefore x = \frac{12 \times 22.4}{12} = 22.4Sm^3$$

2) 이론 공기량(Sm^3)

$$= \frac{\text{이론 산소량}(Sm^3)}{0.21} = \frac{22.4Sm^3}{0.21} = 106.67Sm^3$$

08 연료가 완전연소되기 위한 조건으로 옳지 않은 것은?

① 연소온도를 낮게 유지하여야 한다.
② 공기와 연료의 혼합이 잘 되어야 한다.
③ 공기(산소)의 공급이 충분하여야 한다.
④ 연소를 위한 체류시간이 충분하여야 한다.

해설 완전연소의 3요소(3T)
• Temperature(온도) : 착화점 이상의 온도로, 연소온도를 높게 유지할 것
• Time(시간) : 완전연소가 되기에 충분한 시간을 가질 것
• Turbulence(혼합) : 연료와 산소가 충분히 혼합될 것

09 다음 흡수장치 중 장치 내의 가스 속도를 가장 크게 해야 하는 것은?

① 분무탑
② 벤투리 스크러버
③ 충진탑
④ 기포탑

해설 흡수장치(세정 집진장치) 중 가장 가스 유속이 빠른 것은 벤투리 스크러버(60~90m/s)이다.

참고 벤투리 스크러버 : 함진가스를 벤투리관 목(throat)부에 60~90m/sec의 고속으로 공급하고, 목부 주변 노즐에서 세정액이 분사되도록 하여 수적에 분진입자를 충돌·포집하는 세정 집진장치

10 이산화황의 대기환경 중 기준치가 0.06ppm이라면, 몇 $\mu g/m^3$인가? (단, 모두 표준상태로 가정한다.)

① 85.7 　　② 99.7

③ 135.7 　　④ 171.4

해설 ppm → $\mu g/m^3$ 환산

$$\frac{0.06\,mL}{Sm^3} \times \frac{64\,mg}{22.4\,mL} \times \frac{10^3\,\mu g}{1\,mg} = 171.428\,\mu g/Sm^3$$

단위 ppm=mL/m^3
  SO_2 : 1mol=64g=22.4L
  1mg=$10^3\mu g$

11 대기 중 광화학반응에 의한 광화학 스모그가 잘 발생하는 조건으로 가장 거리가 먼 것은?

① 일사량이 클 때
② 역전이 생성될 때
③ 대기 중 반응성 탄화수소, NOx, O_3 등의 농도가 높을 때
④ 습도가 높고, 기온이 낮은 아침일 때

해설 ④ 기온이 높은 여름 한낮일 때

The⁺알아보기

광화학 스모그가 잘 발생하는 조건
• 일사량이 클 때
• 역전(안정)이 생성될 때
• 대기 중 반응성 탄화수소, NOx, O_3 등의 농도가 높을 때
• 기온이 높은 여름 한낮일 때

12 다음 중 냉장고의 냉매와 스프레이를 이용한 분사제 등 CFC 화학물질이 대기에 미치는 가장 주된 오염현상은?

① 산성비
② 오존층 파괴
③ 도플러 효과
④ Rayleigh 현상

06.① 07.④ 08.① 09.② 10.④ 11.④ 12.②

해설 염화플루오린화탄소(프레온가스, CFCs)는 스프레이류, 냉매제, 전자부품 세정제, 분사제, 발포제, 소화제로 사용하는 오존층 파괴물질이다.

13 세정 집진장치는 유수식, 가압수식, 회전식으로 분류될 수 있는데, 다음 중 유수식의 분류에 해당되는 것은?

① 분수형   ② 벤투리 스크러버
③ 충전탑   ④ 분무탑

해설 세정 집진장치의 분류

분류	종류
유수식 (저수식, 가스분산형)	• 단탑, 포종탑, 다공판탑, 기포탑 • S임펠러형, 로터형, 가스선회형, **가스분출형(분수형)**
가압수식 (액분산형)	• 충전탑(packed tower) • 분무탑(spray tower) • 벤투리 스크러버 • 사이클론 스크러버 • 제트 스크러버
회전식	• 타이젠 와셔 • 임펄스 스크러버

14 섭씨온도 25℃는 절대온도로 몇 K인가?

① 25K   ② 45K
③ 273K   ④ 298K

해설 K=273+℃=273+25=298K
여기서, K : 절대온도
℃ : 섭씨온도

15 대기환경보전법상 용어의 정의로 틀린 것은?

① "기후·생태계 변화유발물질"이란 지구온난화 등으로 생태계의 변화를 가져올 수 있는 기체상 물질로서 온실가스와 환경부령으로 정하는 것을 말한다.
② "매연"이란 연소할 때에 생기는 유리탄소가 주가 되는 미세한 입자상 물질을 말한다.
③ "먼지"란 대기 중에 떠다니거나 흩날려 내려오는 입자상 물질을 말한다.
④ "온실가스"란 자외선 복사열을 흡수하여 온실효과를 유발하는 대기 중의 가스상 물질로서 이산화탄소, 메탄, 아산화탄소, 수소불화탄소, 과불화탄소, 육불화황을 말한다.

해설 ④ "온실가스"란 적외선 복사열을 흡수하거나 다시 방출하여 온실효과를 유발하는 대기 중 가스상태 물질로서 이산화탄소, 메탄, 아산화질소, 수소불화탄소, 과불화탄소, 육불화황을 말한다.

16 다음 용어 중 흡착과 가장 관련이 깊은 것은?

① 도플러효과
② VAL
③ 플랑크상수
④ 프로인드리히식

해설 등온흡착식의 종류
랭뮤어(Langmuir)식, 프로인드리히(Freundlich)식, BET식

17 다음 중 표준대기압(1atm)이 아닌 것은?

① $1,013N/m^2$ ② 14.7psi
③ $10.33mH_2O$ ④ 760mmHg

해설 대기압의 크기 비교
1기압 = 1atm
= 760mmHg
= 10,332mmH₂O = 10,332kg/m²
= 101,325Pa = 101,325N/m²
= 101.325kPa
= 1,013.25hPa
= 1,013.25mbar
= 14.7psi

18 하천의 유량은 1,000m³/일, BOD 농도는 26ppm이고, 이 하천에 흘러드는 폐수의 양은 100m³/일, BOD 농도는 165ppm이라고 하면, 하천과 폐수가 완전 혼합된 후의 BOD 농도는? (단, 혼합에 의한 기타 영향 등은 고려하지 않는다.)

① 38.6ppm   ② 44.9ppm
③ 48.5ppm   ④ 59.8ppm

해설 $C = \dfrac{C_1 Q_1 + C_2 Q_2}{Q_1 + Q_2}$

$= \dfrac{26 \times 1,000 + 165 \times 100}{1,000 + 100} = 38.636mg/L$

여기서, C : 혼합용액의 BOD
C_1 : 하천의 BOD
Q_1 : 하천의 유량
C_2 : 폐수의 BOD
Q_2 : 폐수의 유량

19 경도(hardness)에 관한 설명으로 옳지 않은 것은?

① SO_4^{3-}, NO_3^-, Cl^-와 화합물을 이루고 있을 때 나타나는 경도를 영구경도라고도 한다.

② 경도가 높은 물은 관로의 통수저항을 감소시켜 공업용수(섬유제지 등)로 적합하다.

③ 탄산경도는 일시경도라고도 한다.

④ Na^+은 경도를 유발하는 이온은 아니지만 그 농도가 높을 때 경도와 비슷한 작용을 하므로 유사경도라 한다.

해설 ② 경도가 높은 물은 관로에 스케일(scale)이 잘 발생되므로, 관이 좁아져 통수저항을 감소시켜 공업용수(섬유제지 등)로 부적합하다.

The⁺알아보기

1. 경도의 분류
   - 일시경도(탄산경도) : HCO_3^-, CO_3^{2-} 등의 탄산염과 결합하는 경도로, 끓이면 제거된다.
   - 영구경도(비탄산경도) : SO_4^{3-}, NO^{3-}, Cl^- 등의 산도물질과 결합하는 경도로, 끓여도 제거되지 않는다.
2. 경도의 영향
   1) 경도가 높은 경우
      - 물갈이, 설사의 원인
      - 비누의 세정효과가 낮아짐
      - 경수로 세탁하면 거품을 내는 데 많은 양의 세제를 사용하게 되어 부영양화의 원인이 됨
      - 관에 관석(scale)을 형성시켜 열전도율을 감소시키거나 관이 좁아져 통수능력이 감소됨
      - 필름 현상 시 선명도를 저하시킴
      - 적당한 경도의 물은 맛이 좋으며, 수도관의 부식을 방지
   2) 경도가 너무 낮은 경우
      관이 부식되기 쉬움

20 포기조에서 1L 용량의 메스실린더에 시료를 채취하여 30분간 침강시켰더니 슬러지 부피가 150mL가 되었다. 포기조의 MLSS가 2,500mg/L였다면, 이때 SVI는?

① 210 　　　　② 180
③ 120 　　　　④ 60

해설
$$SVI = \frac{SV_{30} \times 10^3}{MLSS} = \frac{150 \times 10^3}{2,500} = 60$$

여기서, SVI : 슬러지 용적지수
SV_{30}(mL/L) : 시료 1L를 30분간 정치 후 측정한 슬러지 부피(mL)

The⁺알아보기

$$SVI = \frac{SV_{30} \times 10^3}{MLSS} = \frac{SV(\%) \times 10^4}{MLSS(mg/L)}$$

21 부유물질(suspended solids)에 관한 설명으로 옳지 않은 것은?

① 부유물질은 물에 녹는 고형물질로서 유리섬유 거름종이(GF/C)를 통과하는 고형물질의 양을 mg/L로 표시한다.

② 부유물질의 농도는 하·폐수의 특성이나 처리장의 처리효율을 평가하는 데 이용된다.

③ 침강성 고형물질은 하수처리장의 1차 침전지에서 침강에 필요한 유속을 결정하는 기초자료가 된다.

④ 부유물질이 많을 경우에는 물속 어류의 아가미에 부착되어 어류를 질식시키는 원인이 된다.

해설 ① 부유물질은 유리섬유 거름종이(GF/C)를 통과하지 못하고 여과지에 남은 고형물을 105℃에서 1시간 이상 건조시켰을 때 잔류하는 고형물질의 양을 mg/L로 표시한다.

22 물 분자의 화학적 구조에 관한 설명으로 옳지 않은 것은?

① 물 분자는 1개의 산소원자와 2개의 수소원자가 공유결합하고 있다.

② 물 분자에는 2개의 고립전자쌍이 산소원자에 남아 있다.

③ 산소는 전기음성도가 매우 커서 공유결합을 하고 있으나 극성을 갖지는 않는다.

④ 물 분자의 산소는 음성 전하를 가지며 수소는 양성 전하를 가지고 있어 인접한 분자 사이에 수소결합을 하고 있다.

[해설] ③ 산소는 전기음성도가 매우 커서 강한 극성 공유결합을 가진다.

The⁺알아보기

전기음성도의 정의 및 특징
• 전기음성도란 원자 간 공유결합 시 공유전자를 끌어당기는 힘의 정도를 말한다.
• 전기음성도가 클수록 −전하를 가진다.
• 물 분자에서 전기음성도는 산소가 수소보다 크므로, 산소는 −전하, 수소는 +전하를 띤다.
• 원자 간 전기음성도 차이가 클수록 더 강한 극성 분자이다.
• 물 분자는 산소와 수소 간 전기음성도 차이가 크므로 강한 극성 분자이다.

23 다음 중 수질오염 공정시험기준에 따른 총질소 분석방법에 해당하는 것은?

① 굴절법
② 당도법
③ 전기전도도법
④ 자외선/가시선 분광법

[해설] 총질소 분석방법
• 자외선/가시선 분광법(산화법, 카드뮴−구리 환원법, 환원증류−킬달법)
• 연속흐름법

24 다음 중 수질오염 공정시험기준에 의거, 페놀류를 측정하기 위한 시료의 보존방법(㉠)과 최대 보존기간(㉡)으로 가장 적합한 것은?

① ㉠ 현장에서 용존산소 고정 후 어두운 곳에 보관, ㉡ 8시간
② ㉠ 즉시 여과 후 4℃ 보관, ㉡ 48시간
③ ㉠ 20℃ 보관, ㉡ 즉시 측정
④ ㉠ 4℃ 보관, H_3PO_4로 pH 4 이하로 조정한 후 $CuSO_4$ 1g/L 첨가, ㉡ 28일

[해설] 페놀류의 시료 보존기준
• 시료용기 : G
• 보존방법 : 4℃ 보관, H_3PO_4로 pH 4 이하로 조정한 후 시료 1L당 $CuSO_4$를 1g 첨가
• 최대보존기간(권장보존기간) : 28일

25 다음 중 물리적 예비처리공정으로 볼 수 없는 것은?

① 스크린
② 침사지
③ 유량조정조
④ 소화조

[해설] 물리적 예비처리공정
스크린, 침사지, 유량조정조, 분쇄기

26 다음 중 콜로이드 물질의 크기 범위로 가장 적합한 것은?

① $0.001 \sim 1 \mu m$
② $10 \sim 50 \mu m$
③ $100 \sim 1,000 \mu m$
④ $1,000 \sim 10,000 \mu m$

[해설] 콜로이드의 크기는 $0.001 \sim 1 \mu m$ 정도이다.

27 폭 2m, 길이 15m인 침사지에 1m 수심으로 폐수가 유입할 때 체류시간이 50초라면 유량은?

① $2,000 m^3/hr$
② $2,160 m^3/hr$
③ $2,280 m^3/hr$
④ $2,460 m^3/hr$

[해설] $Q = \dfrac{V}{t} = \dfrac{2m \times 15m \times 1m}{50sec} \left| \dfrac{3,600sec}{1hr} \right. = 2,160 m^3/hr$

이때, $V = AH = (LB)H = Qt$
여기서, Q : 유량(m^3/sec)
V : 부피(체적, m^3)
t : 체류시간
A : 면적(m^2)
H : 수심(m)
L : 길이(m)
B : 폭(m)

28 생물학적 처리방법 중 활성슬러지법에 관한 설명으로 거리가 먼 것은?

① 산기식 포기장치에서 산기장치의 일부가 폐쇄되었을 경우 수면의 흐름이 균일하지 못하다.
② 용존성 유기물을 제거하는 데 적합하다.
③ 슬러지 팽화현상과 거품이 생성될 수 있다.
④ 겨울철에 동결될 수 있고, 연못화 현상이 발생할 수 있다.

[해설] ④ 겨울철에 동결되며, 연못화 현상이 발생하는 것은 살수여상법이다.

29 침전지에서 지름이 0.1mm이고 비중이 2.65인 모래입자가 침전하는 경우의 침전속도는 얼마인가? (단, Stokes 법칙을 적용하며, 물의 점도는 0.01g/cm · sec이다.)

① 0.898cm/sec

② 0.792cm/sec

③ 0.726cm/sec

④ 0.625cm/sec

해설 1) $d(\text{cm}) = \dfrac{0.1\text{mm}}{} \left| \dfrac{1\text{cm}}{10\text{mm}} \right. = 0.01\text{cm}$

2) 침전속도(V_g)

스토크스(Stokes) 법칙에 따라 다음과 같이 구한다.

$$V_g = \frac{d^2(\rho_s - \rho_w)g}{18\mu}$$
$$= \frac{(0.01\text{cm})^2 \times (2.65-1)\text{g/cm}^3 \times 980\text{cm/sec}^2}{18 \times 0.01\text{g/cm} \cdot \text{sec}}$$
$$= 0.8983\text{cm/sec}$$

여기서, V_g : 입자의 침전속도(cm/sec)

d : 입자의 직경(입경, cm)

ρ_s : 입자의 밀도(g/cm³)

ρ_w : 물의 밀도(g/cm³)

g : 중력가속도($=980$cm/sec²)

μ : 물의 점성계수(g/cm · sec)

단위 1cm=10mm

30 우리나라 강수량 분포의 특성으로 가장 거리가 먼 것은?

① 월별 강수량 차이가 큰 편이다.

② 하천수에 대한 의존량이 큰 편이다.

③ 6월과 9월 사이에 연 강수량의 약 2/3 정도가 집중되는 경향이 있다.

④ 세계 평균과 비교 시 연간 총 강수량은 낮으나, 인구 1인당 가용수량은 높다.

해설 **우리나라 강수량 분포의 특성**

• 월별 강수량 차이가 큰 편이다.

• 하천수에 대한 의존량이 큰 편이다.

• 6월과 9월 사이에 연 강수량의 약 2/3 정도가 집중되는 경향이 있다.

• **세계 평균과 비교 시 연간 총 강수량은 높으나, 인구밀도가 높아 인구 1인당 가용수량은 낮다.**

• 하상계수가 크다.

• 연간 총 강수량은 높으나, 강수량이 여름에 집중되는 경향이 있어 강수이용률이 낮다.

31 침전지에서 입자가 100% 제거되기 위해 요구되는 침전속도를 의미하는 것으로, 침전지에 유입되는 유량을 침전지 표면적으로 나눈 값으로 표현되는 것은?

① 레이놀즈속도

② 표면부하율

③ 한계속도

④ 하젠상수

해설 $Q/A = \dfrac{Q}{A}$

여기서, Q/A : 표면적 부하(표면부하율, 수리학적 부하, m³/m³ · day)

Q : 유량(m³/day)

A : 침전지 표면적(m²)

32 다음 중 생물학적 고도 폐수처리방법으로 인을 제거할 수 있는 공법으로 가장 거리가 먼 것은?

① A/O 공법

② Indore 공법

③ Phostrip 공법

④ M-bardenpho 공법

해설 **질소 및 인 제거공정**

구 분	처리방법	공 정
질소 제거	물리화학적 방법	• 암모니아 탈기법(스트리핑) • 파괴점 염소 주입법 • 선택적 이온교환법
	생물학적 방법	• MLE(무산소-호기법) • 4단계 바덴포(bardenpho) 공법
인 제거	물리화학적 방법	• 금속염 첨가법 • 석회 첨가법(정석탈인법)
	생물학적 방법	• **A/O 공법(혐기-호기법)** • **포스트립(phostrip) 공법**
질소 · 인 동시제거		• A₂/O 공법 • UCT 공법 • MUCT 공법 • VIP 공법 • SBR 공법 • 수정 포스트립 공법 • **5단계 바덴포(M-bardenpho) 공법**

33 다음 중 비점오염원에 해당하는 것은?

① 농경지 배수

② 폐수처리장 방류수

③ 축산 폐수

④ 공장의 산업폐수

해설 **점오염원과 비점오염원의 발생원**

• 점오염원 : 가정하수, 공장폐수, 축산폐수, 분뇨처리장, 가두리양식장, 세차장 등

• 비점오염원 : 임야, 강우 유출수, **농경지 배수**, 지하수, 농지, 골프장, 거리 청소수, 도로, 광산, 벌목장 등

34 다음 폐수처리법 중 입자의 고액분리방법과 가장 거리가 먼 것은?

① 전기투석
② 부상분리
③ 침전
④ 침사지

해설 ① 전기투석 : 물속의 이온을 분리하는 화학적 처리방법

The⁺알아보기

고액분리
• 정의 : 고체(오염물질)와 액체(물)를 분리하는 것
• 적용 : 스크리닝, 침사지, 침전지, 부상분리, 원심분리 등

35 다음과 같은 특성을 가지는 수질오염물질은?

> • 은백색의 광택이 있고 경도가 높은 금속으로 도금과 합금 재료로 많이 쓰인다.
> • 6가 이온은 특히 독성이 강하여 3가 이온의 100배 정도 더 해롭다.
> • 피부염, 피부궤양을 일으키며 흡입으로 코, 폐, 위장에 점막을 생성하고 폐암을 유발한다.

① 크로뮴
② 구리
③ 수은
④ 카드뮴

해설 크로뮴(Cr)의 주요 특징

구분	내용
특징	• 생체 필수금속 • 결핍 시 인슐린 저하, 탄수화물 대사장애 발생 • 비용해성 • 강한 산소와의 결합력 • 강한 산화력
배출원	도금, 염색, 피혁 제조, 색소·방부제·약품 제조, 화학비료 제조
피해 및 영향	• 크로뮴 화합물 중 Cr^{6+} 독성이 가장 큼 • 급성중독 : 접촉성 피부염, 피부궤양, 부종, 요독증, 혈뇨, 복통, 구토 등 • 만성중독 : 폐암, 기관지암, 위장염, 간장애, 미각장애 등
처리법	침전법

36 다음 중 적환장이 필요한 경우가 아닌 것은?

① 수집장소와 처분장소가 비교적 먼 경우
② 작은 용량의 수집차량을 사용할 경우
③ 작은 규모의 주택들이 밀집되어 있는 경우
④ 상업지역에서 폐기물 수거에 대형 용기를 주로 사용하는 경우

해설 적환장 설치가 필요한 경우
• 작은 용량(15m³ 이하)의 수집차량을 사용하는 경우
• 저밀도 거주지역이 존재하는 경우
• 불법투기와 다량의 어질러진 쓰레기가 발생하는 경우
• 슬러지 수송이나 공기 수송방식을 사용하는 경우
• 처분지가 수집장소로부터 멀리 떨어져 있는 경우
• 상업지역에서 폐기물 수집에 소형 용기를 많이 사용하는 경우
• 최종 처리장과 수거지역의 거리가 먼 경우(약 16km 이상)

37 폐기물을 압축시켰을 때 부피감소율이 75%이었다면, 압축비는?

① 1.5
② 2.0
③ 2.5
④ 4.0

해설 $VR = 1 - \dfrac{1}{CR}$

$\therefore CR = \dfrac{1}{1 - VR} = \dfrac{1}{1 - 0.75} = 4$

여기서, CR : 압축비
VR : 부피감소율

38 탄소 6kg을 완전연소시킬 때 필요한 이론 산소량(Sm³)은?

① 6Sm³
② 11.2Sm³
③ 22.4Sm³
④ 53.3Sm³

해설 $C + O_2 \rightarrow CO_2$
12kg : 22.4Sm³
6kg : X(Sm³)

$\therefore X = \dfrac{6 \times 22.4}{12} = 11.2 Sm^3$

39 도시에서 생활쓰레기를 수거할 때 고려할 사항으로 가장 거리가 먼 것은?

① 처음 수거지역은 차고지와 가깝게 설정한다.
② U자형 회전을 피하여 수거한다.
③ 교통이 혼잡한 지역은 출·퇴근 시간을 피하여 수거한다.
④ 쓰레기가 적게 발생하는 지점은 하루 중 가장 먼저 수거하도록 한다.

해설 ④ 쓰레기가 많이 발생하는 지점은 하루 중 가장 먼저 수거하고, 적은 양이 발생하는 지점은 정기적으로 수거한다.

40 다음 중 적조현상을 발생시키는 주된 원인물질은 무엇인가?

① Cl
② P
③ Mg
④ Fe

해설 부영양화(적조, 녹조)의 원인
- 질소(N)와 인(P) 등의 영양염류가 수계로 과다 유입
- 주로 인이 제한물질로 작용

🌱 **The⁺알아보기**

적조와 녹조의 구분
- 적조 : 부영양화가 해수에서 발생한 것
- 녹조 : 부영양화가 담수에서 발생한 것

41 폐기물의 관리요소 중 가장 많은 비용을 차지하는 것은?

① 파쇄
② 수거
③ 적환
④ 압축

해설 폐기물의 관리요소 중 수거과정이 총 비용의 60%로, 가장 많은 비용을 차지한다.

42 차수시설에 관한 설명으로 옳지 않은 것은?

① 점토의 경우 급경사면을 포함한 어떤 지반에도 효과적으로 적용 가능하고, 부등침하가 발생하지 않는다.
② 점토의 경우 양이온 교환능력 등에 의한 오염물질의 정화기능도 가지고 있을 뿐 아니라 벤토나이트 등을 첨가하면 차수성을 향상시킬 수 있다.
③ 연직차수막은 매립지 바닥에 수평방향으로 불투수층이 넓게 분포하고 있는 경우에 수직 또는 경사로 불투수층을 시공한다.
④ 합성고무 및 합성수지계 차수막은 자체의 차수성은 우수하나 두께가 얇아서 찢어지거나 접합이 불완전하면 차수성이 떨어진다.

해설 ① 급경사면에는 점토나 혼합토를 사용하면 부등침하가 발생하므로 사용하지 않는다.

43 다음 중 일반적인 슬러지 처리 계통도로 가장 적합한 것은?

① 슬러지 → 농축 → 개량 → 탈수 → 소각 → 매립
② 슬러지 → 소화 → 탈수 → 개량 → 농축 → 매립
③ 슬러지 → 탈수 → 건조 → 개량 → 소각 → 매립
④ 슬러지 → 개량 → 탈수 → 농축 → 소각 → 매립

해설 슬러지 처리의 계통도
농축(수분 제거, 감량화) → 소화(유기물 제거, 안정화) → 개량(탈수성 향상) → 탈수(수분 제거, 감량화) → 건조 → 소각(중간처분) → 매립(최종처분)

44 다음 폐기물의 감량화 방안 중 폐기물이 발생원에서 발생되지 않도록 사전에 조치하는 발생원 대책으로 거리가 먼 것은?

① 적정 저장량 관리
② 과대포장 사용 안 하기
③ 철저한 분리수거 실시
④ 폐기물로부터 회수에너지 이용

해설 ④ 폐기물로부터 회수에너지를 이용하는 것은 사후대책이다.

45 쓰레기를 수송하는 방법 중 자동화·무공해화가 가능하고 눈에 띄지 않는다는 장점을 가지고 있으며, 공기 수송, 반죽(슬러리) 수송, 캡슐 수송 등의 방법으로 쓰레기를 수거하는 방법은?

① 모노레일 수거
② 컨테이너 수거
③ 컨베이어 수거
④ 관거 수거

해설 관거 수송의 종류
- 공기 수송
- 반죽(슬러리) 수송
- 캡슐 수송

46 폐기물의 3성분이라 볼 수 없는 것은?

① 수분
② 무연분
③ 회분
④ 가연분

해설 폐기물의 3성분
- 수분
- 가연분
- 불연분(회분)

47 쓰레기 수거 시 수거작업 간의 노동력을 비교하는 MHT(man · hour/ton)를 적절하게 설명한 것은?

① 수거인부 1인이 쓰레기 1톤을 수거하는 데 소요되는 총시간
② 쓰레기 1톤을 1시간 동안 수거하는 데 소요되는 인부 수
③ 작업자 1인이 1시간 동안 수거할 수 있는 쓰레기의 총량
④ 쓰레기 1톤을 수거하는 데 필요한 인부 수와 수거시간을 더한 값

해설 MHT(Man Hour per Ton)는 수거노동력으로, 쓰레기 1톤을 수거하는 데 수거인부 1인이 소요하는 총시간을 의미하며, MHT가 적을수록 수거효율이 좋다.

48 쓰레기 수거노선을 설정하는 데 유의하여야 할 사항으로 옳지 않은 것은?

① U자형 회전을 피해 수거한다.
② 될 수 있는 한 한번 간 길은 다시 가지 않는다.
③ 가능한 한 시계반대방향으로 수거노선을 정한다.
④ 출발점은 차고지와 가깝게 하고, 수거된 마지막 컨테이너는 처분장과 가깝도록 배치한다.

해설 쓰레기 수거노선 결정 시 고려사항
- 높은 지역(언덕)에서부터 내려가면서 적재한다(안전성, 연료비 절약).
- 시작지점은 차고와 인접하게, 종료지점은 처분지와 인접하도록 한다.
- 가능한 간선도로에서 시작 및 종료한다(지형지물 및 도로경계 등의 같은 장벽 이용).
- **가능한 시계방향으로 수거노선을 정한다.**
- 쓰레기가 적게 발생하는 지점은 가능한 같은 날 정기적으로 수거하고, 많이 발생하는 지점은 가장 먼저 수거한다.
- 반복 운행 및 U자형 회전을 피한다.
- 출퇴근시간(많은 교통량)을 피한다.

49 다음은 어떤 폐기물의 매립 공법에 관한 설명인가?

> 쓰레기를 매립하기 전에 이의 감량화를 목적으로 먼저 쓰레기를 일정한 더미 형태로 압축하여 부피를 감소시킨 후 포장을 실시하여 매립하는 방법으로, 쓰레기 발생량 증가와 매립지 확보 및 사용연한 문제에 있어서 유리하고, 운송이 간편하고 안정성이 있으며, 지가(地價)가 비쌀 경우에도 유효한 방법이다.

① 압축매립 공법
② 도랑형 공법
③ 셀 공법
④ 순차투입 공법

해설 **압축매립 공법**
쓰레기를 일정한 덩어리 형태로 압축하여 부피를 감소시킨 후 포장하여 매립하는 방법
②, ③ : 내륙매립 공법
④ : 해안매립 공법

50 다음 중 안정된 매립지에서 가장 많이 발생되는 가스는?

① CH_4　　　　② O_2
③ N_2　　　　④ H_2S

해설 매립가스 안정단계(제4단계 – 혐기성 정상상태단계)에서 메테인이 가장 많이 발생한다.

51 주로 산업폐기물의 발생량을 추산할 때 이용하는 방법으로 우선 조사하고자 하는 계(system)의 경계를 정확하게 설정한 다음, 투입되는 원료와 제품의 흐름을 근거로 폐기물의 발생량을 추정하는 방법으로서 비용이 많이 들며 상세한 데이터가 있을 때 사용하는 방법은?

① 계수분석법　　② 직접계근법
③ 흐름분석법　　④ 물질수지법

해설 쓰레기 발생량 조사방법

조사방법		내용
적재차량 계수분석법		일정 기간 동안 특정 지역 쓰레기 수거차량 대수를 조사하고, 이 값에 밀도를 곱하여 중량으로 환산하는 방법
직접계근법		일정 기간 동안 특정 지역의 쓰레기 수거 · 운반 차량 무게를 직접 계근하는 방법
물질수지법		시스템으로 유입되는 모든 물질과 유출되는 모든 물질들 간의 물질수지를 세움으로써 발생량을 추정하는 방법으로, **주로 산업폐기물의 발생량을 추산할 때 이용**
통계 조사	표본조사 (샘플링검사)	전체 측정지역 중 일부를 표본으로 하여 쓰레기 발생량을 조사하는 방법
	전수조사	측정지역 전체의 쓰레기 발생량을 모두 조사하는 방법

52 압축기를 사용하여 어떤 쓰레기를 압축시켰더니 처음 부피의 1/4이 되었다. 이때의 압축비는?

① 3/4　　② 4/5
③ 2　　④ 4

해설 $CR = \dfrac{V_전}{V_후} = \dfrac{1}{1/4} = 4$

압축비$(CR) = \dfrac{V_전}{V_후} = \dfrac{\rho_후}{\rho_전}$

여기서, $V_전$: 압축 전 부피
　　　　$V_후$: 압축 후 부피
　　　　$\rho_전$: 압축 전 밀도
　　　　$\rho_후$: 압축 후 밀도

53 밀도가 0.4t/m³인 쓰레기를 매립하기 위해 밀도를 0.85t/m³로 압축하였다. 이때, 압축비는?

① 0.6　　② 1.8
③ 2.1　　④ 3.3

해설 압축비$(CR) = \dfrac{V_전}{V_후} = \dfrac{\rho_후}{\rho_전} = \dfrac{0.85}{0.4} = 2.125$

여기서, $V_전$: 압축 전 부피
　　　　$V_후$: 압축 후 부피
　　　　$\rho_전$: 압축 전 밀도
　　　　$\rho_후$: 압축 후 밀도

54 폐기물의 파쇄작용이 일어나게 되는 힘의 3종류와 가장 거리가 먼 것은?

① 압축력　　② 전단력
③ 원심력　　④ 충격력

해설 파쇄의 원리
압축력, 전단력, 충격력

55 화격자 소각로의 소각능률이 220kg/m² · hr이고 80,000kg의 폐기물을 1일 8시간 소각한다면, 이때 화격자의 면적은?

① 41.6m²　　② 45.5m²
③ 49.7m²　　④ 54.6m²

해설 화격자의 면적 = $\dfrac{소각할 쓰레기 양}{쓰레기 소각능력}$

$= \dfrac{80,000\text{kg}}{\text{day}} \left| \dfrac{\text{m}^2 \cdot \text{hr}}{220\text{kg}} \right| \dfrac{\text{day}}{8\text{hr}} = 45.45\text{m}^2$

56 소음의 영향으로 옳지 않은 것은?

① 소음성 난청이란 소음이 높은 공장에서 일하는 근로자들에게 나타나는 직업병으로 4,000Hz 정도에서부터 난청이 시작된다.
② 단순반복작업보다는 보통 복잡한 사고, 기억을 필요로 하는 작업에 더 방해가 된다.
③ 혈중 아드레날린 및 백혈구 수가 감소한다.
④ 말초혈관 수축, 맥박 증가 같은 영향을 미친다.

해설 ③ 혈중 아드레날린 및 백혈구 수가 증가한다.

57 다음 중 파동의 특성을 설명하는 용어로 옳지 않은 것은?

① 파동의 가장 높은 곳을 마루라 한다.
② 매질의 진동방향과 파동의 진행방향이 직각인 파동을 횡파라고 한다.
③ 마루와 마루 또는 골과 골 사이의 거리를 주기라 한다.
④ 진동의 중앙에서 마루 또는 골까지의 거리를 진폭이라 한다.

해설 ③ 마루와 마루 또는 골과 골 사이의 거리는 파장이라 하고, 주기는 한 파장(cycle)이 전파되는 데 소요되는 시간을 의미한다.

58 다음 그림에서 파장은 어느 부분인가? (단, 가로축은 시간, 세로축은 변위)

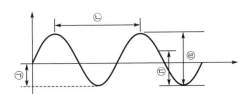

① ㉠   ② ㉡
③ ㉢   ④ ㉣

해설 ㉠ : 진폭
㉡ : 파장

The⁺알아보기

파동 관련 용어
• 파장(λ) : 한 사이클(cycle)의 거리(m)
• 주파수(f) : 1초 동안의 cycle 수(Hz)
• 주기(T) : 한 파장(cycle)이 전파되는 데 소요되는 시간(sec)
• 변위 : 어떤 순간의 위치와 원점 사이의 거리
• 진폭 : 변위의 최대치

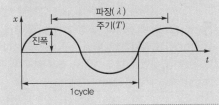

59 음향파워레벨이 각각 89dB, 91dB, 95dB인 음의 평균 파워레벨은?

① 92.4dB   ② 95.5dB
③ 97.2dB   ④ 101.7dB

해설
$$L_{평균}(dB) = 10\log\left[\frac{1}{n}\left(10^{\frac{L_1}{10}} + 10^{\frac{L_2}{10}} + \cdots + 10^{\frac{L_n}{10}}\right)\right]$$
$$= 10\log\left[\frac{1}{3}\left(10^{\frac{89}{10}} + 10^{\frac{91}{10}} + 10^{\frac{95}{10}}\right)\right]$$
$$= 92.41dB$$
여기서, L_1, L_2, L_n : 각각의 소음도(dB)
n : 소음도 개수

60 방음대책을 음원대책과 전파경로대책으로 구분할 때, 음원대책에 해당하는 것은?

① 거리 감쇠
② 소음기 설치
③ 방음벽 설치
④ 공장건물 내벽의 흡음 처리

해설 ② 소음기 설치는 발생원(음원) 대책이다.

The⁺알아보기

방음대책의 구분

구 분	대 책
발생원(소음원) 대책	• 원인 제거 • 운전 스케줄 변경 • 소음 발생원 밀폐 • 발생원의 유속 및 마찰력 저감 • 방음박스 및 흡음덕트 설치 • 음향출력의 저감 • 소음기, 저소음장비 사용 • 방진 처리 및 방사율 저감 • 공명·공진 방지
전파경로 대책	• 방음벽 설치 • 거리 감쇠 • 지향성 전환 • 소음장치 및 흡음덕트 설치 • 차음성 증대(투과손실 증대) • 건물 내벽 흡음 처리 • 잔디를 심어 음의 반사를 차단
수음(수진) 측 대책	• 2중창 설치 • 건물의 차음성 증대 • 벽면 투과손실 증대 • 실내 흡음력 증대 • 마스킹 • 청력보호구(귀마개, 귀덮개) 착용 • 정기적 청력검사 실시

2019년 통합 환경기능사 필기 복원문제

01 세정 집진장치의 입자 포집원리에 관한 설명으로 옳지 않은 것은?

① 미립자 확산에 의하여 액적과의 접촉을 쉽게 한다.

② 배기가스의 습도 감소로 인하여 입자가 응집하여 제거효율이 증가한다.

③ 액적에 입자가 충돌하여 부착한다.

④ 입자를 핵으로 한 증기의 응결에 의하여 응집성을 증가시킨다.

[해설] 세정 집진장치의 주요 포집원리
- 관성충돌 : 액적−입자 충돌에 의한 부착 포집
- 확산 : 미립자 확산에 의한 액적과의 접촉 포집
- 증습에 의한 응집 : 배기가스 증습(습도 증가)에 의한 **입자 간 상호 응집(제거효율 증가)**
- 응결 : 입자를 핵으로 한 증기의 응결에 따른 응집성 증가
- 부착 : 액막의 기포에 의한 입자의 접촉 부착

02 연료의 연소 시 공기비가 클 경우에 나타나는 현상으로 가장 거리가 먼 것은?

① 연소실 내의 온도가 낮아짐

② 배기가스 중 NOx 양 증가

③ 배기가스에 의한 열손실 증대

④ 불완전연소에 의한 매연 증대

[해설] 공기비(m)에 따른 연소 특성

공기비	연소상태	특 징
$m < 1$	공기 부족, 불완전연소	• 매연, 검댕, CO, HC 증가 • 폭발 위험
$m = 1$	완전연소	CO_2 발생량 최대
$m > 1$	과잉 공기	• SOx, NOx 증가 • 연소온도 감소, 냉각효과 • 열손실 커짐 • 저온부식 발생 • 희석효과가 높아져 연소 생성물의 농도 감소

03 중력식 집진장치의 효율 향상조건으로 거리가 먼 것은?

① 침강실의 입구 폭이 좁을수록 미세한 입자가 포집된다.

② 침강실 내의 처리가스속도가 느릴수록 미립자가 포집된다.

③ 다단일 경우는 단수가 증가할수록 압력손실은 커지지만 효율은 향상된다.

④ 침강실의 높이가 낮고 길이가 길수록 집진율이 높아진다.

[해설] 중력 집진장치의 효율 향상조건
- 침강실 내 가스 유속이 느릴수록
- 침강실의 높이가 낮을수록
- 침강실의 길이가 길수록
- **침강실의 입구 폭이 넓을수록**
- 침강속도가 빠를수록
- 입자의 밀도가 클수록
- 단수가 높을수록
- 침강실 내 배기 기류가 균일할수록

04 다음에 해당하는 대기오염물질은?

> 보통 백화현상에 의해 맥간반점을 형성하며 지표식물로는 자주개나리, 보리, 담배 등이 있고, 강한 식물로는 협죽도, 양배추, 옥수수 등이 있다.

① 황산화물 　　② 탄화수소

③ 일산화탄소 　　④ 질소산화물

[해설] 식물의 백화현상, 맥간반점은 SO_2의 영향이다.

05 다음 중 건조대기 중에 가장 많은 비율로 존재하는 비활성 기체는?

① He 　　② Ne

③ Ar 　　④ Xe

[해설]
- 대기의 조성(부피농도순) : 질소(N_2) > 산소(O_2) > 아르곤(Ar) > 이산화탄소(CO_2) > 네온(Ne) > 헬륨(He) > 제논(Xe)
- 비활성 기체 : 주기율표의 18족 원소
  예 헬륨(He), 네온(Ne), 아르곤(Ar), 크립톤(Kr), 제논(Xe) 등

06 흡수공정으로 유해가스를 처리할 때, 흡수액이 갖추어야 할 요건으로 옳지 않은 것은?

① 휘발성이 커야 한다.
② 점성이 작아야 한다.
③ 용해도가 커야 한다.
④ 용매의 화학적 성질과 비슷해야 한다.

해설 **좋은 흡수액(세정액)의 조건**
• 용해도가 커야 한다.
• 화학적으로 안정해야 한다.
• 독성, 부식성이 없어야 한다.
• **휘발성이 작아야 한다.**
• 점성이 작아야 한다.
• 어는점이 낮아야 한다.
• 가격이 저렴해야 한다.
• 용매의 화학적 성질과 비슷해야 한다.

07 냉매, 세정제, 분사제, 발포제로 널리 사용되는 물질로, 최근 성층권에서 오존 고갈현상으로 문제되는 물질은?

① 석면
② 염화플루오린화탄소
③ 염화수소
④ 다이옥신

해설 염화플루오린화탄소(프레온가스, CFCs)는 스프레이류, 냉매제, 전자부품 세정제, 분사제, 발포제, 소화제로 사용하는 오존층 파괴물질이다.

08 중량비로 수소가 15%, 수분이 1% 함유되어 있는 액체 연료의 저위발열량은 12,184kcal/kg이다. 이 연료의 고위발열량은 얼마인가?

① 11,368kcal/kg
② 12,000kcal/kg
③ 13,000kcal/kg
④ 13,503kcal/kg

해설 $H_h = H_l + 600(9H + W)$
$= 12,184 + 600(9 \times 0.15 + 0.01)$
$= 13,000$ kcal/kg

여기서, H_h : 고위발열량(kcal/kg)
　　　　H_l : 저위발열량(kcal/kg)
　　　　H : 수소의 함량
　　　　W : 수분의 함량

09 $(CO_2)_{max}$란 어떤 조건으로 연소시켰을 때 연소가스 중 이산화탄소의 농도를 말하는가?

① 공급할 수 있는 최대 공기량으로 과잉 연소시켰을 때
② 이론 공기량으로 완전연소시켰을 때
③ 과잉 공기량으로 부족연소시켰을 때
④ 부족 공기량으로 부족연소시켰을 때

해설 **최대이산화탄소량($(CO_2)_{max}$, %)**
연료를 완전연소시켰을 때 발생되는 건조연소가스(G_{od}) 중의 최대 CO_2 함량

10 다음 연소의 종류 중 나이트로글리세린과 같이 공기 중의 산소 공급 없이 그 물질의 분자 자체에 함유하고 있는 산소를 이용하여 연소하는 것은?

① 분해연소
② 증발연소
③ 자기연소
④ 확산연소

해설 ① 분해연소 : 연소 초기에 가연성 고체(목탄, 석탄, 타르 등)가 열분해에 의하여 가연성 가스가 생성되고, 이것이 긴 화염을 발생시키는 연소형태
② 증발연소 : 액체 연료가 증발(기화)하여 증기가 되는 연소형태
④ 확산연소 : 가연성 연료와 외부 공기가 서로 확산에 의해 혼합하면서 화염을 형성하는 연소형태

11 악취성분을 직접연소법으로 처리하고자 할 때, 일반적인 연소온도로 가장 적합한 것은?

① 100~150℃
② 200~300℃
③ 600~800℃
④ 1,400~1,500℃

해설 **직접연소법(연소산화법)의 특징**
직접연소법은 악취물질을 600~800℃의 화염으로 직접 연소시키는 방법이다. 이때, 연료는 CO_2와 H_2O 이외에는 생성되지 않아야 하며, 불완전연소가 되어서는 안 된다.
• 접촉시간 : 0.3~0.5초
• 효율 : 90% 이상

12 황록색의 유독한 기체로 물에 잘 녹으며 강한 자극성이 있는 기체는?

① Cl_2
② NH_3
③ CO_2
④ CH_4

해설 **염소기체(Cl_2)의 특성**
• 황록색의 자극성이 있는 유독한 기체이다.
• 표백작용을 한다.
• 물과 접촉하면 쉽게 기화된다.
• 배출원 : 소다공업, 화학공업, 농약 등

13 일반적으로 광원으로부터 나오는 빛을 단색화장치 또는 필터에 의하여 좁은 파장범위의 빛만을 선택하여 액층을 통과시킨 다음, 광전측광으로 하여 목적성분의 농도를 정량하는 분석방법은?

① 가스 크로마토그래피
② 자외선/가시선 분광법
③ 원자흡수 분광광도법
④ 비분산적외선 분광분석법

해설 기기분석법의 종류
- 가스 크로마토그래피
  기체 시료 또는 기화한 액체나 고체 시료를 운반가스에 의하여 분리하고, 관 내에 전개시켜 기체상태에서 분리되는 각 성분을 분석하는 방법으로, 일반적으로 무기물 또는 유기물의 대기오염물질에 대한 정성·정량 분석에 이용한다.
- 자외선/가시선 분광법
  광원으로 나오는 빛을 단색화장치 또는 필터에 의해 좁은 파장범위의 빛만을 선택하여 액층을 통과시킨 다음, 광전측광으로 흡광도를 측정하여 목적성분의 농도를 정량하는 방법이다.
- 원자흡수 분광광도법
  시료를 적당한 방법으로 해리시켜 중성원자로 증기화하여 생긴 기저상태의 원자가 이 원자 증기층을 투과하는 특유파장의 빛을 흡수하는 현상을 이용하여 광전측광과 같은 개의 특유파장에 대한 흡광도를 측정하여 시료 중의 원소농도를 정량하는 방법으로, 대기 또는 배출 가스 중의 유해중금속, 기타 원소의 분석에 적용한다.
- 비분산적외선 분광분석법
  적외선 영역에서 고유파장대역의 흡수특성을 갖는 성분가스의 농도분석에 적용된다. 선택성 검출기를 이용하여 시료 중 특정 성분에 의한 적외선의 흡수량 변화를 측정하여 시료 중에 들어있는 특정 성분의 농도를 구하는 방법으로, 대기 및 굴뚝 배출기체 중의 오염물질을 연속적으로 측정하는 비분산 정필터형 적외선 가스분석계에 대하여 적용한다.
- 이온 크로마토그래피
  이동상으로는 액체, 고정상으로는 이온교환수지를 사용하여 이동상에 녹는 혼합물을 고분리능 고정상이 충전된 분리관 내로 통과시켜 시료 성분의 용출상태를 전도도검출기 또는 광학검출기로 검출하여 그 농도를 정량하는 방법으로, 일반적으로 강수(비, 눈, 우박 등), 대기먼지, 하천수 중의 이온성분을 정성·정량 분석하는 데 이용한다.
- 흡광차분광법
  일반적으로 빛을 조사하는 발광부와 50~1,000m 정도 떨어진 곳에 설치되는 수광부(또는 발·수광부와 반사경) 사이에 형성되는 빛의 이동경로(path)를 통과하는 가스를 실시간으로 분석하며, 측정에 필요한 광원은 180~2,850nm 파장을 갖는 제논(Xenon) 램프를 사용하여 이산화황, 질소산화물, 오존 등의 대기오염물질 분석에 적용한다.

14 대류권에서는 온실가스이며, 성층권에서는 오존층 파괴물질로 알려져 있는 것은?

① CO
② N_2O
③ HCl
④ SO_2

해설 ② N_2O(아산화질소)는 오존층 파괴물질이자 온실가스이다.

15 황 함유량 1.5%인 액체 연료 20톤을 이론적으로 완전연소시킬 때 생성되는 SO_2의 부피는? (단, 연료 중 황은 완전연소하여 100% SO_2로 전환된다.)

① $140Sm^3$
② $170Sm^3$
③ $210Sm^3$
④ $250Sm^3$

해설

$$S \ + \ O_2 \rightarrow SO_2$$
$$32kg \quad : \quad 22.4Sm^3$$
$$\frac{1.5}{100} \times 20,000kg \ : \quad X(Sm^3)$$

$$\therefore X = \frac{\frac{1.5}{100} \times 20,000\,kg \times 22.4\,Sm^3}{32\,kg} = 210Sm^3$$

16 0.001N-NaOH 용액의 농도를 ppm으로 적절히 나타낸 것은?

① 40
② 400
③ 4,000
④ 40,000

해설 NaOH 1mol=1eq=40g

$$\frac{0.001eq}{L} \left| \frac{40g}{1eq} \right| \frac{1,000mg}{1g} = 40mg/L = 40ppm$$

단위 수질(물)에서, ppm=mg/L
1%=10,000ppm=10,000mg/L

17 다음 중 매립지에서 복토를 하여 덮개시설을 하는 목적으로 가장 거리가 먼 것은?

① 악취발생 억제
② 해충 및 야생동물의 번식 방지
③ 쓰레기의 비산 방지
④ 식물성장의 억제

해설 복토의 목적(기능)
- 빗물 배제
- 화재 방지
- 유해가스 이동성 감소
- 폐기물 비산 방지
- 악취발생 방지
- 병원균 매개체(파리, 모기, 쥐 등) 서식 방지
- 매립지 부등침하 최소화
- 토양미생물의 접종
- 강우에 의한 우수침투량 감소 및 방지(침출수 감소)
- **식물성장 촉진(매립 완료 후 식물성장에 필요한 토양 제공)**
- 미관상의 문제

18 오염물질과 피해형태의 연결로 가장 거리가 먼 것은?

① 페놀 – 냄새
② 인 – 부영양화
③ 유기물 – 용존산소결핍
④ 사이안 – 골연화증

해설
- 사이안(CN) : 두통, 현기증, 의식장애, 경련 등
- 카드뮴(Cd) : 골연화증

19 활성슬러지법의 미생물 성장은 35℃ 정도까지의 경우 10℃ 증가할 때마다 그 성장속도가 일반적으로 몇 배로 증가되는가?

① 2배로 증가
② 16배로 증가
③ 32배로 증가
④ 64배로 증가

해설 미생물은 35℃ 정도까지의 경우 10℃ 증가할 때마다 그 성장속도가 일반적으로 2배 커진다.

20 농도를 알 수 없는 염산 50mL를 완전히 중화시키는 데 0.4N 수산화소듐 25mL가 소모되었다. 이 염산의 농도는?

① 0.2N
② 0.4N
③ 0.6N
④ 0.8N

해설 중화적정식

$NV = N'V'$

$N \times 50mL = 0.4N \times 25mL$

$$\therefore N = \frac{0.4N \times 25mL}{50mL} = 0.2N$$

여기서, N : 산의 N농도(eq/L)
N' : 염기의 N농도(eq/L)
V : 산의 부피(L)
V' : 염기의 부피(L)

21 자연수에 존재하는 다음 이온 중 알칼리도를 유발하는데 가장 크게 기여하는 것은?

① OH^-
② CO_3^{2-}
③ HCO_3^-
④ NH_4^+

해설 알칼리도 유발물질의 기여도
$OH^- > CO_3^{2-} > HCO_3^-$

22 어느 공장 폐수의 Cr^{6+}이 600mg/L이고, 이 폐수를 싸이오황산소듐으로 환원 처리하고자 한다. 폐수량이 40m^3/day일 때, 하루에 필요한 싸이오황산소듐의 이론량은? (단, Cr 원자량 : 52, Na$_3$SO$_3$ 분자량 : 126)

$$2H_2CrO_4 + 3Na_2SO_3 + 3H_2SO_4$$
$$\rightarrow Cr_2(SO_4)_3 + 3Na_2SO_4 + 5H_2O$$

① 72kg
② 80kg
③ 87kg
④ 95kg

해설 1) 처리해야 할 Cr^{6+}의 양(kg/day)

$$\frac{40m^3}{day} \left| \frac{600mg}{L} \right| \frac{1,000L}{1m^3} \left| \frac{1kg}{10^6mg} \right. = 24kg/day$$

2) 하루에 필요한 싸이오황산소듐(Na$_2$SO$_3$)의 양(x)

$\underline{2}H_2CrO_4 + \underline{3Na_2SO_3} + 3H_2SO_4$
$\rightarrow Cr_2(SO_4)_3 + 3Na_2SO_4 + 5H_2O$

$\underline{2Cr^{6+}} : \underline{3Na_2SO_3}$

$2 \times 52kg : 3 \times 126kg$

$24kg/day : x(kg/day)$

$$\therefore x = \frac{3 \times 126 \times 24kg/day}{2 \times 52} = 87.23kg/day$$

23 지하수를 사용하기 위해 수질 분석을 하였더니 칼슘이온 농도가 40mg/L이고, 마그네슘이온 농도가 36mg/L이었다. 이 지하수의 총경도(as CaCO$_3$)는?

① 16mg/L
② 76mg/L
③ 120mg/L
④ 250mg/L

해설 $Ca^{2+} = \dfrac{40mg}{L} \left| \dfrac{1me}{20mg} \right| \dfrac{50mg\ CaCO_3}{1me} = 100mg/L$

$Mg^{2+} = \dfrac{36mg}{L} \left| \dfrac{1me}{12mg} \right| \dfrac{50mg\ CaCO_3}{1me} = 150mg/L$

총경도(TH) = $[Ca^{2+}] + [Mg^{2+}]$
$= 100 + 150 = 250mg/L\ CaCO_3$

The⁺알아보기

> **총경도의 계산**
> Ca^{2+}, Mg^{2+} 등 2가 이상의 양이온을 같은 당량의 CaCO$_3$(mg/L 또는 ppm)로 환산하여 합한다.

24 30m×18m×3.6m 규격의 직사각형 조에 물이 가득 차 있다. 약품 주입농도를 69mg/L로 하기 위해서 주입해야 할 약품의 양(kg)은?

① 약 214kg ② 약 156kg
③ 약 148kg ④ 약 134kg

해설 약품 주입량(kg)
= 약품 주입농도(mg/L)×부피(m^3)

$$= \frac{69mg}{L} \left| \frac{30m×18m×3.6m}{} \right| \frac{1,000L}{1m^3} \left| \frac{1kg}{10^6mg} \right.$$

=134.136kg

25 300mL BOD병에 분석대상 시료를 0.2% 넣고, 나머지는 희석수로 채운 다음 최소의 DO 농도를 측정한 결과 6.8mg/L이었다면, 5일간 배양 후의 DO 농도는 2.6mg/L이었다. 이 시료의 BOD_5(mg/L)는?

① 8,200 ② 6,300
③ 4,800 ④ 2,100

해설
1) 희석배수(P)

$$P = \frac{희석시료량}{시료량} = \frac{시료량+희석수량}{시료량}$$

$$= \frac{300mL}{300mL × \frac{0.2}{100}} = 500$$

2) 생물화학적 산소요구량
$$BOD(mg/L) = (D_1 - D_2) × P$$
$$= (6.8-2.6)×500$$
$$= 2,100$$

여기서, D_1 : 15분간 방치한 후 희석(조제)한 시료의 DO(mg/L)
D_2 : 5일간 배양한 다음 희석(조제)한 시료의 DO(mg/L)
P : 희석시료 중 시료의 희석배수

26 시간당 200m^3의 폐수가 유입되는 침전조의 위어(weir)의 유효길이가 50m라면 월류부하는?

① 2m^3/m · hr
② 4m^3/m · hr
③ 8m^3/m · hr
④ 15m^3/m · hr

해설 월류부하 = $\frac{유량}{위어 길이}$

$$= \frac{200m^3}{hr} \left| \frac{}{50m} \right.$$

$$= 4m^3/m · hr$$

27 침사지에서 폐수의 평균유속이 0.3m/sec, 유효수심이 1.0m, 수면적 부하가 1,800m^3/m^2·day 일 때, 침사지의 유효길이는?

① 20.2m ② 14.4m
③ 10.6m ④ 7.5m

해설
1) 체류시간(t) = $\frac{H}{Q/A}$

$$= \frac{1m}{} \left| \frac{m^2 · day}{1,800m^3} \right| \frac{86,400sec}{1day}$$

=48sec

2) 유효길이 = 수평유속×체류시간
$$= \frac{0.3m}{sec} × 48sec = 14.4m$$

단위 1day=24hr=1,440min=86,400sec

28 효과적인 응집을 위해 실시하는 약품교반실험장치(jar tester)의 일반적인 실험순서로 적절한 것은?

① 정치 침전 → 상징수 분석 → 응집제 주입 → 급속 교반 → 완속 교반
② 급속 교반 → 완속 교반 → 응집제 주입 → 정치 침전 → 상징수 분석
③ 상징수 분석 → 정치 침전 → 완속 교반 → 급속 교반 → 응집제 주입
④ 응집제 주입 → 급속 교반 → 완속 교반 → 정치 침전 → 상징수 분석

해설 약품교반실험(응집실험, jar test)의 순서
1) 응집제 주입 : 일련의 유리비커에 시료를 담아 pH 조정약품과 응집제 주입량을 각기 달리하여 넣는다.
2) 급속 혼합 : 100~150rpm으로 1~5분간 급속 혼합한다.
3) 완속 혼합 : 40~50rpm으로 약 15분간 완속 혼합시켜 응결(응집)한다.
4) 정치 침전 : 15~30분간 침전한다.
5) 상징수 분석 : 상징수를 취하여 필요한 분석을 실시한다.

29 다음의 설명이 나타내는 침전은?

> 입자들이 고농도로 있을 때의 침전현상으로서, 활성슬러지공법으로 폐수를 처리하는 경우에 최종 침전지의 하부에서 일어난다. 이 침전은 슬러지 중력 농축공정에서 중요한 요소로, 포기조로의 반송을 위해 활성슬러지가 농축되어야 하는 활성슬러지공법의 최종 침전지에서 특히 중요하다.

① 독립침전 ② 압축침전
③ 지역침전 ④ 응집침전

해설 입자의 침전형태

침전형태	특 징	발생장소
I형 침전 (독립침전, 자유침전)	• 이웃 입자들의 영향을 받지 않고 자유롭게 일정한 속도로 침전 • Stokes 법칙 적용	보통 침전지, 침사지, 1차 침전지
II형 침전 (플록침전)	• 입자 간에 서로 접촉되면서 응집된 플록을 형성하여 침전 • 응집·응결 침전 또는 응집성 침전	약품 침전지
III형 침전 (간섭침전)	• 플록을 형성하여 침전하는 입자들이 서로 방해를 받아 침전속도가 감소하는 침전 • 방해·장애·집단·계면·지역 침전	상향류식 침전지, 생물학적 2차 침전지
IV형 침전 (압축침전, 압밀침전)	고농도 입자들의 침전으로 침전된 입자군이 바닥에 쌓일 때 입자군의 무게에 의해 물이 빠져나가면서 농축·압밀	침전슬러지, 농축조의 슬러지 영역

30 다음 슬러지 처리공정 중 개량 단계에 해당되는 것은?

① 소각   ② 소화
③ 탈수   ④ 세정

해설 슬러지의 개량방법
• 열처리
• **세정**
• 화학적 약품처리
• 생물학적 처리
• 전기적 처리
• 동결

31 각 생물학적 처리방법의 설명으로 잘못된 것은?

① 산화지법 – 수심 1m 이하의 경우 호기성 세균의 산소공급원은 조류와 균류이다.
② 접촉산화법 – 생물막을 이용한 처리방식의 일종으로, 포기조에 접촉여재를 침적하여 포기·교반시켜 처리한다.
③ 살수여상법 – 연못화에 따른 악취, 파리의 이상번식 등이 문제점으로 지적되고 있다.
④ 회전원판법 – 미생물 부착성장형으로서, 슬러지의 반송이 필요 없다.

해설 ① 산화지법 – 수심 1m 이하의 경우 호기성 세균의 산소공급원은 조류이다.

32 물속에서 침강하고 있는 입자에 스토크스(Stokes)의 법칙이 적용된다면, 입자의 침강속도에 가장 큰 영향을 주는 변화인자는?

① 입자의 밀도   ② 물의 밀도
③ 물의 점도   ④ 입자의 직경

해설 입자의 침강속도는 입자의 직경(d^2)에 가장 큰 영향을 받는다.

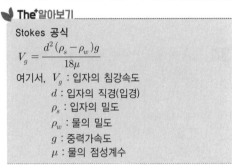

The⁺알아보기

Stokes 공식

$$V_g = \frac{d^2(\rho_s - \rho_w)g}{18\mu}$$

여기서, V_g : 입자의 침강속도
     d : 입자의 직경(입경)
     ρ_s : 입자의 밀도
     ρ_w : 물의 밀도
     g : 중력가속도
     μ : 물의 점성계수

33 다음 그래프는 자정단계에 따른 용존산소의 변화량을 나타낸 것이다. 이에 관한 설명으로 옳지 않은 것은?

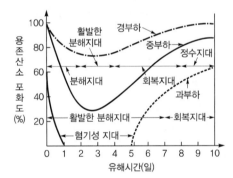

① 저하지대는 오염물질의 유입으로 수질이 저하되어 오염에 약한 고등생물은 오염에 강한 미생물로 교체된다.
② 활발한 분해지대는 용존산소가 가장 높아 활발한 분해가 일어나는 상태에 도달되고 호기성 세균의 번식이 활발하다.
③ 회복지대는 수질이 점차 깨끗해지며 기포의 발생이 감소하는 등 분해지대와는 반대 현상이 장거리에 걸쳐 발생한다.
④ 정수지대는 마치 오염되지 않은 자연수처럼 보이며 용존산소농도가 증가하여 오염되지 않은 자연 수계에서 살 수 있는 식물이나 동물이 번식한다.

해설 **활발한 분해지대의 특성**
- 용존산소(DO)가 급감하여 아주 낮거나 거의 없다.
- 호기성에서 **혐기성 상태로 전환**된다.
- 암모니아, 황화수소, 탄산가스 등의 혐기성 기체가 발생하여 악취가 난다.
- 짙은 회색 또는 검은색을 띤다.
- **혐기성 세균류가 급증**하고, 자유유영성 섬모충류도 증가한다.
- 호기성 미생물인 균류(fungi)가 사라진다.

34 실험실에서 일반적으로 BOD_5를 측정할 때 배양 조건은?

① 5℃에서 10일간 배양
② 5℃에서 20일간 배양
③ 20℃에서 5일간 배양
④ 20℃에서 10일간 배양

해설 활발한 BOD_5란 20℃에서 호기성 미생물이 유기물을 분해할 때 5일 동안 소비하는 산소량을 의미한다.

35 BOD가 200mg/L이고, 폐수량이 1,500m³/day인 폐수를 활성슬러지법으로 처리하고자 한다. F/M비가 0.4kg/kg·day라면 MLSS 1,500mg/L로 운전하기 위해서 요구되는 포기조 용적은?

① 900m³
② 800m³
③ 600m³
④ 500m³

해설 $V = \dfrac{BOD \cdot Q}{(F/M)X}$

$= \dfrac{200mg/L}{} \left| \dfrac{1,500m^3}{day} \right| \dfrac{kg \cdot day}{0.4kg} \left| \dfrac{}{1,500mg/L} \right.$

$= 500m^3$

The⁺알아보기

$F/M = \dfrac{BOD \cdot Q}{VX}$

여기서, F/M : kg BOD/kg MLSS·day
BOD : BOD 농도(mg/L)
Q : 유입 유량(m³/day)
V : 포기조 부피(m³)
X : MLSS 농도(mg/L)

36 분뇨처리의 목적으로 가장 거리가 먼 것은?

① 최종 생성물의 감량화
② 생물학적으로 안정화
③ 위생적으로 안전화
④ 슬러지의 균일화

해설 **분뇨 및 슬러지의 처리목표**
- 자원화
- 감량화
- 안정화
- 안전화
- 처분의 확실성

37 다음 중 분뇨 수거 및 처분 계획을 세울 때 계획하는 우리나라 성인 1인당 1일 분뇨 발생량의 평균범위로 가장 적합한 것은?

① 0.2~0.5L
② 0.9~1.1L
③ 2.3~2.5L
④ 3.0~3.5L

해설 우리나라 성인 1명당 1일 분뇨 발생량은 0.9~1.1L 정도이다.

38 다음 중 고정날과 가동날의 교차에 의해 폐기물을 파쇄하는 것으로 파쇄속도가 느린 편이며, 주로 목재류, 플라스틱 및 종이류 파쇄에 많이 사용되고, 왕복식, 회전식 등이 해당하는 파쇄기의 종류는?

① 냉온파쇄기
② 전단파쇄기
③ 충격파쇄기
④ 압축파쇄기

해설 **파쇄기의 종류**
- **전단파쇄기** : 고정날과 가동날의 교차에 의해 폐기물을 파쇄하는 장치
- **충격파쇄기** : 해머의 회전운동으로 발생하는 충격력으로 폐기물을 파쇄하는 장치
- **압축파쇄기** : 기계의 압착력을 이용하여 파쇄하는 장치

34.③ 35.④ 36.④ 37.② 38.②

39 하수처리장에서 발생하는 슬러지를 혐기성으로 소화 처리하는 목적으로 가장 거리가 먼 것은?

① 병원균의 사멸
② 독성 중금속 및 무기물의 제거
③ 무게와 부피 감소
④ 메테인과 같은 부산물 회수

해설 혐기성 소화의 목적
• 병원균 사멸(안전화)
• 슬러지 무게와 부피 감소(감량화)
• 유기물 제거(안정화)
• 유용한 부산물(연료로 이용 가능한 메테인) 회수

40 다음은 어느 도시 쓰레기에 대하여 성분별로 수분 함량을 측정한 결과이다. 이 쓰레기의 평균 수분 함량(%)은?

성 분	중량비(%)	수분 함량(%)
음식물	45	70
종이	30	8
기타	25	6

① 31.2%
② 32.4%
③ 35.4%
④ 37.6%

해설 평균 함수율 $= \dfrac{\Sigma(\text{구성비}\times\text{수분 함량})}{\Sigma\text{구성비}}$

$= \dfrac{45\times70+30\times8+25\times6}{45+30+25} = 35.4\%$

41 아래 그림과 같이 쓰레기를 대량으로 간편하게 소각 처리하는 데 적합하고, 연속적인 소각과 배출이 가능한 소각로의 형태는?

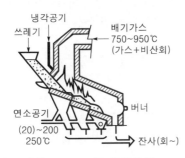

냉각공기
쓰레기
배기가스
750~950℃
(가스+비산회)
연소공기
(20)~200
250℃
버너
잔사(회~)

① 스토커식
② 유동상식
③ 회전로식
④ 분무연소식

해설 화격자(스토커) 소각로
소각로 내에 화격자를 설치하여 이 화격자 위에 소각하고자 하는 소각물을 올려놓고 아래에서 공기를 주입해 연소시키는 방식

42 쓰레기를 퇴비화시킬 때의 적정 C/N 비 범위는?

① 1~5
② 20~35
③ 100~150
④ 250~300

해설 퇴비화의 최적조건

영향요인	최적조건
C/N 비	20~40(50)
온도	50~65℃
함수율	50~60%
pH	5.5~8
산소	5~15%
입도(입경)	1.3~5cm

43 다음 중 폐기물 선별의 목적으로 가장 적합한 것은?

① 폐기물의 부피 감소
② 폐기물의 밀도 증가
③ 폐기물 저장면적의 감소
④ 재활용 가능한 성분의 분리

해설 재활용이 가능한 성분을 분리하기 위하여 폐기물을 선별한다.

44 에테인(C_2H_6) 가스 $1Sm^3$의 완전연소에 필요한 이론 공기량은?

① $8.67Sm^3$
② $10.67Sm^3$
③ $12.67Sm^3$
④ $16.67Sm^3$

해설 1) 이론 산소량(O_o)
$$C_2H_6 + 3.5O_2 \rightarrow 2CO_2 + 3H_2O$$
$1Sm^3 : 3.5Sm^3$
$1Sm^3 : O_o(Sm^3)$
$\therefore O_o = 3.5Sm^3$

2) 이론 공기량(A_o)
$$A_o = \frac{O_o}{0.21} = \frac{3.5}{0.21} = 16.67Sm^3/Sm^3$$

45 폐기물을 파쇄시키는 목적으로 적합하지 않은 것은?

① 분리 및 선별을 용이하게 한다.
② 매립 후 빠른 지반침하를 유도한다.
③ 부피를 감소시켜 수송효율을 증대시킨다.
④ 비표면적이 넓어져 소각을 용이하게 한다.

해설 ② 파쇄는 매립 후 부등침하를 막아준다.

The⁺알아보기

파쇄의 목적
• 겉보기비중의 증가
• 입경분포의 균일화(저장·압축·소각 용이)
• 용적(부피) 감소
• 운반비 감소, 매립지 수명 연장
• 분리 및 선별 용이, 특정 성분의 분리
• 비표면적의 증가
• 소각, 열분해, 퇴비화 처리 시 처리효율의 향상
• 조대폐기물에 의한 소각로의 손상 방지
• 고체물질 간의 균일혼합 효과
• 매립 후 부등침하 방지

46 아래 그림과 같은 차수시설에 관한 설명으로 옳지 않은 것은?

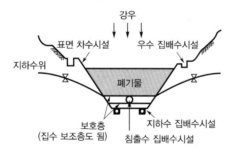

① 매립지의 침출수 유출을 방지한다.
② 지하수가 매립지 내부로 유입하는 것을 방지한다.
③ 매립지 내에서의 물의 이동은 헨리 법칙으로 나타낸다.
④ 투수 방지를 위해 불투수성 차수막 또는 점토를 사용한다.

해설 ③ 매립지 내에서의 물의 이동은 다르시(Darcy)의 법칙으로 나타낸다.

47 다음 중 소각로의 형식이라 볼 수 없는 것은?

① 펌프식   ② 화격자식
③ 유동상식   ④ 회전로식

해설 **소각로의 종류**
• 화격자 소각로(grate or stoker)
• 고정상 소각로(fixed bed incinerator)
• 다단로(multiple hearth)
• 회전로(rotary kiln : 회전식 소각로)
• 유동층 소각로(fluidized bed incinerator)

48 아래 그림과 같은 내륙매립 공법은?

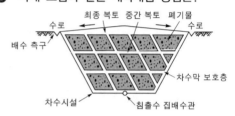

① 셀 공법   ② 수중투기 공법
③ 순차투입 공법   ④ 박층뿌림 공법

해설 셀 공법(cell landfill)이란 매립된 쓰레기 및 비탈에 복토를 실시하여 셀 모양으로 셀마다 일일복토를 해나가는 방식이다.
참고 ②, ③, ④ : 해안매립 공법

49 강열감량 및 유기물함량 – 중량법에 관한 설명으로 옳지 않은 것은?

① 시료로 황산암모늄용액(5%)을 넣고 가열하여 탄화시킨다.
② 시료에 시약을 넣고 가열하여 탄화 후 (600±25)℃의 전기로 안에서 3시간 강열한 다음 데시케이터에서 식힌 후 무게를 단다.
③ 칭량병 또는 증발접시는 백금제, 석영제 또는 사기제 도가니 또는 접시로 가급적 무게가 적은 것을 사용한다.
④ 데시케이터는 실리카겔과 염화칼슘이 담겨 있는 것을 사용한다.

해설 ① 시료로 질산암모늄용액(25%)을 넣고 가열하여 탄화시킨다.

50 황(S) 함유량이 2.5%이고 비중이 0.87인 중유를 350L/hr로 태우는 경우, SO_2 발생량(Sm^3/hr)은?

① 약 2.7 　　② 약 3.6
③ 약 4.6 　　④ 약 5.3

해설

$$S + O_2 \rightarrow SO_2$$
$$32kg : 22.4Sm^3$$

$$\frac{350L}{hr} \times \frac{0.87kg}{L} \times \frac{2.5}{100} : x(Sm^3/hr)$$

$$\therefore x = \frac{350L}{hr} \times \frac{0.87kg}{L} \times \frac{2.5}{100} \times \frac{22.4Sm^3}{32kg}$$
$$= 5.328Sm^3/hr$$

이때, 밀도(비중) $= \dfrac{질량}{부피}$

$$\therefore 0.87 = \frac{0.87t}{1m^3} = \frac{0.87kg}{1L} = \frac{0.87g}{1mL}$$

51 폐기물의 발생원에서 처리장까지의 거리가 먼 경우 중간 지점에 설치하여 운반비용을 절감시키는 역할을 하는 것은?

① 적환장
② 소화조
③ 살포장
④ 매립지

해설 발생원에서 처리장까지의 거리가 먼 경우, 적환장을 중간 지점에 설치하면 운반비용을 절감할 수 있다.

52 유기성 폐기물의 퇴비화 조작에서 환경변화인자가 아닌 것은?

① 온도
② pH
③ 탄소/질소율(C/N ratio)
④ 질소/인(N/P ratio)

해설 퇴비화의 영향인자
C/N 비, 온도, 함수율(함수비), pH

53 수분 함량이 20%인 쓰레기를 건조시켜 5%가 되도록 하려면 쓰레기 1톤당 증발시켜야 하는 수분의 양은? (단, 쓰레기의 비중은 1.0으로 동일하다.)

① 126.1kg 　　② 132.3kg
③ 157.9kg 　　④ 184.7kg

해설 1) 농축 후 폐기물의 양(V_2)

$$V_1(1-W_1) = V_2(1-W_2)$$

여기서, V_1 : 농축 전 폐기물의 양
V_2 : 농축 후 폐기물의 양
W_1 : 농축 전 폐기물의 함수율
W_2 : 농축 후 폐기물의 함수율

$$1,000kg(1-0.2) = V_2(1-0.05)$$

$$\therefore V_2 = \frac{(1-0.2)}{(1-0.05)} \times 1,000kg = 842.10kg$$

2) 쓰레기 1톤당 증발시켜야 할 수분의 양(kg)

$$V_1 - V_2 = 1,000 - 842.10 = 157.89kg$$

단위 1t = 1,000kg

54 폐기물 처리에 있어서 열분해를 통한 연료의 성질을 결정 하는 요소와 관계없는 것은?

① 가열속도 　　② 폐기물 형상
③ 운전온도 　　④ 폐기물 조성

해설 열분해의 영향인자
열분해 온도, 가열속도, 압력, 폐기물의 성질, 공기 공급, 스팀 공급

55 쓰레기 발생량을 산정하는 방법 중 일정 기간 동안 특정 지역의 쓰레기 수거차량 대수를 조사하여 이 값에 밀도를 곱해 중량으로 환산하는 방법은?

① 물질수지법
② 직접계근법
③ 적재차량 계수분석법
④ 적환법

해설 쓰레기 발생량 조사방법

조사방법		내용
적재차량 계수분석법		일정 기간 동안 특정 지역의 쓰레기 수거차량 대수를 조사하고, 이 값에 밀도를 곱하여 중량으로 환산하는 방법
직접계근법		일정 기간 동안 특정 지역의 쓰레기 수거·운반 차량 무게를 직접 계근하는 방법
물질수지법		시스템으로 유입되는 모든 물질과 유출되는 모든 물질들 간의 물질수지를 세움으로써 발생량을 추정하는 방법 (주로 산업폐기물의 발생량을 추산할 때 이용)
통계조사	표본조사 (샘플링검사)	전체 측정지역 중 일부를 표본으로 하여 쓰레기 발생량을 조사하는 방법
	전수조사	측정지역 전체의 쓰레기 발생량을 모두 조사하는 방법

56 다음 중 다공질 흡음재에 해당하지 않는 것은?

① 암면
② 비닐시트
③ 유리솜
④ 폴리우레탄폼

> **해설** **흡음재의 구분**
>
> | 구 분 | 재 료 | 흡음역 |
> |---|---|---|
> | 다공질형 흡음재 | 유리솜, 석면, 암면, 발포수지, 폴리우레탄폼 등 | 중고음역 |
> | 판(막)진동형 흡음재 | **비닐시트**, 석고보드, 석면슬레이트, 합판 등 | 저음역 |
> | 공명형 흡음재 | 유공 석고보드, 유공 알루미늄판, 유공 하드보드 등 | 저음역 |

57 방음대책을 음원대책과 전파경로대책으로 분류할 때, 주로 전파경로대책에 해당하는 것은?

① 방음벽 설치
② 소음기 설치
③ 발생원의 유속 저감
④ 발생원의 공명 방지

> **해설** **방음대책의 구분**
>
> | 구 분 | 대 책 |
> |---|---|
> | 발생원(소음원) 대책 | • 원인 제거
• 운전 스케줄 변경
• 소음 발생원 밀폐
• **발생원의 유속 및 마찰력 저감**
• 방음박스 및 흡음덕트 설치
• 음향출력의 저감
• **소음기, 저소음장비 사용**
• 방진 처리 및 방사율 저감
• **공명·공진 방지** |
> | 전파경로 대책 | • **방음벽 설치**
• 거리 감쇠
• 지향성 전환
• 차음성 증대(투과손실 증대)
• 건물 내벽 흡음 처리
• 잔디를 심어 음의 반사를 차단 |
> | 수음(수진) 측 대책 | • 2중창 설치
• 건물의 차음성 증대
• 벽면 투과손실 증대
• 실내 흡음력 증대
• 마스킹
• 청력보호구(귀마개, 귀덮개) 착용
• 정기적 청력검사 실시 |

58 다음은 소음의 표현이다. ( ) 안에 알맞은 것은?

> 1( )은 1,000Hz 순음의 음 세기레벨 40dB인 음 크기를 말한다.

① SIL
② PNL
③ Sone
④ NNI

> **해설**
> • 1sone : 1,000Hz 순음의 40dB인 음 크기(1,000Hz 순음 40phon)
> • 1phon : 1,000Hz를 기준으로 해서 나타난 dB

59 A벽체의 투과손실이 32dB 일 때, 이 벽체의 투과율은?

① 6.3×10^{-4}
② 7.3×10^{-4}
③ 8.3×10^{-4}
④ 9.3×10^{-4}

> **해설** 투과손실(TL, dB) $= 10\log\dfrac{1}{\tau}$
>
> $$32 = 10\log\frac{1}{\tau}$$
>
> $$10\log\frac{1}{\tau} = \frac{32}{10}$$
>
> $$\frac{1}{\tau} = 10^{\frac{32}{10}}$$
>
> $$\therefore \tau = \frac{1}{10^{\frac{32}{10}}} = 6.3 \times 10^{-4}$$
>
> 여기서, TL : 투과손실
> τ : 투과율
>
> **참고** $\tau = \dfrac{1}{10^{TL/10}}$ (dB)

60 진동레벨 중 가장 많이 쓰이는 수직 진동레벨의 단위로 옳은 것은?

① dB(A)
② dB(V)
③ dB(L)
④ dB(C)

> **해설** **진동레벨(VL)**
> 진동레벨이란 진동가속도레벨에 인체의 감각을 보정한 값이다.
> • 수직 진동레벨 : 수직 보정된 레벨(dB(V))
> • 수평 진동레벨 : 수평 보정된 레벨(dB(H))
> 일반적으로 수직 진동레벨이 수평 진동레벨보다 크며, 수직 진동레벨이 가장 많이 쓰인다.

2020년 통합 환경기능사 필기 복원문제

01 포집먼지의 중화가 적당한 속도로 행해지기 때문에 이상적인 전기 집진이 이루어질 수 있는 전기저항의 범위로 가장 적합한 것은?

① $10^2 \sim 10^4 \Omega \cdot cm$

② $10^4 \sim 10^{11} \Omega \cdot cm$

③ $10^{12} \sim 10^{14} \Omega \cdot cm$

④ $10^{15} \sim 10^{18} \Omega \cdot cm$

해설 집진효율이 좋은 전기비저항 범위

$10^4 \sim 10^{11} \Omega \cdot cm$

02 농황산의 비중이 약 1.84이고, 농도는 75%라면 이 농황산의 몰농도(mol/L)는? (단, 농황산의 분자량은 98이다.)

① 9

② 11

③ 14

④ 18

해설 1) 퍼센트(%)농도 $= \dfrac{용질(g)}{용액(g)} \times 100\%$

농황산의 %농도가 75%이므로,
황산 용액이 100g이면, 황산(용질)은 75g이다.

2) 비중 $1.84 = \dfrac{1.84t}{1m^3} = \dfrac{1.84kg}{1L} = \dfrac{1.84g}{1mL}$

3) 몰농도$(M) = \dfrac{용질의 몰수(mol)}{용액의 부피(L)}$

$$= \dfrac{75g \times \dfrac{1mol}{98g}}{100g \times \dfrac{L}{1.84kg} \times \dfrac{1kg}{1,000g}}$$

$$= 14.081 mol/L$$

03 다음 대기오염물질과 관련된 업종 중 플루오린 화수소가 주된 배출원에 해당하는 것은?

① 고무 가공, 인쇄 공업

② 인산비료, 알루미늄 제조

③ 내연기관, 폭약 제조

④ 코크스 연소로, 제철

해설 오염물질별 배출원

오염물질	배출원(배출시설)
이산화황 (SO₂)	제련소, 펄프 제조, 중유공장, 염료 제조공장, 용광로, 산업장의 보일러시설, 화력발전소, 디젤자동차, 기타 관련 화학공업 등
황화수소 (H₂S)	암모니아 공업, 가스 공업, 펄프 제조, 석유 정제, 도시가스 제조업, 형광물질원료 제조업, 하수처리장 등
질소산화물 (NOx)	내연기관, 폭약, 비료, 필름 제조, 초산 제조 등 화학공업 등
일산화탄소 (CO)	내연기관, 코크스 연소로, 제철, 탄광, 야금 공업 등
암모니아 (NH₃)	비료공장, 냉동공장, 표백·색소 제조 공장, 나일론 및 암모니아 제조 공장, 도금 공업 등
플루오린화수소 (HF)	**알루미늄 공업, 인산비료 공업, 유리 제조 공업 등**
이황화탄소 (CS₂)	비스코스섬유 공업, 이황화탄소 제조 공장 등
카드뮴(Cd)	아연 제련, 카드뮴 제련 등
염화수소 (HCl)	소다 공업, 플라스틱 제조업, 활성탄 조공장, 금속 제련, 의약품, 쓰레기소각장 등
염소(Cl₂)	소다 공업, 화학 공업, 농약 제조, 의약품 등
사이안화수소 (HCN)	화학 공업, 가스 공업, 제철 공업, 청산 제조업, 용광로, 코크스로 등
폼알데하이드 (HCHO)	피혁 공장, 합성수지 공장, 포말린 제조업, 섬유 공업 등
브로민(Br₂)	염료 제조, 의약 및 농약 제조, 살충제 등
벤젠(C₆H₆)	석유 정제, 포말린 제조, 도장 공업, 페인트, 고무 가공 등
페놀 (C₆H₅OH)	타르 공업, 화학 공업, 도장 공업, 의약품, 염료, 향료 등
비소(As)	안료, 의약품, 화학, 농약 등
아연(Zn)	산화아연의 제조, 금속아연의 용융, 아연도금, 청동의 주조 가공 등
크로뮴(Cr)	도금, 염색, 피혁 제조, 색소·방부제·약품 제조, 화학비료 제조
니켈(Ni)	석탄화력발전소, 디젤엔진 배기, 석면 제조, 니켈 광산 등
구리(Cu)	구리광산, 제련소, 도금 공장, 농약 제조 등
납(Pb)	건전지 및 축전지, 인쇄, 크레용, 에나멜, 페인트, 고무가공, 도가니, 내연기관 등
메탄올 (CH₃OH)	포말린 제조, 도장 공업, 고무가스 공업, 피혁, 메탄올 제조업 등

04 다음 중 물에 대한 용해도가 가장 큰 기체는? (단, 온도는 30℃ 기준이며, 기타 조건은 동일하다.)

① SO_2

② CO_2

③ HCl

④ H_2

해설 용해도 순서

$HCl > HF > NH_3 > SO_2 > Cl_2 > CO_2 > O_2$

05 A집진장치의 집진효율은 99%이다. 이 집진시설 유입구의 먼지 농도가 13.5g/Sm³일 때, 집진장치의 출구 농도는?

① $0.0135g/Sm^3$

② $135mg/Sm^3$

③ $1,350mg/Sm^3$

④ $13.5g/Sm^3$

해설 $C = C_0(1-\eta)$

$\quad = 13.5(1-0.99)$

$\quad = 0.135g/Sm^3 = 135mg/Sm^3$

여기서, η : 집진율(%)

$\qquad C$: 출구 농도

$\qquad C_0$: 입구 농도

[단위] 1g=1,000mg

06 CH_4 90%, CO_2 6%, O_2 4%인 기체연료 1Sm³에 대하여 10Sm³의 공기를 사용하여 연소하였다. 이때 공기비는?

① 1.19 ② 1.49

③ 1.79 ④ 2.09

해설 90% : $CH_4 + 2O_2 \rightarrow CO_2 + 2H_2O$

6% : $CO_2 \rightarrow CO_2$

4% : O_2

1) 이론 공기량(A_o)

$A_o = \dfrac{O_o}{0.21} = \dfrac{2 \times 0.90 - 0.04}{0.21} = 8.3809 Sm^3/Sm^3$

2) 공기비(m)

$m = \dfrac{A}{A_o} = \dfrac{10}{8.3809} = 1.193$

07 기체연료를 버너 노즐로 분출시켜 외부 공기와 혼합하여 연소시키는 방법은?

① 확산연소법

② 사전혼합연소법

③ 화격자연소법

④ 미분탄연소법

해설 확산연소

가연성 연료와 외부 공기가 서로 확산에 의해 혼합하면서 화염을 형성하는 연소형태로, 기체연료를 버너 노즐로 분출시켜 외부 공기와 혼합하여 연소시키는 방법이다.

08 직경이 200mm인 표면이 매끈한 직관을 통하여 125m³/min의 표준공기를 송풍할 때, 관 내 평균 풍속(m/sec)은?

① 약 50m/sec ② 약 53m/sec

③ 약 60m/sec ④ 약 66m/sec

해설 1) $A = \dfrac{\pi}{4}D^2 = \dfrac{\pi}{4} \times (0.2m)^2 = 0.0314m^2$

2) $Q = AV$ 식에서,

$V = \dfrac{Q}{A} = \dfrac{125m^3/min}{0.0314m^2} \times \dfrac{1min}{60sec} = 66.31m/sec$

여기서, Q : 유량(m³/min)

$\qquad A$: 단면적(m²)

$\qquad V$: 풍속(m/sec)

[단위] 200mm=200×10^{-3}m=0.2m

1min=60sec

09 메테인 1mol이 완전연소할 경우 건조연소 배기가스 중의 CO_2 농도는 몇 %인가? (단, 부피 기준)

① 11.73 ② 16.25

③ 21.03 ④ 23.82

해설 $CH_4 + 2O_2 \rightarrow CO_2 + 2H_2O$

1) 이론 건조가스량(G_{od}, Sm³/Sm³)

$= (1-0.21)A_o + \Sigma$연소생성물(H_2O 제외)

$= (1-0.21) \times \dfrac{2}{0.21} + 1$

$= 8.5238$

2) $(CO_2)_{max}(\%) = \dfrac{CO_2(Sm^3/Sm^3)}{G_{od}(Sm^3/Sm^3)} \times 100\%$

$= \dfrac{1}{8.5238} \times 100\%$

$= 11.73\%$

10 다음에서 설명하는 대기오염물질은?

> 자동차 등에서 배출된 질소산화물과 탄화수소가 광화학반응을 일으키는 과정에서 생성되며, 가죽제품이나 고무제품을 각질화시킨다. 대기환경보전법상 대기 중 농도가 일정 기준을 초과하면 경보를 발령하고 있다.

① VOC　　　　　　② O_3
③ CO_2　　　　　④ CFC

해설 오존(O_3)
- 무색 · 무미이며, 해초(마늘) 냄새가 난다.
- 광화학반응으로 생성된다.
- 한낮에 농도가 최대이며, 복사실에서 많이 발생된다.
- 산화력이 강해 고무제품(타이어, 전선 피복 등)을 손상시키고, 각종 섬유류를 퇴색시킨다.

11 여과식 집진장치에서 지름이 0.3m, 길이가 3m인 원통형 여과포 18개를 사용하여 유량이 $30m^3/min$인 가스를 처리할 경우에 여과포의 표면 여과속도는 얼마인가?

① 0.39m/min　　　② 0.59m/min
③ 0.79m/min　　　④ 0.99m/min

해설 여과속도 $v = \dfrac{Q}{\pi \times D \times L \times N}$

$$= \dfrac{30m^3/min}{\pi \times 0.3m \times 3m \times 18} = 0.589m/min$$

여기서, Q : 유량(m^3/min)
$\qquad\quad D$: 지름(m)
$\qquad\quad L$: 길이(m)
$\qquad\quad N$: 여과포 개수
$\qquad\quad v$: 여과속도(m/min)

12 다음 설명에 해당하는 국지풍은?

> - 해안지방에서 낮에는 태양열에 의하여 육지가 바다보다 빨리 온도가 상승하므로, 육지의 공기가 팽창되어 상승기류가 생기게 되었다.
> - 이때, 바다에서 육지로 8~15km 정도까지 바람이 불게 되며, 여름에 빈발한다.

① 해풍　　　　　　② 육풍
③ 산풍　　　　　　④ 국풍

해설
- 해풍 : 낮에 바다에서 육지로 부는 바람, 여름에 잘 발생됨
- 육풍 : 밤에 육지에서 바다로 부는 바람, 겨울에 잘 발생됨

13 다음 연료 중 일반적으로 착화온도가 가장 높은 것은?

① 갈탄(건조)
② 무연탄
③ 역청탄
④ 목탄

해설 보기 연료의 착화온도는 각각 다음과 같다.
① 갈탄(건조) : 250~450℃
② 무연탄 : 440~500℃
③ 역청탄 : 320~400℃
④ 목탄 : 320~370℃

14 탄소 87%, 수소 10%, 황 3%의 조성을 가진 중유 1.7kg을 완전연소시킬 때, 필요한 이론 공기량(Sm^3)은?

① 약 9　　　　　　② 약 14
③ 약 18　　　　　④ 약 21

해설 1) 이론 산소량(O_o)

$$O_o(Sm^3/kg) = 1.867C + 5.6\left(H - \dfrac{O}{8}\right) + 0.7S$$
$$= 1.867 \times 0.87 + 5.6 \times 0.10 + 0.7 \times 0.03$$
$$= 2.2052$$

2) 이론 공기량(A_o)

$$A_o(Sm^3/kg) = \dfrac{O_o}{0.21} = \dfrac{2.2052}{0.21} = 10.5013$$
$$\therefore A_o(Sm^3) = \dfrac{10.5013Sm^3}{kg} \times 1.7kg = 17.85Sm^3$$

15 〈보기〉 중 대류권에 해당하는 사항으로만 바르게 나열된 것은?

> ㉠ 고도가 상승함에 따라 기온이 감소한다.
> ㉡ 오존의 밀도가 높은 오존층이 존재한다.
> ㉢ 지상으로부터 50~85km 사이의 층이다.
> ㉣ 공기의 수직이동에 의한 대류현상이 일어난다.
> ㉤ 눈이나 비가 내리는 등의 기상현상이 일어난다.

① ㉠, ㉡, ㉢　　　　② ㉠, ㉣, ㉤
③ ㉢, ㉣, ㉤　　　　④ ㉡, ㉢, ㉣

해설 ㉡ : 성층권
㉢ : 중간권

16 0.04M의 NaOH 용액을 mg/L로 환산하면?

① 1.6mg/L   ② 16mg/L

③ 160mg/L   ④ 1,600mg/L

해설
$$\frac{0.04mol}{L} \cdot \frac{40g}{1mol} \cdot \frac{1,000mg}{1g} = 1,600mg/L$$

[단위] NaOH : 1mol=40g

몰농도(M) : mol/L

17 사이안(CN^-) 농도 100mg/L인 폐수 $15m^3$를 처리하는 데 필요한 차아염소산소듐(NaOCl)의 이론량은 얼마인가? (단, NaOCl의 분자량은 74.5, 사이안 함유 폐수는 다음 반응식과 같이 염소화합물로 사이안을 산화 분해하여 처리한다.)

> $2NaCN + 5NaOCl + H_2O$
> $\rightarrow 5NaCl + 2CO_2 + N_2 + 2NaOH$

① 7.1kg   ② 8.4kg

③ 9.1kg   ④ 10.7kg

해설
1) 처리해야 할 CN^-의 양
$$\frac{15m^3}{} \cdot \frac{100mg}{L} \cdot \frac{1,000L}{1m^3} \cdot \frac{1kg}{10^6mg} = 1.5kg$$

2) 필요한 NaOCl의 양
$2NaCN + 5NaOCl + H_2O \rightarrow 5NaCl + 2CO_2 + N_2 + 2NaOH$
   $2CN^-$: $5NaOCl$
   $2 \times 26kg$: $5 \times 74.5kg$
   $1.5kg$: $x(kg)$
$$\therefore x = \frac{5 \times 74.5 \times 1.5kg}{2 \times 26} = 10.745kg$$

18 물속에 녹는 산소의 양은 대기 중에 존재하는 산소의 분압에 의존한다는 것으로, 겨울철보다 기압이 낮은 여름철에 강이나 호수에 살고 있는 어패류들의 질식현상이 자주 발생하는 원인을 설명할 수 있는 법칙은?

① 헨리의 법칙   ② 라울의 법칙

③ 보일의 법칙   ④ 헤스의 법칙

해설
① 헨리의 법칙(Henry's law) : 기체의 용해도는 그 기체에 작용하는 분압에 비례한다.
② 라울의 법칙(Raoult's law) : 용액의 증기압 내림은 혼합액에서 그 물질의 몰분율에 순수한 상태에서의 증기압을 곱한 것과 같다.
③ 보일의 법칙(Boyle's law) : 일정한 온도에서 일정량의 기체 부피는 압력에 반비례한다.
④ 헤스의 법칙(Hess's law) : 화학반응의 엔탈피 변화, 즉 흡수되는 총열량은 중간 경로에 관계없이 반응의 처음과 마지막 상태에 따라 결정된다.

19 다음 중 지하수의 일반적인 수질 특성에 관한 설명으로 옳지 않은 것은?

① 수온의 변화가 심하다.
② 무기물 성분이 많다.
③ 지질 특성에 영향을 받는다.
④ 지표면 깊은 곳에서는 무산소상태로 될 수 있다.

해설 지하수의 특징
• 수질의 변화가 적다.
• 연중 수온의 변화가 거의 없다.
• 낮은 공기용해도, 환원상태, 지표면 깊은 곳에서는 무산소상태가 될 수 있다.
• 유속과 자정속도가 느리다.
• 세균에 의한 유기물 분해가 주된 생물작용이다.
• 지표수보다 유기물이 적으며, 일반적으로 지표수보다 깨끗하다.
• 지표수보다 무기물 성분이 많아 알칼리도, 경도, 염분이 높다.
• 국지적인 환경조건의 영향을 크게 받으며, 지질 특성에 영향을 받는다.
• 수직분포에 따른 수질 차이가 있다.
• 비교적 깊은 곳의 물일수록 지층과의 보다 오랜 접촉에 의해 용매 효과가 커진다.
• 오염정도의 측정과 예측 · 감시가 어렵다.

20 다음 중 살수여상법으로 폐수를 처리할 때 유지관리상 주의할 점이 아닌 것은?

① 슬러지의 팽화   ② 여상의 폐쇄
③ 생물막의 탈락   ④ 파리의 발생

해설 ① 슬러지 팽화는 활성슬러지법의 문제점이다.

21 염소는 폐수 내의 질소화합물과 결합하여 무엇을 형성하는가?

① 유리염소   ② 클로라민
③ 액체염소   ④ 암모니아

해설 결합잔류염소(클로라민)의 생성
유리잔류염소(HOCl)는 수중의 질소화합물과 결합하여 결합잔류염소(클로라민)를 생성한다.
• 모노클로라민(NH_2Cl)의 생성
   $NH_3 + HOCl \rightarrow NH_2Cl + H_2O$(pH 8.5 이상)
• 다이클로라민($NHCl_2$)의 생성
   $NH_2Cl + HOCl \rightarrow NHCl_2 + H_2O$(pH 4.5~8.5)
• 트라이클로라민(NCl_3)의 생성
   $NHCl_2 + HOCl \rightarrow NCl_3 + H_2O$(pH 4.5 이하)

16.④ 17.④ 18.① 19.① 20.① 21.②

22 물 분자가 극성을 가지는 이유로 가장 적합한 것은?

① 산소와 수소의 원자량의 차
② 산소와 수소의 전기음성도의 차
③ 산소와 수소의 끓는점의 차
④ 산소와 수소의 온도 변화에 따른 밀도의 차

해설 물 분자는 O원자와 H원자의 전기음성도 차이가 커서 큰 쌍극자를 가지고, 강한 극성 분자이다.

참고 분자를 구성하는 원자 간 전기음성도 차이가 클수록 큰 쌍극자 힘을 가지고, 강한 극성 분자이다.

23 염소계 산화제를 이용하여 무해한 CO_2와 N_2로 분해시키는 보편적인 알칼리산화법으로 처리할 수 있는 폐수는?

① 사이안 함유 폐수
② 크로뮴 함유 폐수
③ 납 함유 폐수
④ PCB 함유 폐수

해설 알칼리산화법은 사이안 처리방법이다.

24 해수의 특성에 관한 설명으로 옳지 않은 것은?

① 해수의 pH는 약 8.2 정도로 약알칼리성을 지닌다.
② 해수의 주요 성분 농도비는 거의 일정하다.
③ 염분은 적도 해역에서는 높고, 남북 양극 해역에서는 다소 낮다.
④ 해수의 Mg/Ca비는 300~400 정도로 담수보다 크다.

해설 ④ 해수의 Mg/Ca비는 3~4 정도로 담수보다 크다.

25 활성슬러지 공법에 의한 운영상의 문제점으로 옳지 않은 것은?

① 거품 발생
② 연못화 현상
③ Floc 해체현상
④ 슬러지 부상 현상

해설 ② 연못화 현상은 살수여상법의 운영 시 발생하는 문제점이다.

26 질소의 고도처리방법 중 폐수의 pH를 11 이상으로 높여 기체상태의 암모니아로 전환시킨 다음, 공기를 불어넣어 제거하는 방법은?

① 탈기
② 막분리법
③ 세포합성
④ 이온교환

해설 암모니아 탈기법(ammonia stripping, air stripping)
폐수의 pH를 11 이상으로 높인 후 공기를 불어 넣어 수중의 암모니아를 NH_3 가스로 탈기하는 방법

27 다음 설명에서 ( ) 안에 가장 적합한 수질오염물질은?

> 물속에 있는 ( )의 대부분은 산업폐기물과 광산 폐기물에서 유입된 것이며, 아연정련업, 도금공업, 화학공업(염료, 촉매, 염화바이닐 안정제), 기계제품 제조업(자동차 부품, 스프링, 항공기) 등에서 배출된다. 그 처리법으로 응집침전법, 부상분리법, 여과법, 흡착법 등이 있다.

① 수은   ② 페놀
③ PCB   ④ 카드뮴

해설 ① 수은(Hg)
• 배출원 : 의약품 · 농약, 제지공장, 금속광산, 정련공장, 도료공장 등
• 처리법 : 황화물침전법, 이온교환법, 아말감법, 흡착법, 역삼투법, 산화분해법
② 페놀
• 배출원 : 아스팔트 도로 포장 등
• 처리법 : 생물학적 처리, 화학적 산화, 활성탄 처리
③ PCB
• 배출원 : 전기제품 생산공장, 화학공장, 식품공장, 제지공장, 트랜스유 · 콘덴서유 등
• 처리법 : 방사선분해법, 자외선분해법, 열분해법, 미생물분해법, 흡착법
④ 카드뮴
• 배출원 : 아연정련업, 도금공업, 화학공업(염료 · 촉매 · 염화바이닐 안정제), 기계제품 제조업(자동차 부품 · 스프링 · 항공기) 등
• 처리법 : 응집침전법, 부상분리법, 여과법, 흡착법

28 식품공장 폐수를 200배 희석하여 측정한 DO는 8.6mg/L, 5일 동안 배양한 후의 DO는 4.2mg/L였다. 이 폐수의 생물화학적 산소요구량은?

① 750mg/L   ② 785mg/L

③ 880mg/L   ④ 915mg/L

해설 생물화학적 산소요구량

$$BOD(mg/L) = (D_1 - D_2) \times P$$
$$= (8.6 - 4.2) \times 200 = 880mg/L$$

여기서, D_1 : 15분간 방치된 후 희석(조제)한 시료의 DO (mg/L)

D_2 : 5일간 배양한 다음 희석(조제)한 시료의 DO (mg/L)

P : 희석시료 중 시료의 희석배수

29 7,000m³/day의 하수를 처리하는 침전지 유입하수의 SS 농도가 400mg/L, 유출하수의 SS 농도가 200mg/L이라면, 이 침전지의 SS 제거율은?

① 3%   ② 25%

③ 50%   ④ 70%

해설 SS 제거율$(\eta) = \dfrac{\text{제거된 SS}}{\text{제거 전 SS}}$

$$= \frac{C_0 - C}{C_0} = \frac{400 - 200}{400}$$

$$= 0.5 = 50\%$$

여기서, η : 제거율

C_0 : 유입 SS 농도

C : 유출 SS 농도

30 활성슬러지공법을 적용하고 있는 폐수종말처리시설에서 운전상 발생하는 문제점이 아닌 것은?

① 슬러지 팽화는 플록의 침전성이 불량하여 농축이 잘 되지 않는 것을 말한다.

② 슬러지 팽화의 원인 대부분은 각종 환경조건이 악화된 상태에서 사상성 박테리아나 균류 등의 성장이 둔화되기 때문이다.

③ 포기조에서 암갈색의 거품은 미생물 체류시간이 길고 과도한 과포기를 할 때 주로 발생한다.

④ 침전성이 좋은 슬러지가 떠오르는 슬러지 부상 문제는 주로 과포기나 저부하에 의해 포기조에서 상당한 질산화가 진행되는 경우 침전조에서 침전슬러지를 오래 방치할 때 탈질이 진행되어 야기된다.

해설 ② 슬러지 팽화의 원인 대부분은 각종 환경조건이 악화된 상태에서 사상성 박테리아나 균류 등의 성장이 급증하기 때문이다.

31 pH에 관한 설명으로 옳지 않은 것은?

① pH는 수소이온농도를 그 역수의 상용대수로서 나타내는 값이다.

② pH 표준액의 조제에 사용되는 물은 정제수를 증류하여 그 유출액을 15분 이상 끓여서 이산화탄소를 날려보내고 산화칼슘 흡수관을 달아 식힌 후 사용한다.

③ pH 표준액 중 보통 산성 표준액은 3개월, 염기성 표준액은 산화칼슘 흡수관을 부착하여 1개월 이내에 사용한다.

④ pH미터는 보통 아르곤전극 및 산화전극으로 된 지시부와 검출부로 되어 있다.

해설 pH미터의 구성

• 검출부 : 유리전극, 비교전극으로 구성

• 지시부 : 검출된 pH를 표시

32 다음 중 오염원별 하·폐수 발생량이 가장 많은 것은?

① 생활하수   ② 공장폐수

③ 축산폐수   ④ 매립지 침출수

해설 폐수의 발생원별 분류

구 분	정의와 특징
생활하수	• 가정에서 발생하는 폐수 • **발생량이 최대**
산업폐수	• 공장, 산업지대에서 발생하는 폐수 • 발생량은 생활하수보다 적음 • 고농도 유해물질이 많음 • 주로 악성 폐수가 많음 • 중금속 등의 오염물질 함량이 생활하수에 비해 높음 • 같은 업종일지라도 생산규모에 따라 배수량이 달라짐 • 업종 및 생산방식에 따라 수질이 다양
온폐수 (온열폐수)	• 높은 열을 포함한 폐수 • 주변 수온을 상승시켜 열오염을 일으킴 • 배출원 : 화력발전소, 제철소, 석유화학공업
방사성폐수	• 방사능 물질을 포함한 폐수 • 생물 내 방사능 축적과 생물농축으로 인체 방사능 피폭 피해 • 배출원 : 원자력발전소, 병원

33 다음은 수질오염 공정시험기준상 6가크로뮴의 자외선/가시선 분광법 측정원리이다. ( ) 안에 알맞은 내용은?

> 6가크로뮴에 다이페닐카바자이드를 작용시켜 생성하는 (㉠)의 착화합물의 흡광도를 (㉡)nm에서 측정하여 6가크로뮴을 정량한다.

① ㉠ 적자색, ㉡ 253.7
② ㉠ 적자색, ㉡ 540
③ ㉠ 청색, ㉡ 253.7
④ ㉠ 청색, ㉡ 540

해설 **6가크로뮴의 자외선/가시선 분광법**
물속에 존재하는 6가크로뮴을 자외선/가시선 분광법으로 측정하는 것으로, 산성 용액에서 다이페닐카바자이드와 반응하여 생성하는 적자색 착화합물의 흡광도를 540nm에서 측정한다.

34 0.05%는 몇 ppm인가?

① 5ppm
② 50ppm
③ 500ppm
④ 5,000ppm

해설
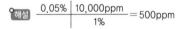
$$\frac{0.05\% \ | \ 10,000\text{ppm}}{1\%} = 500\text{ppm}$$

단위 1%=10,000ppm

35 염산(HCl) 0.001mol/L의 pH는? (단, 이 농도에서 염산은 100% 해리한다.)

① 2
② 2.5
③ 3
④ 3.5

해설 100% 해리될 때(강산일 때)의 pH
$[H^+] = C = 0.001M$
$pH = -\log[H^+] = -\log[0.001] = 3$
여기서, C : 강산의 초기 몰농도(mol/L)

36 폐기물의 저위발열량(LHV)을 구하는 식으로 옳은 것은? (단, HHV : 폐기물의 고위발열량(kcal/kg), H : 폐기물의 원소분석에 의한 수소 조성비(kg/kg), W : 폐기물의 수분 함량(kg/kg), 600 : 수증기 1kg의 응축열(kcal))

① $LHV = HHV - 600\,W$
② $LHV = HHV - 600(H + W)$
③ $LHV = HHV - 600(9H + W)$
④ $LHV = HHV + 600(9H + W)$

해설 저위발열량(kcal/kg)
$LHV = HHV - 600(9H + W)$
여기서, LHV : 저위발열량(kcal/kg)
HHV : 고위발열량(kcal/kg)
H : 수소 함량(%)
W : 수분 함량(%)

37 5,000,000명이 거주하는 도시에서 1주일 동안 100,000m³의 쓰레기를 수거하였다. 쓰레기의 밀도가 0.4t/m³이면 1인 1일 쓰레기 발생량은?

① 0.8kg/인·일
② 1.14kg/인·일
③ 2.14kg/인·일
④ 8kg/인·일

해설 단위환산으로 풀이한다.
1인 1일 쓰레기 발생량(kg/인·일)

$$= \frac{0.4t \ | \ 100,000m^3 \ | \ 1,000kg}{m^3 \ | \ 7일 \ | \ 1t \ | \ 5,000,000인}$$
$=1.14$kg/인·일

참고 쓰레기 발생량 = 쓰레기 수거량

38 매립처분시설의 분류 중 폐기물에 포함된 수분, 폐기물 분해에 의하여 생성되는 수분, 매립지에 유입되는 강우에 의하여 발생하는 침출수의 유출 방지와 매립지 내부로의 지하수 유입 방지를 위해 설치하는 것은?

① 부패조
② 안정탑
③ 덮개시설
④ 차수시설

해설 ① 부패조 : 유기성 폐기물을 혐기성 미생물에 의해 분해하여 메테인가스 등을 발생시키는 시설
② 안정탑 : 매립가스와 폐기물의 분해상태를 모니터링하고 안정화시키기 위한 통풍 및 가스 처리시설
③ 덮개시설 : 매립된 폐기물 위를 덮어 악취, 침출수, 그리고 유해가스 발생을 억제하는 역할을 하는 방어막

39 폐기물을 안정화 및 고형화시킬 때 폐기물의 전환 특성으로 거리가 먼 것은?

① 오염물질의 독성 증가
② 폐기물 취급 및 물리적 특성 향상
③ 오염물질이 이동되는 표면적 감소
④ 폐기물 내에 있는 오염물질의 용해성 제한

해설 **폐기물의 전환 특성**
• 오염물질의 독성 감소
• 폐기물 취급 및 물리적 특성 향상
• 오염물질이 이동되는 표면적 감소
• 폐기물 내에 있는 오염물질의 용해성 제한

33.② 34.③ 35.③ 36.③ 37.② 38.④ 39.①

40 폐기물 처리에서 파쇄(shredding)의 목적으로 가장 거리가 먼 것은?

① 부식효과 억제
② 겉보기비중의 증가
③ 특정 성분의 분리
④ 고체물질 간의 균일혼합효과

해설 파쇄의 목적
- 겉보기비중의 증가
- 입경분포의 균일화(저장 · 압축 · 소각 용이)
- 용적(부피) 감소
- 운반비 감소, 매립지 수명 연장
- **분리 및 선별 용이, 특정 성분의 분리**
- 비표면적의 증가
- 소각, 열분해, 퇴비화 처리 시 처리효율의 향상
- 조대폐기물에 의한 소각로의 손상 방지
- **고체물질 간의 균일혼합 효과**
- 매립 후 부등침하 방지

41 밑면을 개방할 수 있는 바지선에 폐기물을 적재하여 대상 지점에 투하하는 방식으로, 내수배제가 곤란하고 수심이 깊은 지역 등에 적합한 해안매립 공법은?

① 도랑식 공법
② 셀 공법
③ 샌드위치 공법
④ 박층뿌림 공법

해설 ①, ②, ③의 공법은 내륙매립 공법이다.

42 침출수를 혐기성 여상으로 처리하고자 한다. 유입유량이 1,000m³/day, BOD가 500mg/L, 처리효율이 90%라면, 이때 혐기성 여상에서 발생되는 메테인가스의 양은? (단, 1.5m³ 가스/BOD kg, 가스 중 메테인 함량은 60%이다.)

① 350m³/day
② 405m³/day
③ 510m³/day
④ 550m³/day

해설 단위환산으로 풀이한다.
발생하는 메테인가스 양

$$= \frac{1,000m^3}{day} \left| \frac{500mg\ BOD}{L} \right| 0.9 \left| \frac{1,000L}{1m^3} \right| \frac{1kg}{10^6mg} \left| \frac{1.5m^3\ 가스}{kg\ BOD} \right| \frac{60\ 메테인}{100\ 가스}$$

$$= 405m^3/day$$

43 수분 함량이 25%인 쓰레기를 건조시켜 수분 함량이 5%인 쓰레기가 되도록 하려면, 쓰레기 1톤당 증발시켜야 하는 수분의 양은 약 얼마인가? (단, 쓰레기 비중은 1.0으로 가정한다.)

① 40kg
② 129kg
③ 175kg
④ 210kg

해설 1) 농축 후 폐기물의 양(V_2)

$$V_1(1-W_1) = V_2(1-W_2)$$

여기서, V_1 : 농축 전 폐기물의 양
V_2 : 농축 후 폐기물의 양
W_1 : 농축 전 폐기물의 함수율
W_2 : 농축 후 폐기물의 함수율

$$1,000kg(1-0.25) = V_2(1-0.05)$$

$$\therefore V_2 = \frac{(1-0.25)}{(1-0.05)} \times 1,000kg = 789.473kg$$

2) 쓰레기 1톤당 증발시켜야 할 수분의 양(kg)

$$V_1 - V_2 = 1,000 - 789.473 = 210.52kg$$

단위 1t = 1,000kg

44 폐기물 압축의 목적이 아닌 것은?

① 물질 회수
② 부피 감소
③ 운반비 감소
④ 매립지 수명 연장

해설 ① 물질 회수는 선별의 목적이다.

The⁺알아보기

폐기물 압축의 목적
- 감량화(부피 감소)
- 운반비 절감
- 겉보기비중 증가
- 매립지 소요면적 감소
- 매립지 수명 연장

45 폐기물의 초기 무게가 250g이고, 건조 후 무게가 200g이라면, 이때 수분 함량(%)은?

① 15%
② 20%
③ 25%
④ 30%

해설 1) 수분의 무게(g) = (초기 폐기물의 무게)
− (건조 후 폐기물의 무게)
= 250 − 200 = 50g

2) 수분 함량(%) = $\dfrac{수분의\ 무게}{초기\ 폐기물의\ 무게}$

$$= \frac{50}{250}$$

$$= 0.2 = 20\%$$

46 슬러지 내의 수분을 제거하기 위한 탈수 및 건조 방법에 해당하지 않는 것은?

① 산화지법
② 슬러지 건조상법
③ 원심분리법
④ 벨트프레스법

해설 ① 산화지법 : 조류와 박테리아의 공생관계를 이용한 호기성 처리법

슬러지 탈수방법
• 슬러지 건조상법
• 진공여과법(vacuum filtration)
• 가압여과법(pressure filtration)
• 벨트 압축여과(belt press filter)
• 원심분리법(centrifuge separation)

47 소각로에서 완전연소를 위한 3가지 조건(일명 3T)으로 옳은 것은?

① 시간 – 온도 – 혼합
② 시간 – 온도 – 수분
③ 혼합 – 수분 – 시간
④ 혼합 – 수분 – 온도

해설 완전연소의 3요소(3T)
• 시간(Time) : 완전연소가 되기에 충분한 시간
• 온도(Temperature) : 착화점 이상의 온도
• 혼합(Turbulence) : 연료와 산소의 충분한 혼합

48 다음 중 습식 산화법의 일종으로 슬러지에 통상 200~270℃ 정도의 온도와 70atm 정도의 압력을 가하여 산소에 의해 유기물을 화학적으로 산화시키는 공법은?

① 짐머만(Zimmerman) 공법
② 유동산화(fluidized oxidation) 공법
③ 내산화(inter oxidation) 공법
④ 포졸란(pozzolan) 공법

해설 습식 산화법(짐머만 공법)은 슬러지에 가열(200~270℃ 정도) · 가압(70~ 120atm 정도)시켜 산소에 의해 유기물을 화학적으로 산화시키는 공법이다.

49 발열량이 800kcal/kg인 폐기물을 용적이 125m³인 소각로에서 1일 8시간씩 연소하여 연소실의 열발생률이 4,000kcal/m³ · hr였다. 이 소각로에서 하루에 소각한 폐기물의 양은?

① 1톤 ② 3톤
③ 5톤 ④ 7톤

해설 $Q_v = \dfrac{G_f H_l}{V}$

$G_f = \dfrac{Q_v V}{H_l}$

$= \dfrac{4{,}000\text{kcal}}{\text{m}^3 \cdot \text{hr}} \left| \dfrac{125\text{m}^3}{} \right| \dfrac{\text{kg}}{800\text{kcal}} \left| \dfrac{8\text{hr}}{1\text{day}} \right| \dfrac{1\text{t}}{1{,}000\text{kg}}$

$= 5\text{t/day}$

여기서, Q_v : 연소실 열발생률(kcal/m³ · hr)
G_f : 폐기물 소비량(kg/hr)
H_l : 저위발열량(kcal/kg)
V : 연소실 체적(m³)

50 다음 중 폐기물의 발열량을 측정하기 위한 주 실험장비는?

① Bomb calorimeter
② pH tester
③ Jar tester
④ Gas chromatography

해설 고위발열량 측정은 봄베열량계(bomb calorimeter)로 한다.

51 폐기물고체연료(RDF)의 구비조건으로 옳지 않은 것은?

① 열량이 높을 것
② 함수율이 높을 것
③ 대기오염이 적을 것
④ 성분배합률이 균일할 것

해설 RDF의 구비조건
• 발열량이 높을 것
• 함수율(수분량)이 낮을 것
• 가연분이 많을 것
• 비가연분(재)이 적을 것
• 대기오염이 적을 것
• 염소나 다이옥신, 황 성분이 적을 것
• 조성이 균일할 것
• 저장 및 이송이 용이할 것
• 기존 고체연료 사용시설에서 사용이 가능할 것

52 1M H_2SO_4 10mL를 1M NaOH로 중화할 때 소요되는 NaOH의 양은?

① 5mL ② 10mL
③ 15mL ④ 20mL

해설
1) H_2SO_4의 N농도
H_2SO_4는 2가 산이므로, 1mol=2eq이고,
1M=2N이다.
2) NaOH의 N농도
NaOH는 1가 염기이므로,
1M=1N이다.
3) 중화적정식
$NV = N'V'$
$2N \times 10mL = 1N \times V'$
$\therefore V' = \dfrac{2N \times 10mL}{1N} = 20mL$

여기서, N : 산의 N농도(eq/L)
N' : 염기의 N농도(eq/L)
V : 산의 부피(L)
V' : 염기의 부피(L)

The⁺알아보기
• 1mol=[산(염기)의 개수]eq
• 1M=[산(염기)의 개수]N

53 폐기물 분석시료를 얻기 위한 시료의 분할채취 방법 중 다음 설명에 해당하는 것은?

> • 대시료를 네모꼴로 엷게, 균일한 두께로 편다.
> • 이것을 가로 4등분, 세로 5등분하여 20개의 덩어리로 나눈다.
> • 20개의 각 부분에서 균등량씩 취한 다음, 혼합하여 하나의 시료로 한다.

① 균일법
② 구획법
③ 교호삽법
④ 원추사분법

해설 폐기물 공정시험기준에 따라, 문제에서 설명하는 시료의 분할채취방법은 구획법이다.

54 유해폐기물의 국가 간 불법적인 교역을 통제하기 위한 국제협약은?

① 교토의정서 ② 바젤협약
③ 리우협약 ④ 몬트리올의정서

해설 각 보기의 쟁점은 다음과 같다.
① 교토의정서 : 지구온난화
② 바젤협약 : 유해 폐기물
③ 리우협약 : 지구온난화
④ 몬트리올의정서 : 오존층 파괴

The⁺알아보기
• 지구온난화 관련 협약 : 리우회의, 교토의정서
• 오존층 파괴 관련 협약 : 비엔나협약, 몬트리올의정서
• 산성비 관련 협약 : 헬싱키의정서(SO_x 저감), 소피아의정서(NO_x 저감)

55 매립지의 폐기물에 포함된 수분, 매립지에 유입되는 빗물에 의해 발생하는 침출수의 유출 방지와 매립지 내부로의 지하수 유입을 방지하기 위하여 설치하는 것은?

① 차수시설 ② 복토시설
③ 다짐시설 ④ 회수시설

해설 ① 차수시설 : 매립지 내 침출수 유출 방지, 매립지 내부로의 지하수 유입 방지
② 복토시설 : 매립지 내 빗물 침투 방지, 파리·쥐 등의 번식 방지 등

56 소음과 관련된 용어의 정의 중 "측정소음도에서 배경소음을 보정한 후 얻어지는 소음도"를 의미하는 것은?

① 대상소음도 ② 배경소음도
③ 등가소음도 ④ 평가소음도

해설 ② 배경소음도 : 측정소음도의 측정위치에서 대상소음이 없을 때 이 시험방법에서 정한 측정방법으로 측정한 소음도 및 등가소음도
③ 등가소음도 : 임의의 측정시간 동안 발생한 변동소음의 총에너지를 같은 시간 내의 정상소음의 에너지로 등가하여 얻어진 소음도
④ 평가소음도 : 대상소음도에 충격음, 관련 시간대에 대한 측정소음 발생시간의 백분율, 시간별, 지역별 등의 보정치를 보정한 후 얻어진 소음도

57 두 진동체의 고유진동수가 같을 때 한 쪽을 울리면 다른 쪽도 울리는 현상은?

① 공명   ② 회절
③ 굴절   ④ 반사

해설 ② 회절 : 장애물이 있는 경우 장애물 뒤쪽으로 음이 전파되는 현상
③ 굴절 : 음파가 한 매질에서 다른 매질로 통과 시 음의 진행방향(음선)이 구부러지는 현상
④ 반사 : 음이 장애물을 만났을 때 되돌아 오는 현상

58 음향파워레벨이 125dB인 기계의 음향파워는 약 얼마인가?

① 125W   ② 12.5W
③ 32W   ④ 3.2W

해설 $PWL(\text{dB}) = 10\log\dfrac{W}{W_0}$

$125 = 10\log\left(\dfrac{W}{10^{-12}}\right)$

$\therefore\ W = 3.162W$

여기서, W_0 : 최소가청음의 음향파워(10^{-12}W)
        W : 대상음의 음향파워(W)

The⁺ 알아보기

공학용 계산기의 solver 기능을 이용해 풀면 쉽다.
공학용 계산기가 없을 때는 $PWL = 10\log\dfrac{W}{W_0}$ 식을 W에 관해 정리하여 다음과 같이 계산한다.
$W = W_0 \times 10^{\frac{PWL}{10}} = 10^{-12} \times 10^{\frac{125}{10}} = 3.162W$

59 아파트 벽의 음향투과율이 0.1%라면 투과손실은 얼마인가?

① 10dB   ② 20dB
③ 30dB   ④ 50dB

해설 투과손실$(TL) = 10\log\dfrac{1}{\tau}$ (dB)

$= 10\log\dfrac{1}{0.001}$

$= 10\log 10^3$

$= 30\text{dB}$

여기서, TL : 투과손실
        τ : 투과율

60 소음통계레벨(L_N)에 관한 설명으로 옳지 않은 것은?

① L_{50}은 중앙치라고 한다.
② L_{10}은 80% 레인지 상단치라고 한다.
③ 총측정시간의 $N(\%)$을 초과하는 소음레벨을 의미한다.
④ L_{90}은 L_{10}보다 큰 값을 나타낸다.

해설 ④ % 수치가 작을수록 큰 소음레벨이므로, $L_{10} > L_{90}$ 이다.

2021년 통합 환경기능사 필기 복원문제

01 프로페인 1Sm^{3}를 이론적으로 완전연소하는 데 필요한 이론 공기량(Sm^3)은?

① 2/0.79　　② 2/0.12
③ 5/0.79　　④ 5/0.21

해설 1) 이론 산소량(O_o)

$C_3H_8 + 5O_2 \rightarrow 3CO_2 + 4H_2O$

1Sm^3 : 5Sm^3

1Sm^3 : O_o(Sm^3)

∴ O_o = 5Sm^3

2) 이론 공기량(A_o)

$A_o = O_o/0.21 = 5/0.21$Sm^3

02 유해가스의 처리에 사용되는 충진탑의 내부에 채워 넣는 충진물이 갖추어야 할 조건으로 옳지 않은 것은?

① 공극률이 커야 한다.
② 단위용적에 대하여 표면적이 작아야 한다.
③ 마찰저항이 작아야 한다.
④ 충진밀도가 커야 한다.

해설 좋은 충전물의 조건
• 충전(충진)밀도가 커야 한다.
• Hold-up이 작아야 한다.
• 공극률이 커야 한다.
• 비표면적이 커야 한다.
• 압력손실이 작아야 한다.
• 내열성과 내식성이 커야 한다.
• 충분한 강도를 지녀야 한다.
• 화학적으로 불활성이어야 한다.

03 다음과 같이 정의되는 입자의 직경은?

> 측정하고자 하는 입자와 동일한 침강속도를 가지며, 밀도가 1g/cm^{3}인 구형 입자의 직경을 말한다.

① 페렛 직경(feret diameter)
② 마틴 직경(martin diameter)
③ 공기역학 직경(aerodynamic diameter)
④ 스토크스 직경(stokes diameter)

해설 먼지의 직경
• 공기역학적 직경 : 본래의 먼지와 침강속도가 같고 밀도가 1g/cm^{3}인 구형 입자의 직경
• 스토크스 직경 : 본래의 먼지와 같은 밀도와 침강속도를 갖는 입자상 물질의 직경
• 페렛 직경 : 광학적 직경으로, 먼지 그림자의 끝과 끝을 연결한 선 중 최대인 선의 길이
• 마틴 직경 : 광학적 직경으로, 평면에 투영된 입자의 그림자 면적과 기준선이 평형하게 이등분하는 선의 길이 (2개의 등면적으로 각 입자를 등분할 때 그 선의 길이)
• 투영면적 직경(등가경) : 광학적 직경으로, 울퉁불퉁, 들쭉날쭉한 먼지의 면적과 동일한 면적을 가지는 원의 직경

04 다음 중 집진장치에 관한 설명으로 옳은 것은?

① 사이클론은 여과식 집진장치에 해당한다.
② 중력 집진장치는 고효율 집진장치에 해당한다.
③ 여과 집진장치는 수분이 많은 점착성의 먼지 처리에 적합하다.
④ 전기 집진장치는 코로나방전을 이용하여 집진하는 장치이다.

해설 ① 사이클론은 원심력 집진장치이다.
② 중력 집진장치는 효율이 가장 낮은 저효율 집진장치이다.
③ 여과 집진장치는 수분이 많은 먼지를 처리하기 어렵다.

05 원심력 집진장치에 관한 설명으로 옳지 않은 것은?

① 구조가 간단하고, 취급이 용이한 편이다.
② 압력손실이 20mmH$_2$O 정도로 작고, 고집진율을 얻기 위한 전문적인 기술이 불필요하다.
③ 점(흡)착성 배출가스 처리는 부적합하다.
④ 블로다운 효과를 사용하여 집진효율 증대가 가능하다.

해설 ② 압력손실이 50~150mmH$_2$O이고, 고집진율을 얻기 위한 전문적인 기술이 필요하다.

06 수소 10%, 수분 5%인 중유의 고위발열량이 10,000kcal/kg일 때 저위발열량(kcal/kg)은?

① 9,310　　　　② 9,430

③ 9,590　　　　④ 9,720

해설 H_l(kcal/kg)$= H_h - 600(9H + W)$
$\qquad\qquad\quad =10,000-600(9\times0.1+0.05)$
$\qquad\qquad\quad =9,430$kcal/kg

여기서, H_l : 저위발열량(kcal/kg)

$\qquad\quad H_h$: 고위발열량(kcal/kg)

$\qquad\quad H$: 수소의 함량

$\qquad\quad W$: 수분의 함량

07 런던형 스모그에 관한 설명으로 가장 거리가 먼 것은?

① 주로 아침 일찍 발생한다.

② 습도와 기온이 높은 여름에 주로 발생한다.

③ 복사역전 형태이다.

④ 시정거리가 100m 이하이다.

해설 ② 습도가 높고 기온이 낮은 겨울에 발생한다.

08 다음 중 수세법을 이용하여 제거시킬 수 있는 오염물질로 가장 거리가 먼 것은?

① NH_3　　　　② SO_2

③ NO_2　　　　④ Cl_2

해설 ③ NO_2 : 용해도가 낮으며, 선택적 촉매환원법으로 제거한다.

🌱 The+알아보기

수세법의 적용
수세법은 물에 잘 녹는 기체(용해도가 큰 기체)에 적용한다.

09 다음 중 실제 공기량(A)을 바르게 나타낸 식은? (단, A_o : 이론 공기량, m : 공기비, $m > 1$)

① $A = mA_o$

② $A = (m+1)A_o$

③ $A = (m-1)A_o$

④ $A = A_o/m$

해설 실제 공기량(A)= 공기비(m)×이론 공기량(A_o)

10 0.3g/Sm^3인 HCl의 농도를 ppm으로 환산하면? (단, 표준상태 기준)

① 116.4ppm

② 137.7ppm

③ 167.3ppm

④ 184.1ppm

해설 g/Sm^3 → ppm 환산

$$\frac{0.3g}{Sm^3}\times\frac{22.4mL}{36.5mg}\times\frac{10^3 mg}{1g}$$

=184.10mL/m^3

=184.10ppm

단위 ppm=mL/m^3

HCl : 1mol=36.5g=22.4L

11 다음 중 런던형 스모그에 해당하는 역전의 종류로 가장 적합한 것은?

① 침강성 역전

② 복사성 역전

③ 전선성 역전

④ 난류성 역전

해설 런던형 스모그는 복사성 역전이다.

참고 로스엔젤레스형 스모그 : 침강성 역전

12 집진장치 출구 가스의 먼지 농도가 0.02g/m^3, 먼지 통과율이 0.5%일 때, 입구 가스의 먼지 농도(g/m^3)는?

① 3.5g/m^3

② 4.0g/m^3

③ 4.5g/m^3

④ 8.0g/m^3

해설 $P = \dfrac{C}{C_0}$

$$\frac{0.5}{100} = \frac{0.02}{C_0}$$

$\therefore C_0 = 4.0$g/m^3

여기서, P : 통과율

$\qquad\quad C_0$: 입구 농도

$\qquad\quad C$: 출구 농도

13 다음과 같은 특성을 지닌 굴뚝 연기의 모양은?

> • 대기의 상태가 하층부는 불안정하고 상층부는 안정할 때 볼 수 있다.
> • 하늘이 맑고 바람이 약한 날 아침에 볼 수 있다.
> • 지표면의 오염농도가 매우 높게 된다.

① 환상형　　　② 원추형
③ 훈증형　　　④ 구속형

해설 훈증형(fumigation) 연기의 특징
• 대기상태가 상층은 안정, 하층은 불안정할 때 발생한다.
• 지표면 역전이 해소될 때(새벽~아침) 단시간 발생한다.
• 하늘이 맑고 바람이 약한 날 아침에 잘 발생한다.
• 최대착지농도(C_{max})가 가장 크다.
• 대표적인 사례 : 런던형 스모그

14 다음 중 유체의 흐름을 판별하는 레이놀즈수를 나타낸 식은?

① 점성력/관성력
② 관성력/점성력
③ 탄성력/마찰력
④ 마찰력/탄성력

해설 레이놀즈수 $Re = \dfrac{관성력}{점성력} = \dfrac{\rho v D}{\mu} = \dfrac{vD}{\nu}$

여기서, ρ : 입자의 밀도
　　　v : 입자의 유속
　　　D : 관의 직경
　　　μ : 유체의 점성계수
　　　ν : 유체의 동점성계수

15 사이클론의 집진효율 향상조건으로 옳지 않은 것은?

① 일정 한계에서 입구 가스의 속도를 빠르게 한다.
② 배기관의 지름을 크게 한다.
③ 고농도일 때는 병렬 연결을 한다.
④ 블로다운(blow down) 효과를 이용한다.

해설 ② 배기관의 지름을 작게 한다.

The⁺알아보기

원심력(사이클론) 집진장치의 효율 향상조건
• 먼지의 농도, 밀도, 입경이 클수록
• 입구의 유속이 빠를수록
• 배기관의 지름이 작을수록
• 유량이 클수록
• 회전수가 많을수록
• 몸통 길이가 길수록
• 몸통 직경이 작을수록
• 처리가스 온도가 낮을수록
• 점도가 작을수록
• 블로다운(blow down) 방식을 사용할 경우
• 직렬 연결을 사용할 경우
• **고농도일 때는 병렬 연결하여 사용**
• **응집성이 강한 먼지는 직렬 연결(최대 3단 한계)하여 사용**

16 다음 중 하·폐수 처리시설의 일반적인 처리계통으로 가장 적합한 것은?

① 침사지 – 1차 침전지 – 소독조 – 포기조
② 침사지 – 1차 침전지 – 포기조 – 소독조
③ 침사지 – 소독조 – 포기조 – 1차 침전지
④ 침사지 – 포기조 – 소독조 – 1차 침전지

해설 일반적인 하·폐수 처리순서
유입수 → 침사지 → 1차 침전지 → 포기조 → 최종 침전지 → 소독조 → 유출수

17 호기성 상태에서 미생물에 의한 유기질소의 분해과정을 순서대로 나열한 것은?

① 유기질소 – 아질산성질소 – 암모니아성질소 – 질산성질소
② 유기질소 – 아질산성질소 – 질산성질소 – 암모니아성질소
③ 유기질소 – 암모니아성질소 – 아질산성질소 – 질산성질소
④ 유기질소 – 질산성질소 – 아질산성질소 – 암모니아성질소

해설 유기질소의 분해순서
유기질소(단백질, 아미노산) → 암모니아성 질소(NH_3-N) → 아질산성 질소(NO_2^--N) → 질산성 질소(NO_3^--N)

18 경도를 일으키는 금속 2가 양이온으로 옳지 않은 것은?

① Ca^{2+} ② Na^{2+}

③ Mg^{2+} ④ Sr^{2+}

해설 소듐은 1가 양이온(Na^+)이다.

🌱 **The⁺알아보기**

경도 유발물질
물속에 용해되어 있는 금속원소의 2가 이상 양이온 (Ca^{2+}, Mg^{2+}, Fe^{2+}, Mn^{2+}, Sr^{2+})을 의미하며, 칼슘 (Ca^{2+}), 마그네슘(Mg^{2+})이 대부분이다.

19 물의 성질에 관한 설명으로 옳지 않은 것은?

① 물 분자 안의 수소는 부분적으로 양전하 (δ^+)를, 산소는 부분적으로 음전하(δ^-)를 갖는다.

② 물은 분자량이 유사한 다른 화합물에 비하여 비열은 작고, 압축성이 크다.

③ 물은 4℃ 부근에서 최대밀도를 나타낸다.

④ 일반적으로 물의 점도는 온도가 높아짐에 따라 작아진다.

해설 ② 물은 분자량이 유사한 다른 화합물에 비하여 비열은 크고, 압축성이 작다.

20 다음 중 회분식 배양조건에서 시간에 따른 박테리아의 성장곡선을 순서대로 바르게 나열한 것은?

① 유도기 → 사멸기 → 대수성장기 → 정지기

② 유도기 → 사멸기 → 정지기 → 대수성정기

③ 대수성장기 → 정지기 → 유도기 → 사멸기

④ 유도기 → 대수성장기 → 정지기 → 사멸기

해설 미생물 성장곡선의 단계
1) 유도기 : 환경에 적응하면서 증식 준비
2) 증식기 : 증식이 시작되고, 증식속도가 점점 증가
3) 대수성장기 : 증식속도 최대, 신진대사율 최대
4) 정지기(감소성장기) : 미생물의 양 최대
5) 사멸기(내생성장기, 내생호흡기) : 신진대사율 급격히 감소, 미생물 자산화, 원형질의 양 감소

21 다음 중 화학적 산소요구량(COD)에 대한 설명으로 옳지 않은 것은?

① 미생물에 의해 분해되지 않는 물질도 측정이 가능하다.

② 염소이온의 방해는 황산은을 첨가함으로써 감소시킬 수 있다.

③ BOD 시험치보다 빨리 구할 수 있으므로 폐수처리시설 운영 시 유용하게 사용이 가능하다.

④ 우리나라는 알칼리성 100℃에서 $K_2Cr_2O_4$를 이용하여 측정하도록 규정하고 있다.

해설 ④ 우리나라는 COD 주시험법을 산성 망가니즈법을 사용하고 있다.
참고 산성 100℃에서 $KMnO_4$를 산화제로 사용한다.

22 다음 중 해양 오염 현상으로 거리가 먼 것은?

① 적조
② 부영양화
③ 용존산소 과포화
④ 온열배수 유입

해설 ③ 수질이 오염되면 용존산소가 감소한다.

🌱 **The⁺알아보기**

해양 오염
• 부영양화 및 적조 : 수역에 영양염류(N, P)가 과도하게 유입하여 플랑크톤이 대량 증식하여 바닷물의 색깔이 붉게 변하는 현상
• 유류 오염 : 기름(원유, 중유, 윤활유 등)이나 선박의 폐수, 폐유 등에 의한 해수의 오염
• 열 오염 : 화력발전소, 제철소, 석유화학공업에서 방출하는 냉각수에 의해 주변 해수의 온도가 상승하여 발생하는 오염

23 여과지의 운전 중 발생하는 주요 문제점으로 가장 거리가 먼 것은?

① 진흙 덩어리의 축적
② 공기 결합
③ 여재층의 수축
④ 슬러지 벌킹 발생

해설 ④ 슬러지 벌킹은 활성슬러지법에서 발생하는 문제이다.

24 하천이 유기물로 오염되었을 경우 자정과정을 오염원으로부터 하천 유하거리에 따라 분해지대, 활발한 분해지대, 회복지대, 정수지대의 4단계로 구분한다. 다음과 같은 특성을 나타내는 단계는?

> • 용존산소의 농도가 아주 낮거나 때로는 거의 없어 부패상태에 도달하게 된다.
> • 이 지대의 색은 짙은 회색을 나타내고, 암모니아나 황화수소에 의해 썩은 달걀 냄새가 나게 되며, 흑색과 점성질이 있는 퇴적물질이 생기고, 기포방울이 수면으로 떠오른다.
> • 혐기성 분해가 진행되어 수중 탄산가스의 농도나 암모니아성 질소의 농도가 증가한다.

① 분해지대
② 활발한 분해지대
③ 회복지대
④ 정수지대

해설 **활발한 분해지대(zone of active degradation)의 특성**
• 용존산소(DO)가 급감하여 아주 낮거나 거의 없다.
• 호기성에서 혐기성 상태로 전환된다.
• 암모니아, 황화수소, 탄산가스 등의 혐기성 기체가 발생하여 악취가 난다.
• 짙은 회색 또는 검은색을 띤다.
• 혐기성 세균류가 급증하고, 자유유영성 섬모충류도 증가한다.
• 호기성 미생물인 균류(fungi)가 사라진다.

25 활성슬러지법은 여러 가지 변법이 개발되어 왔으며, 각 방법은 특별한 운전이나 제거효율을 달성하기 위하여 발전되었다. 다음 중 활성슬러지의 변법으로 볼 수 없는 것은?

① 다단포기법
② 접촉안정법
③ 장기포기법
④ 오존안정법

해설 **활성슬러지의 변법**
• 계단식 포기법(step aeration법, 다단포기법)
• 점감식 포기법
• 순산소 활성슬러지법
• 심층포기법
• 장기포기법
• 접촉안정법
• 산화구법
• 연속회분식 활성슬러지법(SBR)

26 폐수의 화학적 산소요구량을 측정하기 위해 산성 $100\degree C$ 과망가니즈산포타슘법으로 측정하였다. 바탕시험 적정에 소비된 0.005M 과망가니즈산포타슘 용액의 양이 0.1mL, 시료용액의 적정에 소비된 0.005M 과망가니즈산포타슘 용액의 양이 5.1mL일 때 COD(mg/L)는? (단, 0.005M 과망가니즈산포타슘의 역가는 1.0이고, 시험에 사용한 시료의 양은 100mL이다.)

① 4.0mg/L
② 6.0mg/L
③ 8.0mg/L
④ 10.0mg/L

해설
$$COD(mg/L) = (b-a) \times f \times \frac{1,000}{V} \times 0.2$$
$$= (5.1 - 0.1) \times 1.0 \times \frac{1,000}{100} \times 0.2$$
$$= 10$$

여기서, a : 바탕시험 적정에 소비된 과망가니즈산포타슘 용액(0.005M)의 양(mL)
b : 시료의 적정에 소비된 과망가니즈산포타슘 용액(0.005M)의 양(mL)
f : 과망가니즈산포타슘 용액(0.005M)의 농도 계수(factor)
V : 시료의 양(mL)

27 Cr^{6+} 함유 폐수처리법으로 가장 적합한 것은?

① 환원 → 침전 → 중화
② 환원 → 중화 → 침전
③ 중화 → 침전 → 환원
④ 중화 → 환원 → 침전

해설 **6가 크로뮴 제거방법 – 환원침전법**
1) 환원 : pH 2~3에서 Cr^{6+}을 Cr^{3+}으로 환원
2) 중화 : pH 7~9로 중화, NaOH 주입
3) 침전 : pH 8~11에서 수산화물($Cr(OH)_3$)로 침전

28 유기물질의 질산화 과정에서 아질산이온(NO_2^-)이 질산이온(NO_3^-)으로 변할 때 주로 관여하는 것은?

① 디프테리아
② 나이트로박터
③ 나이트로소모나스
④ 카로티노모나스

해설 **질산화 과정**

암모니아성 질소 $\xrightarrow[\text{나이트로소모나스}]{\text{1단계 질산화}}$ 아질산성 질소 $\xrightarrow[\text{나이트로박터}]{\text{2단계 질산화}}$ 질산성 질소
(NH_3-N, (NO_2^--N) (NO_3^--N)
NH_4^+-N)

29 다음 중 응집침전을 위한 폐수처리에서 일반적으로 가장 널리 사용되는 응집제는?

① 염화칼슘　　　　② 석회
③ 수산화소듐　　　④ 황산알루미늄

[해설] 폐수처리에 가장 많이 사용되는 응집제는 황산알루미늄이다.

🌱 The⁺알아보기

응집제의 종류
• 알루미늄염(황산알루미늄)
• 철염(염화제2철, 황산제1철)
• 소석회
• PAC 등

30 생태계의 생물적 요소 중 유기물을 스스로 합성할 수 없으며, 생산자나 소비자의 생체, 사체와 배출물을 에너지원으로 하여 무기물을 생성하고 용존산소를 소비하는 분해자로, 일반적으로 유기물과 영양물질이 풍부한 환경에서 잘 자라며, 물질순환과 자정작용에 중요한 역할을 하는 종으로 가장 적합한 것은?

① 조류
② 호기성 독립영양세균
③ 호기성 종속영양세균
④ 혐기성 종속영양세균

[해설] 문제에서,
• 에너지원 : 유기물 ⇒ 종속영양 미생물
• 이용산소 : 용존산소(유리산소) ⇒ 호기성 미생물
따라서, 호기성 종속영양세균이다.

31 용존산소와 관련하여 폐수처리 시 이용되는 미생물의 구분 중 다음 (　) 안에 가장 적합한 것은?

미생물은 산소섭취 유무에 따라 분류하기도 하는데, (　) 미생물은 용존산소가 아닌 SO_4^{2-}, NO_3^- 등과 같은 산화물을 용존산소로 섭취하기 때문에, 그 결과 황화수소, 질소가스 등을 발생시킨다.

① 질산성　　　　② 호기성
③ 혐기성　　　　④ 통기성

[해설] 미생물의 종류별 이용산소

구 분	이용산소
호기성 미생물	유리산소(DO, $O_2(aq)$)
혐기성 미생물	**결합산소(SO_4^{2-}, NO_3^- 등)**
임의성 미생물 (통성 혐기성균)	결합산소, 유리산소 모두 이용

32 소도시에서 발생하는 하수를 산화지로 처리하고자 한다. 유입 BOD 농도가 $200g/m^3$이고, 유량이 $6,000m^3/day$, BOD 부하량이 $300kg/ha·day$라면 필요한 산화지의 면적은 몇 ha인가?

① 1ha　　　　② 2ha
③ 3ha　　　　④ 4ha

[해설] $BOD\ 부하량(kg/ha·day) = \dfrac{BOD\ 농도×유량}{면적(ha)}$

$\therefore\ 면적(ha) = \dfrac{BOD\ 농도×유량}{BOD\ 부하량}$

$= \dfrac{200g}{m^3} \left| \dfrac{6,000m^3}{day} \right| \dfrac{ha·day}{300kg} \left| \dfrac{1kg}{10^3g} \right.$

$= 4.0ha$

33 부피 $150m^3$인 종말침전지로 유입되는 폐수량이 $900m^3/day$일 때, 이 침전지의 체류시간은?

① 3시간　　　　② 4시간
③ 5시간　　　　④ 6시간

[해설] $t = \dfrac{V}{Q} = \dfrac{150m^3}{} \left| \dfrac{day}{900m^3} \right| \dfrac{24hr}{1day} = 4hr$

여기서, V : 부피(체적)(m^3)
　　　　Q : 유량(m^3/sec)
　　　　t : 체류시간

34 다음 중 생물학적 방법으로 가장 적합하게 처리할 수 있는 오염물질은?

① 중금속　　　　② 유기물
③ 방사능　　　　④ 사이안화합물

[해설] 생물학적으로, 즉 미생물로 처리할 수 있는 물질은 유기물이다. 미생물은 유기물을 분해할 수 있으나, 중금속물질이나 유해물질 등은 미생물에게 독으로 작용해 미생물이 자랄 수 없으므로 분해하지 못한다.

35 SVI=120인 경우 반송 슬러지의 농도(g/m³)는?

① 8,333　　　　② 6,667

③ 5,476　　　　④ 4,560

해설 $SVI = \dfrac{10^6}{X_r}$

$\therefore X_r = \dfrac{10^6}{SVI} = \dfrac{10^6}{120} = 8333.33\text{mg/L}$

여기서, SVI : 슬러지 용적지수

X_r : 반송 슬러지 농도(mg/L)

36 파쇄하였거나 파쇄하지 않은 폐기물로부터 철분을 회수하기 위해 가장 많이 사용되는 폐기물 선별방법은?

① 공기 선별　　　　② 스크린 선별

③ 자석 선별　　　　④ 손 선별

해설 ① 공기 선별 : 밀도차를 이용하여 선별하는 방법으로, 공기 중 각 구성물질의 낙하속도와 공기저항의 차에 따라 폐기물을 분별하는 방법

② 스크린 선별 : 폐기물의 입경차를 이용하여 선별하는 방법

③ 자석 선별 : 대형 자석을 사용하여 폐기물로부터 철분 등을 선별하는 방법

④ 실선별 : 사람의 눈을 보고 손으로 직접 선별하는 방법

37 쓰레기 1톤을 수거하는 데 수거인부 1인이 소요하는 총시간을 뜻하는 용어는?

① MHS　　　　② MHT

③ MTS　　　　④ MTH

해설 MHT(Man Hour per Ton)는 수거노동력으로, 쓰레기 1톤을 수거하는 데 수거인부 1인이 소요하는 총시간을 의미하며, MHT가 적을수록 수거효율이 좋다.

38 혐기성 소화방법으로 쓰레기를 처분하려고 한다. 연료로 쓰일 수 있는 가스를 많이 얻으려면 다음 중 어떤 성분이 특히 많아야 유리한가?

① 탄소　　　　② 산소

③ 질소　　　　④ 황

해설 연료로 사용할 수 있는 가스는 메테인이며, 탄소(C) 성분이 많아야 메테인이 많이 발생한다.

39 다음 그림과 같은 형태를 갖는 것으로서, 하부로부터 뜨거운 공기를 주입하여 모래를 부상시켜 폐기물을 태우는 소각로는?

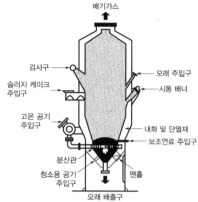

① 화격자 소각로

② 유동상 소각로

③ 열분해 용융 소각로

④ 액체 주입형 소각로

해설 **유동상(유동층) 소각로**

하부에서 뜨거운 공기를 주입하여 유동매체(모래)를 부상시켜 가열하고, 상부에서 폐기물을 주입하여 소각하는 형식

40 인구 100,000명이 거주하고 있는 도시에 1인 1일당 쓰레기 발생량이 평균 1kg이다. 적재용량 4.5톤 트럭을 이용하여 하루에 수거를 마치려면 최소 몇 대가 필요한가?

① 12대　　　　② 20대

③ 23대　　　　④ 32대

해설 운반차량 대수 $= \dfrac{\text{쓰레기 발생량}}{\text{트럭 1대당 적재용량}}$

$= \dfrac{1\text{kg}}{\text{인 · 일}} \left| \dfrac{100,000\text{인}}{} \right| \dfrac{1\text{t}}{1000\text{kg}} \left| \dfrac{\text{대}}{4.5\text{t}} \right.$

$= 22.22$대 $\fallingdotseq 23$대

41 무기성 고형화에 대한 설명으로 가장 거리가 먼 것은?

① 다양한 산업폐기물에 적용이 가능하다.

② 수밀성과 수용성이 높아 다양한 적용이 가능하나 처리비용은 고가이다.

③ 고형화 재료에 따라 고화체의 체적 증가가 다양하다.

④ 상온 및 상압하에서 처리가 가능하다.

해설 ② 수밀성은 크고 수용성은 작아 다양한 적용이 가능하고, 처리비용은 저가이다.

The⁺알아보기

고형화의 분류

무기성 고형화	유기성 고형화
• 물리화학적 반응	• 수밀성이 좋음
• 비용 저렴	• 비용 비쌈
• 다양한 산업폐기물에 적용 가능	• 다양한 폐기물에 적용 가능
• 상온·대기압 조건에서 적용 쉬움	• 일반폐기물보다 유해성 (방사선 등) 폐기물 처리에 주로 적용
• 수용성은 작고, 수밀성은 좋음	• 최종 고화체의 체적 증가가 다양함
• 고화 재료의 확보가 쉬움	• **숙련된 고도의 기술이 필요함**
• 독성이 적음	• **촉매 등 유해물질 사용됨**
• 기계적·구조적으로 좋음	• 미생물, 자외선에 약함
• 폐기물의 특정 성분에 의한 중합체 구조가 장기적으로 강화되어 강도가 커짐	• 폐기물의 특정 성분에 의한 중합체 구조의 장기적인 약화 가능성이 있음
• 산에 약함	
• 고형화 재료에 따라 고화체의 체적 증가가 다양함	
• 부피증가율(VCF), 혼합률(MR)이 큼	

42 연료를 연소시킬 때 실제 공급된 공기량을 A, 이론 공기량을 A_o라 할 때, 과잉 공기율을 적절하게 나타낸 것은?

① $\dfrac{A-A_o}{A}$ ② $\dfrac{A-A_o}{A_o}$

③ $\dfrac{A}{A_o}+1$ ④ $\dfrac{A_o}{A}-1$

해설 과잉 공기율 $=\dfrac{과잉 공기량}{이론 공기량}$

$=\dfrac{A-A_o}{A_o}=\dfrac{A}{A_o}-1=m-1$

43 Rotary kiln의 장점으로 가장 거리가 먼 것은?

① 예열, 혼합 등 전처리 없이 폐기물 주입이 가능하다.
② 습식 가스 세정시스템과 함께 사용할 수 있다.
③ 넓은 범위의 액상 및 고상 폐기물을 함께 연소 가능하다.
④ 비교적 열효율이 높으며, 먼지가 적게 발생한다.

해설 로터리킬른(Rotary kiln ; 회전로, 회전식 소각로)
경사진 구조의 원통형 소각로가 회전하면서 폐기물이 교반, 건조, 이동하며 연소된다.

구 분	장단점
장점	• 넓은 범위의 액상 및 고상 폐기물 소각 가능 • 건조효과가 매우 좋음 • 착화, 연소가 용이 • 경사진 구조로 용융상태의 물질에 의해 방해받지 않음 • 전처리(예열, 혼합, 파쇄) 없이 주입 가능 • 고형폐기물에도 소각효율 좋음 • 드럼이나 대형 용기를 전처리 없이 그대로 주입 가능 • 폐기물의 소각에 방해 없이 연속적 재의 배출 가능 • 습식 가스 세정시스템과 함께 사용 가능 • 폐기물 체류시간 조절 가능 • 1,400℃ 이상 가동 시 독성물질의 파괴 가능 • 공급장치의 설계에 유연성을 가짐
단점	• 처리량이 적을 경우 설치비가 큼 • **열효율이 낮음** • 완전연소 시 소요공기량이 큼 • **먼지가 많이 발생** • 대기오염 제어시스템에 분진 부하율이 높음 • 구형의 폐기물은 완전연소가 끝나기 전에 굴러떨어질 수 있음 • 대형 폐기물로 인한 내화재의 파손에 주의해야 함

44 어느 도시의 쓰레기 조성이 탄소 50%, 수소 5%, 산소 39%, 질소 3%, 황 0.5%, 회분 2.5%일 때 고위발열량은? (단, 듀롱(Dulong)의 식 이용)

① 약 3,900kcal/kg
② 약 4,100kcal/kg
③ 약 5,700kcal/kg
④ 약 7,440kcal/kg

해설 고위발열량 H_h (kcal/kg)

$=8,100C+34,000\left(H-\dfrac{O}{8}\right)+2,500S$

$=8,100\times0.5+34,000\left(0.05-\dfrac{0.39}{8}\right)+2,500\times0.005$

$=4,105\text{kcal/kg}$

45 폐기물 파쇄의 목적으로 옳지 않은 것은?

① 용적의 감소
② 입경분포의 균일화
③ 겉보기밀도의 감소
④ 매립 시 부등침하 억제 효과

해설 파쇄의 목적
- 겉보기비중의 증가
- 입경분포의 균일화(저장·압축·소각 용이)
- 용적(부피) 감소
- 운반비 감소, 매립지 수명 연장
- 분리 및 선별 용이, 특정 성분의 분리
- 비표면적의 증가
- 소각, 열분해, 퇴비화 처리 시 처리효율의 향상
- 조대폐기물에 의한 소각로의 손상 방지
- 고체물질 간의 균일혼합 효과
- 매립 후 부등침하 방지

46 폐기물 공정시험기준에서 방울수라 함은 20℃에서 정제수 몇 방울을 적하할 때 그 부피가 약 1mL가 되는 것을 의미하는가?

① 5　　② 10
③ 20　　④ 50

해설 "방울수"라 함은 20℃에서 정제수 20방울을 떨어뜨릴 때 그 부피가 약 1mL가 되는 것을 뜻한다.

47 일정 기간 동안 특정 지역의 쓰레기 수거차량의 대수를 조사하여 이 값에 밀도를 곱한 후 중량으로 환산하여 폐기물 발생량을 산정하는 방법을 무엇이라 하는가?

① 직접계근법
② 적재차량 계수분석법
③ 간접계근법
④ 대수조사법

해설 쓰레기 발생량 조사방법

조사방법		내용
적재차량 계수분석법		일정 기간 동안 특정 지역의 쓰레기 수거차량 대수를 조사하고, 이 값에 밀도를 곱하여 중량으로 환산하는 방법
직접계근법		일정 기간 동안 특정 지역의 쓰레기 수거·운반 차량 무게를 직접 계근하는 방법
물질수지법		시스템으로 유입되는 모든 물질과 유출되는 모든 물질들 간의 물질수지를 세움으로써 발생량을 추정하는 방법 (주로 산업폐기물의 발생량을 추산할 때 이용)
통계조사	표본조사 (샘플링검사)	전체 측정지역 중 일부를 표본으로 하여 쓰레기 발생량을 조사하는 방법
	전수조사	측정지역 전체의 쓰레기 발생량을 모두 조사하는 방법

48 분뇨의 특성으로 옳지 않은 것은?

① 분뇨는 연중 배출량 및 특성변화 없이 일정하다.
② 분뇨는 대량의 유기물을 함유하고 점도가 높다.
③ 분뇨에 포함되어 있는 질소화합물은 소화 시 소화조 내의 pH 강하를 막아준다.
④ 분뇨는 도시하수에 비해 고형물 함유도가 높다.

해설 ① 분뇨는 연중 배출량 및 특성변화가 심하다.

49 다음 중 매립지에서 유기물이 혐기성 분해될 때, 가장 늦게 일어나는 단계는?

① 가수분해단계
② 알코올 발효단계
③ 메테인 생성단계
④ 산 생성단계

해설 매립가스 발생순서
- 제1단계 : 호기성 단계, 초기조절단계
- 제2단계 : 혐기성 전환단계, 비메테인 단계, 산 생성단계
- 제3단계 : 메테인 생성·축적단계
- 제4단계 : 혐기성 정상상태단계

50 A폐기물의 성분을 분석한 결과 가연성 물질의 함유율이 무게기준으로 50%였다. 밀도가 700kg/m³인 A폐기물 10m³에 포함된 가연성 물질의 양은?

① 500kg
② 1,500kg
③ 2,500kg
④ 3,500kg

해설 가연분의 양=가연분의 비율×폐기물의 양
=(1-비가연분의 비율)×폐기물의 양
$$=(1-0.5)\times\frac{700kg}{m^3}\times 10m^3$$
=3,500kg

The⁺알아보기
폐기물=가연분+비가연분
여기서, 가연분 : 타는 성분
비가연분 : 타지 않는 성분

51 도금, 피혁 제조, 색소, 방부제, 약품 제조업 등의 폐기물에서 주로 검출될 수 있는 성분은?

① PCB   ② Cd

③ Cr   ④ Hg

해설 크로뮴(Cr)의 배출원

도금, 염색, 피혁 제조, 색소·방부제·약품 제조, 화학비료 제조

52 슬러지나 분뇨의 탈수 가능성을 나타내는 것은?

① 균등계수

② 알칼리도

③ 여과비저항

④ 유효경

해설 여과비저항은 슬러지의 탈수 특성을 나타내는 인자이다.

$$R = \frac{2a \cdot \Delta P \cdot A^2}{\mu \cdot C}$$

여기서, R : 여과비저항(sec^2/g)
a : 실험상수(sec/m^6)
ΔP : 압력(g/cm^2)
A : 여과면적(cm^2)
μ : 여액의 점도(g/cm · sec)
C : 고형물의 농도(g/cm^3)

53 다음과 같은 특성을 지닌 폐기물 선별방법은 무엇인가?

- 예부터 농가에서 탈곡작업에 이용되어 온 것으로, 그 작업이 밀폐된 용기 내에서 행해지도록 한 것
- 공기 중 각 구성물질의 낙하속도 및 공기저항의 차에 따라 폐기물을 분별하는 방법
- 종이나 플라스틱과 같은 가벼운 물질과 유리, 금속 등의 무거운 물질을 분리하는 데 효과적임

① 스크린 선별   ② 공기 선별

③ 자력 선별   ④ 손 선별

해설 ① 스크린 선별 : 스크린의 눈금 크기에 따라 입경별로 분류하는 방법
③ 자력(자석) 선별 : 대형 자석을 사용하여 폐기물로부터 철분 등을 선별하는 방법
④ 손 선별 : 컨베이어벨트 위로 지나가는 폐기물을 사람의 육안으로 선별하는 방법

54 다음 중 공기비의 정의로 옳은 것은?

① 연소물질량과 이론 공기량 간의 비

② 연소에 필요한 절대 공기량

③ 공급 공기량과 배출가스량 간의 비

④ 실제 공기량과 이론 공기량 간의 비

해설 공기비 : 이론 공기량에 대한 실제 공기량의 비

$$공기비(m) = \frac{A}{A_o}$$

55 다음 중 퇴비화의 최적조건으로 가장 적합한 것은?

① 수분 50~60%, pH 5.5~8 정도

② 수분 50~60%, pH 8.5~10 정도

③ 수분 80~85%, pH 5.5~8 정도

④ 수분 80~85%, pH 8.5~10 정도

해설 퇴비화의 최적조건

영향요인	최적조건
C/N 비	20~40(50)
온도	50~65℃
함수율	**50~60%**
pH	**5.5~8**
산소	5~15%
입도(입경)	1.3~5cm

56 환경기준 중 소음 측정점 및 측정조건에 관한 설명으로 옳지 않은 것은?

① 손으로 소음계를 잡고 측정할 경우, 소음계는 측정자의 몸으로부터 0.5m 이상 떨어져야 한다.

② 소음계의 마이크로폰은 주소음원 방향으로 향하도록 한다.

③ 옥외 측정을 원칙으로 한다.

④ 일반지역의 경우 장애물이 없는 지점의 지면 위 0.5m 높이로 한다.

해설 ④ 일반지역의 경우 장애물이 없는 지점의 지면 위 1.2~1.5m 높이로 한다.

57 소음의 배출허용기준 측정방법에서 소음계의 청감보정회로는 어디에 고정하여 측정하여야 하는가?

① A특성   ② B특성

③ D특성   ④ F특성

해설 **청감보정회로 및 동특성**
- 소음계의 청감보정회로는 A특성에 고정하여 측정하여야 한다.
- 소음계의 동특성은 원칙적으로 빠름(fast)을 사용하여 측정하여야 한다(항공기 소음은 예외−느림).

58 방음대책을 음원대책과 전파경로대책으로 구분할 때 다음 중 음원대책이 아닌 것은?

① 소음기 설치

② 방음벽 설치

③ 공명 방지

④ 방진 및 방사율 저감

해설 ② 방음벽 설치는 전파경로대책이다.

The⁺알아보기

방음대책의 구분	
구 분	대 책
발생원(소음원) 대책	·원인 제거 ·운전 스케줄 변경 ·소음 발생원 밀폐 ·발생원의 유속 및 마찰력 저감 ·방음박스 및 흡음덕트 설치 ·음향출력의 저감 ·소음기, 저소음장비 사용 ·방진 처리 및 방사율 저감 ·공명 · 공진 방지
전파경로 대책	·방음벽 설치 ·거리 감쇠 ·지향성 전환 ·소음장치 및 흡음덕트 설치 ·차음성 증대(투과손실 증대) ·건물 내벽 흡음 처리 ·잔디를 심어 음의 반사를 차단
수음(수진) 측 대책	·2중창 설치 ·건물의 차음성 증대 ·벽면 투과손실 증대 ·실내 흡음력 증대 ·마스킹 ·청력보호구(귀마개, 귀덮개) 착용 ·정기적 청력검사 실시

59 진동수가 100Hz이고, 속도가 50m/sec인 파동의 파장은?

① 0.5m   ② 1m

③ 1.5m   ④ 2m

해설 $\lambda = \dfrac{c}{f} = \dfrac{50\text{m/sec}}{100/\text{sec}} = 0.5\text{m}$

여기서, λ : 파장(m)

c : 전파속도(m/sec)

f : 주파수(Hz, 1/sec)

60 음압레벨 90dB인 기계 1대가 가동 중이다. 여기에 음압레벨 88dB인 기계 1대를 추가로 가동시킬 때 합성음압레벨은?

① 92dB   ② 94dB

③ 96dB   ④ 98dB

해설 $L_{(합)} = 10\log\left(10^{\frac{L_1}{10}} + 10^{\frac{L_2}{10}} + \cdots\cdots + 10^{\frac{L_n}{10}}\right)$

$= 10\log\left(10^{\frac{90}{10}} + 10^{\frac{88}{10}}\right)$

$= 92.12(\text{dB})$

여기서, L_1, L_2, L_n : 각각의 소음도(dB)

2022년 통합 환경기능사 필기 복원문제

01 직경이 30cm, 길이가 15m인 여과자루를 사용하여 농도 $3g/m^3$의 배출가스를 $1,000m^3/min$으로 처리하였다. 여과속도가 1.5cm/sec일 때 필요한 여과자루의 개수는?

① 75개 ② 79개
③ 83개 ④ 87개

해설 1) 여과속도
$$v_f = \frac{1.5cm}{sec} \times \frac{1m}{100cm} \times \frac{60sec}{1min} = 0.9m/min$$
2) 여과자루의 수
$$N = \frac{Q}{\pi \times D \times L \times v_f}$$
$$= \frac{1,000m^3/min}{\pi \times 0.3m \times 15m \times 0.9m/min} = 78.59$$
∴ 여과자루의 개수는 79개이다.

여기서, N : 여과자루 개수
Q : 유량(m^3/min)
D : 지름(m)
L : 길이(m)
v_f : 여과속도(m/min)

02 선택적인 촉매환원법으로 질소산화물을 처리할 때 사용되는 환원제로 가장 적합한 것은?

① 수산화칼슘 ② 암모니아
③ 염화수소 ④ 플루오린화수소

해설 **선택적 촉매환원법의 환원제**
NH_3, $(NH_2)_2CO$, H_2S 등

03 다음과 같은 특성에 가장 적합한 연료는?

- 저질의 연료로 고온을 얻을 수 있다.
- 연소효율이 높고, 안정된 연소가 된다.
- 점화와 소화가 쉽고, 연소조절이 간편하여 연소의 자동제어에 적합하다.
- 대기오염방지 측면에서 볼 때 재, 매연, 황산화물 등의 발생이 거의 없어 청정연료이다.

① 석탄 ② 아탄
③ 벙커C유 ④ LNG

해설 문제에서 설명하는 연료는 액화천연가스(LNG)이다. LNG는 기체연료로 연소성이 좋고, 대기오염방지 측면에서 볼 때 재, 매연, 황산화물 등의 발생이 거의 없는 청정연료이다.

04 NO 가스를 산화흡수법으로 제거시키고자 한다. 이 방법의 산화제로 적합하지 않은 것은?

① CO
② O_3
③ $KMnO_4$
④ $NaClO_2$

해설 ① CO는 환원제이다.

💚 **The⁺알아보기**
산화제의 종류
O_3, $KMnO_4$, $NaOCl$, $NaClO_2$, ClO_2, Cl_2, H_2O_2 등

05 중력 집진장치에서 먼지의 침강속도 산정에 관한 설명으로 틀린 것은?

① 중력가속도에 비례한다.
② 입경의 제곱에 비례한다.
③ 먼지와 가스의 비중차에 반비례한다.
④ 가스의 점도에 반비례한다.

해설 **입자의 침강속도(Stokes 공식)**
$$V_g(m/sec) = \frac{d^2(\rho_p - \rho_a)g}{18\mu}$$
여기서, V_g : 먼지의 침강속도
d : 입자의 직경
$(\rho_p - \rho_a)$: 먼지와 가스의 비중차
g : 중력가속도
μ : 가스 점도

공식에서, 인자가 분자에 있으면 비례하고 분자에 있으면 반비례한다.
따라서, 먼지와 가스의 비중차 · (입자의 직경)^2 · 중력가속도에 비례하고, 가스 점도에 반비례한다.

06 대기상태가 중립 조건일 때 발생하고, 연기의 수직이동보다 수평이동이 크기 때문에 오염물질이 멀리까지 퍼져나가며, 지표면 가까이에는 오염의 영향이 거의 없고, 이 연기 내에서는 오염의 단면분포가 전형적인 가우시안 분포를 나타내는 연기 형태는?

① 환상형 ② 부채형
③ 원추형 ④ 지붕형

> **해설** 연기의 형태별 대기상태

연기(플룸)의 형태	대기상태
밧줄형, 환상형 (looping)	불안정
원추형(coning)	**중립**
부채형(fanning)	역전(안정)
지붕형(lofting)	상층은 불안정, 하층은 안정할 때 발생
훈증형(fumigation)	상층은 안정, 하층은 불안정할 때 발생
구속형, 함정형 (trapping)	상층에서 침강역전(공중역전), 지표(하층)에서 복사역전(지표역전), 중간층 불안정

07 다음과 같은 특성을 지닌 집진장치는?

- 고농도 함진가스의 전처리에 사용될 수 있다.
- 배출가스의 유속은 보통 0.3~3m/sec 정도가 되도록 설계한다.
- 시설이 규모는 크지만 유지비가 저렴하다.
- 압력손실은 10~15mmH₂O 정도이다.

① 중력 집진장치 ② 원심력 집진장치
③ 여과 집진장치 ④ 전기 집진장치

> **해설** 문제는 중력집진장치에 관한 설명이다.

> **The⁺알아보기**
>
> 집진장치의 종류별 특징
>
> | 구 분 | 집진효율 (%) | 가스속도 (m/s) | 압력손실 (mmH₂O) | 처리입경 (μm) |
> |---|---|---|---|---|
> | 중력 | 40~60 | 1~2 | 10~15 | 50 이상 |
> | 원심력 | 85~95 | • 접선유입식 : 7~15 • 축류식 : 10 | 50~150 (80~100) | 3~100 |
> | 여과 | 90~99 | 0.3~0.5 | 100~200 | 0.1~20 |
> | 전기 | 90~99.9 | • 건식 : 1~2 • 습식 : 2~4 | 10~20 | 0.05~20 |

08 A집진장치의 압력손실이 444mmH₂O, 처리가스량이 55m³/sec인 송풍기의 효율이 77%일 때, 이 송풍기의 소요동력은?

① 256kW   ② 286kW
③ 298kW   ④ 311kW

> **해설**
> $$P = \frac{Q \times \Delta P}{102 \times \eta} = \frac{444 \times 55}{102 \times 0.77} = 310.92\text{kW}$$
>
> 여기서, P : 소요동력(kW)
> Q : 처리가스량(m³/sec)
> ΔP : 압력(mmH₂O)
> η : 효율

09 다음 대기오염물질 중 특정대기유해물질에 해당하지 않는 것은?

① 프로필렌옥사이드
② 석면
③ 벤지딘
④ 이산화황

> **해설** 특정대기유해물질
>
> | | |
> |---|---|
> | • 카드뮴 및 그 화합물 | • 시안화수소 |
> | • 납 및 그 화합물 | • 폴리염화비페닐 |
> | • 크롬 및 그 화합물 | • 비소 및 그 화합물 |
> | • 수은 및 그 화합물 | • 프로필렌옥사이드 |
> | • 염소 및 염화수소 | • 불소화물 |
> | • 석면 | • 니켈 및 그 화합물 |
> | • 염화비닐 | • 다이옥신 |
> | • 페놀 및 그 화합물 | • 베릴륨 및 그 화합물 |
> | • 벤젠 | • 사염화탄소 |
> | • 이황화메틸 | • 아닐린 |
> | • 클로로포름 | • 포름알데히드 |
> | • 아세트알데히드 | • 벤지딘 |
> | • 1,3-부타디엔 | • 다환방향족 탄화수소류 |
> | • 에틸렌옥사이드 | • 디클로로메탄 |
> | • 스틸렌 | • 테트라클로로에틸렌 |
> | • 1,2-디클로로에탄 | • 에틸벤젠 |
> | • 트리클로로에틸렌 | • 아크릴로니트릴 |
> | • 히드라진 | |

10 집진장치의 입구 더스트 농도가 2.8g/Sm³이고, 출구 더스트 농도가 0.1g/Sm³일 때 집진율(%)은?

① 86.9   ② 94.2
③ 96.4   ④ 98.8

> **해설** $\eta = 1 - \dfrac{C}{C_0} = 1 - \dfrac{0.1}{2.8} = 0.9642 = 96.42\%$
>
> 여기서, η : 집진율
> C_0 : 입구 농도
> C : 출구 농도

11 사이클론에서 처리가스량의 5~10%를 흡인하여 선회기류의 흐트러짐을 방지하고 유효원심력을 증대시키는 효과는?

① 상자 효과

② 마스킹 효과

③ 연소 효과

④ 블로다운 효과

해설 **블로다운 효과(blow down effect)**
사이클론 하부 분진박스(dust box)에서 처리가스량의 5~10%에 상당하는 함진가스를 추출시켜 유효원심력을 증대시키며, 선회기류의 흐트러짐과 집진된 먼지의 재비산을 방지하는 효과이다.

12 원형 송풍관의 길이가 10m, 내경이 300mm, 직관 내 속도압이 15mmH₂O, 철판의 관마찰계수가 0.004일 때, 이 송풍관의 압력손실은?

① 1mmH₂O

② 4mmH₂O

③ 8mmH₂O

④ 18mmH₂O

해설
$$\Delta P(\text{mmH}_2\text{O}) = 4f \times \frac{L}{D} \times \frac{\gamma V^2}{2g}$$
$$= 4 \times 0.004 \times \frac{10}{0.3} \times 15$$
$$= 8\text{mmH}_2\text{O}$$

여기서, f : 마찰손실계수

L : 관의 길이(m)

D : 관의 직경(m)

γ : 유체의 비중(kgf/m³)

V : 유속(m/sec)

$\frac{\gamma V^2}{2g}$: 속도압(mmH₂O)

13 황(S) 함량이 2.0%인 중유를 시간당 5t으로 연소시킨다. 배출가스 중의 SO₂를 CaCO₃로 완전히 흡수시킬 때 필요한 CaCO₃의 양을 구하면? (단, 중유 중의 황 성분은 전량 SO₂로 연소된다.)

① 278.3kg/hr

② 312.5kg/hr

③ 351.7kg/hr

④ 379.3kg/hr

해설
$$SO_2 + CaCO_3 + \frac{1}{2}O_2 \rightarrow CaSO_4 + CO_2$$

$$SO_2 : CaCO_3$$

$$32\text{kg} : 100\text{kg}$$

$$0.02 \times 5,000\text{kg/hr} : CaCO_3(\text{kg/hr})$$

$$\therefore CaCO_3 \text{ 필요량} = \frac{100 \times 0.02 \times 5,000\text{kg/hr}}{32}$$

$$= 312.5\text{kg/hr}$$

단위 5t = 5,000kg

$$\text{황 함량} : 2.0\% = \frac{2.0}{100} = 0.02$$

14 2Sm³의 기체연료를 연소시키는 데 필요한 이론 공기량은 18Sm³이고, 실제 사용한 공기량은 21.6Sm³이다. 이때의 공기비는?

① 0.6

② 1.2

③ 2.4

④ 3.6

해설
$$m = \frac{A}{A_o} = \frac{21.6}{18} = 1.2$$

여기서, m : 공기비

A : 실제 공기량

A_o : 이론 공기량

15 집진율이 각각 90%와 98%인 두 개의 집진장치를 직렬로 연결하였다. 1차 집진장치 입구의 먼지 농도가 5.9g/m³일 경우, 2차 집진장치 출구에서 배출되는 먼지 농도(mg/m³)는?

① 11.8

② 15.7

③ 18.3

④ 21.1

해설
$$C = C_0'(1-\eta_1)(1-\eta_2)$$
$$= 5.9(1-0.9)(1-0.98)$$
$$= 0.0118\text{g/m}^3$$
$$= 11.8\text{mg/m}^3$$

여기서, C : 출구 농도

C_0' : 입구 농도

η_1 : 1차 집진율

η_2 : 2차 집진율

단위 1g = 1,000mg

16 $200m^3$의 포기조에 BOD 370mg/L인 폐수가 $1,250m^3$/day의 유량으로 유입되고 있다. 이 포기조의 BOD 용적부하는?

① $1.78kg/m^3 \cdot day$

② $2.31kg/m^3 \cdot day$

③ $2.98kg/m^3 \cdot day$

④ $3.12kg/m^3 \cdot day$

해설 BOD 용적부하 $= \dfrac{BOD \cdot Q}{V}$

$$= \frac{370mg}{L} \left| \frac{1,250m^3}{day} \right| \frac{1}{200m^3} \left| \frac{1kg}{10^6mg} \right| \frac{1,000L}{1m^3}$$

$= 2.31kg/m^3 \cdot day$

여기서, BOD : BOD 농도(mg/L)

Q : 유량(m^3/day)

V : 포기조 용적(체적, 부피)(m^3)

17 펄프공장에서 배출되는 폐수의 BOD_5 값이 260mg/L이고, 탈산소계수 k(상용대수 베이스)가 0.2/day라면, 최종 BOD(mg/L)는?

① 265 　　② 289

③ 312 　　④ 352

해설 $BOD_5 = BOD_u (1 - 10^{-kt})$

$260 = BOD_u (1 - 10^{-0.2 \times 5})$

$\therefore BOD_u = \dfrac{260}{(1 - 10^{-0.2 \times 5})} = 288.89mg/L$

여기서, BOD_u : 최종 BOD

BOD_5 : 5일 후의 BOD

k : 탈산소계수

t : 시간(day)

참고 • 상수대수이면 밑수(베이스) : 10

• 자연대수이면 밑수(베이스) : e

18 다음 중 황산(1+2) 혼합용액은?

① 물 1mL에 황산을 가하여 전체 2mL로 한 용액

② 황산 1mL를 물에 희석하여 전체 2mL로 한 용액

③ 물 1mL와 황산 2mL를 혼합한 용액

④ 황산 1mL와 물 2mL를 혼합한 용액

해설 • 황산(1+2) : 황산 1mL+물 2mL를 혼합한 용액

• 황산(1→2) : 황산 1mL를 물에 가하여 전체를 2mL로 한 용액

19 응집침전법으로 폐수를 처리하기 전에 응집제와 응집보조제 투여량을 결정하는 응집실험(jar test)의 일반적인 과정을 순서대로 바르게 나열한 것은?

① 침전→완속 교반→응집제와 보조제 주입→급속 교반

② 응집제와 보조제 주입→급속 교반→완속 교반→침전

③ 급속 교반→응집제와 보조제 주입→완속 교반→침전

④ 완속 교반→응집제와 보조제 주입→급속 교반→침전

해설 응집실험(약품교반실험, jar test)의 순서

1) 응집제 주입 : 일련의 유리비커에 시료를 담아 pH 조정약품과 응집제 주입량을 각기 달리하여 넣는다.

2) 급속 혼합 : 100~150rpm으로 1~5분간 급속 혼합한다.

3) 완속 혼합 : 40~50rpm으로 약 15분간 완속 혼합시켜 응결(응집)한다.

4) 정치 침전 : 15~30분간 침전한다.

5) 상징수 분석 : 상징수를 취하여 필요한 분석을 실시한다.

20 생물학적 원리를 이용하여 폐수 중의 인과 질소를 동시에 제거하는 공정 중 혐기조의 역할로 가장 적합한 것은?

① 유기물 흡수, 인의 과잉흡수

② 유기물 흡수, 인 방출

③ 유기물 흡수, 탈질소

④ 유기물 흡수, 질산화

해설 반응조의 역할

• 혐기조 : 인 방출, 유기물 흡수(제거)

• 무산소조 : 탈질(질소 제거), 유기물 흡수(제거)

• 호기조 : 인 과잉흡수, 질산화, 유기물 흡수(제거)

21 폐수처리장에서 개방유로의 유량 측정에 이용되는 것으로 단면의 형상에 따라 삼각, 사각 등이 있는 것은?

① 확산기(diffuser)

② 산기기(aerator)

③ 위어(weir)

④ 피토전극기(pitot electrometer)

[해설] 유량측정장치의 구분
- 관내 유량측정장치(관수로 설치)
  - 벤투리미터(venturi meter)
  - 유량측정용 노즐(nozzle)
  - 오리피스(orifice)
  - 피토(pitot)관
  - 자기식 유량측정기(magnetic flow meter)
- 측정용 수로(개방유로) 유량측정장치(하천, 개수로 설치)
  - 위어(weir)
  - 파샬수로(flume)

22 산성 과망가니즈산포타슘 적정에 의한 화학적 산소요구량(COD_Mn) 시험방법에 관한 설명으로 옳지 않은 것은?

① 시료를 황산 산성으로 하여 과망가니즈산 포타슘 일정 과량을 넣고 30분간 수욕상에서 가열 반응시킨다.

② 염소이온은 과망가니즈산에 의해 정량적으로 산화되어 음의 오차를 유발하므로 황산포타슘을 첨가하여 염소이온의 간섭을 제거한다.

③ 가열과정에서 오차가 발생할 수 있으므로 물중탕의 온도와 가열시간을 잘 지켜야 한다.

④ 아질산염은 아질산성 질소 1mg당 1.1mg의 산소를 소모하여 COD 값의 오차를 유발한다.

[해설] ② 염소이온은 과망가니즈산에 의해 정량적으로 산화되어 음의 오차를 유발하므로 황산은을 첨가하여 염소이온의 간섭을 제거한다.

23 회분식으로 일정한 양의 에너지와 영양분을 한 번만 주고 미생물을 배양했을 때 미생물의 성장과정을 순서(초기 → 말기)대로 나타낸 것은?

① 대수성장기 → 유도기 → 정지기 → 사멸기
② 유도기 → 대수성장기 → 정지기 → 사멸기
③ 대수성장기 → 정지기 → 유도기 → 사멸기
④ 유도기 → 정지기 → 대수성장기 → 사멸기

[해설] 미생물 성장곡선의 단계
1) 유도기 : 환경에 적응하면서 증식 준비
2) 증식기 : 증식이 시작되고, 증식속도가 점점 증가
3) 대수성장기 : 증식속도 최대, 신진대사 최대
4) 정지기(감소성장기) : 미생물의 양 최대
5) 사멸기(내생성장기, 내생호흡기) : 신진대사율 급격히 감소, 미생물 자산화, 원형질의 양 감소

24 상수도 계획 시 여과에 관한 설명으로 옳지 않은 것은?

① 완속 여과를 채용할 경우 색도, 철, 망가니즈도 어느 정도 제거된다.

② 완속 여과는 생물막에 의한 세균, 탁질 제거와 생화학적 산화반응에 의해 다양한 수질인자에 대응할 수 있다.

③ 급속 여과의 여과속도는 70~90m/day를 표준으로 하고, 침전은 필수적이나, 약품 사용은 필요치 않다.

④ 급속 여과는 탁도 유발물질의 제거효과는 좋으나 세균은 안심할 정도로의 제거는 어려운 편이다.

[해설] ③ 급속 여과의 여과속도는 120~150m/day를 표준으로 하고, 약품 사용이 필수적이다.

The⁺알아보기

여과의 종류별 여과속도
- 급속 여과 : 120~150m/day
- 완속 여과 : 4~5m/day

25 1차 침전지의 깊이가 4m이며, 표면적 1m²에 대해 30m³/day로 폐수가 유입된다. 이때의 체류시간은?

① 2.3hr ② 3.2hr
③ 5.5hr ④ 6.1hr

[해설] $V = AH = (LB)H = Qt$

$$t = \frac{V}{Q} = \frac{AH}{Q} = \frac{1m^2}{} \times \frac{4m}{} \times \frac{day}{30m^3} \times \frac{24hr}{1day} = 3.2hr$$

여기서, V : 부피(체적, m³)
Q : 유량(m³/sec)
A : 면적(m²)
H : 수심(m)
L : 길이(m)
B : 폭(m)
t : 체류시간

26 다음 중 활성슬러지공법으로 하수를 처리할 때 주로 사상성 미생물의 이상번식으로 2차 침전지에서 침전성이 불량한 슬러지가 침전되지 못하고 유출되는 현상을 의미하는 것은?

① 슬러지 벌킹 ② 슬러지 시딩
③ 연못화 ④ 역세

해설 ② 슬러지 접종(sludge seeding) : 생물학적 처리에서 운전 시작 시 기존의 하수처리장으로부터 활성슬러지를 가져와서 슬러지 증식을 개시하는 것
③ 연못화 : 살수여상법에서 여재가 막혀 폐수가 고이는 현상
④ 역세 : 급속 여과에서 역세척

27 A공장 폐수의 최종 BOD 값이 200mg/L이고, 탈산소계수(k)가 0.2/day일 때, BOD₅ 값은? (단, BOD 소비식은 $Y = L_0(1-10^{-kt})$을 이용한다.)

① 90mg/L ② 120mg/L
③ 150mg/L ④ 180mg/L

해설 $BOD_t = BOD_u(1-10^{-kt})$
$BOD_5 = 200(1-10^{-0.2 \times 5}) = 180mg/L$

여기서, BOD_u : 최종 BOD
BOD_5 : 5일 후의 BOD
k : 탈산소계수
t : 시간(day)

28 0.00001M HCl 용액의 pH는 얼마인가? (단, HCl은 100% 이온화한다.)

① 2 ② 3
③ 4 ④ 5

해설 100% 해리될 때(강산일 때)의 pH

$HCl \leftrightarrow H^+ + Cl^-$

처음 농도	C		
이온화 농도	$-C$		
나중 농도	0	C	C

$[H^+] = C = 0.00001M$
$pH = -\log[H^+] = -\log[0.00001] = 5$
여기서, C : 강산의 초기 몰농도(mol/L)

29 다음 중 다른 살균방법에 비해 염소살균을 더 선호하는 이유로 가장 적합한 것은?

① 잔류염소의 효과
② 부반응의 억제
③ 특정 온도에서의 반응성 증가
④ 인체에 대한 면역성 증가

해설 염소는 잔류성(잔류 소독능력)이 있지만, 오존이나 자외선 소독은 잔류성이 없다.

30 아래 설명에 해당하는 생물적 요소로 가장 적합한 것은?

- 고형물질의 표면에 부착하여 생장하는 미생물이다.
- 핵의 형태가 뚜렷한 단세포가 서로 연결되어 일정한 형태를 이룬다.
- 다세포로 구성된 균사, 생식세포를 형성하는 자실체로 구성되어 있다.
- 각 세포는 독립된 생존능력을 가지며, 영양물질과 에너지물질인 유기물을 세포 표면으로 흡수하여 생장한다.
- 물질순환 및 자정작용에 중요한 역할을 한다.

① 곰팡이 ② 바이러스
③ 원생동물 ④ 수서곤충

해설 문제는 균류(곰팡이)에 대한 설명이다.

31 다음 중 BOD 600ppm, SS 40ppm인 폐수를 처리하기 위한 공정으로 가장 적합한 것은?

① 활성슬러지법
② 역삼투법
③ 이온교환법
④ 오존소화법

해설 유기물(BOD, SS)를 처리할 때는 생물학적 처리가 가장 적합하다.

32 물의 깊이에 따라 나타나는 수온성층에 해당되지 않는 것은?

① 수온약층 ② 표수층
③ 변수층 ④ 심수층

해설 **호소수의 수면으로부터 성층 구분**
표수층(순환층) → 수온약층(변온층) → 심수층(정체층)

33 20℃에서 재폭기계수가 6.0day⁻¹이고 탈산소계수가 0.2day⁻¹이면, 자정상수는?

① 1.2 ② 20
③ 30 ④ 120

해설 자정상수(f) = $\dfrac{재폭기계수(k_2)}{탈산소계수(k_1)} = \dfrac{6.0}{0.2} = 30$

34 활성탄을 이용하여 흡착법으로 A폐수를 처리하고자 한다. 폐수 내 오염물질의 농도를 30mg/L에서 10mg/L로 줄이는 데 필요한 활성탄의 양은? (단, $X/M = KC^{1/n}$ 사용, $K=0.5$, $n=1$)

① 3.0mg/L ② 3.3mg/L
③ 4.0mg/L ④ 4.6mg/L

해설 $\dfrac{X}{M} = KC^{\frac{1}{n}}$ … 〈Freundlich 등온흡착식〉

$\dfrac{(30-10)}{M} = 0.5 \times 10^{\frac{1}{1}}$

$\therefore M = \dfrac{(30-10)}{0.5 \times 10^{1/1}} = 4.0\text{mg/L}$

여기서, X : 흡착된 오염물질의 농도
　　　　M : 주입된 흡착제(활성탄)의 농도
　　　　C : 흡착되고 남은 오염물질의 농도
　　　　K, n : 경험상수

35 다음 중 용존산소에 영향을 주는 인자에 대한 설명으로 옳지 않은 것은?

① 물의 온도가 높을수록 용존산소량은 감소한다.
② 불순물의 농도가 높을수록 용존산소량은 감소한다.
③ 물의 흐름이 난류일 때 산소의 용해도가 낮다.
④ 현재 물속에 녹아 있는 용존산소량이 적을수록 용해속도가 증가한다.

해설 ③ 물의 흐름이 난류일 때 산소의 용해도가 증가한다.

The 알아보기

DO의 증감	영향인자
DO 증가	• 산소용해도가 클수록 • 압력(기압)이 높을수록 • 수온이 낮을수록(염분, 이온 등) • 용존이온 농도, 염분 농도가 낮을수록 • 기포가 작을수록 • 하천 유속이 빠를수록 • 수심이 얕을수록 • 교란작용이 있을 때, 난류일 때
DO 감소	• 오염이 심할수록 • 수중 유기물이 많을수록(유기물 분해 시) • 호흡량이 많을수록(조류, 생물 수가 많을수록)

36 소형 차량으로 수거한 쓰레기를 대형 차량으로 옮겨 운반하기 위해 마련하는 적환장의 위치로 적합하지 않은 곳은?

① 주요 간선도로에 인접한 곳
② 수송 측면에서 가장 경제적인 곳
③ 공중위생 및 환경피해가 최소인 곳
④ 가능한 한 수거지역에서 멀리 떨어진 곳

해설 적환장 위치 결정 시 고려사항
• 수거하고자 하는 폐기물 발생지역의 무게중심과 가까운 곳
• 간선도로와 쉬운 접근성, 2차 보조 수송수단의 연결이 쉬운 곳
• 주민의 반대가 적고, 주위 환경에 대한 영향이 최소인 곳
• 설치 및 작업이 쉬운 곳(경제적인 곳)

37 폐기물관리법령상 지정폐기물 중 부식성 폐기물의 "폐산" 기준으로 옳은 것은?

① 액체상태의 폐기물로서 수소이온농도지수가 2.0 이하인 것으로 한정한다.
② 액체상태의 폐기물로서 수소이온농도지수가 3.0 이하인 것으로 한정한다.
③ 액체상태의 폐기물로서 수소이온농도지수가 5.0 이하인 것으로 한정한다.
④ 액체상태의 폐기물로서 수소이온농도지수가 5.5 이하인 것으로 한정한다.

해설 지정폐기물 중 부식성 폐기물의 기준
• 폐산 : 액체상태의 폐기물로서 pH 2.0 이하인 것
• 폐알칼리 : 액체상체의 폐기물로서 pH 12.5 이상인 것

38 어느 슬러지의 건조상 길이가 40m이고, 폭은 25m이다. 여기에 30cm 깊이로 슬러지를 주입할 때 전체 건조기간 중 슬러지의 부피가 70% 감소하였다면, 건조된 슬러지의 부피는 몇 m³가 되겠는가?

① 50m³ ② 70m³
③ 90m³ ④ 110m³

해설 건조 후 슬러지(m³)
= 건조 전 슬러지(m³)×(1−감소율)
= (40m×25m×0.3m)×(1−0.7)
= 90m³
단위 30cm=0.3m

39 투입량이 1t/hr이고, 회수량이 600kg/hr(그 중 회수대상 물질이 550kg/hr)이며, 제거량은 400kg/hr(그 중 회수대상 물질은 70kg/hr)일 때, 회수율을 Rietema 식에 의해 구하면?

① 45% ② 66%
③ 76% ④ 87%

해설 1) 회수량, 제거량, 투입량(kg/hr)

회수량	600	x_1	550	y_1	50
제거량	400	x_2	70	y_2	330
투입량	1,000	x_0	620	y_0	380

2) Rietema의 선별효율식

$$E = \left| \frac{x_1}{x_0} - \frac{y_1}{y_0} \right| = \left| \frac{550}{620} - \frac{50}{380} \right| = 0.7555 = 75.55\%$$

여기서, x_1 : 회수량 중 회수대상 물질량
x_2 : 제거량 중 회수대상 물질량
x_0 : 투입량 중 회수대상 물질량
y_1 : 회수량 중 제거대상 물질량
y_2 : 제거량 중 제거대상 물질량
y_0 : 투입량 중 제거대상 물질량

40 폐기물의 안정화에 관한 설명으로 거리가 먼 것은?

① 폐기물의 물리적 성질을 변화시켜 취급하기 쉬운 물질을 만든다.
② 오염물질의 손실과 전달이 발생할 수 있는 표면적을 감소시킨다.
③ 폐기물 내 오염물질의 용존성 및 용해성을 증가시킨다.
④ 오염물질의 독성을 감소시킨다.

해설 ③ 폐기물 내 오염물질의 용존성 및 용해성을 감소시킨다.

41 유해폐기물의 "무기성 고형화"에 의한 처리방법의 특성 비교로 옳지 않은 것은? (단, 유기적 고형화 방법과 비교한다.)

① 고도의 기술이 필요하며, 촉매 등 유해물질이 사용된다.
② 수용성이 작고, 수밀성이 양호하다.
③ 고화 재료 구입이 용이하며, 재료가 무독성이다.
④ 상온·상압에서 처리가 용이하다.

해설 고형화의 분류

무기성 고형화	유기성 고형화
• 물리화학적 반응	• 수밀성이 좋음
• 비용 저렴	• 비용 비쌈
• 다양한 산업폐기물에 적용 가능	• 다양한 폐기물에 적용 가능
• 상온·대기압 조건에서 적용 쉬움	• 일반폐기물보다 유해성(방사선 등) 폐기물 처리에 주로 적용
• 수용성은 작고, 수밀성은 좋음	• 최종 고화체의 체적 증가가 다양함
• 고화 재료의 확보가 쉬움	• **숙련된 고도의 기술이 필요함**
• 독성이 적음	• **촉매 등 유해물질이 사용됨**
• 기계적·구조적으로 좋음	• 미생물, 자외선에 약함
• 폐기물의 특정 성분에 의한 중합체 구조가 장기적으로 강화되어 강도가 커짐	• 폐기물의 특정 성분에 의한 중합체 구조의 장기적인 약화 가능성이 있음
• 산에 약함	
• 고형화 재료에 따라 고화체의 체적 증가가 다양함	
• 부피증가율(VCF), 혼합률(MR)이 큼	

42 다음 중 슬러지 개량(conditioning)의 주목적은?

① 악취 제거
② 슬러지의 무해화
③ 탈수성 향상
④ 부패 방지

해설 슬러지 개량의 주목적은 탈수성 향상이다.

43 다음 중 효율적인 파쇄를 위해 파쇄대상물에 작용하는 3가지 힘에 해당되지 않는 것은?

① 충격력 ② 정전력
③ 전단력 ④ 압축력

해설 파쇄대상물에 작용하는 3가지 힘
• 압축력
• 전단력
• 충격력

44 유동상 소각로에서 유동상의 매질이 갖추어야 할 조건이 아닌 것은?

① 불활성
② 낮은 융점
③ 내마모성
④ 작은 비중

해설 유동상 매질(유동층 매체)의 구비조건
- 불활성일 것
- 내열성이며, 융점이 높을 것
- 충격에 강할 것
- 내마모성일 것
- 비중이 작을 것
- 안정된 공급으로 구하기 쉬울 것
- 가격이 저렴할 것
- 균일한 입도분포를 가질 것

45 다음 중 "고상 폐기물"을 정의할 때 고형물의 함량 기준은?

① 3% 이상　　② 5% 이상
③ 10% 이상　　④ 15% 이상

해설 폐기물의 상(相, phase)에 따른 분류
- 액상 폐기물 : 고형물 함량 5% 미만
- 반고상 폐기물 : 고형물 함량 5% 이상 ~ 15% 미만
- 고상 폐기물 : 고형물 함량 15% 이상

46 폐기물 수거효율을 결정하고 수거작업 간의 노동력을 비교하기 위한 단위로 옳은 것은?

① ton/man · hour　② man · hour/ton
③ ton · man/hour　④ hour/ton · man

해설 MHT(Man Hour per Ton)는 수거노동력으로 쓰레기 1톤을 수거하는 데 수거인부 1인이 소요하는 총시간을 의미하며, MHT가 적을수록 수거효율이 좋다.

47 중량비로 수소가 15%, 수분이 1%인 연료의 고위발열량이 9,500kcal/kg일 때 저위발열량은?

① 8,684kcal/kg　② 8,968kcal/kg
③ 9,271kcal/kg　④ 9,554kcal/kg

해설 $H_l = H_h - 600(9H + W)$
$= 9,500 - 600(9 \times 0.15 + 0.01)$
$= 8,684$kcal/kg
여기서, H_h : 고위발열량(kcal/kg)
H_l : 저위발열량(kcal/kg)
H : 수소의 함량
W : 수분의 함량

48 다음 중 내륙매립 공법의 종류가 아닌 것은?

① 도랑형 공법　② 압축매립 공법
③ 샌드위치 공법　④ 박층뿌림 공법

해설 내륙매립과 해안매립

구 분	종 류
내륙매립 공법	• 샌드위치 공법 • 셀 공법 • 압축매립 공법 • 도랑형 공법 • 지역식 매립 • 계곡식 매립
해안매립 공법	• 내수배제 공법(수중투기 공법) • 순차투입 공법 • 박층뿌림 공법

49 관거(pipeline)를 이용한 폐기물 수거방법에 관한 설명으로 가장 거리가 먼 것은?

① 폐기물 발생빈도가 높은 곳이 경제적이다.
② 가설 후에 경로 변경이 곤란하다.
③ 25km 이상의 장거리 수송에 현실성이 있다.
④ 큰 폐기물은 파쇄, 압축 등의 전처리를 해야 한다.

해설 관거수송법의 특징
- 자동화, 무공해화, 안전화가 가능하다.
- 미관, 경관이 좋다.
- 교통체증 유발이 없다.
- 투입 및 수집이 용이하다.
- 인건비가 절감된다.
- 쓰레기 발생밀도가 높은 인구밀집지역에서 현실성이 있다.
- 대형 폐기물은 전처리공정(파쇄, 압축)이 필요하다.
- 설치 후 경로 변경이 어렵다.
- 설치비용이 많이 든다.
- 투입된 폐기물의 회수가 곤란하다.
- 장거리 이송에 한계가 있다(2.5km 이내).
- 시스템 전체 마비 시 대체시스템으로 전환이 필요하다.

50 강도 10의 단색광이 정색액을 통과할 때 그 빛의 80%가 흡수되었다면 흡광도는?

① 0.097　　② 0.347
③ 0.699　　④ 80

해설 1) 투과광
$I = $ 입사광 $-$ 흡수광 $= 100 - 80 = 20$
2) 흡광도
$A = \log\left(\frac{1}{t}\right) = \log\left(\frac{I_0}{I}\right) = \log\left(\frac{100}{20}\right) = 0.6989$
여기서, A : 흡광도
t : 투과도
I_0 : 입사광 강도
I : 투과광 강도

51 RDF(Refuse Derived Fuel)의 구비조건으로 가장 거리가 먼 것은?

① 열 함량이 높고 동시에 수분 함량이 낮아야 한다.
② 염소 함량이 낮아야 한다.
③ 미생물 분해가 가능하며, 재의 함량이 높아야 한다.
④ 균질성이어야 한다.

해설 RDF의 구비조건
• 발열량이 높을 것
• 함수율(수분량)이 낮을 것
• 가연분이 많을 것
• 비가연분(재)이 적을 것
• 대기 오염이 적을 것
• 염소나 다이옥신 황 성분이 적을 것
• 조성이 균일할 것
• 저장 및 이송이 용이할 것
• 기존 고체연료 사용시설에서 사용 가능할 것

52 다음 중 유기물의 혐기성 소화 분해 시 발생되는 물질로 거리가 먼 것은?

① 산소　　　　② 알코올
③ 유기산　　　④ 메테인

해설 ① 산소는 호기성 분해 시 소비되는 물질이다.

The⁺알아보기

혐기성 소화의 과정

구 분	1단계 반응	2단계 반응	3단계 반응
과정	가수분해	• 산성 소화과정 • 유기산 생성과정 • 수소 생성과정 • 액화 과정	• 알칼리 소화과정 • 메테인 생성과정 • 가스화 과정
관여 미생물	발효균	아세트산 및 수소 생성균	메테인 생성균
생성물	• 단백질 → 아미 노산 • 지방 → 지방산, 글리세린 • 탄수화물 → 단 당류, 이당류 • 휘발성 유기산	• 유기산(아세트 산, 프로피온산, 뷰티르산, 고분 자 유기산) • CO_2, H_2 • 알코올, 알데하 이드, 케톤 등	• CH_4(약 70%) • CO_2(약 30%) • H_2S • NH_3
특징	가장 느린 반응	유기물의 총 COD 는 변하지 않음(유 기물이 분해되어 무기물로 변하지 않고 단지 유기물 의 종류만 달라짐)	• 유기물의 COD가 가스상태의 메 테인으로 변화 함으로써 유기 물이 제거된다. • 최적 pH : 6.8~7.4 • 분뇨 투입량의 8~10배의 가스 발생

53 소규모 분뇨처리시설인 임호프탱크(imhoff tank)의 구성요소와 거리가 먼 것은?

① 침전실　　　② 소화실
③ 스컴실　　　④ 포기조

해설 임호프탱크
• 한 탱크 내에서 침전과 소화가 같이 이루어지는 처리시설
• 2층 구조로, 상층에서 부유물 침전, 아래층에서 혐기성 소화
• **스컴실, 소화실, 침전실로 구성**
• 독일에서 최초로 개발

54 폐기물 처리 시 에너지를 회수 또는 재활용할 수 있는 처리법으로 가장 거리가 먼 것은?

① 표준활성처리　　② 열분해
③ 발효　　　　　　④ RDF

해설 에너지 회수방법
• 열분해
• 소각폐열 회수
• 혐기성 소화, 발효
• RDF
• 퇴비화

55 다음 중 연료형태에 따른 연소의 종류에 해당하지 않은 것은?

① 분해연소　　　② 조연연소
③ 증발연소　　　④ 표면연소

해설 연소의 종류
표면연소, 분해연소, 증발연소, 확산연소, 예혼합연소, 자기연소, 발연연소(훈연연소)

56 다음 중 다공질 흡음재료에 해당하지 않는 것은?

① 암면
② 유리섬유
③ 발포수지 재료(연속기포)
④ 석고보드

해설 ④ 석고보드는 판(막)진동형 흡음재이다.

The⁺알아보기

흡음재의 구분

구 분	재 료	흡음역
다공질형 흡음재	유리솜, 석면, 암면, 발포수 지, 폴리우레탄폼 등	중고음역
판(막)진동형 흡음재	비닐시트, 석고보드, 석면 슬레이트, 합판 등	저음역
공명형 흡음재	유공 석고보드, 유공 알루 미늄판, 유공 하드보드 등	저음역

57 다음은 음의 크기에 관한 설명이다. ( ) 안에 알맞은 내용은?

> ( ) 순음의 음 세기레벨 40dB인 음 크기를 1sone이라 한다.

① 10Hz   ② 100Hz
③ 1,000Hz   ④ 10,000Hz

해설 • 1sone : 1,000Hz 순음의 음 세기레벨 40dB인 음 크기 (1,000Hz 순음 40phon)
• 1phon : 1,000Hz를 기준으로 해서 나타낸 dB

58 마스킹효과에 관한 설명 중 옳지 않은 것은?

① 저음이 고음을 잘 마스킹한다.
② 두 음의 주파수가 비슷할 때는 마스킹효과가 대단히 커진다.
③ 두 음의 주파수가 거의 같을 때는 Doppler 현상에 의해 마스킹효과가 커진다.
④ 음파의 간섭에 의해 일어난다.

해설 **마스킹효과(음폐효과)**
• 두 음이 동시에 있을 때, 한쪽이 큰 경우 작은 음은 더 작게 들리는 현상이다(원리 : 음의 간섭).
• 주파수가 낮은 음(저음)은 높은 음(고음)을 잘 마스킹(음폐)한다.
• 두 음의 주파수가 비슷할 때는 마스킹효과가 더욱 커진다.
• 두 음의 주파수가 같을 때는 맥동현상에 의해 마스킹효과가 감소한다.
• 음이 강하면 음폐되는 양도 커진다.

59 점음원에서 10m 떨어진 곳에서의 음압레벨이 100dB일 때, 이 음원으로부터 20m 떨어진 곳의 음압레벨은?

① 92dB   ② 94dB
③ 102dB   ④ 104dB

해설 역2승법칙에 따라, 음원으로부터 거리가 2배 증가할 때 점음원은 6dB 감소한다.
∴ 음원으로부터 20m 떨어진 곳(10m의 2배)의 음압레벨
= 100 − 6 = 94dB

The⁺알아보기

역2승법칙
음원으로부터 거리가 2배 증가할 때의 음압레벨
• 점음원일 경우 : 6dB 감소
• 선음원일 경우 : 3dB 감소

60 음향출력이 100W인 점음원이 반자유공간에 있을 때 10m 떨어진 지점의 음의 세기(W/m²)는?

① 0.08   ② 0.16
③ 1.59   ④ 3.18

해설 $W = I \times S$
$$\therefore\ I = \frac{W}{S} = \frac{W}{2\pi r^2} = \frac{100\mathrm{W}}{2\pi \times (10\mathrm{m})^2} = 0.16\mathrm{W/m^2}$$
여기서, S : 음의 전파 표면적(m²)
        W : 음향출력
        I : 음의 세기

The⁺알아보기

음의 전파 표면적(S)

음원의 구분		S의 크기
점음원	자유공간	$4\pi r^2$
	반자유공간	$2\pi r^2$
선음원	자유공간	$2\pi r$
	반자유공간	πr

01 PM 10은 무엇을 의미하는가?

① 공기역학적 직경이 $2.5\mu m$ 이하인 먼지
② 공기역학적 직경이 $10\mu m$ 이하인 먼지
③ 스토크스 직경이 $2.5\mu m$ 이하인 먼지
④ 스토크스 직경이 $10\mu m$ 이하인 먼지

해설 • PM 10 : 미세먼지(공기역학적 직경이 $10\mu m$ 이하인 먼지)
• PM 2.5 : 초미세먼지(공기역학적 직경이 $2.5\mu m$ 이하인 먼지)

02 휘발성 유기화합물(VOCs)은 주로 어떤 용도에서 발생하는가?

① 난방 연료　　② 산업용 용제
③ 자동차 연료　　④ 자연발화

해설 휘발성 유기화합물은 주로 산업용 용제에서 발생하며, 대기오염의 주요 원인 중 하나이다.

03 한 대기오염 측정소에서 8시간 동안 평균적으로 $120\mu g/m^3$의 이산화황(SO_2) 농도가 측정되었다. 이 농도를 ppm으로 환산하면 얼마인가? (단, SO_2의 분자량은 64g/mol, 표준상태이다.)

① 0.038　　② 0.042
③ 0.054　　④ 0.073

해설 $\mu g/m^3 \rightarrow$ ppm 환산
$$\frac{120\mu g}{m^3} \times \frac{22.4mL}{64mg} \times \frac{1mg}{10^3\mu g} = 0.042mL/m^3 = 0.042ppm$$
단위 SO_2 : 64mg=22.4mL
ppm=mL/m³

04 다음 중 벤투리 스크러버의 입구 유속으로 가장 적합한 것은?

① 60~90m/sec　　② 5~10m/sec
③ 1~2m/sec　　④ 0.5~1m/sec

해설 세정 집진장치의 종류별 유속
• 충전탑 : 0.3~1m/sec
• 분무탑 : 0.2~1m/sec
• 제트 스크러버 : 10~20m/sec
• 벤투리 스크러버 : 60~90m/sec

05 다음 중 사이클론 집진기의 원리로 가장 적합한 설명은?

① 중력에 의한 입자 침전
② 전기력에 의한 입자 포집
③ 원심력을 이용한 입자 분리
④ 열에 의한 입자 분리

해설 사이클론 집진기는 원심력을 이용해 입자를 분리하며, 큰 입자를 효과적으로 제거한다.

06 과잉 공기율이 10%일 때, 이 배출가스의 공기비(m)는 얼마인가? (단, 이론 공기비는 1.0으로 가정한다.)

① 0.9　　② 1.0
③ 1.1　　④ 1.5

해설 과잉 공기율＝$m-1$
∴ m＝과잉 공기율＋1=0.1＋1=1.1

07 대기 중에서 산성비의 원인이 되는 주요 물질로 옳은 것은?

① 일산화탄소(CO)
② 이산화질소(NO_2)
③ 메테인(CH_4)
④ 암모니아(NH_2)

해설 산성비의 원인물질
황산화물(SOx), 질소산화물(NOx), 염소화합물(HCl 등)

08 배출구 직경이 1.0m인 배출구에서 $200m^3/min$의 가스가 배출되고 있다. 이때 배출구에서의 가스 유속은 얼마인가?

① 0.42m/sec　　② 1.27m/sec
③ 2.12m/sec　　④ 4.24m/sec

해설 $v = \dfrac{Q}{A} = \dfrac{Q}{\dfrac{\pi D^2}{4}} = \dfrac{200m^3}{min} \left| \dfrac{1min}{\dfrac{\pi \times 1m^2}{4}} \right| \dfrac{1min}{60sec}$
$= 4.24m/sec$

09 다음 중 1차 대기오염물질로 분류되지 않는 것은?

① 이산화황(SO_2)　② 일산화탄소(CO)
③ 오존(O_3)　④ 메테인(CH_4)

해설 대기 오염물질의 분류

구 분	종 류
1차 대기오염물질	CO, CO_2, HC, HCl, NH_3, H_2S, $NaCl$, N_2O_3, 먼지, Pb, Zn 등 대부분 물질
2차 대기오염물질	O_3, PAN($CH_3COOONO_2$), H_2O_2, $NOCl$, 아크롤레인(CH_2CHCHO)
1·2차 대기오염물질	SO_x(SO_2, SO_3), NO_x(NO, NO_2), H_2SO_4, HCHO, 케톤, 유기산

10 광화학 스모그의 원인이 되는 물질은 무엇인가?

① 황산화물　② 질소산화물
③ 암모니아　④ 수소

해설 광화학 스모그는 주로 질소산화물과 탄화수소(휘발성 유기화합물)가 자외선과 반응하여 발생한다.

The⁺알아보기

광화학 반응의 3대 요소
질소산화물(NO_x), 탄화수소, 빛

11 대기오염 측정에 사용되는 'TSP'는 무엇을 의미하는가?

① 총부유입자물질
② 산성비의 측정단위
③ 기체상 오염물질
④ 휘발성 유기화합물

해설 TSP는 Total Suspended Particles의 약자로, 대기 중 부유하는 모든 입자물질을 측정하는 지표이다.
참고 휘발성 유기화합물의 약자는 VOC(Volatile Organic Compounds)이다.

12 대기오염 공정시험방법 중 '가스 크로마토그래피(GC)'는 주로 어떤 대기오염물질을 측정하는 데 사용되는가?

① 입자상 물질　② 휘발성 유기화합물
③ 산성 가스　④ 금속화합물

해설 가스 크로마토그래피는 휘발성 유기화합물의 농도를 정확하게 분석하는 데 사용된다.
참고 금속화합물은 주로 원자흡수 분광광도법으로 측정한다.

13 황산화물(SO_x)의 대기 중 주요 발생원은 무엇인가?

① 자동차 배출가스
② 화석연료의 연소
③ 자연적인 휘발
④ 산림에서 방출되는 물질

해설 ② 석탄, 석유 등 화석연료의 연소과정에서 황산화물이 다량 배출된다.

14 여과 집진장치의 특성으로 옳은 것은?

① 고온가스 처리가 가능하다.
② 습기 많은 먼지 처리에 적합하다.
③ 폭발성 먼지 제거에 적합하다.
④ 미세먼지 제거효율이 높다.

해설 여과 집진장치는 미세먼지를 매우 효과적으로 제거할 수 있지만, 고온이나 습기에는 적합하지 않다.
① 여과포 손상 때문에 고온가스 처리가 어렵다.
② 습기가 많으면 여과포가 막혀서 집진이 곤란하다.
③ 폭발성 먼지 제거에 적합한 것은 세정 집진장치이다.

15 대기 중 오존층을 파괴하는 물질로 알려진 물질은 무엇인가?

① 이산화탄소(CO_2)
② 메테인(CH_4)
③ 염화플루오린화탄소(CFCs)
④ 이산화황(SO_2)

해설 오존층 파괴물질의 종류
• 염화플루오린화탄소(CFCs)
• 염화브로민화탄소(할론)
• 질소산화물(NO, N_2O)
• 사염화탄소(CCl_4) 등

16 생물학적 폐수처리에 있어서 팽화(bulking) 현상의 원인으로 가장 거리가 먼 것은?

① 유기물 부하량이 급격하게 변동될 경우
② 포기조의 용존산소가 부족할 경우
③ 유입수에 고농도의 산업유해폐수가 혼합되어 유입될 경우
④ 포기조 내 질소와 인이 유입될 경우

해설 슬러지 팽화는 호기성 상태가 나빠져서 박테리아가 잘 크지 못하고, 균류(사상균)가 잘 크는 환경이 되면 발생한다.

The⁺알아보기

슬러지 팽화의 원인
- DO 감소
- pH 감소
- F/M 불균형 : 유기물 부하량의 급격한 변동, 고농도 폐수 유입
- 영양 불균형(BOD : N : P)
- 사상균(Sphaerotilus 등) 증식

17 슬러지 처리공정 중 혐기성 소화의 목적은 무엇인가?

① 슬러지의 수분 함량을 줄인다.
② 슬러지를 산화시킨다.
③ 슬러지의 유기물을 분해한다.
④ 슬러지를 응집시킨다.

[해설] 소화의 주된 목적은 유기물을 분해하는 것이다.

18 MLSS 농도가 1,000mg/L이고, BOD 농도가 300mg/L인 폐수 2,500m³/day가 포기조로 유입될 때, BOD/MLSS 부하(kg BOD/kg MLSS · day)는? (단, 포기조의 용적은 1,000m³이다.)

① 0.1   ② 0.3
③ 0.4   ④ 0.75

[해설] $F/M = \dfrac{BOD \cdot Q}{V \cdot X}$

$$= \dfrac{300mg/L \mid 2,500m^3 \mid \mid}{\mid day \mid 1,000m^3 \mid 1,000mg/L}$$

= 0.75kg BOD/kg MLSS · day

여기서, F/M : F/M 비(kg BOD/kg MLSS · day)
  V : 포기조 부피(m³)
  Q : 유입 유량(m³/day)
  BOD : BOD 농도(mg/L)
  X : MLSS 농도(mg/L)

19 아연과 성질이 유사한 금속으로 급성중독은 위장 점막에 염증을 일으키며, 기침, 현기증, 복통 등의 증상을 나타내고, 만성중독은 체내 칼슘 균형을 깨뜨려 이타이이타이병과 같은 골연화증의 원인이 되는 것은?

① 수은   ② 카드뮴
③ PCB   ④ 비소

[해설] 주요 유해물질별 만성중독증
- 카드뮴 : 이타이이타이병
- 수은 : 미나마타병, 헌터루셀병
- PCB : 카네미유증
- 비소 : 흑피증
- 플루오린 : 반상치
- 망가니즈 : 파킨슨씨 유사병
- 구리 : 간경변, 윌슨씨병

20 폐수처리에서 유기물을 분해하는 미생물 활성도를 높이기 위해 주입하는 영양소는?

① 질소와 인
② 염소
③ 이산화탄소
④ 칼슘과 마그네슘

[해설] 미생물이 유기물을 분해할 때 필요한 주요 영양소는 질소와 인(영양염류)이다.

21 미생물과 조류의 생물화학적 작용을 이용하여 하수 및 폐수를 자연정화시키는 공법으로, 라군(lagoon)이라고도 하며 시설비와 운영비가 적게 들기 때문에 소규모 마을의 오수 처리에 많이 이용되는 것은?

① 회전원판법
② 부패조법
③ 산화지법
④ 살수여상법

[해설] ③ 산화지 공법 : 얕은 연못에서 호기성 박테리아와 조류 사이의 공생관계로 유기물을 분해하는 호기성 처리법

22 하루에 500m³의 폐수가 발생하는 공장의 BOD 농도가 300mg/L일 때, 이 공장에서 하루에 배출되는 BOD 부하량은 몇 kg인가?

① 100kg/day
② 150kg/day
③ 250kg/day
④ 300kg/day

[해설] 부하＝농도×유량

$$= \dfrac{300mg}{L} \times \dfrac{500m^3}{day} \times \dfrac{1kg}{10^6 mg} \times \dfrac{1,000L}{1m^3}$$

= 150kg/day

23 응집침전법으로 폐수를 처리하기 전에 응집제와 응집보조제 투여량을 결정하는 응집실험(jar test)의 일반적인 과정을 순서대로 바르게 나열한 것은?

① 침전 → 완속 교반 → 응집제와 보조제 주입 → 급속 교반

② 응집제와 보조제 주입 → 급속 교반 → 완속 교반 → 침전

③ 급속 교반 → 응집제와 보조제 주입 → 완속 교반 → 침전

④ 완속 교반 → 응집제와 보조제 주입 → 급속 교반 → 침전

해설 응집실험(약품교반실험, jar test)의 순서
1) 응집제 주입 : 일련의 유리비커에 시료를 담아 pH 조정약품과 응집제 주입량을 각기 달리하여 넣는다.
2) 급속 혼합 : 100~150rpm으로 1~5분간 급속 혼합한다.
3) 완속 혼합 : 40~50rpm으로 약 15분간 완속 혼합시켜 응결(응집)한다.
4) 정치 침전 : 15~30분간 침전한다.
5) 상징수 분석 : 상징수를 취하여 필요한 분석을 실시한다.

24 다음 중 질소와 인을 모두 제거하기 위한 고도처리방법은 무엇인가?

① MLE 공법
② 회전원판법
③ 활성슬러지법
④ 5단계 바덴포 공법

해설 질소 및 인 제거공정

구 분	처리방법	공 정
질소 제거	물리화학적 방법	• 암모니아 탈기법(스트리핑) • 파괴점 염소 주입법 • 선택적 이온교환법
	생물학적 방법	• MLE(무산소-호기법) • 4단계 바덴포(bardenpho) 공법
인 제거	물리화학적 방법	• 금속염 첨가법 • 석회 첨가법(정석탈인법)
	생물학적 방법	• A/O 공법(혐기-호기법) • 포스트립(phostrip) 공법
질소·인 동시제거		• A_2/O 공법 • UCT 공법 • MUCT 공법 • VIP 공법 • SBR 공법 • 수정 포스트립 공법 • **5단계 바덴포 공법**

25 미생물 성장곡선에서 다음과 같은 특성을 보이는 단계는?

> • 살아 있는 미생물들이 조금밖에 없는 양분을 두고 서로 경쟁하고, 신진대사율은 큰 비율로 감소한다.
> • 미생물은 그들 자신의 원형질을 분해시켜 에너지를 얻는 자산화과정을 겪게 되어 전체 원형질 무게는 감소된다.

① 유도기   ② 대수성장기
③ 감소성장기   ④ 사멸기

해설 미생물 성장곡선의 단계
1) 유도기 : 환경에 적응하면서 증식 준비
2) 증식기 : 증식이 시작되고, 증식속도가 점점 증가
3) 대수성장기 : 증식속도 최대, 신진대사율 최대
4) 정지기(감소성장기) : 미생물의 양 최대
5) 사멸기(내생성장기, 내생호흡기) : 신진대사율 급격히 감소, 미생물 자산화, 원형질의 양 감소

26 포기조에서 산소를 공급하는 주된 목적은 무엇인가?

① 침전속도를 빠르게 한다.
② 부유물질을 응집시킨다.
③ 미생물의 호기성 활동을 촉진한다.
④ 폐수의 온도를 낮춘다.

해설 ③ 포기조에서 공급되는 산소는 호기성 미생물이 유기물을 분해하는 데 필요한 산소로 이용되어 미생물의 호기성 활동을 촉진한다.

27 생태계의 생물적 요소 중 유기물을 스스로 합성할 수 없으며, 생산자나 소비자의 생체, 사체와 배출물을 에너지원으로 하여 무기물을 생성하고 용존산소를 소비하는 분해자로, 일반적으로 유기물과 영양물질이 풍부한 환경에서 잘 자라며, 물질순환과 자정작용에 중요한 역할을 하는 종으로 가장 적합한 것은?

① 조류
② 호기성 독립영양세균
③ 호기성 종속영양세균
④ 혐기성 종속영양세균

해설 문제에서,
• 에너지원 : 유기물 ⇒ 종속영양 미생물
• 이용산소 : 용존산소(유리산소) ⇒ 호기성 미생물
따라서, 호기성 종속영양세균이다.

28 메탄올(CH_3OH)의 완전산화 시 ThOD/TOC의 비는?

① 1.92   ② 2.67

③ 3.31   ④ 4

해설 $CH_3OH + \dfrac{3}{2}O_2 \rightarrow CO_2 + 2H_2O$

$\dfrac{\text{ThOD}}{\text{TOC}} = \dfrac{\frac{3}{2}O_2}{C} = \dfrac{\frac{3}{2}\times 32}{1\times 12} = 4$

여기서, ThOD : 이론적 산소요구량
         TOC : 총유기탄소량

29 폐수 중의 중금속을 제거하기 위한 가장 효과적인 방법은?

① 응집침전법

② 산화환원법

③ 증발법

④ 여과법

해설 중금속 제거에는 응집침전법(공침법)이 가장 효과적이며, 중금속을 침전시켜 고형물로 제거한다.

30 스토크스 법칙에 따라 침전하는 구형 입자의 침전속도는 입자 직경(d)과 어떤 관계가 있는가?

① $d^{1/2}$에 비례   ② d에 비례

③ d에 반비례   ④ d^2에 비례

해설 Stokes 공식

$V_g = \dfrac{d^2(\rho_s - \rho_w)g}{18\mu}$

여기서, V_g : 입자의 침전속도
         d : 입자의 직경(입경)
         ρ_s : 입자의 밀도
         ρ_w : 물의 밀도
         μ : 물의 점성계수

31 생물학적 처리공법으로 하수 내의 질소를 처리할 때 탈질이 주로 이루어지는 공정은?

① 탈인조   ② 포기조

③ 무산소조   ④ 침전조

해설 반응조의 역할
- **혐기조** : 인 방출, 유기물 흡수(제거)
- **무산소조** : 탈질(질소 제거), 유기물 흡수(제거)
- **호기조** : 인 과잉 흡수, 질산화, 유기물 흡수(제거)

32 폐수 처리에서 활성탄 흡착법은 주로 어떤 오염물질을 제거하는 데 사용되는가?

① 용해성 불포화 유기물

② 중금속

③ 질소

④ 인

해설 활성탄은 용해성 유기물을 흡착하여 제거하는 데 매우 효과적인 재료이다.

The⁺알아보기

흡착 제거대상
불포화 유기물, 소수성 물질, 냄새, 색도 등

33 다음 중 수처리 시 사용되는 응집제의 종류가 아닌 것은?

① PAC

② 소석회

③ 활성탄

④ 황산제1철

해설 ③ 활성탄은 흡착제이다.

The⁺알아보기

응집제의 종류
- 알루미늄염(황산알루미늄)
- 철염(염화제2철, 황산제1철)
- 소석회
- PAC 등

34 부상법의 종류에 해당하지 않는 것은?

① 공기부상법

② 침전부상법

③ 전해부상법

④ 진공부상법

해설 부상법의 종류
- 공기부상법
- 용존공기부상법
- 진공부상법
- 전해부상법
- 미생물학적 부상법

35 지하수의 일반적인 특징으로 잘못된 것은?

① 유속이 느리다.

② 세균에 의한 유기물 분해가 주된 생물작용이다.

③ 연중 수온이 거의 일정하다.

④ 지표수보다 무기물 성분이 적어 알칼리도, 경도, 염분이 낮다.

해설 ④ 지표수보다 무기물 성분이 많아 알칼리도, 경도, 염분이 높다.

The⁺ 알아보기

지하수의 특징
- 수질의 변화가 적다.
- 연중 수온의 변화가 거의 없다.
- 낮은 공기용해도, 환원상태, 지표면 깊은 곳에서는 무산소상태가 될 수 있다.
- 유속과 자정속도가 느리다.
- 세균에 의한 유기물 분해가 주된 생물작용이다.
- 지표수보다 유기물이 적으며, 일반적으로 지표수보다 깨끗하다.
- 지표수보다 무기물 성분이 많아 알칼리도, 경도, 염분이 높다.
- 국지적인 환경조건의 영향을 크게 받으며, 지질 특성에 영향을 받는다.
- 수직분포에 따른 수질 차이가 있다.
- 비교적 깊은 곳의 물일수록 지층과의 보다 오랜 접촉에 의해 용매 효과가 커진다.
- 오염정도의 측정과 예측·감시가 어렵다.

36 하루에 500톤의 생활폐기물이 발생하는 지역에서 80%가 소각 처리되고 나머지가 매립된다면, 매립되는 폐기물의 양은 몇 톤인가?

① 50톤   ② 75톤

③ 100톤   ④ 120톤

해설 80% 소각 처리 후 남은 20%의 폐기물이 매립된다.

∴ 매립 폐기물 양 = 0.2 × 500 = 100t

37 함수율이 20%인 폐기물을 건조시켜 함수율이 2%가 되도록 하려면, 폐기물 1,000kg당 증발시켜야 할 수분의 양은? (단, 폐기물 비중은 1.0이다.)

① 약 125kg   ② 약 156kg

③ 약 184kg   ④ 약 192kg

해설
1) $V_1(1-W_1) = V_2(1-W_2)$

$1{,}000\text{kg}(1-0.20) = V_2(1-0.02)$

$\therefore V_2 = \dfrac{(1-0.20)}{(1-0.02)} \times 1{,}000\text{kg} = 816.326\text{kg}$

2) 쓰레기 1,000kg당 증발시켜야 할 수분의 양(kg)

$V_1 - V_2 = 1{,}000 - 816.326 = 183.67\text{kg}$

여기서, V_1 : 농축 전 폐기물의 양

$\qquad\quad V_2$: 농축 후 폐기물의 양

$\qquad\quad W_1$: 농축 전 폐기물의 함수율

$\qquad\quad W_2$: 농축 후 폐기물의 함수율

38 폐기물 수거노선을 결정할 때 고려사항으로 적절하지 않은 것은?

① 출발점은 차고지와 가깝게 한다.

② 가능한 시계방향으로 수거노선을 정한다.

③ 반복 운행 및 U자형 회전을 피한다.

④ 쓰레기 발생량이 가장 많은 곳을 하루 중 가장 나중에 수거한다.

해설 쓰레기 수거노선 결정 시 고려사항
- 높은 지역(언덕)에서부터 내려가면서 적재한다(안전성, 연료비 절약).
- 시작지점은 차고와 인접하게, 종료지점은 처분지와 인접하도록 한다.
- 가능한 간선도로에서 시작 및 종료한다(지형지물 및 도로경계 등의 같은 장벽 이용).
- 가능한 시계방향으로 수거노선을 정한다.
- 쓰레기가 적게 발생하는 지점은 가능한 같은 날 정기적으로 수거하고, 많이 발생하는 지점은 가장 먼저 수거한다.
- 반복 운행 및 U자형 회전을 피한다.
- 출퇴근시간(많은 교통량)을 피한다.

39 다음 중 매립지 내 가스(LFG ; Landfill Gas)에서 주로 발생되는 성분이 아닌 것은?

① 메테인(CH_4)   ② 질소(N_2)

③ 염소(Cl_2)   ④ 탄산가스(CO_2)

해설 매립가스에는 메테인(CH_4), 이산화탄소(CO_2), 질소(N_2), 수소(H_2), 암모니아(NH_3), 황화수소(H_2S) 등이 있다.

The⁺ 알아보기

- 매립가스 중 악취가스 : 암모니아(NH_3), 황화수소(H_2S)
- 매립가스 중 폭발 위험이 가장 큰 가스 : 메테인(CH_4)
- 매립가스 중 회수하여 에너지원으로 이용하는 가스 : 메테인(CH_4)

35.④ 36.③ 37.③ 38.④ 39.③

40 도시의 쓰레기를 분석한 결과 밀도는 500kg/m^{3}이고, 비가연성 물질의 질량백분율은 30%였다. 이 쓰레기 10m^3 중에 함유된 가연성 물질의 질량(kg)은?

① 1,200
② 1,500
③ 3,500
④ 4,800

해설 가연분의 양=(1−비가연분의 비율)×폐기물의 양

$$=(1-0.3)\times\frac{500\text{kg}}{\text{m}^3}\times10\text{m}^3$$

$$=3,500\text{kg}$$

41 폐기물 처리에서 파쇄(shredding)의 목적으로 가장 거리가 먼 것은?

① 비표면적의 증가
② 조대폐기물에 의한 소각로의 손상 방지
③ 부식효과 억제
④ 고체물질 간의 균일혼합 효과

해설 ③ 파쇄로 입자의 직경이 작아지면 비표면적이 증가해 반응속도가 증가하고, 부식(반응)이 촉진된다.

🌱 **The⁺알아보기**

파쇄의 목적
• 겉보기비중의 증가
• 입경분포의 균일화(저장·압축·소각 용이)
• 용적(부피) 감소
• 운반비 감소, 매립지 수명 연장
• 분리 및 선별 용이, 특정 성분의 분리
• 비표면적의 증가
• 소각, 열분해, 퇴비화 처리 시 처리효율의 향상
• 조대폐기물에 의한 소각로의 손상 방지
• 고체물질 간의 균일혼합 효과
• 매립 후 부등침하 방지

42 다음 중 폐기물 관리에서 '3R'에 포함되지 않는 것은?

① 재사용(Reuse)
② 재활용(Recycle)
③ 감량(Reduce)
④ 제거(Remove)

해설 3R은 감량(Reduce), 재사용(Reuse), 재활용(Recycle)을 의미한다.

43 어느 도시지역의 쓰레기 수거량이 1,852,000t/년이다. 이 쓰레기를 1,200명이 수거한다면 수거능력(MHT)은? (단, 1일 작업시간은 8시간, 1년 작업일수는 300일이다.)

① 1.45
② 1.56
③ 1.89
④ 1.96

해설 MHT = $\dfrac{\text{수거인부(인)}\times\text{수거작업시간(yr)}}{\text{쓰레기 수거량(t)}}$

$$=\frac{1,200\text{인}}{}\left|\frac{8\text{hr}}{1\text{day}}\right|\frac{300\text{day}}{1\text{yr}}\left|\frac{\text{yr}}{1,852,000\text{t}}\right.$$

$$=1.56$$

44 압축비 1.5로 쓰레기를 압축하였다면 압축 전과 압축 후의 체적감소율은 몇 %인가? (단, 압축비는 V_i/V_f이다.)

① 약 20%
② 약 33%
③ 약 40%
④ 약 48%

해설 $VR=1-\dfrac{1}{CR}=1-\dfrac{1}{1.5}=0.3333=33.33\%$

여기서, VR : 부피감소율
　　　　CR : 압축비

45 슬러지를 처리하는 방법 중 탈수의 주목적은 무엇인가?

① 중금속 제거
② 수분 제거
③ 유기물 분해
④ 악취 감소

해설 슬러지 탈수는 슬러지 내 수분을 제거하여 부피를 줄이는 것(감량화)이 주요 목적이다.

🌱 **The⁺알아보기**

슬러지 처리의 주목적
• 탈수, 농축 : 수분 제거(감량화)
• 소화 : 유기물 분해
• 개량 : 탈수성 향상

46 연도가스의 여열을 이용하여 연소용 공기를 예열함으로써 보일러의 효율을 높이는 장치는 무엇인가?

① 과열기(super heater)
② 재열기(reheater)
③ 절탄기(economizer)
④ 공기예열기(air preheater)

해설 열교환기의 종류
- 과열기(super heater) : 보일러에서 발생하는 포화증기에 포함된 수분을 제거하여 과열도가 높은 증기를 얻도록 하는 장치
- 재열기(reheater) : 과열기와 같은 구조로, 과열기 중간 또는 뒤쪽에 설치하는 장치
- 절탄기(economizer) : 연도로 배출되는 배기가스 중의 폐열을 이용하여 보일러의 급수를 예열함으로써 열효율을 높이는 설비
- 공기예열기(air preheater) : 연도가스의 여열을 이용하여 연소용 공기를 예열하여 보일러의 효율을 높이는 장치
- 증기터빈(steam turbine) : 증기가 갖는 열에너지를 회전운동으로 전환시키는 장치

47 하부로부터 가스를 주입하여 모래를 부상시켜 이를 가열하고, 상부에서 폐기물을 주입하여 태우는 형식의 소각로는?

① 고정상 소각로
② 화격자 소각로
③ 유동층 소각로
④ 열분해 용융 소각로

해설 유동층 소각로
하부에서 뜨거운 공기를 주입하여 유동매체(모래)를 유동시켜 가열시키고, 상부에서 폐기물을 주입하여 소각하는 형식

48 다음 중 폐기물의 감량을 위해 가장 많이 사용되는 방법은?

① 매립
② 소각
③ 침출수 처리
④ 열분해

해설 폐기물의 부피와 무게를 줄이는 가장 일반적인 방법은 소각이다.

49 폐기물의 물리화학적 처리방법 중 용매 추출에 사용되는 용매의 선택기준으로 옳지 않은 것은?

① 분배계수가 높아 선택성이 클 것
② 끓는점이 높아 회수성이 높을 것
③ 물에 대한 용해도가 낮을 것
④ 밀도가 물과 다를 것

해설 용매추출법의 용매 선택기준
- 분배계수가 높아 선택성이 클 것
- **끓는점이 낮아 회수성이 높을 것**
- 물에 대한 용해도가 낮을 것
- 밀도가 물과 다를 것
- 무극성일 것

50 폐기물의 조성이 탄소 48%, 산소 32%, 수소 8%, 황 2%, 회분 10%이었다. 이때 고위발열량을 구하면?

① 약 4,030kcal/kg
② 약 4,120kcal/kg
③ 약 4,750kcal/kg
④ 약 5,300kcal/kg

해설 고위발열량(H_h, kcal/kg)

$$= 8,100C + 34,000\left(H - \frac{O}{8}\right) + 2,500S$$

$$= 8,100 \times 0.48 + 34,000\left(0.08 - \frac{0.32}{8}\right) + 2,500 \times 0.02$$

$$= 5,298$$

여기서, C : 탄소 함량
H : 수소 함량
O : 산소 함량
S : 황 함량

51 폐기물의 해안매립 공법 중 밑면이 뚫린 바지선 등으로 쓰레기를 떨어뜨림으로써 바닥 지반의 하중을 균일하게 하고 쓰레기 지반 안정화 및 매립부지 조기이용 등에는 유리하지만 매립효율이 떨어지는 것은?

① 셀 공법
② 박층뿌림 공법
③ 순차투입 공법
④ 내수배제 공법

해설 ① 셀 공법 : 매립된 쓰레기 및 비탈에 복토를 실시하여 셀(cell) 모양으로 셀마다 일일복토를 해나가는 내륙 매립 공법

② 박층뿌림 공법 : 연약지반일 경우, 밑면이 뚫린 바지선에서 폐기물을 얇고 곱게 뿌려주어 바닥 지반의 하중을 균일하게 하는 해안매립 공법

③ 내수배제 공법(수중투기 공법) : 제방 등으로 내수를 배제한 후 폐기물을 투입하는 해안매립 공법

④ 순차투입 공법 : 해안으로부터 순차적으로 폐기물을 투입하는 해안매립 공법

52 슬러지 내의 수분 중 일반적으로 가장 많은 양을 차지하며 고형물질과 직접 결합해 있지 않기 때문에 농축 등의 방법으로 용이하게 분리할 수 있는 수분은?

① 간극수
② 모관결합수
③ 부착수
④ 내부수

해설 **간극수(cavernous water)**
• 슬러지 내에의 고형물을 둘러싸고 있는 수분이다.
• 큰 고형물 입자 간극에 존재한다.
• 고형물질과 직접 결합해 있지 않기 때문에 농축 등의 방법으로 용이하게 분리가 가능하다.
• 슬러지 내 존재하는 물의 형태 중 가장 많은 양을 차지한다.

53 매립지에서의 침출수 발생량에 영향을 미치는 인자와 가장 거리가 먼 것은?

① 강수량
② 유출계수
③ 복토재의 재질
④ 교통량

해설 **침출수 발생량의 영향인자**
• 강수량, 강우침투량
• 증발산량
• 유출량, 유출계수
• 폐기물의 매립정도
• 복토재의 재질
• 폐기물 내 수분 또는 폐기물 분해에 따른 수분

54 다음은 파쇄기의 특성에 관한 설명이다. ( ) 안에 가장 적합한 것은?

> ( )는 기계의 압착력을 이용하여 파쇄하는 장치로서, 나무나 플라스틱류, 콘크리트 덩이, 건축폐기물의 파쇄에 이용되며, Rotary Mill식, Impact crusher 등이 있다. 이 파쇄기는 마모가 적고 비용이 적게 소요되는 장점이 있으나, 금속, 고무, 연질 플라스틱류의 파쇄는 어렵다.

① 전단파쇄기
② 압축파쇄기
③ 충격파쇄기
④ 컨테이너파쇄기

해설 **파쇄기의 종류**
• 전단파쇄기 : 고정날과 가동날의 교차에 의해 폐기물을 파쇄하는 장치
• 충격파쇄기 : 해머의 회전운동으로 발생하는 충격력으로 폐기물을 파쇄하는 장치
• 압축파쇄기 : 기계의 압착력을 이용하여 파쇄하는 장치

55 유해 폐기물의 국가 간 불법적인 교역을 통제하기 위한 국제협약은?

① 교토의정서
② 바젤협약
③ 리우협약
④ 몬트리올의정서

해설 ② 바젤협약 : 유해 폐기물의 국가 간 불법적인 교역을 통제하기 위한 국제협약

The⁺알아보기
• 지구온난화 관련 협약 : 리우회의, 교토의정서
• 오존층 파괴 관련 협약 : 비엔나협약, 몬트리올의정서
• 산성비 관련 협약 : 헬싱키의정서(SOx 저감), 소피아의정서(NOx 저감)

56 소음의 크기를 나타내는 단위는 무엇인가?

① Hz
② dB
③ m/s
④ Pa

해설 ① Hz : 진동수 단위
③ m/s : 속도 단위
④ Pa : 압력 및 음압 단위

57 사람이 감지할 수 있는 가청주파수 범위는 대략 얼마인가?

① 10Hz ~ 20kHz

② 100Hz ~ 15kHz

③ 20Hz ~ 20kHz

④ 50Hz ~ 10kHz

해설 사람의 가청주파수 범위는 20~20,000Hz(20Hz~20kHz)이다.

58 소리의 3요소가 아닌 것은?

① 음의 고저(높이)

② 음의 세기

③ 음색

④ 음의 속도

해설 소리의 3요소
- 음의 크기(강약) : 음의 압력, 음의 세기 등 dB 값으로 나타냄
- 음의 고저(높이) : 주파수(Hz)가 클수록 고음임
- 음색 : 피아노나 바이올린 소리처럼 음이 서로 다르게 느껴지는 요소

59 점음원에서 10m 떨어진 지점의 음압레벨이 80dB 이다. 이 음원으로부터 20m 떨어진 지점의 음압 레벨은?

① 40dB

② 64dB

③ 74dB

④ 78dB

해설 역2승법칙에 따라, 음원으로부터 거리가 2배 증가할 때 점음원은 6dB 감소한다.
∴ 음원으로부터 20m 떨어진 곳(10m의 2배)의 음압레벨
＝80－6＝74dB

🌱 **The⁺알아보기**

역2승법칙
음원으로부터 거리가 2배 증가할 때의 음압레벨
- 점음원일 경우 : 6dB 감소
- 선음원일 경우 : 3dB 감소

60 다음 중 소음의 종류로 옳지 않은 것은?

① 고정소음

② 배경소음

③ 직선소음

④ 변동소음

해설 소음의 구분
- 배경소음 : 한 장소에 있어서 특정 음을 대상으로 생각할 경우, 대상소음이 없을 때 그 장소의 소음을 대상소음에 대한 배경소음이라 한다.
- 대상소음 : 배경소음 외에 측정하고자 하는 특정 소음
- 정상소음 : 시간적으로 변동하지 아니하거나 변동 폭이 작은 소음
- 변동소음 : 시간에 따라 소음도 변화 폭이 큰 소음

2024년 통합 환경기능사 필기 복원문제

01 대기 중 오염물질을 제거하는 자연정화작용에 해당하지 않는 것은?

① 확산
② 침강
③ 식물의 광합성
④ 응결

> **해설** 대기 중 오염물질의 자연정화는 주로 확산, 침강, 응결 등의 물리적 작용을 통해 이루어진다.

02 다음 중 대기오염의 주요 원인으로 인식되는 도시 열섬현상의 발생원인은?

① 높은 고도
② 식물의 증가
③ 인공 열원
④ 바다 근처 위치

> **해설** 도시 열섬현상은 주변 교외(전원)지역보다 도시의 온도가 더 높아지는 현상으로, 도시에서 발생하는 인공 열원이 주요 원인이다.

03 $10m^3/min$의 공기를 2시간 동안 배출하는 공장에서 총 배출되는 공기의 양은 몇 m^3인가?

① 100
② 200
③ 1,200
④ 1,500

> **해설** 공기량 $= \dfrac{10m^3}{min} \times 2hr \times \dfrac{60min}{1hr} = 1,200m^3$

04 탄소 24kg을 완전연소시키는 데 필요한 이론산소량(kg)은?

① 11.2
② 22.4
③ 32
④ 64

> **해설** $C + O_2 \rightarrow CO_2$
> $12kg : 32kg$
> $24kg : x(kg)$
> $\therefore x = \dfrac{32kg}{12kg} \times 24kg = 64kg$

05 다음 중 대기오염 방지시설로서 전기집진기를 사용했을 때의 장점은?

① 설치비용이 저렴하다.
② 고온의 가스를 처리할 수 있다.
③ 집진효율이 낮다.
④ 운전조건 변동에 유연하다.

> **해설** 전기 집진장치의 장단점
>
> | 구 분 | 장단점 |
> |---|---|
> | 장점 | • **미세입자 집진효율이 높음**
• 압력손실이 낮아 소요동력이 작음
• 대량의 가스 처리 가능
• 연속운전 가능
• 운전비가 적음
• 온도범위가 넓음
• 배출가스의 온도강하가 적음
• **고온가스 처리 가능(약 500℃ 전후)** |
> | 단점 | • **초기설치비용이 큼**
• 가스상 물질 제어 안 됨
• **운전조건 변동에 적응성이 낮음(전압 변동과 같은 조건 변동에 적용이 어려움)**
• 넓은 설치면적이 필요
• 비저항이 큰 분진 제거 곤란
• 분진 부하가 대단히 높으면 전처리시설이 요구됨
• 근무자의 안전성에 유의해야 함 |

06 황산화물(SOx)은 주로 석탄의 연소, 석유의 연소, 원유의 정제를 위한 정유공정 등에서 발생하는데, 이러한 배출가스 중의 탈황방법으로 적절하지 않은 것은?

① 흡착법
② 흡수법
③ 산화법
④ 접촉 수소화 탈황법

> **해설** ④ 접촉 수소화 탈황법은 중유탈황법(연료 중 탈황)이다.
>
> **The⁺알아보기**
>
> 황산화물의 방지기술
>
> | 분류 | 정의 | 공법 종류 |
> |---|---|---|
> | 전처리
(중유탈황) | **연료 중
탈황** | • **접촉 수소화 탈황**
• 금속산화물에 의한 흡착 탈황
• 미생물에 의한 생화학적 탈황
• 방사선 화학에 의한 탈황 |
> | 후처리
(배연탈황) | 배기가스 중
SOx 제거 | • 흡수법
• 흡착법
• 산화법(접촉산화법, 금속산화법)
• 전자선 조사법 |

07 흡수법을 사용하여 오염물질을 처리하고자 할 때 흡수액의 구비조건으로 옳지 않은 것은?

① 휘발성이 적을 것
② 화학적으로 불안정할 것
③ 점성이 작을 것
④ 용해도가 클 것

해설 좋은 흡수액(세정액)의 조건
• 용해도가 커야 한다.
• 화학적으로 안정해야 한다.
• 독성, 부식성이 없어야 한다.
• 휘발성이 작아야 한다.
• 점성이 작아야 한다.
• 어는점이 낮아야 한다.
• 가격이 저렴해야 한다.
• 용매의 화학적 성질과 비슷해야 한다.

08 대기의 상층은 안정되어 있고 하층은 불안정하여, 굴뚝에서 발생한 오염물질이 아래로 지표면까지 확산되어 오염을 발생시킬 수 있는 연기의 형태는?

① Fanning형
② Coning형
③ Fumigation형
④ Trapping형

해설 훈증형(fumigation) 연기의 특징
• 대기상태가 상층은 안정, 하층은 불안정할 때 발생한다.
• 지표면 역전이 해소될 때(새벽~아침) 단시간 발생한다.
• 하늘이 맑고 바람이 약한 날 아침에 잘 발생한다.
• 최대착지농도(C_{max})가 가장 크다.
• 대표적인 사례 : 런던형 스모그

09 원심력 집진장치에서 한계(또는 분리)입경이란 무엇을 말하는가?

① 50% 처리효율로 제거되는 입자 입경
② 100% 분리·포집되는 입자의 최소입경
③ 블로다운 효과에 적용되는 최소입경
④ 분리계수가 적용되는 입자 입경

해설 • 임계입경(한계입경) : 100% 집진(제거) 가능한 먼지의 최소입경, 집진효율이 100%일 때의 입경
• 절단입경 : 50% 집진(제거) 가능한 먼지의 입경, 집진효율이 50%일 때의 입경

10 연소조절에 의한 NOx 발생의 억제방법으로 옳지 않은 것은?

① 2단 연소를 실시한다.
② 과잉 공기량을 삭감시켜 운전한다.
③ 배기가스를 재순환시킨다.
④ 부분적인 고온 영역을 만들어 연소효율을 높인다.

해설 ④ NOx는 고온·고산소 상태에서 많이 발생하므로, 저온·저산소 연소를 해야 NOx 발생이 줄어든다.

The⁺알아보기

연소조절에 의한 NOx 저감방법
• 저온 연소
• 저산소 연소
• 저질소 성분연료 우선 연소
• 2단 연소
• 최고화염온도를 낮추는 방법
• 배기가스 재순환
• 버너 및 연소실의 구조 개선
• 수증기 및 물 분사

11 수소가 10%, 수분이 2%인 중유의 고위발열량이 10,000kcal/kg일 때 저위발열량(kcal/kg)은?

① 9,340
② 9,450
③ 9,620
④ 9,720

해설
$$H_l(\text{kcal/kg}) = H_h - 600(9H + W)$$
$$= 10,000 - 600(9 \times 0.1 + 0.02)$$
$$= 9,448\text{kcal/kg}$$

여기서, H_l : 저위발열량(kcal/kg)
H_h : 고위발열량(kcal/kg)
H : 수소의 함량
W : 수분의 함량

12 다음 중 미세먼지 저감대책으로 옳지 않은 것은?

① 산업시설에서 배출가스 저감장치를 설치한다.
② 도로 청소를 자주 한다.
③ 화력발전소의 운영을 늘린다.
④ 대중교통 이용을 장려한다.

해설 ③ 화력발전소는 미세먼지의 주요 발생원 중 하나로, 저감을 위해서는 운영을 줄이는 것이 필요하다.

13 연소과정에서 주로 발생하는 질소산화물의 형태는?

① NO
② NO_2
③ NO_3
④ N_2O

해설 연소과정에서 발생하는 질소산화물(NOx)의 종류
- NO(90%)
- NO_2(10%)

14 자동차가 공회전할 때 많이 배출되며 혈액에 흡수되면 헤모글로빈과의 결합력이 산소의 약 210배 정도로 강하고, 이에 따라 중추신경계의 장애를 초래하는 가스는?

① Ozone
② SOx
③ CO
④ HC

해설 일산화탄소(CO)의 성질
- 분자량 28, 무색무취의 기체이다.
- 물에 잘 녹지 않는다(난용성).
- 금속산화물을 환원시킨다(환원제).
- 체류시간은 1~3개월이다.
- 연탄가스 중독을 일으킨다.
- 연료 중 탄소의 불완전연소 시에 발생한다.
- 헤모글로빈과의 결합력이 산소의 약 210배이다.

15 역사적인 대기오염사건 중 보팔(Bopal) 사건은 주로 어떤 오염물질에 의한 피해였는가?

① SO_2
② H_2S
③ O_3
④ MIC

해설 주요 대기오염사건의 원인 오염물질
- 포자리카 : 황화수소(H_2S)
- 보팔 : 메틸아이소시아네이트(MIC)
- 세베소 : 다이옥신
- LA 스모그 : 자동차 배기가스의 NOx
- 체르노빌, TMI : 방사능 물질
- 나머지 사건 : 화석연료 연소에 의한 SO_2, 매연, 먼지 등

16 탈질(denitrification) 과정을 거쳐 질소성분이 최종적으로 변환된 질소의 형태는?

① NO_2-N
② NO_3-N
③ NH_3-N
④ N_2

해설
- 탈질화 : 질산성 질소나 아질산성 질소가 탈질세균에 의해 환원하여 질소가스 등으로 환원되는 과정
- 탈질화 과정 : $NO_3^--N \rightarrow NO_2^--N \rightarrow N_2$

The⁺알아보기

질산화 과정
$NH_4^+-N \rightarrow NO_2^--N \rightarrow NO_3^--N$

17 침사지에서 지름이 0.1mm, 비중이 2.0인 입자가 20℃의 물속에서 침전하는 속도(cm/sec)는? (단, Stokes 법칙에 따르며, 물의 밀도는 1g/cm³, 물의 점성계수는 0.01g/cm·sec이다.)

① 0.272
② 0.544
③ 9.8
④ 54.44

해설
1) $d(cm) = \dfrac{0.1mm}{} \dfrac{1cm}{10mm} = 10^{-2}cm$

2) 침전속도(Stokes 공식)
$$V_g = \frac{d^2(\rho_p - \rho_w)g}{18\mu}$$
$$= \frac{(10^{-2}cm)^2 \times (2-1)g/cm^3 \times 980cm/sec^2}{18 \times 0.01g/cm \cdot sec}$$
$$= 0.5444cm/sec$$

여기서, V_g : 입자의 침전속도(cm/sec)
d : 입자의 직경(cm)
ρ_p : 입자의 밀도(g/cm³)
ρ_w : 물의 밀도(g/cm³)
g : 중력가속도(=980cm/sec²)
μ : 물의 점성계수(g/cm·sec)

단위 1cm=10mm

18 혐기성 소화탱크에서 유기물 90%, 무기물 10%인 슬러지를 소화 처리하여 소화슬러지의 유기물이 75%, 무기물이 25%가 되었다. 이때 소화효율은?

① 40%
② 50%
③ 67%
④ 75%

해설 소화율 $= \left(1 - \dfrac{VS_2/FS_2}{VS_1/FS_1}\right) \times 100$
$= \left(1 - \dfrac{75/25}{90/10}\right) \times 100 = 67\%$

여기서, FS_1 : 투입슬러지의 무기성분(%)
VS_1 : 투입슬러지의 유기성분(%)
FS_2 : 소화슬러지의 무기성분(%)
VS_2 : 소화슬러지의 유기성분(%)

19 BOD가 300mg/L, 유량이 4,000m³/day인 폐수를 MLSS 3,000mg/L인 포기조에서 체류시간을 6시간으로 운전하고자 한다. 이때 F/M 비(BOD-MLSS 부하)는?

① 0.2kg BOD/kg MLSS · day
② 0.4kg BOD/kg MLSS · day
③ 0.6kg BOD/kg MLSS · day
④ 0.8kg BOD/kg MLSS · day

해설 1) $V = Q \cdot t$

$$= \frac{4,000m^3}{day} \cdot \frac{6hr}{} \cdot \frac{1day}{24hr}$$

$$= 1,000m^3$$

2) F/M $= \frac{BOD \cdot Q}{VX}$

$$= \frac{300mg/L}{} \cdot \frac{4,000m^3}{day} \cdot \frac{}{1,000m^3} \cdot \frac{}{3,000mg/L}$$

$$= 0.4kg\ BOD/kg\ MLSS \cdot day$$

여기서, V : 포기조 부피(m³)
Q : 유입유량(m³/day)
t : 체류시간
F/M : kg BOD/kg MLSS · day
BOD : BOD 농도(mg/L)
X : MLSS 농도(mg/L)

20 폐수처리에서 사용되는 스크린의 주요 역할은 무엇인가?

① 폐수로부터 용해성 유기물을 제거
② 폐수로부터 콜로이드 물질을 제거
③ 폐수로부터 협잡물 또는 큰 부유물을 제거
④ 폐수로부터 침강성 입자를 제거

해설 **물리적 예비처리시설**
• 스크린 : 부유 협잡물이 처리시설에 유입하는 것을 방지하는 시설
• 침사지 : 무기성 부유 물질이나 자갈, 모래, 뼈 등 토사류(grit)를 제거하여 기계장치 및 배관의 손상이나 막힘을 방지하는 시설

21 활성슬러지 공법에서 슬러지 반송의 주된 목적은 무엇인가?

① MLSS 조절   ② DO 공급
③ pH 조절   ④ 소독 및 살균

해설 슬러지 반송을 하는 이유는 반응조 내의 미생물(MLSS)의 양을 일정하게 유지(MLSS 조절)하기 위해서이다.

22 물속에 녹아 있는 유기물을 화학적으로 산화시킬 때 소비되는 산화제의 양을 산소의 양으로 환산하여 mg/L로 나타낸 값은?

① DO   ② SS
③ COD   ④ BOD

해설 ① DO : 용존산소(물속에 녹아 있는 분자상태 산소의 농도)
② SS : 부유물질
④ BOD : 생물화학적 산소요구량(20℃에서 호기성 미생물이 5일 동안 유기물을 분해하는 데 소비한 산소량)

23 폐수처리 시 염소 소독을 실시하는 목적으로 적절하지 않은 것은?

① 살균   ② 냄새 제거
③ BOD 제거   ④ 중금속 제거

해설 **염소 처리의 목적**
• 살균(세균 제거)
• 철, 망가니즈 제거
• 맛, 냄새 및 탁도 제거
• 부유물질(SS) 및 유기물 제거 등

24 하수 고도처리 공법 중 인(P) 성분만을 주로 제거하기 위하여 고안된 공법은?

① Bardenpho 공법   ② Phostrip 공법
③ A₂/O 공법   ④ UCT 공법

해설 **Phostrip 공법(side stream, 반송슬러지 탈인 제거법)**
반송슬러지의 일부를 혐기성 상태의 탈인조로 유입시켜 혐기성 상태에서 인을 방출 및 분리한 후 상징액으로부터 과량 함유된 인을 화학 침전 · 제거시키는 side stream 공법

25 폐수를 응집 처리할 때 영향을 주는 인자와 가장 거리가 먼 것은?

① 수온
② pH
③ DO
④ Colloid의 종류와 농도

해설 **응집의 영향인자**
• 수온
• pH
• 알칼리도
• 콜로이드의 종류와 농도
• 교반조건
• 용존물질의 성분

26 활성탄을 이용하여 흡착법으로 A폐수를 처리하고자 한다. 폐수 내 오염물질의 농도를 50mg/L에서 5mg/L로 줄이는 데 필요한 활성탄의 양은? (단, $X/M = KC^{1/n}$ 사용, $K=0.5$, $n=1$)

① 3mg/L
② 12mg/L
③ 18mg/L
④ 20mg/L

해설

$$\frac{X}{M} = KC^{\frac{1}{n}} \cdots \langle \text{Freundlich 등온흡착식} \rangle$$

$$\frac{(50-5)}{M} = 0.5 \times 5^{\frac{1}{1}}$$

$$\therefore M = \frac{(50-5)}{0.5 \times 5^{\frac{1}{1}}} = 18\text{mg/L}$$

여기서, X : 흡착된 오염물질의 농도
M : 주입된 흡착제(활성탄)의 농도
C : 흡착되고 남은 오염물질의 농도
K, n : 경험상수

27 다음 중 호기성 소화와 비교하여 혐기성 소화공정의 장점으로 옳지 않은 것은?

① 슬러지 부피 감소가 크고 슬러지 생산량이 적다.
② 메테인가스 회수가 가능하다.
③ 동력비가 적다.
④ 악취가 거의 발생하지 않는다.

해설 ④ 혐기성 소화는 악취가 많이 발생한다.

The⁺알아보기

혐기성 소화와 호기성 소화의 비교

항목	혐기성 소화	호기성 소화
소화기간	긺	짧음
규모	큼	작음
설치면적	작음	큼
건설비(설치비)	큼	작음
탈수성	좋음	나쁨
슬러지 생산량	적음	많음
비료가치	낮음	높음
운전(운영)	어려움	쉬움
포기장치	필요 없음	필요함
운영비(동력비)	작음	큼
처리효율	낮음	높음
상등수(수징수) 수질(BOD 농도)	나쁨 (높음)	좋음 (낮음)
악취	많이 발생	적게 발생
가온장치	필요함	필요 없음
가치 있는 부산물	메테인 회수 가능	–

28 활성슬러지법은 여러 가지 변법이 개발되어 왔으며, 각 방법은 특별한 운전이나 제거효율을 달성하기 위하여 발전되었다. 다음 중 활성슬러지법의 변법으로 볼 수 없는 것은?

① 계단식 포기법
② 접촉안정법
③ 장시간 포기법
④ 살수여상법

해설 ④ 살수여상법은 부착생물법이다.

The⁺알아보기

생물학적 처리방법의 분류

구분		처리방법
호기성 처리법	부유 생물법	• 활성슬러지법 • 활성슬러지의 변법 : 계단식 포기법, 점강식 포기법, 산화구법, 장기포기법, 심층포기법, 순산소 활성슬러지법, 접촉안정법 등
	부착 생물법 (생물막법)	• 살수여상법 • 회전원판법 • 호기성 여상법 • 호기성 산화법
	혐기성 처리법	• 혐기성 소화법 • 혐기성 접촉법 • 혐기성 여상법 • 상향류 혐기성 슬러지상 (UASB) • 혐기성 유동상 • 임호프 • 부패조
산화지법		–

29 용존산소가 충분한 조건의 수중에서 미생물에 의한 단백질의 분해순서를 올바르게 나타낸 것은?

① $NO_3^- \rightarrow NO_2^- \rightarrow NH_4^+ \rightarrow$ Amino acid
② $NH_4^+ \rightarrow NO_2^- \rightarrow NO_3^- \rightarrow$ Amino acid
③ Amino acid $\rightarrow NO_3^- \rightarrow NO_2^- \rightarrow NH_4^+$
④ Amino acid $\rightarrow NH_4^+ \rightarrow NO_2^- \rightarrow NO_3^-$

해설 호기성 상태에서 단백질의 분해순서

단백질 $\xrightarrow[\text{분해}]{\text{가수}}$ 아미노산 $\rightarrow NH_3$-N $\rightarrow NO_2^-$-N $\rightarrow NO_3^-$-N
(amino acid)

30 다음 중 점오염원(point source)이 아닌 것은?

① 가정하수
② 공장폐수
③ 공단폐수
④ 농경지 유출수

해설 점오염원과 비점오염원의 발생원
- 점오염원 : 가정하수, 공장폐수, 축산폐수, 분뇨처리장, 가두리양식장, 세차장 등
- 비점오염원 : 임야, 강우 유출수, **농경지 배수**, 지하수, 농지, 골프장, 거리 청소수, 도로, 광산, 벌목장 등

31 질소, 인 등이 강이나 호수에 지나치게 유입될 때 발생할 수 있는 현상은?

① 빈영양화
② 저영양화
③ 산영양화
④ 부영양화

해설 질소(N)와 인(P) 등 영양염류가 수계에 과다 유입되는 현상을 부영양화라고 하며, 부영양화가 담수에서 발생하면 녹조, 해수에서 발생하면 적조 현상이다.

32 표준활성슬러지법으로 폐수를 처리하는 경우 F/M 비(kg BOD/kg SS·day)의 운전범위로 가장 적합한 것은?

① 0.02~0.04
② 0.2~0.4
③ 2~4
④ 4~8

해설 표준활성슬러지 공법의 설계인자
- HRT : 6~8시간
- SRT : 3~6일
- F/M : 0.2~0.4kg/kg·day
- MLSS : 1,500~2,500mg/L
- SVI : 50~150(200 이상이면 벌킹)
- BOD 용적부하 : 0.4~0.8
- DO : 2mg/L 이상
- pH : 6~8

33 염소를 이용하여 살균할 때 주입된 염소와 남아있는 염소와의 차이를 무엇이라 하는가?

① 클로라민
② 유리염소
③ 잔류염소
④ 염소요구량

해설 염소주입량＝염소요구량＋잔류염소량
- 염소요구량 : 소독 이외의 목적으로 소비되는 염소량
- 잔류염소량 : 염소 주입 시 물속의 오염물을 산화시키고 처리수에 남아있는 염소의 양

34 입자의 침전속도 0.2m/day, 유입유량 100m³/day, 침전지 표면적 200m², 깊이 2m인 침전지에서의 침전효율은?

① 20%
② 40%
③ 50%
④ 80%

해설
$$\eta = \frac{V_g}{Q/A}$$
$$= \frac{V_g \cdot A}{Q}$$
$$= \frac{0.2m}{day} \left| \frac{day}{100m^3} \right| \frac{200m^2}{}$$
$$= 0.4 = 40\%$$

여기서, η : 침전효율
V_g : 입자의 침전속도
Q/A : 표면적 부하

35 활성슬러지공법으로 폐수처리 시 포기량 결정에 가장 관계가 깊은 인자는?

① pH
② SS
③ BOD
④ N, P

해설 폐수처리 시 공기(산소) 포기량은 처리할 유기물의 양에 따라 결정되므로, BOD가 클수록 더 많은 산소가 필요하고, 이에 따라 포기량도 증가한다.

36 다음 중 폐기물 중간처리방법이 아닌 것은?

① 소각
② 파쇄
③ 매립
④ 퇴비화

해설 매립은 폐기물의 최종처리방법이고, 소각, 파쇄, 퇴비화는 중간처리방법에 해당한다.

37 소각로에서 1,000kg의 폐기물을 소각할 때 고위 발열량이 3,000kcal/kg이라면 총발열량은 몇 kcal인가?

① 1,500,000kcal
② 2,000,000kcal
③ 2,500,000kcal
④ 3,000,000kcal

해설
$$\frac{1,000kg}{} \left| \frac{3,000kcal}{kg} \right. = 3,000,000kcal$$

38 다음 중 폐기물 소각로에서 발생하는 대기오염 물질이 아닌 것은?

① 이산화탄소 　　 ② 다이옥신
③ 질소산화물 　　 ④ 오존

해설 폐기물 소각 시 오존은 직접적으로 발생하지 않으며, 주로 발생하는 물질은 다이옥신, 이산화탄소, 질소산화물이다.

39 폐기물 처리에서 에너지 회수방법으로 거리가 먼 것은?

① 슬러지 개량 　　 ② 혐기성 소화
③ 소각열 회수 　　 ④ RDF 제조

해설 에너지 회수방법
• 열분해
• 소각폐열 회수
• 혐기성 소화, 발효
• RDF 제조
• 퇴비화

40 일정 기간 동안 특정 지역의 쓰레기 수거차량 대수를 조사하여 이 값에 쓰레기의 밀도를 곱하고 중량으로 환산하여 쓰레기 발생량을 산출하는 방법은?

① 적재차량 계수분석법
② 직접계근법
③ 물질수지법
④ 경향법

해설 쓰레기 발생량 조사방법

조사방법		내 용
적재차량 계수분석법		일정 기간 동안 특정 지역의 쓰레기 수거차량 대수를 조사하고, 이 값에 밀도를 곱하여 중량으로 환산하는 방법
직접계근법		일정 기간 동안 특정 지역의 쓰레기 수거·운반 차량 무게를 직접 계근하는 방법
물질수지법		시스템으로 유입되는 모든 물질과 유출되는 모든 물질들 간의 물질수지를 세움으로써 발생량을 추정하는 방법으로, 주로 산업폐기물의 발생량을 추산할 때 이용
통계 조사	표본조사 (샘플링검사)	전체 측정지역 중 일부를 표본으로 하여 쓰레기 발생량을 조사하는 방법
	전수조사	측정지역 전체의 쓰레기 발생량을 모두 조사하는 방법

41 매립가스 중 축적되면 폭발의 위험이 있어 누출 시 가장 주의해야 하는 물질은?

① 메테인
② 산소
③ 황화수소
④ 이산화탄소

해설 매립가스 중 폭발 위험이 가장 큰 가스는 메테인(CH_4)이다.

🌱 **The⁺알아보기**
• 매립가스 중 악취 가스 : 암모니아(NH_3), 황화수소 (H_2S)
• 매립가스 중 회수하여 에너지원으로 이용하는 가스 : 메테인(CH_4)

42 소각로에서 발생하는 대기오염물질 중 제거하기 어려운 물질은 무엇인가?

① 일산화탄소
② 다이옥신
③ 이산화탄소
④ 수증기

해설 다이옥신은 소각 시 250~300℃의 고온에서 가장 많이 발생하며 발암을 일으키는 매우 유해한 물질로, 제거하기가 매우 어렵고 850℃ 이상의 고온에서 분해하거나 활성탄 흡착 등으로 제거한다.

43 한 소각로에서 폐기물의 소각률이 85%일 때, 600톤의 폐기물을 처리하면 남는 소각 잔재물의 양은 몇 톤인가?

① 60톤 　　 ② 90톤
③ 100톤 　　 ④ 120톤

해설 소각 잔재물의 양 $= (1-0.85) \times 600$
$$= 90t$$

44 가로 2m, 세로 3m, 높이 12m의 연소실에서 저위발열량이 12,000kcal/kg인 중유를 1시간에 20kg씩 연소시킨다면, 연소실의 열발생률은?

① $2,888 \text{kcal/m}^3 \cdot \text{hr}$
② $3,333 \text{kcal/m}^3 \cdot \text{hr}$
③ $4,167 \text{kcal/m}^3 \cdot \text{hr}$
④ $5,644 \text{kcal/m}^3 \cdot \text{hr}$

해설

$$Q_v = \frac{G_f H_l}{V}$$

$$= \frac{20kg}{hr} \left| \frac{12,000kcal}{kg} \right| \frac{1}{2m \times 3m \times 12m}$$

$$= 3333.33 kcal/m^3 \cdot hr$$

여기서, Q_v : 연소실 열발생률(kcal/m³ · hr)

G_f : 폐기물 소비량(kg/hr)

H_l : 저위발열량(kcal/kg)

V : 연소실 체적(m³)

45 도시 폐기물의 개략분석(proximate analysis) 시 4가지 구성 성분에 해당하지 않는 것은?

① 다이옥신(dioxin)

② 휘발성 고형물(volatile solids)

③ 고정탄소(fixed carbon)

④ 회분(ash)

해설 폐기물 개략분석 시 4성분

수분, 고정탄소, 휘발분, 불연분(회분)

46 다음 중 폐기물고체연료(RDF)의 구비조건으로 틀린 것은?

① 함수율이 높을 것

② 열량이 높을 것

③ 대기오염이 적을 것

④ 성분배합률이 균일할 것

해설 RDF의 구비조건

• 발열량이 높을 것
• 함수율(수분량)이 낮을 것
• 가연분이 많을 것
• 비가연분(재)이 적을 것
• 대기오염이 적을 것
• 염소나 다이옥신, 황 성분이 적을 것
• 조성이 균일할 것
• 저장 및 이송이 용이할 것
• 기존 고체연료 사용시설에서 사용이 가능할 것

47 다음 폐기물 선별방법 중 특징적으로 자장이나 전기장을 이용하는 것은?

① 중력 선별
② 관성 선별
③ 스크린 선별
④ 와전류 선별

해설 와전류 선별의 원리

연속적으로 변화하는 자장 속에 비극성(비자성)이고 전기전도도가 우수한 물질(구리, 알루미늄, 아연 등)을 넣으면 금속 내에 소용돌이전류(와전류)가 발생하는데, 이때 생기는 반발력으로 선별하는 방법이다.

48 화상 위에서 쓰레기를 태우는 방식으로 플라스틱처럼 열에 열화 · 용해되는 물질의 소각과 슬러지, 입자상 물질의 소각에 적합하지만 체류시간이 길고 국부적으로 가열될 염려가 있는 소각로는?

① 고정상
② 화격자
③ 회전로
④ 다단로

해설 고정상 소각로

소각로 내 화상 위에서 소각물을 태우는 방식

장 점	단 점
• 열에 열화 · 용해되는 소각물(플라스틱), 입자상 물질 소각에 적합 • 화격자에 적재가 불가능한 슬러지, 입자상 물질의 폐기물 소각 가능	• 체류시간이 긺 • 교반력이 약해 국부가열 발생 가능 • 연소효율이 나쁨 • 잔사 용량이 많이 발생 • 초기 가온 시 또는 저열량 폐기물에는 보조연료 필요

49 혐기성 소화조 운영 중 소화가스 발생량의 저하 원인으로 가장 거리가 먼 것은?

① 유기물의 과부하

② 소화조 내 온도 저하

③ 소화조 내의 pH 상승(8.5 이상)

④ 과다한 유기산 생성

해설 ① 유기물이 많이 유입하면, 소화가 늘어나 소화가스 발생량이 증가한다.

50 폐기물 분석을 위한 시료의 축소방법에 해당하지 않는 것은?

① 구획법
② 원추4분법
③ 교호삽법
④ 면체4분할법

해설 시료의 분할채취방법(폐기물 공정시험기준)

• 구획법
• 교호삽법
• 원추4분법

51 폐기물 시료 100kg을 달아 건조시킨 후의 시료 중량을 측정하였더니 35kg이었다. 이 폐기물의 수분 함량(%, W/W)은?

① 45% ② 55%
③ 65% ④ 85%

해설
1) 수분 무게
＝(초기 폐기물의 무게)－(건조 후 폐기물의 무게)
＝100－35＝65kg
2) 수분 함량(%)
$$=\frac{수분의\ 무게}{초기\ 폐기물의\ 무게}$$
$$=\frac{65}{100}=0.65=65\%$$

52 침출수를 혐기성 여상으로 처리하고자 한다. 유입유량이 1,000m³/day, BOD가 400mg/L, 처리효율이 95%라면, 이때 혐기성 여상에서 발생되는 메테인가스의 양은? (단, 1.5m³ 가스/BODkg, 가스 중 메테인 함량은 60%이다.)

① 342m³/day ② 405m³/day
③ 545m³/day ④ 650m³/day

해설 단위환산으로 풀이한다.
발생하는 메테인가스 양

$\frac{1,000m^3}{day}$	$\frac{400mg\ BOD}{L}$	0.95	$\frac{1,000L}{1m^3}$	$\frac{1kg}{10^6mg}$	$\frac{1.5m^3\ 가스}{kg\ BOD}$	$\frac{60\ 메테인}{100\ 가스}$

＝342m³/day

53 혐기성 소화방법으로 쓰레기를 처분하려고 한다. 연료로 쓰일 수 있는 가스를 많이 얻으려면 다음 중 어떤 성분이 특히 많아야 유리한가?

① 질소 ② 탄소
③ 산소 ④ 인

해설 매립가스 중 연료로 이용하는 가스는 메테인(CH₄)이다. 메테인의 구성 성분은 탄소(C)와 수소(H)이므로, 탄소와 수소가 많을수록 메테인을 더 많이 얻을 수 있다.

54 매립시설에서 복토의 목적이 아닌 것은?

① 빗물 배제
② 화재 방지
③ 식물의 성장 방지
④ 폐기물의 비산 방지

해설 복토의 목적(기능)
• 빗물 배제
• 화재 방지
• 유해가스 이동성 감소
• 폐기물 비산 방지
• 악취발생 방지
• 병원균 매개체(파리, 모기, 쥐 등) 서식 방지
• 매립지 부등침하 최소화
• 토양미생물의 접종
• 강우에 의한 우수침투량 감소 및 방지(침출수 감소)
• **식물성장 촉진**(매립 완료 후 식물성장에 필요한 토양 제공)
• 미관상의 문제

55 아래 그림과 같은 내륙매립 공법은?

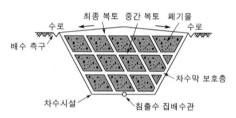

① 셀 공법 ② 샌드위치 공법
③ 순차투입 공법 ④ 박층뿌림 공법

해설 ① 셀 공법 : 매립된 쓰레기 및 비탈에 복토를 실시하여 셀(cell) 모양으로 셀마다 일일복토를 해나가는 내륙매립 공법
② 샌드위치 공법 : 쓰레기를 수평으로 고르게 깔아 압축하고 쓰레기층과 복토층을 교대로 쌓는 내륙매립 공법
③ 순차투입 공법 : 해안으로부터 순차적으로 폐기물을 투입하는 해안매립 공법
④ 박층뿌림 공법 : 연약지반일 경우, 밑면이 뚫린 바지선에서 폐기물을 얇고 곱게 뿌려주어 바닥 지반의 하중을 균일하게 하는 해안매립 공법

56 소음이 전달되는 과정에서 발생하는 현상(음의 성질)이 아닌 것은?

① 굴절 ② 회절
③ 반사 ④ 확산

해설 음의 성질
• 회절
• 굴절
• 간섭
• 반사, 투과, 흡수

57 진동가속도의 크기를 나타내는 단위는?

① dB

② m/s^2

③ Hz

④ W/m^2

[해설] 진동가속도의 단위

m/s^2, cm/s^2 또는 Gal

58 다음 중 소음 방지를 위해 가장 효과적인 방법은 무엇인가?

① 소음 발생원을 제거

② 흡음재 사용

③ 소음기 사용

④ 소음 측정

[해설] 소음을 방지하는 가장 효과적인 방법은 소음의 발생원을 제거하는 것이다.

59 음향파워가 10^{-3}watt이면 PWL은 얼마인가?

① 1dB

② 30dB

③ 90dB

④ 100dB

[해설] $PWL(\text{dB}) = 10\log\dfrac{W}{W_0}$

$= 10\log\left(\dfrac{10^{-3}}{10^{-12}}\right) = 90\text{dB}$

여기서, W : 대상음의 음향파워(W)

W_0 : 최소가청음의 음향파워(10^{-12}W)

60 음압이 10배가 되면 음압레벨은 몇 dB 증가하는가?

① 10

② 20

③ 30

④ 40

[해설] 1) 원래의 음압레벨

$SPL = 20\log\left(\dfrac{P}{P_0}\right)$

2) 음압이 10배가 되었을 때의 음압레벨

$SPL' = 20\log\left(\dfrac{10P}{P_0}\right)$

$= 20\left(\log 10 + \log\dfrac{P}{P_0}\right)$

$= 20 + 20\log\dfrac{P}{P_0}$

$= 20 + SPL$

Memo

CBT
핵심기출 100선

과목별 핵심기출 100선 풀이 & 개념정리

과목명	출제비중
대기오염 방지	40%
폐수 처리	30%
폐기물 처리	25%
소음·진동 방지	5%

이번 단원에서는 문제은행 형태로 출제되는 최근 CBT 시험에 대한 철저한 분석을 통해 자주 출제되는 핵심기출 100문제를 엄선하여 수록하였다.
「과목별 핵심요점」에서 알아본 것과 같이 환경기능사에서는 4개의 출제과목 중 1과목 '대기오염 방지'와 2과목 '폐수 처리'에서 가장 많은 문제가 출제되고 있다.

이러한 출제비중에 맞추어 과목별로 중요 기출문제를 정리하였기 때문에 최신 출제경향을 파악하는 데 많은 도움이 될 것이다.

또한, 100개의 각 문제마다 「키워드」를 정리하여 어떤 이론에 대한 문제인지 정확히 알 수 있도록 하였고, 「개념정리」를 통해 관련 이론을 마지막으로 보기 쉽게 정리하였다.

PART 3
CBT 핵심기출 100선

CBT 핵심기출 100선

01 지구의 대기권은 고도에 따른 기온의 분포에 의해 몇 개의 권역으로 구분하는데, 다음 설명에 해당하는 것은?

- 고도가 높아짐에 따라 온도가 상승한다.
- 공기의 상승이나 하강과 같은 수직이동이 없는 안정한 상태를 유지한다.
- 지면으로부터 20~30km 사이에 오존이 많이 분포하고 있는 오존층이 있다.

① 대류권 　　　　② 성층권
③ 중간권 　　　　④ 열권

> **Keyword** 　대기권의 구분
>
> 오존층은 성층권에 있다.

▌개/념/정/리

대기권의 구조
- 대류권 : 기상현상, 대기오염 발생
- 성층권 : 오존층 존재
- 중간권 : 대기층 중 기온이 가장 낮음
- 열권 : 기체 농도가 희박함

02 오존층을 파괴하는 특정 물질과 거리가 먼 것은?

① 염화플루오린화탄소(CFCs)
② 황화수소(H_2S)
③ 염화브로민화탄소(Halons)
④ 사염화탄소(CCl_4)

> **Keyword** 　오존층 파괴물질
>
> **오존층 파괴물질의 종류**
> - 염화플루오린화탄소(CFCs)
> - 염화브로민화탄소(할론)
> - 질소산화물(NO, N_2O)
> - 사염화탄소(CCl_4) 등

03 다음 중 산성비에 대한 설명으로 가장 거리가 먼 것은?

① 통상 pH가 5.6 이하인 비를 말한다.
② 산성비는 인공건축물의 부식을 더디게 한다.
③ 산성비는 토양의 광물질을 씻어 내려 토양을 황폐화시킨다.
④ 산성비는 황산화물이나 질소산화물 등이 물방울에 녹아서 생긴다.

> **Keyword** 　산성비
>
> ② 산성비는 급수관, 건축자재, 의류, 금속, 대리석, 전선 등의 부식을 촉진시킨다.

▌개/념/정/리

산성비의 영향
- 토양의 산성화
- 호수의 산성화
- 식물 고사, 농작물과 산림에 직접적인 피해
- 눈 · 피부 자극, 대사기능 장애, 위암, 노인성 치매
- 급수관, 건축자재, 의류, 금속, 대리석, 전선 등의 부식

04 런던형 스모그와 비교한 로스앤젤레스형 스모그 현상의 특성으로 옳은 것은?

① SO_2, 먼지 등이 주오염물질
② 온도가 낮고, 무풍의 기상조건
③ 습도가 높은 이른 아침
④ 침강성 역전층이 형성

> **Keyword** 　스모그 비교
>
> - 런던 스모그 : 복사성 역전
> - LA 스모그 : 침강성 역전

01.② 02.② 03.② 04.④

05 대기환경보전법상 다음 설명에서 괄호에 들어갈 용어는?

> (   )(이)란 연소할 때에 생기는 유리탄소가 응결하여 입자의 지름이 1미크론 이상이 되는 입자상 물질을 말한다.

① VOC
② 검댕
③ 콜로이드
④ 1차 대기오염물질

> **Keyword** 입자상 물질(법)

> 검댕(soot)이란 연소과정에서 유리탄소가 타르에 젖어 뭉쳐진 액체상 매연으로, 입자의 직경이 1미크론 이상 되는 입자상 물질이다.

▌개/념/정/리

입자상 물질의 종류

입자상 물질	특 징
먼지 (dust)	• 대기 중 떠다니거나 흩날려 내려오는 입자상 물질 • 일반적으로 집진 조작의 대상이 되는 고체 입자
매연 (smoke)	연료 중 탄소가 유리된 유리탄소를 주성분으로 한 고체상 물질
검댕 (soot)	연소과정에서의 유리탄소가 타르(tar)에 젖어 뭉쳐진 액체상 매연
훈연 (fume)	• 금속산화물과 같이 가스상 물질이 승화, 증류 및 화학반응과정에서 응축될 때 주로 생성되는 $1\mu m$ 이하의 고체 입자 • 브라운 운동으로 상호 응집이 쉬움
안개 (fog)	• 증기의 응축에 의해 생성되는 액체 입자 • 습도 약 100%, 가시거리 1km 미만
박무 (mist)	• 미립자를 핵으로 증기가 응축하거나 큰 물체로부터 분산하여 생기는 액체상 입자 • 습도 90% 이상, 가시거리 1km 이상
연무 (haze)	• 크기 $1\mu m$ 미만의 시야를 방해하는 물질 • 습도 70% 이하, 가시거리 1km 이상
에어로졸 (aerosol)	고체 또는 액체 입자가 기체 중에 안정적으로 부유하여 존재하는 상태

06 대기환경보전법상 온실가스에 해당하지 않는 것은?

① NH_3
② CO_2
③ CH_4
④ N_2O

> **Keyword** 온실가스 종류(법)

> 대기환경보전법상 온실가스는 교토의정서의 6대 온실가스로, 다음과 같다.
> 이산화탄소(CO_2), 메테인(CH_4), 아산화질소(N_2O), 과플루오린화탄소(PFC), 수소플루오린화탄소(HFC), 육플루오린화황(SF_6)

07 다음 대기오염물질 중 물리적 성상이 다른 것은?

① 먼지
② 매연
③ 오존
④ 비산재

> **Keyword** 물리적 성상 분류

> ③ 오존(O_3) : 가스상 물질
> ① 먼지, ② 매연, ④ 비산재 : 입자상 물질

▌개/념/정/리

대기오염물질의 성상에 따른 분류

분 류	대기오염물질의 종류
입자상 물질	강하먼지, 부유먼지, 에어로졸(aerosol), 먼지(dust), 매연(smoke), 검댕(soot), 연무(haze), 박무(mist), 안개(fog), 훈연(fume), 스모그(smog), 비산재, 카본블랙, 황산미스트 등
가스상 물질	$SO_x(SO_2, SO_3)$, $NO_x(NO, NO_2)$, O_3, CO, NH_3, HCl, Cl_2, HCHO, CS_2, 플루오린화수소(HF), 페놀(C_6H_5OH), 벤젠(C_6H_6) 등

08 디젤기관에서 많이 배출되며 탄화수소와 함께 광화학 스모그를 일으키는 반응에 영향을 미치는 배출가스는?

① 매연
② 황산화물
③ 질소산화물
④ 일산화탄소

> **Keyword** 광화학 반응 - NOx

> 광화학 스모그의 3대 요소
> • 질소산화물
> • 탄화수소
> • 빛

09 연소과정에서 주로 발생하는 질소산화물의 형태는?

① NO
② NO_2
③ NO_3
④ N_2O

Keyword NOx 형태

연소과정에서 발생하는 질소산화물(NOx)의 종류
• NO(90%)
• NO_2(10%)

10 가솔린을 연료로 사용하는 자동차의 엔진에서 NOx가 가장 많이 배출될 때의 운전상태는?

① 감속
② 가속
③ 공회전
④ 저속(15km 이하)

Keyword 운전상태별 배출가스

각 보기의 운전상태에 따라 많이 배출되는 배출가스는 다음과 같다.
• 감속 : HC
• 가속 : NOx
• 공회전 : CO

개/념/정/리

가솔린 자동차의 운전상태에 따른 배출가스

배출가스	HC	CO	NOx	CO₂
많이 나올 때	감속	공회전, 가속	**가속**	운행
적게 나올 때	운행	운행	공회전	공회전, 감속

11 석탄의 탄화도가 증가하면 감소하는 것은?

① 휘발분
② 고정탄소
③ 착화온도
④ 발열량

Keyword 탄화도

석탄의 탄화도가 높을수록,
• 고정탄소, 연료비, 착화온도, 발열량, 비중 증가
• 이산화탄소, 수분, 휘발분, 비열, 매연 발생, 산소함량, 연소속도 감소

12 대기상태에 따른 굴뚝 연기의 모양으로 옳은 것은?

① 역전 상태 – 부채형
② 매우 불안정 상태 – 원추형
③ 안정 상태 – 환상형
④ 상층 불안정, 하층 안정 상태 – 훈증형

Keyword 대기상태에 따른 연기 형태

② 매우 불안정 상태 – 밧줄형(환상형)
③ 안정 상태 – 부채형
④ 상층 불안정, 하층 안정 상태 – 지붕형

개/념/정/리

연기의 형태별 대기상태

연기(플룸)의 형태	대기상태
밧줄형, 환상형 (looping)	불안정
원추형(coning)	중립
부채형(fanning)	역전(안정)
지붕형(lofting)	상층은 불안정, 하층은 안정할 때 발생
훈증형(fumigation)	상층은 안정, 하층은 불안정할 때 발생
구속형, 함정형 (trapping)	상층에서 침강역전(공중역전), 지표(하층)에서 복사역전(지표역전), 중간층 불안정

13 연소가스 성분 중에서 저온부식을 유발시키는 물질은?

① CO_2
② H_2O
③ CH_4
④ SOx

Keyword 저온부식

저온부식의 원리
온도가 150℃ 이하로 낮아지면 수증기가 응축되어 이슬(물)이 되면서 주변의 산성 가스들과 만나 산성염(황산, 염산, 질산 등)이 발생하게 된다.

14 탄소 1kg이 연소할 때 이론적으로 필요한 산소의 질량은?

① 4.1kg
② 3.6kg
③ 3.2kg
④ 2.7kg

Keyword 연소 계산 – 산소량

$$C + O_2 \rightarrow CO_2$$
12kg : 32kg
1kg : x(kg)
$$\therefore x = \frac{32 \times 1}{12} = 2.67\text{kg}$$

15 연료의 연소과정에서 공기비가 너무 큰 경우 나타나는 현상으로 가장 적합한 것은?

① 배기가스에 의한 열손실이 커진다.
② 오염물의 농도가 커진다.
③ 미연분에 의한 매연이 증가한다.
④ 불완전연소되어 연소효율이 저하된다.

Keyword 공기비 연소 특성

② 공기의 희석효과로 오염물의 농도가 작아진다.
③ 불완전연소 시 미연분에 의한 매연이 증가한다.
④ 공기비가 작을 때 불완전연소가 발생한다.

|개/념/정/리|

공기비(m)에 따른 연소 특성

공기비	연소상태	특 징
$m < 1$	공기 부족, 불완전연소	• 매연, 검댕, CO, HC 증가 • 폭발 위험
$m = 1$	완전연소	CO_2 발생량 최대
$m > 1$	과잉공기	• SOx, NOx 증가 • 연소온도 감소, 냉각효과 • 열손실 커짐 • 저온부식 발생 • 희석효과가 높아져 연소생성물의 농도 감소

16 연료의 연소에 필요한 이론 공기량을 A_o, 공급된 실제 공기량을 A라 할 때 공기비를 나타낸 식은?

① A/A_o
② A_o/A
③ $(A - A_o)/A_o$
④ $(A - A_o)/A$

Keyword 공기비 공식

공기비(m)는 이론 공기량(A_o)에 대한 실제 공기량(A)의 비이다.

$$m = \frac{A}{A_o}$$

17 집진율이 각각 90%와 98%인 두 개의 집진장치를 직렬로 연결하였다. 1차 집진장치 입구의 먼지 농도가 5.9g/m³일 경우, 2차 집진장치 출구에서 배출되는 먼지 농도(mg/m³)는?

① 11.8
② 15.7
③ 18.3
④ 21.1

Keyword 집진율 계산

$$C = C_0(1 - \eta_1)(1 - \eta_2)$$
$$= 5.9(1 - 0.9)(1 - 0.98)$$
$$= 0.0118\text{g/m}^3$$
$$= 11.8\text{mg/m}^3$$

여기서, C : 출구 농도
C_0 : 입구 농도
η_1 : 1차 집진율
η_2 : 2차 집진율

단위 1g=1,000mg

|개/념/정/리|

집진율, 통과율, 출구농도 계산

• 집진율 $\eta = \dfrac{C_0 - C}{C_0} = 1 - \dfrac{C}{C_0}$

• 통과율 $P = \dfrac{C}{C_0} = 1 - \eta$

• 출구 농도 $C = C_0(1 - \eta)$

18 원심력 집진장치에서 50%의 집진율을 보이는 입자의 크기를 일컫는 용어는?

① 극한입경
② 절단입경
③ 중간입경
④ 임계입경

> **Keyword** 절단입경
>
> **절단입경**(cut size diameter)
> 50% 집진(제거)이 가능한 먼지의 입경, 집진효율이 50%($\eta = 0.5$)일 때의 입경

19 사이클론으로 100% 집진할 수 있는 최소입경을 의미하는 것은?

① 절단입경
② 기하학적 입경
③ 임계입경
④ 유체역학적 입경

> **Keyword** 임계입경
>
> **임계입경**(최소입경, 한계입경 ; crictical diameter)
> 100% 집진(제거) 가능한 먼지의 최소입경, 집진효율이 100%일 때의 입경

20 사이클론에서 처리가스량의 5~10%를 흡인하여 선회기류의 흐트러짐을 방지하고 유효원심력을 증대시키는 효과는?

① 축류 효과(axial effect)
② 나선 효과(herical effect)
③ 먼지상자 효과(dust box effect)
④ 블로다운 효과(blow down effect)

> **Keyword** 블로다운 효과
>
> **블로다운 효과**
> 사이클론 하부 분진박스(dust box)에서 처리가스량의 5~10%에 상당하는 함진가스를 추출시켜 유효원심력을 증대시키며, 선회기류의 흐트러짐과 집진된 먼지의 재비산을 방지하는 효과이다.

21 충전탑에서 충전물의 구비조건에 관한 설명으로 옳지 않은 것은?

① 내식성과 내열성이 커야 한다.
② 압력손실이 작아야 한다.
③ 충진밀도가 작아야 한다.
④ 단위용적에 대한 표면적이 커야 한다.

> **Keyword** 충전물의 조건
>
> ③ 충진밀도가 커야 한다.

┃개/념/정/리

좋은 충전물의 조건
• 충전(충진)밀도가 커야 한다.
• Hold-up이 작아야 한다.
• 공극률이 커야 한다.
• 비표면적이 커야 한다.
• 압력손실이 작아야 한다.
• 내열성과 내식성이 커야 한다.
• 충분한 강도를 지녀야 한다.
• 화학적으로 불활성이어야 한다.

22 유해가스 흡수장치의 흡수액이 갖추어야 할 조건으로 옳은 것은?

① 용해도가 작아야 한다.
② 휘발성이 커야 한다.
③ 점성이 작아야 한다.
④ 화학적으로 불안정해야 한다.

> **Keyword** 흡수액의 조건
>
> ① 용해도가 커야 한다.
> ② 휘발성이 작아야 한다.
> ④ 화학적으로 안정해야 한다.

┃개/념/정/리

좋은 흡수액(세정액)의 조건
• 용해도가 커야 한다.
• 화학적으로 안정해야 한다.
• 독성, 부식성이 없어야 한다.
• 휘발성이 작아야 한다.
• 점성이 작아야 한다.
• 어는점이 낮아야 한다.
• 가격이 저렴해야 한다.
• 용매의 화학적 성질과 비슷해야 한다.

23 여과 집진장치에 사용되는 다음 여포 재료 중 가장 높은 온도에서 사용이 가능한 것은?

① 목면
② 양모
③ 카네카론
④ 글라스화이버

> **Keyword** 여과포 종류
>
> 각 보기의 여과포 내열온도는 다음과 같다.
> ① 목면 : 80℃
> ② 양모 : 80℃
> ③ 카네카론 : 100℃
> ④ 글라스화이버(glass fiber ; 유리섬유) : 250℃

24 전기 집진장치에 관한 설명으로 가장 거리가 먼 것은?

① 대량의 가스 처리가 가능하다.
② 전압 변동과 같은 조건 변동에 쉽게 적응할 수 있다.
③ 초기설비비가 고가이다.
④ 압력손실이 적어 소요동력이 적다.

> **Keyword** 전기 집진장치의 특징
>
> ② 전압 변동과 같은 조건 변동에 적응이 어렵다.

┃개/념/정/리┃

전기 집진장치의 장단점

구 분	장단점
장점	• 미세입자 집진효율이 높음 • 압력손실이 낮아 소요동력이 작음 • 대량의 가스 처리 가능 • 연속운전 가능 • 운전비가 적음 • 온도범위가 넓음 • 배출가스의 온도강하가 적음 • 고온가스 처리 가능(약 500℃ 전후)
단점	• 초기설치비용이 큼 • 가스상 물질 제어 안 됨 • 운전조건 변동에 적응성이 낮음(전압 변동과 같은 조건 변동에 적용이 어려움) • 넓은 설치면적이 필요 • 비저항이 큰 분진 제거 곤란 • 분진 부하가 대단히 높으면 전처리시설이 요구됨 • 근무자의 안전성에 유의해야 함

25 포집먼지의 중화가 적당한 속도로 행해지기 때문에 이상적인 전기 집진이 이루어질 수 있는 전기저항의 범위로 가장 적합한 것은?

① $10^2 \sim 10^4 \, \Omega \cdot cm$
② $10^5 \sim 10^{10} \, \Omega \cdot cm$
③ $10^{12} \sim 10^{14} \, \Omega \cdot cm$
④ $10^{15} \sim 10^{18} \, \Omega \cdot cm$

> **Keyword** 전기 집진의 저항 크기
>
> • 집진효율이 좋은 전기저항 범위 : $10^5 \sim 10^{10} \, \Omega \cdot cm$
> • 집진효율이 좋은 전기비저항 범위 : $10^4 \sim 10^{11} \, \Omega \cdot cm$

26 전기 집진장치의 집진효율을 Deutsch-Anderson식으로 구할 때 직접적으로 필요한 인자가 아닌 것은?

① 집진극 면적
② 입자의 이동속도
③ 처리가스량
④ 입자의 점성력

> **Keyword** pm10
>
> **Deutsch-Anderson식(평판형)**
> $$\eta = \left[1 - e^{\left(-\frac{Aw}{Q} \right)} \right] \times 100 (\%)$$
> 여기서, η : 집진율(%)
> A : 집진판 면적(m^2)
> w : 겉보기속도(m/sec)
> R : 집진극과 방전극 사이의 거리(m)
> Q : 처리가스량(m^3/sec)

27~66 **폐수 처리**

27 오염물질을 배출하는 형태에 따라 점오염원과 비점오염원으로 구분된다. 다음 중 비점오염원에 해당하는 것은?

① 생활하수 ② 농경지 배수
③ 축산폐수 ④ 산업폐수

Keyword 점오염원과 비점오염원

생활하수, 축산폐수, 산업폐수와 같이 특정 지역에 집중되어 배출되는 형태는 점오염원이다.

┃개/념/정/리

점오염원과 비점오염원의 발생원
• 점오염원 : 가정하수, 공장폐수, 축산폐수, 분뇨처리장, 가두리양식장, 세차장 등
• 비점오염원 : 임야, 강우 유출수, 농경지 배수, 지하수, 농지, 골프장, 거리 청소수, 도로, 광산, 벌목장 등

28 분뇨의 특성과 거리가 먼 것은?

① 유기물 농도 및 염분 함량이 낮다.
② 질소 농도가 높다.
③ 토사와 협잡물이 많다.
④ 시간에 따라 크게 변한다.

Keyword 분뇨의 특징

① 유기물 농도 및 염분 함량이 높다.

┃개/념/정/리

분뇨의 특성
• 유기물 및 염분의 농도가 높다.
• 고액분리가 어렵고, 점도가 높다.
• 고형물 중 휘발성 고형물(VS)의 농도가 높다.
• 분뇨의 BOD는 COD의 30%이다.
• 토사 및 협잡물이 많다.
• 분뇨 내 협잡물의 양과 질은 발생지역에 따른 큰 차이가 있다.
• 황색~다갈색의 색상을 띤다.
• 비중은 1.02이다.
• 악취를 유발한다.
• 하수 슬러지에 비해 질소 농도(NH_4HCO_3, $(NH_4)_2CO_3$)가 높다.
• 분의 질소산화물은 VS의 12~20% 정도이다.
• 뇨의 질소산화물은 VS의 80~90% 정도이다.

29 지하수의 일반적인 특징으로 가장 거리가 먼 것은?

① 유속이 느리다.
② 세균에 의한 유기물 분해가 주된 생물작용이다.
③ 연중 수온이 거의 일정하다.
④ 국지적인 환경조건의 영향을 적게 받는다.

Keyword 지하수의 특징

④ 국지적인 환경조건의 영향을 많이 받는다.

┃개/념/정/리

지하수의 특징
• 수질의 변화가 적다.
• 연중 수온의 변화가 거의 없다.
• 낮은 공기용해도, 환원상태, 지표면 깊은 곳에서는 무산소상태가 될 수 있다.
• 유속과 자정속도가 느리다.
• 세균에 의한 유기물 분해가 주된 생물작용이다.
• 지표수보다 유기물이 적으며, 일반적으로 지표수보다 깨끗하다.
• 지표수보다 무기물 성분이 많아 알칼리도, 경도, 염분이 높다.
• 국지적인 환경조건의 영향을 크게 받으며, 지질 특성에 영향을 받는다.
• 수직분포에 따른 수질 차이가 있다.
• 비교적 깊은 곳의 물일수록 지층과의 보다 오랜 접촉에 의해 용매 효과가 커진다.
• 오염정도의 측정과 예측·감시가 어렵다.

30 다음 중 "공기를 좋아하는" 미생물로 물속의 용존산소를 섭취하는 미생물은?

① 혐기성 미생물
② 임의성 미생물
③ 통기성 미생물
④ 호기성 미생물

Keyword 미생물의 종류

호기성 미생물은 산소(DO)가 풍부한 호기성 상태에서 잘 크며, 이용산소는 용존산소(유리산소)이다.

개/념/정/리

미생물의 종류별 이용산소

구 분	이용산소
호기성 미생물	유리산소(DO, O_2(aq))
혐기성 미생물	결합산소(SO_4^{2-}, NO_3^- 등)
임의성 미생물 (통성 혐기성균)	결합산소, 유리산소 모두 이용

31 다음은 미생물의 종류에 관한 설명이다. ( ) 안에 들어갈 말로 옳은 것은?

미생물은 영양섭취, 온도 또는 산소의 섭취 유무에 따라서도 분류하기도 하는데, ( ) 미생물은 용존산소가 아닌 SO_3^{2-}, NO_3^- 등과 같은 화합물에서 산소를 섭취하고 그 결과 황화수소, 질소가스 등을 발생시킨다.

① 자산성
② 호기성
③ 혐기성
④ 고온성

Keyword 미생물의 종류

혐기성 미생물은 산소(DO)가 부족한 혐기성 상태에서 잘 크며, 이용산소는 결합산소이다.

32 미생물 성장곡선에서 다음 설명과 같은 특성을 보이는 단계는?

• 살아 있는 미생물들이 조금밖에 없는 양분을 두고 서로 경쟁하고, 신진대사율은 큰 비율로 감소한다.
• 미생물은 그들 자신의 원형질을 분해시켜 에너지를 얻는 자산화 과정을 겪게 되어 전체 원형질 무게는 감소된다.

① 지체기
② 대수성장기
③ 감소성장기
④ 내생호흡기

Keyword 미생물 생장곡선

미생물 성장곡선의 단계
1) 유도기 : 환경에 적응하면서 증식 준비
2) 증식기 : 증식이 시작되고, 증식속도가 점점 증가
3) 대수성장기 : 증식속도 최대, 신진대사 최대
4) 정지기(감소성장기) : 미생물의 양 최대
5) 사멸기(내생성장기, 내생호흡기) : 신진대사율 급격히 감소, 미생물 자산화, 원형질의 양 감소

33 다음 중 해역에서 발생하는 적조의 주된 원인물질은?

① 수은
② 산소
③ 염소
④ 질소

Keyword 부영양화의 원인

부영양화(적조, 녹조)의 원인
• 질소(N)와 인(P) 등의 영양염류가 수계로 과다 유입
• 주로 인이 제한물질로 작용

개/념/정/리

적조와 녹조
부영양화가 해수에서 발생하면 적조, 담수에서 발생하면 녹조 현상이다.

34 다음 중 물속에 녹아 경도를 유발하는 물질로 거리가 먼 것은?

① K   ② Ca

③ Mg   ④ Fe

> **Keyword** 경도 유발물질
>
> 경도를 유발하는 물질은 물속에 용해되어 있는 금속 원소의 2가 이상 양이온(Ca^{2+}, Mg^{2+}, Fe^{2+}, Mn^{2+}, Sr^{2+})이다.

35 지하수를 사용하기 위해 수질 분석을 하였더니 칼슘이온 농도가 40mg/L이고, 마그네슘이온 농도가 36mg/L이었다. 이 지하수의 총경도(as $CaCO_3$)는?

① 16mg/L   ② 76mg/L

③ 120mg/L   ④ 250mg/L

> **Keyword** 경도 계산
>
> 1) $Ca^{2+} = \dfrac{40mg}{L} \Big| \dfrac{1me}{20mg} \Big| \dfrac{50mg\ CaCO_3}{1me} = 100mg/L$
>
> 2) $Mg^{2+} = \dfrac{36mg}{L} \Big| \dfrac{1me}{12mg} \Big| \dfrac{50mg\ CaCO_3}{1me} = 150mg/L$
>
> ∴ 총경도(TH)=$[Ca^{2+}]+[Mg^{2+}]$
> $=100+150$
> $=250mg/L\ CaCO_3$

> |개/념/정/리|
>
> 총경도(TH)는 Ca^{2+}, Mg^{2+} 등 2가 이상의 양이온을 같은 당량의 $CaCO_3$(mg/L 또는 ppm)로 환산하여 합한다.

36 3kg의 박테리아($C_5H_7O_2N$)를 완전히 산화시키려고 할 때 필요한 산소의 양(kg)은? (단, 질소는 모두 암모니아로 무기화된다.)

① 4.25   ② 3.47

③ 2.14   ④ 1.42

> **Keyword** 박테리아의 산소량 계산
>
> $C_5H_7O_2N$의 분자량=113g/mol
> $C_5H_7O_2N + 5O_2 \rightarrow 5CO_2 + 2H_2O + NH_3$
>   113kg : 5×32kg
>   3kg : x(kg)
> ∴ $x = \dfrac{5 \times 32 \times 3kg}{113} = 4.25kg$

37 에탄올(C_2H_5OH)의 완전산화 시 ThOD/TOC의 비는?

① 1.92   ② 2.67

③ 3.31   ④ 4

> **Keyword** 이론 산소량 계산
>
> $C_2H_5OH + 3O_2 \rightarrow 2CO_2 + 3H_2O$
>
> $\dfrac{ThOD}{TOC} = \dfrac{3O_2}{2C} = \dfrac{3 \times 32}{2 \times 12} = 4$
>
> 여기서, ThOD : 이론적 산소요구량
>   TOC : 총유기탄소량

38 호기성 상태에서 미생물에 의한 유기질소의 분해과정을 순서대로 나열한 것은?

① 유기질소 – 아질산성질소 – 암모니아성질소 – 질산성질소

② 유기질소 – 질산성질소 – 아질산성질소 – 암모니아성질소

③ 유기질소 – 암모니아성질소 – 아질산성질소 – 질산성질소

④ 유기질소 – 아질산성질소 – 질산성질소 – 암모니아성질소

> **Keyword** 질소 분해순서
>
> **호기성 상태에서 단백질의 분해순서**
>
> 단백질 → (가수분해) → 아미노산 → NH_3–N → NO_2^-–N → NO_3^-–N

39 플루오린 제거를 위한 폐수 처리방법으로 가장 적합한 것은?

① 화학침전

② P/L 공정

③ 살수여상

④ UCT 공정

> **Keyword** 플루오린 제거방법
>
> 플루오린은 생물학적 처리(②, ③, ④)로는 제거가 곤란하며, 형석침전법(화학침전)으로 해야 한다.

40 인체에 만성중독 증상으로 카네미유증을 발생시키는 유해물질은?

① PCB
② 망가니즈(Mn)
③ 비소(As)
④ 카드뮴(Cd)

> **Keyword** 만성중독증
>
> ② 망가니즈 : 파킨슨씨 유사병
> ③ 비소 : 흑피증
> ④ 카드뮴 : 이타이이타이병

┃개/념/정/리

> **주요 유해물질별 만성중독증**
> • 카드뮴 : 이타이이타이병
> • 수은 : 미나마타병, 헌터루셀병
> • PCB : 카네미유증
> • 비소 : 흑피증
> • 플루오린 : 반상치
> • 망가니즈 : 파킨슨씨 유사병
> • 구리 : 간경변, 윌슨씨병

41 독성이 있는 6가를 독성이 없는 3가로 pH 2~4에서 환원시키고, 다시 3가를 pH 8~11에서 침전시켜 처리하는 폐수는?

① 납 함유 폐수
② 비소 함유 폐수
③ 크로뮴 함유 폐수
④ 카드뮴 함유 폐수

> **Keyword** 크로뮴 처리방법 - 환원침전법
>
> 6가크로뮴은 환원 – 중화 – 침전의 과정을 거치는 환원침전법으로 처리한다.

┃개/념/정/리

> **환원침전법**
> • 환원 : pH 2~3에서 Cr^{6+}을 Cr^{3+}으로 환원
> • 중화 : pH 7~9로 중화, NaOH 주입
> • 침전 : pH 8~11에서 수산화물($Cr(OH)_3$)로 침전

42 스토크스 법칙에 따라 침전하는 구형 입자의 침전속도는 입자 직경(d)과 어떤 관계가 있는가?

① $d^{1/2}$에 비례
② d에 비례
③ d에 반비례
④ d^2에 비례

> **Keyword** 스토크스 법칙
>
> **Stokes 공식**
> $$V_g = \frac{d^2 g(\rho_s - \rho_w)}{18\mu}$$
> 여기서, V_g : 입자의 침강속도
> d : 입자의 직경(입경)
> ρ_s : 입자의 밀도
> ρ_w : 물의 밀도
> μ : 물의 점성계수

43 침사지에서 지름이 10^{-2}mm, 비중이 2.65인 모래 입자가 20℃의 물속에서 침전하는 속도(cm/sec)는? (단, Stokes 법칙에 따르며, 물의 밀도는 1g/cm^3, 물의 점성계수는 0.01g/cm · sec이다.)

① 8.98×10^{-2}
② 8.98×10^{-3}
③ 9.34×10^{-2}
④ 9.34×10^{-3}

> **Keyword** 스토크스 법칙 계산
>
> 1) $d(\text{cm}) = \dfrac{10^{-2}\text{mm}}{} \dfrac{1\text{cm}}{10\text{mm}} = 10^{-3}\text{cm}$
>
> 2) 침전속도 V_g
> $$= \frac{d^2 g(\rho_p - \rho_w)}{18\mu}$$
> $$= \frac{(10^{-3}\text{cm})^2 \times (2.65-1)\text{g/cm}^3 \times 980\text{cm/sec}^2}{18 \times 0.01\text{g/cm} \cdot \text{sec}}$$
> $$= 8.9833 \times 10^{-3}\text{cm/sec}$$
> 여기서, V_g : 입자의 침전속도(cm/sec)
> d : 입자의 직경(cm)
> g : 중력가속도
> ρ_p : 입자의 밀도(g/cm^3)
> ρ_w : 물의 밀도(g/cm^3)
> μ : 물의 점성계수(g/cm · sec)
>
> 단위 1cm=10mm

44 다음 수처리공정 중 스토크스(Stokes) 법칙이 가장 잘 적용되는 공정은?

① 1차 소화조
② 1차 침전지
③ 살균조
④ 포기조

Keyword 침강(침전) 형태

수처리공정의 침전형태 중 스토크스 법칙이 적용되는 공정은 Ⅰ형 침전으로, 발생장소로는 보통 침전지, 침사지, 1차 침전지가 있다.

▌개/념/정/리

입자의 침강형태

침강형태	특 징	발생장소
Ⅰ형 침전 (독립침전, 자유침전)	• 이웃 입자들의 영향을 받지 않고 자유롭게 일정한 속도로 침강 • Stokes 법칙 적용	보통 침전지, 침사지, 1차 침전지
Ⅱ형 침전 (플록침전)	• 입자 간에 서로 접촉되면서 응집된 플록을 형성하여 침전 • 응집·응결 침전 또는 응집성 침전	약품 침전지
Ⅲ형 침전 (간섭침전)	• 플록을 형성하여 침강하는 입자들이 서로 방해를 받아 침전속도가 감소하는 침전 • 방해·장애·집단·계면·지역 침전	상향류식 침전지, 생물학적 2차 침전지
Ⅳ형 침전 (압축침전, 압밀침전)	고농도 입자들의 침전으로 침전된 입자군이 바닥에 쌓일 때 입자군의 무게에 의해 물이 빠져나가면서 농축·압밀	침전슬러지, 농축조의 슬러지 영역

45 염소 살균능력이 높은 것부터 배열된 것은?

① $OCl^- > NH_2Cl > HOCl$
② $HOCl > NH_2Cl > OCl^-$
③ $HOCl > OCl^- > NH_2Cl$
④ $NH_2Cl > OCl^- > HOCl$

Keyword 염소 살균력

염소의 살균력 순서
$HOCl > OCl^-$ > 결합잔류염소(NH_2Cl, $NHCl_2$, NCl_3)

46 염소는 폐수 내의 질소화합물과 결합하여 무엇을 형성하는가?

① 유리염소
② 클로라민
③ 액체염소
④ 암모니아

Keyword 염소 종류

결합잔류염소(클로라민)의 생성
유리잔류염소($HOCl$)는 수중의 질소화합물과 결합하여 결합잔류염소(클로라민)를 생성한다.

• **모노클로라민(NH_2Cl)의 생성**
$NH_3 + HOCl \rightarrow NH_2Cl + H_2O$(pH 8.5 이상)
• **다이클로라민($NHCl_2$)의 생성**
$NH_2Cl + HOCl \rightarrow NHCl_2 + H_2O$(pH 4.5~8.5)
• **트라이클로라민(NCl_3)의 생성**
$NHCl_2 + HOCl \rightarrow NCl_3 + H_2O$(pH 4.5 이하)

47 흡착법에 관한 설명으로 틀린 것은?

① 물리적 흡착은 Van der Waals 흡착이라고도 한다.
② 물리적 흡착은 낮은 온도에서 흡착량이 많다.
③ 화학적 흡착인 경우 흡착과정이 주로 가역적이며 흡착제의 재생이 용이하다.
④ 흡착제는 단위질량당 표면적이 큰 것이 좋다.

Keyword 물리적 흡착·화학적 흡착

③ 화학적 흡착인 경우 흡착과정이 비가역적이며, 흡착제의 재생이 불가능하다.

▌개/념/정/리

물리적 흡착과 화학적 흡착의 비교

구 분	물리적 흡착	화학적 흡착
원리	용질-흡착제 간 분자 인력이 용질-용매 간 인력보다 클 때 흡착	흡착제-용질 사이의 화학반응에 의해 흡착
구동력	반데르발스힘	화학반응
반응	가역반응	비가역반응
재생	가능	불가능
흡착열 (발열량)	적음 (40kJ/mol 이하)	많음 (80kJ/mol 이상)
압력과의 관계	분자량↑, 압력↑ → 흡착능↑	압력↓ → 흡착능↑
온도와의 관계	온도↓ → 흡착능↑	온도↑ → 흡착능↑
분자층	다분자층 흡착	단분자층 흡착

48 폐기물 매립지에서 발생하는 침출수 중 생물학적으로 난분해성인 유기물질을 산화분해시키는 데 사용되는 펜톤시약(Fenton agent)의 성분으로 옳은 것은?

① H_2O_2와 $FeSO_4$
② $KMnO_4$와 $FeSO_4$
③ H_2SO_4와 $Al_2(SO_4)_3$
④ $Al_2(SO_4)_3$와 $KMnO_4$

Keyword 펜톤시약

펜톤시약은 과산화수소(H_2O_2)와 철염($FeSO_4$)으로 구성된다.

49 활성슬러지법에서 MLSS(Mixed Liquor Suspended Solids)가 의미하는 것은?

① 포기조 혼합액 중의 부유물질
② 처리장 유입폐수 중의 부유물질
③ 유입폐수 중의 여과된 물질
④ 처리장 방류폐수 중의 부유물질

Keyword MLSS 정의

MLSS는 활성슬러지와 폐수가 혼합된 혼합액 중의 부유물질을 의미한다.

50 활성슬러지 공법에서 2차 침전지 슬러지를 포기조로 반송시키는 주된 목적은?

① 슬러지를 순환시켜 배출슬러지를 최소화하기 위해
② 포기조 내 요구되는 미생물 농도를 적절하게 유지하기 위해
③ 최초 침전지 유출수를 농축하기 위해
④ 폐수 중 무기고형물을 산화하기 위해

Keyword 슬러지의 반송목적

슬러지를 반송하는 이유는 반응조 내 미생물(MLSS)의 양을 일정하게 유지(MLSS 조절)하기 위해서이다.

51 슬러지 처리공정의 단위조작이 아닌 것은?

① 혼합
② 탈수
③ 농축
④ 개량

Keyword 슬러지 처리 순서

슬러지 처리공정
농축 → 소화 → 개량 → 탈수 → 소각 → 매립

52 표준활성슬러지법으로 폐수를 처리하는 경우 F/M 비(kg BOD/kg SS · day)의 운전범위로 가장 적합한 것은?

① 0.02~0.04
② 0.2~0.4
③ 2~4
④ 4~8

Keyword 설계인자

표준활성슬러지법의 F/M 비는 0.2~0.4kg BOD/kg SS · day로 한다.

개/념/정/리

표준활성슬러지 공법의 설계인자
• HRT : 6~8시간
• SRT : 3~6일
• F/M : 0.2~0.4kg BOD/kg SS · day
• MLSS : 1,500~2,500mg/L
• SVI : 50~150(200 이상이면 벌킹)
• BOD 용적부하 : 0.4~0.8
• DO : 2mg/L 이상
• pH : 6~8

53 MLSS 농도가 1,000mg/L이고, BOD 농도가 200mg/L인 2,000m³/day의 폐수가 포기조로 유입될 때, BOD/MLSS 부하(kg BOD/kg MLSS · day)는? (단, 포기조의 용적은 1,000m³이다.)

① 0.1
② 0.2
③ 0.3
④ 0.4

Keyword F/M 계산

$$F/M = \frac{BOD \cdot Q}{V \cdot X}$$

$$= \frac{200mg/L}{} \frac{2,000m^3}{day} \frac{}{1,000m^3} \frac{}{1,000mg/L}$$

$$= 0.4kg \ BOD/kg \ MLSS \cdot day$$

여기서, F/M : F/M 비(kg BOD/kg MLSS · day)
　　　　V : 포기조 부피(m³)
　　　　Q : 유입 유량(m³/day)
　　　　BOD : BOD 농도(mg/L)
　　　　X : MLSS 농도(mg/L)

48.① 49.① 50.② 51.① 52.② 53.④

54 농촌마을의 발생 하수를 산화지로 처리할 때 유입 BOD 농도가 100g/m³이고, 유량이 3,000m³/day 이며, 필요한 산화지의 면적이 3ha라면, BOD 부하량(kg/ha · day)은?

① 10 ② 50
③ 100 ④ 200

Keyword BOD 부하량 계산

BOD 부하량(kg/ha · day)

$= \dfrac{BOD\ 농도 \times 유량}{면적(ha)}$

$= \dfrac{100g}{m^3} \bigg| \dfrac{3,000m^3}{day} \bigg| \dfrac{1}{3ha} \bigg| \dfrac{1kg}{10^3 g}$

$= 100ha$

55 살수여상의 표면적이 300m²이고, 유입분뇨량이 1,500m³/일이다. 표면부하는 얼마인가?

① 3m³/m² · 일 ② 5m³/m² · 일
③ 15m³/m² · 일 ④ 18m³/m² · 일

Keyword 표면부하 계산

표면부하(표면부하율)

$Q/A = \dfrac{Q}{A} = \dfrac{1,500m^3}{일} \bigg| \dfrac{1}{300m^2} = 5m^3/m^2 · 일$

여기서, Q/A : 표면부하율(m³/m² · 일)
　　　　Q : 유량(m³)
　　　　A : 표면적(m²)

56 SVI=150인 경우 반송 슬러지의 농도(g/m³)는?

① 8,452 ② 6,667
③ 5,486 ④ 4,570

Keyword 슬러지 농도 계산 - SVI

$SVI = \dfrac{10^6}{X_r}$

$\therefore X_r = \dfrac{10^6}{SVI} = \dfrac{10^6}{150}$

$= 6666.666mg/L$

$= \dfrac{6666.666mg}{L} \bigg| \dfrac{1g}{1,000mg} \bigg| \dfrac{1,000L}{1m^3}$

$= 6666.666g/m^3$

여기서, SVI : 슬러지 용적지수
　　　　X_r : 반송 슬러지 농도(mg/L)

57 살수여상 처리과정에 주의해야 할 점으로 거리가 먼 것은?

① 악취
② 연못화
③ 팽화
④ 동결

Keyword 살수여상의 문제점

④ 슬러지 팽화는 부유생물법(활성슬러지 및 그 변법)의 문제점이다.

■ 개/념/정/리

살수여상법의 운영상 문제점
• 연못화
• 파리 번식
• 악취
• 여상의 폐쇄
• 생물막 탈락
• 결빙(동결)

58 소화슬러지의 발생량은 투입량의 15%이고 함수율이 90%이다. 탈수기에서 함수율을 70%로 한다면 케이크의 부피 몇 m³인가? (단, 투입량은 150kL이다.)

① 7.5 ② 8.7
③ 9.5 ④ 10.7

Keyword 슬러지 계산

1) 슬러지 발생량(V_1)
　= 투입량×0.15
　= 150kL×0.15
　= 22.5m³
2) 탈수 케이크 부피(V_2)
　$V_1(1-W_1) = V_2(1-W_2)$
　$22.5m^3(1-0.9) = V_2(1-0.7)$
　$\therefore V_2 = \dfrac{(1-0.9)}{(1-0.7)} \times 22.5m^3 = 7.5m^3$

여기서, V_1 : 농축 전 슬러지의 부피
　　　　V_2 : 농축 후 슬러지의 부피
　　　　W_1 : 농축 전 슬러지의 함수율
　　　　W_2 : 농축 후 슬러지의 함수율
단위 kL=m³

59 혐기성 소화법과 상대 비교 시 호기성 소화법의 특징으로 거리가 먼 것은?

① 상징수의 BOD 농도가 높으며, 운영이 다소 복잡하다.

② 초기시공비가 낮고, 처리된 슬러지에서 악취가 나지 않는 편이다.

③ 포기를 위한 동력 요구량 때문에 운영비가 높다.

④ 겨울철은 처리효율이 떨어지는 편이다.

Keyword 혐기성 소화 · 호기성 소화

① 상징수의 BOD 농도가 낮고, 운영이 쉽다.

■개/념/정/리

혐기성 소화와 호기성 소화의 비교

항 목	혐기성 소화	호기성 소화
소화기간	긺	짧음
규모	큼	작음
설치면적	작음	큼
건설비(설치비)	큼	작음
탈수성	좋음	나쁨
슬러지 생산량	적음	많음
비료가치	낮음	높음
운전(운영)	어려움	쉬움
포기장치	필요 없음	필요함
운영비(동력비)	작음	큼
처리효율	낮음	높음
상등수(상징수) 수질(BOD 농도)	나쁨 (높음)	좋음 (낮음)
악취	많이 발생	적게 발생
가온장치	필요함	필요 없음
가치 있는 부산물	메테인 회수 가능	–

60 생물학적 고도처리방법 중 활성슬러지 공법의 포기조 앞에 혐기성 조를 추가시킨 것으로 혐기성조, 호기성조로 구성되고 질소 제거가 고려되지 않아 높은 효율의 N, P의 동시제거가 어려운 공법은?

① A/O 공법　　② A₂/O 공법

③ VIP 공법　　④ UCT 공법

Keyword 고도처리 공법

① A/O 공법은 인 제거공법이다.

■개/념/정/리

질소 및 인 제거공정의 구분

구 분	처리방법	공 정
질소 제거	물리화학적 방법	• 암모니아 탈기법(스트리핑) • 파괴점 염소 주입법 • 선택적 이온교환법
	생물학적 방법	• MLE(무산소–호기법) • 4단계 바덴포(bardenpho) 공법
인 제거	물리화학적 방법	• 금속염 첨가법 • 석회 첨가법(정석탈인법)
	생물학적 방법	• A/O 공법(혐기–호기법) • 포스트립(phostrip) 공법
질소 · 인 동시제거		• A₂/O 공법 • UCT 공법 • MUCT 공법 • VIP 공법 • SBR 공법 • 수정 포스트립 공법 • 5단계 바덴포 공법

61 생물학적으로 인을 제거하는 반응의 단계로 옳은 것은?

① 혐기상태 → 인 방출 → 호기상태 → 인 섭취

② 혐기상태 → 인 섭취 → 호기상태 → 인 방출

③ 호기상태 → 인 방출 → 혐기상태 → 인 섭취

④ 호기상태 → 인 섭취 → 혐기상태 → 인 방출

Keyword 인 제거순서

생물학적 인 제거반응
• 혐기조 : 인 방출
• 호기조 : 인 과잉흡수(섭취)

62 생물학적 원리를 이용하여 영양염류(인 또는 질소)를 효과적으로 제거할 수 있는 공법이라 볼 수 없는 것은?

① M–A/S

② A/O

③ Bardenpho

④ UCT

Keyword 고도처리공법 – 질소

① M–A/S(활성슬러지 공법의 변법)은 유기물(BOD) 제거에 효과적이다.

63 상수도의 정수처리장에서 정수처리의 일반적인 순서로 가장 적합한 것은?

① 플록형성지 - 침전지 - 여과지 - 소독
② 침전지 - 소독 - 플록형성지 - 여과지
③ 여과지 - 플록형성지 - 소독 - 침전지
④ 여과지 - 소독 - 침전지 - 플록형성지

> **Keyword** 정수처리 순서
>
> **일반적인 정수처리 순서**
> 혼화지 → 플록형성지 → 침전지 → 여과지 → 소독지

64 다음은 폐기물 공정시험기준상 어떤 용기에 관한 설명인가?

> 취급 또는 저장하는 동안에 이물이 들어가거나 내용물이 손실되지 아니하도록 보호하는 용기를 말한다.

① 밀봉용기
② 기밀용기
③ 차광용기
④ 밀폐용기

> **Keyword** 용기
>
> ① 밀봉용기 : 물질을 취급 또는 보관하는 동안에 기체 또는 미생물이 침입하지 않도록 내용물을 보호하는 용기
> ② 기밀용기 : 물질을 취급 또는 보관하는 동안에 외부로부터의 공기 또는 다른 가스가 침입하지 않도록 내용물을 보호하는 용기
> ③ 차광용기 : 광선을 투과하지 않은 용기 또는 투과하지 않도록 포장한 것으로, 취급 또는 보관하는 동안에 내용물의 광화학적 변화를 방지할 수 있는 용기

> ▌개/념/정/리
>
> 용기는 시험용액 또는 시험에 관계된 물질을 보존 · 운반 또는 조작하기 위하여 넣어두는 것으로, 시험에 지장을 주지 않도록 깨끗한 것이어야 한다.

65 수로형 침사지에서 폐수처리를 위해 유지해야 하는 폐수의 유속으로 가장 적합한 것은?

① 30m/sec
② 10m/sec
③ 5m/sec
④ 0.3m/sec

> **Keyword** 관거의 유속
>
> 유속은 관 손상을 방지하기 위해 최대 3m/sec를 넘을 수 없다.

> ▌개/념/정/리
>
> **관거의 유속**
> • 상수관 : 0.3~3.0m/sec
> • 오수관 : 0.6~3.0m/sec
> • 우수관 : 0.8~3.0m/sec
> • 슬러지 수송관 : 1.5~3.0m/sec

66 A공장 폐수를 채취하여 다음과 같은 실험결과를 얻었다. 이때 부유물질의 농도(mg/L)는 얼마인가?

> • 시료의 부피 : 250mL
> • 유리섬유 여지 무게 : 1.3751g
> • 여과 후 건조된 유리섬유 여지 무게 : 1.3859g
> • 회화시킨 후의 유리섬유 여지 무게 : 1.3767g

① 6.4mg/L
② 33.6mg/L
③ 36.8mg/L
④ 43.2mg/L

> **Keyword** 부유물질 농도 계산
>
> 부유물질(SS)의 농도
> = (여과 후 유리섬유 여지 무게) - (유리섬유 여지 무게)
> = 1.3859 - 1.3751
> = 0.0108g
>
> $$\therefore SS = \frac{0.0108g}{250mL} \left| \frac{1,000mL}{1L} \right| \frac{1,000mg}{1g} = 43.2mg/L$$

67 생활 폐기물의 발생량을 표현하는 데 사용하는 단위는?

① kg/인 · 일 ② kL/인 · 일
③ m³/인 · 일 ④ t/인 · 일

Keyword 폐기물의 원단위

폐기물 발생량은 원단위(kg/인 · 일)로 나타낸다.

68 폐기물의 발생특성에 관한 설명으로 옳은 것만 나열한 것은?

> ㉠ 쓰레기통이 작을수록 발생량은 감소한다.
> ㉡ 계절에 따라 쓰레기 발생량이 다르다.
> ㉢ 재활용률이 증가할수록 발생량은 감소한다.

① ㉠, ㉡ ② ㉠, ㉢
③ ㉡, ㉢ ④ ㉠, ㉡, ㉢

Keyword 폐기물 발생량 영향인자

폐기물(쓰레기)의 발생량은 쓰레기통이 작을수록, 재활용률이 증가할수록 감소하며, 겨울철에 증가한다.

▌개/념/정/리

쓰레기 발생량의 영향인자

영향요인	내 용
도시 규모	도시의 규모가 커질수록 발생량 증가
생활수준	생활수준이 높을수록 발생량이 증가하고 다양화됨
계절	겨울철에 발생량 증가
수집빈도	수집(수거)빈도가 높을수록 발생량 증가
쓰레기통 크기	쓰레기통이 클수록 발생량 증가
재활용품 회수 및 재이용률	재이용률이 높을수록 발생량 감소
법규	폐기물 관련 법규가 강할수록 발생량 감소
장소	장소에 따라 발생량과 성상이 다름
사회구조	평균 연령층 및 교육수준에 따라 발생량이 상이함

69 폐기물 발생량 조사방법으로 틀린 것은?

① 적재차량 계수분석법
② 직접계근법
③ 물질성상분석법
④ 물질수지법

Keyword 폐기물 발생량 조사방법

폐기물 발생량의 조사방법
- 적재차량 계수분석법
- 직접계근법
- 물질수지법
- 통계조사법

70 인구 50만명이 거주하는 도시에서 1주일 동안 8,000m³의 쓰레기를 수거하였다. 쓰레기의 밀도가 420kg/m³라면 쓰레기 발생원의 단위는?

① 0.91kg/인 · 일 ② 0.96kg/인 · 일
③ 1.03kg/인 · 일 ④ 1.12kg/인 · 일

Keyword 쓰레기 발생량 계산

단위환산으로 풀이한다.
1인 1일 쓰레기 발생량(kg/인 · 일)

$$= \frac{420kg}{m^3} \left| \frac{8,000m^3}{7일} \right| \frac{}{500,000인}$$

$= 0.96kg/인 · 일$
※ 쓰레기 발생량 = 쓰레기 수거량

71 도시의 쓰레기를 분석한 결과 밀도는 450kg/m³이고 비가연성 물질의 질량백분율은 72%였다. 이 쓰레기 10m³ 중에 함유된 가연성 물질의 질량(kg)은?

① 1,180 ② 1,260
③ 1,310 ④ 1,460

Keyword 폐기물의 가연분 계산

가연분의 양=(1-비가연분의 비율)×폐기물의 양

$$=(1-0.72) \times \frac{450kg}{m^3} \times 10m^3$$

$=1,260kg$

72 도시지역의 쓰레기 수거량은 1,792,500t/년이다. 이 쓰레기를 1,363명이 수거한다면 수거능력(MHT)은? (단, 1일 작업시간은 8시간, 1년 작업일수는 310일이다.)

① 1.45
② 1.77
③ 1.89
④ 1.96

Keyword MHT 계산

$$MHT = \frac{수거인부(인) \times 수거작업시간(yr)}{쓰레기 수거량(t)}$$

$$= \frac{1,363인}{} \cdot \frac{8hr}{1day} \cdot \frac{310day}{1yr} \cdot \frac{yr}{1,792,500t}$$

$$= 1.885$$

73 폐기물 수거노선을 결정할 때 고려사항으로 거리가 먼 것은?

① 가능한 한 시계방향으로 수거노선을 정한다.
② 출발점은 차고지와 가깝게 한다.
③ 수거인원 및 차량형식이 같은 기존 시스템의 조건들을 서로 관련시킨다.
④ 쓰레기 발생량이 가장 많은 곳을 하루 중 가장 나중에 수거한다.

Keyword 폐기물 수거노선

④ 쓰레기 발생량이 가장 많은 곳을 제일 먼저 수거한다.

개/념/정/리

쓰레기 수거노선 결정 시 고려사항
• 높은 지역(언덕)에서부터 내려가면서 적재한다(안전성, 연료비 절약).
• 시작지점은 차고와 인접하게, 종료지점은 처분지와 인접하도록 한다.
• 가능한 간선도로에서 시작 및 종료한다(지형지물 및 도로경계 등의 같은 장벽 이용).
• 가능한 시계방향으로 수거노선을 정한다.
• 쓰레기가 적게 발생하는 지점은 가능한 같은 날 정기적으로 수거하고, 많이 발생하는 지점은 가장 먼저 수거한다.
• 반복 운행 및 U자형 회전을 피한다.
• 출퇴근시간(많은 교통량)을 피한다.

74 다음 중 적환장의 위치로 적당하지 않은 곳은?

① 수거지역의 무게중심에서 가능한 가까운 곳
② 주요 간선도로에서 멀리 떨어진 곳
③ 작업에 의한 환경피해가 최소인 곳
④ 적환장 설치 및 작업이 가장 경제적인 곳

Keyword 적환장 위치 선정

② 주요 간선도로와 접근성이 쉬운 곳

개/념/정/리

적환장의 위치 결정 시 고려사항
• 수거하고자 하는 폐기물 발생지역의 무게중심과 가까운 곳
• 간선도로와 접근성이 쉽고, 2차 보조 수송수단의 연결이 쉬운 곳
• 주민의 반대가 적고 주위 환경에 대한 영향이 최소인 곳
• 설치 및 작업이 쉬운 곳(경제적인 곳)

75 쓰레기 적환장을 설치하기에 가장 적합한 경우는?

① 산업폐기물과 같이 유해성이 큰 경우
② 인구밀도가 높은 지역을 수집하는 경우
③ 음식물 쓰레기와 같이 부패성이 있는 경우
④ 처분장이 멀어 소형 차량 수송이 비경제적인 경우

Keyword 적환장의 설치

적환장(transfer station)이란 발생원에서 처리장까지의 거리가 먼 경우 중간지점에 설치하여 쓰레기를 임시로 모아두는 곳으로, 운반비용을 절감시키는 역할을 한다.

개/념/정/리

적환장 설치가 필요한 경우
• 작은 용량($15m^3$ 이하)의 수집차량을 사용하는 경우
• 저밀도 거주지역이 존재하는 경우
• 불법투기와 다량의 어질러진 쓰레기가 발생하는 경우
• 슬러지 수송이나 공기 수송방식을 사용하는 경우
• 처분지가 수집장소로부터 멀리 떨어져 있는 경우
• 상업지역에서 폐기물 수집에 소형 용기를 많이 사용하는 경우
• 최종 처리장과 수거지역의 거리가 먼 경우(약 16km 이상)

76 쓰레기를 수송하는 방법 중 자동화·무공해화가 가능하고 눈에 띄지 않는다는 장점을 가지고 있으며, 공기 수송, 반죽(슬러리) 수송, 캡슐 수송 등의 방법으로 쓰레기를 수거하는 방법은?

① 모노레일 수거
② 관거 수거
③ 컨베이어 수거
④ 컨테이너 철도수거

Keyword 관거 수송의 종류

관거 수송의 종류
• 공기 수송
• 반죽(슬러리) 수송
• 캡슐 수송

77 폐기물 압축의 목적이 아닌 것은?

① 물질 회수 전처리
② 부피 감소
③ 운반비 감소
④ 매립지 수명 연장

Keyword 폐기물 압축의 목적

① 물질 회수 전처리는 선별의 목적이다.

개/념/정/리

폐기물 압축의 목적
• 감량화(부피 감소)
• 운반비 절감
• 겉보기비중 증가
• 매립지 소요면적 감소
• 매립지 수명 연장

78 폐기물 처리에서 파쇄(shredding)의 목적으로 가장 거리가 먼 것은?

① 부식효과 억제
② 겉보기비중의 증가
③ 특정 성분의 분리
④ 고체물질 간의 균일혼합 효과

Keyword 폐기물 파쇄의 목적

① 파쇄로 입자의 직경이 작아지면 비표면적이 증가해 반응속도가 증가하고, 부식(반응)이 촉진된다.

개/념/정/리

파쇄의 목적
• 겉보기비중의 증가
• 입경분포의 균일화(저장·압축·소각 용이)
• 용적(부피) 감소
• 운반비 감소, 매립지 수명 연장
• 분리 및 선별 용이, 특정 성분의 분리
• 비표면적의 증가
• 소각, 열분해, 퇴비화 처리 시 처리효율의 향상
• 조대폐기물에 의한 소각로의 손상 방지
• 고체물질 간의 균일혼합 효과
• 매립 후 부등침하 방지

79 다음 중 폐기물 전단파쇄기에 관한 설명으로 틀린 것은?

① 전단파쇄기는 대개 고정칼, 회전칼과의 교합에 의하여 폐기물을 전단한다.
② 전단파쇄기는 충격파쇄기에 비하여 파쇄 속도는 느리나, 이물질의 혼입에 대하여는 강하다.
③ 전단파쇄기는 파쇄물의 크기를 고르게 할 수 있다.
④ 전단파쇄기는 주로 목재류, 플라스틱류 및 종이류를 파쇄하는 데 이용된다.

Keyword 전단파쇄기·충격파쇄기

② 전단파쇄기는 이물질의 혼입에 약하다.

개/념/정/리

전단파쇄기와 충격파쇄기의 비교

구 분	전단파쇄기	충격파쇄기
원리	고정칼의 왕복운동, 회전칼(가동칼)의 교합	해머의 회전운동에 의한 충격력
파쇄속도	느림	빠름
이물질 혼입	약함	강함
처리용량	적음	큼
파쇄결과	고른 파쇄 가능	고른 파쇄 불가능
소음·분진	소음, 폭발, 분진 없음	소음, 폭발, 분진 발생

80 다음 중 효율적인 파쇄를 위해 파쇄대상물에 작용하는 3가지 힘에 해당되지 않는 것은?

① 충격력　　　② 정전력
③ 전단력　　　④ 압축력

> **Keyword** 파쇄 에너지의 종류
>
> 파쇄대상물에 작용하는 3가지 힘
> • 압축력
> • 전단력
> • 충격력

81 폐기물 중의 열량을 재활용하기 위한 방법 중 소각과 열분해의 공정상 차이점으로 가장 적절한 것은?

① 공기의 공급 여부
② 처리온도의 높고 낮음
③ 폐기물의 유해성 존재 여부
④ 폐기물 중의 탄소성분 여부

> **Keyword** 열분해와 소각
>
> 열분해는 무산소 및 저산소 분위기에서, 소각은 산소가 충분한 상태에서 발생한다.

▌개/념/정/리

열분해와 소각

구 분	열분해	소 각
공기 공급	무산소·저산소 (환원성 분위기)	충분한 산소 공급 (산화성 분위기)
반응	흡열반응	발열반응
에너지 회수	연료에너지 회수	폐열(열에너지) 회수
발생 물질	• 기체 : H_2, CH_4, CO, H_2S, HCN • 액체 : 식초산, 아세톤, 메탄올, 오일, 타르, 방향성 물질 • 고체 : 탄화물(char), 불활성 물질	기체 : CO_2, H_2O, NOx, SOx
출구 온도	• 저온 열분해온도 : 500~900℃ (출구온도 850℃) • 고온 열분해온도 : 1,100~1,500℃ (출구온도 1,100℃)	1,100℃

82 다음 중 쓰레기를 유동층 소각로에서 처리할 때 유동상 매질이 갖추어야 할 특성으로 틀린 것은?

① 공급이 안정적일 것
② 열충격에 강하고 융점이 높을 것
③ 비중이 클 것
④ 불활성일 것

> **Keyword** 유동상 매질의 구비조건
>
> ③ 비중이 작을 것

▌개/념/정/리

유동상 매질(유동층 매체)의 구비조건
• 불활성일 것
• 내열성, 융점이 높을 것
• 충격에 강할 것
• 내마모성일 것
• 비중이 작을 것
• 안정된 공급으로, 구하기 쉬울 것
• 가격이 저렴할 것
• 균일한 입도분포일 것

83 퇴비화의 장점으로 거리가 먼 것은?

① 초기 시설 투자비가 낮다.
② 비료로서의 가치가 뛰어나다.
③ 토양 개량제로 사용이 가능하다.
④ 운영 시 소요되는 에너지가 낮다.

> **Keyword** 퇴비화의 특징
>
> ② 비료로서의 가치가 낮다.

▌개/념/정/리

퇴비화의 장단점

장 점	단 점
• 생산된 퇴비를 토양 개량제(개선제)로 사용 가능 • 초기 시설 투자비 및 운영비가 저렴 • 운전이 쉬움 • 유기성 폐기물 감량화	• 생산된 퇴비의 비료가치가 낮음 • 품질 표준화가 어려움 • 생산된 퇴비의 수요 불확실 • 퇴비가 완성되어도 부피가 감소되지 않음 • 운반비용 증대 • 소요부지 넓음 • 악취 발생 가능

84 다음 중 퇴비화의 최적조건으로 가장 적합한 것은?

① 수분 50~60%, pH 5.5~8 정도
② 수분 50~60%, pH 8.5~10 정도
③ 수분 80~85%, pH 5.5~8 정도
④ 수분 80~85%, pH 8.5~10 정도

Keyword 퇴비화 최적조건

퇴비화의 영향요인 중 수분과 pH의 최적조건은 함수율 50~60% 정도, pH 5.5~8 정도이다.

개/념/정/리

퇴비화의 최적조건

영향요인	최적조건
C/N 비	20~40(50)
온도	50~65℃
함수율	50~60%
pH	5.5~8
산소	5~15%
입도(입경)	1.3~5cm

85 폐기물의 최종 처분으로 실시하는 내륙매립 공법이 아닌 것은?

① 셀 공법   ② 압축매립 공법
③ 박층뿌림 공법   ④ 도랑형 공법

Keyword 내륙매립 · 해안매립

③ 박층뿌림 공법은 해안매립 공법이다.

개/념/정/리

내륙매립과 해안매립

구 분	종 류
내륙매립 공법	• 샌드위치 공법 • 셀 공법 • 압축매립 공법 • 도랑형 공법 • 지역식 매립 • 계곡식 매립
해안매립 공법	• 내수배제 공법(수중투기 공법) • 순차투입 공법 • 박층뿌림 공법

86 다음 중 일반적인 폐기물의 위생매립 공법이 아닌 것은?

① 도랑식(Trench method)
② 지역식(Area method)
③ 경사식(Slope or Ramp method)
④ 혐기식(Anaerobic method)

Keyword 위생매립 공법의 종류

위생매립 공법에는 도랑식, 지역식, 경사식 등이 있다.

87 도시폐기물을 위생매립하였을 때 일반적으로 매립 초기(1단계~2단계)에 가장 많은 비율로 발생되는 가스는?

① CH_4
② CO_2
③ H_2S
④ NH_3

Keyword 매립가스

매립 초기에는 CO_2 발생량이 최대이고, 매립 후반의 안정기에는 CH_4 발생량이 최대이다.

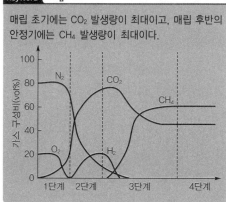

88 매립지에서 발생될 침출수량을 예측하고자 한다. 이때 침출수 발생량에 영향을 받는 항목으로 가장 거리가 먼 것은?

① 강수량(precipitation)
② 유출량(run-off)
③ 메테인가스의 함량
④ 폐기물 내 수분 또는 폐기물 분해에 따른 수분

> **Keyword** 침출수 발생량의 영향인자
>
> **침출수 발생량의 영향인자**
> • 강수량, 강우침투량
> • 증발산량
> • 유출량, 유출계수
> • 폐기물의 매립정도
> • 복토재의 재질
> • 폐기물 내 수분 또는 폐기물 분해에 따른 수분

89 매립지에서 복토를 하는 목적으로 틀린 것은?

① 악취발생 억제
② 쓰레기 비산 방지
③ 화재 방지
④ 식물성장 방지

> **Keyword** 복토의 목적
>
> 복토를 통해 식물성장을 촉진하는 효과를 얻을 수 있다.

개/념/정/리

복토의 목적(기능)
• 빗물 배제
• 화재 방지
• 유해가스 이동성 감소
• 폐기물 비산 방지
• 악취발생 방지
• 병원균 매개체(파리, 모기, 쥐 등) 서식 방지
• 매립지 부등침하 최소화
• 토양미생물의 접종
• 강우에 의한 우수침투량 감소 및 방지(침출수 감소)
• 식물성장 촉진(매립 완료 후 식물성장에 필요한 토양 제공)
• 미관상의 문제

90 우수침투 방지와 매립지 상부의 식재를 위해 최종 복토를 할 경우 매립두께(cm)는?

① 10~30
② 30~60
③ 60~90
④ 90~120

> **Keyword** 복토의 두께
>
> **복토의 두께**
> • 일일 복토 : 15cm 이상
> • 중간 복토 : 30cm 이상
> • 최종 복토 : 60cm 이상

91 폐기물 소각 후 발생한 폐열의 회수를 위해 열교환기를 설치하였다. 다음 중 열교환기의 종류가 아닌 것은?

① 과열기
② 비열기
③ 재열기
④ 공기예열기

> **Keyword** 열교환기의 종류
>
> **폐열 회수 및 이용 설비(열교환기)**
> • 절탄기
> • 재열기
> • 과열기
> • 공기예열기

92 투수계수가 0.5cm/sec이며 동수경사가 2인 경우, Darcy 법칙을 적용하여 구한 유출속도는?

① 1.5cm/sec
② 1.0cm/sec
③ 2.5cm/sec
④ 0.25cm/sec

> **Keyword** 다르시 법칙 계산
>
> $$V = KI \cdots \langle \text{Darcy 법칙} \rangle$$
> $$= \frac{0.5\text{cm}}{\text{sec}} \times 2$$
> $$= 1.0\text{cm/sec}$$
> 여기서, V : 지하수 유속(m/sec)
> K : 투수계수(수리전도도, m/sec)
> I : 동수경사

93 ~ 100 | **소음 · 진동 방지** | 출제비율 약 5%

93 음이 온도가 일정하지 않은 공기를 통과할 때 음파가 휘는 현상은?

① 회절
② 반사
③ 간섭
④ 굴절

Keyword 굴절

① 회절 : 장애물이 있는 경우 장애물 뒤쪽으로 음이 전파되는 현상
② 반사 : 음파가 장애물이나 다른 매질을 통과할 때 음의 일부가 반사되는 것
③ 간섭 : 서로 다른 파동 사이의 상호작용으로 나타나는 현상

▌개/념/정/리

굴절
음파가 한 매질에서 다른 매질로 통과 시 음의 진행방향(음선)이 구부러지는 현상으로, 두 매질 간에 온도차, 풍속차, 음속차, 밀도차가 클수록 굴절도 커진다.

94 두 진동체의 고유진동수가 같을 때 한 쪽을 울리면 다른 쪽도 울리는 현상은?

① 공명
② 진폭
③ 회절
④ 굴절

Keyword 공명

② 진폭 : 한 사이클에서 변위의 최대값
③ 회절 : 장애물이 있는 경우 장애물 뒤쪽으로 음이 전파되는 현상
④ 굴절 : 음파가 한 매질에서 다른 매질로 통과 시 음의 진행방향(음선)이 구부러지는 현상

95 점음원에서 5m 떨어진 지점의 음압레벨이 60dB이다. 이 음원으로부터 10m 떨어진 지점의 음압레벨은?

① 30dB
② 44dB
③ 54dB
④ 58dB

Keyword 역2승법칙

역2승법칙에 따라, 음원으로부터 거리가 2배 증가할 때 점음원은 6dB 감소한다.
∴ 음원으로부터 10m 떨어진 곳(5m의 2배)의 음압레벨
= 60 − 6 = 54dB

▌개/념/정/리

역2승법칙
음원으로부터 거리가 2배 증가할 때의 음압레벨
• 점음원일 경우 : 6dB 감소
• 선음원일 경우 : 3dB 감소

96 투과손실이 32dB인 벽체의 투과율은?

① 3.2×10^{-3}
② 3.2×10^{-4}
③ 6.3×10^{-3}
④ 6.3×10^{-4}

Keyword 투과손실 계산

$$\text{투과손실}(TL, \text{dB}) = 10\log\frac{1}{\tau}$$

$$32 = 10\log\frac{1}{\tau}$$

$$10\log\frac{1}{\tau} = \frac{32}{10}$$

$$\frac{1}{\tau} = 10^{\frac{32}{10}}$$

$$\therefore \tau = \frac{1}{10^{\frac{32}{10}}} = 6.31 \times 10^{-4}$$

여기서, TL : 투과손실, τ : 투과율

93.④ 94.① 95.③ 96.④

97 방음대책을 음원대책과 전파경로대책으로 구분할 때 다음 중 음원대책이 아닌 것은?

① 공명 방지
② 방음벽 설치
③ 소음기 설치
④ 방진 및 방사율 저감

Keyword 음원대책

② 방음벽 설치는 전파경로대책이다.

▌개/념/정/리

방음대책의 구분

구 분	대 책
발생원(소음원) 대책	• 원인 제거 • 운전 스케줄 변경 • 소음 발생원 밀폐 • 발생원의 유속 및 마찰력 저감 • 방음박스 및 흡음덕트 설치 • 음향출력의 저감 • 소음기, 저소음장비 사용 • 방진 처리 및 방사율 저감 • 공명·공진 방지
전파경로 대책	• 방음벽 설치 • 거리 감쇠 • 지향성 전환 • 차음성 증대(투과손실 증대) • 건물 내벽 흡음 처리 • 잔디를 심어 음의 반사를 차단
수음(수진) 측 대책	• 2중창 설치 • 건물의 차음성 증대 • 벽면 투과손실 증대 • 실내 흡음력 증대 • 마스킹 • 청력보호구(귀마개, 귀덮개) 착용 • 정기적 청력검사 실시

98 다음 보기 중 다공질 흡음재에 해당하지 않는 것은?

① 암면
② 비닐시트
③ 유리솜
④ 폴리우레탄폼

Keyword 다공질 흡음재

② 비닐시트는 판진동형 흡음재이다.

▌개/념/정/리

흡음재의 구분

구 분	재 료	흡음역
다공질형 흡음재	유리솜, 석면, 암면, 발포수 지, 폴리우레탄폼 등	중고음역
판(막)진동형 흡음재	비닐시트, 석고보드, 석면 슬레이트, 합판 등	저음역
공명형 흡음재	유공 석고보드, 유공 알루 미늄판, 유공 하드보드 등	저음역

99 진동에 의한 장애는?

① 난청
② 중이염
③ 레이노씨 현상
④ 피부염

Keyword 레이노씨 현상

레이노씨 현상(Raynaud's phenomenon)
손가락에 있는 말초혈관운동의 장애로 인한 혈액순환이 방해를 받아 수지가 창백해지고 손이 차며 저리거나 통증이 오는 현상으로, 국소진동의 대표적 증상이다.

100 다음 설명에서 ( ) 안에 들어갈 알맞은 내용은?

> 한 장소에 있어서 특정 음을 대상으로 생각
> 할 경우 대상소음이 없을 때 그 장소의 소음
> 을 대상소음에 대한 ( )이라 한다.

① 정상소음
② 배경소음
③ 상대소음
④ 측정소음

Keyword 소음의 정의(법)

소음·진동 공정시험기준에서 정의하고 있는 소음에
는 배경소음, 대상소음, 정상소음, 변동소음이 있다.
• 대상소음 : 배경소음 외에 측정하고자 하는 특정의
  소음
• 정상소음 : 시간적으로 변동하지 아니하거나 또는
  변동폭이 작은 소음
• 변동소음 : 시간에 따라 소음도 변화폭이 큰 소음

100.②

Let's start practical test!

PART 4

작업형+구술형
환경기능사 실기

PART 4
환경기능사 실기

CHAPTER 1 실험의 기초

1 실기 시험과목

환경오염공정 시험방법

2 시험시간

실기 시험시간은 2시간 정도입니다.
단, 고득점을 위해서는 실험은 1시간 안에 끝내야 합니다.

3 시험횟수

시험 실시는 1회만 가능합니다.
중간에 실험이 잘못되었을 경우에도 재시험은 안 됩니다.

4 합격기준

100점 만점에서, 60점 이상이면 합격입니다.

한국산업인력공단에서는 환경기능사 실기 시험을
안전등급 2등급으로 구분하여
수험생의 주의를 각별히 요하고 있습니다.

안전등급(Safety Level) : 2등급

| 위험 | 경고 | 주의 | 관심 |

• 시험장소 구분	실내
• 주요 시설 및 장비	실험실, 실험대
• 보호구	실험복, 마스크, 보안경, 고무장갑 등

▶ 보호구(작업복 등) 착용, 정리정돈 상태, 안전사항 등이 채점 대상이 될 수 있습니다.
반드시 수험자 지참 공구 목록을 확인하여 주시기 바랍니다.

실기대비 ② 시험 전 꼭 알아야 할 사항

1 시험 접수 시 유의사항

☑ **실기시험 접수는 신속하게!**

환경기능사 실기시험은 실험을 시행하는 시험이기 때문에 접수 시 실기 작업장을 선택해야 합니다. 문제는, 실기 작업장이 한정되어 있어서 장소가 일찍 마감될 수 있다는 것입니다.

따라서, 접수 시작 시간에 맞춰 신속하게 접수해야 원하는 장소와 시간에 실기시험을 응시할 수 있습니다.

2 고사장 입실 전 주의사항

☑ **입실시간 준수!**

시험 당일에 지각하는 일이 없도록 주의해야 합니다.
1분만 늦어도 입실이 불가하여 시험 응시가 어려울 수 있습니다.

☑ **실습 준비물 구비!**

준비물은 꼭 구비하도록 합니다.
준비물을 가져가지 않으며 태도점수에 감점 원인이 됩니다.

준 비 물

- 깨끗한 실험복, 마스크
- 피펫 필러
- 공학용 계산기
- 흑색 볼펜
- 수험표
- 위생장갑
- 신분증

3 점수 취득방법

(1) 태도점수 잘 받는 방법
① 실험준비물을 잘 챙길 것
② 실험 후 기구를 세척 및 정리할 것
③ 실험기구들을 바르게 사용할 것
④ 기구를 파손하지 않도록 주의할 것

(2) 고득점 취득방법
① 실험 전 유리기구들 세척할 것(오차가 생기지 않도록)
② 측정원리, 실험순서를 확실히 숙지할 것
③ 실험기구 사용법을 숙지할 것
④ 실험보고서 작성법을 숙지할 것

실기대비 ③ 실험에 사용하는 기구

1 실험기구의 종류

명칭	모양	사용 목적 및 방법
피펫 필러		사용할 피펫에 꽂아 액체 시료 중 필요한 부피만큼 덜어서 쓸 때 사용
피펫		액체 시료 중 필요한 부피만큼 덜어서 쓸 때 사용
세척병		증류수를 담아 유리 실험기구를 세척할 때 사용
용량 플라스크		• BOD병에 용액 시료의 전처리 후, 적정 전에 정확히 200mL 용액을 정량할 때 사용 • 200mL 용량 플라스크를 사용하며, 용량 플라스크 표선까지 용액 시료를 넣어 200mL를 정량함

주의

• 실험기구들은 주로 유리제품이 많기 때문에 파손과 안전사고에 특별히 유의해야 합니다.
• 초자기구(유리기구)를 파손하면 점수 감점이 매우 큽니다.

명 칭	모 양	사용 목적 및 방법
메스실린더		용량 플라스크와 같은 용도로 사용 (용량 플라스크가 없을 경우 메스실린더로 용액 시료를 정량함)
비커		초자기구를 세척할 때 발생하는 폐액을 모을 때 사용
BOD병		• BOD 시험 시 사용 • 시료를 가득 채우고, 마개를 반드시 닫을 것 • 보통 300mL가 이용됨
삼각 플라스크		• 뷰렛으로 적정할 때 사용 • 뷰렛 끝에 시료를 담은 삼각 플라스크를 놓고 적정함
뷰렛		적정에 사용

2 실험기구 사용법

(1) 피펫 필러

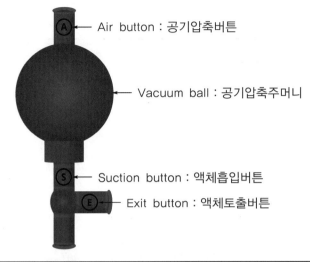

- Air button : 공기압축버튼
- Vacuum ball : 공기압축주머니
- Suction button : 액체흡입버튼
- Exit button : 액체토출버튼

기 호	기 능
A	공기를 뺌
S	액체를 빨아들임
E	액체를 배출

① 피펫을 필러의 밑부분에 끼운다.

② 위쪽의 A 부분을 누르면서, 공기압축주머니를 눌러 바람을 빼준다.

③ 용액에 피펫을 담그고 목 부위 S 부분을 천천히 눌러주면 용액이 빨려 올라오는데, 이때 용액이 눈금까지 오면 멈춘다.

④ 용량이 눈금을 넘으면 E 부분을 눌러 용액을 배출하여 눈금까지 정확하게 맞춘다.

⑤ 시료에 피펫이 잠기지 않도록 하고, 눈을 눈금과 수평이 되도록 하여 눈금을 읽는다.

⑥ 피펫으로 분취한 시료는 E 부분을 눌러 용기에 배출한다.

이때, 용액의 일부가 피펫에 잔류가 되어 있는 것을 제거하기 위해서 E 부분 끝의 구멍을 손으로 막고 눌러, 마지막 방울까지 배출되도록 한다.

> **주의**
> • 필러에 피펫을 끼울 때 너무 꽉 끼우지 않도록 합니다(유리가 파손되거나 빼기가 힘들어요).
> • 반대로, 너무 헐겁게 끼우면 빠질 수 있으니, 적당히 끼웁니다.
> • 피펫 필러 안에 용액이 들어가면 안 됩니다.
> • 사용 후 피펫 필러와 피펫을 꼭 분리하도록 합니다.

필러 사용법은 손에 익을 때까지 많이 해보는 것이 좋습니다.
필러를 능숙하게 사용할수록 실험 태도점수를 잘 받을 수 있습니다.

(2) 뷰렛

① 뷰렛 거치대에 뷰렛을 끼우고, 뷰렛 아래에는 빈 비커를 설치한다.
이때, 뷰렛에서 떨어지는 액체가 비커에 떨어지도록 위치를 맞춘다.

② 증류수를 뷰렛에 가득 넣고 콕(cock)을 열어 세척한다.
이러한 세척과정을 1~2번 반복한다.

③ 뷰렛에 시약을 넣어 표선을 맞춘다.
이때, 시약이 표선을 넘으면 콕을 열어 버리고, 부족하면 시약을 더 주입하는 과정
을 반복하며 표선을 정확히 맞추도록 한다.

④ 뷰렛 아래에 시료가 든 삼각 플라스크를 놓는다.

⑤ 콕을 조금씩 열면서 조정하여 적정한 속도로 맞춘다.

⑥ 삼각 플라스크 내 시료 색깔이 바뀌면 뷰렛 콕을 닫는다.

⑦ 뷰렛의 눈금을 읽는다.

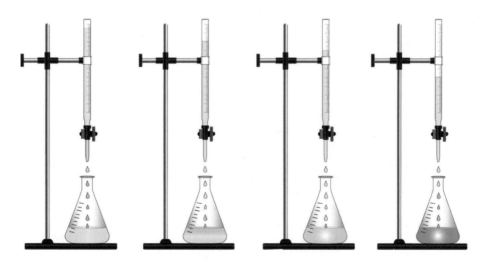

▌ **뷰렛을 사용하는 모습** ▌

[공개]

국가기술자격 실기시험문제

자격종목	환경기능사	과제명	용존산소(DO) 측정

※ 문제지는 시험종료 후 본인이 가져갈 수 있습니다.

비번호		시험일시		시험장명	

※ 시험시간: 2시간

1. 요구사항

※ 다음의 요구사항을 시험시간 내에 안전하게 수행하시오.

가. 감독위원이 지정하는 용기에서 시료수를 채취하여 시료수 중의 용존산소(DO)를 측정하고 답안지의 해당 사항을 기재한 후 제출하시오.

1) 이때 시험방법은 수질오염공정시험기준을 따라야 합니다.
2) 시료수는 담수이며, 유기물이 함유되지 않았다고 가정합니다.
3) 시험에 사용하는 용존산소측정병 또는 BOD병은 300 mL를 기준(보정 불필요)으로 하며, 철이온은 무시합니다.

> ※ 측정값 기재 시 유의사항
>
> 1) 기재사항 정정 시 반드시 감독위원의 날인을 받아야 하며,
>   날인하지 않은 경우는 0점 처리됩니다.
> 2) 계산값은 소수점 둘째 자리에서 반올림하여 반드시
>   *소수점 첫째 자리* 까지 계산하여야 합니다.
>   (최종결과값(답)에서 소수 둘째 자리에서 반올림하여 첫째 자리까지 구하여야 합니다.)
> 3) 적정 시에는 반드시 감독위원을 입회시킨 후 실시하여야 하며 그 값을 확인, 날인받아야 합니다.(답안지)

1

환경기능사 실기시험은 '공개문제'로, 시험의 시행기관인 한국산업인력공단에서 문제를 공개하고 있습니다. (단, 실제 출제되는 시험문제 내용은 공개한 문제에서 일부 변형될 수 있습니다.)
공개되는 시험지의 문제와 유의사항을 반드시 숙지하고 시험에 임하여 실수가 없도록 하여야 합니다.

[공개]

자격종목	환경기능사	과제명	용존산소(DO) 측정

　　나. 시료채취를 위한 장치를 알맞게 구성하시오.

- 분석실험 중 또는 분석실험이 종료된 후 감독위원의 지시에 따라 시료채취에 관한 검정에 임하시오.
- 시료채취에 관한 검정이 끝난 수험자는 타 수험자에게 방해가 되지 않도록 주의하여야 하며 계속 분석실험을 수행하시오.
- 이때 시험방법은 대기오염공정시험기준을 따라야 합니다.

2. 수험자 유의사항

1) 용존산소 측정시험방법은 수질오염공정시험기준에 입각하여 실시하되 측정과정인 시료채취, DO 고정, 시험용액 채취, 적정 등의 진행과정이 채점대상임을 명심하여야 합니다.
2) 수험자는 수험자끼리의 대화, 물건 주고 받기 등 시험에 불필요한 행위는 일체 금지하여야 하고 감독위원의 지시에 따라야 합니다.
3) 시료수 채취는 수험자가 1회 채취할 수 있으며, 시험병 마개는 시료수 용기 옆에 비치된 두 종류의 병마개 중에서 필요한 것을 선택하여 사용하여야 합니다.
4) 수험자 인적사항 및 답안(계산식) 작성은 반드시 검정색 필기구만 사용하여야 하며, 그 외 연필류, 유색 필기구 등을 사용한 답안은 채점하지 않으며 0점 처리됩니다.
5) 답안 정정 시에는 정정하고자 하는 단어에 두 줄(=)을 긋고 다시 작성하거나 수정테이프(수정액 제외)를 사용하여 정정하시기 바랍니다.
6) 여분의 시약 및 시약이 함유된 시료수는 감독위원이 지정하는 각각의 용기에 반납하고, 사용한 모든 실험기구는 물로 깨끗이 세척한 후 감독위원이 지정하는 위치에 정리 정돈하여야 합니다.
7) 검정시행상 필요한 의문이 있을 때 손을 들어 감독위원이 수험자 가까이 도착한 후 감독위원에게만 질문할 수 있습니다.

2

[공개]

자격종목	환경기능사	과제명	용존산소(DO) 측정

8) 안전에 관한 사항

　가) 감독위원(본부요원)의 지시에 따라 실기작업에 임하며, 각 과정별 세부작업은 안전
　　사항을 준수하여 작업하여야 합니다.

　나) 수험자는 시험용 시설 및 장비를 주의하여 다루어야 하며, 자신 및 타인의 안전을
　　위하여 알맞은 복장을 반드시 착용하여야 합니다.

　다) 시험장의 장비 및 공구, 사용 유해물질의 취급 등에 관한 안전에 유의하십시오.

　라) 산 혹은 산을 함유한 혼합물이 눈에 들어갔을 때는 즉시 감독위원에게 신고하며
　　0.5% 식염수 용액으로 세척합니다.

　마) 시험 중 수험자는 반드시 안전수칙을 준수해야 하며, 작업 복장상태는 채점대상이
　　됩니다.

　바) 작업 중 시설·장비의 조작 또는 재료의 취급이 미숙하여 지급된 기구 및 시설을 파
　　손할 경우 채점상의 불이익을 받을 수 있습니다.

9) 위의 각 사항을 위반한 수험자는 퇴실 명령을 받거나 채점대상에서 제외됩니다.

10) 다음 사항은 실격에 해당하여 채점대상에서 제외됩니다.

　가) 수험자 본인이 수험 도중 시험에 대한 의사를 표시하고 포기하는 경우

　나) 부정행위를 한 경우

　다) 감독위원 입회 확인 없이 측정값(적정 시 소모량)을 수험자 임의로 기재 또는 조작
　　하여 계산한 경우

　라) 시험 중 시설·장비의 조작 또는 재료의 취급이 미숙하여 위해를 일으킬 것으로 시
　　험위원 전원이 합의하여 판단한 경우

　마) 시험시간 내에 요구사항을 완성하지 못한 경우

11) 뷰렛을 사용하여 적정 소요량을 측정할 때는 반드시 감독위원 입회하에 실시하여야
　　하며, 그 값을 감독위원으로부터 확인, 날인받아야 합니다.

12) 실험은 1회 실시함을 원칙으로 합니다.

3

작업형 ② **용존산소(DO) 측정시험(윙클러 아지드화소듐 변법)**

1 실험의 목적

이 시험기준은 물속에 존재하는 용존산소를 측정하기 위하여 시료에 황산망가니즈와
알칼리성 아이오딘화포타슘 용액을 넣어 생기는 수산화제일망가니즈가 시료 중의 용
존산소에 의하여 산화되어 수산화제이망가니즈로 되고, 황산 산성에서 용존산소량에
대응하는 아이오딘을 유리한다. 유리된 아이오딘을 싸이오황산소듐으로 적정하여 용존
산소의 양을 정량하는 방법이다.

2 실험방법

(1) 입실 후 실험 전 해야 할 일

감독관에게 번호표를 받고, 해당 번호의 실험 테이블로 이동한다.

☑ **모든 경우 감독관의 지시를 잘 듣도록 할 것!**

① 실험도구 확인

자리에서 실험도구를 확인해야 한다.

이때, BOD병의 용량이 얼마인지 확인한다(300mL 이상이어야 함).

② 초자(유리)기구를 수돗물로 미리 세척하기

유리 실험기구(피펫, 비커, 플라스크 등)는 미리 수돗물로 세척한다.

③ 비커와 세척병에 증류수 덜어오기

• 큰 비커와 세척병을 가지고 증류수통으로 이동하여, 비커에 증류수를 적당량 받
고, 세척병에 증류수를 덜어온다.

• 유리 실험기구는 내부를 세척병의 증류수로 세척한 후 시료를 넣어 준다.

TIP 실험 전 실험기구를 세척하는 과정은 오차 방지를 위해 반드시 필요한 과정입니다.

(2) 실험순서

① 시료를 300mL 측정병(BOD병)에 채수한다.

> 1. 미리 세척한 BOD병을 가지고 시료 채수통으로 가서, 물을 가득 채운다.
> 2. 가득 채운 BOD병은 유리마개를 닫고, 넘쳐 흐르는 물은 폐수통에 대고 버린다.
>   (이때, 유리마개가 빠지지 않도록 손으로 잘 막아주도록 한다.)

② ①에 황산망가니즈($MnSO_4$) 용액 1mL를 넣는다.

> **[준비물]** ①의 BOD병, 피펫 필러(본인 것), 피펫 1mL
>
> 1. 황산망가니즈 시약병으로 가서, 1mL 피펫으로 황산망가니즈 1mL를 분취한다.
> 2. BOD병의 유리마개를 열고, 분취한 황산망가니즈 1mL를 주입한다.
>   (이때, 피펫 끝부분이 BOD병에 있는 시료에 묻지 않도록 주의한다.)

③ ②에 알칼리성 아이오딘화포타슘-아지드화소듐 용액($NaOH$-KI-NaN_3) 1mL를 넣는다.

> **[준비물]** ②의 BOD병, 피펫 필러(본인 것), 피펫 1mL
>
> 1. 알칼리성 아이오딘화포타슘-아지드화소듐 용액 시약병으로 가서, 1mL 피펫으로 알칼리성 아이오딘화포타슘-아지드화소듐 용액 1mL를 분취한다.
>   (보통 알칼리성 아이오딘화포타슘-아지드화소듐 용액 시약은 ②에서 분취한 황산망가니즈 시료 옆에 있다.)
> 2. ②의 BOD병에 분취한 알칼리성 아이오딘화포타슘-아지드화소듐 용액 1mL를 주입한다.
>   (이때, 피펫 끝부분이 BOD병에 있는 시료에 묻지 않도록 주의한다.)
> 3. 알칼리성 아이오딘화포타슘-아지드화소듐 용액을 주입하면, 시료의 색상은 바로 진한 갈색으로 변한다.

④ 측정병을 흔들어 혼합한 다음, 2분 정도 방치한다.

> 1. 갈색으로 변한 ③의 BOD병을 유리마개로 닫고, 넘치는 부분을 폐수통에 버리고, 본인 자리로 이동한다.
> 2. 유리마개를 손으로 잘 막고, BOD병을 2분 정도 여러 번 흔들어준다.
> 3. 2분 이상 방치(가만히 놔둠)시킨 후, 상층 액에 미세한 침전이 남아 있다면 다시 흔들어 혼합한 다음 방치하여 완전히 침전시킨다.
> 4. 방치시키는 동안에는 BOD병을 가만히 잘 관찰한다.(딴짓 금지)

⑤ 측정병에 상등액이 100mL(BOD병의 1/3) 이상 형성되면 황산(H₂SO₄) 2mL를 넣는다.

[준비물] 피펫 필러, 피펫 2mL

1. 방치한 지 3~5분 정도가 지난 뒤, BOD병의 위 1/3 이상에는 맑은 층이 생기고, 아래 2/3 정도는 침전층으로 분리된 것이 눈으로 확인되면, 황산을 주입하러 이동한다.

2. BOD병 유리마개를 열고, 2mL 피펫으로 황산을 분취하여 황산 2mL를 주입한다. (황산을 주입하면 갈색 침전물이 생긴다.)

3. 유리마개를 다시 닫는다. (이때, 병이 넘치면 폐수통에 버린다.)

4. 갈색 침전물이 완전히 사라질 때까지(약 1분) BOD병을 흔들어준다.

---

⑥ 측정병의 시료 200mL를 용량 플라스크로 분취하여 300mL 삼각 플라스크에 넣는다.

[준비물] 200mL 용량 플라스크, 300mL 삼각 플라스크

1. BOD병에 있는 용액 시료를 200mL 용량 플라스크에 표선에 맞게 넣어준다. (고사장에 비치된 깔때기를 이용하여 200mL를 맞추면 쉽게 표선을 맞출수 있고, 약간 표선이 넘어도 괜찮다.)

2. 200mL 용량 플라스크에 표선을 맞추었으면, 다시 삼각 플라스크에 옮겨 담는다.

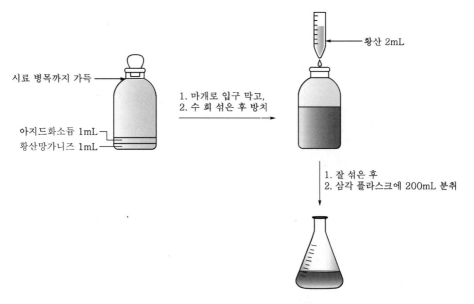

❙DO 측정(윙클러 아지드화 소듐법)❙

⑦ ⑥을 싸이오황산소듐 용액(0.025M)으로 황색이 될 때까지 적정한다.

[준비물] 100mL 이상의 비커(분취용), 비커(뷰렛용), 뷰렛, 뷰렛 거치대

1. 0.025M-싸이오황산소듐 용액 시약장으로 가서, 적당량의 0.025M-싸이오황산소듐(약 50~100mL)을 비커에 담아 온다.
   (이때 0.025M-싸이오황산소듐 시약병의 역가(f)값을 기억하여 답안지 작성 시 사용한다.)
2. 자리로 돌아와 뷰렛 거치대에 뷰렛을 설치하고, 뷰렛을 세척한다.
   (뷰렛 아래에 빈 비커를 설치하고, 증류수를 뷰렛에 주입하여 세척한다.)
3. 뷰렛에 0.025M-싸이오황산소듐 용액을 표선까지 가득 담는다.
   (보통 뷰렛의 용량은 25~50mL 정도이다. 0.025M-싸이오황산소듐 용액을 표선 끝까지 맞추고, 표선이 넘는 부분은 뷰렛 아래 코크로 용액을 버려 표선을 맞춘다.)
4. 예비 적정을 한다.(전분 지시약을 넣기 전에 미리 적정을 해본다.)
5. ⑥의 삼각 플라스크를 뷰렛 아래 놓고, 뷰렛으로 0.025M-싸이오황산소듐 용액을 적당한 속도로 주입하면서, 용액 시료의 색상이 황색(맑은 노란색)이 되면 뷰렛 코크를 막고, 뷰렛 눈금을 확인하여 적정 소비량을 체크한다.

---

⑧ 황색이 된 삼각 플라스크에 전분 용액 1mL를 넣는다.

[준비물] 피펫 1mL

1. 피펫 1mL를 들고, 전분 용액 1mL를 분취한다.
2. 자리로 돌아와 ⑦의 삼각 플라스크 시료 용액에 분취한 전분 용액을 주입한다.
3. 전분 용액을 주입하면 시료의 색은 노란색에서 보라색(또는 진한 청색)이 된다.

---

⑨ ⑧에 뷰렛을 이용하여 싸이오황산소듐 용액(0.025M)으로 무색(종말점)이 될 때까지 적정한다.

---

1. 뷰렛 아래 놓인 ⑧의 삼각 플라스크 시료는 치우고, 폐수통 비커를 놓은 후 싸이오황산소듐 용액을 뷰렛에 주입하여 눈금을 맞춘다.
2. 뷰렛 아래 다시 ⑧의 삼각 플라스크 시료를 놓고, 시험 감독관에게 시험준비가 되었다고 알린다.
   (반드시 감독관 감독하에 본 적정을 해야 한다. 적정 시 눈금을 보면 감독위원에게 지적을 받을 수 있으니, 삼각 플라스크에 담긴 시료만 보면서 적정을 한다.)
3. 뷰렛에 담긴 0.025M-싸이오황산소듐 용액을 주입하면서 시료를 관찰한다.
4. 시료의 색이 청색에서 무색이 되면 뷰렛 코크를 닫고, 뷰렛 눈금을 읽어 적정 소비량을 확인하여 답안지에 작성하고, 감독관 사인을 받는다.

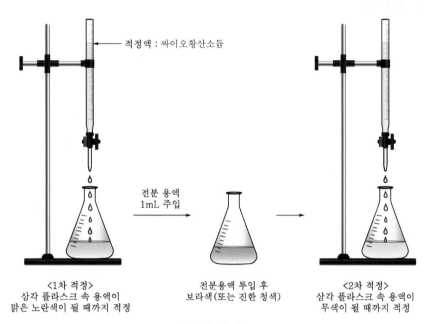

<1차 적정>
삼각 플라스크 속 용액이
맑은 노란색이 될 때까지 적정

전분용액 투입 후
보라색(또는 진한 청색)

<2차 적정>
삼각 플라스크 속 용액이
무색이 될 때까지 적정

▌적정 과정 ▌

작업형 ③ 용존산소(DO) 측정 답안지 작성

1 용존산소(DO) 측정 답안지

종목 및 등급	환경기능사	비번호		감독자 날인	

용존산소 계산식

1. 용존산소 계산식을 쓰고 기호의 의미를 기술하시오.

2. 계산과정

- 용존산소(DO)

- 적정에 소비된 양

2 답안지 작성 예시

종목 및 등급	환경기능사	비번호		감독자 날인	

용존산소 계산식

1. 용존산소 계산식을 쓰고 기호의 의미를 기술하시오.

$$DO(mg/L) = a \times f \times \frac{V_1}{V_2} \times \frac{1,000}{V_1 - R} \times 0.2$$

a : 적정에 소비된 싸이오황산소듐 용액(0.025M)의 양(mL)
f : 싸이오황산소듐 용액(0.025M)의 인자(factor)
V_1 : 전체 시료의 양(mL)
V_2 : 적정에 사용한 시료의 양(mL)
R : 황산망가니즈 용액과 알칼리성 아이오딘화포타슘-아지드화소듐 용액 첨가량(mL)

2. 계산과정

$$DO(mg/L) = a \times f \times \frac{V_1}{V_2} \times \frac{1,000}{V_1 - R} \times 0.2$$
$$= 8.8mL \times 1.001 \times \frac{300}{200} \times \frac{1,000}{300-2} \times 0.2$$
$$= 8.867mg/L$$
$$= 8.87mg/L$$

※ 역가(f)는 0.025M 싸이오황산소듐 용액의 시료병에 표기되어 있는 값을 사용합니다.
※ a는 본인의 실험결과값을 사용합니다.
※ 위 식은 역가(f)=1.001, a=8.8mL일 때로 작성하였습니다.

• 용존산소(DO) : 8.87mg/L

• 적정에 소비된 양 : 8.8mL

구술형 시험대비

구술형 ① 구술시험의 방법

① DO 실험 도중 혹은 실험 후 시험감독관이 1명씩 호명하여 개별적으로 구술시험을 보게 됩니다.
② 구술시험이 끝나면, 제자리로 돌아가 계속 실험을 진행합니다.

구술형 ② 구술시험 문제 유형

일반적으로 아래의 두 문제를 물어봅니다.

1 대기 시료채취장치의 연결순서

(1) 질문 유형

시료채취장치를 직접 순서대로 나열해보라고 하거나, 답안지에 순서대로 적어보라고
합니다.

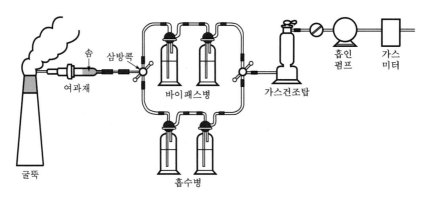

▌대기 시료채취장치의 연결순서 ▌

환경기능사
필기 + 실기

정답이 보이는
파이널
암기노트

고경미 지음

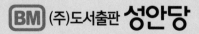
BM (주)도서출판 성안당

■ 도서 A/S 안내

| 정답이 보이는 파이널 암기노트 |

FINAL ① 단답형 암기노트

FINAL ② 계산형 암기노트

Final

정답이 보이는
파이널 암기노트

Craftsman Environmental

환 / 경 / 기 / 능 / 사

Final
정답이 보이는 파이널 암기노트

Final 1 단답형 암기노트

Craftsman Environmental

환 / 경 / 기 / 능 / 사

대기환경 방지

단답형 01 대기의 조성

부피농도 순으로 나열

질소(N_2) > 산소(O_2) > 아르곤(Ar) > 이산화탄소(CO_2) > 네온(Ne) > 헬륨(He)

단답형 02 대기 내 체류시간

체류시간이 긴 순서대로 나열

질소(N_2) > 산소(O_2) > 아산화질소(N_2O) > 이산화탄소(CO_2) > 메테인(CH_4) > 수소(H_2)
> 일산화탄소(CO) > 이산화황(SO_2)

단답형 03 대기권의 구조

온도경사에 따라 4개의 층으로 구분

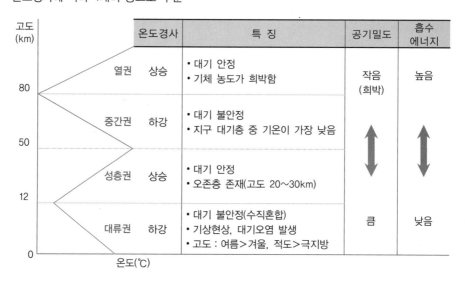

고도 (km)	온도경사		특 징	공기밀도	흡수 에너지
80	열권	상승	• 대기 안정 • 기체 농도가 희박함	작음 (희박)	높음
50	중간권	하강	• 대기 불안정 • 지구 대기층 중 기온이 가장 낮음	↕	↕
12	성층권	상승	• 대기 안정 • 오존층 존재(고도 20~30km)		
0	대류권	하강	• 대기 불안정(수직혼합) • 기상현상, 대기오염 발생 • 고도 : 여름>겨울, 적도>극지방	큼	낮음

온도(℃)

단답형 04 생성과정에 따른 대기오염물질의 분류

분류기준	분류	대기오염물질의 종류
생성과정	1차 대기오염물질	CO, CO_2, HC, HCl, NH_3, H_2S, NaCl, N_2O_3, 먼지, Pb, Zn 등 대부분 물질
	2차 대기오염물질	O_3, PAN($CH_3COOONO_2$), H_2O_2, NOCl, 아크롤레인(CH_2CHCHO)
	1 · 2차 대기오염물질	SOx(SO_2, SO_3), NOx(NO, NO_2), H_2SO_4, HCHO, 케톤, 유기산

단답형 05 입자상 물질

1 주요 입자상 물질의 특징

입자상 물질	특징
먼지(dust)	대기 중 떠다니거나 흩날려 내려오는 입자상 물질
매연(smoke)	연료 중 탄소가 유리된 유리탄소를 주성분으로 한 고체상 물질
검댕(soot)	연소과정에서 유리탄소가 타르(tar)에 젖어 뭉쳐진 액체상 매연(직경 $1\mu m$ 이상)
훈연(fume)	금속산화물과 같이 가스상 물질이 승화, 증류 및 화학반응과정에서 응축될 때 주로 생성되는 $1\mu m$ 이하의 고체 입자
안개(fog)	증기의 응축에 의해 생성되는 액체 입자(습도 약 100%, 가시거리 1km 미만)
박무(haze)	미립자를 핵으로 증기가 응축하거나 큰 물체로부터 분산하여 생기는 액체상 입자 (습도 90% 이상, 가시거리 1km 이상)
연무(mist)	크기 $1\mu m$ 미만의 시야를 방해하는 물질(습도 70% 이하, 가시거리 1km 이상)

2 먼지의 입경범위

① 인체에 침착률이 가장 큰 입경범위 : 0.1~$1.0\mu m$
② 폐포에 침착하기 쉬운 입경범위 : 0.5~$5.0\mu m$

단답형 06 런던 스모그와 로스엔젤레스 스모그의 발생조건

런던 스모그	로스엔젤레스 스모그
• 복사성(방사성) 역전 형태 • 4℃ 이하의 저온 • 열적 환원반응 • 석탄계 연료	• 침강성 역전 형태 • 24~32℃의 고온 • 광화학적 산화반응 • 석유계 연료 • 높은 자외선 농도

단답형 07 오존층 파괴물질의 종류

① CFCs(염화플루오린화탄소)
② 할론(염화브로민화탄소)
③ 질소산화물(NO, N_2O)
④ 사염화탄소(CCl_4)

단답형 08 온실가스의 종류(교토의정서 감축대상물질)

① 이산화탄소(CO_2)
② 메테인(CH_4)
③ 아산화질소(N_2O)
④ 과플루오린화탄소(PFC)
⑤ 수소플루오린화탄소(HFC)
⑥ 육플루오린화황(SF_6)

단답형 09 산성비

① 정의 : pH 5.6 이하인 비
② 원인물질 : 황산화물(SOx), 질소산화물(NOx), 염소화합물(HCl)

단답형 10 광화학 반응의 3대 요소

① 질소산화물(NOx)
② 탄화수소
③ 빛

단답형 11 광화학 스모그가 잘 발생하는 조건

① 일사량이 클 때
② 역전(안정)이 생성될 때
③ 대기 중 반응성 탄화수소, NOx, O_3 등의 농도가 높을 때
④ 기온이 높은 여름 한낮일 때

단답형 12 기온역전

1 기온역전의 분류

① 공중역전 : 침강역전, 해풍역전, 난류역전, 전선역전

② 지표역전 : 복사역전, 이류역전

2 침강역전과 복사역전의 특징

침강역전	복사(방사성)역전
• 정체성 고기압 기층이 서서히 침강하면서 단열 압축되어 온도가 증가하여 발생 • 공중역전 • LA 스모그와 관련됨	• 밤에 지표면의 열이 냉각되어 기온역전이 발생 • 밤부터 새벽까지 단기간 형성 • 지표역전 • 런던 스모그와 관련됨 • 플룸 : 훈증형

단답형 13 플룸의 형태

플룸의 형태	대기상태
밧줄형, 환상형(looping)	불안정
원추형(coning)	중립
부채형(fanning)	역전(안정)
지붕형(lofting)	상층은 불안정, 하층은 안정할 때 발생
훈증형(fumigation)	상층은 안정, 하층은 불안정할 때 발생
구속형, 함정형(trapping)	상층에서 침강역전(공중역전), 지표(하층)에서 복사역전(지표역전)이 발생할 때 발생

단답형 14 운전상태에 따른 자동차 배출가스

구 분	HC	CO	NOx	CO₂
많이 나올 때	감속	공회전, 가속	가속	운행
적게 나올 때	운행	운행	공회전	공회전, 감속

단답형 15 | **완전연소의 3요소(3T)**

① Temperature(온도) : 착화점 이상의 온도
② Time(시간) : 완전연소가 되기에 충분한 시간
③ Turbulence(혼합) : 연료와 산소의 충분한 혼합

단답형 16 | **착화온도가 낮아지는 경우**

- 산소, 비표면적, 압력, 발열량 ↑
- 화학반응성, 화학결합의 활성도 ↑
- 탄화수소의 분자량, 분자구조 복잡도 ↑   착화온도가 낮아짐 / 연소가 쉬워짐
- 활성화에너지, 열전도율, 탄화도 ↓

단답형 17 | **석탄의 탄화도**

탄화도가 높을수록,
- 고정탄소, 연료비, 착화온도, 발열량, 비중 ↑
- 수분, 이산화탄소, 휘발분, 비열, 매연발생, 산소함량, 연소속도 ↓

단답형 18 | **공기비와 연소 특성**

공기비	$m < 1$	$m = 1$	$m > 1$
연소상태	공기 부족, 불완전연소	완전연소	과잉공기
특 징	• 매연, 검댕, CO, HC 증가 • 폭발 위험	CO_2 발생량 최대	• SOx, NOx 증가 • 연소온도 감소, 냉각효과 • 열손실 커짐 • 저온부식 발생 • 희석효과가 높아져, 연소 생성물의 농도 감소

단답형 19 집진장치의 종류별 특징

구 분	중력 집진장치	관성력 집진장치	원심력 집진장치	세정 집진장치	여과 집진장치	전기 집진장치
집진효율 (%)	40~60	50~70	85~95	80~95	90~99	90~99.9
가스속도 (m/sec)	1~2	1~5	• 접선유입식 : 7~15 • 축류식 : 10	60~90	0.3~0.5	• 건식 : 1~2 • 습식 : 2~4
압력손실 (mmH$_2$O)	10~15	30~70	50~150	300~800	100~200	10~20
처리입경 (μm)	50 이상	10~100	3~100	0.1~100	0.1~20	0.05~20
주요 특징	• 설치비 최소 • 구조 간단	–	–	동력비 최대	고온가스 처리 안 됨	• 유지비 적음 • 설치비 최대

단답형 20 집진장치별 효율 향상조건

1 중력 집진장치

- 침강실 길이, 침강실 입구 폭, 침강속도, 입자 밀도 ⬆ ⎤
- 가스 유속, 침강실 높이 ⬇   ⎦ 집진효율 증가

2 관성력 집진장치

- 충돌 직전의 처리가스 속도, 전환횟수, 방해판 ⬆ ⎤
- 출구가스 속도, 방향전환각도, 곡률반경 ⬇   ⎬ 집진효율 증가
- 가스 유속, 침강실 높이 ⬇   ⎦

3 원심력 집진장치

- 먼지의 농도, 밀도, 입경, 유량, 회전수, 몸통 길이, 입구 유속 ⬆ ⎤
- 몸통 직경, 점성, 처리가스 온도 ⬇   ⎬ 집진효율 증가
- 블로다운 방식, 직렬 연결 사용 시   ⎦

단답형 21 세정 집진장치

1 세정 집진장치의 종류

가압수식(액분산형)		유수식(저수식, 가스분산형)	회전식
• 충전탑 • 벤투리 스크러버 • 사이클론 스크러버	• 분무탑 • 제트 스크러버	• 단탑, 포종탑, 다공판탑, 기포탑 • S임펠러형, 로터형, 가스선회형, 가스분출형(분수형)	• 타이젠와셔 • 임펄스 스크러버

2 세정 집진장치의 장단점

장 점	단 점
• 입자상 물질과 가스상 물질의 동시 제거 가능 • 고온가스 처리 가능 • 먼지의 재비산이 없음 • 점착성·조해성 먼지의 처리 가능 • 인화성·가열성·폭발성 입자의 처리 가능	• 동력비가 큼 • 먼지의 성질에 따라 효과가 다름 • 물 사용량이 많음 • 배출 시 가스 재가열 필요 • 동결·부식 발생 가능

단답형 22 청소방법(탈진방식)에 따른 여과 집진장치의 분류

구 분	종 류
간헐식	진동형, 역기류형, 역세형, 역세진동형
연속식	충격기류식(pulse jet형, reverse jet형), 음파 제트(sonic jet)

단답형 23 전기 집진장치의 전기 저항률(비저항)

집진효율이 좋은 전기 비저항 범위 : $10^4 \sim 10^{11} \Omega \cdot cm$

단답형 24 좋은 충전물의 조건

① 충전밀도가 커야 함
② Hold-up이 작아야 함
③ 공극률이 커야 함
④ 비표면적이 커야 함
⑤ 압력손실이 작아야 함
⑥ 내열성·내식성이 커야 함
⑦ 충분한 강도를 지녀야 함
⑧ 화학적으로 불활성이어야 함

단답형 25 | 좋은 흡수액(세정액)의 조건

① 용해도가 커야 함
② 화학적으로 안정해야 함
③ 독성·부식성이 없어야 함
④ 휘발성이 작아야 함
⑤ 점성이 작아야 함
⑥ 어는점이 낮아야 함
⑦ 가격이 저렴해야 함
⑧ 용매의 화학적 성질과 비슷해야 함

단답형 26 | 흡착의 분류

구 분	물리적 흡착	화학적 흡착
반응	가역반응	비가역반응
계	Open system	Closed system
원동력	분자 간 인력(반데르발스 힘)	화학반응
흡착열	낮음	높음
흡착층	다분자 흡착(여러 층)	단분자 흡착(단층)
온도, 압력 영향	온도영향이 큼 (온도↓ 압력↑ ➡ 흡착↑) (온도↑ 압력↓ ➡ 탈착↑)	온도영향이 작음 (임계온도 이상에서 흡착 안 됨)
재생	가능	불가능

단답형 27 | 연소조절에 의한 NOx의 저감방법

① 저온 연소
② 저산소 연소
③ 저질소 성분 연료 우선 연소
④ 2단 연소
⑤ 최고화염온도를 낮춤
⑥ 배기가스 재순환
⑦ 버너 및 연소실의 구조 개선
⑧ 수증기 및 물 분사법

단답형 28 수자원

1 수자원의 종류

구 분	특 징
우수	• 해수 성분과 비슷 • 산성(pH 5.6)
지표수	• 지하수보다 수량은 풍부하나, 유량 및 수질 변동이 큼 • 지하수보다 용존산소농도가 높고, 경도가 낮음 • 지상에 노출되어 오염의 우려가 큼 • 철, 망간 성분이 비교적 적게 포함되어 있고, 대량 취수가 용이
지하수	• 수질의 변화가 적음 • 연중 수온의 변화가 거의 없음 • 낮은 공기용해도, 환원상태, 지표면 깊은 곳에서는 무산소 상태가 될 수 있음 • 유속과 자정속도가 느림 • 세균에 의한 유기물 분해가 주된 생물작용 • 지표수보다 유기물이 적으며, 일반적으로 지표수보다 깨끗함 • 지표수보다 무기물 성분 많아 알칼리도, 경도, 염분이 높음 • 국지적인 환경조건의 영향을 크게 받고, 지질 특성에 영향을 받음 • 수직분포에 따른 수질 차이가 있음 • 비교적 깊은 곳의 물일수록 지층과의 오랜 접촉에 의해 용매 효과는 커짐 • 오염정도의 측정과 예측·감시가 어려움
해수	• pH 8.2(8.0~8.3) • 중탄산염(HCO_3^-) 포화용액 • 해수의 Mg/Ca 비 : 3~4 • 강전해질 • 밀도 : 1.025~1.03g/cm^3

2 해수의 염분

① 염분의 농도
  • 평균 1L당 35g = 3.5% = 35‰ = 35,000ppm
  • 무역풍대 > 적도 > 극지방 순으로 염분 농도가 낮아짐
② 염분의 성분
  Holy Seven : $Cl^- > Na^+ > SO_4^{2-} > Mg^{2+} > Ca^{2+} > K^+ > HCO_3^-$

단답형 29 수질오염의 발생원

① 점오염원 : 가정하수, 공장폐수, 축산폐수, 분뇨처리장, 가두리양식장, 세차장 등
② 비점오염원 : 도로, 임야, 농지, 농경지 배수, 지하수, 강우 유출수, 거리 청소수, 광산, 벌목
장, 골프장 등

단답형 30 분뇨의 특성

① 발생량 : 0.9~1.1L/day
② 비중 : 1.02
③ 악취가 난다.
④ 염분 함량 및 유기물의 농도가 높다.
⑤ 고액분리가 어렵고, 점도가 높다.
⑥ 고형물 중 휘발성고형물(VS)의 농도가 높다.
⑦ 토사와 협잡물이 많다.
⑧ 시간에 따라 크게 변한다.
⑨ pH 7.0~8.5 정도이다.
⑩ 분뇨에 포함되어 있는 질소화합물은 소화 시 소화조 내의 pH 강하를 막아준다.
⑪ 하수 슬러지에 비해 질소 농도가 높다.
⑫ 분의 질소산화물은 VS의 12~20% 정도이다.
⑬ 뇨의 질소산화물은 VS의 80~90% 정도이다.

단답형 31 분뇨 및 슬러지의 처리목표

① 감량화
② 안정화
③ 안전화
④ 처분의 확실성
⑤ 자원화

단답형 32 주요 유해물질별 만성중독증

① 수은 : 미나마타병, 헌터루셀병
② 카드뮴 : 이타이이타이병
③ 비소 : 흑피증
④ 불소 : 반상치
⑤ 망간 : 파킨슨씨 유사병
⑥ 구리 : 간경변, 윌슨씨병
⑦ PCB : 카네미유증

단답형 33 **하천의 자정작용 단계(Whipple의 자정작용 단계)**

1. 분해지대	2. 활발한 분해지대	3. 회복지대	4. 정수지대
• DO 감소 • 호기성 상태 • 박테리아, 균류 출현 • 고등생물 감소	• DO 최소 상태 • 호기성→혐기성 전환 • 혐기성 미생물, 세균류 급증 • 혐기성 기체 발생 • 부패, 악취	• DO 증가 • 혐기성→호기성 전환 • 균류 증가 • 질산화 발생	• DO 거의 포화 상태 • 청수성 어종 출현 • 고등생물 출현

단답형 34 **부영양화**

부영양화(적조, 녹조)의 원인 : 질소, 인

단답형 35 **성층현상**

성층현상의 형성시기 : 여름, 겨울

단답형 36 **미생물의 증식단계(4단계)**

유도기 → 대수성장기 → 정지기 → 사멸기

단답형 37 **질산화 과정**

암모니아성 질소 $\xrightarrow[\text{나이트로소모나스}]{\text{1단계 질산화}}$ 아질산성 질소 $\xrightarrow[\text{나이트로박터}]{\text{2단계 질산화}}$ 질산성 질소
(NH_3-N, NH_4^+-N)　　　　　　　(NO_2^--N)　　　　　　　(NO_3^--N)

단답형 38 **응집실험(약품교반실험, Jar test)**

응집제 주입 → 급속 교반 → 완속 교반 → 정치 침전 → 상징수 분석

단답형 39 여과의 종류별 특징

구 분	급속 여과	완속 여과
여과속도	120~150m/day	4~5m/day
부지면적	좁음	넓음
건설(시공)비	저렴	비쌈
유지관리비	비쌈	저렴
손실수두	큼	작음
제거가능물질	부유물질, 탁도	부유물질, 세균, 용존 유기물, 색도, 철, 망간
적용	고탁도 원수 처리에 적합	저탁도 원수 처리에 적합

단답형 40 염소 살균력 순서

HOCl > OCl⁻ > 결합잔류염소(클로라민)

단답형 41 활성슬러지법 설계인자

① HRT : 6~8hr
② SRT : 3~6day
③ F/M : 0.2~0.4kg/kg · day
④ MLSS : 1,500~2,500mg/L
⑤ SVI : 50~150(200 이상 슬러지 벌킹 발생)
⑥ BOD 용적부하 : 0.4~0.8
⑦ DO : 2mg/L 이상
⑧ pH : 6~8

단답형 42 살수여상법 유지관리 시 문제점

① 연못화 현상
② 파리 번식
③ 악취 발생
④ 여상의 폐쇄
⑤ 생물막 탈락
⑥ 결빙(동결)

단답형 43 혐기성 소화와 호기성 소화의 비교

항 목	혐기성 소화	호기성 소화
소화기간	긺	짧음
규모	큼	작음
설치면적	작음	큼
건설비(설치비)	큼	작음
탈수성	좋음	나쁨
슬러지 생산량	적음	많음
비료가치	낮음	높음
운전(운영)	어려움	쉬움
포기장치	필요 없음	필요함
운영비(동력비)	작음	큼
처리효율	낮음	높음
상등수(상징수) 수질(BOD 농도)	나쁨(높음)	좋음(낮음)
악취	많이 발생	적게 발생
가온장치	필요함	필요 없음
가치 있는 부산물	메테인 회수 가능	–

단답형 44 질소 및 인 제거공정

구 분	처리 분류	공 정
질소 제거	물리화학적 방법	• 암모니아 탈기법(스트리핑) • 파괴점 염소주입법 • 선택적 이온교환법
	생물학적 방법	• MLE(무산소-호기법) • 4단계 바덴포 공법
인 제거	물리화학적 방법	• 금속염 첨가법 • 석회 첨가법(정석탈인법)
	생물학적 방법	• A/O 공법(혐기-호기법) • 포스트립 공법
질소 · 인 동시제거		• A_2/O 공법 • UCT 공법 • MUCT 공법 • VIP 공법 • SBR 공법 • 수정 포스트립(M-phostrip) 공법 • 5단계 바덴포 공법(수정 바덴포, M-bardenpho)

폐기물 처리

단답형 45 폐기물의 분류

1 지정폐기물 중 부식성 폐기물의 구분

① 폐산 : 액체상태의 폐기물로서 pH 2 이하인 것
② 폐알칼리 : 액체상태의 폐기물로서 pH 12.5 이상인 것

2 상(相, phase)에 따른 분류(공정시험법상 분류)

① 액상 폐기물 : 고형물 함량 5% 미만
② 반고상 폐기물 : 고형물 함량 5~15%
③ 고상 폐기물 : 고형물 함량 15% 이상

3 성상에 따른 분류

① 2성분 : 폐기물＝수분＋고형물
② 3성분 : 폐기물＝수분＋가연분＋불연분

단답형 46 폐기물 발생량 조사방법

① 적재차량 계수분석법
② 직접계근법
③ 물질수지법
④ 통계조사

단답형 47 폐기물 처리의 목적(우선순위)

감량화 > 재이용 > 재활용 > 에너지 회수 > 소각 > 매립

단답형 48 폐기물 수거노선 결정 시 고려사항

① 높은 지역(언덕)에서부터 내려가면서 적재할 것(안전성, 연료비 절약)
② 시작 지점은 차고와 인접하고, 종료 지점은 처분지와 인접하도록 할 것
③ 가능한 간선도로에서 시작하고 종료할 것(지형지물, 도로경계 등의 같은 장벽 이용)
④ 가능한 시계방향으로 수거노선을 정할 것
⑤ 쓰레기 발생량이 적은 지점은 가능한 같은 날 정기적으로 수거할 것
⑥ 쓰레기 발생량이 많은 지점은 가장 먼저 수거할 것
⑦ 반복 운행 및 U자형 회전은 피할 것
⑧ 출퇴근시간(교통량이 많은 시간)은 피할 것

단답형 49 적환장 설치가 필요한 경우

① 작은 용량의 수집차량을 사용하는 경우($15m^3$ 이하)
② 저밀도 거주지역이 존재하는 경우
③ 불법투기와 다량의 어질러진 쓰레기가 발생하는 경우
④ 슬러지 수송방식 또는 공기 수송방식을 사용하는 경우
⑤ 처분지가 수집장소로부터 멀리 떨어져 있는 경우
⑥ 상업지역에서 폐기물 수거에 소형 용기를 많이 사용하는 경우
⑦ 최종 처리장과 수거지역의 거리가 먼 경우(약 16km 이상)

단답형 50 파쇄의 목적

① 겉보기비중의 증가
② 입경분포의 균일화(저장 · 압축 · 소각 용이)
③ 용적(부피) 감소
④ 운반비 감소, 매립지 수명 연장
⑤ 분리 및 선별 용이, 특정 성분의 분리
⑥ 비표면적의 증가
⑦ 소각, 열분해, 퇴비화 처리 시 처리효율의 향상
⑧ 조대폐기물에 의한 소각로의 손상 방지
⑨ 고체물질 간의 균일혼합 효과
⑩ 매립 후 부등침하 방지

단답형 51 소각로의 종류

① 고정상 소각로
② 화격자 소각로
③ 유동층 소각로
④ 다단로
⑤ 회전로
⑥ 열분해 용융 소각로
⑦ 액체 분무주입형 소각로

단답형 52 소각과 열분해의 특징 비교

구 분	소 각	열분해
공기 공급	충분한 산소 공급 (산화성 분위기)	무산소 · 저산소 (환원성 분위기)
반응	발열반응	흡열반응
에너지 회수	폐열(열에너지) 회수	연료 에너지 회수
발생물질	기체상태의 물질만 생성됨	고체 · 액체 · 기체 상태의 물질이 생성됨 (메탄올, 아세톤, 타르 등)
온도	1,100℃	• 저온 열분해온도 : 500~900℃ • 고온 열분해온도 : 1,100~1,500℃

단답형 53 슬러지 처리의 계통도

농축	→	소화	→	개량	→	탈수	→	건조	→	소각 (중간처분)	→	매립 (최종처분)

〈목적〉　수분 제거　유기물 제거　탈수성 향상　수분 제거
　　　　　(감량화)　(안정화, 안전화)　　　　　　(감량화)

단답형 54 | **매립가스의 발생순서**

① 제1단계(호기성 단계, 초기조절단계) : N_2 및 O_2 감소, CO_2 생성 시작·증가
② 제2단계(혐기성 전환단계, 전이단계, 비메탄 단계, 산 생성단계) : CO_2 증가, H_2 생성 시작
③ 제3단계(메탄 생성·축적단계) : CO_2, H_2 감소, CH_4 생성 시작·증가
④ 제4단계(혐기성 정상상태단계) : CH_4 및 CO_2 농도 일정

단답형 55 | **복토의 목적(기능)**

① 빗물 배제
② 화재 방지
③ 유해가스 이동성 감소
④ 폐기물 비산 방지
⑤ 악취 발생 방지
⑥ 병원균 매개체(파리, 모기, 쥐 등) 서식 방지
⑦ 매립지 부등침하 최소화
⑧ 토양미생물의 접종
⑨ 강우에 의한 우수침투량 감소 및 방지(침출수 감소)
⑩ 식물성장 촉진(매립 완료 후 식물성장에 필요한 토양 제공)
⑪ 미관상의 문제

단답형 56 | **복토의 최소두께**

① 일일복토 : 15cm 이상
② 중간복토 : 30cm 이상
③ 최종복토 : 60cm 이상

단답형 57 | **퇴비화의 영향인자**

영향인자	최적조건
C/N 비	20~50
온도	50~65℃
함수율	50~60%
pH	5.5~8 정도

소음·진동 방지

단답형 58 파동의 종류

① 종파 : 소밀파. P파, 압력파, 음파, 지진파의 P파
② 횡파 : 고정파, 은파, 전자기파(광파, 전파), 지진파의 S파

단답형 59 마스킹 효과(음폐 효과)의 정의 및 특징

① 두 음이 동시에 있을 때 한쪽이 큰 경우 작은 음은 더 작게 들리는 현상
② 주파수가 낮은 음(저음)은 높은 음(고음)을 잘 마스킹(음폐)함
③ 두 음의 주파수가 비슷할 때는 마스킹 효과가 더욱 커짐
④ 두 음의 주파수가 같을 때는 맥동현상에 의해 마스킹 효과가 감소
⑤ 음이 강하면 음폐되는 양도 커짐

단답형 60 도플러(Doppler) 효과

음원과 수음자간에 상대운동이 생겼을 때 그 진행방향 쪽에서는(가까워지면) 원래 음보다 고음
(고주파수)으로 들리고, 진행방향 반대쪽에서는(멀어지면) 저음(저주파수)으로 들리는 현상

단답형 61 거리감쇠의 역2승법칙

음원으로부터 거리가 2배 증가할 때,
① 점음원일 경우 : 6dB 감소
② 선음원일 경우 : 3dB 감소

단답형 62 소음 방지대책(방음대책)

발생원(소음원) 대책	전파경로 대책	수음(수진) 측 대책
• 원인 제거 • 운전 스케줄 변경 • 소음발생원 밀폐 • 발생원의 유속 및 마찰력 저감 • 방음박스 및 흡음덕트 설치 • 음향출력의 저감 • 소음기, 저소음장비 사용 • 방진 처리 및 방사율 저감 • 공명 · 공진 방지	• 방음벽 설치 • 거리 감쇠(소음원과 수음점의 거리를 멀리 띄움) • 지향성 전환 • 소음장치 및 흡음덕트 설치 • 차음성 증대(투과손실 증대) • 건물 내벽 흡음 처리 • 잔디를 심어 음의 반사를 차단	• 2중창 설치 • 건물의 차음성 증대 • 벽면 투과손실 증대 • 실내 흡음력 증대 • 마스킹 • 청력보호구(귀마개, 귀덮개) 착용 • 청력검사 정기적 실시

단답형 63 진동 방지대책(방진대책)

발생원(소음원) 대책	전파경로 대책	수음(수진) 측 대책
• 가진력 감쇠(저진동 기계로 교체) • 발생원인 제거 • 탄성 지지 • 기초중량의 부가 및 경감 • 밸런싱 • 동적 흡진 • 방진 및 방사율 저감 • 공명 방지	• 수진점 부근에 방진구 설치 • 거리 감쇠(진동원 위치를 멀리하여 거리 감쇠를 크게 함) • 지중벽 설치 • 지향성 변경	• 탄성 지지 • 강성 변경

단답형 64 흡음재료의 종류

① 다공질형 흡음재 : 유리솜, 석면, 암면, 발포수지, 폴리우레탄폼 등
② 판(막)진동형 흡음재 : 비닐시트, 석고보드, 석면슬레이트, 합판 등
③ 공명형 흡음재 : 유공 석고보드, 유공 알루미늄판, 유공 하드보드

Final 2 계산형 암기노트

Craftsman Environmental

환 / 경 / 기 / 능 / 사

대기환경 방지

이론 산소량

1 고체 및 액체 연료

- $O_o(\text{kg/kg}) = 2.667C + 8H - O + S$
- $O_o(\text{Sm}^3/\text{kg}) = 1.867C + 5.6H - 0.7O + 0.7S$

여기서, O_o : 이론 산소량

C : 연료 중 탄소 함량

H : 연료 중 수소 함량

O : 연료 중 산소 함량

S : 연료 중 황 함량

2 기체연료

$$C_mH_n + \left(m + \frac{n}{4}\right)O_2 \rightarrow mCO_2 + \frac{n}{2}H_2O$$

$O_o(\text{kg/kg}) = \left(m + \frac{n}{4}\right) \times \dfrac{32}{12m+n}$

$O_o(\text{Sm}^3/\text{kg}) = \left(m + \frac{n}{4}\right) \times \dfrac{22.4}{12m+n}$

$O_o(\text{Sm}^3/\text{Sm}^3) = \left(m + \frac{n}{4}\right)$ ····· 연소반응식에서 연료와 산소의 몰수 비

계산형 02 이론 공기량

1 고체 및 액체 연료

$$• A_o(kg/kg) = \frac{2.67C + 8H - O + S}{0.232}$$

$$• A_o(Sm^3/kg) = \frac{1.867C + 5.6H - 0.7O + 0.7S}{0.21}$$

여기서, A_o : 이론 공기량

C : 연료 중 탄소 함량

H : 연료 중 수소 함량

O : 연료 중 산소 함량

S : 연료 중 황 함량

2 기체연료

$$• A_o(Sm^3/kg) = \frac{O_o(Sm^3/kg)}{0.21}$$

$$• A_o(Sm^3/Sm^3) = \frac{O_o(Sm^3/Sm^3)}{0.21}$$

여기서, A_o : 이론 공기량

O_o : 이론 산소량

계산형 03 공기비

$$m = \frac{A}{A_o}$$

여기서, m : 공기비

A : 실제 공기량

A_o : 이론 공기량

27

계산형 04 발열량

1 고위발열량

$$H_h(\text{kcal/kg}) = 8,100\,C + 3,400\left(H - \frac{O}{8}\right) + 2,500\,S$$

여기서, H_h : 고위발열량
C : 연료 중 탄소 함량
H : 연료 중 수소 함량
O : 연료 중 산소 함량
S : 연료 중 황 함량

2 저위발열량

$$H_l(\text{kcal/kg}) = H_h - 600(9H + W)$$

여기서, H_l : 저위발열량
H_h : 고위발열량
H : 연료 중 수소 함량
W : 연료 중 수분 함량

계산형 05 상당직경

$$D_o = \frac{\text{단면적}}{\text{평균 둘레 길이}} = \frac{2ab}{a+b}$$

여기서, D_o : 상당직경
a : 가로, b : 세로

계산형 06 송풍기의 동력

$$P = \frac{Q\,\Delta P\,\alpha}{102\eta}$$

여기서, P : 소요동력(kW)
Q : 처리가스량(m^3/sec)
ΔP : 압력(mmH_2O)
α : 여유율(안전율), η : 효율

집진율(제거율)

1 집진율

$$\eta = \frac{C_0 - C}{C_0} = 1 - \frac{C}{C_0}$$

여기서, η : 집진율

C_0 : 입구농도

C : 출구농도

2 출구농도

$$C = C_0(1 - \eta)$$

여기서, C : 출구농도

C_0 : 입구농도

η : 집진장치의 집진율

3 직렬연결 시 집진율

$$\eta_T = 1 - (1 - \eta_1)(1 - \eta_2)$$

여기서, η_T : 집진장치의 총집진율

η_1 : 1차 집진장치의 집진율

η_2 : 2차 집진장치의 집진율

4 직렬연결 시 출구농도

$$C = C_0(1 - \eta_1)(1 - \eta_2)$$

여기서, C : 출구농도

C_0 : 입구농도

η_1 : 1차 집진장치의 집진율

η_2 : 2차 집진장치의 집진율

계산형 08 입자의 침강속도(Stokes식)

$$v_g = \frac{d^2 g (\rho_p - \rho_a)}{18\mu}$$

여기서, v_g : 침강속도(m/sec)

ρ_p : 입자의 밀도(kg/m^3)

ρ_a : 가스의 밀도($=1.3$kg/m^3)

d : 입자의 직경(m)

g : 중력가속도($=9.8$m/sec^2)

μ : 가스의 점도(kg/m · sec)

계산형 09 여과 집진장치의 설계요소

1 여과속도

$$v = \frac{Q}{A} = \frac{Q}{(\pi DL)N}$$

여기서, v : 여과속도

Q : 유량(m^3/min)

A : 총여과면적(m^2)

D : 여과포 직경(m)

L : 여과포 길이(m)

N : 여과포 개수

2 여과포(백필터) 개수

$$N = \frac{Q}{A_{1지} v} = \frac{Q}{(\pi DL) \times v}$$

여기서, N : 여과포 개수

Q : 유량(m^3/min)

$A_{1지}$: 여과포 1지의 여과면적(m^2)

v : 여과속도(m/min)

D : 여과포 직경(m)

L : 여과포 길이(m)

계산형 10 전기 집진장치의 집진효율(Deutsch-Anderson식)

1 평판형

$$\eta = \left[1 - e^{\left(-\frac{Aw}{Q}\right)}\right] \times 100(\%)$$

여기서, η : 집진율
  e : 자연로그의 밑
  A : 집진판 면적(m^2)
  w : 겉보기속도(m/sec)
  Q : 처리가스량(m^3/sec)

2 원통형

$$\eta = \left[1 - e^{\left(-\frac{2Lw}{RU}\right)}\right] \times 100(\%)$$

여기서, η : 집진율
  e : 자연로그의 밑
  L : 집진판 길이(m)
  w : 겉보기속도(m/sec)
  R : 반경(m)
  U : 처리가스속도(m/sec)
  Q : 처리가스량(m^3/sec)

폐수 처리

계산형 11 총경도

$$\text{총경도}(\text{mg/L as CaCO}_3) = \sum C \times \frac{2}{\text{분자량}} \times 50$$

여기서, C : 경도물질의 농도(mg/L)
M : 경도물질의 분자량

계산형 12 부유물질(SS)의 농도

$$SS = \frac{[(\text{여과 후 건조된 유리섬유여지 무게}) - (\text{유리섬유여지 무게})](\text{mg})}{\text{시료의 양(L)}}$$

여기서, SS : 부유물질의 농도(mg/L)

계산형 13 BOD(생물화학적 산소요구량)

1 소비 BOD

$$BOD_t = BOD_u(1 - 10^{-k_1 t})$$

여기서, BOD_t : t일 후의 BOD
BOD_u : 최종 BOD
k_1 : 탈산소계수

2 잔류 BOD

$$BOD_t = BOD_u \times 10^{-k_1 t}$$

여기서, BOD_t : t일 후의 BOD
BOD_u : 최종 BOD
k_1 : 탈산소계수

③ 희석했을 때의 BOD 실험식

$$BOD(mg/L) = (D_1 - D_2) \times P$$

여기서, D_1 : 15분간 방치된 후 희석(조제)한 시료의 DO(mg/L)
D_2 : 5일간 배양한 다음 희석(조제)한 시료의 DO(mg/L)
P : 희석시료 중 시료의 희석배수$\left(= \dfrac{\text{희석시료량}}{\text{시료량}} \right)$

계산형 14　COD(화학적 산소요구량)

① 유기물의 호기성 분해반응식 이용

$$\text{유기물} \quad + \quad a\text{O}_2 \quad \rightarrow \quad b\text{CO}_2 + ac\text{H}_2\text{O}$$
유기물의 분자량(g)　:　$a \times 32\text{g}$
유기물의 농도(mg/L)　:　COD(mg/L)

$$COD(mg/L) = \frac{a \times 32 \times \text{유기물의 농도}}{\text{유기물의 분자량}}$$

② 공정시험법상 산성 과망간산칼륨법

$$COD(mg/L) = (b-a) \times f \times \frac{1,000}{V} \times 0.2$$

여기서, a : 바탕시험 적정에 소비된 과망간산칼륨 용액(0.005M)의 양(mL)
b : 시료의 적정에 소비된 과망간산칼륨 용액(0.005M)의 양(mL)
f : 과망간산칼륨 용액(0.005M) 역가(factor)
V : 시료의 양(mL)

계산형 15　침전지(침사지)

① 체류시간

$$t = \frac{V}{Q} = \frac{AH}{Q}$$

여기서, t : 체류시간
V : 부피(체적, 용적, m^3)
Q : 유량(m^3/day)
A : 침전지 수면적(m^2)
H : 수심(m)

2 유효길이

$$L = vt$$

여기서, L : 침사지 길이(m)
　　　v : 수평유속(m/day), t : 체류시간(day)

3 표면부하율(수면 부하율, 수면적 부하, 수리학적 부하)

$$Q/A = \frac{Q}{A} = \frac{H}{t}$$

여기서, Q/A : 표면부하율($m^3/m^2 \cdot day$)
　　　Q : 유량(m^3), A : 침전지 수면적(m^2)
　　　H : 수심(m), t : 체류시간(day)

4 침강속도식(Stokes 법칙)

$$v_g = \frac{d^2 g(\rho_s - \rho_w)}{18\mu}$$

여기서, v_g : 입자의 침강속도(cm/sec)
　　　d : 입자의 직경(cm)
　　　g : 중력가속도
　　　ρ_s : 입자의 밀도(g/cm^3)
　　　ρ_w : 물의 밀도($1g/cm^3$)
　　　μ : 물의 점성계수($g/cm \cdot sec$)

5 침전효율

$$\eta = \frac{v_g}{Q/A}$$

여기서, η : 침전효율
　　　v_g : 입자의 침강속도, Q/A : 표면적 부하

6 월류부하

$$월류부하 = \frac{Q}{L}$$

여기서, Q : 유량(m^3/day)
　　　L : 위어 길이(m)

계산형 16 Freundlich 등온흡착식

$$\frac{X}{M} = KC^{\frac{1}{n}}$$

여기서, X : 흡착된 오염물질의 농도(mg/L)
M : 흡착제(활성탄)의 농도(mg/L)
C : 흡착 후 남은 오염물질의 농도(mg/L)
K, n : 상수

계산형 17 염소주입량

염소주입량(mg/L)＝염소요구량(mg/L)＋잔류염소량(mg/L)

계산형 18 중화적정식

$$NV = N'V'$$

여기서, N : 산의 N농도(eq/L)
N' : 염기의 N농도(eq/L)
V : 산의 부피(L)
V' : 염기의 부피(L)

계산형 19 활성슬러지법 계산공식

❶ BOD 용적부하

$$\frac{BOD \cdot Q}{V} = \frac{BOD \cdot Q}{Q \cdot t} = \frac{BOD}{t}$$

여기서, BOD : BOD 농도(mg/L)
Q : 유량(m³/day)
V : 포기조 용적(체적·부피, m³)
t : 체류시간

2 BOD−MLSS 부하(F/M비)

$$F/M = \frac{BOD \cdot Q}{V \cdot X} = \frac{BOD}{t \cdot X}$$

여기서, F/M : kg BOD/kg MLSS · day
BOD : BOD 농도(mg/L), Q : 유입유량(m³/day)
V : 포기조 부피(m³), X : MLSS 농도(mg/L), t : 체류시간

3 BOD 부하량

$$BOD \ 부하량(kg/day) = BOD \ 농도 \times 유량$$

4 슬러지용적지수(SVI)

$$SVI = \frac{SV_{30} \times 10^3}{MLSS(\text{mg/L})} = \frac{SV(\%) \times 10^4}{MLSS(\text{mg/L})} = \frac{10^6}{X_r}$$

여기서, SV_{30} : 시료 1L를 30분간 정치 후 측정한 슬러지 부피(mL/L)
SV : SV_{30}(mL/L)을 백분율로 표기한 것(%)
$MLSS$: MLSS 농도

계산형 20 회전원판법 − BOD 면적부하 공식

$$BOD \ 면적부하(g/m^2 \cdot day) = \frac{BOD \cdot Q}{A}$$

여기서, BOD : BOD 농도(mg/L), Q : 유량(m³/day)
A : 원판 면적(m²)
$A = n \times \dfrac{\pi D^2}{4}$ (이때, n : 원판 매수, D : 원판 직경)

계산형 21 관거의 유속 − Manning 공식

$$V = \left(\frac{1}{n}\right) \times R^{\frac{2}{3}} \times I^{\frac{1}{2}}$$

여기서, V : 유속(m/sec), n : 조도계수
R : 경심(윤심, 동수반경, m), I : 수면구배(경사) 또는 동수구배(경사)

계산형 22 **경심**

$$R = \frac{A}{P}$$

여기서, R : 경심(m)
　　　A : 수면적(m)
　　　P : 윤변(m)

1 사각형 개수로의 경심

$$R = \frac{ab}{2a+b}$$

2 원형 관의 경심

$$R = \frac{D}{4}$$

계산형 23 **우수유출량**(합리식)

1 배수면적 단위가 km²일 경우

$$Q = \frac{1}{3.6} CIA$$

여기서, Q : 우수유출량(m³/sec)
　　　C : 유출계수
　　　I : 강우강도(mm/hr)
　　　A : 배수면적(유역면적, km²)

2 배수면적 단위가 ha일 경우

$$Q = \frac{1}{360} CIA$$

여기서, Q : 우수유출량(m³/sec)
　　　C : 유출계수
　　　I : 강우강도(mm/hr)
　　　A : 배수면적(유역면적, ha)

폐기물 처리

계산형 24 가연분의 양

$$가연분의\ 양=가연분의\ 비율\times폐기물의\ 양$$
$$=(1-비가연분의\ 비율)\times폐기물의\ 양$$

계산형 25 평균 함수율

$$평균\ 함수율=\frac{\sum(각\ 폐기물의\ 구성비\times수분\ 함량)}{\sum각\ 폐기물의\ 구성비}$$

계산형 26 MHT(Man Hour per Ton ; 수거노동력)

$$MHT=\frac{1일\ 평균\ 수거인부(인)\times수거작업시간(hr/day)}{1일\ 수거량(t/day)}$$
$$=\frac{총작업시간(인\cdot hr)}{총수거량(t)}$$

계산형 27 운반차량 대수

$$운반차량\ 대수=\frac{쓰레기\ 발생량}{트럭\ 1대당\ 적재용량}$$

계산형 28 압축비(CR)

$$CR = \frac{V_\text{전}}{V_\text{후}} = \frac{\rho_\text{후}}{\rho_\text{전}}$$

여기서, CR : 압축비

$V_\text{전}$, $V_\text{후}$: 변화 전·후의 무게

$\rho_\text{전}$, $\rho_\text{후}$: 변화 전·후의 밀도

계산형 29 부피감소율(VR)

$$VR = \frac{V_\text{전} - V_\text{후}}{V_\text{전}} = 1 - \frac{1}{CR}$$

여기서, VR : 부피감소율

$V_\text{전}$, $V_\text{후}$: 변화 전·후의 무게

CR : 압축비

계산형 30 선별이론

1 Worrell 공식

$$E = \frac{x_1}{x_0} \cdot \frac{y_2}{y_0}$$

2 Rietema 공식

$$E = \frac{x_1}{x_0} - \frac{y_1}{y_0}$$

여기서, x_1 : 회수된 회수대상물질량

x_2 : 제거된 회수대상물질량

y_1 : 회수된 제거대상물질량

y_2 : 제거된 제거대상물질량

x_0 : 총회수대상물질량($x_0 = x_1 + x_2$)

y_0 : 총제거대상물질량($y_0 = y_1 + y_2$)

계산형 31 연소실의 발생률(열부하)

$$Q_v = \frac{G_f H_l}{V}$$

여기서, Q_v : 열발생률(kcal/m^3 · hr)
G_f : 폐기물 소비량(kg/hr)
H_l : 저위발열량(kcal/kg)
V : 연소실 체적(m^3)

계산형 32 화격자의 면적

$$화격자의\ 면적 = \frac{소각할\ 쓰레기의\ 양}{쓰레기의\ 소각능력}$$

계산형 33 부피변화율(VCR, VCF)

$$VCR = \frac{고형화\ 처리\ 후\ 폐기물의\ 부피}{고형화\ 처리\ 전\ 폐기물의\ 부피} = \frac{\rho_전}{\rho_후}(1+MR)$$

여기서, VCR : 부피변화율
$\rho_전$, $\rho_후$: 변화 전·후의 밀도
MR : 혼합률

계산형 34 혼합률(MR)

$$MR = \frac{첨가제의\ 질량}{폐기물의\ 질량}$$

계산형 35 슬러지의 성분

1 슬러지

$$SL = TS + W$$

여기서, SL : 슬러지(100%)
TS : 슬러지 중 고형물 비율(%)
W : 함수율(%)

2 고형물

$$TS = VS + FS$$

여기서, TS : 고형물(100%)
VS : 고형물 중 유기물(휘발분) 비율(%)
FS : 고형물 중 무기물(회분) 비율(%)

계산형 36 슬러지 농축(건조, 탈수) 후 슬러지의 양

$$V_1(1 - W_1) = V_2(1 - W_2)$$

여기서, V_1 : 농축 전 슬러지의 양
V_2 : 농축 후 슬러지의 양
W_1 : 농축 전 슬러지의 함수율
W_2 : 농축 후 슬러지의 함수율

계산형 37 소화율

$$소화율 = \frac{제거된\ VS의\ 양}{유입된\ VS의\ 양} \times 100(\%) = \left(1 - \frac{VS_2/FS_2}{VS_1/FS_1}\right) \times 100(\%)$$

여기서, VS_1 : 소화 전 슬러지 중 유기물 비율(%)
VS_2 : 소화 후 슬러지 중 유기물 비율(%)
FS_1 : 소화 전 슬러지 중 무기물 비율(%)
FS_2 : 소화 후 슬러지 중 무기물 비율(%)

슬러지의 비중(밀도)

1 슬러지의 비중

$$\frac{M_{SL}}{\rho_{SL}} = \frac{M_{TS}}{\rho_{TS}} + \frac{M_W}{\rho_W}$$

여기서, M_{SL} : 슬러지 무게(비율)

M_{TS} : TS 무게(비율)

M_W : 물의 무게(비율)

ρ_{SL} : 슬러지 비중

ρ_{TS} : 고형물 비중

ρ_W : 물의 비중(=1)

2 슬러지 고형물의 비중

$$\frac{M_{TS}}{\rho_{TS}} = \frac{M_{FS}}{\rho_{FS}} + \frac{M_{VS}}{\rho_{VS}}$$

여기서, M_{TS} : TS 무게(비율)

M_{FS} : TS 중 무기물(회분) 무게(비율)

M_{VS} : TS 중 유기물(휘발분) 무게(비율)

ρ_{TS} : TS 비중

ρ_{FS} : TS 중 무기물(회분) 비중

ρ_{VS} : TS 중 유기물(휘발분) 비중

소음·진동 방지

계산형 39   주기와 주파수의 관계식

$$T = \frac{1}{f}$$

여기서, T : 주기(sec)
        f : 주파수(Hz)

계산형 40   속도와 파장 및 주파수의 관계식

$$c = f\lambda$$

여기서, c : 파동의 전파속도(m/sec)
        f : 주파수(Hz)
        λ : 파장(m)

계산형 41   음향파워레벨(PWL)

$$PWL = 10\log\frac{W}{W_0}$$

여기서, PWL : 음향파워레벨(dB)
        W : 대상음의 음향파워(W)
        W_0 : 정상청력을 가진 사람의 최소가청음의 음향파워(10^{-12}W)

계산형 42 음의 세기레벨(SIL)

$$SIL = 10\log\left(\frac{I}{I_0}\right)$$

여기서, SIL : 음의 세기레벨(dB)
I : 대상음의 세기(W/m^2)
I_0 : 정상청력을 가진 사람의 최소가청음의 세기($10^{-12}W/m^2$)

계산형 43 음의 압력레벨(SPL)

$$SPL = 20\log\left(\frac{P}{P_0}\right)$$

여기서, SPL : 음의 압력레벨(dB)
P : 대상음의 음압실효치(N/m^2)
P_0 : 정상청력을 가진 사람이 1,000Hz에서 가청할 수 있는 최소음압실효치($2\times10^{-5}Pa$)

계산형 44 거리감쇠

$$거리감쇠 = SPL_1 - SPL_2 = 10\log\left(\frac{r_2}{r_1}\right)$$

여기서, SPL_1 : 음원으로부터 r_1(가까운 거리)만큼 떨어진 지점의 음압레벨(dB)
SPL_2 : 음원으로부터 r_2(먼 거리)만큼 떨어진 지점의 음압레벨(dB)
r_1, r_2 : 특정 지점의 거리(단, $r_2 > r_1$)

계산형 45 dB의 합(합성소음도)

$$L_{(합)} = 10\log\left(10^{\frac{L_1}{10}} + 10^{\frac{L_2}{10}} + \cdots\cdots + 10^{\frac{L_n}{10}}\right)(dB)$$

여기서, $L_{(합)}$: 합성소음도(dB)
L_1, L_2, L_n : 각각의 소음도(dB)
n : 음의 개수

계산형 46 투과율

$$\tau = \frac{I_t}{I_0} = 10^{-\frac{TL}{10}}$$

여기서, τ : 투과율

I_t : 투과음 세기

I_0 : 입사음 세기

TL : 투과손실

계산형 47 투과손실

$$TL = 10\log\frac{1}{\tau} = -10\log\tau = 10\log\left(\frac{I_0}{I_t}\right)$$

여기서, TL : 투과손실(dB)

τ : 투과율

I_0 : 입사음 세기

I_t : 투과음 세기

계산형 48 평균 흡음률

$$\overline{\alpha} = \frac{\sum S_i\alpha_i}{\sum S_i} = \frac{S_1\alpha_1 + S_2\alpha_2 + S_3\alpha_3}{S_1 + S_2 + S_3}$$

여기서, $\overline{\alpha}$: 평균 흡음률

S_1, S_2, S_3 : 실내 각부(천장, 벽면, 바닥)의 면적(m^2)

α_1, α_2, α_3 : 실내 각부(천장, 벽면, 바닥)의 흡음률

잔향시간

$$T = \frac{0.161\,V}{A} = \frac{0.161\,V}{S\overline{\alpha}}$$

여기서, T : 잔향시간(sec)

V : 실의 체적(부피, m^3)

A : 총흡음력(m^2, sabin)

$A = \sum \alpha_i S_i$

S : 실내 전표면적(m^2)

$\overline{\alpha}$: 평균 흡음률

진동가속도레벨(VAL)

$$VAL = 20\log\left(\frac{A_{\mathrm{rms}}}{A_0}\right)$$

여기서, VAL : 진동가속도레벨(dB)

A_{rms} : 측정대상 진동가속도 진폭의 실효치(m/sec^2)

$A_{\mathrm{rms}} = \dfrac{A_{\max}}{\sqrt{2}}$ (이때, $A_{\max}$: 측정대상 진동가속도 진폭의 최대값)

A_0 : 기준진동의 가속도 실효치($10^{-5}m/sec^2$, 0dB)

(2) 답안지 작성 예시

> 굴뚝 - 여과재 - 삼방콕 - 바이패스병(위) - 흡수병(아래) - 가스건조탑 - 흡인펌프
> - 가스미터

주의

• 여과재 안의 솜은 삼방콕 쪽(굴뚝 반대방향)에 있도록 배치해야 합니다.
• 바이패스병과 흡수병에서 긴 관은 왼쪽(굴뚝 방향), 짧은 관은 오른쪽(가스미터 방향)으로 오도록 배치해야 합니다.

2 추가 예상 질문

(1) 질문 유형

① 일반적으로 시료별 흡수액과 바이패스용 용액을 물어봅니다.
② 시험장에 따라 가끔 실험장치에 대해 물어봅니다.

(2) 질문과 답변 예시

Q1. 암모니아 시료의 흡수액은 무엇입니까?
A1. 붕산 용액입니다.

Q2. 여과솜은 어디에 설치합니까? 이렇게 설치하는 이유는 무엇입니까?
A2. 여과솜은 삼방콕 쪽(굴뚝 반대방향)에 설치해야 합니다.
　　　이는 가스의 유입으로 솜이 밀리는 것을 방지하기 위해서입니다.

[암기필수] 가스상 시료별 흡수액 및 바이패스

가스상 물질	흡수액	바이패스용 용액
암모니아	붕산 용액	황산 용액
염화수소	수산화소듐 용액	수산화소듐 용액
황산화물	과산화수소수 용액	과산화수소수 용액
황화수소	아연아민착염 용액	수산화소듐 용액

환경기능사 필기+실기+무료동영상

2023. 1. 11. 초 판 1쇄 발행
2024. 1. 3. 개정1판 1쇄 발행
2024. 2. 7. 개정1판 2쇄 발행
2025. 2. 5. 개정2판 1쇄 발행

지은이 | 고경미
펴낸이 | 이종춘
펴낸곳 | BM (주)도서출판 성안당
주소 | 04032 서울시 마포구 양화로 127 첨단빌딩 3층(출판기획 R&D 센터)
      | 10881 경기도 파주시 문발로 112 파주 출판 문화도시(제작 및 물류)
전화 | 02) 3142-0036
      | 031) 950-6300
팩스 | 031) 955-0510
등록 | 1973. 2. 1. 제406-2005-000046호
출판사 홈페이지 | www.cyber.co.kr
ISBN | 978-89-315-8451-6 (13530)
정가 | 30,000원

이 책을 만든 사람들

책임 | 최옥현
진행 | 이용화, 곽민선
교정·교열 | 곽민선
전산편집 | 이지연
표지 디자인 | 임흥순
홍보 | 김계향, 임진성, 김주승, 최정민
국제부 | 이선민, 조혜란
마케팅 | 구본철, 차정욱, 오영일, 나진호, 강호묵
마케팅 지원 | 장상범
제작 | 김유석